CAD/C……视频讲解大系

中文版ANSYS Workbench 2021
有限元分析从入门到精通
（实战案例版）

328分钟视频讲解　26个实例案例分析

☑ 线性静力学结构分析 ☑ 模态分析 ☑ 谐响应分析 ☑ 响应谱分析 ☑ 非线性结构分析
☑ 屈曲分析 ☑ 显式动力学分析 ☑ 热分析 ☑ 热-电分析 ☑电磁学分析

天工在线　编著

· 北京 ·

内 容 提 要

《中文版 ANSYS Workbench 2021 有限元分析从入门到精通（实战案例版）》是一本 ANSYS Workbench 视频+案例教程，也是一本 ANSYS Workbench 网格划分教程。本书以 ANSYS Workbench 2021 R1 版本为依据，对 ANSYS Workbench 有限元分析的基本思路、操作步骤、应用技巧进行了详细介绍，并结合典型工程应用实例详细讲述了 ANSYS Workbench 的具体工程应用方法。

《中文版 ANSYS Workbench 2021 有限元分析从入门到精通（实战案例版）》前 7 章为操作基础，详细介绍了 ANSYS Workbench 有限元分析全流程的基本步骤和方法，具体内容包括 ANSYS Workbench 2021 R1 基础、DesignModeler 概述、草图模式、三维实体建模、三维概念建模、Mechanical 应用程序和网格划分；后 10 章为专题实例，讲解了各种分析专题的参数设置方法与技巧，具体内容包括线性静力学结构分析、模态分析、谐响应分析、响应谱分析、非线性结构分析、屈曲分析、显式动力学分析、热分析、热-电分析和电磁学分析。本书操作基础和专题实例相结合，知识掌握更容易，学习更有目的性。

《中文版 ANSYS Workbench 2021 有限元分析从入门到精通（实战案例版）》适用于 ANSYS 软件的初、中级用户以及有初步使用经验的技术人员，既可作为理工科院校相关专业的高年级本科生、研究生学习 ANSYS 软件的教材，也可作为从事结构分析相关工作的工程技术人员使用 ANSYS 软件的参考书。

图书在版编目（CIP）数据

中文版 ANSYS Workbench 2021 有限元分析从入门到精通：实战案例版 / 天工在线编著. -- 北京：中国水利水电出版社, 2022.9（2023.8重印）
（CAD/CAM/CAE 微视频讲解大系）
ISBN 978-7-5226-0347-6

I. ①中… II. ①天… III. ①有限元分析－应用软件 IV. ①O241.82-39

中国版本图书馆 CIP 数据核字（2021）第 267069 号

丛 书 名	CAD/CAM/CAE 微视频讲解大系
书　　名	中文版ANSYS Workbench 2021有限元分析从入门到精通（实战案例版） ZHONGWEN BAN ANSYS Workbench 2021 YOUXIANYUAN FENXI CONG RUMEN DAO JINGTONG
作　　者	天工在线 编著
出版发行	中国水利水电出版社 （北京市海淀区玉渊潭南路 1 号 D 座 100038） 网址：www.waterpub.com.cn E-mail：zhiboshangshu@163.com 电话：（010）62572966-2205/2266/2201（营销中心）
经　　售	北京科水图书销售有限公司 电话：（010）68545874、63202643 全国各地新华书店和相关出版物销售网点
排　　版	北京智博尚书文化传媒有限公司
印　　刷	北京富博印刷有限公司
规　　格	203mm×260mm　16 开本　22 印张　605 千字　2 插页
版　　次	2022 年 9 月第 1 版　2023 年 8 月第 3 次印刷
印　　数	6001— 10000册
定　　价	89.80 元

前　言

Preface

有限元分析（Finite Element Analysis，FEA）是指利用数学近似的方法对真实物理系统进行模拟，利用简单而又相互作用的元素（单元），就可以用有限数量的未知量去逼近无限未知量的真实系统。有限元分析可分成前处理、计算求解和后处理3个阶段。其中，前处理主要是建立有限元模型，完成单元网格划分；计算求解是通过各种方法对划分的单元网格进行求解计算，而网格划分决定了计算结果的精确程度；后处理则是采集处理分析结果，使用户能够快速方便地提取信息，了解计算结果。

随着计算机技术的迅速发展，在工程领域中，有限元分析越来越多地用于仿真模拟，以求解真实的工程问题，由此也产生了一批非常成熟的通用和专业有限元商业软件。ANSYS软件是由美国ANSYS公司开发，融结构、流体、电场、磁场、声场分析于一体的大型通用有限元分析软件，能与多数CAD软件接口（如Pro/Engineer）实现数据共享和交换，是现代产品设计中的高级CAE工具之一。

Workbench是ANSYS公司开发的新一代协同仿真环境，与传统ANSYS相比较，Workbench有利于协同仿真、项目管理，可以进行双向参数传输，具有复杂装配件接触关系的自动识别、接触建模功能，可对复杂的几何模型进行高质量的网格处理，自带可定制的工程材料数据库，方便操作者进行编辑、应用，支持所有ANSYS的有限元分析功能。

本书特点

➘ 内容合理，适合自学

本书以ANSYS Workbench 2021 R1版本为基础，以初学者为主要对象，充分考虑到初学者的特点，对ANSYS Workbench有限元分析的基本思路、操作步骤、应用技巧进行了详细介绍，由浅入深，循序渐进，能引领读者快速入门；同时，结合典型工程应用实例详细讲述了ANSYS Workbench的具体工程应用方法。本书在知识点上不求面面俱到，但求够用，能提供读者在实际设计工作中需要的所有技术。

➘ 视频讲解，通俗易懂

为了提高学习效率，本书中的大部分实例录制了教学视频。视频录制时采用模仿实际授课的形式，在各知识点的关键处给出解释、提醒和需要注意的事项。专业知识和经验的提炼，可让读者在高效学习的同时，体会更多有限元分析的乐趣。

➘ 内容全面，实例丰富

本书在有限的篇幅内包罗了ANSYS Workbench常用的全部功能讲解，其中前7章为操作基础，详细介绍了ANSYS Workbench有限元分析全流程的基本步骤和方法，包括 ANSYS Workbench 2021 R1基础、DesignModeler概述、草图模式、三维实体建模、三维概念建模、Mechanical应用程序和网格划分；后10章为专题实例，按不同的分析专题讲解了线性静力学结构分析、模态分析、谐响应分析、响应谱分析、非线性结构分析、屈曲分析、显式动力学分析、热分析、热-电分析和电磁学分析的参数设置方法与技巧。全书包含20多个实例，读者可在学习实例的过程中潜移默化地掌握ANSYS Workbench软件操作技巧。

本书显著特色

体验好，方便读者随时随地学习

二维码扫一扫，随时随地看视频。书中大部分实例提供了二维码，读者可以通过手机微信扫一扫，随时随地观看相关的教学视频（若个别手机不能播放，请参考前言中介绍的方式下载视频后在计算机上观看）。

实例覆盖范围广，用实例学习更高效

实例覆盖范围广泛，边做边学更快捷。本书实例覆盖十大分析类型，跟着实例去学习，边学边做，在做中学，可以使学习更深入、更高效。

入门易，全力为初学者着想

遵循学习规律，入门实战相结合。本书采用基础知识+实例的编写模式，内容由浅入深，循序渐进，入门与实战相结合。

服务快，让读者学习无后顾之忧

本书提供了QQ群在线服务，随时随地可交流；提供了公众号、网站下载等多渠道贴心服务。

本书资源下载

本书提供实例的源文件、结果文件、教学视频以及补充的拓展学习资源，读者使用手机微信扫一扫下面的二维码，或者在微信公众号中搜索“设计指北”，关注后输入AB0347至公众号后台，获取本书的资源下载链接。将该链接复制到计算机浏览器的地址栏中，根据提示进行下载。

读者可加入本书的读者交流群487090450，与其他读者在线学习交流，作者不定时在线答疑。

设计指北

如果您在图书写作上有好的意见和建议，可将意见或建议发送至邮箱 zhiboshangshu@163.com，我们将根据您的意见或建议酌情调整后续图书内容，以更方便读者学习。

注意：

按照本书上的实例进行操作练习，以及使用 ANSYS Workbench 进行分析，需要事先在计算机上安装 ANSYS Workbench 2021 R1 软件。ANSYS Workbench 2021 R1 安装软件可以登录 ANSYS 官方网站购买，或者使用其试用版；另外，当地电脑城、软件经销商一般有售。

关于编者

本书由天工在线组织编写。天工在线是一个专注于CAD/CAM/CAE技术研讨、工程开发、培训咨询和图书创作的工程技术人员协作联盟，包含40多位专职和众多兼职CAD/CAM/CAE工程技术专家。

天工在线负责人由Autodesk中国认证考试中心首席专家担任，全面负责Autodesk中国官方认证考试大纲制订、题库建设、技术咨询和师资力量培训工作，成员精通Autodesk系列软件。天工在线创作的很多教材成为国内具有引导性的旗帜作品，在国内相关专业方向图书创作领域具有举足轻重的地位。

本书具体编写人员有张亭、秦志霞、井晓翠、解江坤、康士廷、毛瑢、王玮、王艳池、王培合、王义发、王玉秋、张红松、王佩楷、陈晓鸽、左昉、张俊生、卢园、杨雪静、孟培、闫聪聪、李兵、甘勤涛、孙立明、李亚莉、王敏、宫鹏涵等，在此对他们的付出表示真诚的感谢。

致谢

本书能够顺利出版，是编者、编辑和所有审校人员共同努力的结果，在此表示深深的感谢。同时，祝福所有读者在通往优秀工程师的道路上一帆风顺。

编　者

目　录

Contents

第 1 章　ANSYS Workbench 2021 R1 基础

导读

本章首先介绍 CAE 技术及相关基础知识，并由此引出 ANSYS Workbench；然后详细讲述其功能特点及 ANSYS Workbench 2021 R1 的程序结构和分析基本流程。

本章提纲挈领地介绍了 ANSYS Workbench 2021 R1 的基础知识，主要目的是让读者对 ANSYS Workbench 2021 R1 有一个整体认识。

精彩内容

- CAE 软件简介
- 有限元法简介
- ANSYS 简介
- ANSYS Workbench 概述
- ANSYS Workbench 分析的基本过程
- ANSYS Workbench 2021 R1 的设计流程
- ANSYS Workbench 2021 R1 的系统要求和启动
- ANSYS Workbench 2021 R1 的界面
- Workbench 文档管理
- 项目原理图
- 材料特性应用程序

1.1　CAE 软件简介

如图 1-1 所示，在传统产品设计中，各项产品测试皆在设计流程后期方能进行。因此，一旦产品发生问题，除了必须付出设计成本外，相关前置作业也需改动；另外，发现问题越晚，重新设计所付出的成本就越高，若影响交货期或产品形象，损失更是难以估计。为了避免此类情形的发生，预先评估产品的特质便成为设计人员的重要课题。

计算力学、计算数学、工程管理学，特别是信息技术的飞速发展，极大地推动了相关产业和学科研究的进步。有限元、有限体积及差分等方法与计算机技术相结合，形成了新兴的跨专业和跨行业的学科。CAE（Computer Aided Engineering，计算机辅助工程）作为一种新兴的数值模拟分析技术，越来越受到工程技术人员的重视。

在产品开发过程中引入 CAE 技术，在产品尚未批量生产之前，不仅能协助工程技术人员进行产品设计，更可以在争取订单时将 CAE 作为一种强有力的工具协助营销人员及管理人员与客户沟通；在批量生产阶段，可以协助工程技术人员在重新更改时找出问题发生的起点。

在产品批量生产以后，相关分析结果还可以成为下次设计的重要依据。图 1-2 所示为引入 CAE 后的产品设计流程。

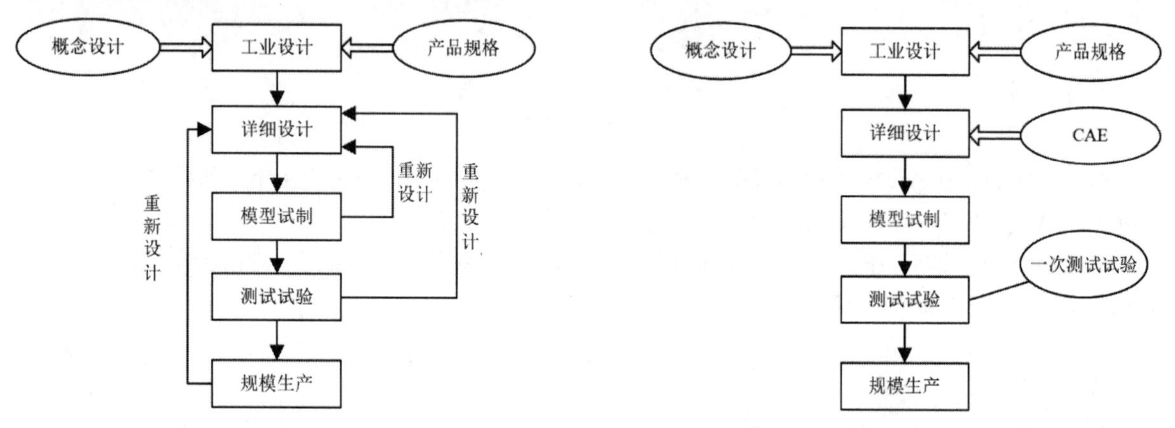

图 1-1　传统产品设计流程

图 1-2　引入 CAE 后的产品设计流程

以电子产品为例，80%的电子产品都要进行高速撞击试验，研究人员往往会耗费大量的时间和成本，针对产品质量进行相关的试验，最常见的如落下与冲击试验。这些试验不仅耗费大量的研发时间和成本，而且试验本身也存在很多缺陷，具体表现在：①试验发生的历程很短，很难观察试验过程中的现象；②测试条件难以控制，试验的重复性很差；③试验时很难测量产品内部特性和观察内部现象；④一般只能得到试验结果，而无法观察试验原因。

引入 CAE 后，可以在产品开模之前通过相应软件对电子产品模拟自由落下试验、模拟冲击试验及应力应变分析、振动仿真、温度分布分析等，求得设计的最佳解，进而为一次试验甚至无试验可使产品通过测试规范提供了可能。

CAE 的重要性如下。

（1）CAE 本身可以看作一种基本试验。计算机计算弹体的侵彻与炸药爆炸过程以及各种非线性波的相互作用等问题，实际上是求解含有很多线性与非线性的偏微分方程、积分方程以及代数方程等的耦合方程组。利用解析方法求解爆炸力学问题是非常困难的，一般只能考虑一些很简单的问题。采用试验方法费用昂贵，且只能表征初始状态和最终状态，中间过程无法得知，因而也无法帮助研究人员了解问题的实质。而数值模拟在某种意义上比理论与试验对问题的认识更为深刻、更为细致，不仅可以了解问题的结果，而且可以随时连续动态地、重复地显示事物的发展过程，了解其整体与局部的细致变化。

（2）CAE 可以直观地显示目前还不易观测到的、说不清楚的一些现象，容易被人理解和分析；还可以显示任何试验都无法看到的、发生在结构内部的一些物理现象，如弹性体在不均匀介质侵彻过程中的受力和偏转、爆炸波在介质中的传播过程和地下结构的破坏过程。同时，数值模拟可以替代一些危险、昂贵的甚至是难以实施的试验，如核反应堆的爆炸事故、核爆炸的过程与效应等。

（3）CAE 促进了试验的发展，对试验方案的科学制定、试验过程中测点的最佳位置、仪表量程等的确定提供了更可靠的理论指导。侵彻、爆炸试验费用非常昂贵，并存在一定危险，因此数值模拟不但有很大的经济效益，而且可以加速理论、试验研究的进程。

（4）一次投资，长期受益。虽然数值模拟大型软件系统的研制需要花费相当多的经费和人力资源，但和试验相比，数值模拟软件可以进行复制移植、重复利用，并可进行适当修改而满足不同情况的需求。相关统计数据显示，应用 CAE 技术后，开发期的费用占开发成本的比例从 80%～90%下降到 8%～12%。

1.2　有限元法简介

有限元法的基本概念：把一个原来是连续的物体划分为有限个单元，这些单元通过有限个节点相互连接，承受与实际载荷等效的节点载荷，根据力的平衡条件进行分析，并根据变形协调条件把这些单元重新组合成能够整体进行综合求解的方法。有限元法的基本思想是离散化。

1.2.1　有限元法的基本思想

在工程或物理问题的数学模型（基本变量、基本方程、求解域和边界条件等）确定以后，有限元法作为对其进行分析的数值计算方法，其基本思想可简单概括为如下三点：

（1）将一个表示结构或连续体的求解域离散为若干个子域（单元），并通过它们边界上的节点相互连接为一个组合体，如图 1-3 所示。

图 1-3　有限元法单元划分

（2）用每个单元内假设的近似函数分片地表示全求解域内待求解的未知场变量，而每个单元内的近似函数由未知场函数（或其导数）在单元各个节点上的数值和与其对应的插值函数表达。由于在连接相邻单元的节点上场函数具有相同的数值，因此将它们作为数值求解的基本未知量。这样一来，求解原待求场函数的无穷多自由度问题就转换为了求解场函数节点值的有限自由度问题。

（3）通过和原问题数学模型（如基本方程、边界条件等）等效的变分原理或加权余量法，建立求解基本未知量（场函数节点值）的代数方程组或常微分方程组。此方程组为有限元求解方程组，并表示成规范化的矩阵形式，接着用相应的数值方法求解该方程，从而得到原问题的解答。

1.2.2　有限元法的特点

（1）对于复杂几何构形的适应性：由于单元在空间上可以是一维、二维或三维的，而且每一种单元可以有不同的形状，同时各种单元可以采用不同的连接方式，因此实际工程中遇到的非常复杂的结构或构造都可以离散为由单元组合体表示的有限元模型。图 1-4 为一个三维实体的单元划分模型。

（2）对于各种物理问题的适用性：由于用单元内近似函数分片地表示全求解域的未知场函数，并未限制场函数所满足的方程形式，也未限制各个单元所对应的方程必须有相同的形式，因此它适用于各种物理问题，如线弹性问题、弹塑性问题、黏弹性问题、动力问题、屈曲问题、流体力学问题、热传导问题、声学问题、电磁场问题等，而且还可以用于各种物理现象相互耦合的问题。图 1-5 为一个物体的热应力求解模型。

图 1-4　三维实体的单元划分模型

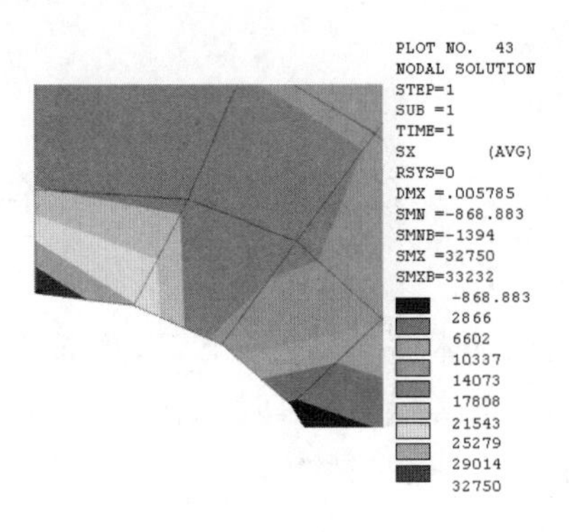

图 1-5　热应力求解模型

（3）建立于严格理论基础上的可靠性：因为用于建立有限元方程的变分原理或加权余量法在数学上已证明是微分方程和边界条件的等效积分形式，所以只要原问题的数学模型是正确的，且用来求解有限元方程的数值算法是稳定可靠的，则随着单元数目的增加（单元尺寸的缩小）或者是随着单元自由度数的增加（即插值函数阶次的提高），有限元解的近似程度将不断地被改进。如果单元满足收敛准则，则近似解最后收敛于原数学模型的精确解。

（4）适合计算机实现的高效性：由于有限元分析的各个步骤可以表达成规范化的矩阵形式，从而使求解方程可以统一为标准的矩阵代数问题，因此特别适合计算机的编程和执行。随着计算机硬件技术的高速发展及新的数值算法的不断出现，大型复杂问题的有限元分析已成为工程技术领域的常规工作。

1.3　ANSYS 简介

ANSYS 软件是融合结构力学、热力学、流体力学、电磁学、声学原理于一体的大型通用有限元分析软件，可广泛应用于核工业、铁道、石油化工、航空航天、机械制造、能源、汽车交通、国防军工、电子、土木工程、造船、生物医学、轻工、地矿、水利、日用家电等一般工业及科学研究。该软件可在大多数计算机及操作系统中运行，从 PC 到工作站到巨型计算机，ANSYS 文件在其所有的产品系列和工作平台上均兼容。ANSYS 具有多物理场耦合功能，允许在同一模型上进行各式各样的耦合以计算成本，如热结构耦合、磁结构耦合及电-磁-流体-热耦合，在 PC 上生成的模型同样可运行于巨型计算机上，这样就确保了 ANSYS 对多领域多变工程问题的求解。

1.3.1　ANSYS 的发展

ANSYS 能与多数 CAD 软件结合使用，实现数据共享和交换，如 AutoCAD、I-DEAS、Pro/Engineer、NASTRAN、Alogor 等，是现代产品设计中的高级 CAD 工具之一。

ANSYS软件提供了一个不断改进的功能清单，具体包括：结构高度非线性分析、电磁分析、计算流体力学分析、设计优化、接触分析、自适应网格划分、大应变/有限转动功能以及利用ANSYS参数化设计语言（ANSYS Parametric Design Language，APDL）的扩展宏命令功能。基于Motif的菜单系统使用户能够通过对话框、下拉式菜单和子菜单进行数据输入和功能选择，为用户使用ANSYS提供“导航”。

1.3.2　ANSYS的功能

1．结构分析

（1）静力分析：用于静态载荷。可以考虑结构的线性及非线性行为，如大变形、大应变、应力刚化、接触、塑性、超弹性及蠕变等。

（2）模态分析：计算线性结构的自振频率及振形。谱分析（也称响应谱或PSD）是模态分析的扩展，用于计算由随机振动引起的结构应力和应变。

（3）谐响应分析：确定线性结构对随时间按正弦曲线变化的载荷的响应。

（4）瞬态动力学分析：确定结构对随时间任意变化的载荷的响应。可以考虑与静力分析相同的结构非线性行为。

（5）特征屈曲分析：用于计算线性屈曲载荷并确定屈曲模态形状（结合瞬态动力学分析可以实现非线性屈曲分析）。

（6）专项分析：断裂分析、复合材料分析、疲劳分析。专项分析用于模拟非常大的变形，惯性力占支配地位，并考虑所有的非线性行为。它的显式方程用于求解冲击、碰撞、快速成型等问题，是目前求解这类问题最有效的方法。

2．热分析

热分析一般不是单独的，其后往往进行结构分析，计算由于热膨胀或收缩不均匀引起的应力。热分析包括以下类型。

（1）相变（熔化及凝固）：金属合金在温度变化时的相变，如铁合金中马氏体与奥氏体的转变。

（2）内热源（如电阻发热等）：存在热源问题，如加热炉中对试件进行加热。

（3）热传导：热传递的一种方式，当相接触的两物体存在温度差时发生。

（4）热对流：热传递的一种方式，当存在流体、气体和温度差时发生。

（5）热辐射：热传递的一种方式，只要存在温度差就会发生，可以在真空中进行。

3．电磁分析

电磁分析中考虑的物理量是磁通量密度、磁场密度、磁力、磁力矩、阻抗、电感、涡流、耗能及磁通量泄漏等。磁场可由电流、永磁体、外加磁场等产生。磁场分析包括以下类型。

（1）静磁场分析：计算由直流电（DC）或永磁体产生的磁场。

（2）交变磁场分析：计算由交流电（AC）产生的磁场。

（3）瞬态磁场分析：计算随时间随机变化的电流或外界引起的磁场。

（4）电场分析：计算电阻或电容系统的电场。其典型的物理量有电流密度、电荷密度、电场及电阻热等。

（5）高频电磁场分析：用于微波及 RF 无源组件、波导、雷达系统、同轴连接器等的设计中。

4．流体分析

流体分析主要用于确定流体的流动及热行为。流体分析包括以下类型。

（1）CFD（Computational Fluid Dynamics，计算流体动力学）分析：ANSYS/FLOTRAN 提供强大的计算流体动力学分析功能，包括对不可压缩或可压缩流体，层流、湍流及多组分流等的分析。

（2）声学分析：考虑流体介质与周围固体的相互作用，进行声波传递或水下结构的动力学分析等。

（3）容器内流体分析：考虑容器内的非流动流体的影响，可以确定由于晃动引起的静力压力。

（4）流体动力学耦合分析：在考虑流体约束质量的动力响应基础上，在结构动力学分析中使用流体耦合单元。

5．耦合场分析

耦合场分析主要考虑两个或多个物理场之间的相互作用。如果两个物理场之间相互影响，则单独求解一个物理场是不可能得到正确结果的，因此需要一个能够将两个物理场组合到一起求解的分析软件。例如，在电压力分析中，需要同时求解电压分布（电场分析）和应变（结构分析）。

1.4 ANSYS Workbench 概述

Workbench 是 ANSYS 公司开发的新一代协同仿真环境。

1997 年，ANSYS 公司基于广大设计人员的分析应用需求、特点，开发了专供设计人员使用的分析软件 ANSYS DesignSpace（DS），其前后处理功能与经典的 ANSYS 软件完全不同，软件的易用性以及软件与 CAD 的接口性能非常好。

2000 年，ANSYS DesignSpace 的界面风格更受广大用户喜爱，ANSYS 公司决定提升 ANSYS DesignSpace 的界面风格，以使经典的 ANSYS 软件的前后处理也能应用，由此形成了协同仿真环境——ANSYS Workbench Environment（AWE）。其功能定位于：重现经典 ANSYS PP 软件的前后处理功能、新产品的风格界面、收购产品转化后的最终界面、用户的软件开发环境。

其后，在 AWE 的基础上，ANSYS 公司又相继开发了 ANSYS DesignModeler(DM)、ANSYS DesignXplorer (DX)、ANSYS DesignXplorer VT(DX VT)、ANSYS Fatigue Module (FM)、ANSYS CAE Template 等。当时，其目的是和 DS 共同给用户提供先进的 CAE 技术。

ANSYS 公司允许以前只能在 ACE（Analytical Control Element，分析控制单元）上运行的 MP、ME、ST 等产品也可以在 AWE 上运行。用户在启动这些产品时，可以选择 ACE，也可以选择 AWE。AWE 作为 ANSYS 软件的新一代前后处理工具，还未支持 ANSYS 的所有功能，目前主要支持大部分 ME 和 ANSYS Emag 的功能，而且与 ACE 的 PP 并存。

1.4.1 ANSYS Workbench 的特点

ANSYS Workbench 的特点如下。

（1）协同仿真、项目管理：集设计、仿真、优化、网格变形等功能于一体，对各种数据进行项目协同管理。

（2）双向参数传输功能：支持 CAD 与 CAE 间的双向参数传输功能。

（3）高级的装配部件处理工具：具有复杂装配件接触关系的自动识别、接触建模功能。

（4）先进的网格处理功能：可对复杂的几何模型进行高质量的网格处理。

（5）分析功能：支持绝大多数 ANSYS 的有限元分析功能。

（6）内嵌可定制的材料库：自带可定制的工程材料数据库，方便操作者进行编辑、应用。

（7）易学易用：ANSYS 公司所有软件模块的共同运行、协同仿真与数据管理环境，工程应用的整体性、流程性都大大增强；完全的 Windows 友好界面，工程化应用，方便工程设计人员应用。实际上，Workbench 的有限元仿真分析采用的方法（单元类型、求解器、结果处理方式等）与 ANSYS 经典界面是一样的，只不过 Workbench 采用了更加工程化的方式来适应操作者，使即使没有太多有限元软件应用经验的用户也能很快地完成有限元分析工作。

1.4.2　ANSYS Workbench 的应用分类

ANSYS Workbench 的应用分类如下。

（1）本地应用如图 1-6 所示。ANSYS Workbench 现有的本地应用有项目原理图、工程数据和工具箱。本地应用完全在 Workbench 窗口中启动和运行。

（2）分析系统应用如图 1-7 所示。现有的分析系统应用包括静态结构、瞬态结构、流体流动、稳态热、拓扑优化等。分析系统应用是将本地应用作为一个平台，在该平台下进行其他有限元分析的应用，因此用户可以快速、精准地找到所需要的应用程序，并在该平台上进行运算、求解。

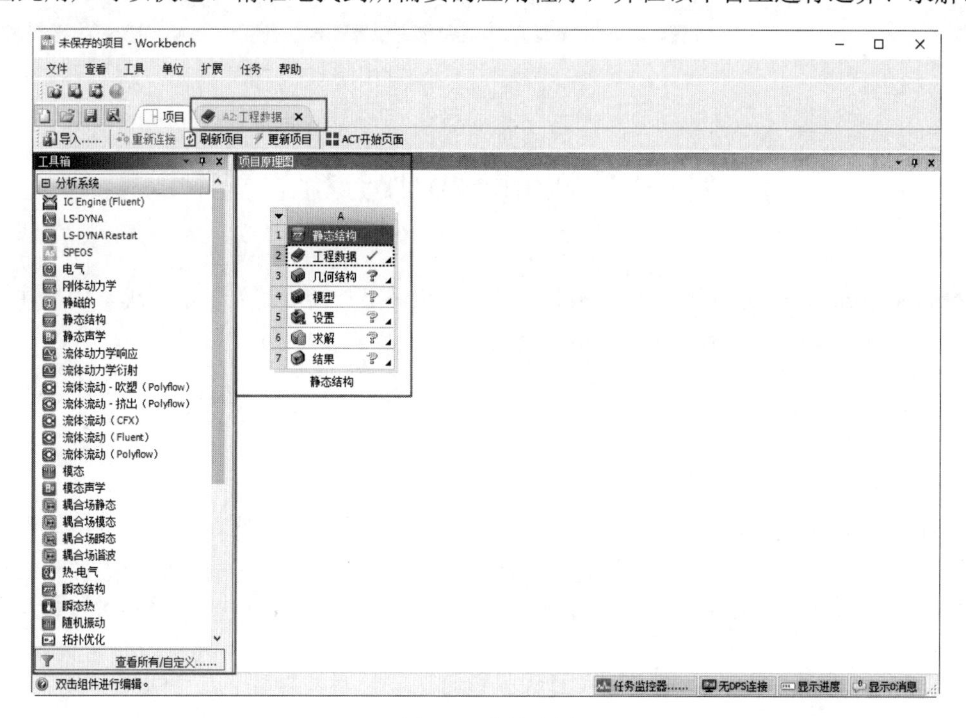

图 1-6　本地应用

在工业应用领域中，为了提高产品设计质量、缩短周期、节约成本，CAE 技术的应用越来越广泛，设计人员参与 CAE 分析已经成为必然，这对 CAE 分析软件的灵活性、易学易用性提出了更高的要求。

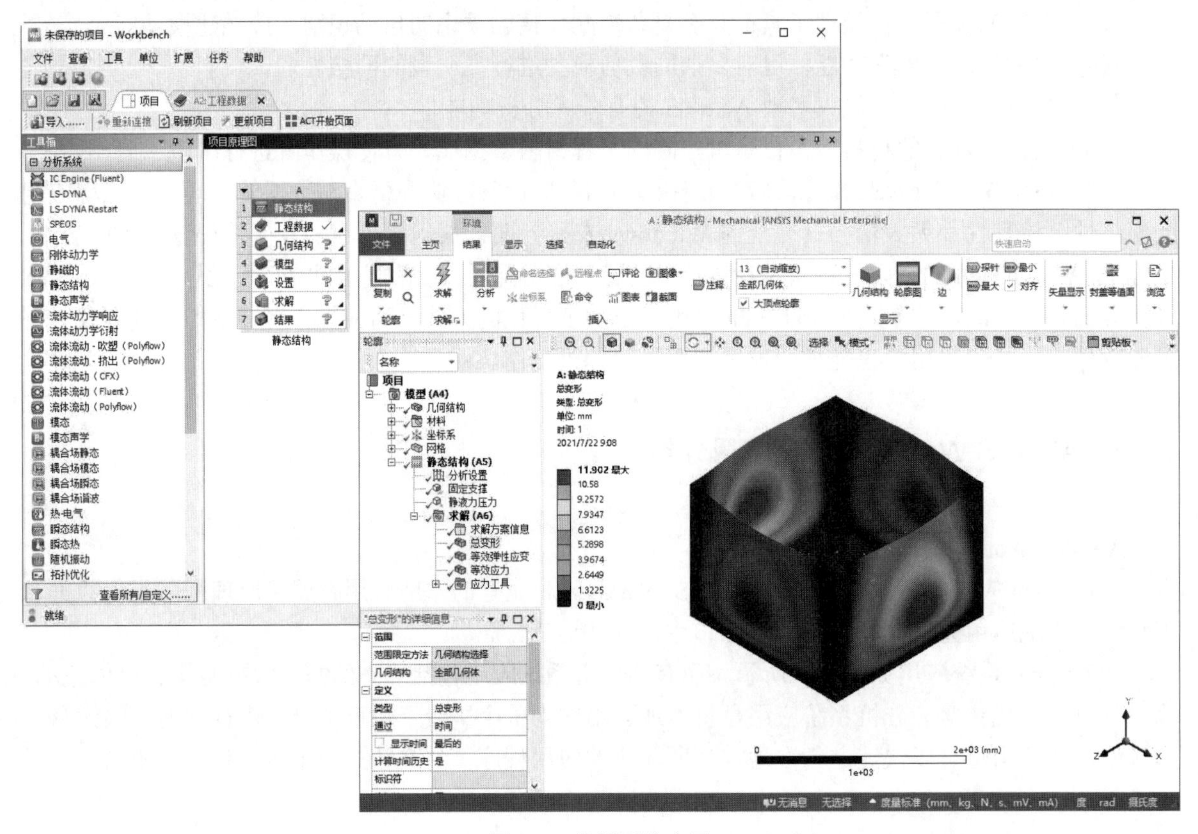

图 1-7　分析系统应用

1.5　ANSYS Workbench 分析的基本过程

ANSYS Workbench 分析的基本过程主要包含 4 个环节：初步确定、前处理、加载并求解和后处理，如图 1-8 所示。其中，初步确定为分析前的蓝图，操作步骤为后 3 个步骤。

1.5.1　初步确定

初步确定是分析前的蓝图，是操作者结合要分析的具体问题，选择合理的分析类型（如选择静力分析还是模态分析）；创建适当的模型（包括壳体类零件、实体类零件、装配组件和二维平面零件等）；选择合适的单元类型（如面单元或体单元）；以及模型是否可以简化、是否对称等。

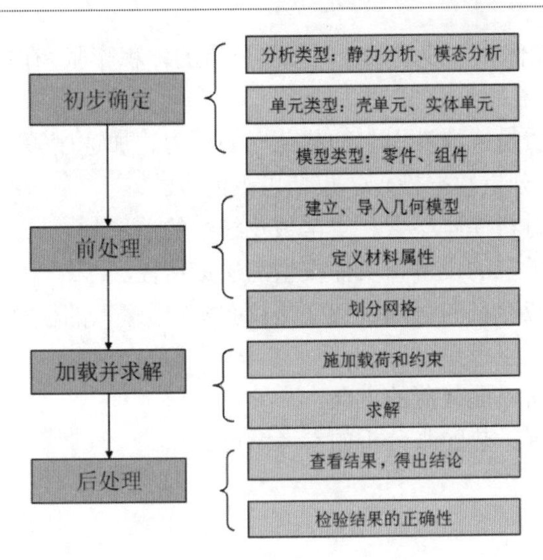

图 1-8 ANSYS Workbench 分析的基本过程

1.5.2 前处理

前处理是指创建实体模型及有限元模型，包括创建实体模型、定义单元属性、划分有限元网格、修正模型等内容。现今大部分的有限元模型都是用实体模型建模，类似于 CAD，ANSYS 以数学的方式表达结构的几何形状，然后在其中划分节点和单元，还可以在几何模型边界上方便地施加载荷。但实体模型并不参与有限元分析，所以施加在几何实体边界上的载荷或约束必须最终传递到有限元模型上（单元或节点）进行求解，这个过程通常是 ANSYS 程序自动完成的。可以通过以下 4 种途径创建 ANSYS 模型。

（1）在 ANSYS 环境中创建实体模型，并划分有限元网格。

（2）在其他软件（如 CAD）中创建实体模型，并读入 ANSYS 环境，经过修正后划分有限元网格。

（3）在 ANSYS 环境中直接创建节点和单元。

（4）在其他软件中创建有限元模型，并将节点和单元数据读入 ANSYS。

单元属性是指划分网格之前必须指定的所分析对象的特征，这些特征包括材料属性、单元类型、实常数等。需要强调的是，除了磁场分析以外，不需要告诉 ANSYS 使用的是什么单位制，只需要自己决定使用何种单位制，并确保所有输入值的单位制统一即可。单位制影响输入的实体模型尺寸、材料属性、实常数及载荷等。

1.5.3 加载并求解

（1）自由度（Degrees of Freedom，DOF）：定义节点的自由度值（如结构分析的位移、热分析的温度、电磁分析的磁势等）。

（2）面载荷（包括线载荷）：作用在表面的分布载荷（如结构分析的压力、热分析的热对流、电磁分析的麦克斯韦表面等）。

（3）体积载荷：作用在体积上或场域内（如热分析的体积膨胀和内生成热、电磁分析的磁流密度等）。

（4）惯性载荷：结构质量或惯性引起的载荷（如重力、加速度等）。

在进行求解之前应进行分析数据检查，包括以下内容。

➢ 单元类型和选项、材料性质参数、实常数及统一的单位制。
➢ 单元实常数和材料类型的设置、实体模型的质量特性。
➢ 确保模型中没有不应存在的缝隙（特别是从 CAD 中输入的模型）。
➢ 壳单元的法向、节点坐标系。
➢ 集中载荷和体积载荷、面载荷的方向。
➢ 温度场的分布和范围、热膨胀分析的参考温度。

1.5.4 后处理

（1）通用后处理（POST1）：用来观看整个模型在某一时刻的结果。

（2）时间历程后处理（POST26）：用来观看模型在不同时间段或载荷步上的结果，常用于处理瞬态分析和动力分析的结果。

1.6 ANSYS Workbench 2021 R1 的设计流程

在目前应用的新版本 ANSYS Workbench 2021 R1 中，ANSYS 对 Workbench 构架进行了重新设计，全新的“项目视图”功能改变了用户使用 Workbench 仿真环境的方式。在一个类似“流程图”的图表中，仿真项目中的各种任务以相互连接的图形化方式清晰地表达出来，如图 1-9 所示，使用户可以非常方便地理解项目的工程意图、数据关系、分析过程的状态等。

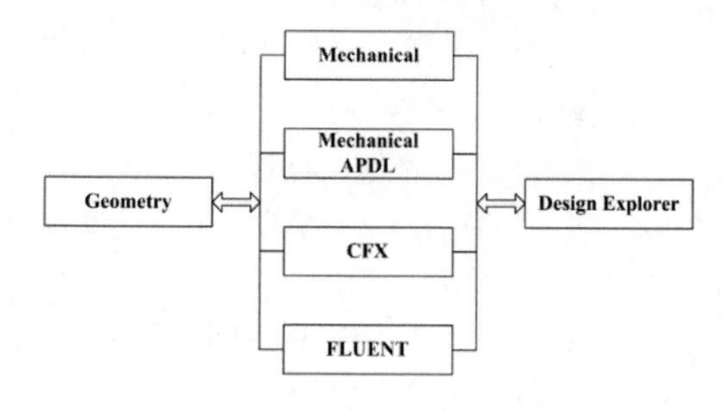

图 1-9　ANSYS Workbench 主要产品的设计流程

1.7 ANSYS Workbench 2021 R1 的系统要求和启动

1.7.1 系统要求

1．操作系统要求

（1）ANSYS Workbench 2021 R1 可运行于 Linux x64（linx64）、Windows x64（winx64）等操作系统中，其数据文件是兼容的。ANSYS Workbench 2021 R1 不再支持 32 位操作系统。

（2）确定计算机安装有网卡、TCP/IP 协议，并将 TCP/IP 协议绑定到网卡上。

2．硬件要求

（1）内存：8GB 以上（推荐 16GB 或 32GB）。

（2）硬盘：40GB 以上硬盘空间，用于安装 ANSYS 软件及其配套使用软件。

（3）显示器：支持 1024×768、1366×768 或 1280×800 分辨率的显示器，一些应用会建议使用高分辨率，如 1920×1080 或 1920×1200；可显示 24 位以上颜色显卡。

（4）介质：可由网络下载或用 USB 储存安装。

1.7.2 启动

（1）从 Windows“开始”菜单启动 Workbench 2021 R1，如图 1-10 所示。

（2）从其支持的 Inventor 系统中启动 Workbench 2021 R1，如图 1-11 所示。

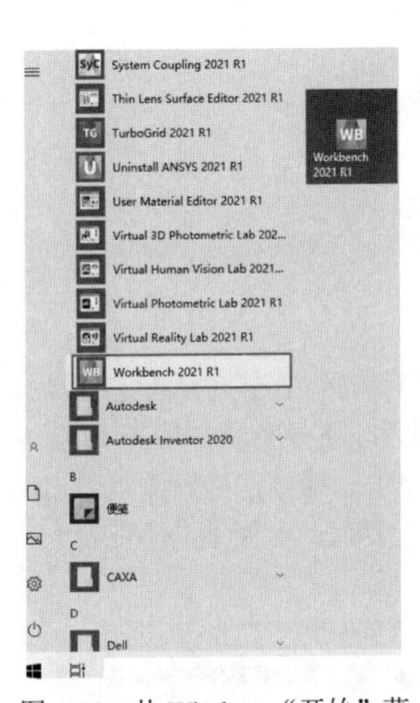

图 1-10 从 Windows“开始”菜单启动 Workbench 2021 R1

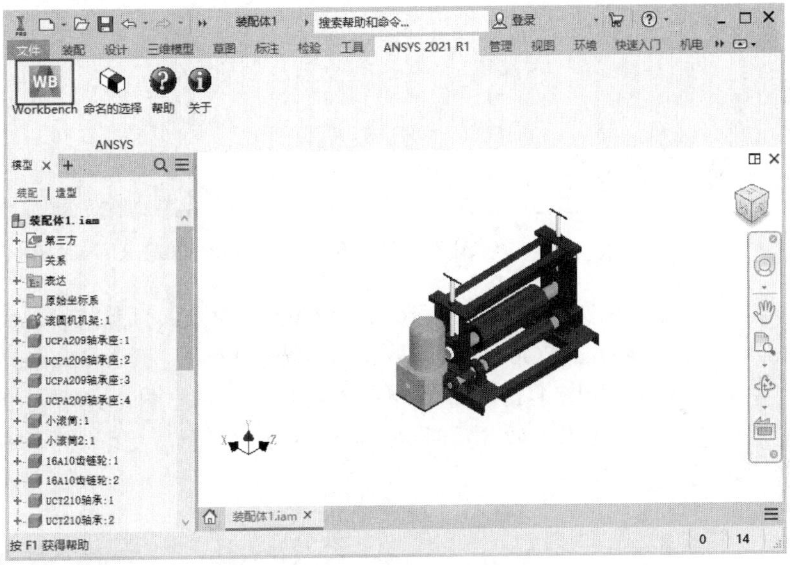

图 1-11 从其支持的 Inventor 系统中启动 Workbench 2021 R1

1.8 ANSYS Workbench 2021 R1 的界面

启动 ANSYS Workbench 2021 R1，进入图 1-12 所示的 ANSYS Workbench 2021 R1 项目图形界面。默认情况下 Workbench 的图形界面为英文，下面介绍如何将其设置成中文界面。

（1）打开 Options（选项）对话框。选择 Tools（工具栏）→Options 命令，如图 1-13 所示，打开 Options 对话框。

（2）激活测试选项。在 Options 对话框左侧选择 Appearance（外观）标签，勾选 Beta Options（试用版选项）复选框，如图 1-14 所示，单击 OK 按钮，激活 Workbench 的测试模式。

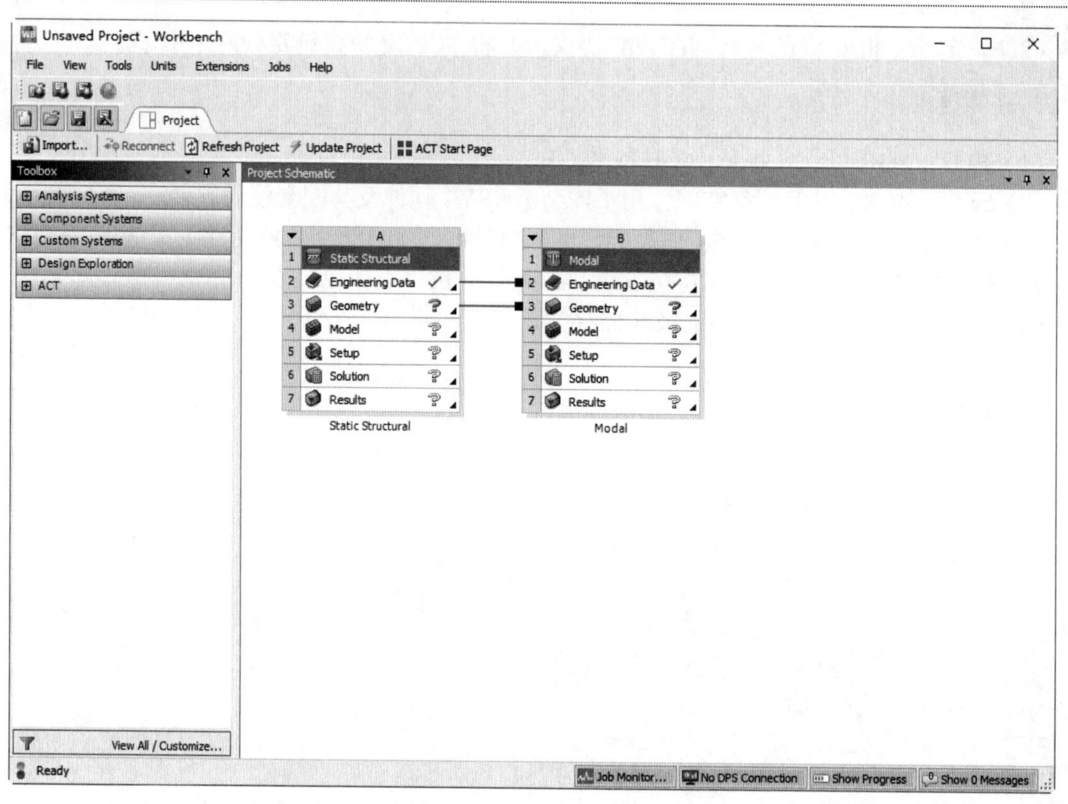

图 1-12　ANSYS Workbench 2021 R1 项目图形界面

（3）设置中文语言。选择 Tools→Options 命令，打开 Options 对话框。在该对话框左侧选择 Regional and Language Options（区域和语言选项）标签，在 Language（语言）下拉列表中选择 Chinese（中文）选项，如图 1-15 所示。单击 OK 按钮，弹出图 1-16 所示的警告对话框，提示需重新启动应用后语言变更才能生效。重新启动后进入软件界面，就可以看到中文界面，如图 1-17 所示。

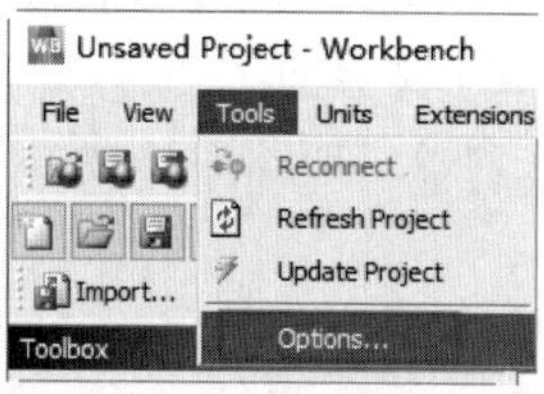

图 1-13　选择 Options 命令

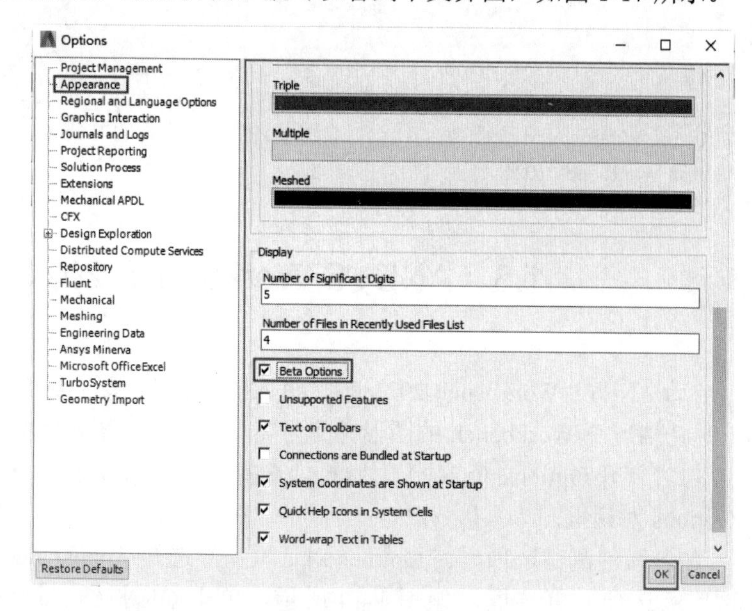

图 1-14　激活测试选项

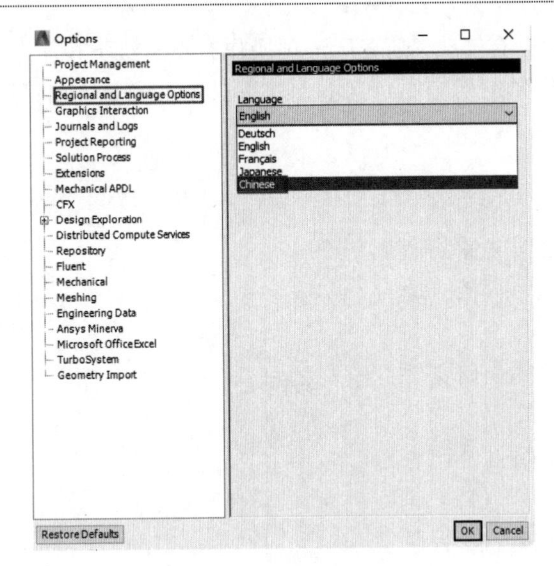

图 1-15　设置中文语言

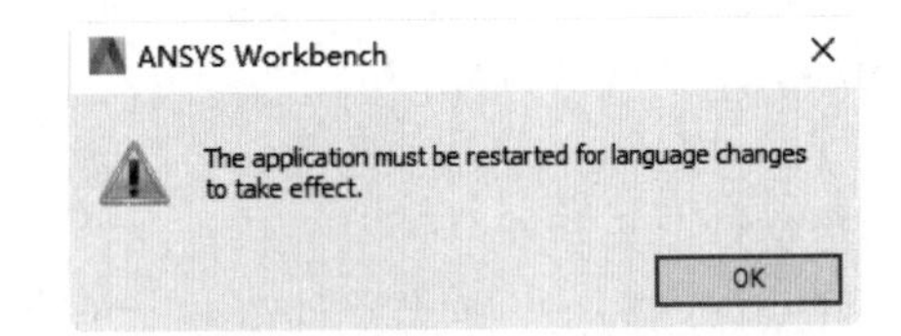

图 1-16　重新启动提示对话框

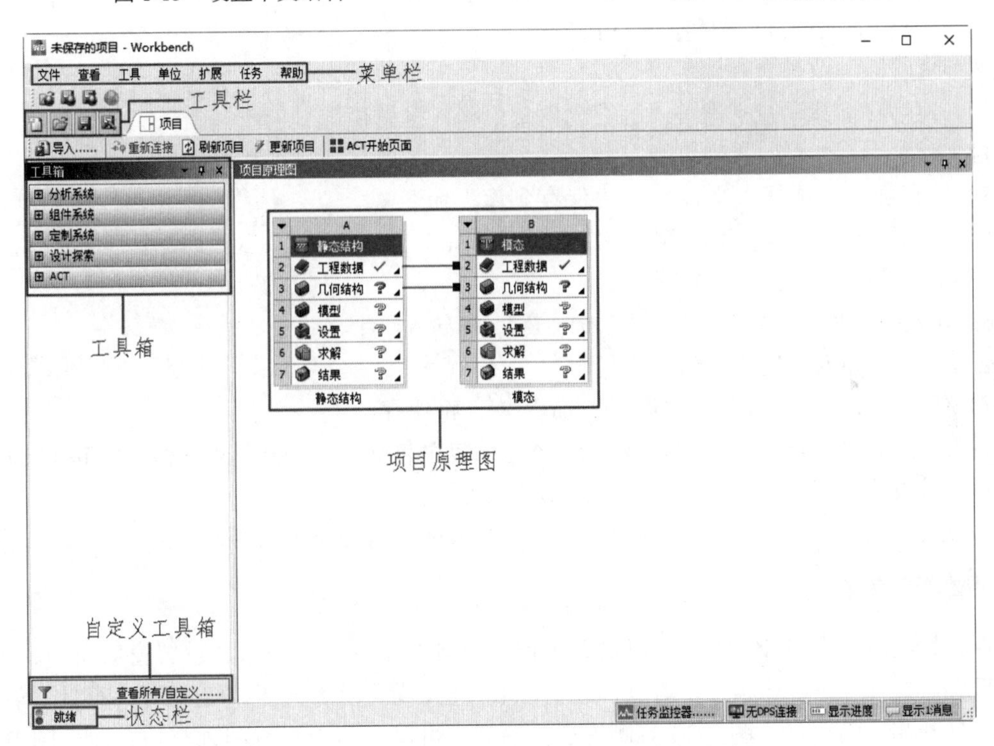

图 1-17　ANSYS Workbench 2021 R1 中文界面

大多数情况下，Workbench 的图形用户界面主要由菜单栏、工具栏、工具箱、项目原理图、自定义工具箱、状态栏等组成。

1.8.1　菜单栏

菜单栏主要包括文件、查看、工具、单位、扩展、任务、帮助等，单击任意一个主菜单，将会弹出相应的下拉菜单。下拉菜单中的菜单条右侧如果有箭头，则表示该项操作有下一级下拉子菜单，菜单条右侧如果有省略号，则表示单击该菜单条将弹出相应的对话框。这里只对主要菜单和菜单中的主要命令进行说明。

1. “文件”菜单

“文件”菜单如图1-18所示，提供了各种处理文件的命令，如新、打开、保存、另存为、保存到库、导入、存档、退出等。

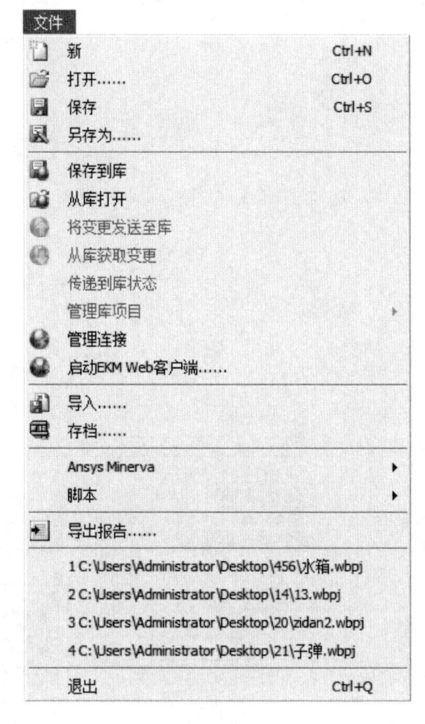

图1-18 “文件”菜单

（1）新：选择“文件”→“新”命令，将关闭当前文件并创建一个新的项目文件。

（2）打开：选择“文件”→“打开”命令，将打开已有的项目文件。

（3）保存：选择“文件”→“保存”命令，将保存当前的项目文件。保存的项目文件包括“*.wbpj”文件和“*_files”文档，两个项目文件必须同时存在，才能在下次打开文件时打开。

（4）另存为：选择“文件”→“另存为”命令，将另存一个项目文件。

（5）保存到库：选择“文件”→“保存到库”命令，将项目文件保存到档案库，用EKM（Extensible Key Management，可扩展密钥管理）管理。

（6）导入：选择“文件”→“导入”命令，将导入一个Workbench支持的导入类型的外部文件。

（7）存档：选择“文件”→“存档”命令，将保存的项目文件压缩成“*.wbpz”格式的压缩包。该压缩包里包含“*.wbpj”文件和“*_files”文档，避免将项目文件发给第三人时缺失文件，导致第三人无法打开。

（8）退出：选择“文件”→“退出”命令，将关闭Workbench应用程序。

2. “查看”菜单

“查看”菜单如图1-19所示，提供各种窗口查看的命令，如刷新、重置窗口布局、工具箱、项目原理图、文件、轮廓、属性、消息、进度、工具栏、显示系统坐标等。选择“查看”菜单中的命令，将打开相应的窗口，图1-20右侧为属性窗口，可以在其中查看和调整项目原理图中单元的属性。

3. “工具”菜单

“工具”菜单如图1-21所示，包括重新连接、刷新项目、更新项目和选项。

选择“工具”→“选项”命令，打开“选项”对话框，如图1-22所示。在该对话框中可以对Workbench进行整体设置，包括外观、区域和语言选项、图形交互、项目报告、求解过程等。

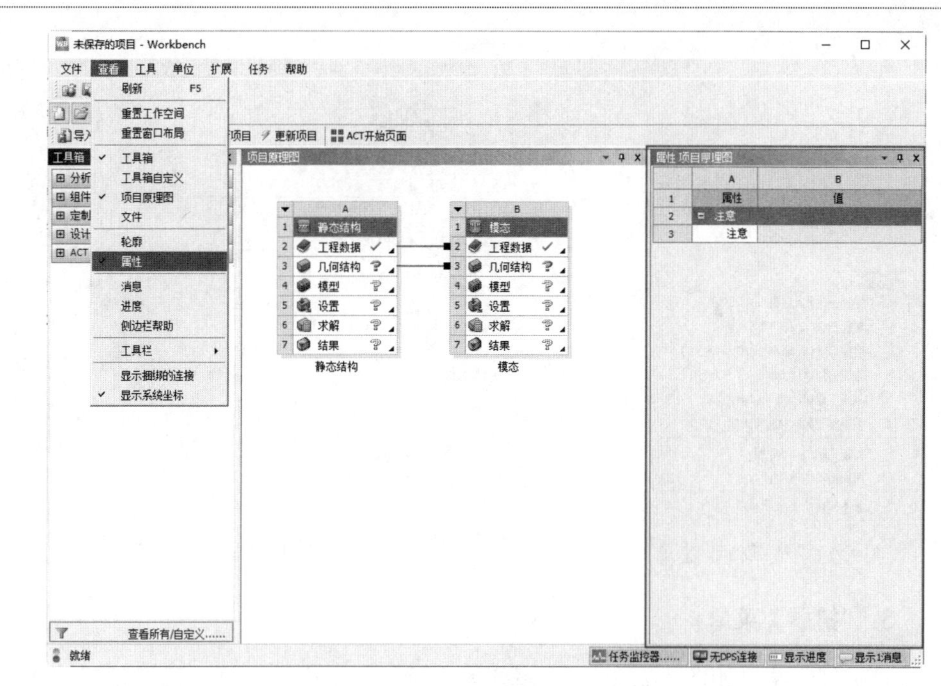

图 1-19 “查看”菜单　　　　图 1-20 属性窗口

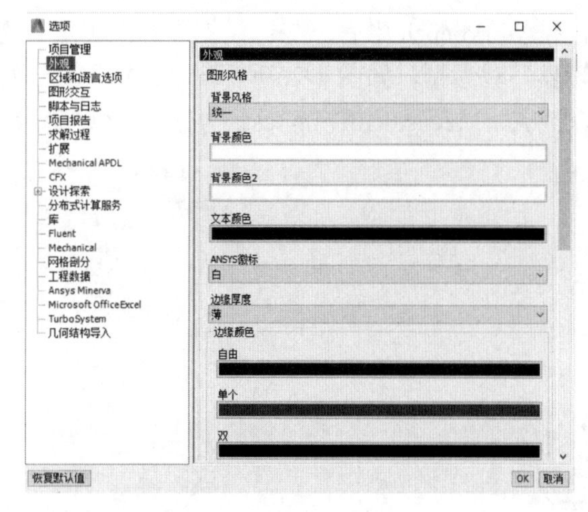

图 1-21 “工具”菜单　　　　图 1-22 “选项”对话框

4．“单位”菜单

“单位”菜单如图 1-23 所示，提供了国际上常用的度量单位，也有美国惯用单位和工程单位。选择“单位”→“单位系统”命令，打开“单位系统”对话框，如图 1-24 所示，可以调出需要的单位和隐藏不用的单位。

“单位系统”对话框分为左右两栏，其中左侧栏中有 A、B、C、D 4 列，A 列是定义好的单位系统；B 列是当前正在使用的单位，用户如果想使用哪个单位系统，则选中 A 列对应的 B 列中的单选按钮即可；C 列是默认的单位系统，默认情况下，每次启动 Workbench，都会选择默认的单位系统；D 列是抑制的单位系统，已选中的是已经抑制的单位系统，未选中的是激活的单位系统。右侧栏中列出的是常用的数量名称和单位。

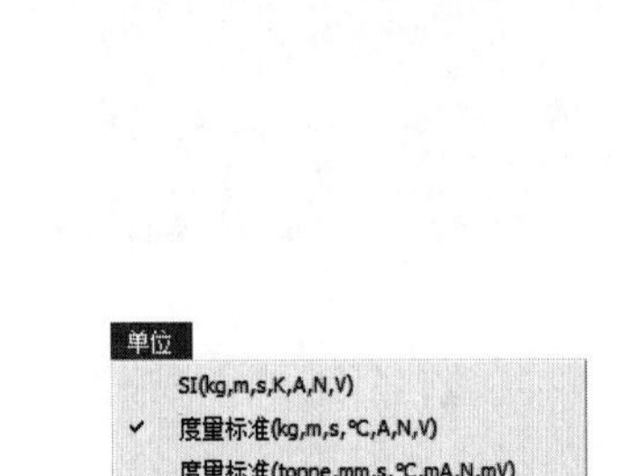

图 1-23 “单位”菜单

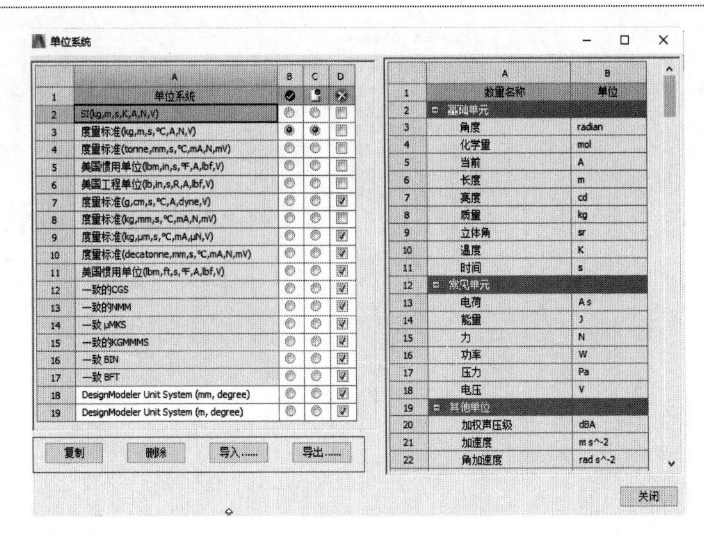

图 1-24 “单位系统”对话框

5. “扩展”菜单

“扩展”菜单如图 1-25 所示。该菜单是对分析系统的扩展，包括管理扩展、安装扩展等。对于高级有限元分析师来说，如果想要将编程好的数据扩展安装到 Workbench 中进行衔接，将会用到该功能。另外，在 Workbench 中有一些已经扩展好的工具，选择“扩展”→“管理扩展”命令，可打开“扩展管理器”对话框，如图 1-26 所示。其中用得比较多的扩展工具有 BladeInterference（桨叶干涉）、LS-DYNA、MechanicalDropTest（机械跌落试验）、MotionLoads（运动载荷）等。

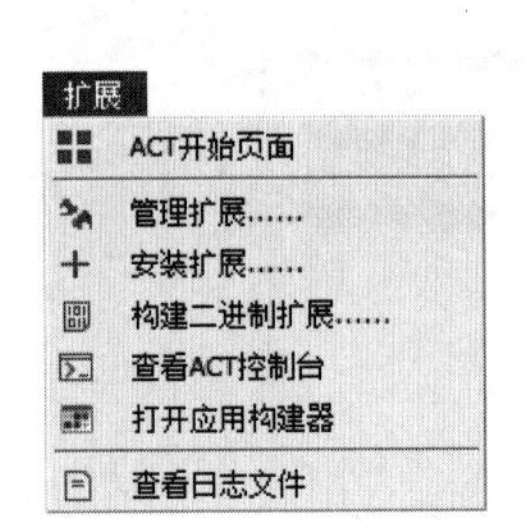

图 1-25 “扩展”菜单

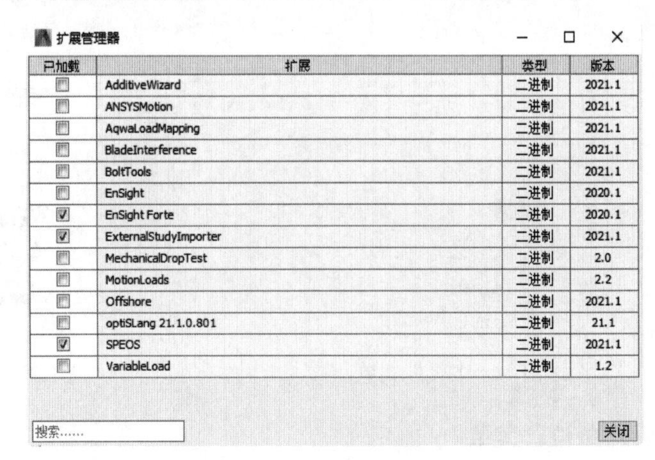

图 1-26 “扩展管理器”对话框

1.8.2 工具箱

ANSYS Workbench 2021 R1 的工具箱中列举了可以使用的系统和应用程序，可以将这些系统和应用程序添加到项目原理图中。工具箱由 5 个子组组成，如图 1-27 所示。它可以被展开或折叠起来，也可以通过工具箱下面的“查看所有/自定义”按钮自定义工具箱中应用程序或系统的显示或隐藏。

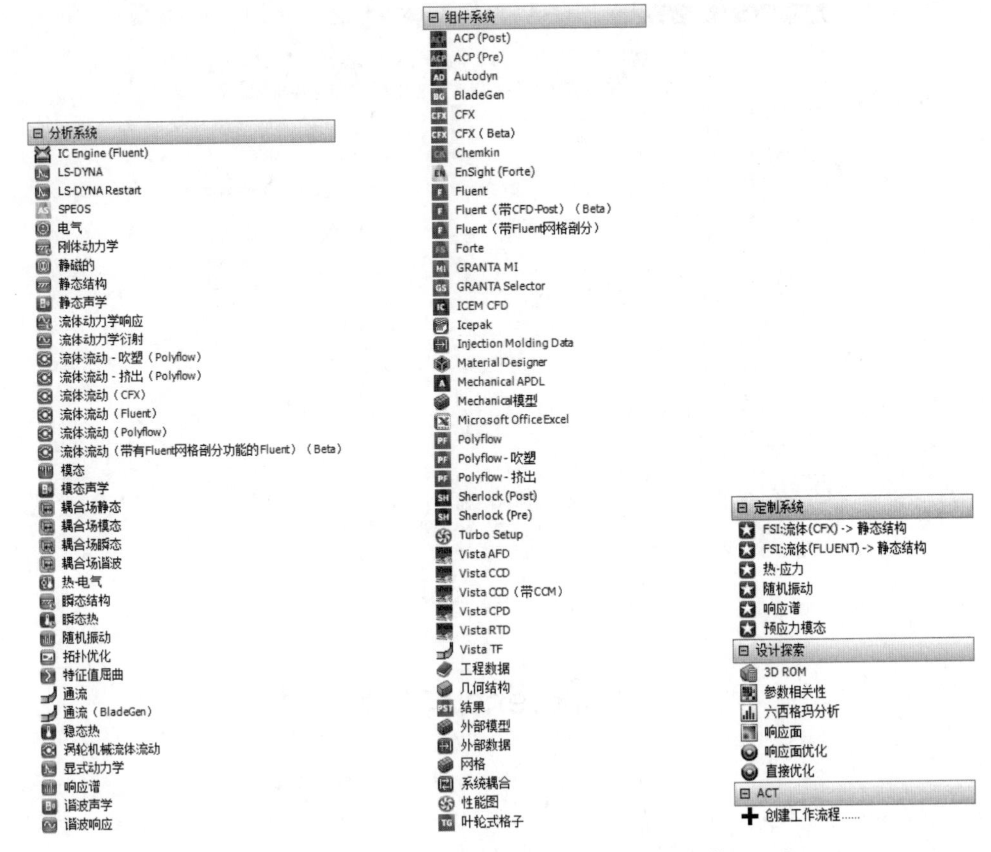

图 1-27　ANSYS Workbench 2021 R1 工具箱

工具箱中的 5 个子组如下。

（1）分析系统：可用在示意图中的预定义模板，是已经定义好的分析体系，包含工程数据模拟中不同的分析类型，在确定好分析流程后可直接使用。

（2）组件系统：相当于分析系统的子集，包含各领域独立的建模工具和分析功能，可单独使用，也可通过搭建组装形成一个完整的分析流程。

（3）定制系统：为耦合应用预定义分析系统（FSI、热-应力、随机振动等）。用户也可以建立自己的预定义系统。

（4）设计探索：参数化管理和优化设计的探索。

（5）ATC（扩展连接）：外部数据的扩展接口。

注意：

工具箱中列出的系统和组成取决于安装的 ANSYS 产品。

1.8.3　自定义工具箱

勾选或取消勾选“工具箱自定义”窗口中的复选框，可以展开或闭合工具箱中的各项，如图 1-28 所示。不用工具箱中的专用窗口时一般将其关闭。

工具箱自定义

	A	B	C	D	E
1		名称	物理场	求解器类型	AnalysisType
2	⊟	分析系统			
3	☑	IC Engine (Fluent)	任意	FLUENT,	任意
4	☑	LS-DYNA	Explicit	LSDYNA@LSDYNA	结构
5	☑	LS-DYNA Restart	Explicit	RestartLSDYNA@LSDYNA	结构
6	☑	SPEOS	任意	任意	任意
7	☑	电气	电气	Mechanical APDL	稳态导电
8	☑	刚体动力学	结构	刚体动力学	瞬态
9	☑	静磁的	电磁	Mechanical APDL	静磁的
10	☑	静态结构	结构	Mechanical APDL	静态结构
11	☐	静态结构（ABAQUS）	结构	ABAQUS	静态结构
12	☐	静态结构（Samcef）	结构	Samcef	静态结构
13	☑	静态声学	多物理场	Mechanical APDL	静态
14	☑	流体动力学响应	Transient	AQWA	流体动力学响应
15	☑	流体动力学衍射	Modal	AQWA	流体动力学衍射
16	☑	流体流动 - 吹塑（Polyflow）	流体	Polyflow	任意
17	☑	流体流动 - 挤出（Polyflow）	流体	Polyflow	任意
18	☑	流体流动（CFX）	流体	CFX	
19	☑	流体流动（Fluent）	流体	FLUENT	任意
20	☑	流体流动（Polyflow）	流体	Polyflow	任意
21	☑	流体流动（带有Fluent网格剖分功能的Fluent）	流体	FLUENT	任意
22	☑	模态	结构	Mechanical APDL	模态
23	☐	模态（ABAQUS）	结构	ABAQUS	模态

图 1-28　工具箱显示设置

1.9　Workbench 文档管理

ANSYS Workbench 2021 R1 可以自动创建所有相关文件，包括一个项目文件和一系列的子目录。用户应允许 Workbench 管理这些目录的内容，最好不要手动修改项目目录的内容或结构，否则会导致程序读取出错。

在 ANSYS Workbench 2021 R1 中，当指定文件夹里保存了一个项目后，系统会在磁盘中保存一个项目文件（*.wbpj）及一个文件夹（*_files）。Workbench 是通过此项目文件和文件夹及其子文件来管理所有相关文件的。图 1-29 为 Workbench 文件夹目录结构。

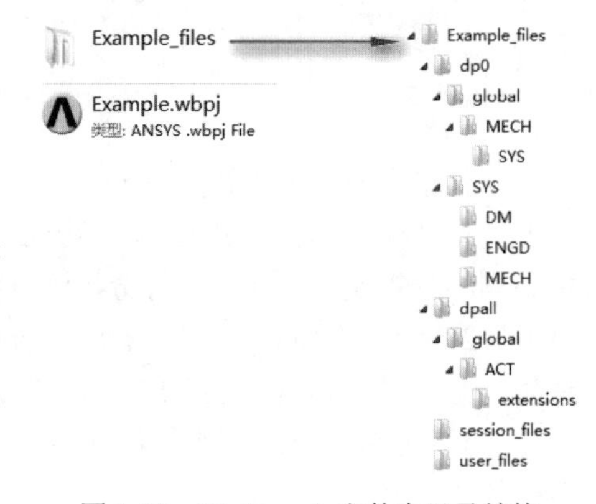

图 1-29　Workbench 文件夹目录结构

1.9.1　目录结构

Workbench 中生成的项目文件目录内文件的作用如下。

（1）dpn：设计点文件目录，这实质上是特定分析的所有参数的状态文件，在单分析情况下只有一个 dp0 目录。它是所有参数分析所必需的。

（2）global：包含分析中各个单元格中的子目录。其下的 MECH 目录中包括数据库及 Mechanical 单元格的其他相关文件。其内的 MECH 目录为仿真分析的一系列数据及数据库等相关文件。

（3）SYS：包括项目中各种系统的子目录（如 Mechanical、FLUENT、CFX 等）。每个系统的子目录都包含特定的求解文件，如 MECH 的子目录有结果文件、ds.dat 文件、solve.out 文件等。

（4）user_files：包含输入文件、用户文件等，这些可能与项目有关。

1.9.2　显示文件明细

如需查看所有文件的具体信息，可选择“查看”→“文件”命令，如图 1-30 所示，打开包含文件明细与路径的“文件”窗口，如图 1-31 所示。

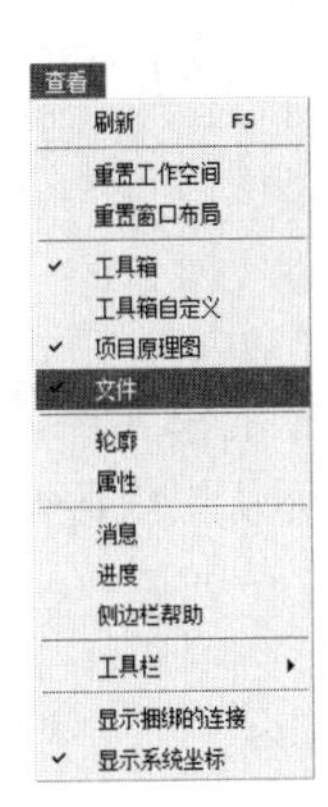

图 1-30　选择“文件”命令

文件

	A	B	C	D	E	F
1	名称	单元ID	尺寸	类型	修改日期	位置
2	SYS.agdb	A3	2 MB	几何结构文件	2022/1/5 10:34:46	dp0\SYS\DM
3	material.engd	A2	42 KB	工程数据文件	2022/1/5 10:36:21	dp0\SYS\ENGD
4	SYS.engd	A4	42 KB	工程数据文件	2022/1/5 10:36:21	dp0\global\MECH
5	实例2—脚手架螺栓静力学分析及优化.wbpj		51 KB	Workbench项目文件	2022/1/5 11:09:14	C:\Users\Administrator\Desktop\8.10
6	act.dat		259 KB	ACT Database	2022/1/5 11:09:01	dp0
7	SYS.mechdb	A4	8 MB	Mechanical数据库文件	2022/1/5 11:09:07	dp0\global\MECH
8	EngineeringData.xml	A2	42 KB	工程数据文件	2022/1/5 11:09:09	dp0\SYS\ENGD
9	CAERep.xml	A1	63 KB	CAERep文件	2022/1/5 10:59:30	dp0\SYS\MECH
10	CAERepOutput.xml	A1	849 B	CAERep文件	2022/1/5 11:00:22	dp0\SYS\MECH
11	ds.dat	A1	5 MB	.dat	2022/1/5 10:59:30	dp0\SYS\MECH
12	file.aapresults	A1	121 B	.aapresults	2022/1/5 11:01:27	dp0\SYS\MECH
13	file.cnd	A1	33 KB	.cnd	2022/1/5 10:59:56	dp0\SYS\MECH
14	file.mntr	A1	820 B	.mntr	2022/1/5 11:00:15	dp0\SYS\MECH
15	file.rst	A1	10 MB	ANSYS结果文件	2022/1/5 11:00:17	dp0\SYS\MECH
16	file0.err	A1	611 B	.err	2022/1/5 10:59:41	dp0\SYS\MECH
17	file0.PCS	A1	2 KB	.pcs	2022/1/5 11:00:13	dp0\SYS\MECH
18	MatML.xml	A1	28 KB	CAERep文件	2022/1/5 10:59:30	dp0\SYS\MECH
19	solve.out	A1	112 KB	.out	2022/1/5 11:00:20	dp0\SYS\MECH
20	designPoint.wbdp		127 KB	Workbench设计点文件	2022/1/5 11:09:14	dp0

图 1-31　“文件”窗口

1.10　项目原理图

项目原理图是通过放置应用或系统到项目管理区中的各个区域来定义全部分析项目的，其表示项目结构和工作流程，为项目中各对象和它们之间的相互关系提供了一个可视化的表示。项目原理图由一个个单元格组成，如图 1-32 所示。

项目原理图随要分析项目的不同而不同，可以仅由一个单一的单元格组成，也可以是含有一套复杂链接的系统耦合分析或模型的方法。

项目原理图中的单元格由将工具箱中的应用程序或系统直接拖曳到项目管理界面中载入或是直接在项目上双击载入。

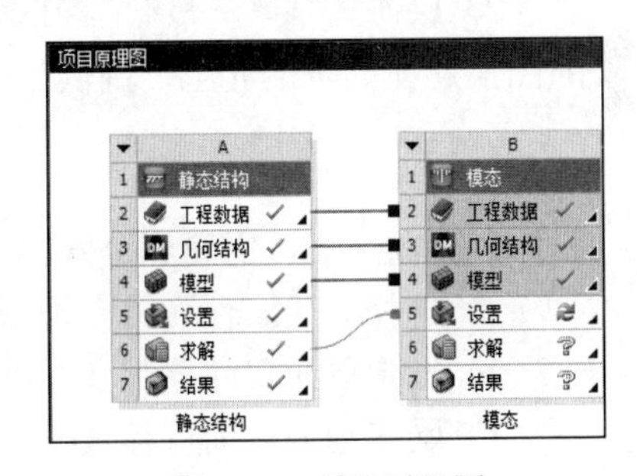

图 1-32　项目原理图

1.10.1　系统和单元格

要生成一个项目，需要从工具箱中添加单元格到项目原理图中形成一个系统，一个系统由一个个单元格组成。要定义一个项目，还需要在单元格之间进行交互。也可以在单元格中右击，在弹出的快捷菜单中选择可使用的单元格。通过一个单元格可以实现下面的功能。

（1）通过单元格进入数据集成的应用程序或工作区。

（2）添加与其他单元格间的链接系统。

（3）分配输入或参考的文件。

（4）分配属性分析的组件。

每个单元格含有一个或多个单元，如图 1-33 所示。每个单元都有一个与它关联的应用程序或工作区，如 ANSYS Fluent 或 Mechanical 应用程序，可以通过此单元单独打开这些应用程序。

图 1-33　项目原理图中的单元格

1.10.2　单元格的类型

单元格包含许多可以使用的分析和组件系统，下面介绍一些通用的分析单元。

1．工程数据

使用工程数据组件可以定义或访问材料模型中的分析所用数据。双击工程数据的单元格，或右击，在弹出的快捷菜单中选择“编辑”命令，可显示出工程数据的工作区。用户可从工作区中定义数据材料等。

2．几何结构

使用几何结构单元可以导入、创建、编辑或更新用于分析的几何模型。

（1）4 类图元。

- 体（三维模型）：由面围成，代表三维实体。
- 面（表面）：由线围成，代表实体表面、平面形状或壳（可以是三维曲面）。
- 线（可以是空间曲线）：以关键点为端点，代表物体的边。
- 关键点（位于三维空间）：代表物体的角点。

（2）层次关系。从最低阶到最高阶，模型图元的层次关系如下：关键点、线、面、体。如果低阶的图元连在高阶图元上，则低阶图元不能删除。

3．模型

模型建立之后，需要划分网格，其涉及以下四个方面的内容。

（1）选择单元属性（单元类型、实常数、材料属性）。

（2）设定单元尺寸控制（控制单元大小）。

（3）网格划分以前保存数据库。

（4）执行网格划分。

4．设置

使用设置单元可打开相应的应用程序。设置包括定义载荷、边界条件等。也可以在应用程序中配置分析。在应用程序中的数据会被纳入 ANSYS Workbench 的项目中，其中也包括系统之间的链接。

载荷是指加在有限单元模型（或实体模型，但最终要将载荷转化到有限元模型上）上的位移、力、温度、热、电磁等。载荷包括边界条件和内外环境对物体的作用。

5．求解

在所有的前处理工作进行完后，要进行求解。求解过程包括选择求解器、对求解进行检查、求解的实施及对求解过程中出现的问题进行解决等。

6. 结果

分析问题的最后一步工作是进行后处理，后处理就是对求解得到的结果进行查看、分析和操作。结果单元用于显示分析结果的可用性和状态。结果单元不能与任何其他系统共享数据。

1.10.3 单元格状态

1. 典型的单元格状态

典型的单元格状态如下。

（1）无法执行：丢失上行数据。

（2）需要注意：可能需要改正本单元或上行单元。

（3）需要刷新：上行数据发生改变，需要刷新单元（更新也会刷新单元）。

（4）需要更新：数据一改变，单元的输出也要相应地更新。

（5）最新的✓。

（6）发生输入变动：单元是局部更新的，但上行数据发生变化也可能导致其发生改变。

2. 解决方案时特定的状态

解决方案时特定的状态如下。

（1）中断：表示已经中断的解决方案。此选项执行的求解器正常停止，将完成当前迭代，并生成一个解决方案文件。

（2）挂起：标志着一个批次或异步解决方案正在进行中。当一个单元格进入挂起状态时，可以与项目和项目的其他部分一起退出 Workbench 或工作。

3. 故障状态

典型故障状态如下。

（1）刷新失败：需要刷新。

（2）更新失败：需要更新。

（3）更新失败：需要注意。

1.11 材料特性应用程序

进行有限元分析时，为分析的对象指定材料的属性是必需的步骤。在 Workbench 中，是通过“工程数据”应用程序控制材料属性参数的。

“工程数据”应用程序属于本地应用程序，进入“工程数据”应用程序的方法如下：首先添加工具箱中的分析系统；然后双击或右击系统中的“工程数据”单元格，进入“工程数据”应用程序，显示的界面如图 1-34 所示，窗口中的数据是交互式层叠显示的。

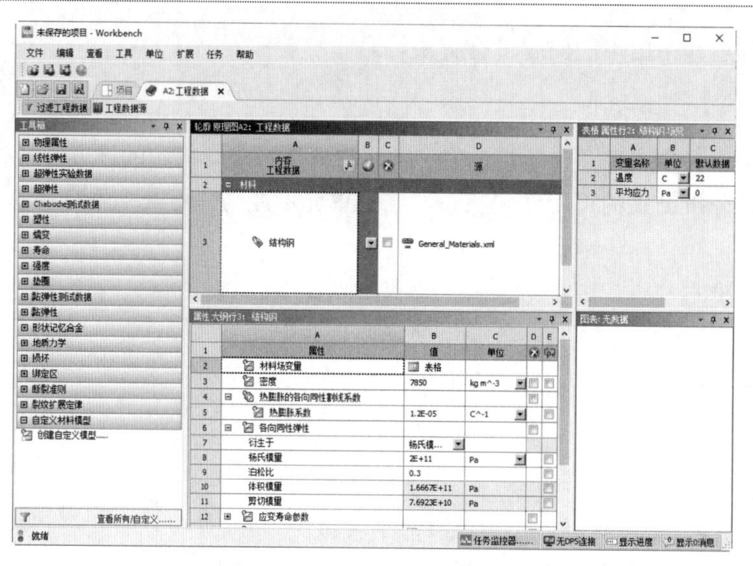

图 1-34　“工程数据”应用程序

1.11.1　材料库

在“工程数据”应用程序中单击工具栏中的“工程数据源”按钮，或在“工程数据”应用程序窗口中右击，在弹出的快捷菜单中选择“工程数据源”命令，如图 1-35 所示，此时窗口会显示“工程数据源”窗格，如图 1-36 所示。

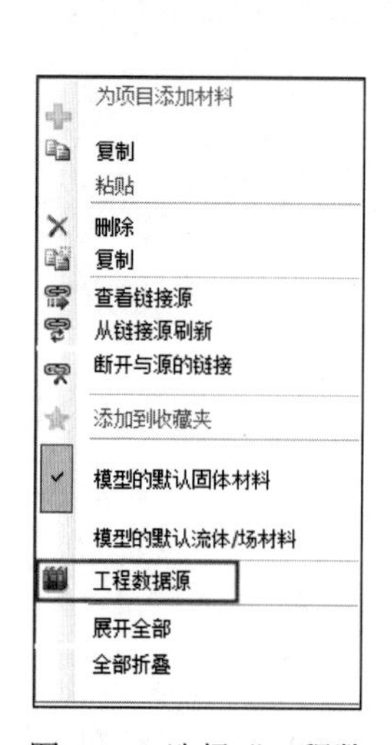

图 1-35　选择“工程数据源”命令

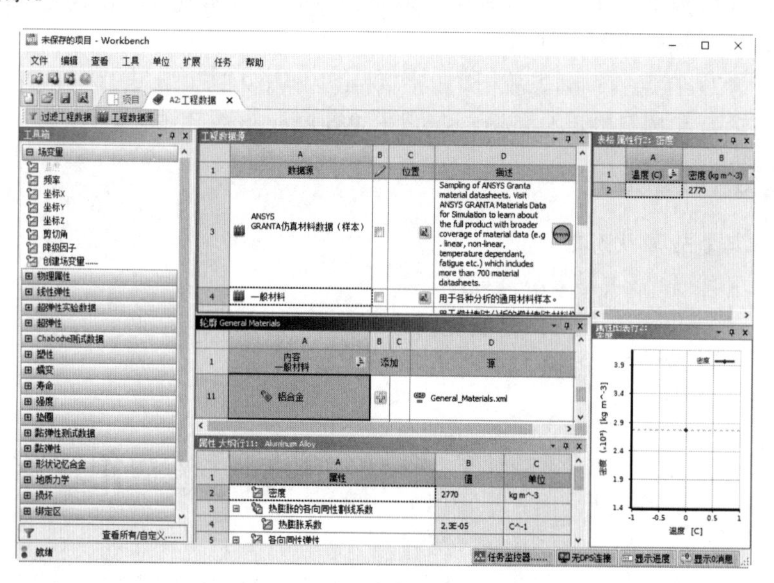

图 1-36　“工程数据源”窗格

材料库中有大量的常用材料。在“工程数据源”窗格中任选一个材料库，则“轮廓 General Materials”（通用材料）窗格中会显示此库内的所有材料。选择某一种材料后，“属性 大纲行”窗格中会显示此材料的所有默认属性参数值，该属性值可以修改。

1.11.2　添加库中的材料

材料库中的材料需要添加到当前的分析项目中才能起作用。向当前项目中添加材料的方法如下：首先打开“工程数据源”窗格，选择一个材料库；然后在“轮廓 General Materials”窗格中单击材料后面 B 列中的“添加”按钮，此时在当前项目中定义的材料会被标记为，表示材料已经添加到分析项目中，如图 1-37 所示。

可以将经常用到的材料添加到“偏好”库中，方便以后分析时使用。其添加方法如下：在需要添加到“偏好”库中的材料上右击，在弹出的快捷菜单中选择“添加到收藏夹”命令即可，如图 1-38 所示。

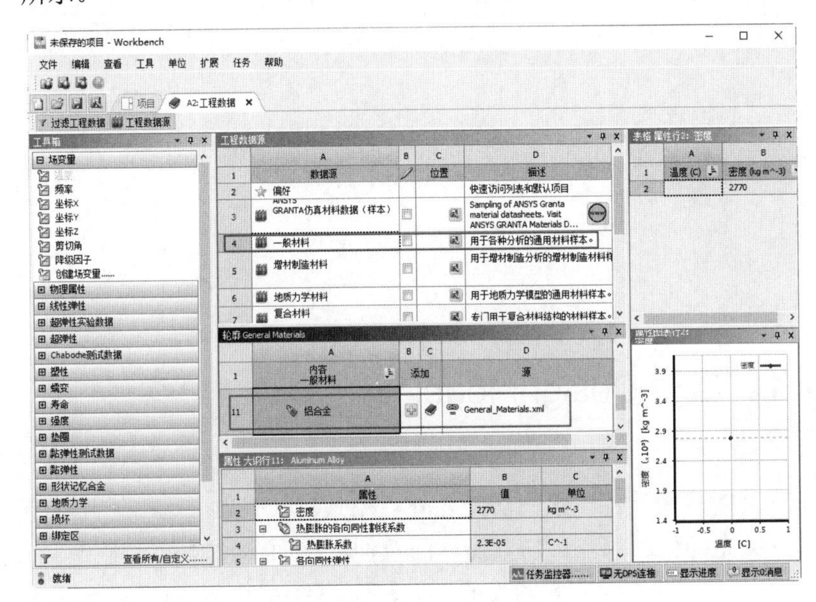

图 1-37　添加材料

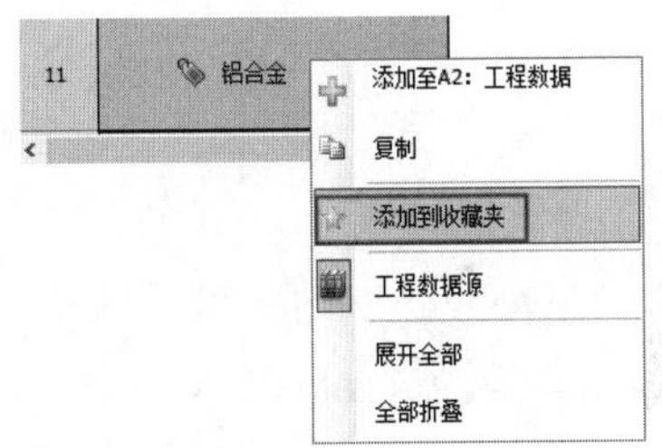

图 1-38　将材料添加到“偏好”库

1.11.3　添加新材料

材料库中的材料虽然很丰富，但是有些需要用到的特殊材料有可能材料库中并没有，这时需要将新的材料添加到材料库中。

“工程数据”应用程序的工具箱中有丰富的材料属性，包括“物理属性”“线性弹性”“超弹性实验数据”“超弹性”“蠕变”“寿命”“强度”“垫圈”等，如图 1-39 所示。在定义新材料时，直接将工具箱中的材料属性添加到新定义的材料中即可。

图 1-39　工具箱中的材料属性

第 2 章　DesignModeler 概述

导读

Workbench 在进行有限元分析之前，一般需要创建或导入模型。创建模型时一般会用到 DesignModeler 组件，在该组件中可以进行 2D 和 3D 模型的创建。

本章主要讲述 DesignModeler 的基础操作，包括启动、图形界面、图形选择和右键快捷菜单。

精彩内容

- 启动 DesignModeler
- DesignModeler 图形界面
- 图形选择
- 右键快捷菜单

2.1　启动 DesignModeler

DesignModeler 除了具有主流 CAD 建模软件一般的功能之外，还具有一些独一无二的几何修改能力，如特征简化、包围操作、填充操作、焊点、切分面、面拉伸、平面体拉伸和梁建模等。DesignModeler 还具有参数建模能力，可绘制有尺寸和约束的 2D 图形。另外，DesignModeler 还可以直接结合其他 Workbench 模块，如 Mechanical、Meshing、Advanced Meshing（ICEM）、DesignXplorer 或 BladeModeler 等。

DesignModeler 是 Workbench 中的一个组件，因此它没有独立的启动程序，可以在 Workbnech 中通过分析系统单元格或组件系统单元格进行启动，步骤如下。

（1）双击分析系统或者组件系统中的组件，或者拖动组件到项目原理图中，则在右侧项目原理图空白区域内出现该组件的项目原理图 A，如图 2-1 所示。

（2）右击“几何结构”模块，在弹出的快捷菜单中选择“新的 DesignModeler 几何结构”命令，如图 2-2 所示，打开 DesignModeler 应用程序；也可以右击“几何结构”模块，在弹出的快捷菜单中选择“导入几何模型”→“浏览”命令，如图 2-3 所示，浏览导入支持打开的其他格式的模型文件，进入 DesignModeler 应用程序。

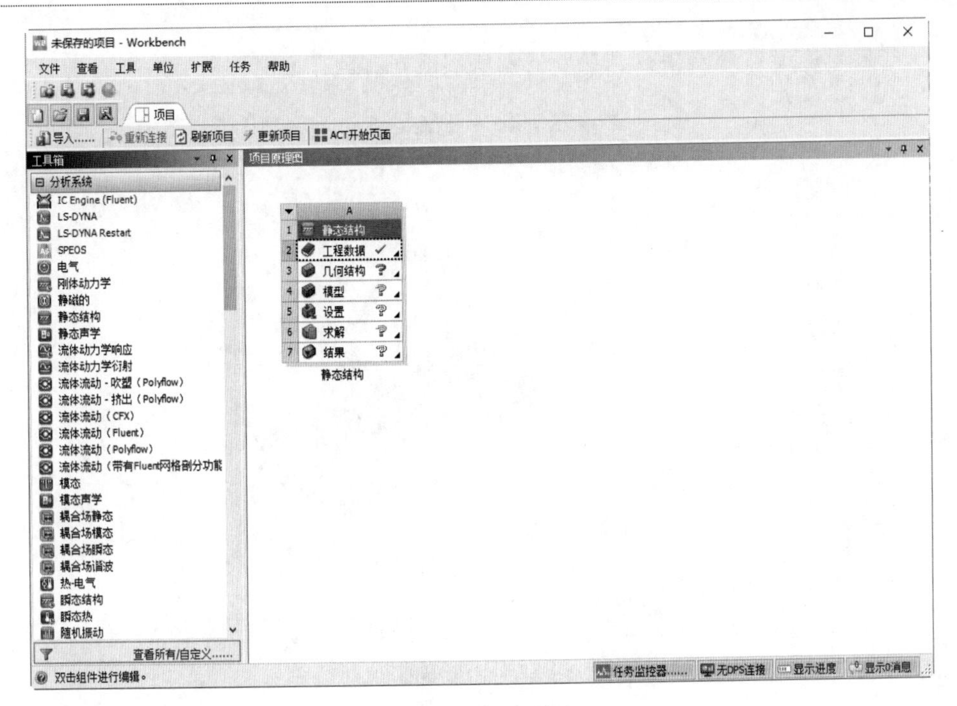

图 2-1　创建项目

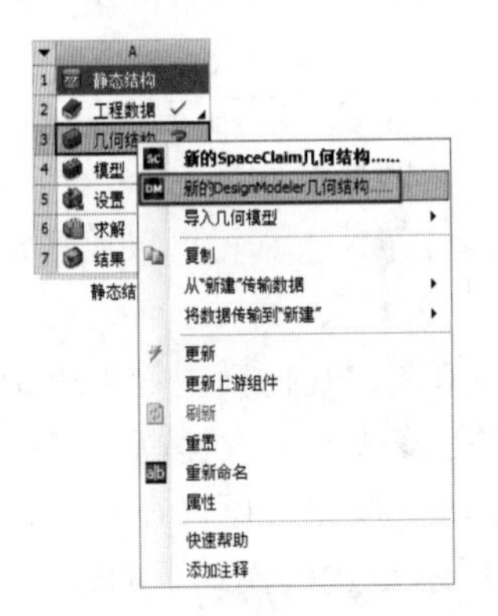

图 2-2　右击打开 DesignModeler 应用程序

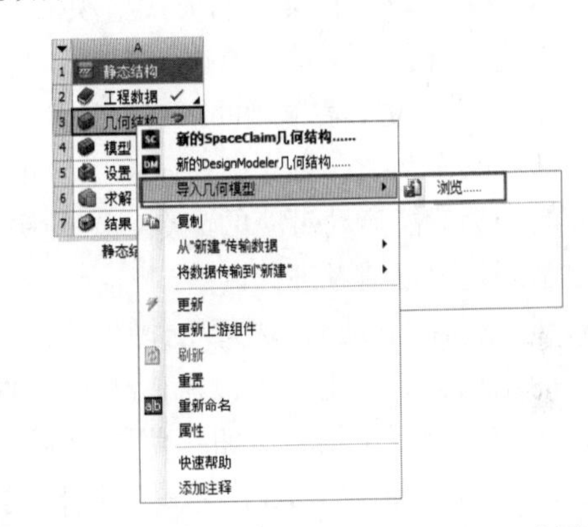

图 2-3　右击导入文件打开 DesignModeler 应用程序

2.2　DesignModeler 图形界面

ANSYS Workbench 2021 R1 中提供的 DesignModeler 图形界面具有直观、分类科学的优点，方便用户学习和应用。

2.2.1　图形界面简介

图 2-4 所示是一个标准的 DesignModeler 图形界面，包括菜单栏、工具栏、树轮廓、信息栏、状态栏、图形窗口等区域。

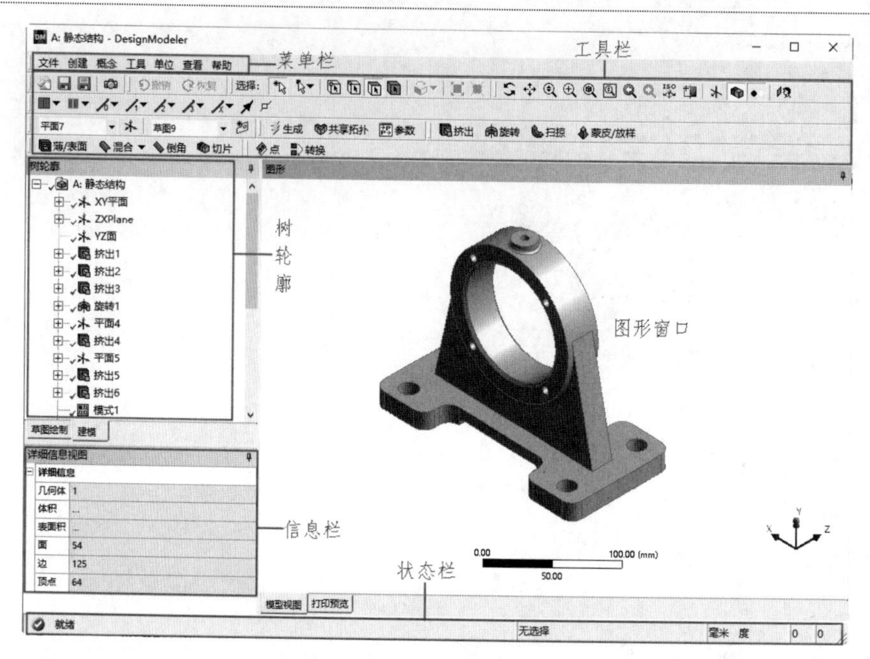

图 2-4　图形界面

（1）菜单栏：以下拉菜单的形式组织图形界面层次，可以从中选择需要的命令。菜单栏主要包括文件、创建、概念、工具、单位、查看和帮助。

（2）工具栏：位于菜单栏的下方，是几组用图标形式组成的命令集合。利用工具栏可以完成该软件的大部分操作功能，将光标在图标上停留片刻，系统自动提示该图标对应的命令，使用时只要单击相应的图标就能启动对应的命令，方便快捷。另外，为了操作方便，工具栏可以放置在任何地方，方便不同使用习惯者进行调整。

（3）树轮廓：记录创建模型的操作步骤，包括平面、特征、草图、几何模型等。树轮廓表示所建模型的结构关系，用户可以对操作不当的特征或草图直接进行修改，大大提高了建模效率。在树轮廓下方还有两个切换按钮：草图绘制和建模，通过单击这两个按钮，可以在草图模式和建模模式之间进行切换。图 2-5 所示是草图模式下的标签，图 2-6 所示是建模模式下的标签。

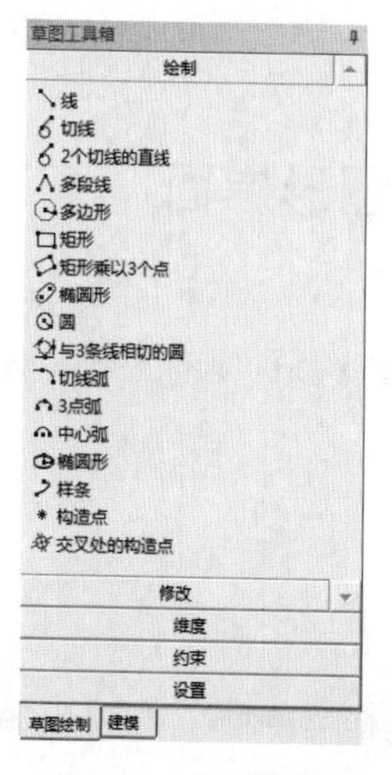

图 2-5　草图标签

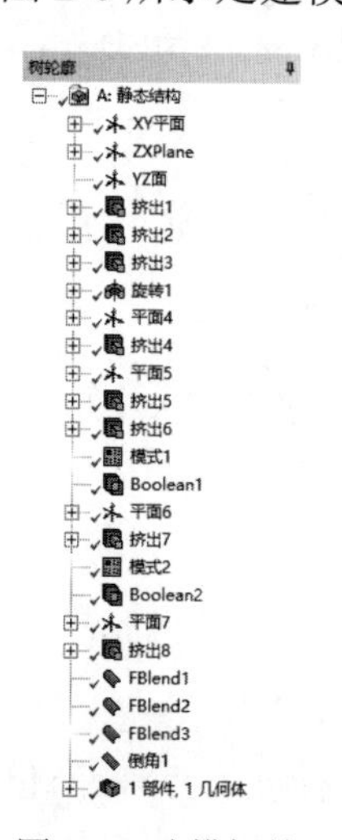

图 2-6　建模标签

（4）信息栏：查看或修改模型细节。信息栏以表格方式显示，左栏为细节名称，右栏为具体操作细节。为了便于操作，属性窗格内的操作细节已进行分组。

（5）状态栏：在图形界面的底部，提供正在进行操作命令的提示信息。在操作过程中，经常浏览状态栏可以帮助初学者解决操作中遇到的困难或出现的问题。

（6）图形窗口：图形界面中最大的空白区域，是建模和绘制草图的显示区域。

2.2.2 菜单栏

DesignModeler 菜单栏中包括文件、创建、概念、工具、单位、查看和帮助等下拉菜单，可以满足包括工具栏在内的大部分功能，如文件的保存、导出和导入，模型的创建和修改，单位的设置，图形的显示样式等。

（1）“文件”菜单：用来进行基本的文件操作，包括文件的输入、新建、保存、导入、导出、与 CAD 进行交互及写入活动面的脚本等功能，如图 2-7 所示。

（2）“创建”菜单：用来进行模型的创建和修改，主要针对 3D 模型，包括创建新平面、挤出、旋转、扫掠、蒙皮/放样、薄/表面、倒角等命令，如图 2-8 所示。

（3）“概念”菜单：与“创建”菜单创建 3D 模型不同，“概念”菜单主要用来创建线体和面体模型，这些线体和面体可作为有限元分析中梁和壳单元的模型，如图 2-9 所示。

（4）“工具”菜单：提供了对模型中的线、面和体进行操作的一系列命令，包括冻结、解冻、命名的选择、属性、面分割、填充等命令，如图 2-10 所示。

（5）“单位”菜单：提供用来建模的单位，包括长度单位、角度单位及模型公差，如图 2-11 所示。

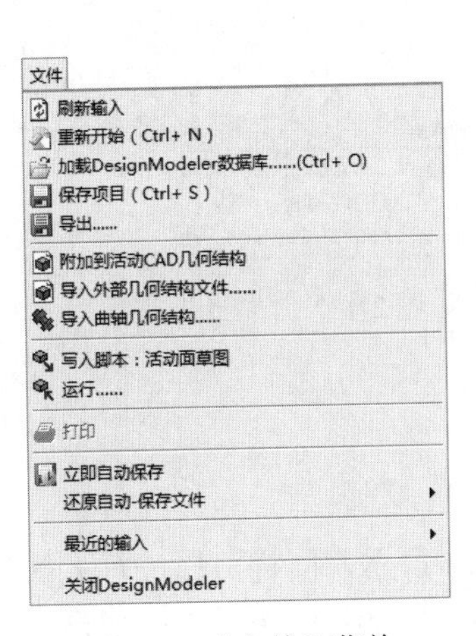

图 2-7 “文件”菜单

图 2-8 “创建”菜单

（6）“查看”菜单：用于修改显示设计，包括模型的外观颜色、显示方式、标尺的显示及显示坐标系等功能，如图 2-12 所示。

（7）“帮助”菜单：用于获取帮助文件，如图 2-13 所示。ANSYS Workbench 2021 R1 提供了功能强大、内容完备的帮助文件，包括大量关于 GUI、命令和基本概念等的帮助信息。熟练使用帮助文件是学习 ANSYS Workbench 2021 R1 取得进步的必要条件。这些帮助文件以网页的形式呈现，也可以授权安装，可以很容易地访问。

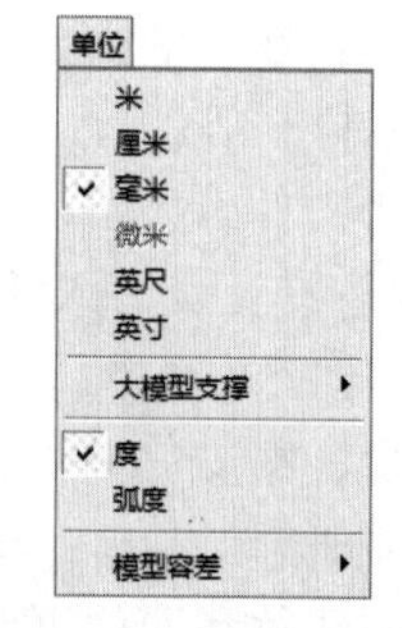

图 2-9　“概念”菜单

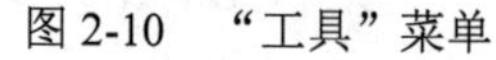
图 2-10　“工具”菜单

图 2-11　“单位”菜单

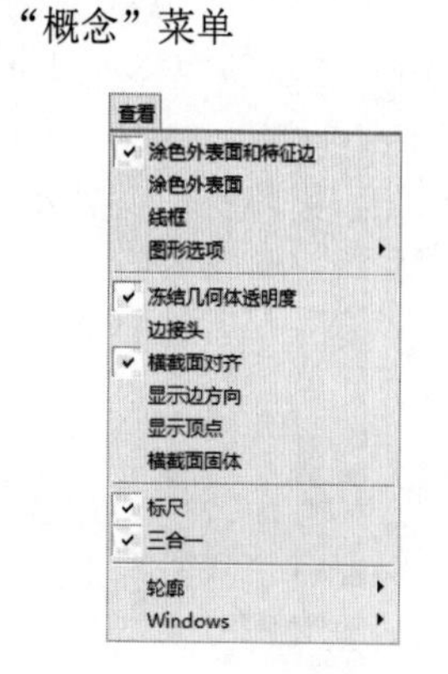

图 2-12　“查看”菜单

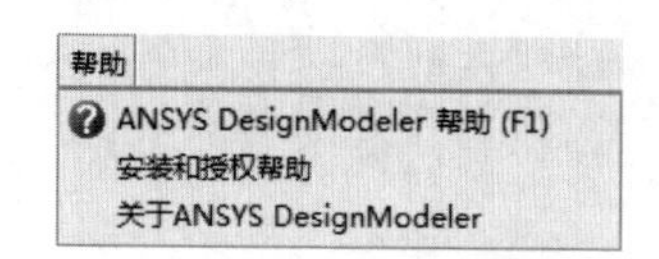

图 2-13　“帮助”菜单

2.2.3　工具栏

DesignModeler 的工具栏位于菜单栏下方，如图 2-14 所示，同样可以进行大部分的命令操作，包括文件管理工具、选择过滤工具、新建平面/草图工具、图形控制工具、图形显示工具及几何建模工具等。与其他软件不同的是，DesignModeler 的工具栏只能改变放置位置，不能对其中的命令进行添加或删减。

图 2-14　工具栏

2.2.4　信息栏

信息栏又称详细信息视图栏，选择内容不同，其显示的信息也不相同，图 2-15 为草图的详细信息视图栏，图 2-16 为模型的详细信息视图栏。信息栏分为左右两列，左侧为细节名称；右侧为具体细节，包括一些操作过程。对于显示信息的可编辑范围，信息栏用不同颜色进行区分。如图 2-16 所示，白色区域为当前输入的数据；浅色区域为未进行信息输入的数据，这两个区域都是可以编辑的数据；而深色区域是信息显示区域，不能进行编辑。

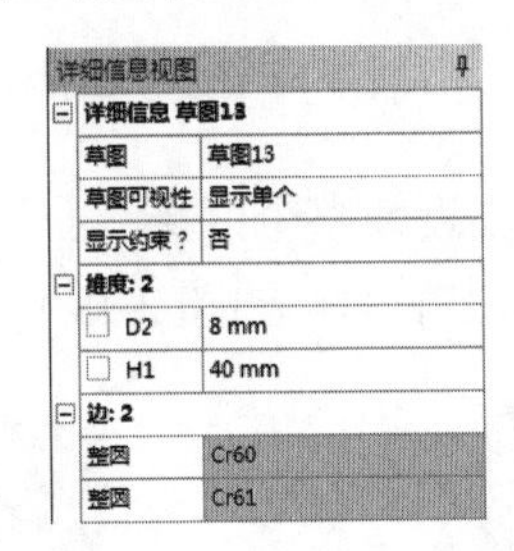

图 2-15　草图的详细信息视图栏

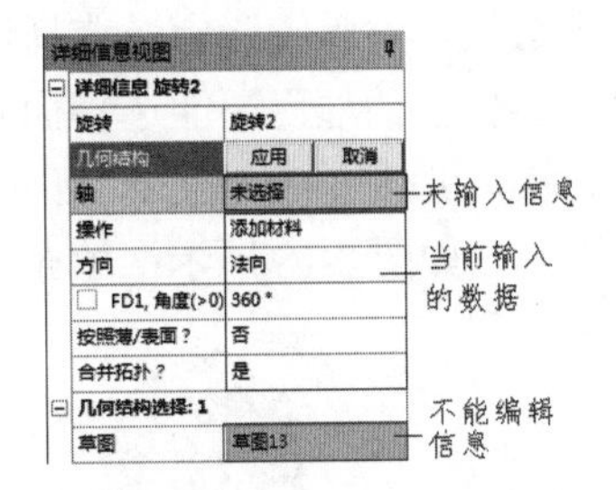

图 2-16　模型的详细信息视图栏

2.3　图 形 选 择

2.3.1　鼠标操作

鼠标有左键、右键和中键，可以利用鼠标快速地对图形进行选择、旋转和缩放操作。其具体操作如下。

1．鼠标左键

（1）单击鼠标左键（简称单击），可以选择草图或几何体（包括点、线、面、体）。

（2）Ctrl+鼠标左键可以添加或删除选择的草图或几何体（包括点、线、面、体）。

（3）按下鼠标左键后拖动鼠标，可以进行连续选择。

2．鼠标中键

（1）按下鼠标中键可以旋转图形。

（2）向上滚动鼠标中键放大图形，向下滚动鼠标中键缩小图形。

（3）Ctrl+鼠标中键可以平移图形。

（4）Shift+鼠标中键可以缩放图形。

3．鼠标右键

（1）单击鼠标右键（简称右击）同时框选图形，可放大被框选部分的图形。

（2）右击可以弹出快捷菜单。

2.3.2 选择过滤器

在进行操作时，有时会根据要求选择不同的对象，如选择点、线、面和体等，这时利用选择过滤器可以非常方便地进行操作，如图 2-17 所示。使用选择过滤器时，首先需要在相应的图过滤器图标上单击，然后在绘图区域就只能选中相应的特征。例如，要选择某一实体上的边线，可以先选择边选择过滤器，这时就只能选择该实体上的边而不能选择面和体了。

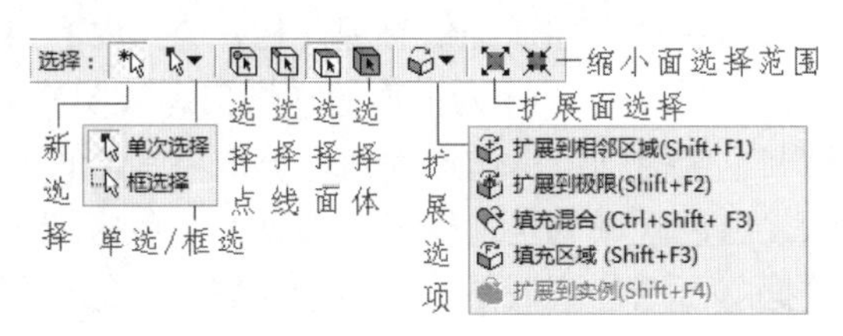

图 2-17　选择过滤器

除了直接选择过滤器进行选择外，还可以通过扩展选项选择临近或整个区域的面。临近会选择当前所选面的相邻面，如图 2-18 所示；填充区域则会选择整个区域中的面，如图 2-19 所示。

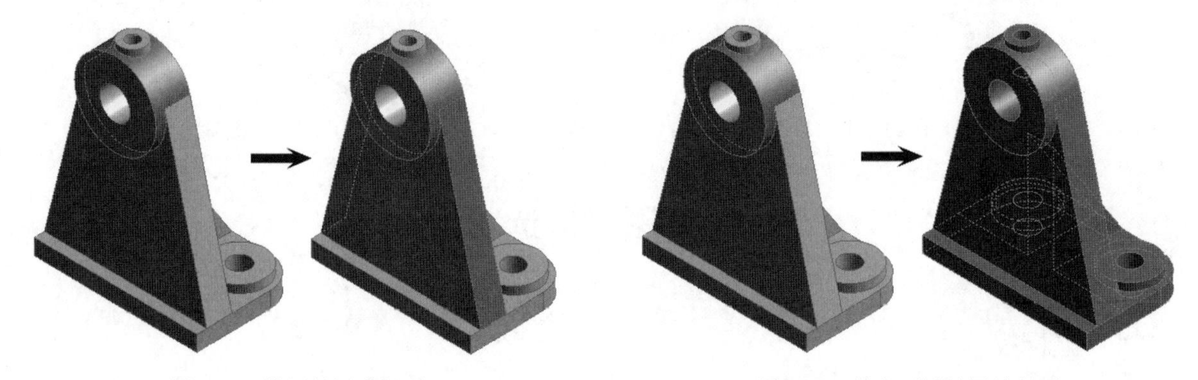

图 2-18　临近扩展选择面　　图 2-19　填充区域扩展选择面

另外，选择过滤器中的“扩展面选择”按钮会增大选择面的区域，与选择的面相邻的面都会被选中，每单击一次就会扩选一次，如图 2-20 所示；而“缩小面选择范围”按钮会将所选的面排除在选择范围外，而将所选的面隐藏，如图 2-21 所示。

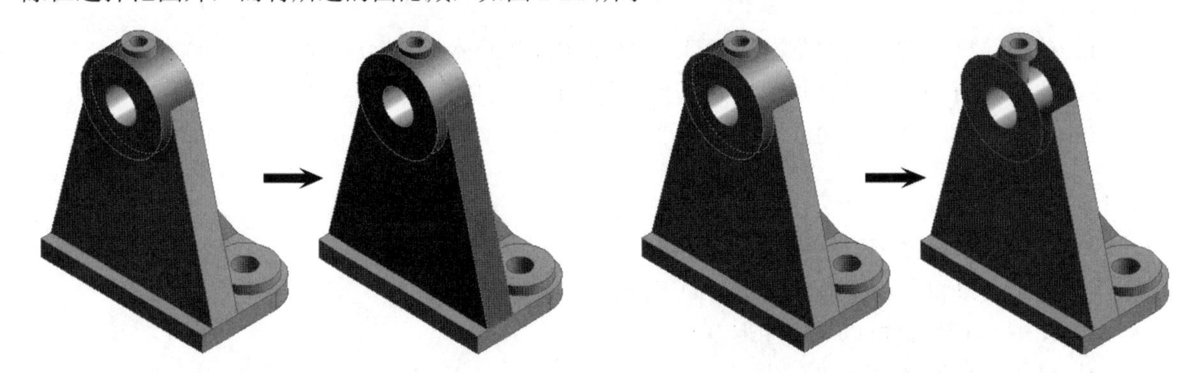

图 2-20　扩展面选择效果　　图 2-21　缩小面选择范围效果

也可以在图形窗口中右击，在弹出的快捷菜单中选择“选择过滤器”命令，如图 2-22 所示。

选择模式下，光标会反映出当前的选择过滤器，不同的光标表示选取不同的选择方式，具体光标状态如图 2-23 所示。

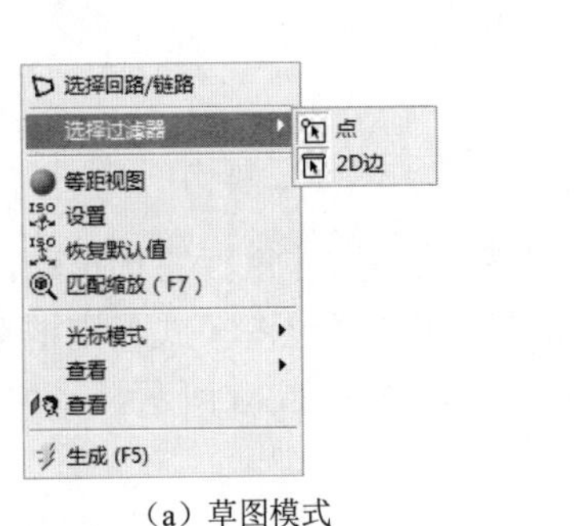

（a）草图模式

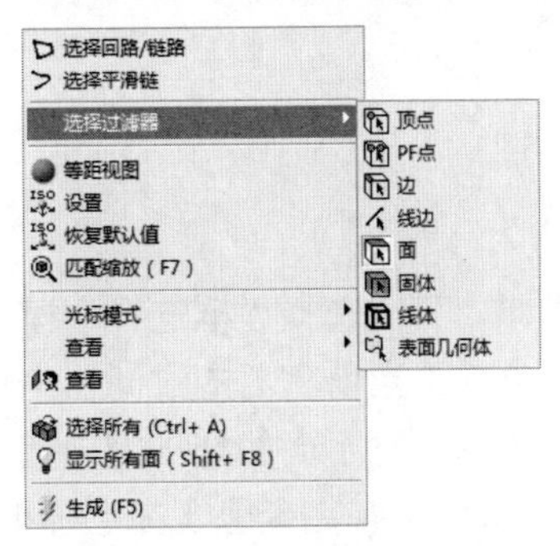

（b）建模模式

图 2-22　右键快捷菜单

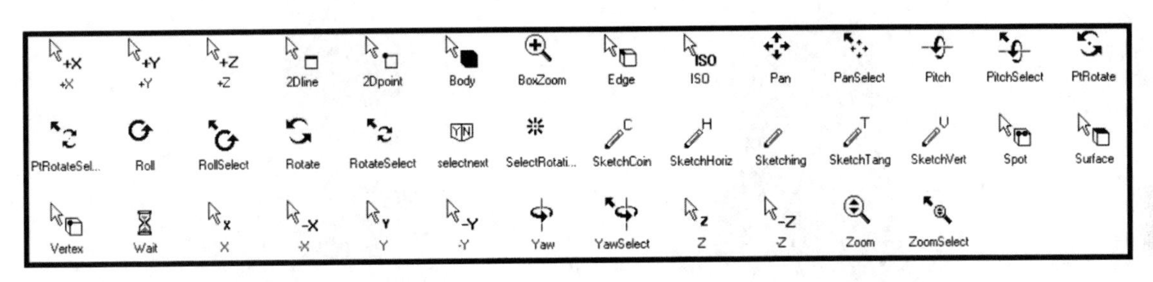

图 2-23　光标状态

2.3.3　单选

在 ANSYS Workbench 2021 R1 中，选择目标是指点、线、面、体，可以通过图 2-24 所示工具栏中的“选择模式”按钮选取模式，包含“单次选择”模式单次选择和“框选择”模式框选择。单击“选择模式”按钮，选择“单次选择”模式，进入单次选择模式，在模型上单击进行目标的选取。

在选择几何体时，有些几何体可能是在后面被别的几何体所遮盖，这时使用选择面板会十分有用。其具体操作如下：选择被遮盖的几何体的最前面部分，这时在视图区域的左下角将显示选择面板的待选窗格，如图 2-25 所示。待选窗格用来选择被遮盖的几何体（面、线等），其颜色和零部件的颜色相匹配（适用于装配体）。可以直接单击待选窗格的待选方块，每一个待选方块都代表一个实体（面、线等），假想有一条直线从开始单击的位置起沿垂直于视线的方向穿过所有这些实体。多选技术也适用于查询窗格。屏幕下方状态栏中将显示被选择的目标的信息。

图 2-24　“选择模式”按钮

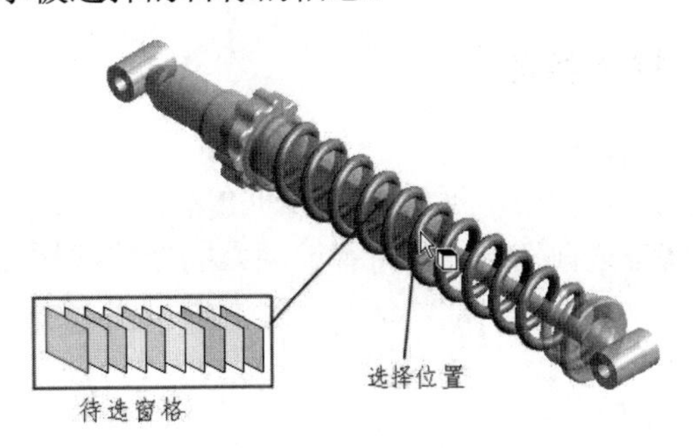

图 2-25　选择面板

2.3.4 框选

与单选的方法类似，只需选择“框选择”模式，再在视图区中按住鼠标左键拖动，绘制矩形框进行选取即可。框选也基于当前激活的过滤器来选择，如采取面选择过滤模式，则框选同样也是只可以选择面。另外，在框选时不同的拖动方向代表不同的含义，如图 2-26 所示。

（1）从左到右：选中所有完全包含在选择框中的对象。

（2）从右到左：选中包含于或经过选择框中的对象。

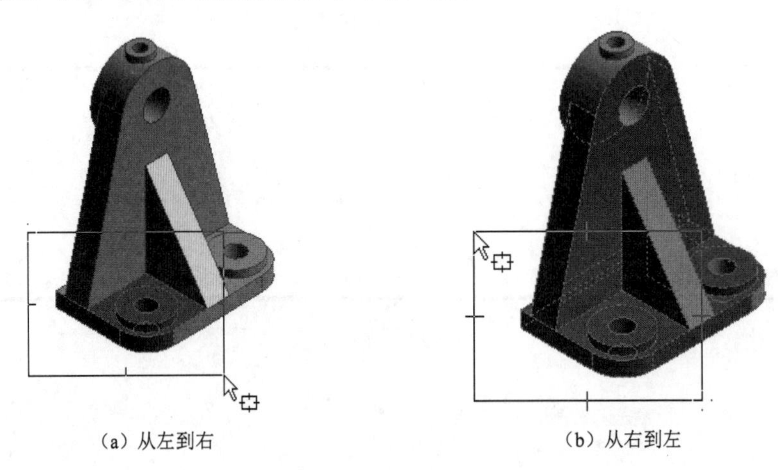

（a）从左到右　　（b）从右到左

图 2-26　框选模式

注意：

选择框边框的识别符号有助于帮助用户确定到底正在使用上述哪种框选模式。

另外，还可以在树轮廓分支中进行选择。

2.4 右键快捷菜单

在不同的位置右击会弹出不同的右键快捷菜单，本节即介绍右键快捷菜单的功能。

2.4.1 插入特征

在建模过程中，可以通过在树轮廓上右击任何特征并选择“插入”命令实现如下操作：允许在选择的特征之前插入新的特征，插入的新特征将会插入到树轮廓中被选特征上方，只有新建模型被再生后，该特征之后的特征才会被激活。图 2-27 所示为插入特征操作。

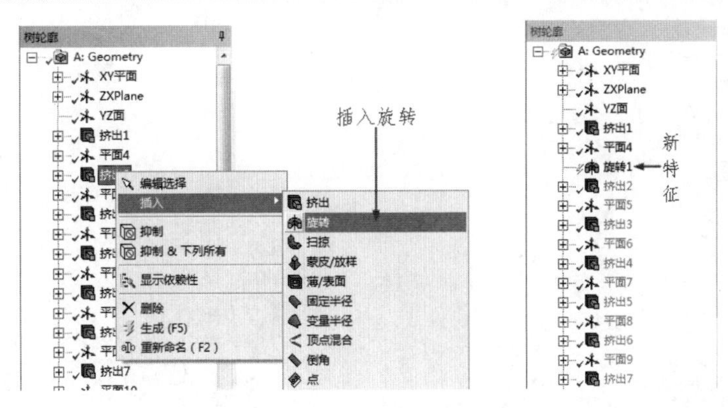

图 2-27　插入特征操作

2.4.2　显示/隐藏目标

1．隐藏目标

在视图区域的模型上选择一个目标，右击，在弹出的快捷菜单中选择“隐藏几何体”命令，如图 2-28 所示，该目标即被隐藏；还可以在树轮廓中选取一个目标，右击，在弹出的快捷菜单中选择“隐藏几何体”命令，隐藏目标。当一个目标被隐藏时，该目标在树轮廓中的显示亮度会变暗。

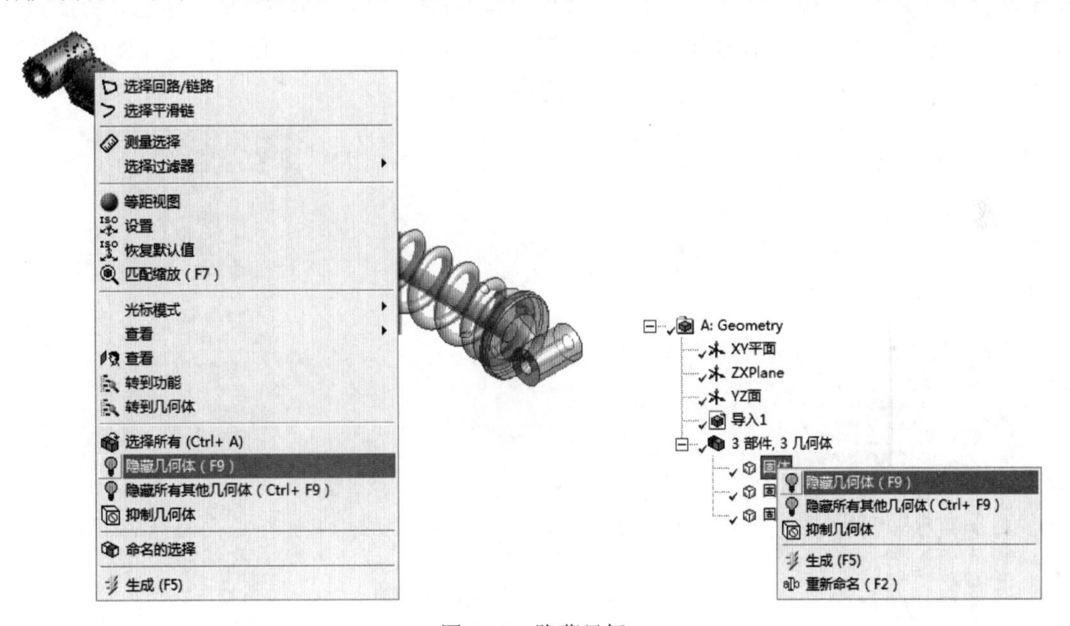

图 2-28　隐藏目标

2．显示目标

同隐藏目标一样，可以在视图区域中右击，在弹出的快捷菜单中选择“显示全部几何体”命令，系统自动在树轮廓 Geometry（几何模型）项中显示被隐藏的目标，以蓝色加亮方式显示；也可以在树轮廓中选中该项，右击，在弹出的快捷菜单中选择“显示主体”或“显示全部几何体”命令，显示被隐藏的目标，如图 2-29 所示。

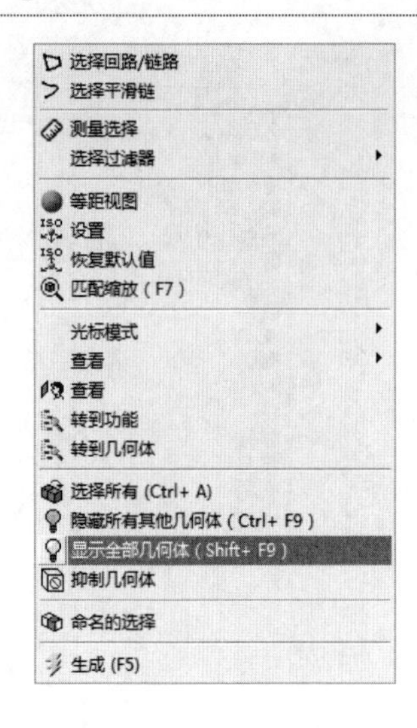

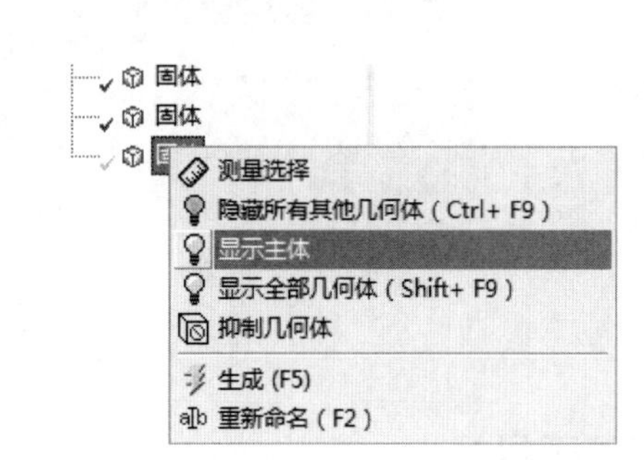

图 2-29　显示目标

2.4.3　特征/部件抑制

部件与几何体可以在树轮廓或模型视图窗口中被抑制，一个抑制的部件或几何体保持隐藏，不会被导入后期的分析与求解过程中。如图 2-30 所示，抑制操作可以在树轮廓中进行，特征和几何体都可以在树轮廓中被抑制；而在绘图区域选中模型几何体也可以执行几何体抑制操作，如图 2-31 所示。另外，当一特征被抑制时，任何与其相关的特征也被抑制。

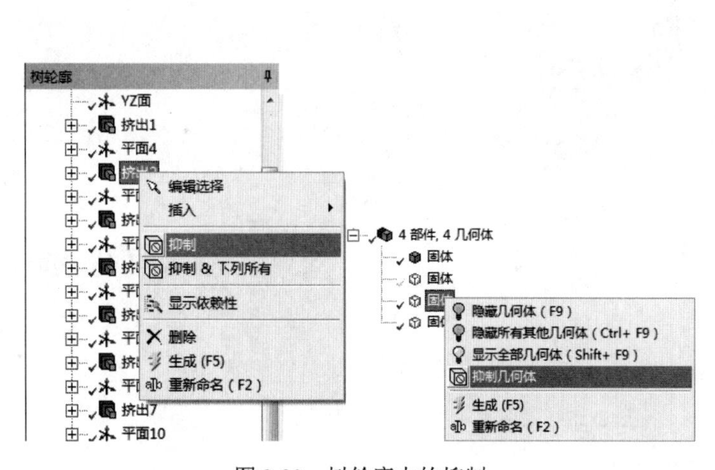

图 2-30　树轮廓中的抑制

图 2-31　绘图区域中的抑制

2.4.4　转到特征

右键快捷菜单中的转到特征允许快速把视图区域上选择的几何体切换到树轮廓上对应的位置。

该功能在复杂模型中经常用到。例如，要实现转到特征，只需在图形区域中选中几何体，右击，在弹出的快捷菜单中选择转到特征即可，如图 2-32 所示。可在树轮廓上选择“转到功能”或“转到几何体”命令，切换到树轮廓对应的特征或几何体节点上。

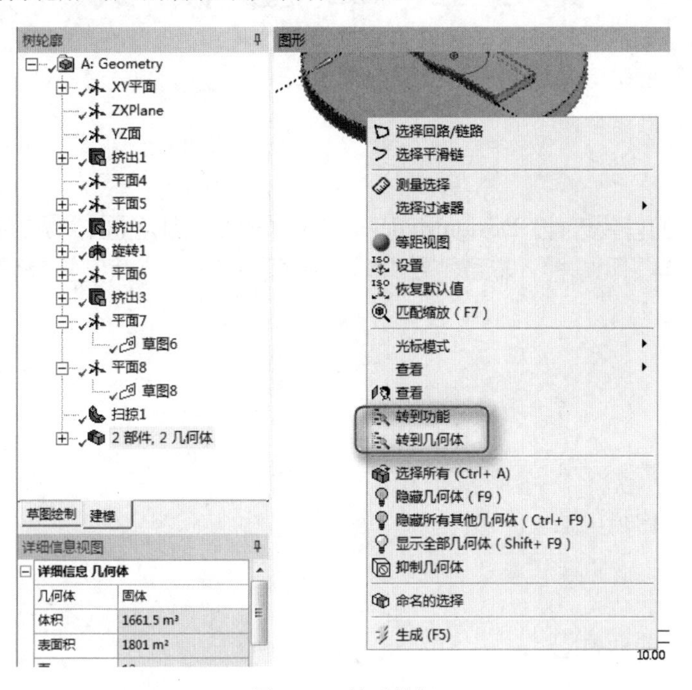

图 2-32 转到特征

第 3 章　草 图 模 式

导读

绘制草图是建模的首要过程，DesignModeler 提供了一个功能全面、界面清晰、结构简单的绘图环境，用户可较容易学习和掌握。本章主要讲解绘制草图的环境、绘制工具等内容。

精彩内容

- 草图绘制
- 草图工具箱
- 草图实例 ——摆锤草图
- 援引草图
- 投影草图
- 综合演练 ——曲柄草图

3.1　草 图 绘 制

和其他建模工具一样，用 DesignModeler 进行草图绘制之前首先要确定绘制草图的平面和绘制草图的单位。因此，在绘制草图前需要进行必要的设置，能够用来绘制草图的平面包括初始的 XY、XZ、YZ 平面，根据用户需要创建的平面，3D 模型中平直的外表面等。

3.1.1　设置单位

在创建一个新的设计模型进行草图绘制前或者导入模型到 DesignModeler 后，首先需要设置单位。单位需要在“单位”菜单中进行选择，如图 2-11 所示。用户根据所建模型的大小来选择单位的大小，确定单位后，所建模型就会以当下单位确定大小。如果在建模过程中再次更改单位，模型的实际大小不会发生改变，如在毫米单位值下创建一个长度为 100mm 的圆柱体，如果将单位改为米制单位后，该模型不会变为 100m 的圆柱体。

3.1.2　创建平面

在绘制草图之前，应先确定草图绘制的平面。可以在初始平面上绘制草图，也可以在模型的平直表面绘制草图，还可以在创建的新平面上绘制草图。按照下面的方法创建新平面。

（1）选择“创建”→“新平面”命令，如图 3-1 所示。

（2）单击工具栏中的“新平面”按钮✱，如图 3-2 所示。

完成上述操作后，在树轮廓中将出现一个带有“闪电”符号的新平面，如图 3-3 所示，表示该平面还没有生成；同时在树轮廓下方弹出信息栏，在信息栏中可以设置创建新平面的方法，如图 3-4 所示，一共有 8 种方法。

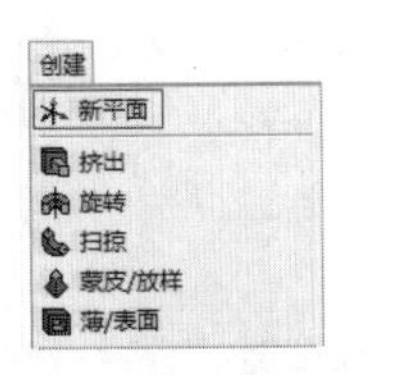

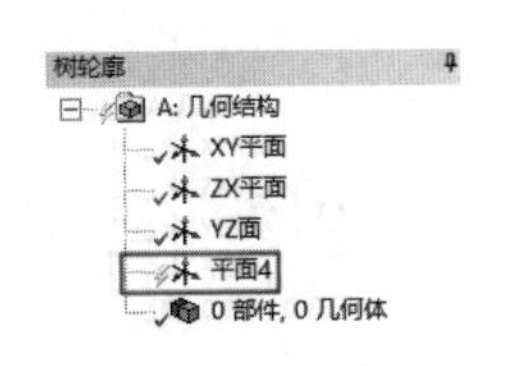

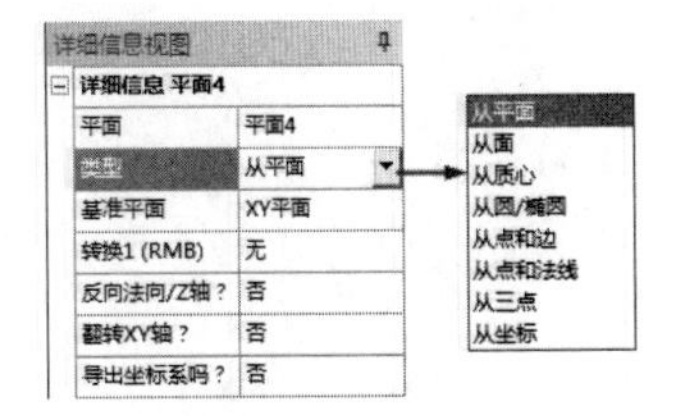

图 3-1　菜单栏新建平面　图 3-2　工具栏新建平面　图 3-3　新建平面　图 3-4　信息栏

（1）从平面：基于一个已有的平面创建新平面。

（2）从面：基于模型的外表面创建平面。

（3）从质心：从质心创建平面。

（4）从圆/椭圆：基于圆或椭圆创建平面。

（5）从点和边：用一条边和边外的一个点创建平面。

（6）从点和法线：过一点且垂直某一直线创建平面。

（7）从三点：通过三个点创建平面。

（8）从坐标：通过输入距离原点的坐标和法线定义平面。

选择创建平面的方法后，在信息栏中选择“转换 1（RMB）”下拉菜单中的相应选项，完成所选平面的转换，如图 3-5 所示。选择转换后，会出现输入偏移距离、旋转角度、旋转轴的属性选项，用户根据自己所需进行设置并创建平面即可。

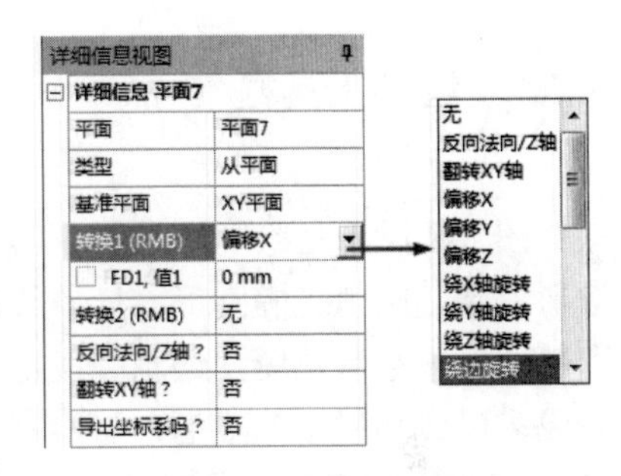

图 3-5　转换平面

3.1.3　绘制草图

创建完新平面后即可在其上创建新草图(可打开本小节源文件 3.1.3 进行操作)。首先在树形目录中选择要创建草图的平面，然后单击工具栏中的“新草图”按钮，在激活平面上即可新建一个草图。新建的草图会出现在树轮廓中，且在相关平面的下方。可以通过树轮廓或工具栏中的草图下拉列表对选择的草图进行绘制、修改和编辑，如图 3-6 所示。

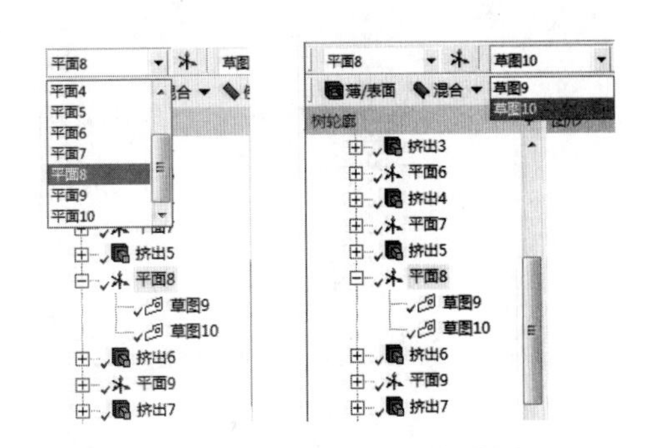

图 3-6　在工具栏中选择草图

除了上面介绍的方法外，还可以在实体模型的平直面上直接绘制草图。其具体操作如下：首先打开源文件中的 3.1.3 模型，选中创建新平面所用的表面；然后切换到“草图绘制”标签开始绘制草图，则新工作平面和草图将自动创建，如图 3-7 所示。

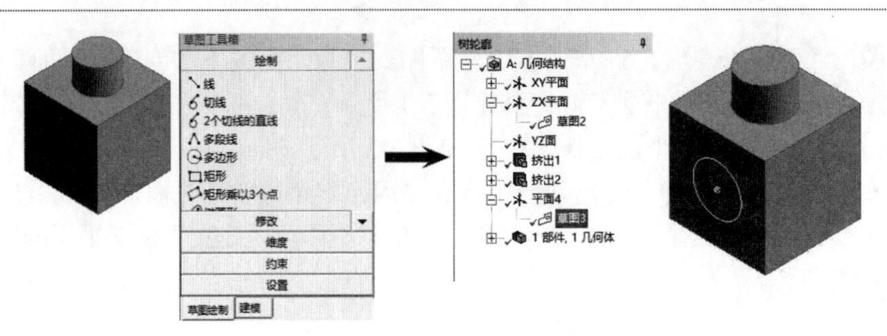

图 3-7　在模型表面绘制草图

3.2　草图工具箱

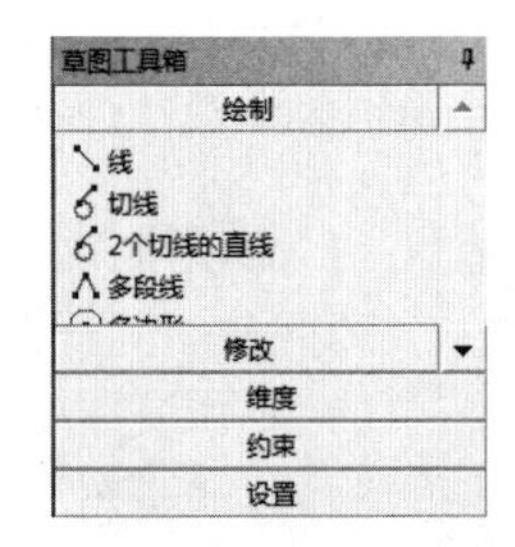

图 3-8　草图工具箱

绘制草图需要用到草图工具，草图工具集成在草图工具箱中，主要分为 5 大类，包括草图的绘制、修改、维度（标注）、约束和设置，如图 3-8 所示。对初学者来说，要多关注状态栏，其中可以显示每个功能的提示及将要进行的操作。

3.2.1　绘制工具栏

图 3-9 所示是绘制工具栏，其中包括一些常用的草图绘制命令，如绘制直线、切线、矩形、多边形、圆、圆弧、椭圆形、样条线等。和其他软件的绘图功能基本类似，绘图工具栏中的命令可以直接选择来绘制草图，绘制完成后会自动结束操作。但有些操作需要利用鼠标右键来结束，如绘制完成多段线和样条曲线后，需要右击，在弹出的快捷菜单中选择相应的结束方式来结束操作。图 3-10 所示为不同命令下绘制的多段线。

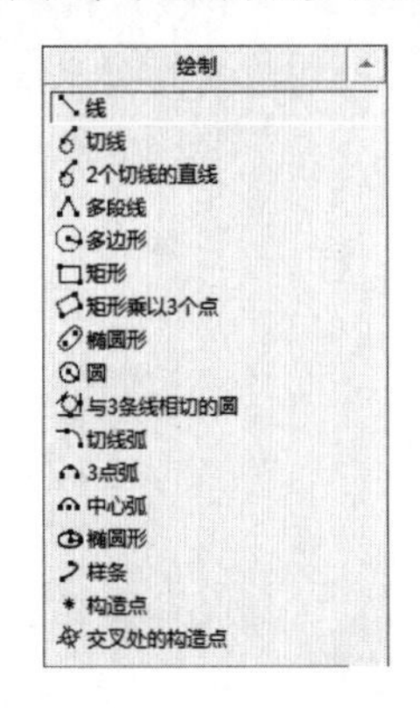

图 3-9　绘制工具栏

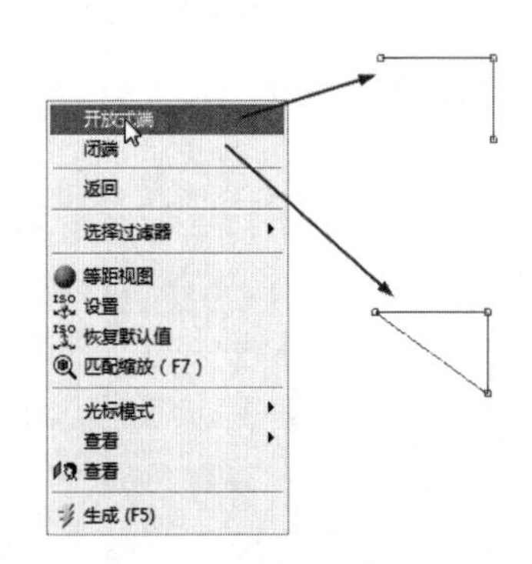

图 3-10　绘制多段线

3.2.2　修改工具栏

修改工具栏中有许多编辑草图的工具，如圆角、倒角、拐角、修剪、扩展、分割、阻力（拖曳）、移动、复制、偏移和样条编辑等，如图3-11所示。下面主要介绍一些经常使用的命令。

（1）拐角：将两段既不平行又不相交的线段延伸，使其相交，在交点之外选择要删除的线段，形成一个拐角，如图3-12所示。生成的拐角有两种形式，系统默认删除选择的一段。

（2）分割：对所选的边进行分割。在选择边界之前，在绘图区域右击，弹出图3-13所示的快捷菜单，其中有四种分割类型可供选择。

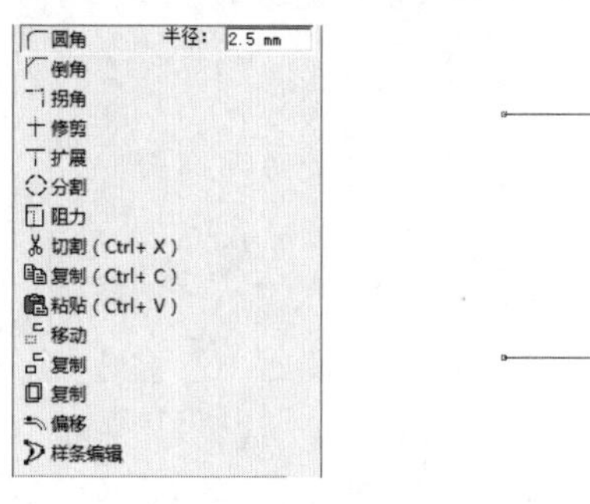

图3-11 修改工具栏

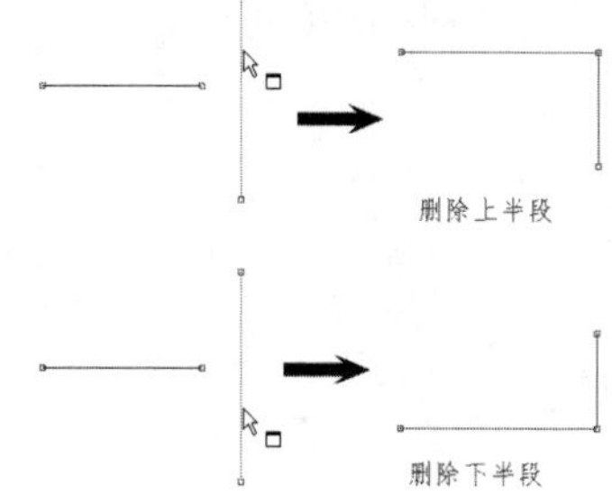

图3-12 拐角操作

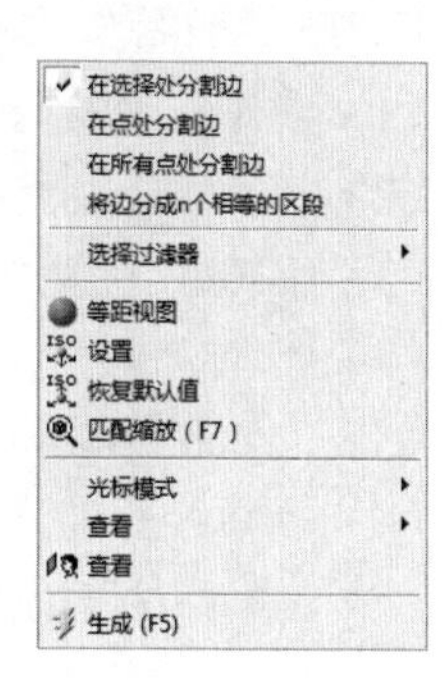

图3-13 分割选项

- ➢ 在选择处分割边：将要分割的边在单击处进行分割。若是线段，则在单击处将线段分为两段；若是闭合的圆或椭圆，则需要在图形上选择两处作为分割的起点和终点，以对图形进行分割。
- ➢ 在点处分割边：选择一个点后，所有通过此点的边都将被分割成两段。
- ➢ 在所有点处分割边：选择一个带有点的边，则该边将被所有的点分成若干段，同时在分割点处自动添加重合约束。
- ➢ 将边分成n个相等的区段：这是等分线段，在分割前先设置分割的数量（n≤100），然后选择要分割的线段，则该线段就被分成相等长度的几条线段。

（3）阻力：对所选的对象进行拖曳，可以拖曳一条边或一个点，拖曳方向取决于所选的对象及添加的约束。拖曳圆的边线可以改变圆的大小，拖曳圆的圆心可以改变圆的位置；拖曳线段只能在线段的垂直方向平移，而拖曳线段上的点则可以改变线段的长度和角度。图3-14列出了几种不同的拖曳效果。

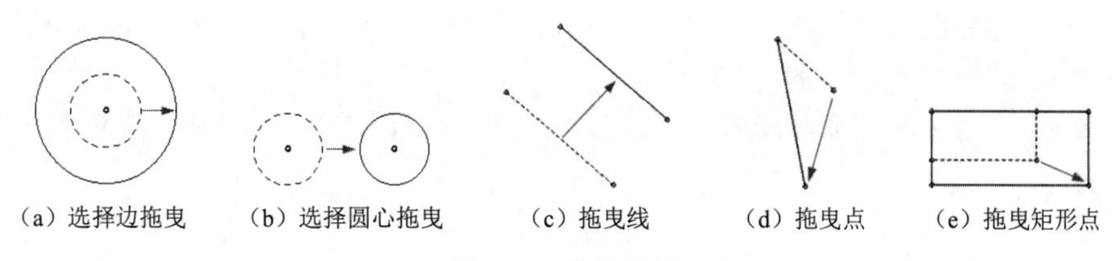

图3-14 拖曳效果

（4）样条编辑：对样条曲线进行修改。在该命令下选择样条曲线后，将显示样条曲线的拟合点，通过对这些拟合点位置的修改来调整样条曲线，如图3-15所示。

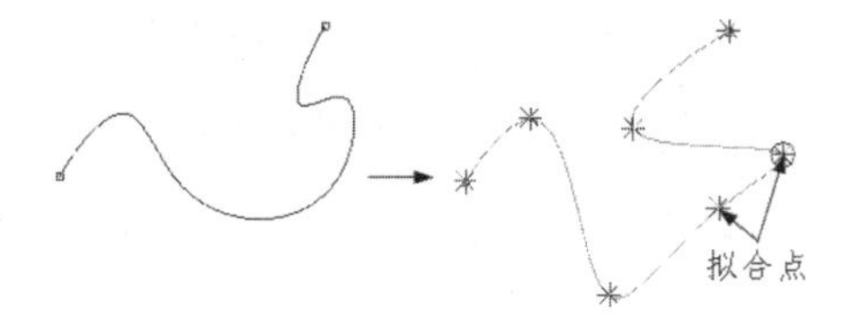

图3-15 编辑样条曲线

3.2.3 维度工具栏

维度工具栏即标注工具栏，包括一套完整的尺寸标注工具，如图 3-16 所示。尺寸标注是进行草图绘制的必要工具，是确定模型大小的“砝码”。另外，在标注工具栏打开状态下右击，会弹出标注的快捷菜单，如图 3-17 所示。

（1）通用：快速地对图形进行标注，类似于智能标注。

（2）水平的：标注水平尺寸。

（3）顶点：标注垂直尺寸。

（4）长度/距离：对齐标注。

（5）半径：标注圆弧或圆的半径尺寸。

（6）直径：标注圆弧或圆的直径尺寸。

（7）角度：标注角度尺寸。

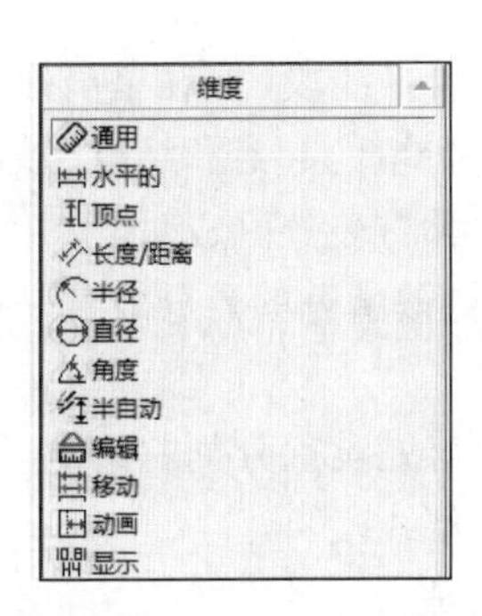

图 3-16　维度工具栏

图 3-17　标注的快捷菜单

（8）半自动：半自动标注。其优点是标注快速；缺点是标注顺序不受控制，标注显得杂乱。

（9）编辑：对标注的尺寸进行修改。

（10）移动：对标注尺寸的放置位置进行修改。在移动状态下，将尺寸拖动到合适的位置。

（11）动画：观察所选尺寸的动态变化。

（12）显示：修改标注的显示形式，包括名称、数值和两者都显示。图 3-18 所示为尺寸的不同显示状态。

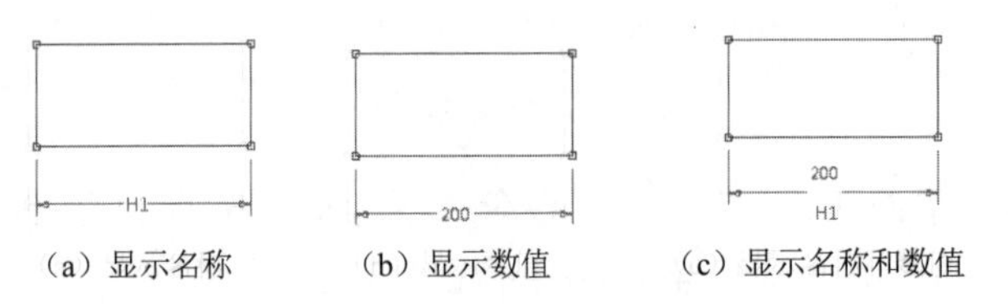

（a）显示名称　（b）显示数值　（c）显示名称和数值

图 3-18　尺寸的不同显示状态

3.2.4 约束工具栏

在草图绘制过程中还可以通过约束命令控制图形之间的几何关系，如固定的、水平的、垂直、切线、等半径、并行、同心等。系统默认的是“自动约束”模式，该模式可以在绘图过程中自动捕捉位置和方向，鼠标指针可以显示约束类型。约束工具栏如图 3-19 所示。

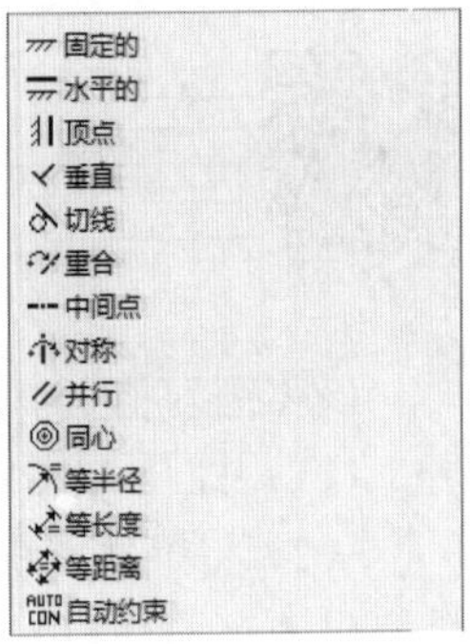

（1）固定的：固定二维草图的移动。对于单独的线段，可以选择约束固定端点使之固定。

（2）水平的：约束线段使其与 X 轴平行。

（3）顶点：该约束是竖直约束，用来约束线段使其与 Y 轴平行。

（4）垂直：对选取的两条线进行垂直约束。

（5）切线：使选择的圆或圆弧与另外一个图形相切。

（6）重合：使选择的两个图形或端点重合。

（7）中间点：先选择一条线，再选择另一条线的端点，使该端点约束在第一条线的中点上。

图 3-19　约束工具栏

（8）对称：先选择对称轴，再选择两个图形，使其相对于对称轴对称。

（9）并行：选择两条直线使其平行。

（10）同心：使选择的两个圆或圆弧同心。

（11）等半径：使选择的两个圆或圆弧的半径相等。

（12）等长度：使选择的两条直线长度相等。

（13）等距离：使选择的几条直线之间的距离相等。

（14）自动约束：系统默认的约束状态，鼠标指针显示约束类型，如图 3-20 所示。

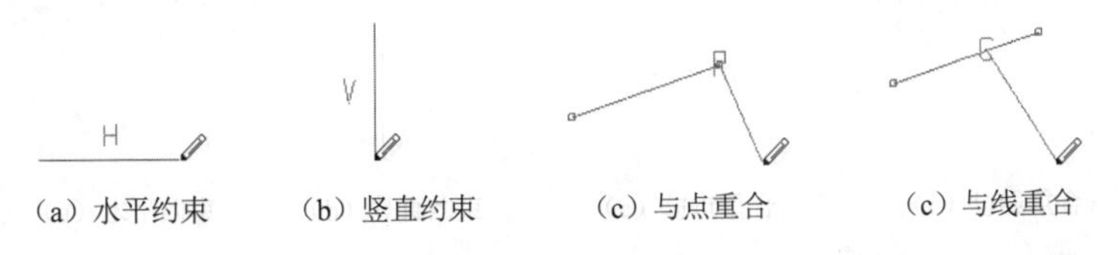

（a）水平约束　（b）竖直约束　（c）与点重合　（c）与线重合

图 3-20　约束类型

对草图进行约束后，草图会以不同的颜色显示当前图形的约束状态。

- 深青色：表示未约束或欠约束。
- 蓝色：表示完全约束。
- 黑色：表示固定约束。
- 红色：表示过定义约束。
- 灰色：表示矛盾或未知约束。

草图中的详细信息视图栏也可以显示草图约束的详细情况，如图 3-21 所示。约束可以通过自动约束产生，也可以由用户自定义。选中定义的约束后右击，在弹出的快捷菜单中选择“删除”命令（或按 Delete 键）删除约束。

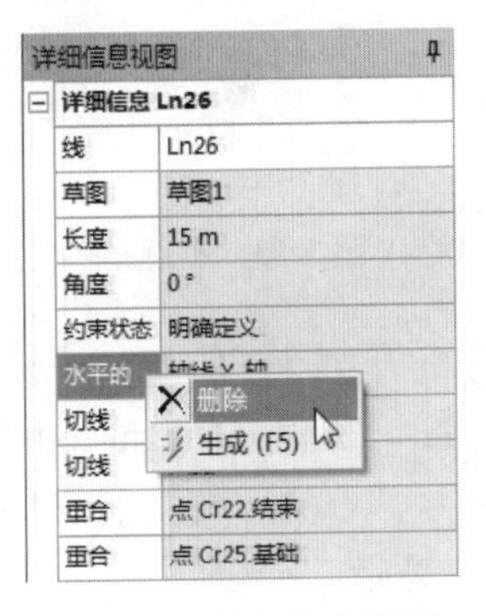

图 3-21　详细信息视图

3.2.5　设置工具栏

设置工具栏用于定义和显示草图栅格，如图 3-22 所示。在默认情况下，网格处于关闭状态。

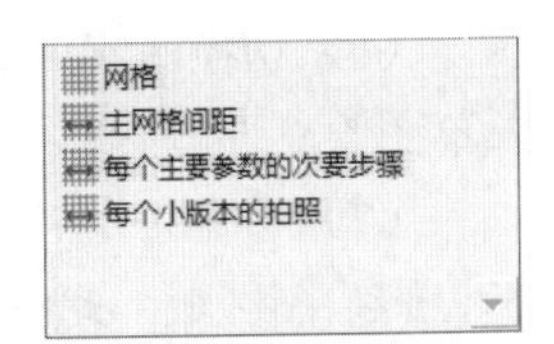

图 3-22　设置工具栏

（1）网格：设置是否显示网格。

（2）主网格间距：设置网格间距。

（3）每个主要参数的次要步骤：设置每个网格之间的捕捉点数。

（4）每个小版本的拍照：将每个网格之间的捕捉点数对齐。

扫一扫，看视频

3.3　草图实例——摆锤草图

该实例为利用本章所学的绘图内容绘制图 3-23 所示的摆锤草图。

（1）打开 ANSYS Workbench 2021 R1，在左侧展开组件系统工具箱。

（2）将组件系统工具箱中的“几何结构”模块拖放到右边的项目原理图中，此时项目原理图中会多出一个编号为 A 的“几何结构”模块，如图 3-24 所示。

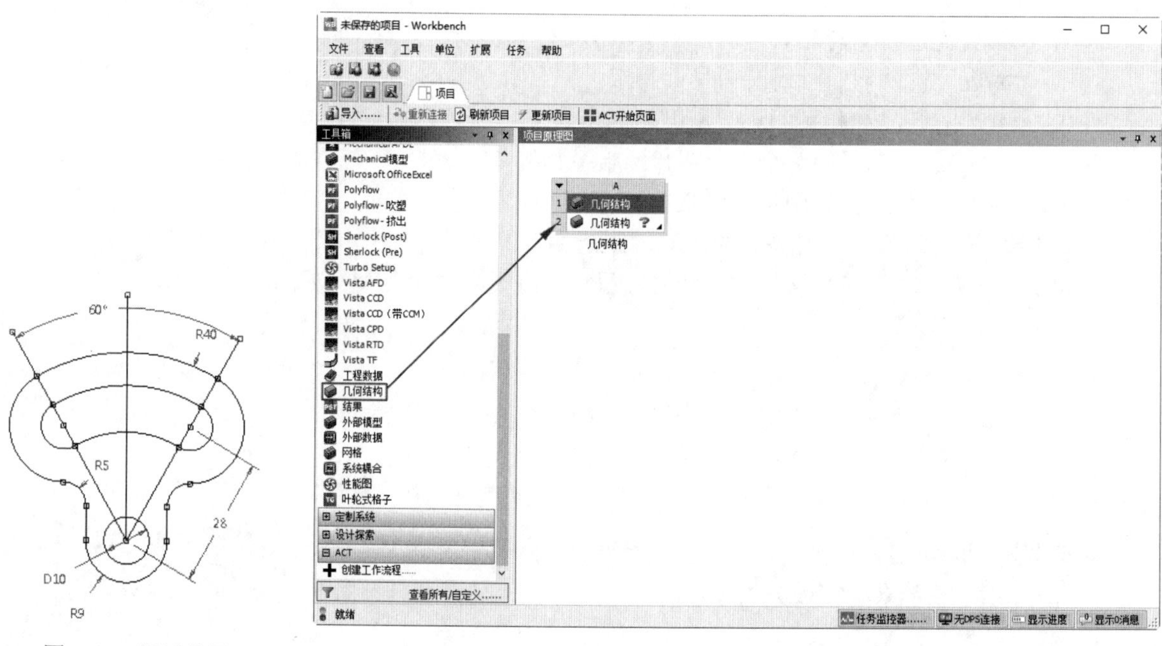

图 3-23　摆锤草图

图 3-24　添加“几何结构”模块

（3）右击 A2 栏，在弹出的快捷菜单中选择“新的 DesignModeler 几何结构”命令，如图 3-25 所示，进入 DesignModeler 应用程序，此时左端的树轮廓默认为建模状态，如图 3-26 所示。

（4）设置单位。选择“单位”→“毫米”命令，如图 3-27 所示，设置绘图环境的单位为毫米。

（5）新建草图。首先单击树轮廓中的“XY 平面”按钮 XY平面，然后单击工具栏中的“新草图”按钮，新建一个草图。此时树轮廓中的“XY 平面”分支下会多出一个名为“草图 1”的草图，单击工具栏中的“查看面/平面/草图”按钮，将视图切换为正视于“XY 平面”方向。

（6）切换标签。选择树轮廓下端的“草图绘制”标签，如图 3-28 所示，打开草图工具箱，进入草图绘制环境。

（7）绘制圆。在草图工具箱中默认展开“绘制”工具栏，单击“圆”按钮 圆，将光标移动到右边的绘图区域。此时光标变为一个铅笔形状，移动此光标到视图中的原点附近，直到光标中出现 P 字符，表示自动点约束到原点。单击确定圆的中心点，拖动光标到任意位置绘制一个圆（此时不用设置尺寸的大小，在后面的步骤中会进行尺寸的精确调整）。采用同样的方法绘制另外几组同心圆，结果如图 3-29 所示。

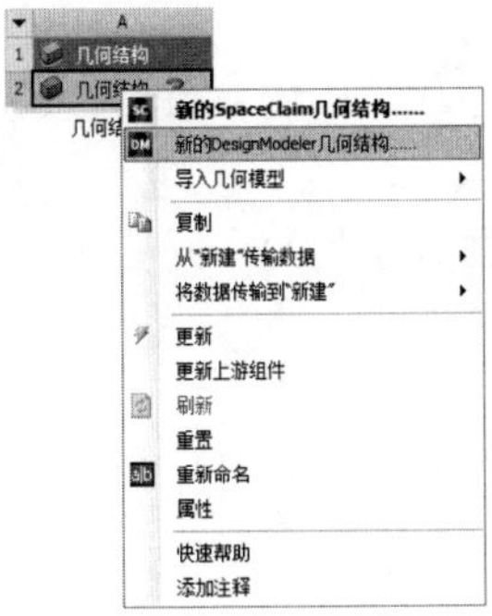

图 3-25 选择“新的 DesignModeler 几何结构”命令

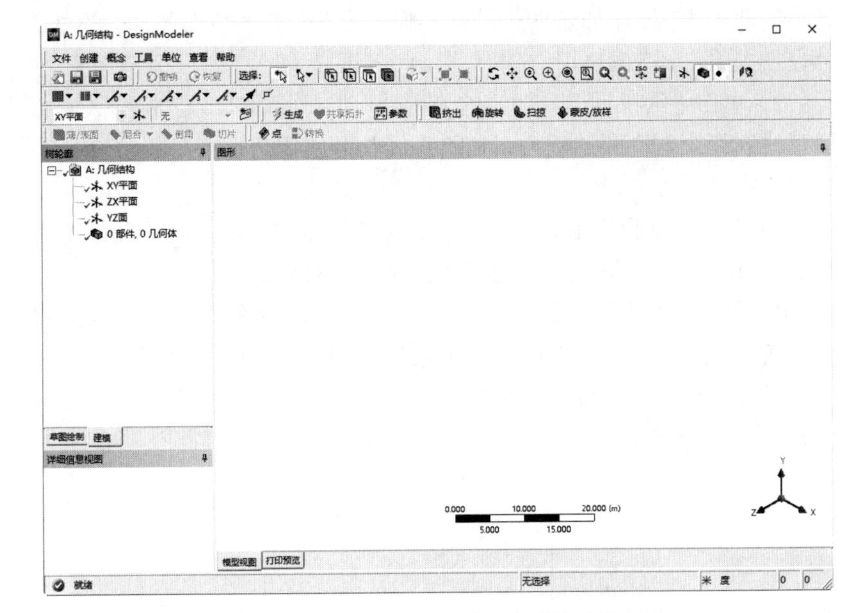

图 3-26 DesignModeler 应用程序为建模状态

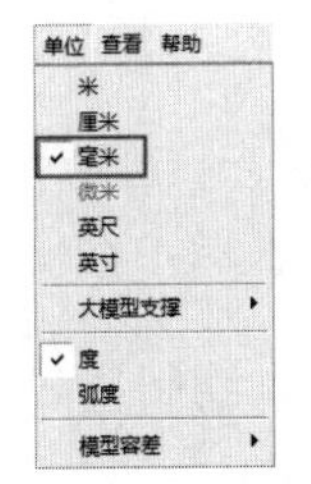

图 3-27 设置单位

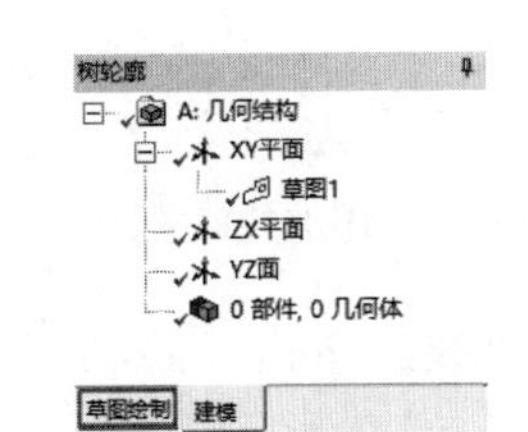

图 3-28 选择“草图绘制”标签

（8）绘制直线。单击“绘制”工具栏中的“线”按钮 线，以原点为起点绘制一条竖直线段，再在竖直线段的两侧过原点绘制两条斜线，如图 3-30 所示。

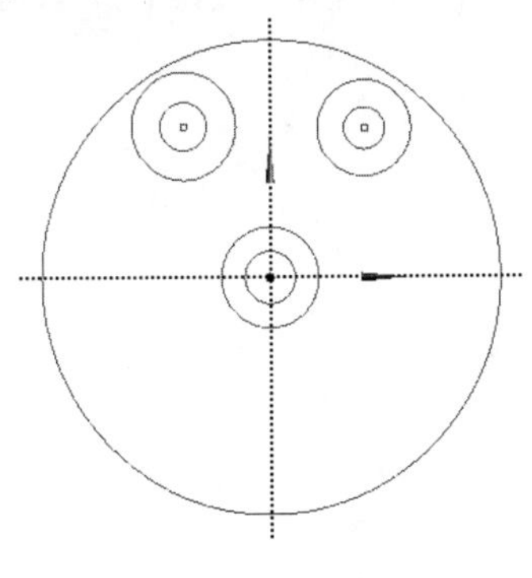

图 3-29 绘制圆

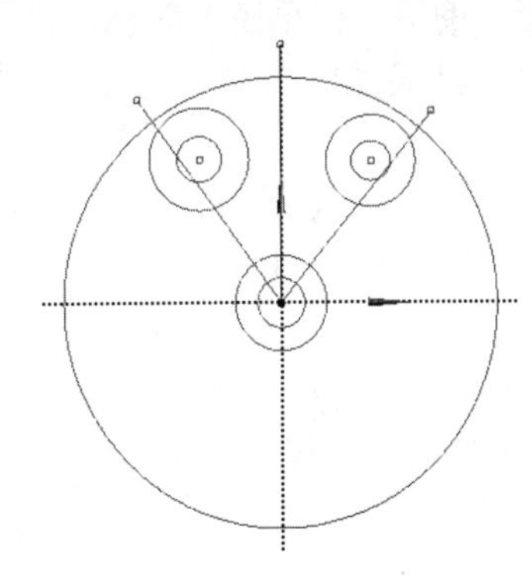

图 3-30 绘制直线

（9）添加约束。

1）在草图工具箱中展开“约束”工具栏，单击“等半径”按钮等半径，在绘图区选择图形上方最小的两个内圆，添加这两个圆的几何关系为“等半径”；同理，添加圆心处的小圆和这两个圆为“等半径”关系；添加图形上方较大的两个圆的几何关系为“等半径”。

2）单击“约束”工具栏中的“重合”按钮重合，在绘图区选择图形中的斜直线，再选择紧邻斜直线的两个同心圆的圆心，使斜直线与圆心重合；同理，选择另一侧的斜直线与另外一个同心圆的圆心重合。

3）单击“约束”工具栏中的“对称”按钮对称，在绘图区选择图形中的竖直直线，分别选择两条斜直线，使两条斜直线相对竖直直线成对称关系。

4）单击“约束”工具栏中的“切线”按钮切线，在绘图区选择图形中最大的圆，再选择斜直线上较大的圆，添加两圆的几何关系为相切，此时图形如图3-31所示。

（10）绘制圆。单击“绘制”工具栏中的“圆”按钮圆，以原点为圆心绘制两个同心圆，结果如图3-32所示。

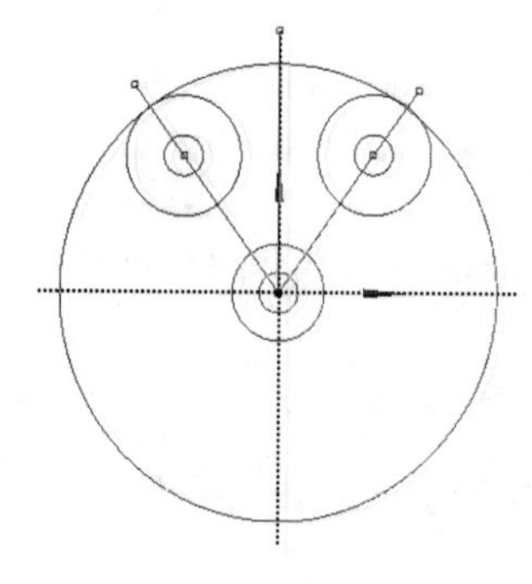

图3-31　添加几何关系

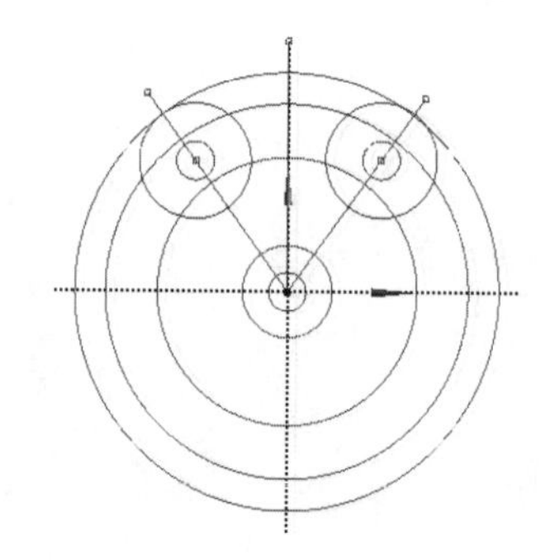

图3-32　绘制圆

（11）绘制直线。单击“绘制”工具栏中的“线”按钮线，绘制两条竖直直线，结果如图3-33所示。

（12）添加约束。单击“约束”工具栏中的“切线”按钮切线，添加第（10）步绘制的两个圆与两个小圆的几何关系为相切，添加第（11）步绘制的两条竖直直线与原点处第二个同心圆的几何关系为相切，结果如图3-34所示。

（13）修剪图形。在草图工具箱中展开“修改”工具栏，单击“修剪”按钮修剪，在绘图区修剪多余的图形，结果如图3-35所示。

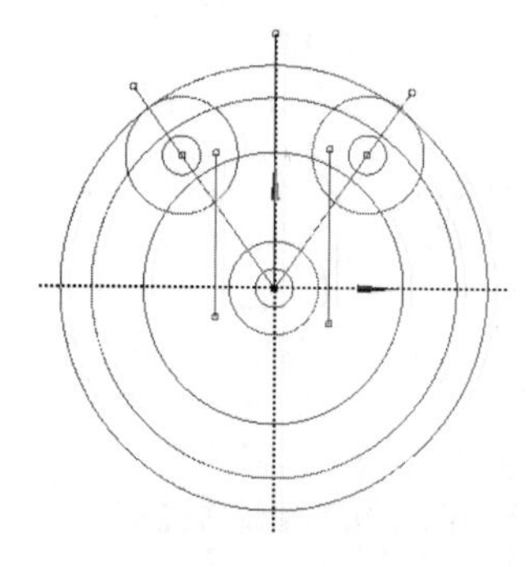

图3-33　绘制直线

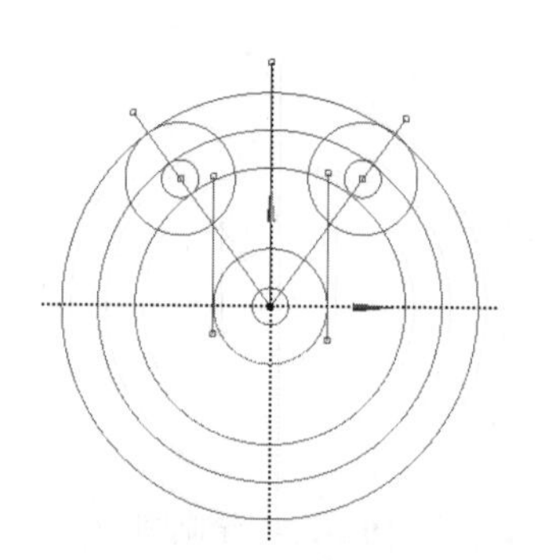

图3-34　添加约束

（14）绘制圆角。单击“修改”工具栏中的“圆角”按钮圆角，在“圆角”按钮后边的半径文本框中输入 5，在图 3-35 中选择半圆 1 和竖直线 2，生成半径为 5mm 的圆角；同理，在半圆 3 和竖直线 4 上创建另一个圆角，结果如图 3-36 所示。

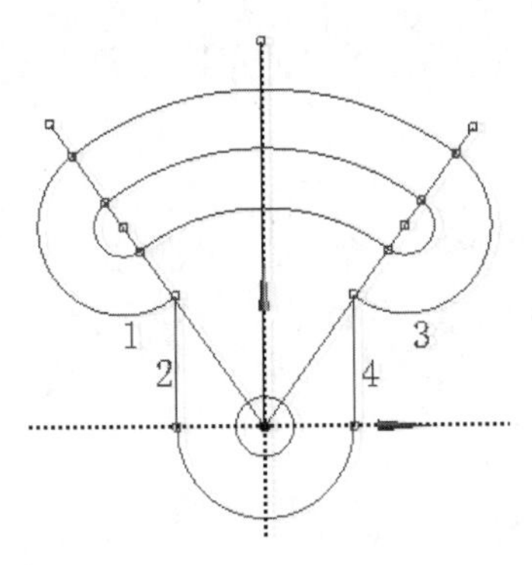

图 3-35　修剪图形

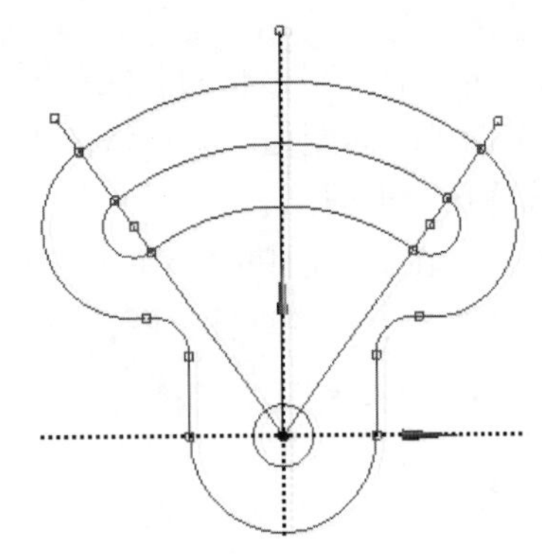

图 3-36　绘制圆角

（15）标注尺寸。

1）在草图工具箱中展开“维度”工具栏，单击“显示”按钮显示，取消勾选“名称”复选框，并勾选“值”复选框，这样在标注时会只显示标注数值，比较直观。

2）单击“维度”工具栏中的“直径”按钮直径，标注原点处内圆的直径尺寸。

3）单击“维度”工具栏中的“半径”按钮半径，标注草图中的半径尺寸，结果如图 3-37 所示。

4）单击“维度”工具栏中的“长度/距离”按钮长度/距离，标注原点与右上方圆弧圆心的对齐尺寸。

5）单击“维度”工具栏中的“角度”按钮角度，先选择右侧斜直线，再选择左侧斜直线，标注两条直线的夹角，结果如图 3-38 所示（此时可看到整个草图颜色均变为蓝色，表示该草图已完全定义）。

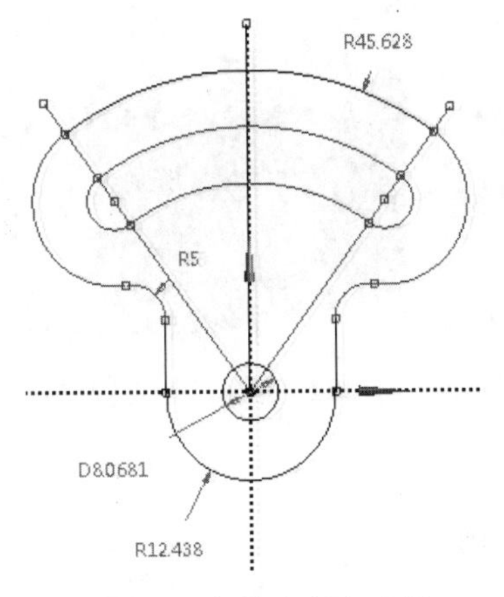

图 3-37　标注直径和半径

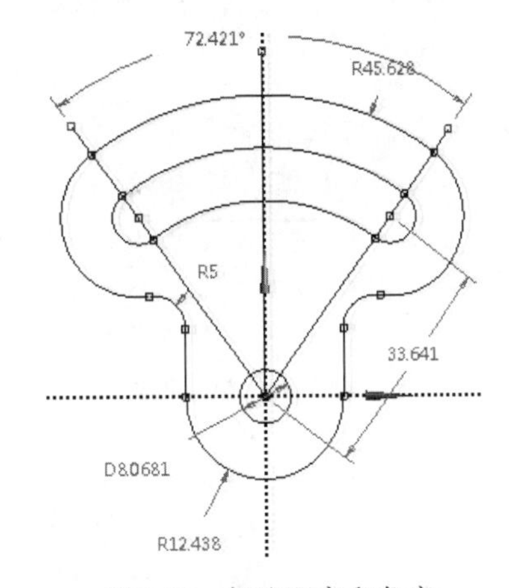

图 3-38　标注距离和角度

（16）修改尺寸。标注完成后，在左侧的详细信息视图栏中修改图形的具体尺寸，结果如图 3-23 所示，完成摆锤草图的绘制。

3.4 援引草图

草图的援引功能是将已有的其他草图复制到当前工作平面中。援引的草图与源草图建立关联，会随着源草图的更改而变化。其具体操作如下。

（1）选择绘图平面。

（2）右击，在弹出的快捷菜单中选择“插入”→“草图实例”命令，如图 3-39 所示。

（3）选择要援引的源目标草图，单击“生成”按钮 生成，结果如图 3-40 所示。

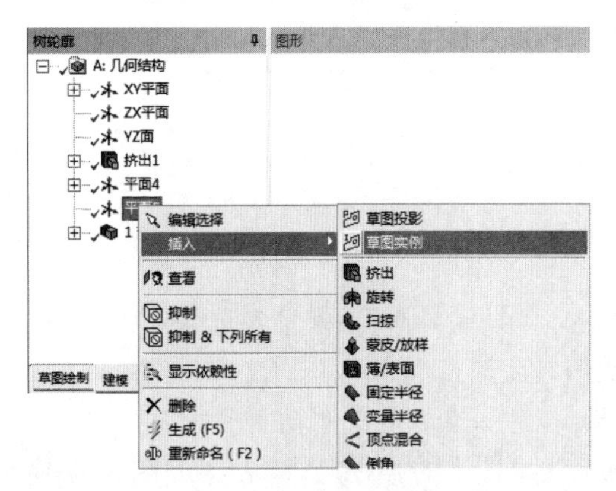

图 3-39　选择“草图实例”命令

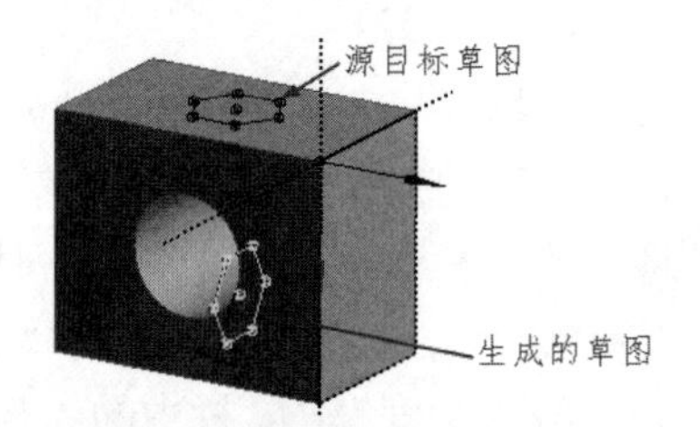

图 3-40　援引草图

（4）生成援引草图后，若位置不符合要求，可在详细信息视图栏中修改位置。对实例 X 或实例 Y 的坐标尺寸进行修改，也可以对其进行旋转和比例缩放，如图 3-41 所示。最终援引草图如图 3-42 所示。

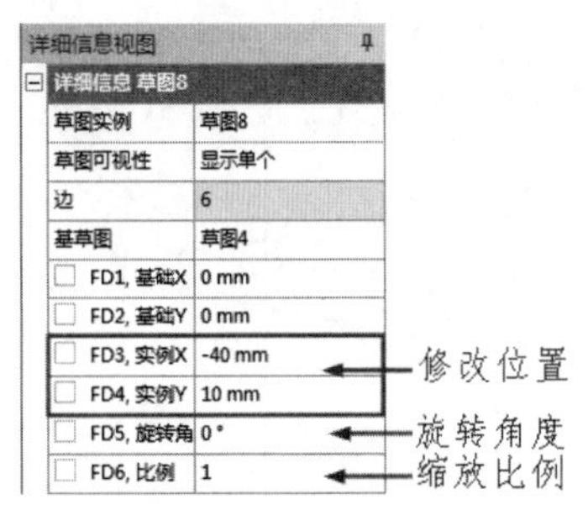

图 3-41　修改位置

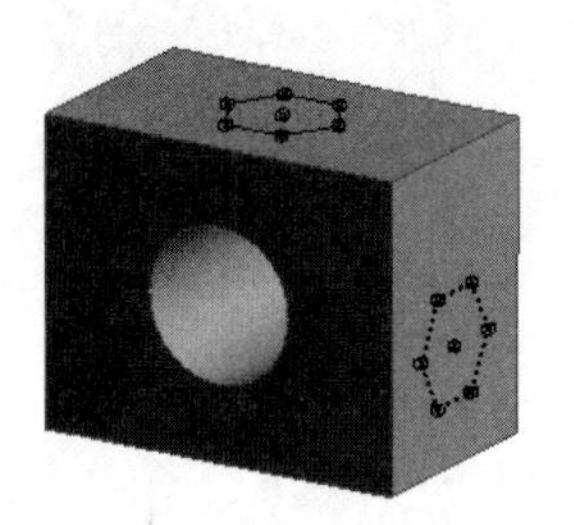

图 3-42　最终援引草图

3.5 投影草图

投影草图是将模型中的面、边、点投影到当前工作平面中，用于创建一个新的草图。其具体操作如下。

（1）选择绘图平面。

（2）右击，在弹出的快捷菜单中选择“插入”→“草图投影”命令，如图 3-43 所示。

（3）选择要投影的目标，这里选择模型的前表面，单击“生成”按钮，结果如图 3-44 所示。

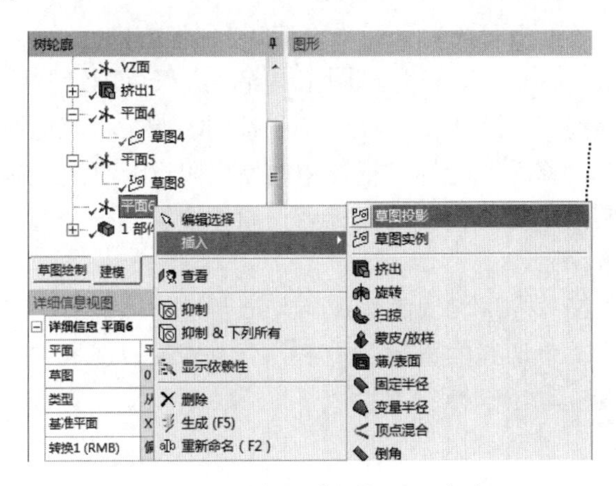

图 3-43　选择“草图投影”命令

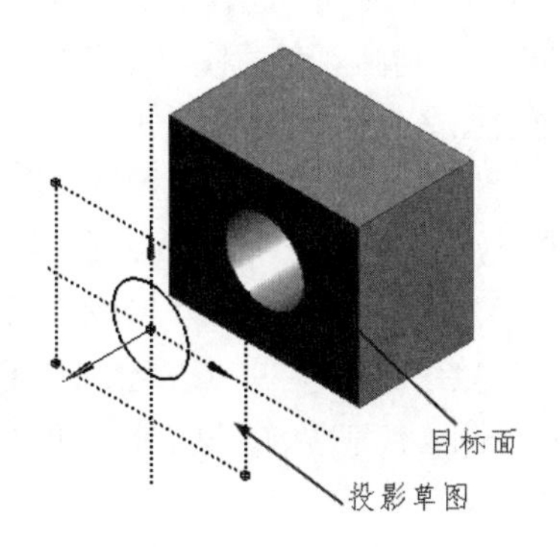

图 3-44　投影草图

投影草图不能进行修改和编辑，如果被投影的几何体发生变化，则投影草图也会随之改变。

扫一扫，看视频

3.6　综合演练——曲柄草图

该实例为利用本章所学的绘图内容绘制图 3-45 所示的曲柄草图。

（1）打开 ANSYS Workbench 2021 R1，在左侧展开组件系统工具箱。

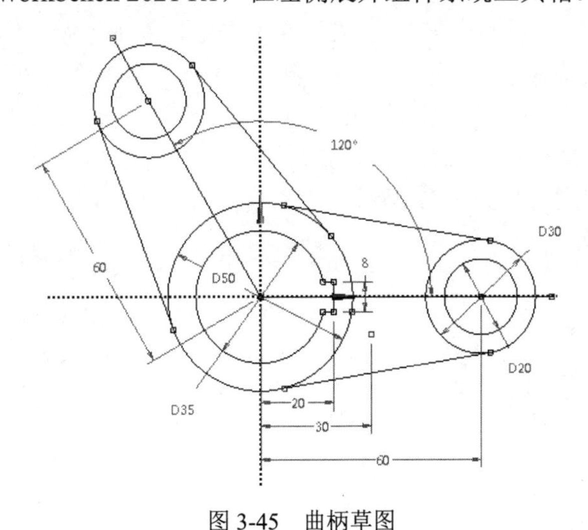

图 3-45　曲柄草图

（2）将组件系统工具箱中的“几何结构”模块拖放到右边的项目原理图中，此时项目原理图中会多出一个编号为 A 的“几何结构”模块。

（3）右击 A2 栏，在弹出的快捷菜单中选择“新的 DesignModeler 几何结构”命令，进入 DesignModeler 应用程序，此时左端的树轮廓默认为建模状态。

（4）设置单位。选择“单位”→“毫米”命令，设置绘图环境的单位为毫米。

（5）新建草图。首先单击树轮廓中的“XY 平面”按钮 XY平面，然后单击工具栏中的“新草图”按钮，新建一个草图。此时树轮廓中“XY 平面”分支下会多出一个名为“草图 1”的草图，单击工具栏中的“查看面/平面/草图”按钮，将视图切换为正视于“XY 平面”方向。

（6）切换标签。选择树轮廓下端的“草图绘制”标签，打开草图工具箱，进入草图绘制环境。

（7）绘制圆。在草图工具箱中默认展开“绘制”工具栏，单击“圆”按钮 圆，将光标移动到右边的绘图区域。此时光标变为一个铅笔形状，移动此光标到视图中的原点附近，直到光标中出现 P 字符，表示自动点约束到原点。单击确定圆的中心点，拖动光标到任意位置绘制一个圆。采用同样的方法绘制另外几组同心圆，结果如图 3-46 所示。

（8）绘制直线。单击“绘制”工具栏中的“线”按钮 线，以原点为起点绘制一条水平线段。

（9）绘制切线。单击“绘制”工具栏中的“2 个切线的直线”按钮 2个切线的直线，选择左侧外圆和右侧外圆，绘制两个圆的外公切线，结果如图 3-47 所示。

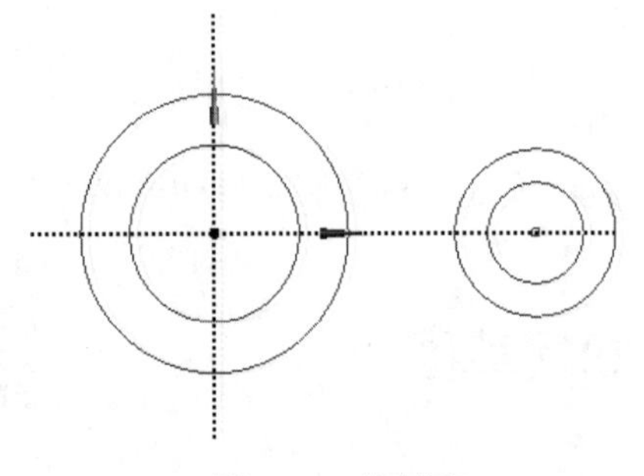

图 3-46　绘制圆

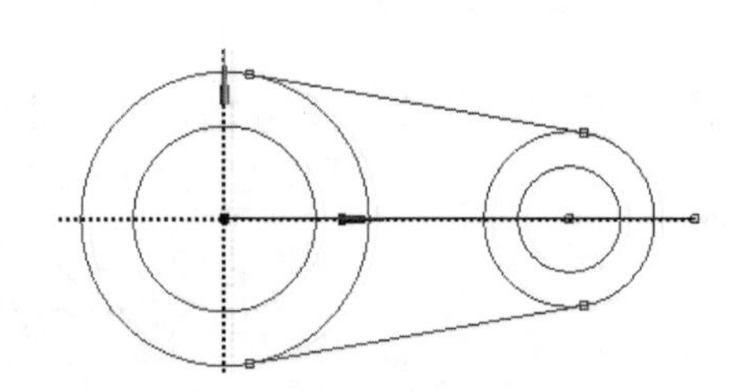

图 3-47　绘制线

（10）复制图形。在草图工具箱中默认展开“修改”工具栏，单击“复制”按钮 复制，在其后边的 r 文本框中输入 120，表示旋转 120°；在 f 文本框中输入 1，表示设置比例为 1。选择图形右侧的圆和直线，在绘图区域右击，在弹出的快捷菜单中选择“结束/使用平面原点为手柄”命令，如图 3-48 所示；继续右击，在弹出的快捷菜单中选择“绕 r 旋转”命令，如图 3-49 所示；再单击选择坐标原点，将选择的图形复制且旋转到所需位置，如图 3-50 所示；再次右击，在弹出的快捷菜单中选择“结束”命令完成复制，如图 3-51 所示。

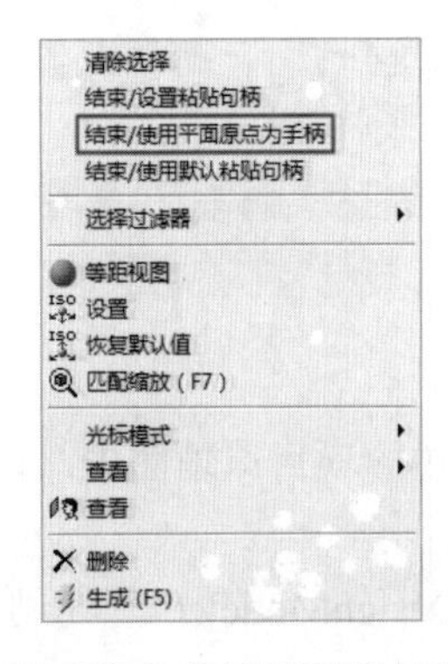

图 3-48　选择“结束/使用平面原点为手柄”命令

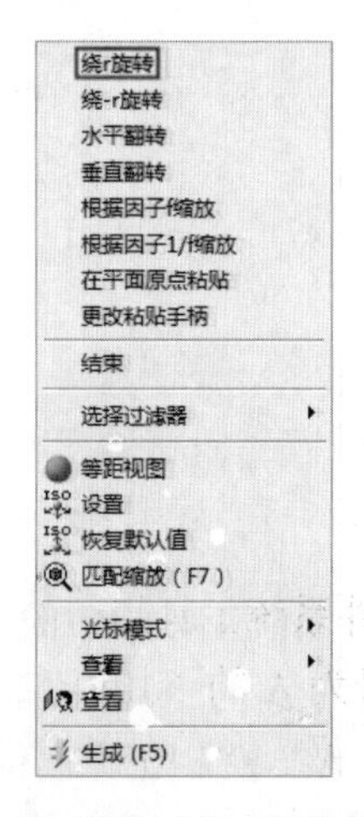

图 3-49　选择“绕 r 旋转”命令

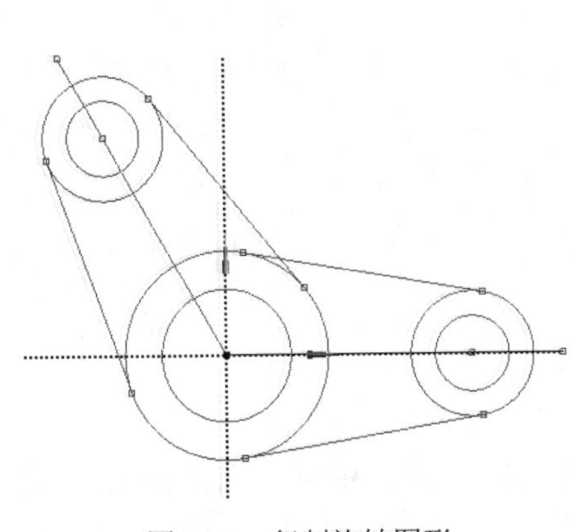

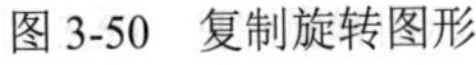

图 3-50　复制旋转图形

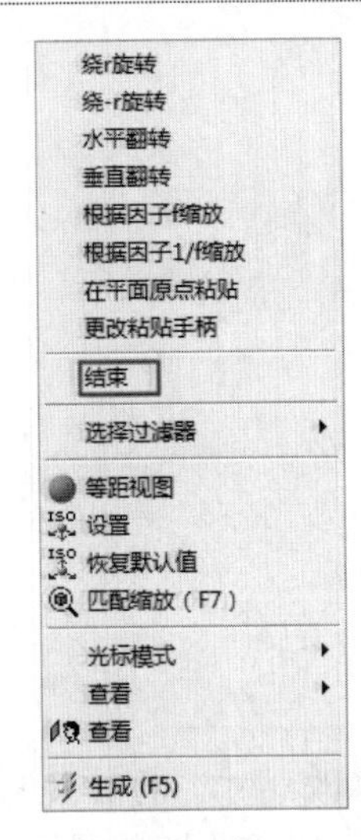

图 3-51　选择“结束”命令

（11）绘制键槽。在草图工具箱中默认展开“绘制”工具栏，单击“线”按钮线，在绘图区域绘制原点处小圆的键槽，结果如图 3-52 所示。

（12）添加约束。在草图工具箱中展开“约束”工具栏，单击“对称”按钮对称，在绘图区中先选择过原点的水平直线，再选择键槽处上下两条线段，使其相对于原点处的直线对称。

（13）修剪图形。在草图工具箱中展开“修改”工具栏，单击“修剪”按钮修剪，在绘图区中修剪键槽处的图形，结果如图 3-53 所示。

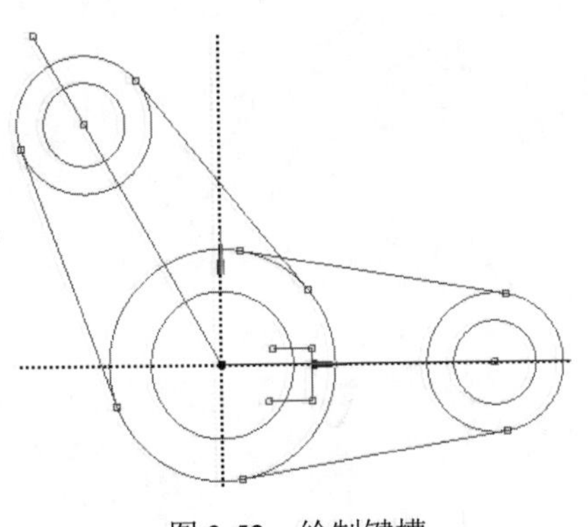

图 3-52　绘制键槽

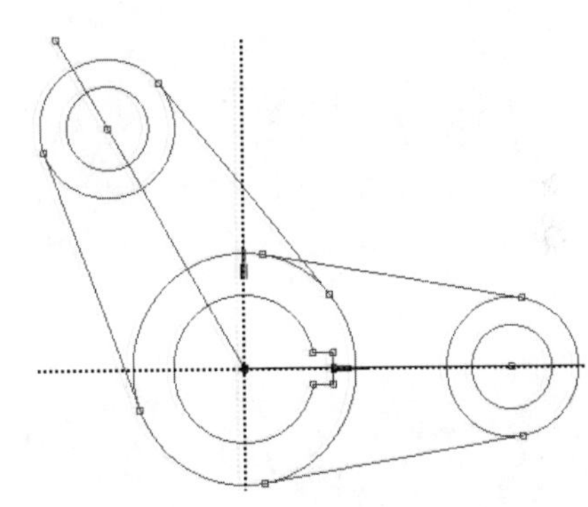

图 3-53　修剪图形

（14）标注尺寸。

1）在草图工具箱中展开“维度”工具栏，单击“显示”按钮显示，取消勾选“名称”复选框，并勾选“值”复选框，这样在标注时会只显示标注数值，比较直观。

2）单击“维度”工具栏中的“直径”按钮直径，标注圆的直径尺寸。

3）单击“维度”工具栏中的“水平的”按钮水平的，标注草图中的水平方向上的尺寸。

4）单击“维度”工具栏中的“顶点”按钮顶点，标注草图中的竖直方向上的尺寸。

5）单击“维度”工具栏中的“长度/距离”按钮长度/距离，标注对齐尺寸。

6）单击“维度”工具栏中的“角度”按钮角度，标注角度尺寸，结果如图 3-54 所示（此时可看到整个草图颜色均变为蓝色，表示该草图已完全定义）。

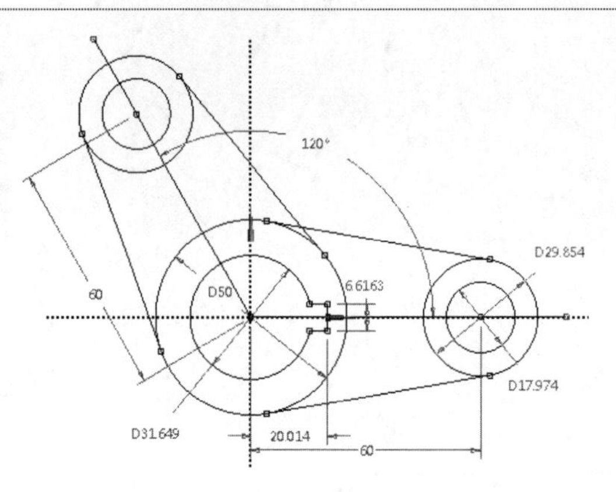

图 3-54　标注尺寸

（15）修改尺寸。标注完成后，在左侧的详细信息视图栏中修改图形的具体尺寸，结果如图 3-45 所示，完成曲柄草图的绘制。

第 4 章　三维实体建模

导读

建模是有限元分析的基础，在 Workbench 中，DesignModeler 的主要功能就是给有限元的分析环境提供几何体模型。本章主要介绍 DesignModeler 的三维实体建模模式。

精彩内容

- 模型类型
- 建模特征
- 修改模型
- 冻结和解冻
- 阵列特征
- 几何体操作
- 几何体转换
- 布尔运算
- 切片
- 单一几何体
- 实例——轴承座

4.1　模 型 类 型

在 Workbench 中，可用来进行有限元分析的模型类型有实（固）体、表面几何体和线体，因此在 DesignModeler 中可以创建这三种模型。

（1）实体：由点、线、面和体组成，如图 4-1（a）所示。

（2）表面几何体：由点、线和面组成，没有体，如图 4-1（b）所示。

（3）线体：由点和线组成，没有面和体，如图 4-1（c）所示。

三种不同类型的模型在 DesignModeler 的树轮廓中的表现形式如图 4-2 所示。

默认情况下，DesignModeler 自动将生成的每一个几何体放在一个零件中。单个零件一般独自进行网格划分。如果各单独的几何体有共享面，则共享面上的网格划分不能匹配。单个零件上的多个几何体可以在共享面上划分匹配的网格。

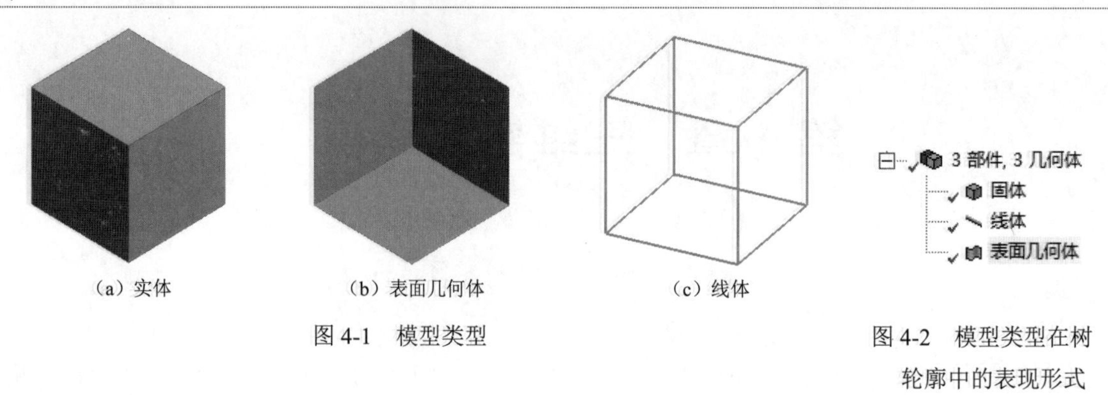

（a）实体　　（b）表面几何体　　（c）线体

图 4-1　模型类型

图 4-2　模型类型在树轮廓中的表现形式

4.2 建模特征

由二维草图生成三维模型是通过三维特征操作来完成的，DesignModeler 中常用的特征操作主要有挤出、旋转、扫掠、蒙皮/放样和薄/表面等，这些特征操作集成在“创建”菜单（图 4-3）和“特征”工具栏中（图 4-4）。

图 4-3　“创建”菜单

图 4-4　“特征”工具栏

4.2.1 挤出

挤出特征即拉伸特征，是将绘制的草图通过挤出方式生成实体、薄壁和表面特征。

创建挤出特征的操作步骤如下。

（1）草图绘制完成后，选择“创建”→“挤出”命令或者单击工具栏中的“挤出”按钮挤出，系统将自动选择绘制的草图为“几何结构”，同时弹出“挤出”详细信息视图栏。

（2）设置“挤出”详细信息视图栏中的参数，如“操作”“方向矢量”“方向”“扩展类型”“按照薄/表面”“合并拓扑”等。

（3）设置完成后单击工具栏中的“生成”按钮生成，完成操作。

“挤出”详细信息视图栏如图 4-5 所示，各参数说明如下。

（1）操作：布尔操作，共包括 5 种（可打开本小节源文件 4.2.1.1 进行操作）。

➢ 添加冻结：新增特征体不被合并到已有模型中，而是作为冻结体加入，结果如图 4-6（a）所示，树轮廓中的表现形式如图 4-6（b）所示。

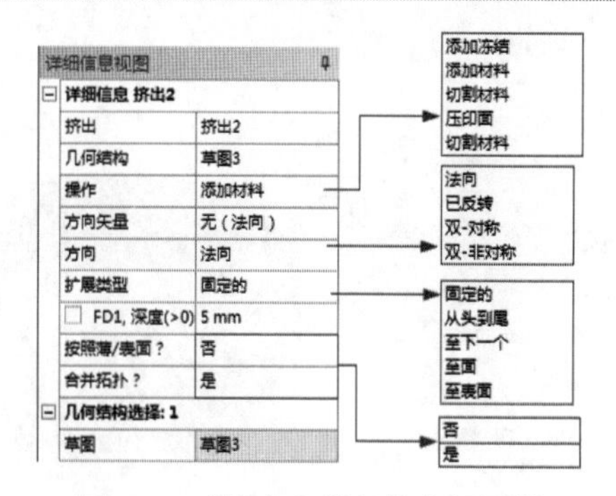

图 4-5 “挤出”详细信息视图栏

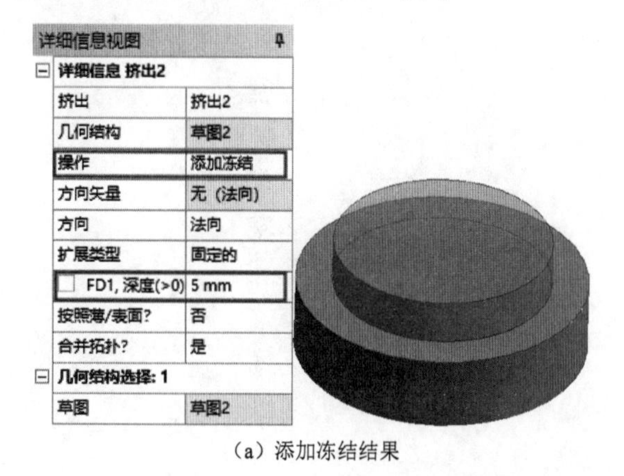

（a）添加冻结结果

（b）树轮廓中的表现形式

图 4-6 添加冻结

➢ 添加材料：默认选项，将创建特征合并到激活体中，结果如图 4-7（a）所示，树轮廓中的表现形式如图 4-7（b）所示。

（a）添加材料结果

1 部件, 1 几何体
固体

（b）树轮廓中的表现形式

图 4-7 添加材料

➢ 切割材料：从激活体上切除材料，结果如图 4-8 所示。

➢ 压印面：仅分割体上的面，如果需要，也可以在边线上增加印记（不创建新体），结果如图 4-9 所示。

➢ 切割材料：将冻结体切片，仅当几何体全部被冻结时才可用，如图 4-10 所示（此处软件汉化错误，应为“切片材料”）。

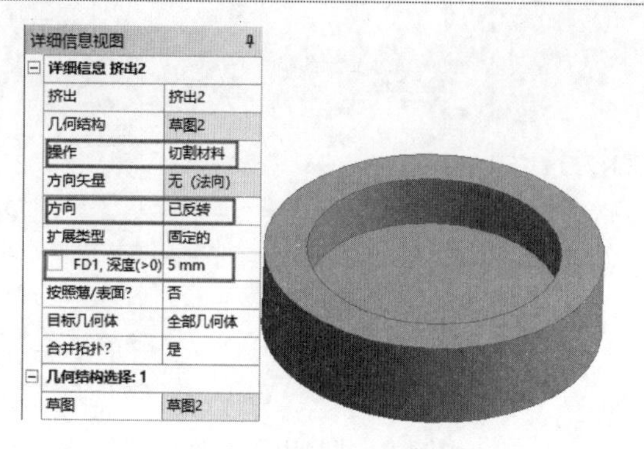

图 4-8　切割材料结果

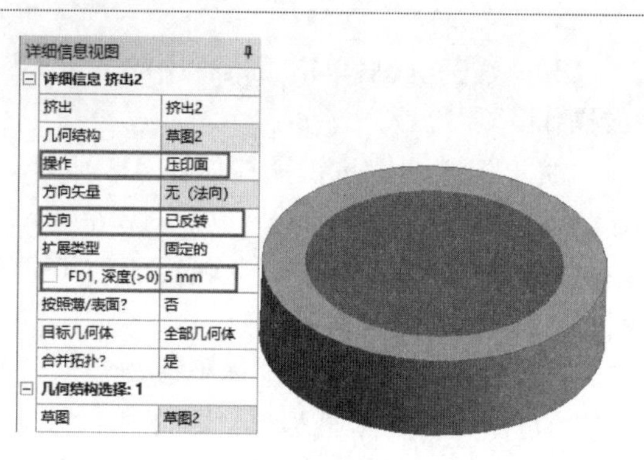

图 4-9　压印面结果

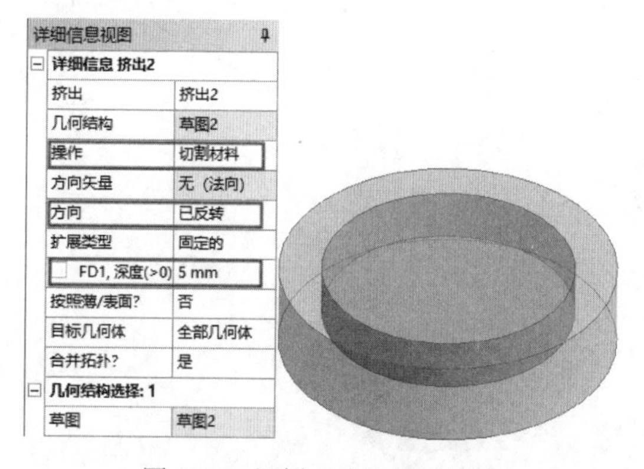

图 4-10　切割（片）材料结果

（2）方向：挤出操作模型的生成方向，包括法向、已反转、双-对称和双-非对称 4 种方向类型（可打开本小节源文件 4.2.1.2 进行操作）。

➢ 法向：默认方向，是挤出模型的正方向，如图 4-11（a）所示。
➢ 已反转：默认方向的反方向，如图 4-11（b）所示。
➢ 双-对称：通过设置一个挤出长度，使模型对称向两侧拉伸，如图 4-11（c）所示。
➢ 双-非对称：通过设置两个挤出长度，使模型向两侧按设计值拉伸，如图 4-11（d）所示。

（3）扩展类型：挤出操作的类型，包括固定的、从头到尾、至下一个、至面和至表面。

➢ 固定的：默认操作，通过设置挤出操作的值确定挤出的长度。
➢ 从头到尾：使挤出特征贯通整个模型，在添加材料操作中，延伸轮廓必须完全和模型相交。

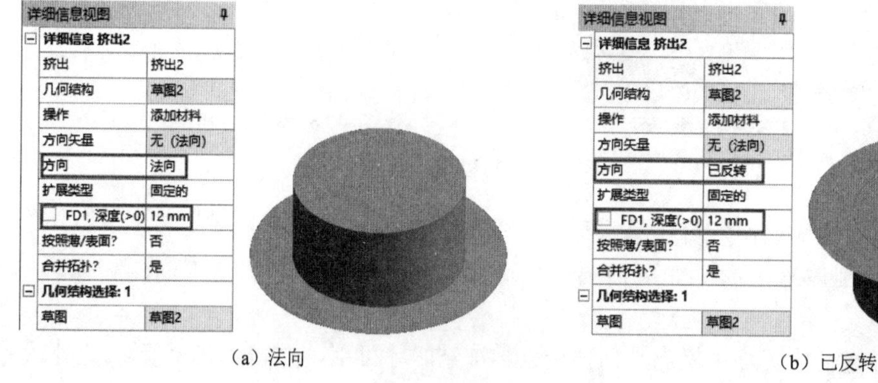

（a）法向　　（b）已反转

图 4-11　挤出方向

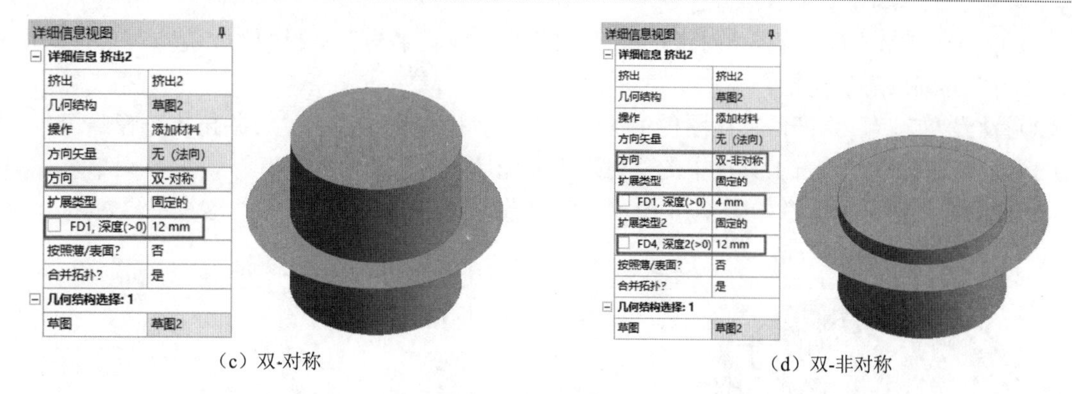

（c）双-对称　　（d）双-非对称

图 4-11　（续）

- ➢ 至下一个：此操作将延伸挤出特征到所遇到的第一个面，在剪切、印记及切片操作中将轮廓延伸至所遇到的第一个面或体。
- ➢ 至面：可以延伸挤出特征到由一个或多个面形成的边界。对多个轮廓而言，要确保每一个轮廓至少有一个面和延伸线相交，否则将导致延伸错误。
- ➢ 至表面：除只能选择一个面外，和“至面”选项类似。

如果选择的面与延伸后的体不相交，这就涉及面延伸情况。延伸情况类型由选择面的潜在面与可能的游离面来定义。这种情况下选择一个单一面，该面的潜在面用于延伸。该潜在面必须完全和拉伸后的轮廓相交，否则会报错。

（4）按照薄/表面（可打开本小节源文件 4.2.1.3 进行操作）：选择“是”选项，即可创建带有内外厚度的实体特征，如图 4-12（a）所示；若设置内外表面均为“0”，则可创建表面特征，如图 4-12（b）所示。

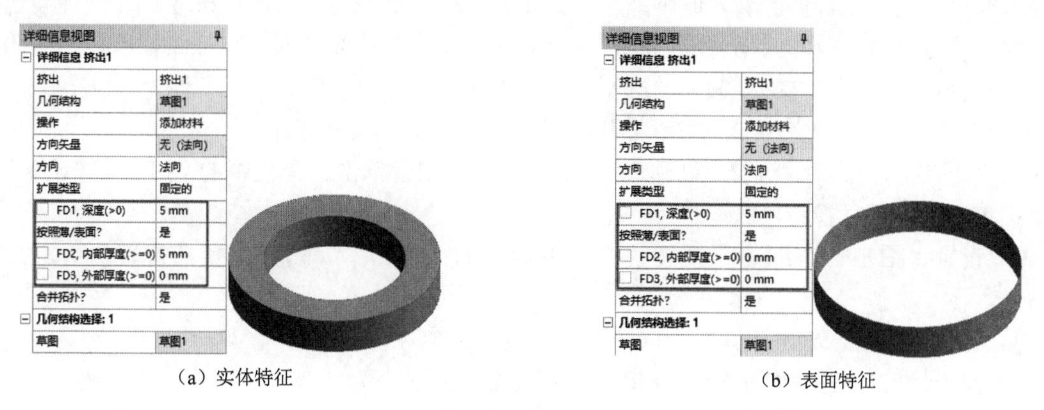

（a）实体特征　　（b）表面特征

图 4-12　按照薄/表面

4.2.2　旋转

将一个封闭的或不封闭的截面轮廓围绕选定的旋转轴创建旋转特征，如果截面轮廓是封闭的，则创建实体特征；如果是非封闭的，则创建表面特征。如果在草图中有一条自由线，如图 4-13 所示，则其将被作为默认的旋转轴。

创建旋转特征的操作步骤如下（可打开本小节源文件 4.2.2 进行操作）。

（1）草图绘制完成后，选择“创建”→“旋转”命令或者单击工具栏中的“旋转”按钮旋转，打开“旋转”详细信息视图栏。

（2）设置“旋转”详细信息视图栏中的参数，如“操作”“方向”“合并拓扑”等。

（3）设置完成后，单击工具栏中的“生成”按钮生成，完成操作。

“旋转”详细信息视图栏如图 4-14 所示，各参数说明与挤出特征类似，这里不再赘述。

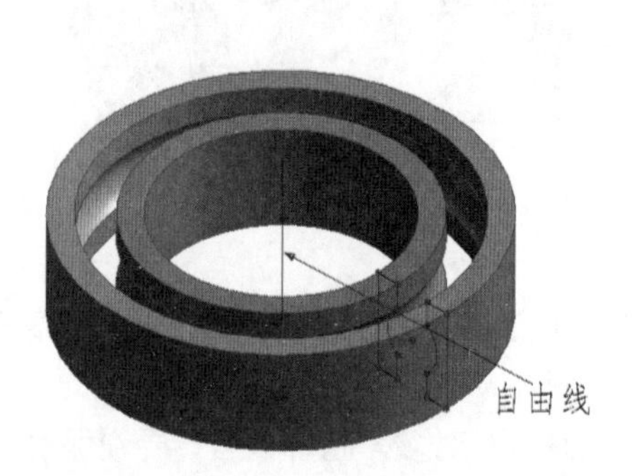

图 4-13　旋转特征

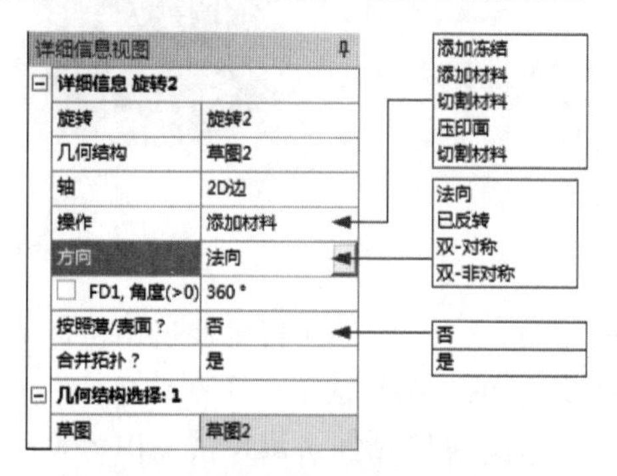

图 4-14　“旋转”详细信息视图栏

4.2.3　扫掠

通过沿一条平面路径移动草图截面轮廓创建扫掠特征。创建扫掠特征时，可以将其创建为实体特征、薄壁特征和表面特征。

创建扫掠特征非常重要的两个要素就是截面轮廓和扫掠路径，如图 4-15 所示。截面轮廓可以是闭合的或非闭合的曲线，可嵌套，但不能相交。如果选择多个截面轮廓，可按住 Ctrl 键继续选择即可。扫掠路径可以是开放的或闭合的回路，其起点必须放置在截面轮廓和扫掠路径所在平面的相交处。扫掠路径草图必须在与扫掠截面轮廓平面相交的平面上。

创建扫掠特征的操作步骤如下（可打开本小节源文件 4.2.3 进行操作）。

（1）草图绘制完成后，选择“创建”→“扫掠”命令或者单击工具栏中的“扫掠”按钮扫掠，打开“扫掠”详细信息视图栏。

（2）设置“扫掠”详细信息视图栏中的参数，如“操作”“对齐”“扭曲规范”“按照薄/表面”等。

（3）设置完成后，单击工具栏中的“生成”按钮生成，完成操作。

“扫掠”详细信息视图栏如图 4-16 所示，各参数说明如下。

- 路径切线：沿路径扫掠时自动调整剖面，以保证剖面垂直路径。
- 全局轴：沿路径扫掠时不管路径的形状如何，剖面的方向保持不变。
- 俯仰：沿扫掠路径逐渐扩张或收缩。
- 匝数：沿扫掠路径转动剖面。若为负匝数，则剖面沿与路径相反的方向旋转；若为正匝数，则逆时针旋转。

注意：

如果扫掠路径是一个闭合环路，则匝数必须是整数；如果扫掠路径是开放链路，则匝数可以是任意数值。比例和匝数的默认值分别为 1 和 0。

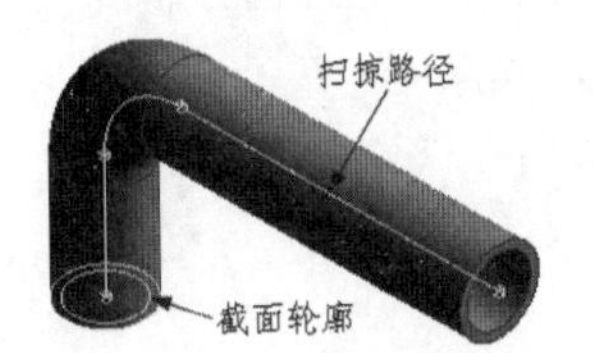

图 4-15　扫掠特征

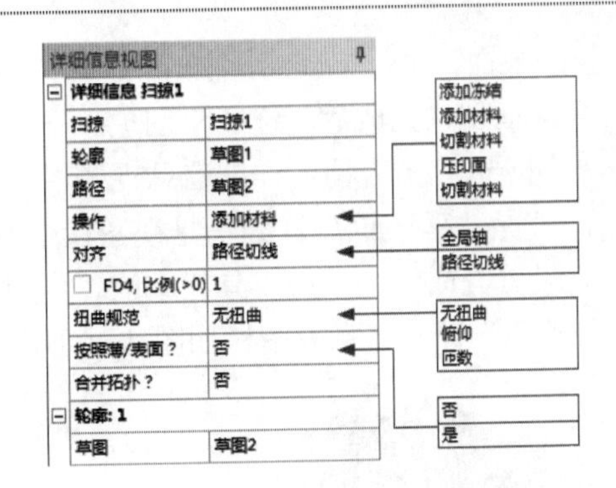

图 4-16　“扫掠”详细信息视图栏

4.2.4　蒙皮/放样

蒙皮/放样特征是用不同平面上的一系列草图轮廓或表面产生一个与它们拟合的三维几何体（必须选两个以上的草图轮廓或表面），如图 4-17 所示。

要生成放样的剖面，可以是一个闭合或开放的环路草图或由表面得到的一个面，所有剖面必须有同样的边数，不能混杂开放和闭合的剖面；所有剖面必须是同种类型；草图和面可以通过在图形区域内单击它们的边或点，或者在“特征”工具栏或树轮廓中单击进行选取。

创建蒙皮/放样特征的操作步骤如下（可打开本小节源文件 4.2.4 进行操作）。

（1）草图绘制完成后，选择“创建”→“蒙皮/放样”命令或者单击工具栏中的“蒙皮/放样”按钮蒙皮/放样，打开“蒙皮/放样”详细信息视图栏。

（2）设置“蒙皮/放样”详细信息视图栏中的参数，如“操作”“按照薄/表面？”“轮廓”等。

（3）设置完成后，单击工具栏中的“生成”按钮生成，完成操作。

“蒙皮/放样”详细信息视图栏如图 4-18 所示。

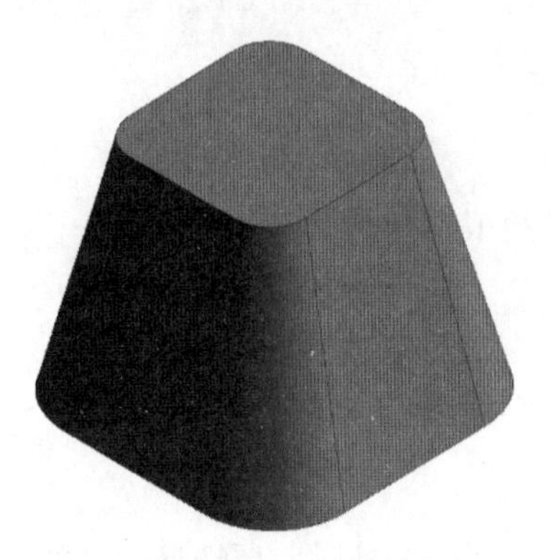

图 4-17　蒙皮/放样特征

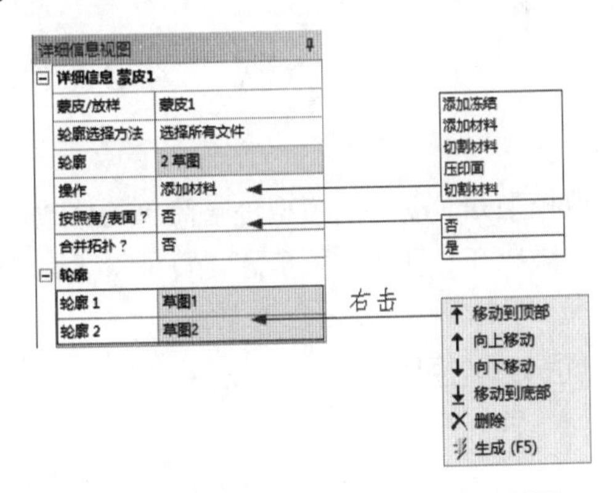

图 4-18　“蒙皮/放样”详细信息视图栏

4.2.5　薄/表面

薄/表面特征是指从零件内部去除材料，创建一个具有指定厚度的空腔零件，主要用来创建薄壁实体和简化壳，如图 4-19 所示。

创建薄/表面特征的操作步骤如下（可打开本小节源文件 4.2.5 进行操作）。

（1）特征创建完成后，选择“创建”→“薄/表面”命令或者单击工具栏中的“薄/表面”按钮薄/表面，打开“薄/表面”详细信息视图栏。

（2）设置“薄/表面”详细信息视图栏中的参数，如“选择类型”“几何结构”“方向”等。

（3）设置完成后，单击工具栏中的“生成”按钮生成，完成操作。

“薄/表面”详细信息视图栏如图 4-20 所示，各参数说明如下。

图 4-19　薄/表面特征

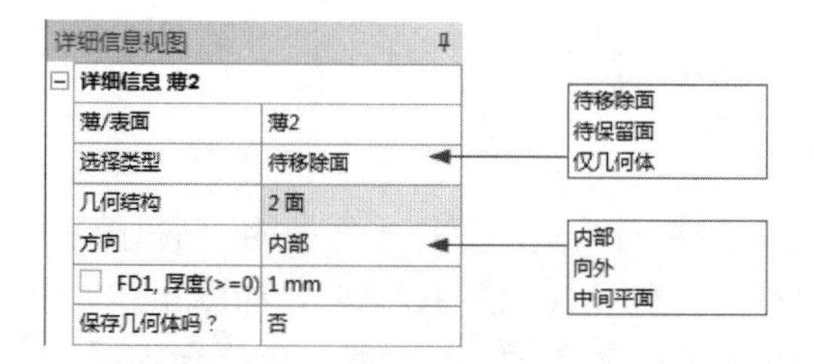

图 4-20　“薄/表面”详细信息视图栏

- 待移除面：所选面将从几何体中删除。
- 待保留面：保留所选面，删除没有选择的面。
- 仅几何体：只对所选几何体进行操作，不删除任何面。
- 内部：向零件内部偏移表面，原始零件的外壁成为抽壳的外壁。
- 向外：向零件外部偏移表面，原始零件的外壁成为抽壳的内壁。
- 中间平面：向零件内部和外部以相同距离偏移表面，每侧偏移厚度是设置数值的一半。

4.3　修改模型

修改模型是对创建的模型进行简单的修改，包括创建圆角或倒角特征。这些修改操作同特征操作一样，集成在“创建”菜单和“特征”工具栏中。

4.3.1　固定半径圆角

“固定半径”命令可以在模型边界上创建倒圆角。在创建圆角特征时，要选择模型的边或面来生成倒圆角。如果选择面，则在所选面上的所有边上生成倒圆角。

创建固定半径圆角特征的操作步骤如下（可打开本小节源文件 4.3.1 进行操作）。

（1）特征创建完成后，选择“创建”→“固定半径混合”命令或者单击工具栏中的“混合”→“固定半径”按钮固定半径，打开“固定半径混合”详细信息视图栏。

（2）设置“固定半径混合”详细信息视图栏中的参数，如“半径”“几何结构”等。

（3）设置完成后，单击工具栏中的“生成”按钮 生成，完成操作。

如图 4-21 所示，选择不同的线或面则生成不同的圆角特征。

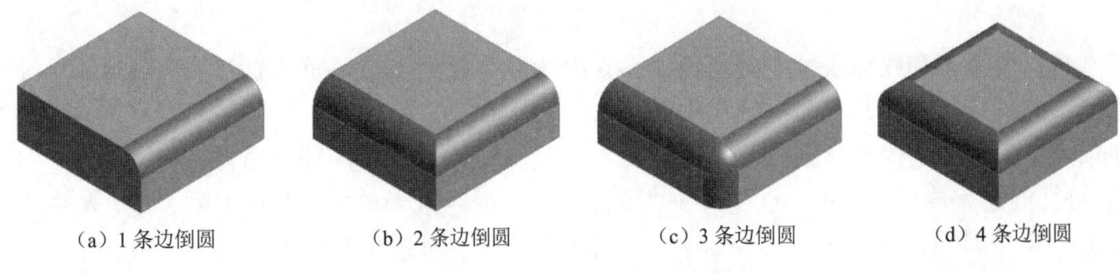

（a）1 条边倒圆　（b）2 条边倒圆　（c）3 条边倒圆　（d）4 条边倒圆

图 4-21　固定半径圆角特征

“固定半径混合”详细信息视图栏如图 4-22 所示，各参数说明如下。

➢ 半径：设置圆角特征的圆角大小。

➢ 几何结构：选择圆角特征的边或面。

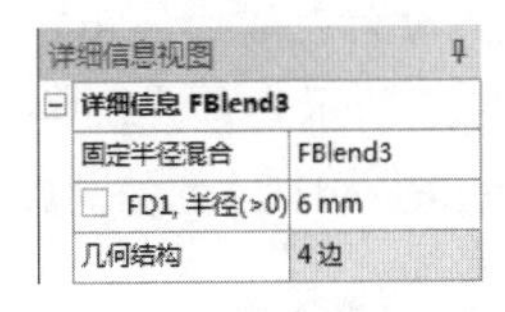

图 4-22　“固定半径混合”详细信息视图栏

4.3.2　变量半径圆角

“变量半径”命令可以在模型边界上创建光滑过渡或线性过渡的圆角。

创建变量半径圆角特征的操作步骤如下（可打开本小节源文件 4.3.2 进行操作）。

（1）特征创建完成后，选择“创建”→“变量半径混合”命令或者单击工具栏中的“混合”→“变量半径”按钮 变量半径，打开“变量半径混合”详细信息视图栏。

（2）设置“变量半径混合”详细信息视图栏中的参数，如“过渡”“边”“Sigma 半径”“终点半径”等。

（3）设置完成后，单击工具栏中的“生成”按钮 生成，完成操作。

图 4-23 所示为不同过渡类型的圆角特征。

“变量半径混合”详细信息视图栏如图 4-24 所示，各参数说明如下。

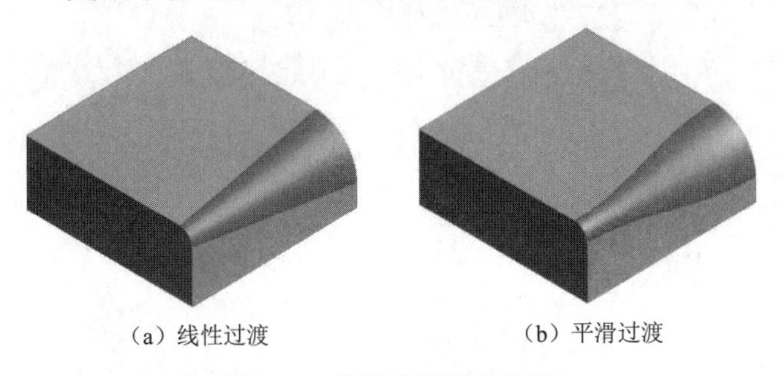

（a）线性过渡　（b）平滑过渡

图 4-23　变量半径圆角特征

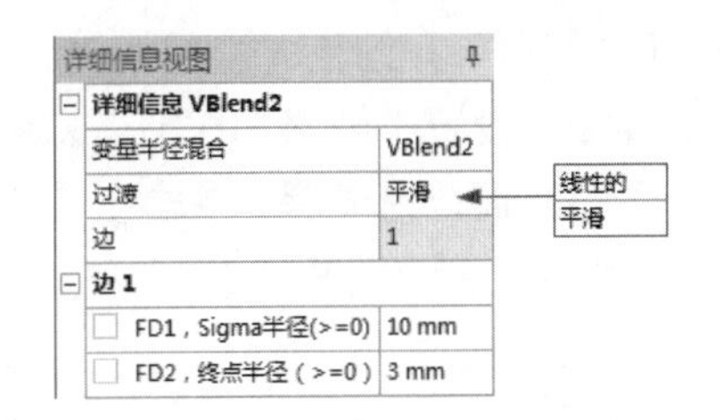

图 4-24　“变量半径混合”详细信息视图栏

➢ 线性过渡：创建的圆角按线性比例过渡。

➢ 平滑过渡：创建的圆角逐渐混合过渡，过渡是相切的。

➢ Sigma 半径：设置变量半径的起点半径大小。

➢ 终点半径：设置变量半径的终点半径大小。

4.3.3 顶点圆角

顶点圆角对曲面体和线体进行倒圆角操作，采用此命令时顶点必须属于曲面体或线体，必须与两条边相接，且顶点周围的几何体必须是平面的。

创建顶点圆角特征的操作步骤如下（可打开本小节源文件 4.3.3 进行操作）。

（1）特征创建完成后，选择“创建”→“顶点混合”命令或者单击工具栏中的“混合”→“顶点混合”按钮 顶点混合，打开 VertexBlend1（顶点混合）详细信息视图栏。

（2）设置 VertexBlend1 详细信息视图栏中的参数，如“半径”“顶点”等。

（3）设置完成后，单击工具栏中的“生成”按钮 生成，完成操作。

图 4-25 所示为顶点圆角特征。

VertexBlend1 详细信息视图栏如图 4-26 所示，各参数说明如下。

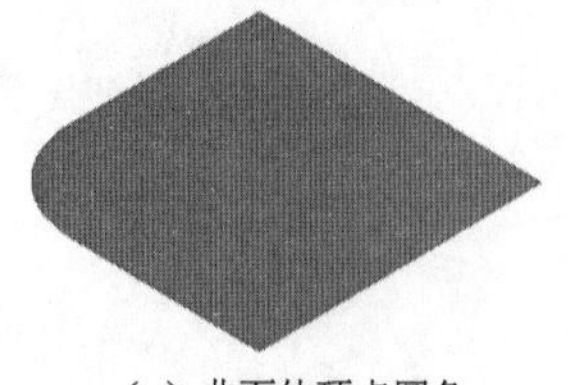

（a）曲面体顶点圆角

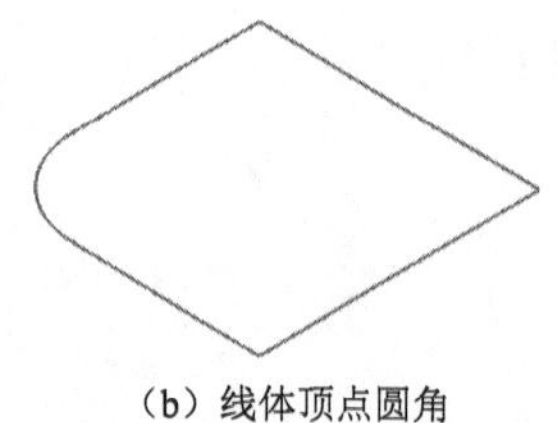

（b）线体顶点圆角

图 4-25 顶点圆角特征

详细信息视图

详细信息 VertexBlend1	
名称	VertexBlend1
FD1, 半径(>0)	10 mm
顶点	1

图 4-26 VertexBlend1 详细信息视图栏

- 半径：设置顶点圆角特征的半径大小。
- 顶点：创建顶点圆角的顶点。

4.3.4 倒角

“倒角”命令用来在模型边上创建倒角特征。如果选择的是面，则所选面上的所有边将被倒角。

创建倒角特征的操作步骤如下（可打开本小节源文件 4.3.4 进行操作）。

（1）特征创建完成后，选择“创建”→“倒角”命令或者单击工具栏中的“倒角”按钮 倒角，打开“倒角”详细信息视图栏。

（2）设置“倒角”详细信息视图栏中的参数，如“几何结构”“类型”等。

（3）设置完成后，单击工具栏中的“生成”按钮 生成，完成操作。

图 4-27 所示为倒角特征。

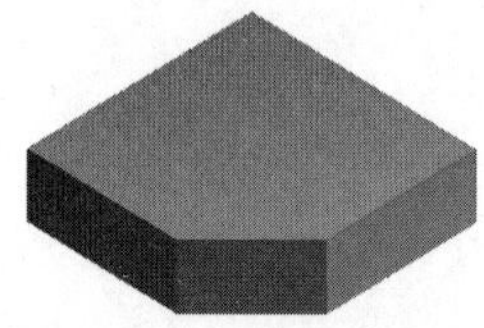

（a）左长度=右长度=10mm

（b）左长度=10mm，右长度=5mm

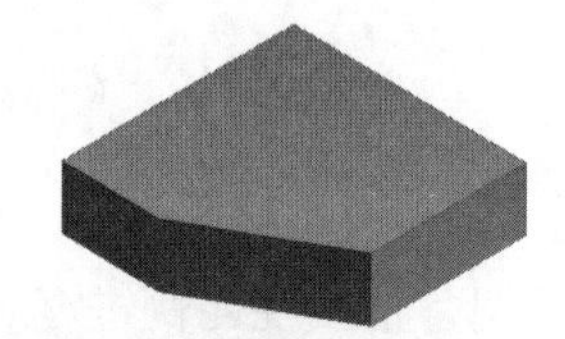

（c）左长度=10mm，左角=60°

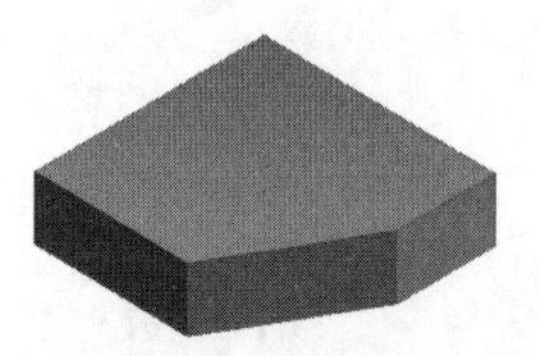

（d）右长度=10mm，右角=60°

图 4-27 倒角特征

“倒角”详细信息视图栏如图 4-28 所示，各参数说明如下。

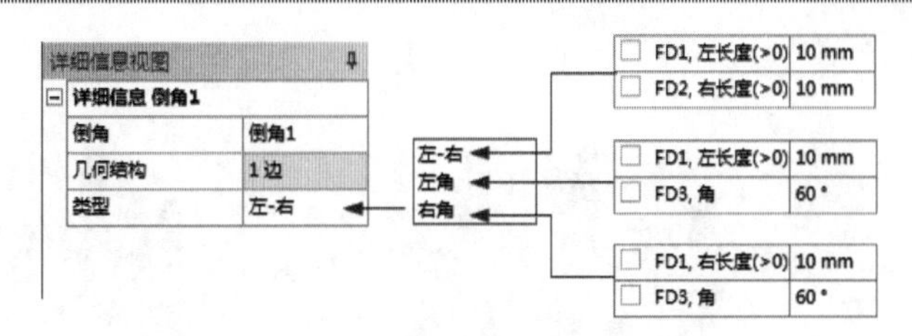

图 4-28 “倒角”详细信息视图栏

- 左-右：通过设置倒角特征的左右边长创建倒角特征。
- 左角：通过设置倒角特征的左边长和左角创建倒角特征。
- 右角：通过设置倒角特征的右边长和右角创建倒角特征。

4.4 冻结和解冻

DesignModeler 默认将新的几何体和已有几何体合并来保持单个几何体。如果想要生成不合并的几何体模型，则可以用冻结和解冻进行控制。将已有模型冻结后，再创建几何体模型，则会生成独立的几何模型，可以对独立的几何模型进行阵列和布尔操作等；解冻后独立的几何模型与元模型合并，通过使用“冻结”和“解冻”命令可以切换冻结和解冻状态。

“冻结”和“解冻”命令集成在“工具”菜单中，如图 4-29 所示。

DesignModeler 中有两种状态体，如图 4-30 所示。

图 4-29 “冻结”和“解冻”命令

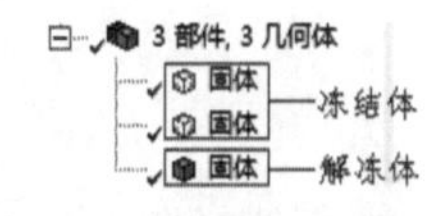

图 4-30 解冻体和冻结体

（1）冻结体：主要目的是为仿真装配建模提供不同的选择方式。一般情况下，建模中的操作均不能用于冻结。用冻结特征可以将所有解冻状态转到冻结状态，选取几何体对象后用解冻特征可以解冻单个体。冻结在树轮廓中显示为较淡的颜色。

（2）解冻体：在解冻状态，几何体可以进行常规的建模操作修改。解冻在树轮廓中显示为蓝色，而几何体在树轮廓中的图标取决于其类型（包括实体、表面或线体）。

4.5 阵列特征

阵列特征对所选源特征进行复制，并按照线性、环形和矩形方式进行排列。在进行阵列时，阵列的源特征必须没有被合并到已有模型中，可以先冻结已有模型，再创建要阵列的特征。

创建阵列特征的操作步骤如下（可打开本小节源文件 4.5 进行操作）。

（1）特征创建完成后，选择“创建”→“模式”命令，打开“模式”详细信息视图栏。

（2）设置“模式”详细信息视图栏中的参数，如“方向图类型”“轴”“复制”等。

（3）设置完成后，单击工具栏中的“生成”按钮 生成，完成操作。

阵列特征如图 4-31 所示。

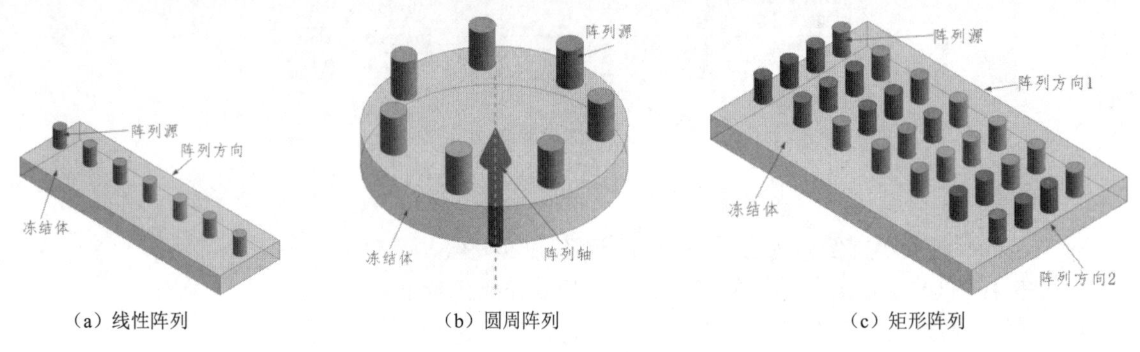

图 4-31　阵列特征

“模式”详细信息视图栏如图 4-32 所示，各参数说明如下。

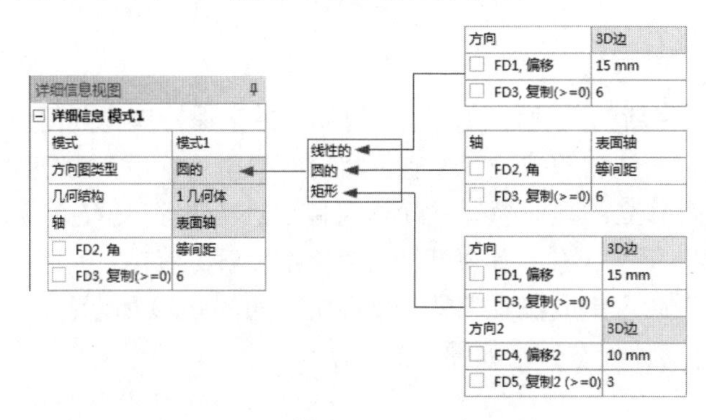

图 4-32　“模式”详细信息视图栏

- 线性阵列：进行线性阵列时，需要设置阵列方向、偏移距离和阵列数。
- 圆周阵列：进行圆周阵列时，需要设置阵列轴、阵列角度和阵列数。如将角度设为 0，则系统会自动计算均布放置。
- 矩形阵列：进行矩形阵列时，需要设置两个阵列方向、偏移距离和阵列数。
- 方向：选择线性阵列或矩形阵列的阵列方向，一般为模型边线。
- 偏移：设置阵列的距离。
- 复制：设置阵列的数量，这里的数量不包含阵列源。
- 轴：选择圆周阵列的阵列轴。

4.6　几何体操作

几何体操作可以对所创建的任何模型进行缝补、简化、切割材料、压印面、清除几何体和转换为 NURBS（Beta）等操作。不管是冻结的还是解冻的实体和表面体，附着在选定几何体上的面或者边上的特征点都不受几何体操作的影响。

选择“创建”→“几何体操作”命令，打开“几何体操作”详细信息视图栏，如图 4-33 所示。在该信息视图中选择不同的类型就能进行相应的几何体操作，下面逐一进行讲解。

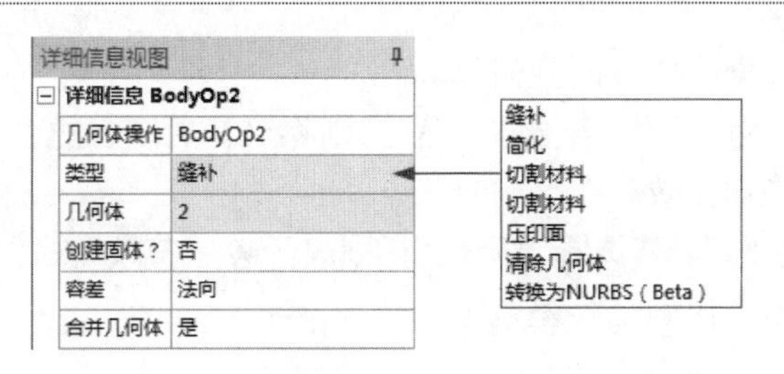

图 4-33　“几何体操作”详细信息视图栏

4.6.1　缝补

缝补操作可以在一定的容差范围内对两片表面体进行缝合，使其合并为一个表面体。

进行缝补操作的步骤如下（可打开本小节源文件 4.6.1 进行操作）。

（1）特征创建完成后，选择“创建”→“几何体操作”命令，打开“几何体操作”详细信息视图栏。

（2）选择“类型”为“缝补”。

（3）设置“几何体操作”详细信息视图栏中的参数，如选择要缝补的几何体、设置容差参数等。

（4）设置完成后，单击工具栏中的“生成”按钮生成，完成操作。

如图 4-34（a）所示，缝补前显示有两个表面几何体，且两个表面几何体的颜色不同；如图 4-34（b）所示，缝补后显示只有一个表面几何体，中间虽有一条线，但两个表面体已经缝合，且颜色一致。

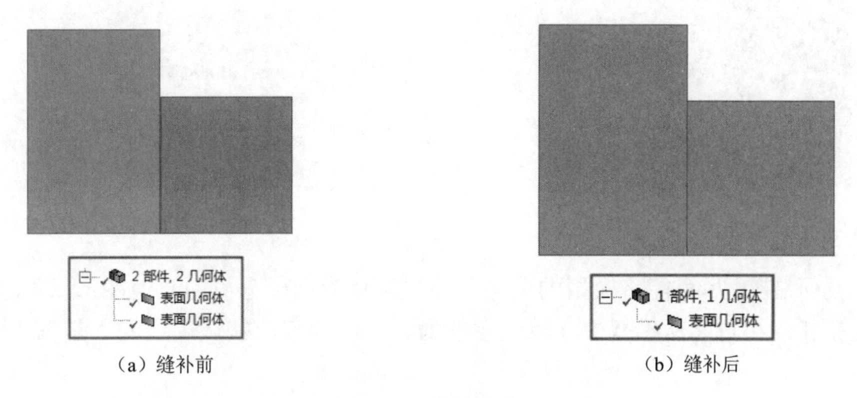

（a）缝补前　　（b）缝补后

图 4-34　缝补操作

“几何体操作-缝补”详细信息视图栏如图 4-35 所示，各参数说明如下。

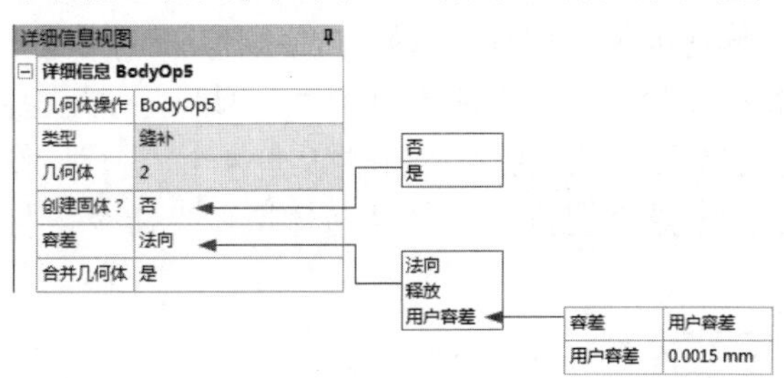

图 4-35　“几何体操作-缝补”详细信息视图栏

➢ 几何体：进行缝补操作的表面几何体。
➢ 创建固体？：默认为“否”。若选择“是”，则将缝补后闭合的表面体转换为实体；若不是闭合表面体，则此操作无效。
➢ 容差：默认为“法向”。若选择“释放”，则表示容差值较宽松；若选择“用户容差”，则通过设置“用户容差”值确定容差范围。

4.6.2 简化

简化操作用于选择要简化的实体或表面几何体。如图 4-34（b）所示，缝合后的两个表面几何体还留有一条线，利用简化操作就可以消除这条线，结果如图 4-36 所示。

进行简化操作的步骤如下（可打开本小节源文件 4.6.2 进行操作）。

（1）特征创建完成后，选择“创建”→“几何体操作”命令，打开“几何体操作”详细信息视图栏。

（2）选择“类型”为“简化”。

（3）设置“几何体操作”详细信息视图栏中的参数，如选择要简化的几何体、是否简化几何结构、是否简化拓扑等。

（4）设置完成后，单击工具栏中的“生成”按钮生成，完成操作。

“几何体操作-简化”详细信息视图栏如图 4-37 所示，各参数说明如下。

图 4-36　简化操作

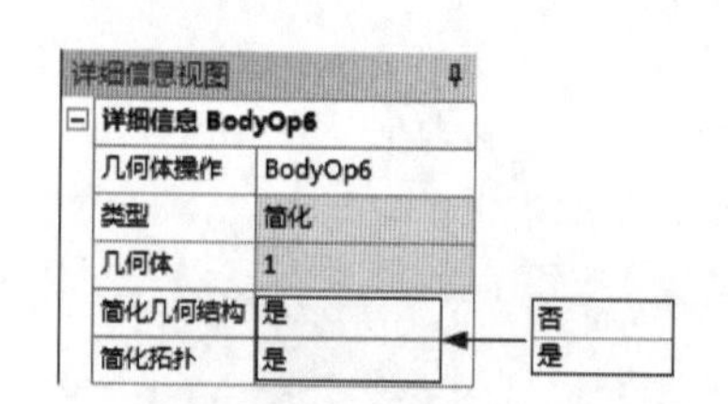

图 4-37　“几何体操作-简化”详细信息视图栏

➢ 简化几何结构：尽可能将模型的曲面和曲线简化为利于分析的几何图形，默认选项为“是”。
➢ 简化拓扑：尽可能从模型中移除冗余的面、边和顶点，默认选项为“是”。

4.6.3 切割材料

切割材料操作类似于建模特征中的切割材料操作，是利用一个实体对另一个活动实体进行切割操作，同时选定的几何体将被删除；也可以通过设置“保留几何体”保留选定的几何体。

进行切割材料操作的步骤如下（可打开本小节源文件 4.6.3 进行操作）。

（1）特征创建完成后，选择“创建”→“几何体操作”命令，打开“几何体操作”详细信息视图栏。

（2）选择“类型”为“切割材料”。

（3）选择用于切割的几何体。

（4）设置完成后，单击工具栏中的“生成”按钮生成，完成操作。

图 4-38（a）所示为切割前的实体，图 4-38（b）所示为切割后的实体。

“几何体操作-切割材料”详细信息视图栏如图 4-39 所示，其中参数“保存几何体吗？”用于选择是否保留选定的几何体。

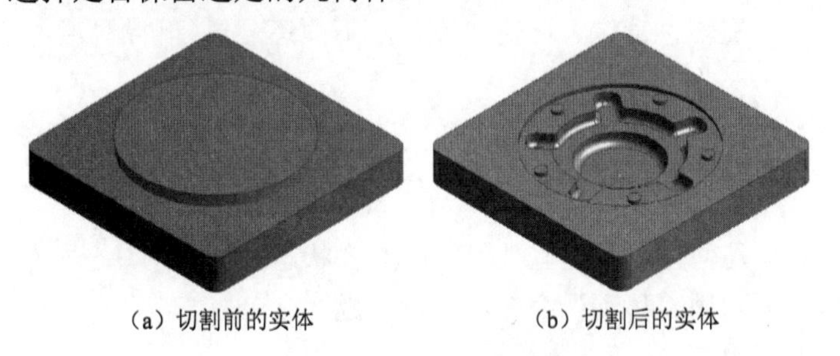

（a）切割前的实体　　（b）切割后的实体

图 4-38　切割材料操作

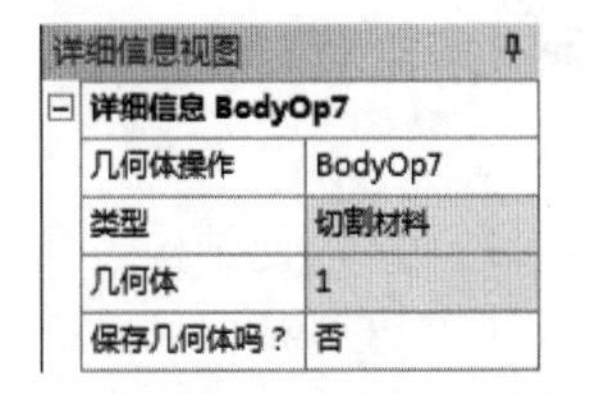

图 4-39　“几何体操作-切割材料”详细信息视图栏

4.6.4　压印面

几何体操作中的压印面和基本操作中的压印面一样，只有当模型中存在激活体时才能对该选项进行操作。对目标体执行压印面操作时，每一个目标体都会留下印记，操作后所有实体都会保留下来。

进行压印面操作的步骤如下（可打开本小节源文件 4.6.4 进行操作）。

（1）特征创建完成后，选择“创建”→“几何体操作”命令，打开“几何体操作”详细信息视图栏。

（2）选择“类型”为“压印面”。

（3）选择用于压印面的几何体。

（4）设置完成后，单击工具栏中的“生成”按钮生成，完成操作。

图 4-40（a）所示为压印前的实体，图 4-40（b）为压印后的实体。

“几何体操作-压印面”详细信息视图栏如图 4-41 所示，各参数说明如下。

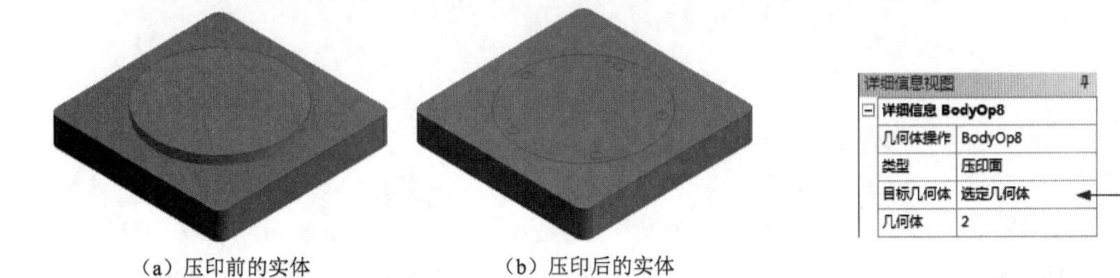

（a）压印前的实体　　（b）压印后的实体

图 4-40　压印面操作

图 4-41　“几何体操作-压印面”详细信息视图栏

- 全部几何体：对全部几何体进行压印面操作。
- 选定几何体：只对选定的几何体进行压印面操作。

4.7 几何体转换

几何体转换可以对模型进行移动、平移、旋转、镜像、比例等操作，下面逐一进行讲解。

4.7.1 移动

对导入的外部几何结构文件，若存在多个几何体，且这些几何体的对齐状态不符合用户分析的要求，就需要将这些几何体进行对齐操作，可利用“移动”命令解决该问题。

进行移动操作的步骤如下（可打开本小节源文件 4.7.1 进行操作）。

（1）导入外部几何结构文件或特征创建完成后，选择“创建”→“几何体转换”→“移动”命令，打开“移动”详细信息视图栏。

（2）选择移动类型，如“按平面”移动、“按点”移动或“按方向”移动等。

（3）设置“移动”详细信息视图栏中的其他参数，如源平面、目标平面、几何体，移动、对齐、定向，源移动、目标一动、源对齐、目标对齐、源定向、目标定向等。

（4）设置完成后，单击工具栏中的“生成”按钮 生成，完成操作。

图 4-42 所示为按平面移动几何体操作，是通过确定移动的几何体和对齐面来移动模型的。

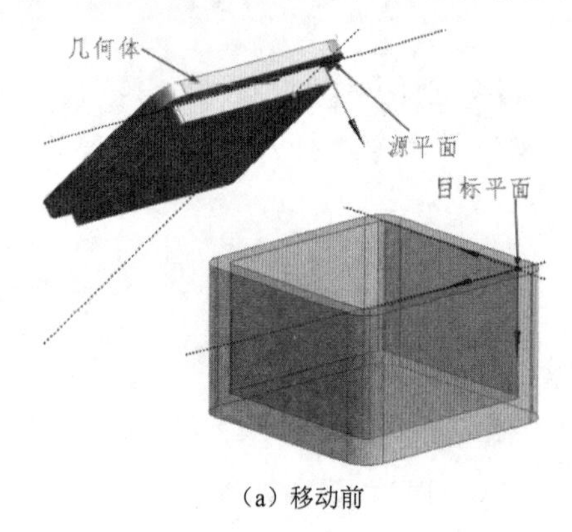

（a）移动前

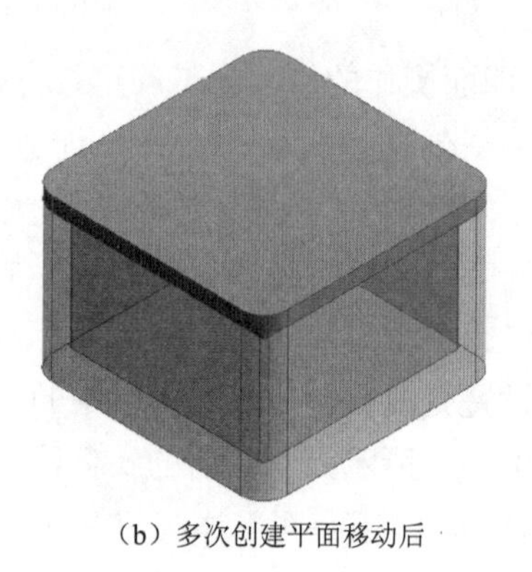

（b）多次创建平面移动后

图 4-42　按平面移动几何体

注意：

按平面移动模型时，不能直接选择模型本身的表面作为源平面或目标平面，而需要通过“新平面”操作来建立新的平面进行对齐操作。创建新平面时，平面所在坐标系的原点和方向要求一致。创建好平面后，首先进行一次移动；然后创建其他平面，再进行移动，直到几何体移动到合适位置。

图 4-43 所示为按点移动几何体操作，是通过确定移动的几何体和对齐的三对点（移动点、对齐点、定向点）来移动模型的。

图 4-44 所示为按方向移动几何体操作，是通过确定移动的几何体和移动对、对齐对、定向对来移动模型的。

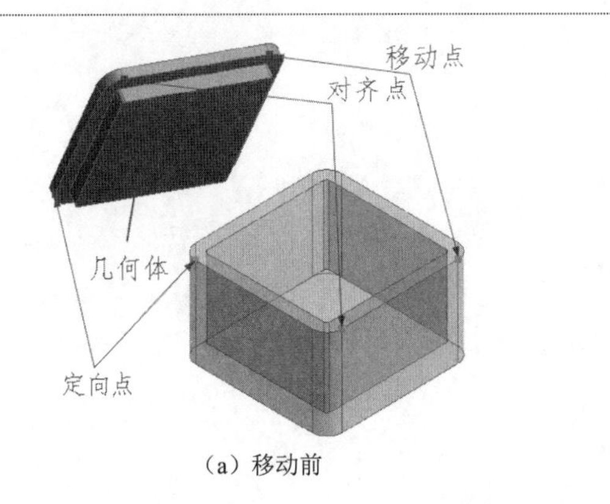

（a）移动前

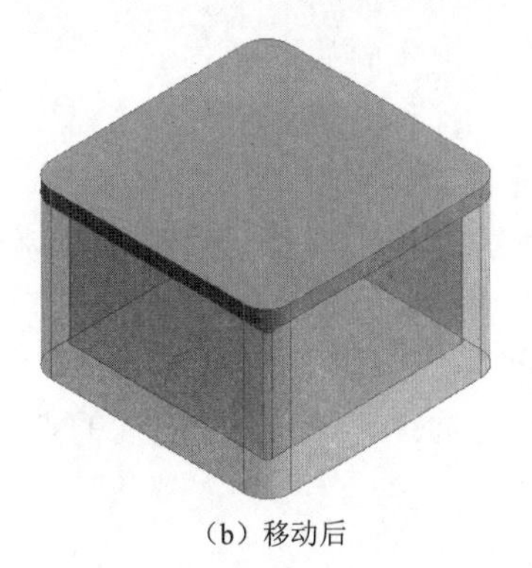
（b）移动后

图 4-43　按点移动几何体

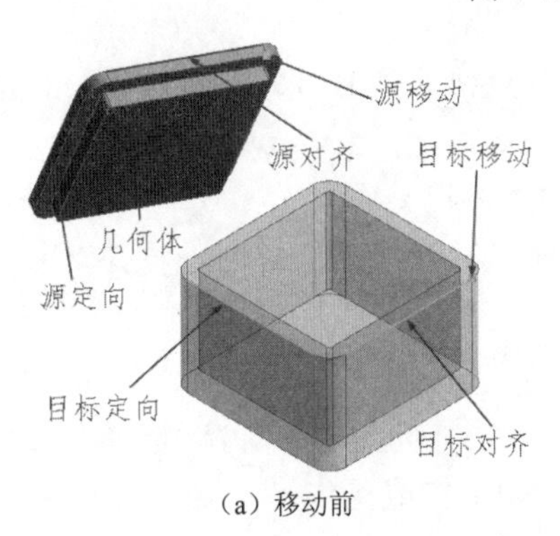

（a）移动前

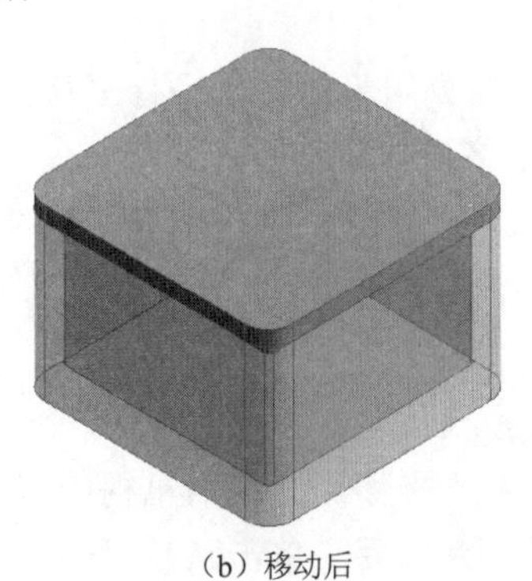
（b）移动后

图 4-44　按方向移动几何体

“移动”详细信息视图栏如图 4-45 所示，各参数说明如下。

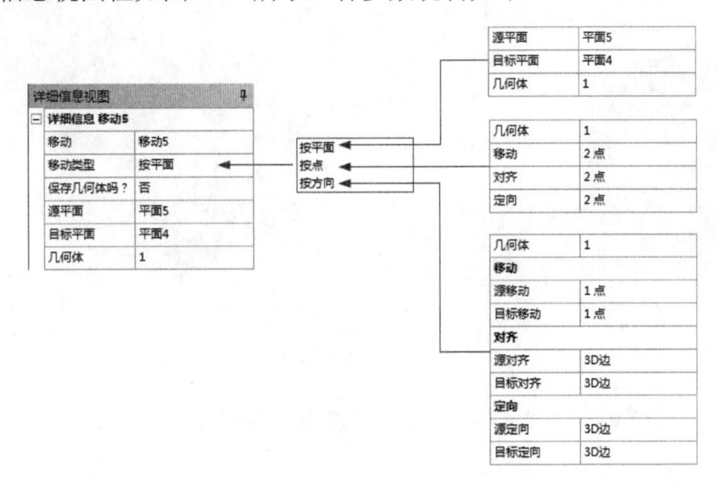

图 4-45　“移动”详细信息视图栏

- 保存几何体吗？：确定移动后是否保留源目标。
- 源平面：要移动的几何体所在的平面。
- 目标平面：要对齐的几何体所在的平面。
- 移动：要移动的点对。
- 对齐：要对齐的点对。

➢ 定向：要定向的点对。
➢ 源移动：移动体上的点。
➢ 目标移动：目标体上的点。
➢ 源对齐：移动体上要对齐的点、线或面。
➢ 目标对齐：目标体上要对齐的点、线或面。
➢ 源定向：移动体上要定向的点、线或面。
➢ 目标定向：目标体上要定向的点、线或面。

4.7.2 平移

“平移”命令用于对模型进行平移，只能对模型由 A 点移动到 B 点，不能对导入的外部几何结构文件进行对齐操作。

进行平移操作的步骤如下（可打开本小节源文件 4.7.2 进行操作）。

（1）特征创建完成后，选择“创建”→“几何体转换”→“平移”命令，打开“平移”详细信息视图栏。

（2）选择要移动的模型。

（3）设置“平移”详细信息视图栏中的其他参数，如“方向定义”“方向选择”“距离”等。

（4）设置完成后，单击工具栏中的“生成”按钮 生成，完成操作。

图 4-46 所示为模型的平移操作。

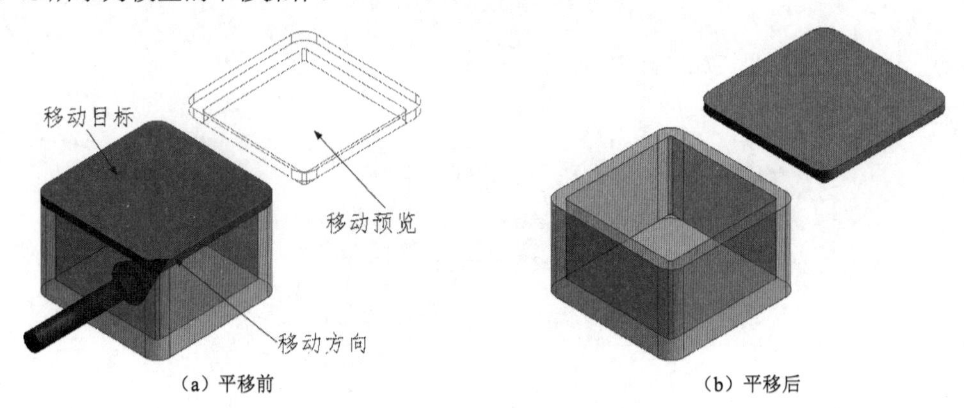

（a）平移前　　（b）平移后

图 4-46　平移操作

“平移”详细信息视图栏如图 4-47 所示，各参数说明如下。

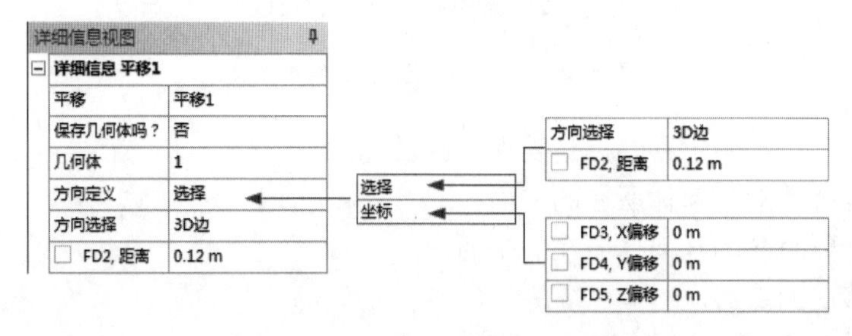

图 4-47　“平移”详细信息视图栏

➢ 保存几何体吗？：确定平移后是否保留源目标。
➢ 选择：通过选择移动的方向和确定沿该方向移动的距离来移动模型。
➢ 坐标：通过设置沿 X、Y、Z 轴坐标的移动距离来移动模型。

4.7.3 旋转

“旋转”命令用于对模型进行旋转，只能对模型绕某一轴由 A 状态旋转到 B 状态，同样不能对导入的外部几何结构文件进行对齐操作。

进行旋转操作的步骤如下（可打开本小节源文件 4.7.3 进行操作）。

（1）特征创建完成后，选择“创建”→“几何体转换”→“旋转”命令，打开“旋转”详细信息视图栏。

（2）选择要旋转的模型。

（3）设置“旋转”详细信息视图栏中的其他参数，如“轴定义”“轴选择”“角”等。

（4）设置完成后，单击工具栏中的“生成”按钮生成，完成操作。

图 4-48 所示为模型的旋转操作。

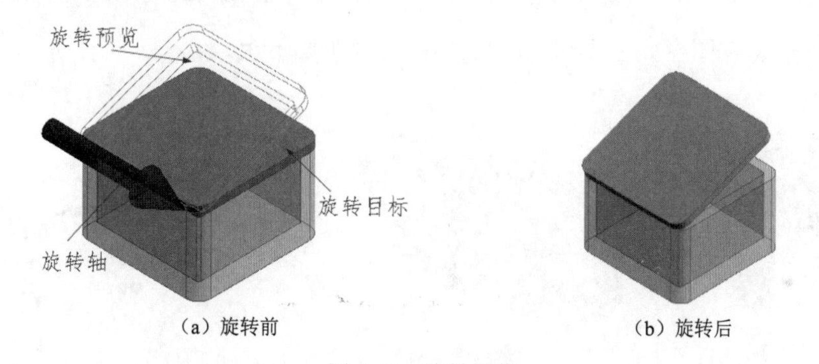

（a）旋转前　　（b）旋转后

图 4-48　旋转操作

“旋转”详细信息视图栏如图 4-49 所示，各参数说明如下。

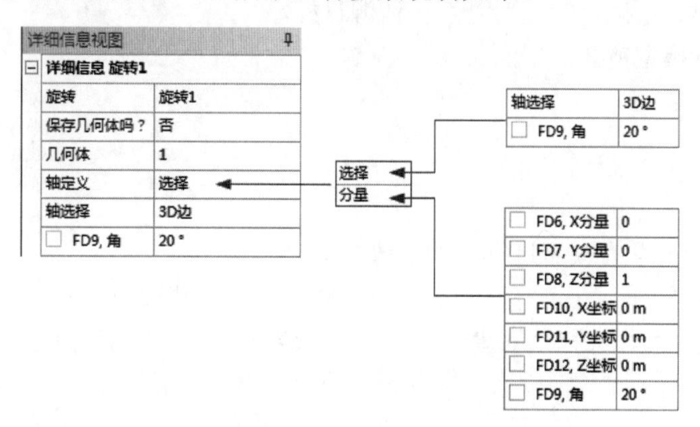

图 4-49　“旋转”详细信息视图栏

➢ 保存几何体吗？：确定旋转后是否保留源目标。
➢ 选择：通过选择旋转的轴和确定沿该轴旋转的角度来旋转模型。

➢ 分量：通过设置绕 X、Y、Z 分量旋转的角度和沿 X、Y、Z 轴移动的距离及旋转角度来旋转模型。

4.7.4 镜像

“镜像”命令用于对具有对称性的模型进行镜像，可大大提高建模效率。

进行镜像操作的步骤如下（可打开本小节源文件 4.7.4 进行操作）。

（1）特征创建过程中，选择“创建”→“几何体转换”→“镜像”命令，打开“镜像”详细信息视图栏。

（2）选择要镜像的模型。

（3）选择镜像面。

（4）设置完成后，单击工具栏中的“生成”按钮，完成操作。

图 4-50 所示为模型的镜像操作。

注意：

不能直接选择模型本身的表面作为镜像面，而需要通过“新平面”操作建立新的平面进行镜像操作。

“镜像”详细信息视图栏如图 4-51 所示，各参数说明如下。

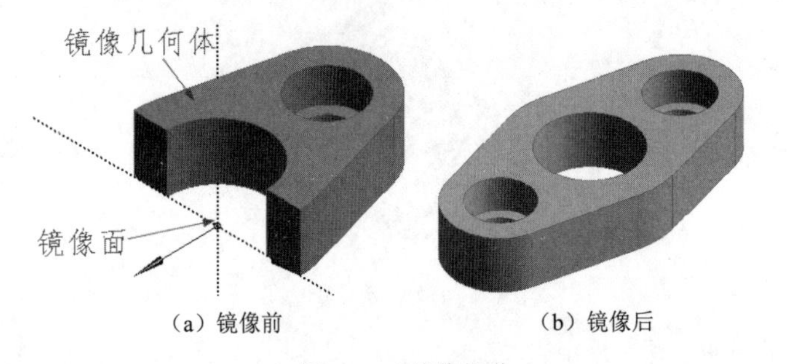

图 4-50 镜像操作

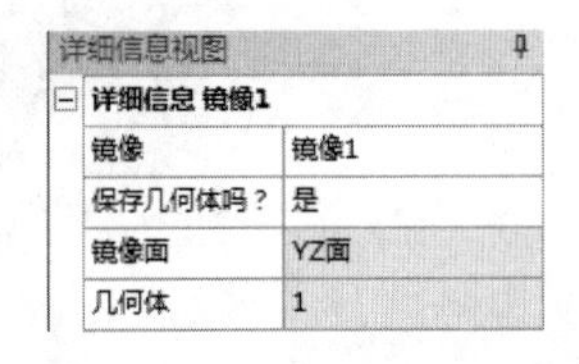

详细信息视图	
详细信息 镜像1	
镜像	镜像1
保存几何体吗？	是
镜像面	YZ面
几何体	1

图 4-51 “镜像”详细信息视图栏

➢ 保存几何体吗？：确定镜像后是否保留源目标。

➢ 镜像面：进行模型镜像的平面。

4.7.5 比例

“比例”命令用于对现有模型进行比例缩放。

进行比例操作的步骤如下（可打开本小节源文件 4.7.5 进行操作）。

（1）特征创建完成后，选择“创建”→“几何体转换”→“比例”命令，打开“比例”详细信息视图栏。

（2）选择要缩放的模型。

（3）设置“比例”详细信息视图栏中的其他参数，如“缩放源”“缩放类型”“全局比例因子”等。

（4）设置完成后，单击工具栏中的“生成”按钮生成，完成操作。

图 4-52 所示为模型的缩放操作。

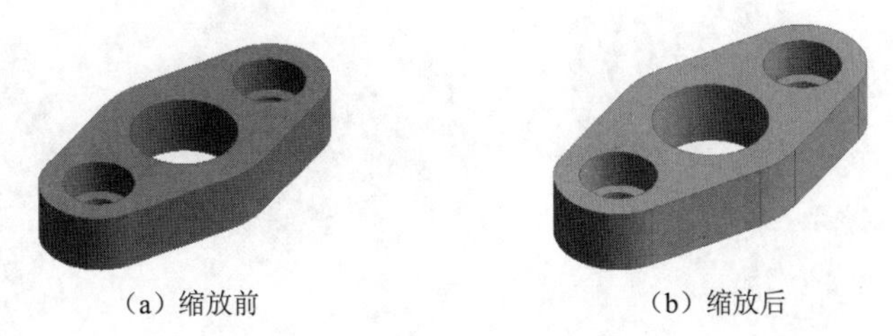

（a）缩放前　　（b）缩放后

图 4-52　缩放操作

“缩放”详细信息视图栏如图 4-53 所示，各参数说明如下。

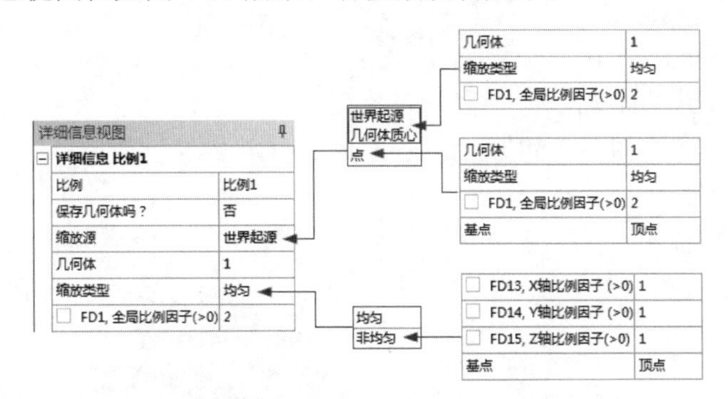

图 4-53　“缩放”详细信息视图栏

- 保存几何体吗？：确定缩放后是否保留源目标。
- 世界起源：以系统默认的全局坐标系原点为缩放点。
- 几何体质心：以要进行缩放的模型自身的质点为缩放点。
- 点：以用户选定的基点为缩放点。
- 全局比例因子：设置缩放比例。
- 非均匀：对模型在 X、Y、Z 轴以不同比例进行缩放。

4.8　布 尔 运 算

使用布尔运算可对现成的几何体进行相加、相减或相交操作，这里的几何体可以是实体、面体或线体（仅适用于布尔加）。另外，在操作时面体必须有一致的法向。

进行布尔操作的步骤如下（可打开本小节源文件 4.8 进行操作）。

（1）特征创建完成后，选择“创建”→Boolean（布尔）命令，打开 Boolean 详细信息视图栏。

（2）选择进行布尔运算的几何体。

（3）选择布尔运算的类型，如“单位”（求和）、“提取”（求差）、“交叉”（求交）和“压印面”等。

（4）设置完成后，单击工具栏中的“生成”按钮 生成，完成操作。

图 4-54 所示为布尔求和操作。

图 4-55 所示为布尔求差操作。

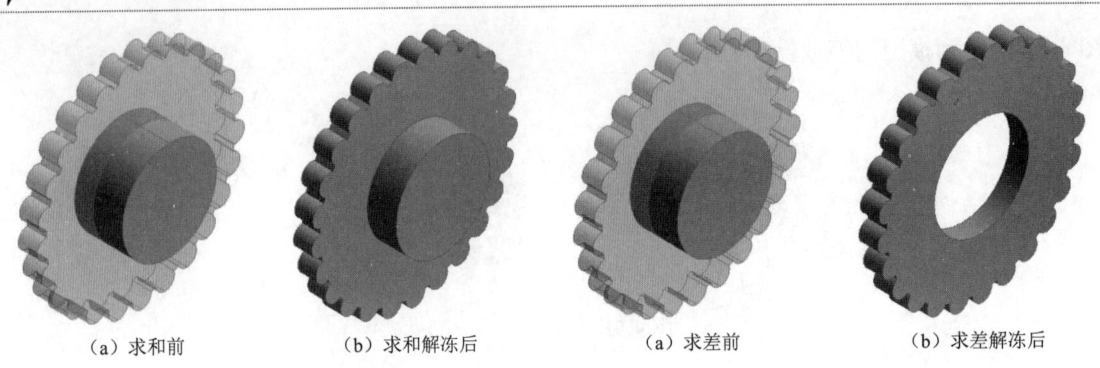
（a）求和前　（b）求和解冻后

图 4-54　布尔求和操作

（a）求差前　（b）求差解冻后

图 4-55　布尔求差操作

图 4-56 所示为布尔求交操作。

图 4-57 所示为布尔压印面操作。

Boolean 详细信息视图栏如图 4-58 所示，各参数说明如下。

- 单位：布尔求和操作。
- 提取：布尔求差操作。

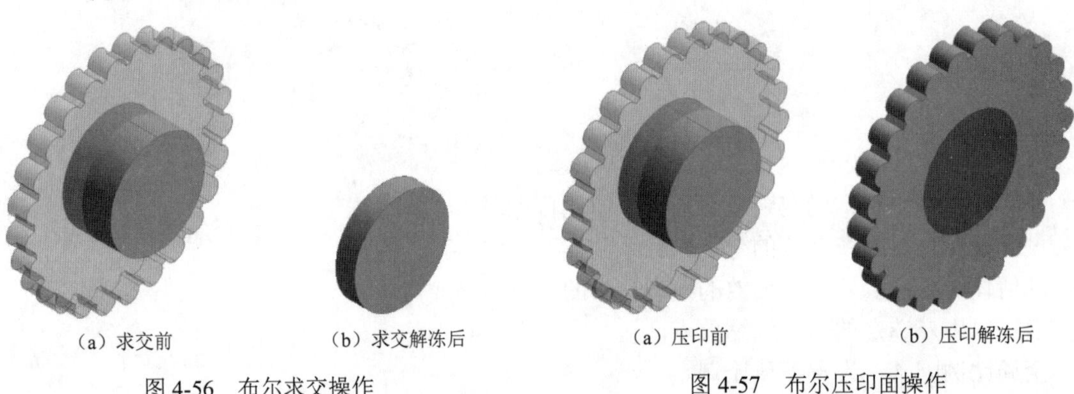
（a）求交前　（b）求交解冻后

图 4-56　布尔求交操作

（a）压印前　（b）压印解冻后

图 4-57　布尔压印面操作

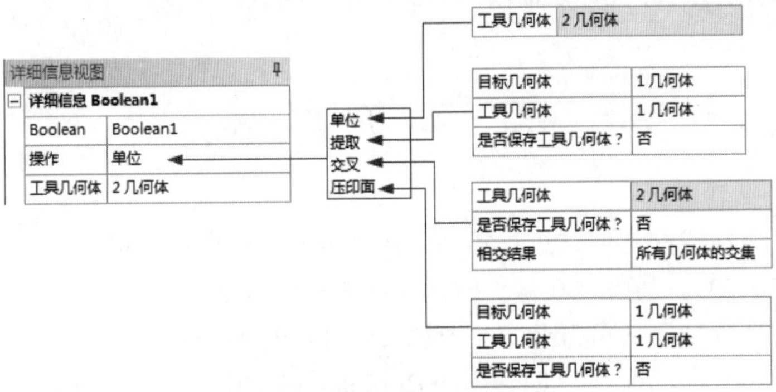

详细信息视图
详细信息 Boolean1
Boolean　Boolean1
操作　单位
工具几何体　2 几何体
单位
提取
交叉
压印面
工具几何体　2 几何体
目标几何体　1 几何体
工具几何体　1 几何体
是否保存工具几何体？　否
工具几何体　2 几何体
是否保存工具几何体？　否
相交结果　所有几何体的交集
目标几何体　1 几何体
工具几何体　1 几何体
是否保存工具几何体？　否

图 4-58　Boolean 详细信息视图栏

- 交叉：布尔求交操作。
- 压印面：用布尔运算进行压印面操作。
- 工具几何体：布尔运算过程中用来求和、求差、求交或者压印面使用的几何体。
- 目标几何体：布尔运算过程中对其进行求差或压印的几何体。

4.9　切　　片

“切片”命令仅用于当模型完全由冰冻体组成时。

进行切片操作的步骤如下（可打开本小节源文件 4.9 进行操作）。

（1）特征创建完成后，选择“创建”→“切片”命令，打开“切割”详细信息视图栏。

（2）选择切割类型，如按平面切割、切掉面、按表面切割、按边循环切割等。

（3）按切割类型设置其他选项，如“基准平面”“切割目标”“面”“目标面”“边”等。

（4）设置完成后，单击工具栏中的“生成”按钮生成，完成操作。

图 4-59 所示为按平面切割操作，切割后模型变为冰冻体，模型被所选平面分为两个几何体。

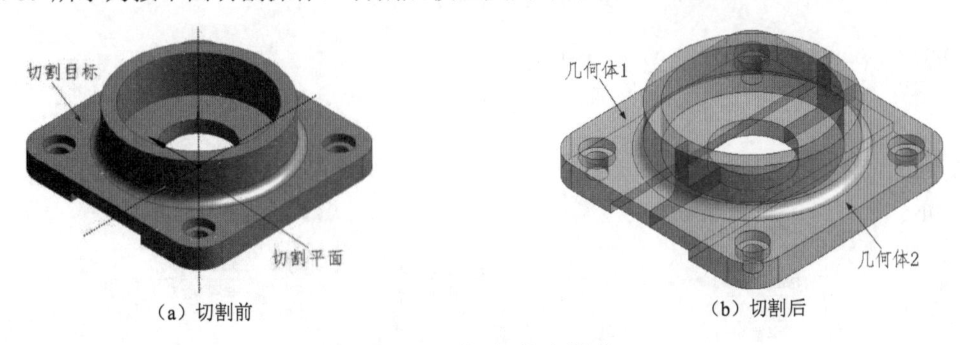

（a）切割前　　（b）切割后

图 4-59　按平面切割操作

图 4-60 所示为切掉面操作，切片后将选中的表面切开，然后就可以用这些切开的面创建一个分离体，使模型分为两个几何体。

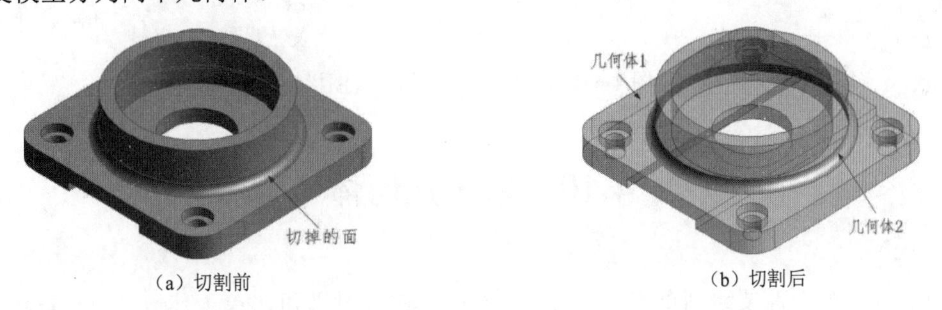

（a）切割前　　（b）切割后

图 4-60　切掉面操作

图 4-61 所示为按表面切割操作，模型被所选表面分为两个几何体。

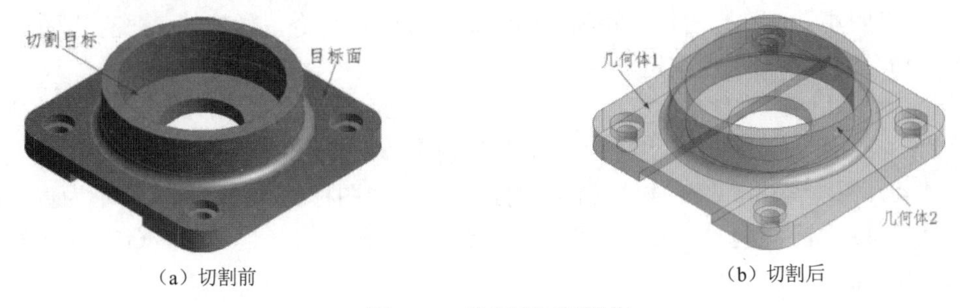

（a）切割前　　（b）切割后

图 4-61　按表面切割操作

图 4-62 所示为按边循环切割操作，所选的边需为封闭边线，若是开放边线，则需将其闭合，模型被所选边线分为两个几何体。

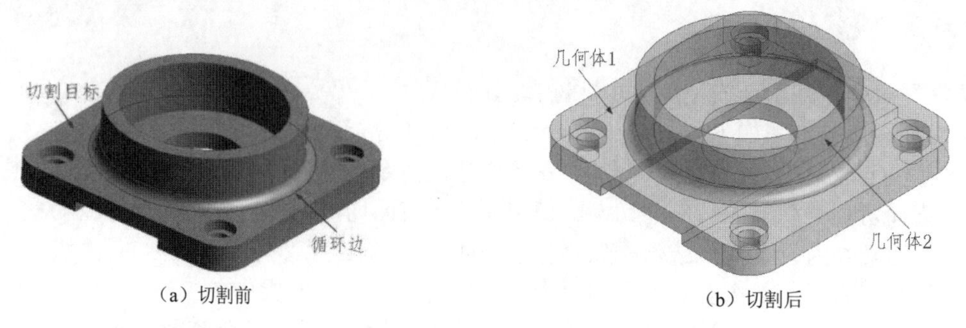

（a）切割前　　（b）切割后

图 4-62　按循环边切割操作

“切割”详细信息视图栏如图 4-63 所示。

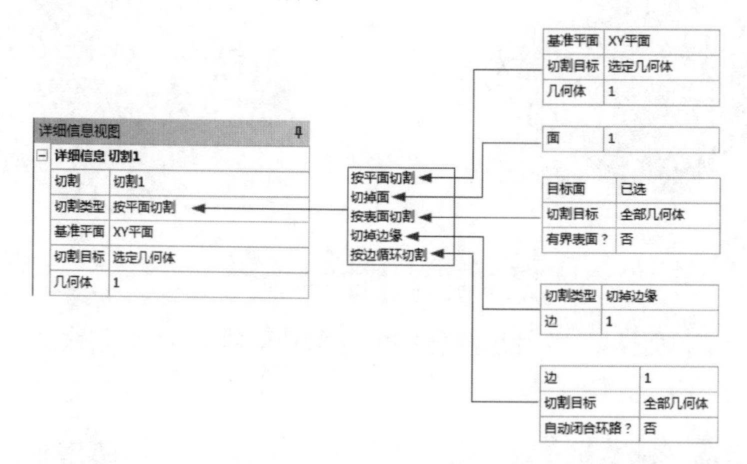

图 4-63　“切割”详细信息视图栏

4.10　单一几何体

创建单一几何体不需要绘制草图，直接设置几何体的属性即可，单一几何体包括球体、平行六面体、圆柱体、圆锥体、圆环体等。

创建单一几何体的操作步骤如下。

（1）选择“创建”→“原语”级联菜单中的单一几何体命令，如球体、平行六面体、圆柱体等，打开相应命令的详细信息视图栏。

（2）设置单一几何体的参数。

（3）设置完成后，单击工具栏中的“生成”按钮生成，完成操作。

直接创建的几何体与由草图生成的几何体的详细信息视图栏不同，图 4-64 所示为直接创建圆柱几何体的详细信息视图栏，包括设置基准平面、原点定义、轴定义（定义圆柱高度）、半径定义、生成图形等，结果如图 4-65 所示。

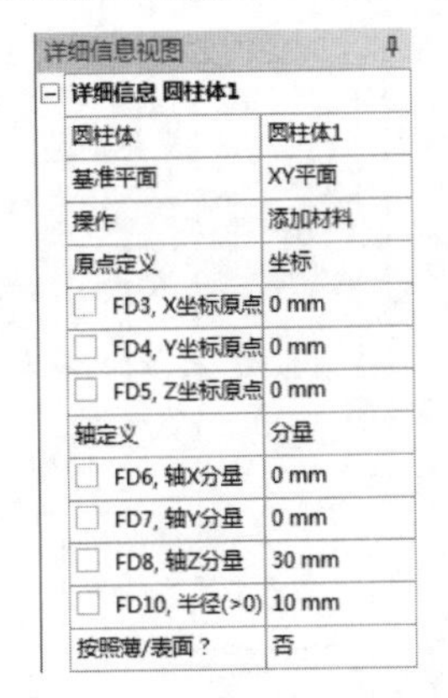

详细信息视图	
详细信息 圆柱体1	
圆柱体	圆柱体1
基准平面	XY平面
操作	添加材料
原点定义	坐标
FD3, X坐标原点	0 mm
FD4, Y坐标原点	0 mm
FD5, Z坐标原点	0 mm
轴定义	分量
FD6, 轴X分量	0 mm
FD7, 轴Y分量	0 mm
FD8, 轴Z分量	30 mm
FD10, 半径(>0)	10 mm
按照薄/表面？	否

图 4-64　“圆柱体”详细信息视图栏

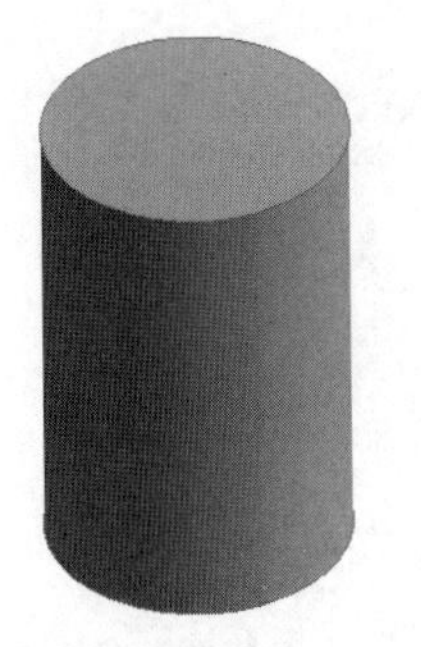

图 4-65　圆柱几何体

4.11　实例——轴承座

扫一扫，看视频

该实例为利用本章所学的绘图内容绘制图 4-66 所示的轴承座。

（1）打开 ANSYS Workbench 2021 R1，在左侧展开组件系统工具箱。

（2）将组件系统工具箱中的“几何结构”模块拖放到右边的项目原理图中，此时项目原理图中会多出一个编号为 A 的“几何结构”模块，如图 4-67 所示。

图 4-66　轴承座

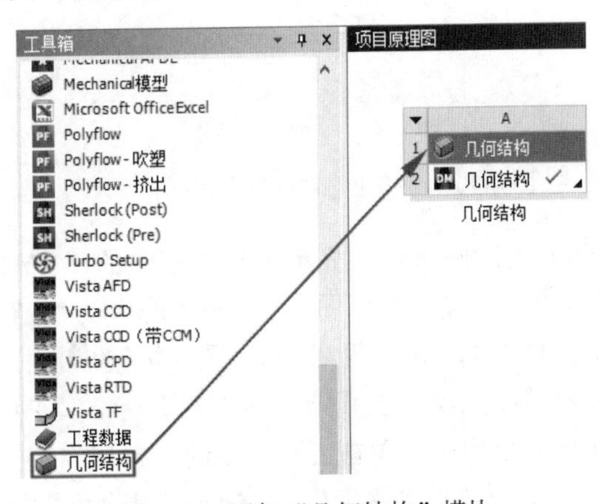

图 4-67　添加“几何结构”模块

（3）右击 A2 栏，在弹出的快捷菜单中选择“新的 DesignModeler 几何结构”命令，进入 DesignModeler 应用程序，此时左端的树轮廓默认为建模状态。

（4）设置单位。选择“单位”→“毫米”命令，设置绘图环境的单位为毫米。

（5）新建草图。首先单击树轮廓中的“ZX 平面”按钮 ZX平面，然后单击工具栏中的“新草图”按钮，新建一个草图。此时树轮廓中的“ZX 平面”分支下会多出一个名为“草图 1”的草图，单击工具栏中的“查看面/平面/草图”按钮，将视图切换为正视于“ZX 平面”方向。

（6）切换标签。选择树轮廓下端的“草图绘制”标签，如图 4-68 所示，打开草图工具箱，进入草图绘制环境。

（7）绘制底座草图。利用“草图绘制”标签中的绘制工具绘制图 4-69 所示的草图。

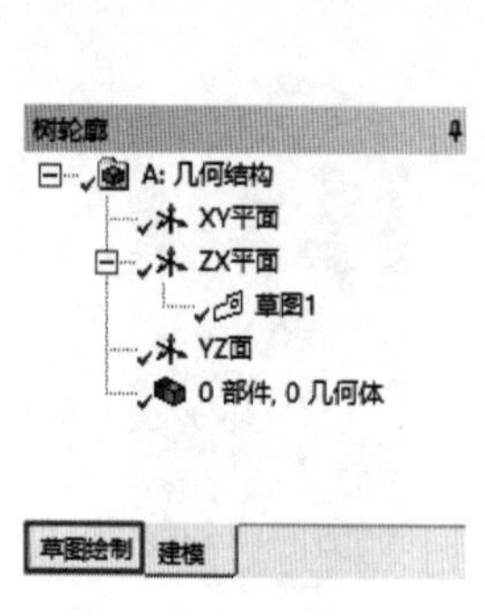

图 4-68　选择“草图绘制”标签

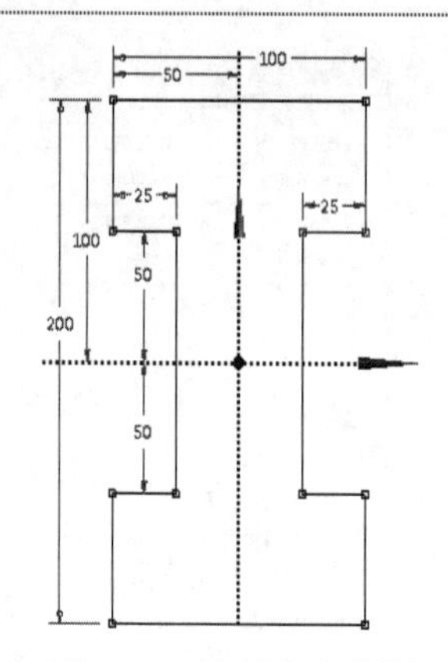

图 4-69　绘制底座草图

（8）挤出底座。单击工具栏中的“挤出”按钮挤出，打开“挤出”详细信息视图栏，设置“深度”为 15mm，其余为默认设置，如图 4-70 所示。单击工具栏中的“生成”按钮生成，完成底座的挤出操作，结果如图 4-71 所示。

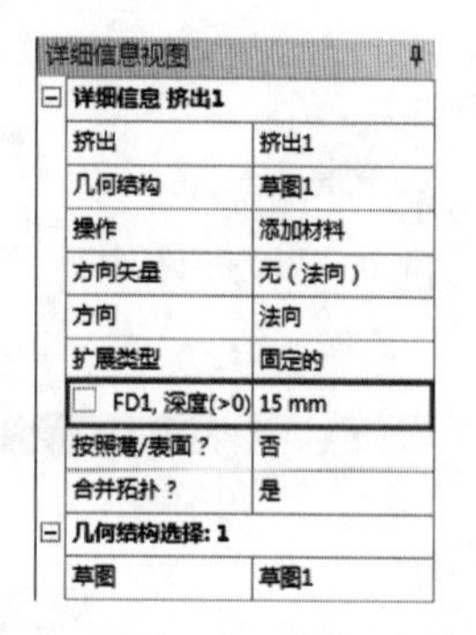

详细信息视图

详细信息 挤出1	
挤出	挤出1
几何结构	草图1
操作	添加材料
方向矢量	无（法向）
方向	法向
扩展类型	固定的
FD1, 深度(>0)	15 mm
按照薄/表面？	否
合并拓扑？	是
几何结构选择: 1	
草图	草图1

图 4-70　“挤出”详细信息视图栏

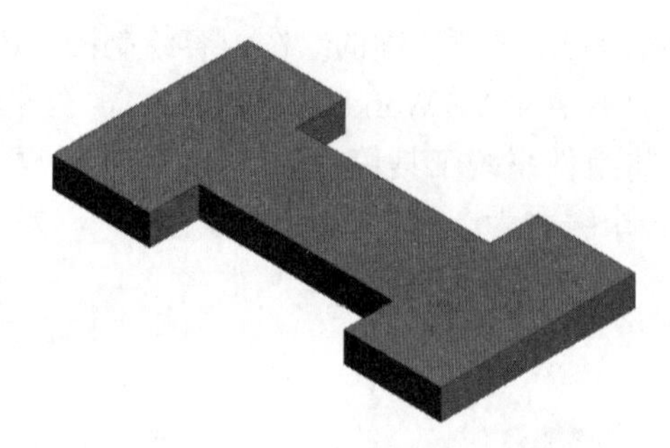

图 4-71　挤出底座

（9）绘制圆草图。先单击树轮廓中的“XY 平面”按钮XY平面，再单击工具栏中的“新草图”按钮，新建一个草图。此时树轮廓中的“XY 平面”分支下会多出一个名为“草图 2”的草图，单击工具栏中的“查看面/平面/草图”按钮，将视图切换为正视于“XY 平面”方向。利用“草图绘制”标签中的绘制工具绘制图 4-72 所示的草图。

（10）挤出圆。单击工具栏中的“挤出”按钮挤出，打开“挤出”详细信息视图，设置“方向”为“双-对称”，“深度”为 15mm，其余为默认设置，如图 4-73 所示。单击工具栏中的“生成”按钮生成，完成圆的挤出操作，结果如图 4-74 所示。

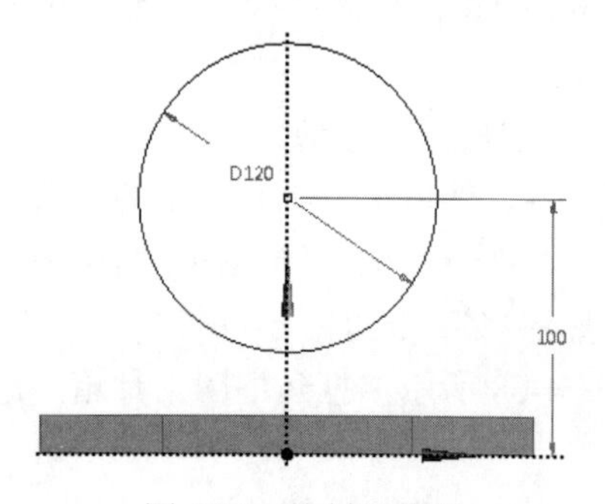

图 4-72　绘制圆草图

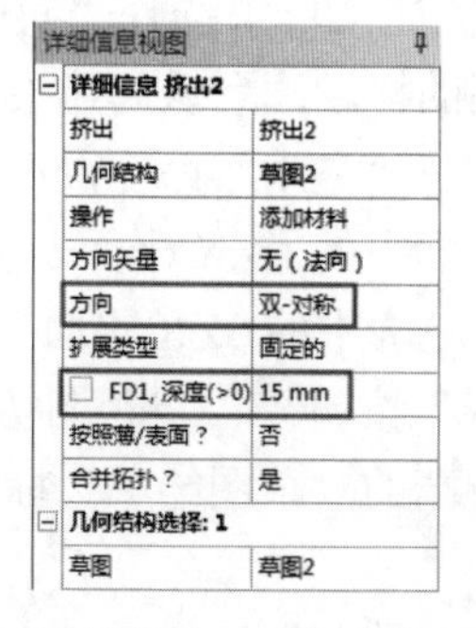

详细信息视图

详细信息 挤出2	
挤出	挤出2
几何结构	草图2
操作	添加材料
方向矢量	无（法向）
方向	双-对称
扩展类型	固定的
FD1, 深度(>0)	15 mm
按照薄/表面？	否
合并拓扑？	是
几何结构选择: 1	
草图	草图2

图 4-73　“挤出”详细信息视图栏

图 4-74　挤出圆

（11）绘制筋板草图。先单击树轮廓中的“XY 平面”按钮，再单击工具栏中的“新草图”按钮，新建一个草图。此时树轮廓中的“XY 平面”分支下会多出一个名为“草图 3”的草图，单击工具栏中的“查看面/平面/草图”按钮，将视图切换为正视于“XY 平面”方向。利用“草图绘制”标签中的绘制工具绘制图 4-75 所示的草图。

（12）挤出筋板。单击工具栏中的“挤出”按钮，打开“挤出”详细信息视图栏，设置“方向”为“双-对称”，“深度”为 10mm，其余为默认设置，如图 4-76 所示。单击工具栏中的“生成”按钮，完成筋板的挤出操作，结果如图 4-77 所示。

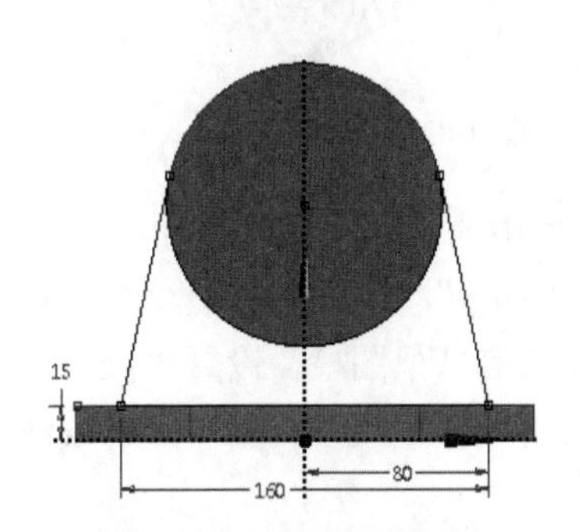

图 4-75　绘制筋板草图

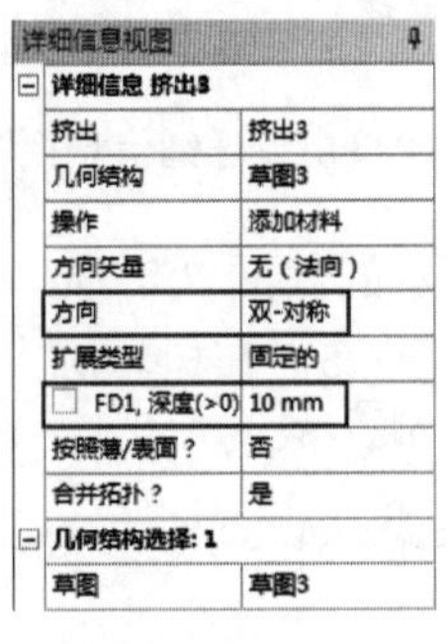

详细信息视图

详细信息 挤出3	
挤出	挤出3
几何结构	草图3
操作	添加材料
方向矢量	无（法向）
方向	双-对称
扩展类型	固定的
FD1, 深度(>0)	10 mm
按照薄/表面？	否
合并拓扑？	是
几何结构选择: 1	
草图	草图3

图 4-76　“挤出”详细信息视图栏

图 4-77　挤出筋板

（13）绘制注油孔台阶草图。先单击树轮廓中的“XY 平面”按钮，再单击工具栏中的“新草图”按钮，新建一个草图。此时树轮廓中的“XY 平面”分支下会多出一个名为“草图 4”的草图，单击工具栏中的“查看面/平面/草图”按钮，将视图切换为正视于“XY 平面”方向。利用“草图绘制”标签中的绘制工具绘制图 4-78 所示的草图。

（14）旋转注油孔台阶。单击工具栏中的“旋转”按钮，打开“旋转”详细信息视图栏，设置“轴”为草图左侧的竖直线段，“角度”为 360°，其余为默认设置，如图 4-79 所示。单击工具栏中的“生成”按钮，完成注油孔台阶的旋转操作，结果如图 4-80 所示。

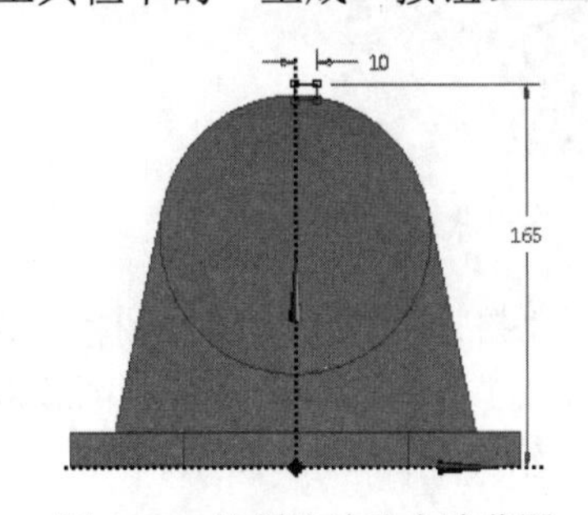

图 4-78　绘制注油孔台阶草图

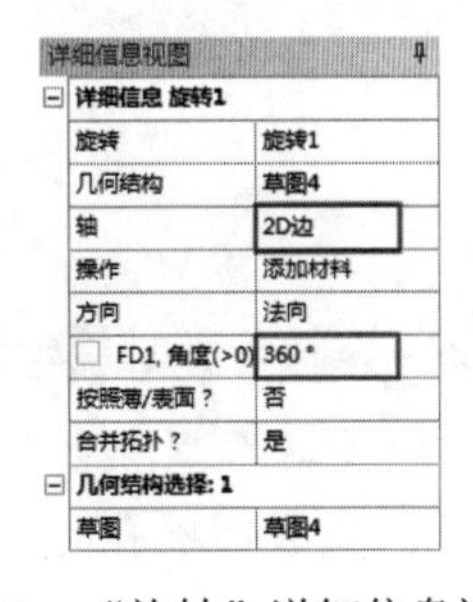

详细信息视图

详细信息 旋转1	
旋转	旋转1
几何结构	草图4
轴	2D边
操作	添加材料
方向	法向
FD1, 角度(>0)	360°
按照薄/表面？	否
合并拓扑？	是
几何结构选择: 1	
草图	草图4

图 4-79　“旋转”详细信息视图栏

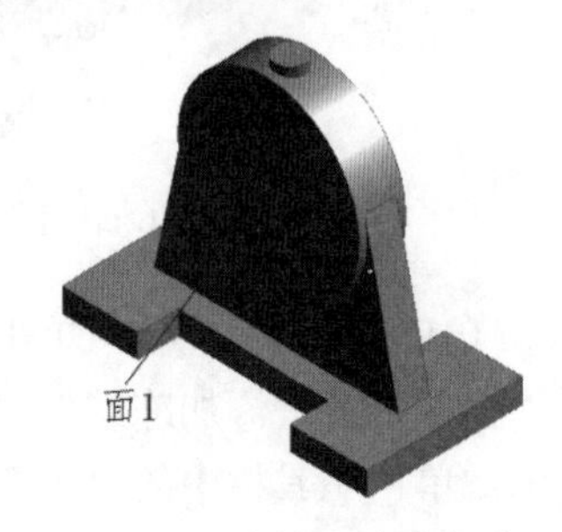

图 4-80　旋转注油孔台阶

（15）绘制轴承孔草图。选择图 4-80 所示的“面 1”，先单击工具栏中的“新平面”按钮，再单击工具栏中的“生成”按钮，新建平面 4。在树轮廓中选择“平面 4”，单击工具栏中的“新草图”按钮，新建一个草图。此时树轮廓中的“平面 4”分支下会多出一个名为“草图 5”的草图，单击工具栏中的“查看面/平面/草图”按钮，将视图切换为正视于“平面 4”的方向。利用“草图绘制”标签中的绘制工具绘制图 4-81 所示的草图。

（16）挤出轴承孔。单击工具栏中的“挤出”按钮，打开“挤出”详细信息视图栏，设置“操作”为“切割材料”，“方向”为“已反转”，“扩展类型”为“从头到尾”，其余为默认设置，如

图 4-82 所示。单击工具栏中的“生成”按钮生成，完成轴承孔的挤出操作，结果如图 4-83 所示。

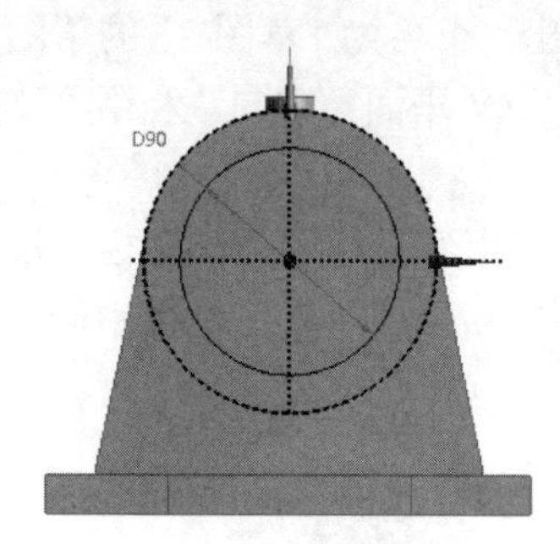

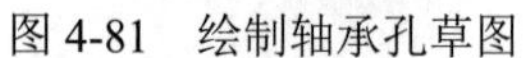

图 4-81　绘制轴承孔草图

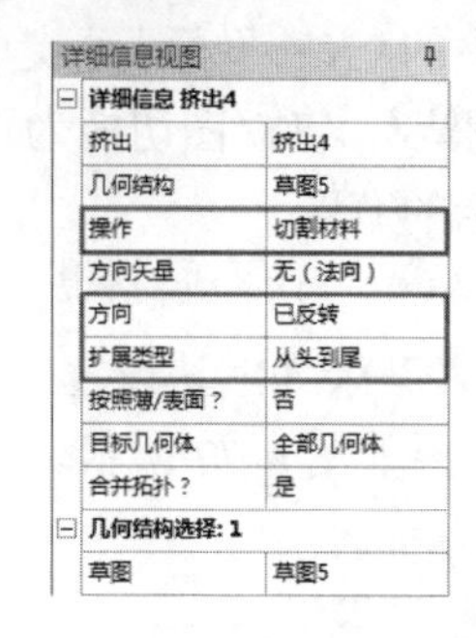

详细信息视图

详细信息 挤出4	
挤出	挤出4
几何结构	草图5
操作	切割材料
方向矢量	无（法向）
方向	已反转
扩展类型	从头到尾
按照薄/表面？	否
目标几何体	全部几何体
合并拓扑？	是
几何结构选择：1	
草图	草图5

图 4-82　“挤出”详细信息视图栏

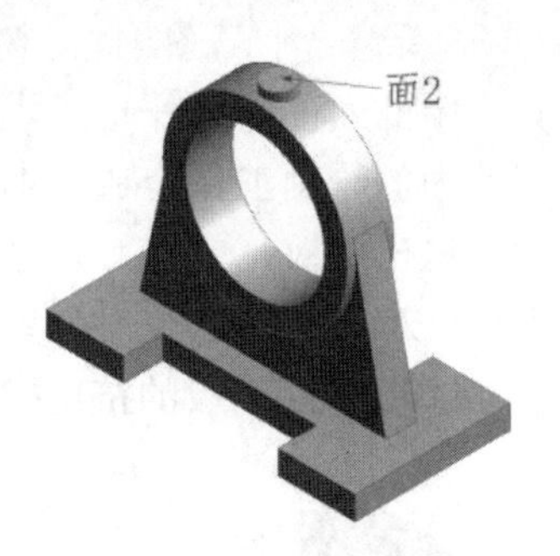

图 4-83　挤出轴承孔

（17）挤出注油孔。选择图 4-83 所示的“面 2”，先单击工具栏中的“新平面”按钮，再单击工具栏中的“生成”按钮生成，新建平面 5。在树轮廓中选择“平面 5”，在平面 5 上绘制直径为 6mm 的圆。单击工具栏中的“挤出”按钮挤出，打开“挤出”详细信息视图栏，设置“操作”为“切割材料”，“深度”为 25mm，其余为默认设置。单击工具栏中的“生成”按钮生成，完成注油孔的挤出操作，结果如图 4-84 所示。

（18）绘制螺栓孔草图。在树轮廓中选择“平面 4”，单击工具栏中的“新草图”按钮，新建一个草图，同时分支下会多出一个名为“草图 7”的草图。单击工具栏中的“查看面/平面/草图”按钮，将视图切换为正视于“平面 4”的方向。利用“草图绘制”标签中的绘制工具绘制图 4-85 所示的草图。

图 4-84　挤出注油孔

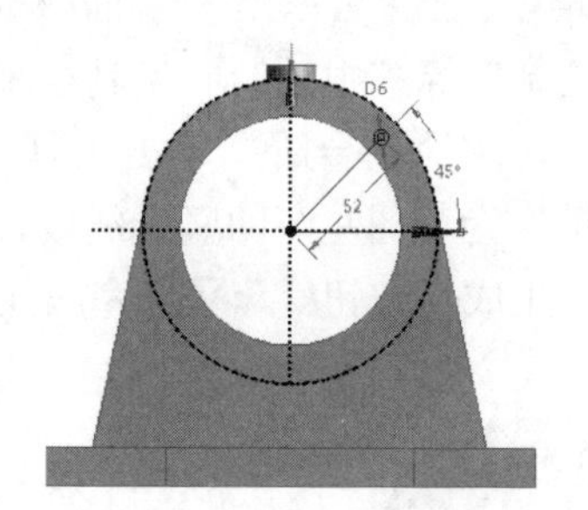

图 4-85　绘制螺栓孔草图

（19）挤出螺栓孔。单击工具栏中的“挤出”按钮挤出，打开“挤出”详细信息视图栏，设置“操作”为“添加冻结”，“方向”为“已反转”，“深度”为 25mm，其余为默认设置，如图 4-86 所示。单击工具栏中的“生成”按钮生成，完成螺栓孔的挤出操作，结果如图 4-87 所示。

详细信息视图

详细信息 挤出6	
挤出	挤出6
几何结构	草图7
操作	添加冻结
方向矢量	无（法向）
方向	已反转
扩展类型	固定的
FD1，深度(>0)	25 mm
按照薄/表面?	否
合并拓扑?	是
几何结构选择：1	
草图	草图7

图 4-86　“挤出”详细信息视图栏

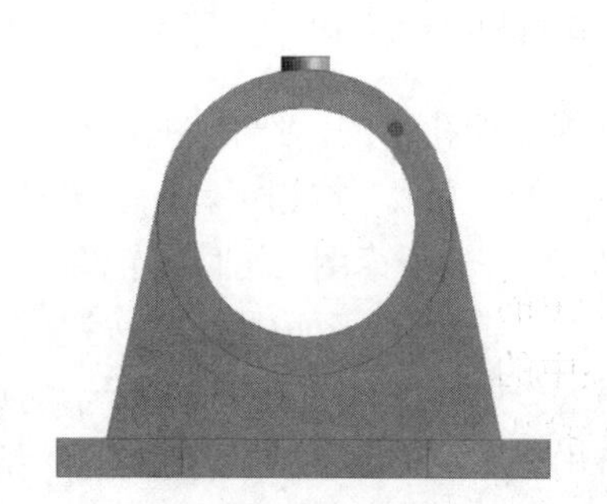

图 4-87　挤出螺栓孔

（20）阵列螺栓孔。选择“创建”→“模式”命令，打开“模式”详细信息视图栏，设置“方向图类型”为“圆的”，“几何结构”为拉伸的螺栓孔，“轴”为轴承孔的内表面，“角”为“等间距”，“复制”为3，如图4-88所示。单击工具栏中的“生成”按钮生成，完成螺栓孔的阵列操作，结果如图4-89所示。

（21）布尔运算减去螺栓孔。选择“创建”→Boolean命令，打开Boolean详细信息视图栏，设置“操作”为“提取”，“目标几何体”为轴承座主体，“工具几何体”为螺栓孔，其余为默认设置，如图4-90所示。单击工具栏中的“生成”按钮生成，完成螺栓孔的布尔减操作，结果如图4-91所示。

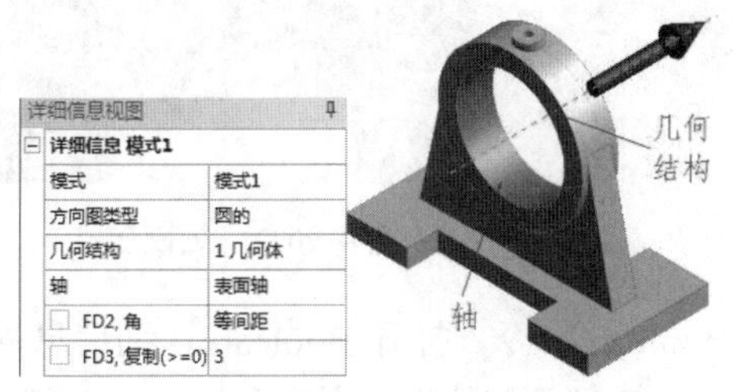

详细信息视图

详细信息 模式1	
模式	模式1
方向图类型	圆的
几何结构	1几何体
轴	表面轴
FD2, 角	等间距
FD3, 复制(>=0)	3

图4-88　“模式”详细信息视图栏及设置

图4-89　阵列螺栓孔

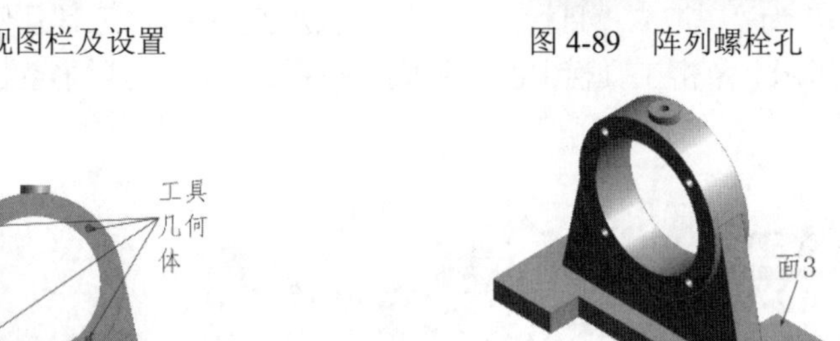

详细信息视图

详细信息 Boolean1	
Boolean	Boolean1
操作	提取
目标几何体	1几何体
工具几何体	4几何体
是否保存工具几何体？	否

图4-90　Boolean详细信息视图栏及设置

图4-91　布尔运算减去螺栓孔

（22）绘制固定孔草图。选择图4-91所示的“面3”，先单击工具栏中的“新平面”按钮，再单击工具栏中的“生成”按钮生成，新建平面6。在树轮廓中选择“平面6”，单击工具栏中的“新草图”按钮，新建一个草图，同时分支下会多出一个名为“草图8”的草图。单击工具栏中的“查看面/平面/草图”按钮，将视图切换为正视于“平面6”的方向。利用“草图绘制”标签中的绘制工具绘制图4-92所示的草图。

（23）挤出固定孔。单击工具栏中的“挤出”按钮挤出，打开“挤出”详细信息视图栏，设置“操作”为“添加冻结”，“方向”为“已反转”，“扩展类型”为“从头到尾”，其余为默认设置，如图4-93所示。单击工具栏中的“生成”按钮生成，完成固定孔的挤出操作，结果如图4-94所示。

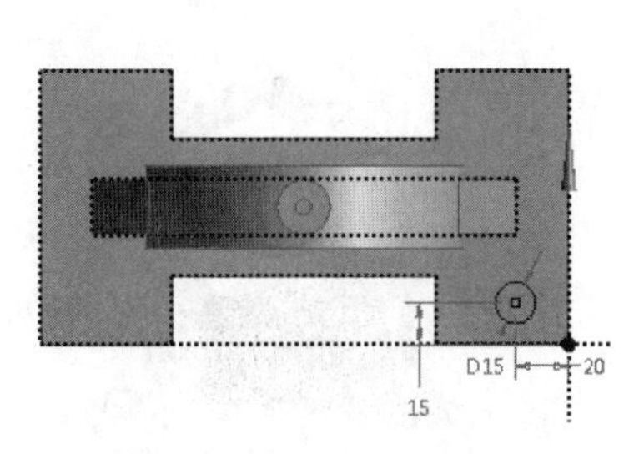

图4-92　绘制固定孔草图

详细信息视图

详细信息 挤出7	
挤出	挤出7
几何结构	草图8
操作	添加冻结
方向矢量	无（法向）
方向	已反转
扩展类型	从头到尾
按照薄/表面？	否
合并拓扑？	是
几何结构选择: 1	
草图	草图8

图4-93　“挤出”详细信息视图栏

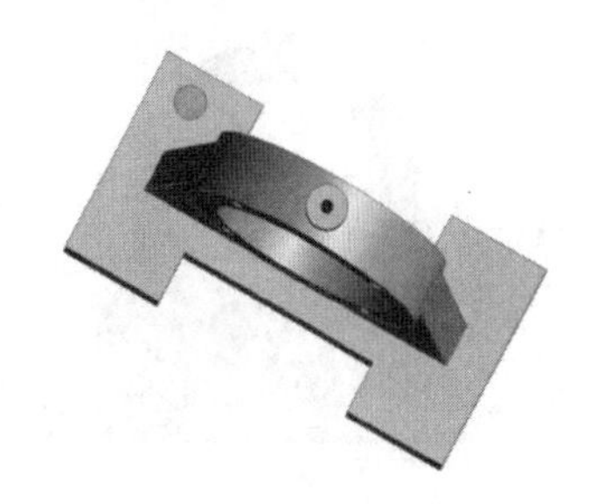

图4-94　挤出固定孔

（24）阵列固定孔。选择“创建”→“模式”命令，打开“模式”详细信息视图栏，设置“方向图类型”为“矩形”，“几何结构”为拉伸的固定孔，“方向”为底座的长边，“偏移”为160mm，“复制”为1，“方向2”为底座的短边，“偏移2”为70mm，“复制2”为1，如图4-95所示。单击工具栏中的“生成”按钮生成，完成固定孔的阵列操作，结果如图4-96所示。

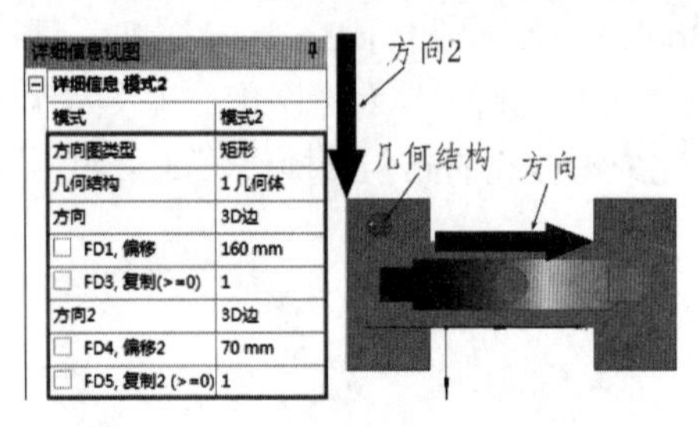

详细信息 模式2	
模式	模式2
方向图类型	矩形
几何结构	1几何体
方向	3D边
FD1, 偏移	160 mm
FD3, 复制(>=0)	1
方向2	3D边
FD4, 偏移2	70 mm
FD5, 复制2 (>=0)	1

图4-95 “模式”详细信息视图栏及设置

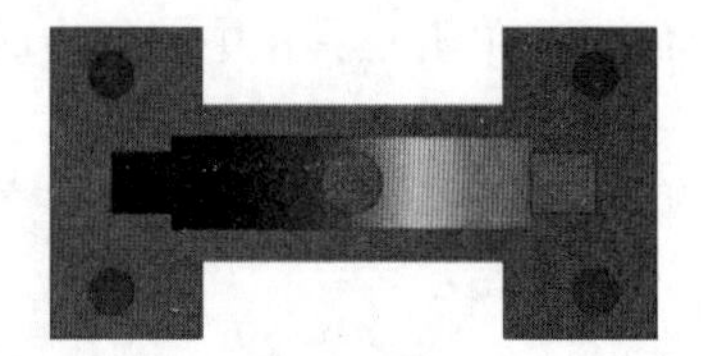

图4-96 阵列固定孔

（25）布尔运算减去固定孔。选择“创建”→Boolean命令，打开Boolean详细信息视图栏，设置“操作”为“提取”，“目标几何体”为轴承座主体，“工具几何体”为固定孔，其余为默认设置，如图4-97所示。单击工具栏中的“生成”按钮生成，完成固定孔的布尔减操作，结果如图4-98所示。

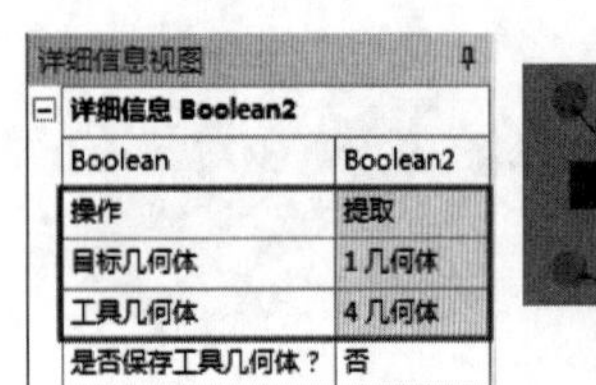

详细信息 Boolean2	
Boolean	Boolean2
操作	提取
目标几何体	1几何体
工具几何体	4几何体
是否保存工具几何体？	否

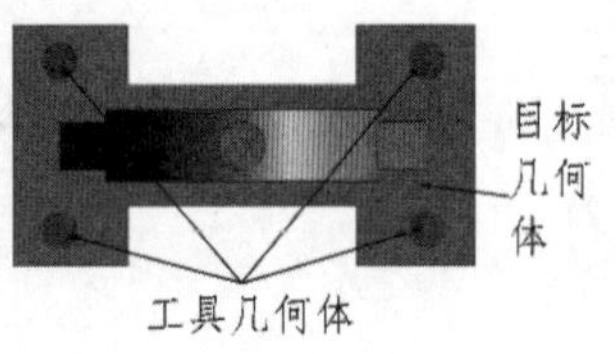

图4-97 Boolean详细信息视图栏及设置

图4-98 布尔运算减去固定孔

（26）绘制底部凹陷草图。选择图4-98所示的“面4”，先单击工具栏中的“新平面”按钮，再单击工具栏中的“生成”按钮生成，新建平面7。在树轮廓中选择“平面7”，单击工具栏中的“新草图”按钮，新建一个草图，同时分支下会多出一个名为“草图9”的草图。单击工具栏中的“查看面/平面/草图”按钮，将视图切换为正视于“平面7”的方向。利用“草图绘制”标签中的绘制工具绘制图4-99所示的草图。

（27）挤出底部凹陷。单击工具栏中的“挤出”按钮挤出，打开“挤出”详细信息视图栏，设置“操作”为“切割材料”，“方向”为“已反转”，“扩展类型”为“从头到尾”，其余为默认设置，如图4-100所示。单击工具栏中的“生成”按钮生成，完成底部凹陷的挤出操作，结果如图4-101所示。

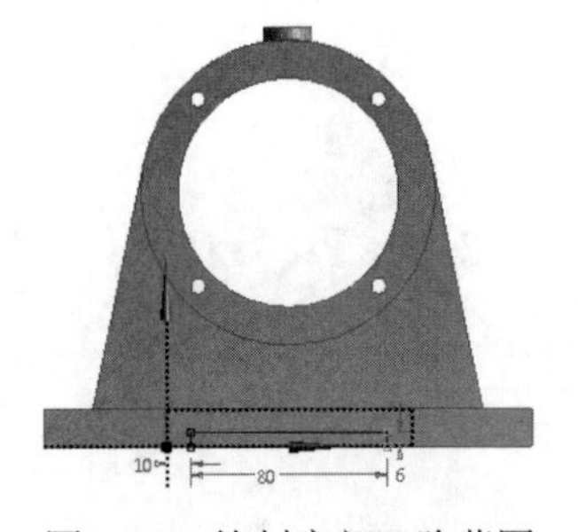

图4-99 绘制底部凹陷草图

详细信息视图

详细信息 挤出8	
挤出	挤出8
几何结构	草图9
操作	切割材料
方向矢量	无（法向）
方向	已反转
扩展类型	从头到尾
按照薄/表面？	否
目标几何体	全部几何体
合并拓扑？	是
几何结构选择：1	
草图	草图9

图4-100 “挤出”详细信息视图栏

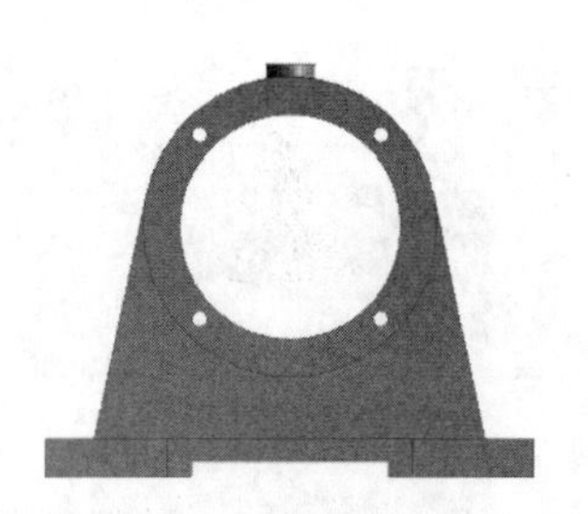

图4-101 挤出底部凹陷

（28）倒圆角。单击工具栏中的“混合”→“固定半径”按钮 固定半径，打开“固定半径混合”详细信息视图栏，设置“半径”为 10mm，“几何结构”为要倒圆角的边，如图 4-102 所示。单击工具栏中的“生成”按钮 生成，完成倒圆角操作。采用同样的方法添加其他圆角，结果如图 4-103 所示。

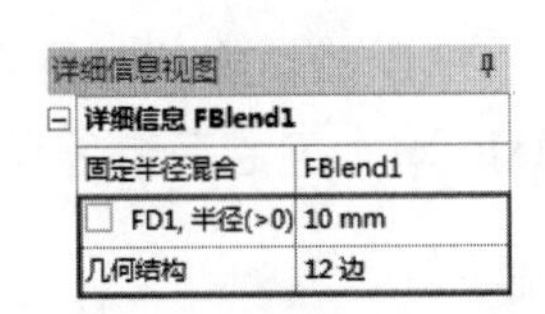

详细信息视图	
详细信息 FBlend1	
固定半径混合	FBlend1
FD1, 半径(>0)	10 mm
几何结构	12 边

图 4-102　“固定半径混合”详细信息视图栏

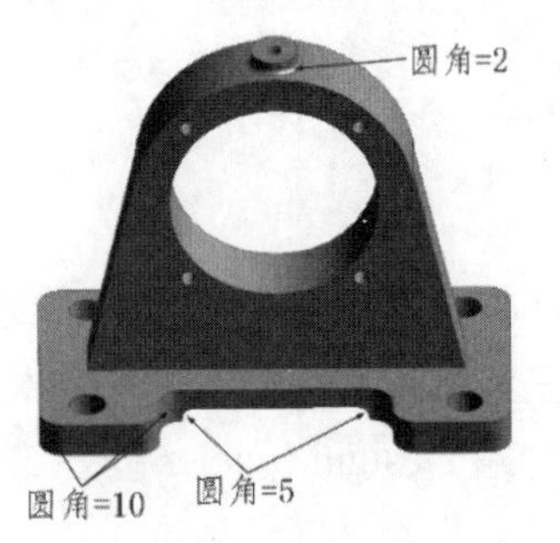

图 4-103　倒圆角

（29）倒角。单击工具栏中的“倒角”按钮 倒角，打开“倒角”详细信息视图栏，设置“类型”为“左-右”，“左长度”为 2mm，“右长度”为 2mm，然后选择要倒角的边线，如图 4-104 所示。单击工具栏中的“生成”按钮 生成，完成倒角操作。至此完成轴承座的建模，结果如图 4-66 所示。

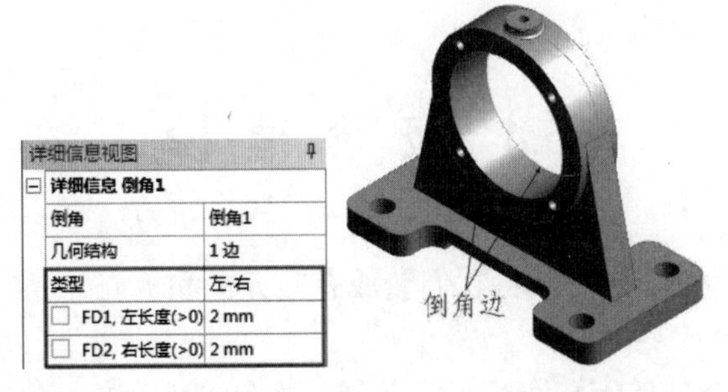

详细信息视图	
详细信息 倒角1	
倒角	倒角1
几何结构	1 边
类型	左-右
FD1, 左长度(>0)	2 mm
FD2, 右长度(>0)	2 mm

图 4-104　“倒角”详细信息视图栏及设置

第 5 章　三维概念建模

导读

虽然 Workbench 中 DesignModeler 可以与绝大多数的三维 CAD 软件集成并导入模型，但目前无法识别其他三维 CAD 软件创建的线体，所以需要在 DesignModeler 中通过概念建模创建线体模型。本章主要介绍 DesignModeler 的三维概念建模模式。

精彩内容

- 概念建模
- 横截面
- 实例——钢结构厂棚

5.1　概 念 建 模

概念建模用于创建和修改线和体，将它们变成有限元梁和板壳模型。图 5-1 所示为“概念”菜单。

用概念建模工具创建线体的方法有来自点的线、草图线、从边生成线。用概念建模工具创建表面体的方法有从线生成表面、从草图生成表面。

概念建模中，首先需要创建线体，线体是概念建模的基础。

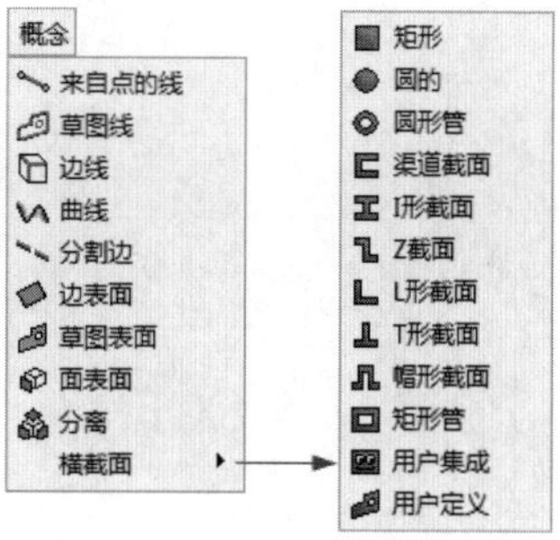

图 5-1　“概念”菜单

5.1.1　来自点的线

来自点的线：这里的点可以是任何二维草图的点，也可以是三维模型的顶点或其他特征点。一条由点生成的线通常是一条连接两个选定点的直线，并且允许在线体中通过选择点来添加或冻结生成的线。

创建来自点的线的操作步骤如下（可打开本小节源文件 5.1.1 进行操作）。

（1）选择“概念”→“来自点的线”命令，打开“来自点的线”详细信息视图栏。

（2）选择点段。

（3）设置操作，添加材料或者添加冻结。

（4）设置完成后，单击工具栏中的“生成”按钮生成，完成操作。

图 5-2 所示为创建的来自点的线。

“来自点的线”详细信息视图栏如图 5-3 所示，各参数说明如下。

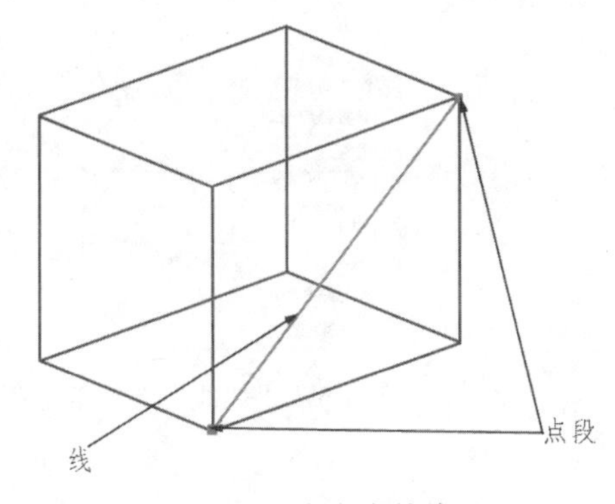

图 5-2　来自点的线

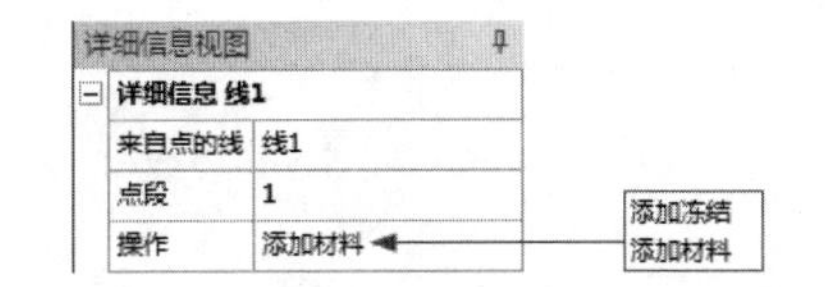

图 5-3　“来自点的线”详细信息视图栏

➢ 添加冻结：新增线体不被合并到已有的线体中，而是作为冻结体加入。
➢ 添加材料：默认选项，将创建线体合并到激活线体中。

5.1.2　草图线

“草图线”命令是基于草图创建线体。

创建草图线的操作步骤如下（可打开本小节源文件 5.1.2 进行操作）。

（1）选择“概念”→“草图线”命令，打开“草图线”详细信息视图栏。

（2）选择草图。

（3）设置操作，添加材料或者添加冻结。

（4）设置完成后，单击工具栏中的“生成”按钮生成，完成操作。

图 5-4 所示为创建的草图线。

“草图线”详细信息视图栏和“来自点的线”类似，此处不再赘述。

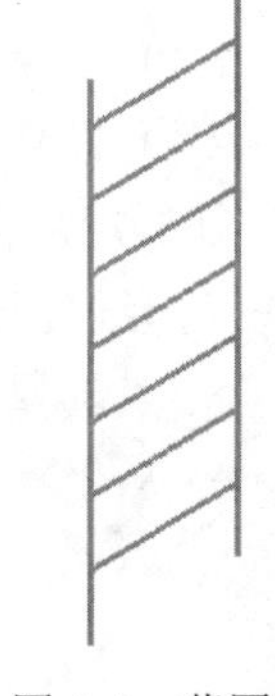

图 5-4　草图线

5.1.3　边线

边线基于已有的二维和三维模型边界创建线体，取决于所选边和面的关联性质可以创建多个线体，在树轮廓中或模型上选择边或面，表面边界将变成线体。

创建边线的操作步骤如下（可打开本小节源文件 5.1.3 进行操作）。

（1）选择“概念”→“边线”命令，打开“边线”详细信息视图栏。

（2）选择创建边线的边或面。

（3）设置操作，添加材料或者添加冻结。

（4）设置完成后，单击工具栏中的“生成”按钮生成，完成操作。

图 5-5 所示为创建的边线。

“边线”详细信息视图栏如图 5-6 所示，各参数说明如下。

➢ 边：选择创建边线的边。
➢ 面：选择创建边线的面。

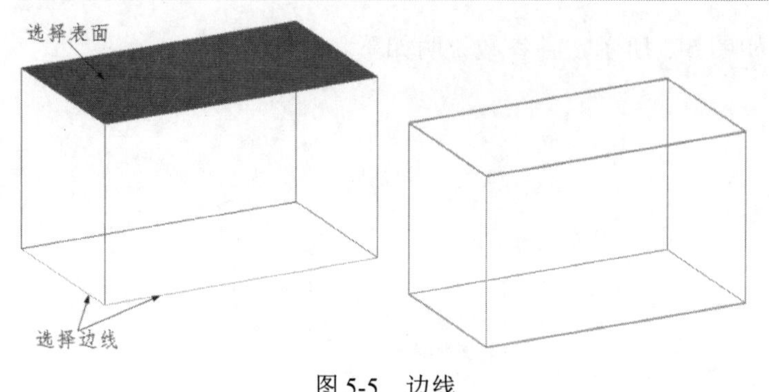

图 5-5　边线

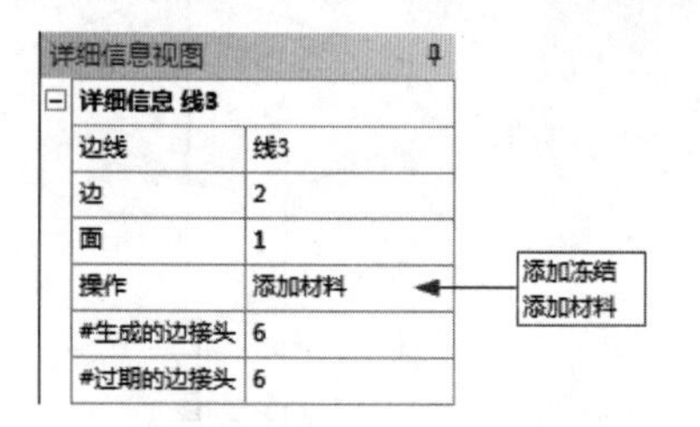

详细信息 线3	
边线	线3
边	2
面	1
操作	添加材料
#生成的边接头	6
#过期的边接头	6

图 5-6　“边线”详细信息视图栏

5.1.4　曲线

可以基于点或坐标系文件创建曲线。

创建曲线的操作步骤如下（可打开本小节源文件 5.1.4 进行操作）。

（1）选择“概念”→“曲线”命令，打开“曲线”详细信息视图栏。

（2）选择创建曲线的点或坐标系文件。

（3）设置操作，添加材料或者添加冻结。

（4）设置完成后，单击工具栏中的“生成”按钮生成，完成操作。

图 5-7 所示为通过点创建的曲线。

“曲线”详细信息视图栏如图 5-8 所示，各参数说明如下。

- 点选择：选择点创建曲线。
- 从坐标文件：选择事先创建的坐标文件创建曲线。

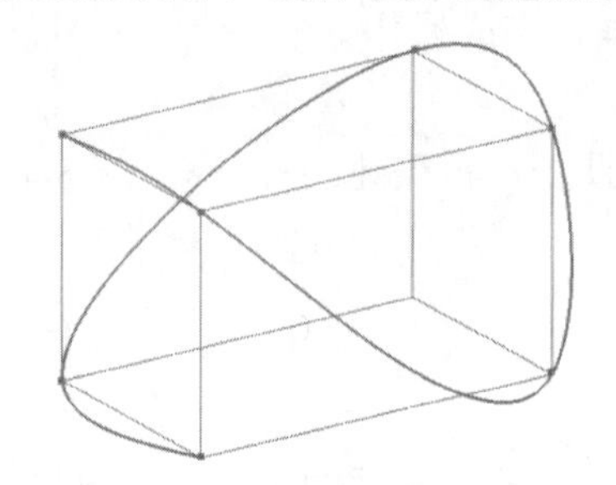

图 5-7　通过点创建的曲线

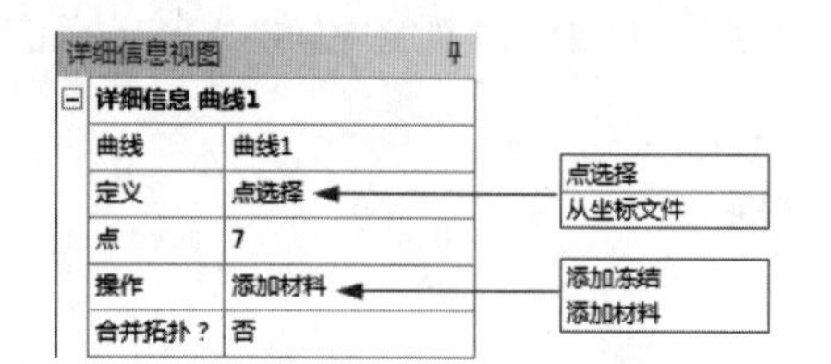

详细信息 曲线1	
曲线	曲线1
定义	点选择
点	7
操作	添加材料
合并拓扑？	否

图 5-8　“曲线”详细信息视图栏

5.1.5　分割边

分割边可以将创建的线进行分割。

分割边的操作步骤如下（可打开本小节源文件 5.1.5 进行操作）。

（1）选择“概念”→“分割边”命令，打开“分割边”详细信息视图栏。

（2）选择要分割的边。

（3）选择要分割边的类型，如分数、按 Delta 分割、按 N 分割、按分割位置。

（4）设置要分割的其他参数，如分数、Sigma 值、Delta 值、Omega 值、N 值等。

（5）设置完成后，单击工具栏中的“生成”按钮生成，完成操作。

图 5-9 所示为按分数分割的边。

“分割边”详细信息视图栏如图 5-10 所示，各参数说明如下。

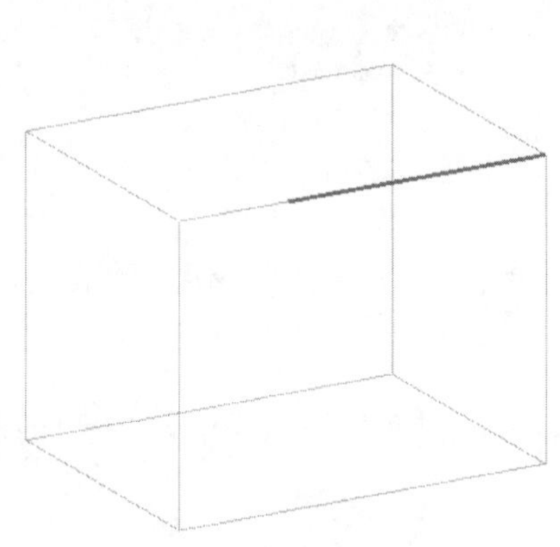

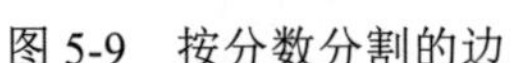

图 5-9　按分数分割的边

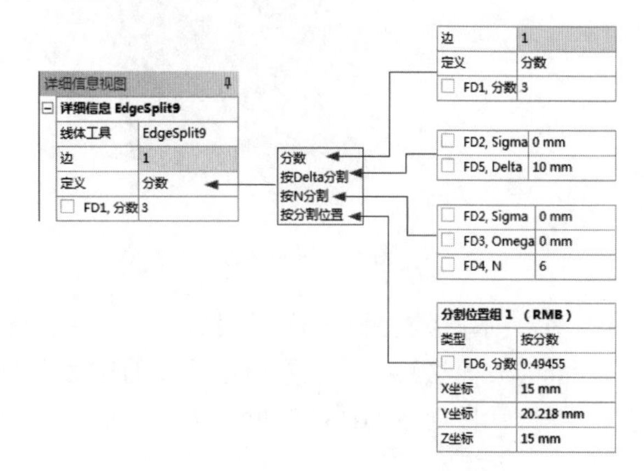

图 5-10　“分割边”详细信息视图栏

- 分数：按所选边的分割比例进行分割。
- 按 Delta 分割：按起始边长和边长增量进行分割。
- 按 N 分割：按起始边长、结束边长和总分数进行分割。
- 按分割位置：在要分割的边上选取一点，按该点的位置进行分割。
- FD1，分数：设置边长分割比例（如分数为 3，则表示在线段的三分之一处分割）。
- FD2，Sigma：起始边长。
- FD5，Delta：增量。
- FD3，Omega：结束边长。
- FD4，N：分割总数量。
- FD6，分数：分割边长比例。
- X 坐标、Y 坐标、Z 坐标：按位置分割的 X、Y、Z 坐标值。

5.1.6　边表面

从边线建立面，线体边必须没有交叉的闭合回路，每个闭合回路都创建一个冻结表面体，回路应该形成一个可以插入模型的简单表面形状，可以是平面、圆柱面、圆环面、圆锥面、球面和简单扭曲面等。

创建边表面的操作步骤如下（可打开本小节源文件 5.1.6 进行操作）。

（1）选择“概念”→“边表面”命令，打开“边表面”详细信息视图栏。

（2）选择要创建面的边线。

（3）设置要创建面的厚度。

（4）设置完成后，单击工具栏中的“生成”按钮生成，完成操作。

图 5-11 所示为创建的边表面。

“边表面”详细信息视图栏如图 5-12 所示，各参数说明如下。

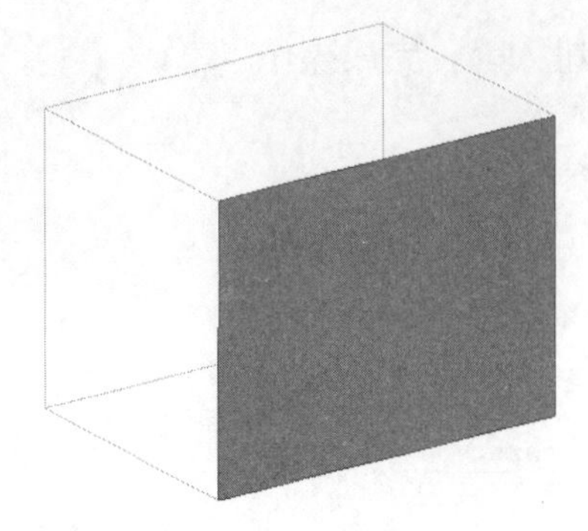

图 5-11　边表面

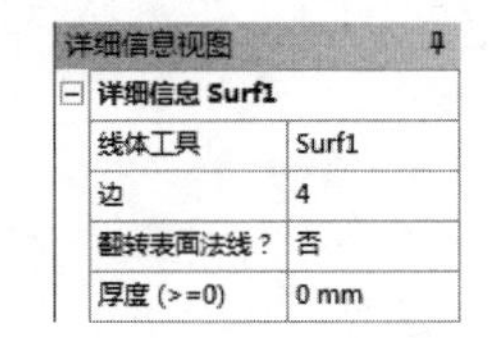

图 5-12　“边表面”详细信息视图栏

➢ 边：创建边表面所选的边线。
➢ 翻转表面法线？：设置所创建面的法线方向，可理解为所建面的正面在前还是反面在前。
➢ 厚度：所创建的面的厚度。

5.1.7　草图表面

由所绘制的草图（单个或多个草图都可以）作为边界来创建面体，但所绘制的草图必须是封闭且不自相交叉的。

创建草图表面的操作步骤如下（可打开本小节源文件 5.1.7 进行操作）。

（1）选择“概念”→“草图表面”命令，打开“草图表面”详细信息视图栏。

（2）选择要创建草图表面的草图。

（3）设置创建草图表面的其他参数，如操作和厚度等。

（4）设置完成后，单击工具栏中的“生成”按钮 生成，完成操作。

图 5-13 所示为创建的草图表面。

“草图表面”详细信息视图栏如图 5-14 所示，各参数说明如下。

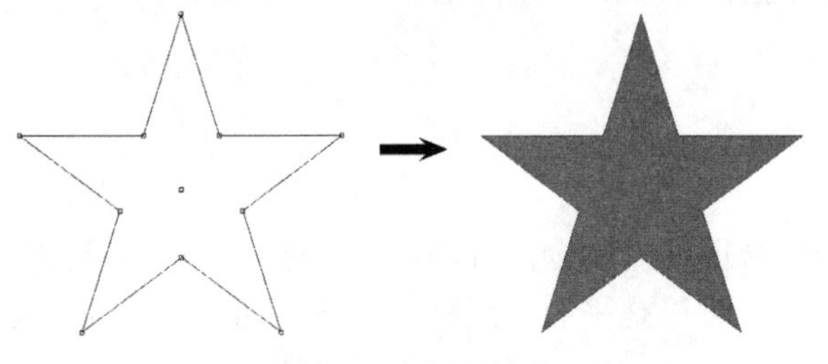

图 5-13　草图表面

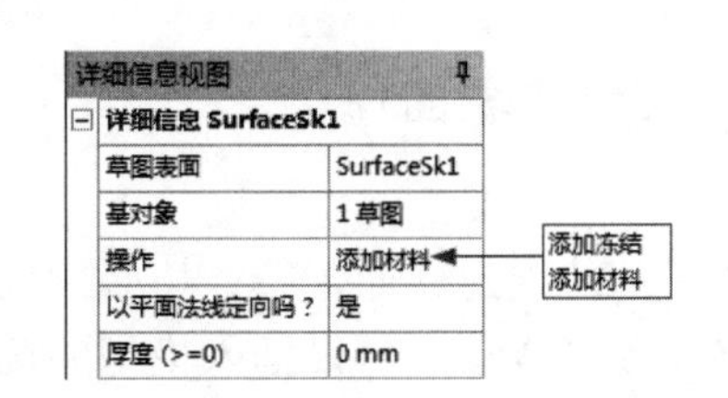

图 5-14　“草图表面”详细信息视图栏

➢ 基对象：选择要创建草图表面的草图。
➢ 厚度：所建面的厚度。

5.1.8　面表面

面表面是在已有模型的外表面创建一个新表面，可以用来对模型外表面进行修补。

创建面表面的操作步骤如下（可打开本小节源文件 5.1.8 进行操作）。

（1）选择“概念”→“面表面”命令，打开“面表面”详细信息视图栏。

（2）选择要创建面表面的面。

（3）设置创建面表面的其他参数，如操作和孔修复方法等。

（4）设置完成后，单击工具栏中的“生成”按钮 生成，完成操作。

图 5-15 所示为创建的面表面。

“面表面”详细信息视图栏如图 5-16 所示，各参数说明如下。

- 无修复：不对表面的孔或缝隙进行修复。
- 自然修复：修复表面的孔或缝隙。

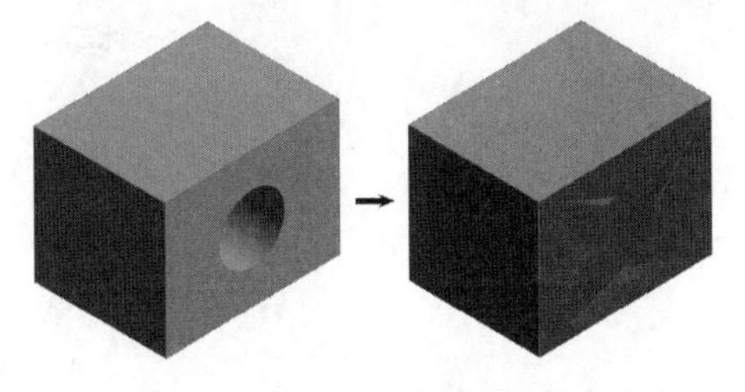

图 5-15　面表面

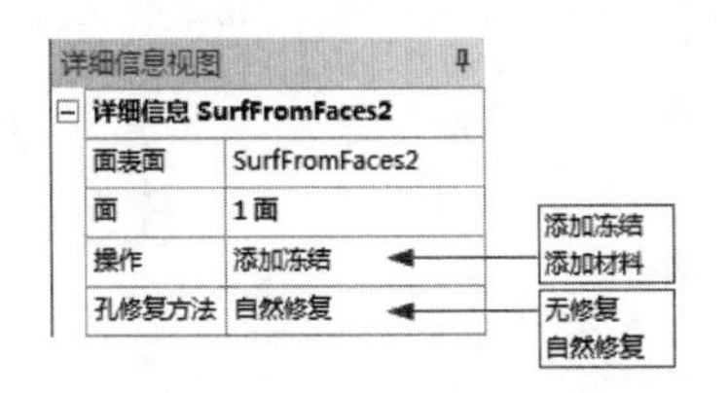

图 5-16　“面表面”详细信息视图栏

5.2 横 截 面

“横截面”命令可以给线赋予梁的属性。此横截面可以使用草图描绘，并可以赋予它一组尺寸值；另外，只能修改界面的尺寸值和横截面的尺寸位置，其他情况下不能编辑。图 5-17 所示为“横截面”级联菜单。

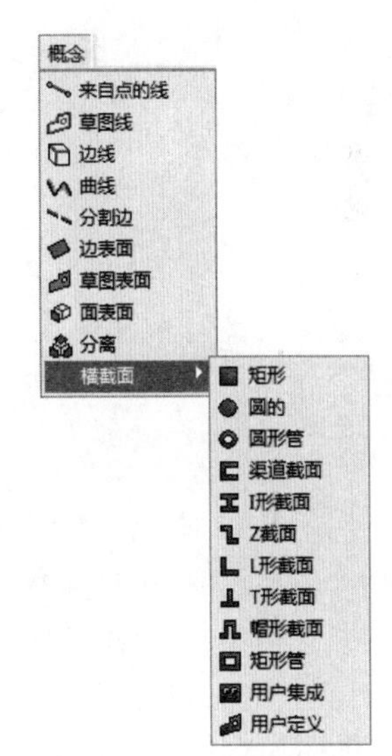

图 5-17　“横截面”级联菜单

5.2.1 创建横截面

创建横截面和创建单一几何体类似，只是横截面创建的是面体。

创建横截面的操作步骤如下（可打开本小节源文件 5.2.1 进行操作）。

（1）选择“概念”→“横截面”级联菜单中的横截面类型，如矩形、圆的、圆形管等。

（2）打开相应的横截面的详细信息视图栏。

（3）在详细信息视图栏中修改要创建的横截面的参数。

（4）设置完成后，单击工具栏中的“生成”按钮 生成，完成操作。

5.2.2 将横截面赋给线体

将横截面赋给线体可以给线体创建梁属性，在创建梁壳模型时会经常用到。

将横截面赋给线体的操作步骤如下（可打开本小节源文件 5.2.2 进行操作）。

（1）创建好线体零件后，再创建想要赋予线体的横截面。

（2）选中线体零件。

（3）在打开的“线体”详细信息视图栏中出现横截面属性。

（4）在横截面属性下拉列表中选择需要的横截面。

（5）设置完成后，单击工具栏中的“生成”按钮 生成，完成操作。

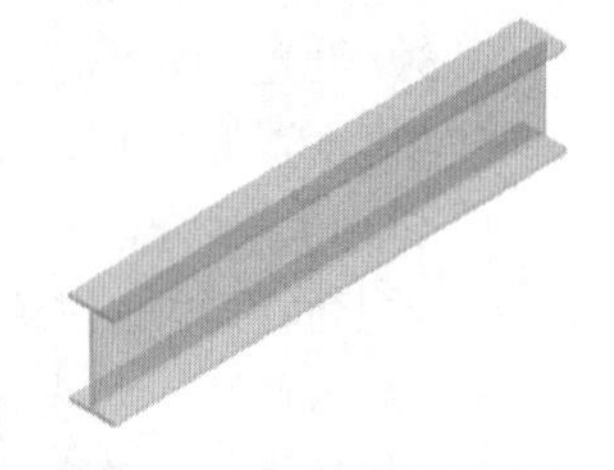
图 5-18　将横截面赋给线体零件

注意：

将横截面赋给线体后，系统默认显示横截面的线体，而并没有将带有横截面的梁作为一个实体显示。需要选择“查看”→“横截面固体”命令来显示带有梁的实体。

图 5-18 所示为将横截面赋给线体零件。

扫一扫，看视频

5.3　实例——钢结构厂棚

该实例主要讲述利用概念建模工具创建钢结构厂棚模型，如图 5-19 所示，主要使用“草图线”和“横截面”等命令。

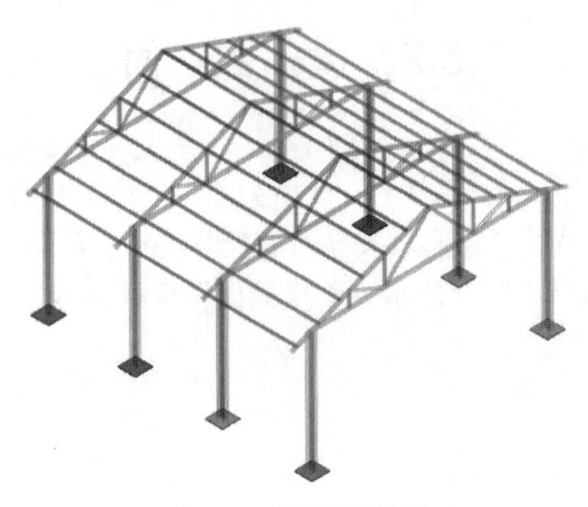
图 5-19　钢结构厂棚

（1）打开 ANSYS Workbench 2021 R1，在左侧展开组件系统工具箱。

（2）将组件系统工具箱中的“几何结构”模块拖放到右边的项目原理图中，此时项目原理图中会多出一个编号为 A 的“几何结构”模块。

（3）右击 A2 栏，在弹出的快捷菜单中选择“新的 DesignModeler 几何结构”命令，进入 DesignModeler 应用程序，此时左端的树轮廓默认为建模状态。

（4）设置单位。选择“单位”→“米”命令，设置绘图环境的单位为米。

（5）新建草图。首先单击树轮廓中的“ZX 平面”按钮 ZX平面，然后单击工具栏中的“新草图”按钮，新建一个草图。此时树轮廓中的“ZX 平面”分支下会多出一个名为“草图 1”的草图，单击工具栏中的“查看面/平面/草图”按钮，将视图切换为正视于“ZX 平面”方向。

（6）切换标签。选择树轮廓下端的“草图绘制”标签，打开草图工具箱，进入草图绘制环境。

（7）绘制底座固定草图。利用“草图绘制”标签中的绘制工具绘制图 5-20 所示的草图。

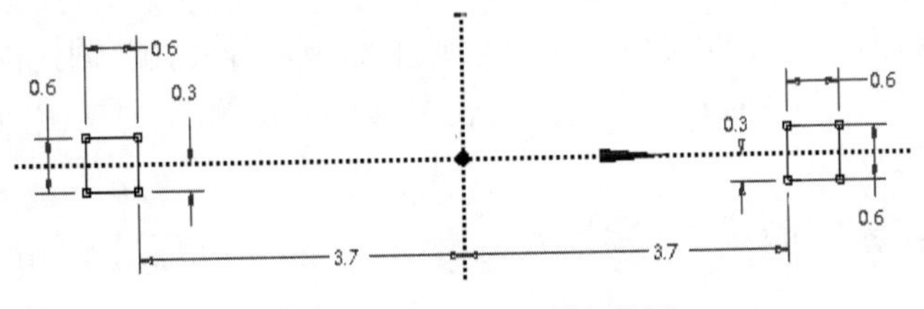

图 5-20　绘制底座固定草图

（8）挤出底座。单击工具栏中的“挤出”按钮，打开“挤出”详细信息视图栏，设置“深度”为 0.02m，其余为默认设置，如图 5-21 所示。单击工具栏中的“生成”按钮，完成底座的挤出操作，结果如图 5-22 所示。

（9）绘制立柱草图。先单击树轮廓中的“YZ 面”按钮，再单击工具栏中的“新草图”按钮，新建一个草图。此时树轮廓中的“YZ 面”分支下会多出一个名为“草图 2”的草图，单击工具栏中的“查看面/平面/草图”按钮，将视图切换为正视于“YZ 面”方向。利用“草图绘制”标签中的绘制工具绘制图 5-23 所示的草图。

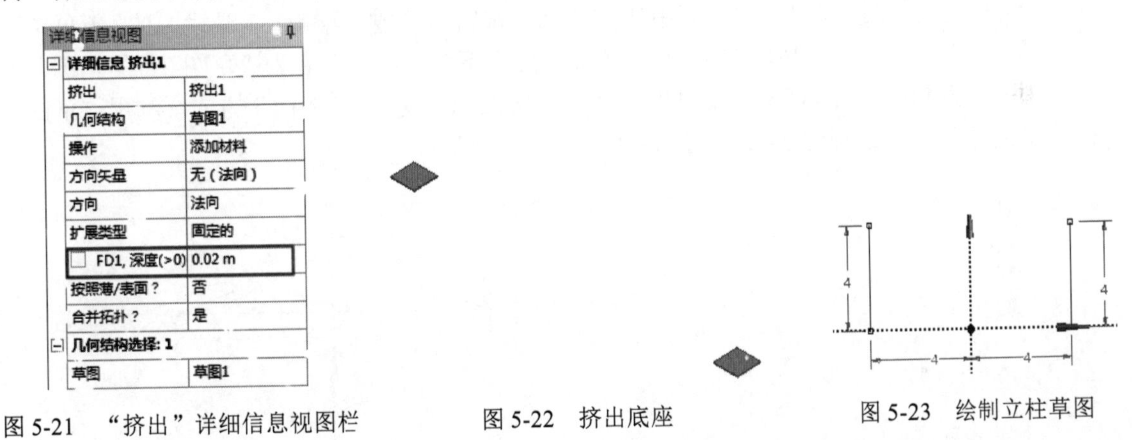

图 5-21　“挤出”详细信息视图栏　　图 5-22　挤出底座　　图 5-23　绘制立柱草图

（10）创建立柱草图线体。选择“概念”→“草图线”命令，打开“草图线”详细信息视图栏，设置“基对象”为“草图 2”，“操作”为“添加材料”，其余为默认设置，如图 5-24 所示。单击工具栏中的“生成”按钮，完成立柱草图线体的创建，结果如图 5-25 所示。

（11）创建 I1 横截面。选择“概念”→“横截面”→“I 型截面”命令，打开 I1 型截面详细信息视图栏，参数设置如图 5-26 所示。单击工具栏中的“生成”按钮，完成 I1 型横截面的创建。

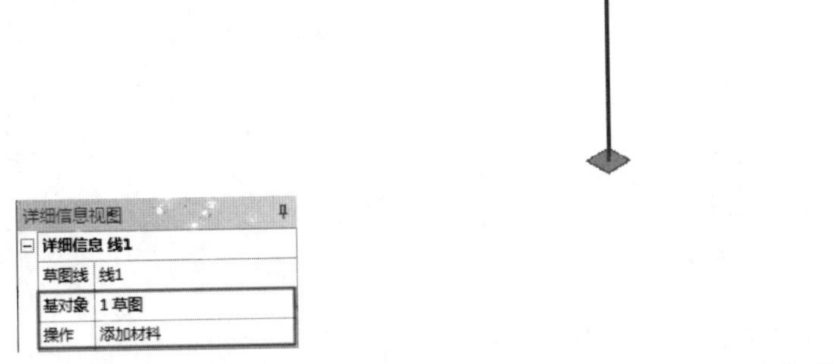

图 5-24　“草图线”详细信息视图栏　　图 5-25　创建立柱草图线体

（12）将 I1 型横截面赋给立柱线体。在树轮廓中选中步骤（10）创建的立柱草图线体，打开“线体”详细信息视图栏，在“横截面”下拉列表中选择创建的 I1 型横截面，如图 5-27 所示，操作后结果如图 5-28 所示。

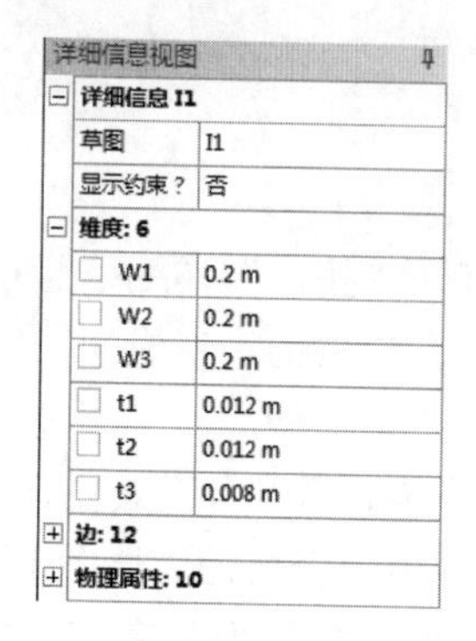

图 5-26　I1 型横截面详细信息视图栏

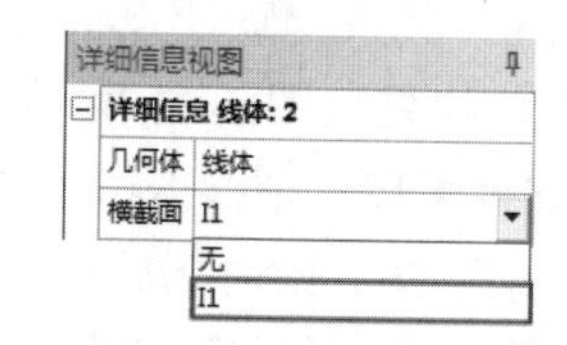

图 5-27　选择 I1 型横截面

（13）绘制尖顶草图。先单击树轮廓中的“YZ 面”按钮 YZ面，再单击工具栏中的“新草图”按钮，新建一个草图。此时树轮廓中的“YZ 面”分支下会多出一个名为“草图 3”的草图，单击工具栏中的“查看面/平面/草图”按钮，将视图切换为正视于“YZ 面”方向。利用“草图绘制”标签中的绘制工具绘制图 5-29 所示的草图。

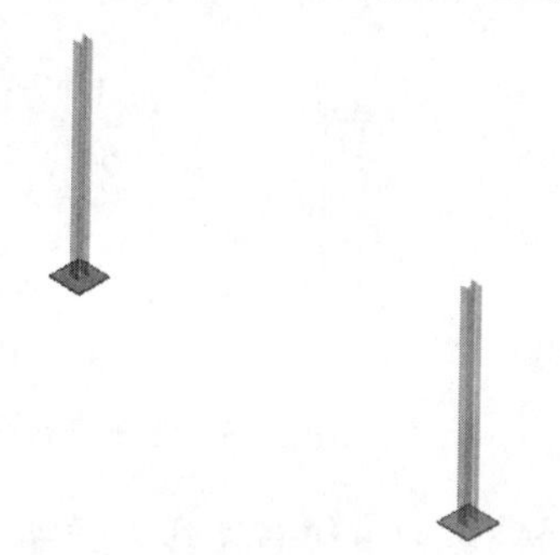

图 5-28　将 I1 型横截面赋给立柱线体

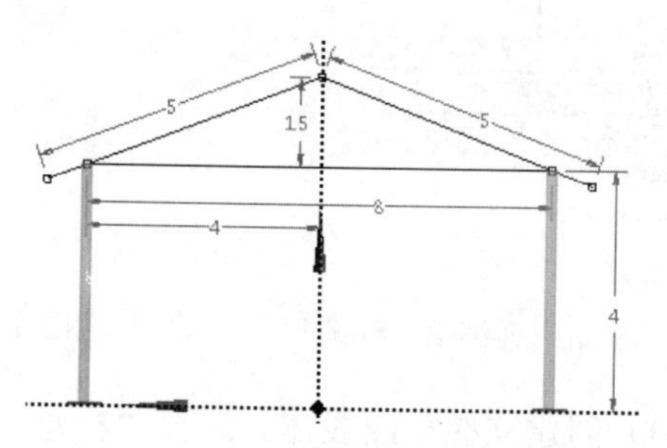

图 5-29　绘制尖顶草图

（14）创建尖顶草图线体。选择“概念”→“草图线”命令，打开“草图线”详细信息视图栏，设置“基对象”为“草图 3”，“操作”为“添加冻结”，其余为默认设置，如图 5-30 所示。单击工具栏中的“生成”按钮 生成，完成尖顶草图线体的创建，结果如图 5-31 所示。

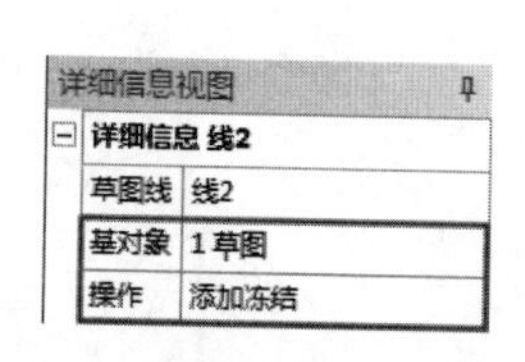

图 5-30　“草图线”详细信息视图栏

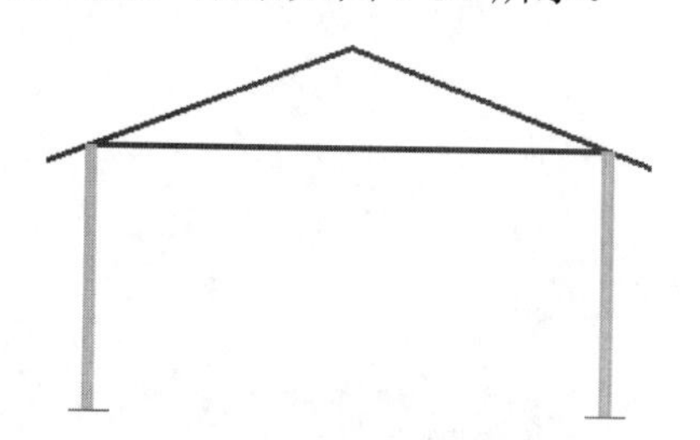

图 5-31　创建尖顶草图线体

（15）创建矩形管横截面。选择“概念”→“横截面”→“矩形管”命令，打开“矩形管”横截面详细信息视图栏，参数设置如图 5-32 所示。单击工具栏中的“生成”按钮 生成，完成矩形管横截面的创建。

（16）将矩形管横截面赋给尖顶线体。在树轮廓中选中步骤（14）创建的尖顶草图线体，打开“线体”详细信息视图栏，在“横截面”下拉列表中选择创建的“矩形管 1”横截面，如图 5-33 所示，操作后结果如图 5-34 所示。

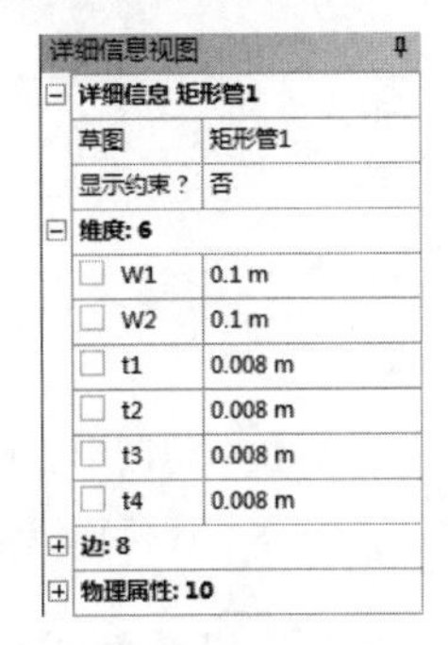

详细信息视图

详细信息 矩形管1	
草图	矩形管1
显示约束？	否
维度: 6	
W1	0.1 m
W2	0.1 m
t1	0.008 m
t2	0.008 m
t3	0.008 m
t4	0.008 m
边: 8	
物理属性: 10	

图 5-32　“矩形管”横截面详细信息视图栏

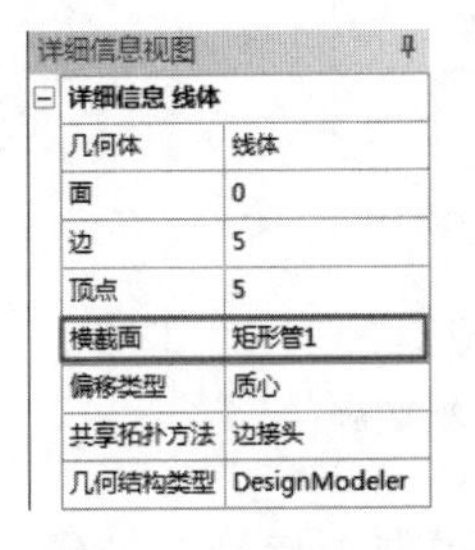

详细信息视图

详细信息 线体	
几何体	线体
面	0
边	5
顶点	5
横截面	矩形管1
偏移类型	质心
共享拓扑方法	边接头
几何结构类型	DesignModeler

图 5-33　选择“矩形管 1”横截面

（17）绘制连接筋草图。先单击树轮廓中的“YZ 面”按钮 YZ面，再单击工具栏中的“新草图”按钮，新建一个草图。此时树轮廓中的“YZ 面”分支下会多出一个名为“草图 4”的草图，单击工具栏中的“查看面/平面/草图”按钮，将视图切换为正视于“YZ 面”方向。利用“草图绘制”标签中的绘制工具绘制图 5-35 所示的草图。

（18）创建连接筋草图线体。选择“概念”→“草图线”命令，打开“草图线”详细信息视图栏，设置“基对象”为“草图 4”，“操作”为“添加冻结”，其余为默认设置，如图 5-36 所示。单击工具栏中的“生成”按钮 生成，完成连接筋草图线体的创建，结果如图 5-37 所示。

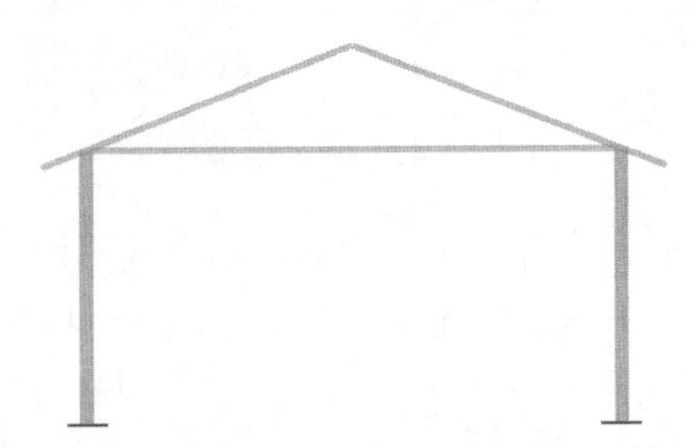

图 5-34　将矩形管横截面赋给尖顶线体

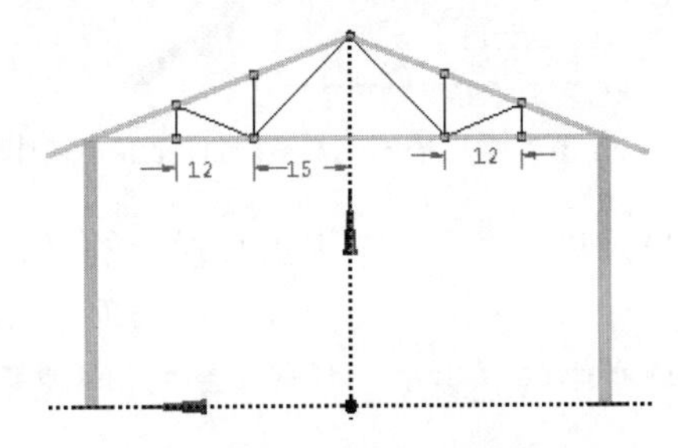

图 5-35　绘制连接筋草图

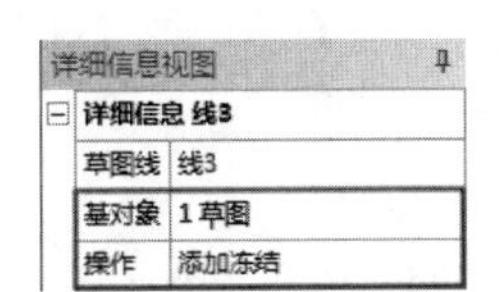

详细信息视图

详细信息 线3	
草图线	线3
基对象	1 草图
操作	添加冻结

图 5-36　“草图线”详细信息视图栏

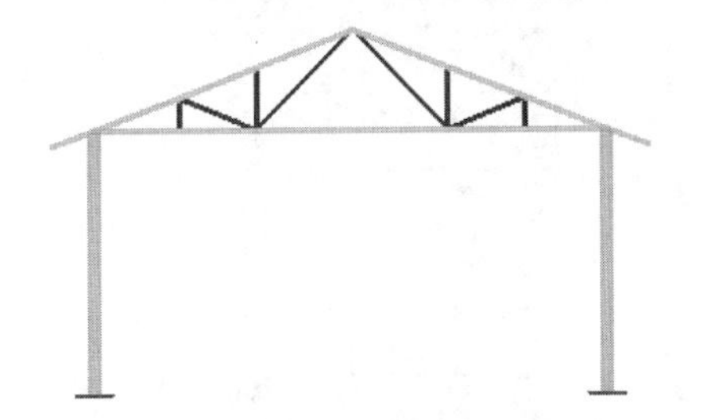

图 5-37　创建连接筋草图线体

（19）创建圆形管横截面。选择“概念”→“横截面”→“圆形管”命令，打开“圆形管”横截面详细信息视图栏，参数设置如图 5-38 所示。单击工具栏中的“生成”按钮 生成，完成圆形管横截面的创建。

（20）将圆形管横截面赋给连接筋线体。在树轮廓中选中步骤（18）创建的连接筋草图线体，打开“线体”详细信息视图栏，在“横截面”下拉列表中选择创建的 CircularTube1 横截面，如图 5-39 所示，操作后结果如图 5-40 所示。

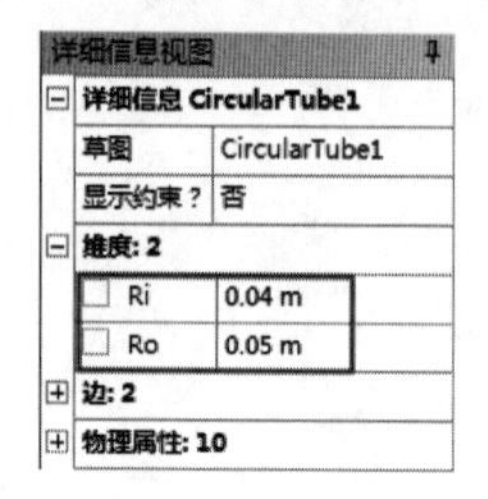

详细信息视图	
⊟ 详细信息 CircularTube1	
草图	CircularTube1
显示约束？	否
⊟ 维度: 2	
☐ Ri	0.04 m
☐ Ro	0.05 m
⊞ 边: 2	
⊞ 物理属性: 10	

图 5-38　“矩形管”横截面详细信息视图栏

详细信息视图	
⊟ 详细信息 线体	
几何体	线体
面	0
边	8
顶点	9
横截面	CircularTube1
偏移类型	质心
共享拓扑方法	边接头
几何结构类型	DesignModeler

图 5-39　选择 CircularTube1 横截面

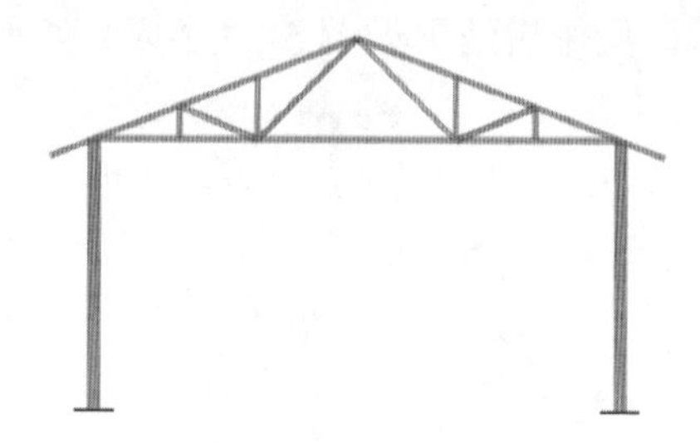

图 5-40　将圆形管横截面赋给连接筋线体

（21）阵列模型。选择“创建”→“模式”命令，打开“模式”横截面详细信息视图栏，设置“方向图类型”为“线性的”，“几何结构”为所有模型，“方向”为底座的 X 轴向边线，“偏移”为 3m，“复制”为 3，如图 5-41 所示。单击工具栏中的“生成”按钮，完成模型的阵列操作，结果如图 5-42 所示。

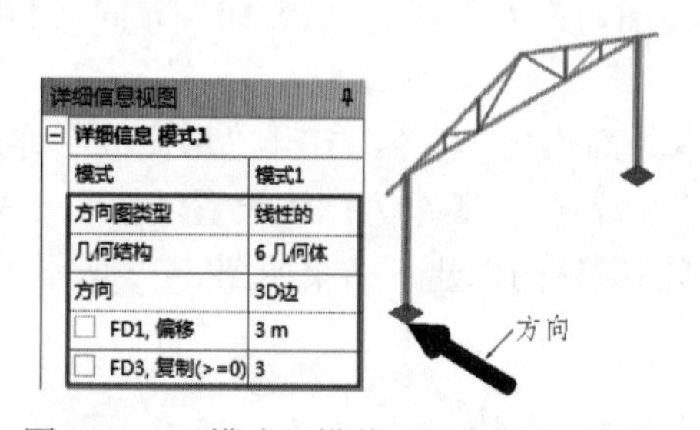

详细信息视图	
⊟ 详细信息 模式1	
模式	模式1
方向图类型	线性的
几何结构	6 几何体
方向	3D边
☐ FD1, 偏移	3 m
☐ FD3, 复制(>=0)	3

图 5-41　“模式”横截面详细信息视图栏

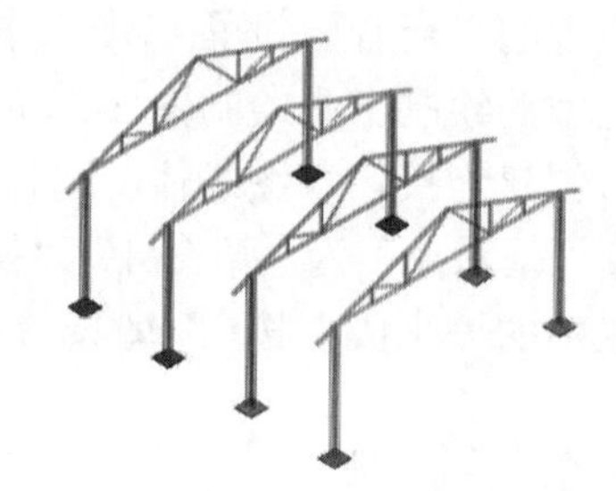

图 5-42　阵列模型

（22）新建平面。单击工具栏中的“新平面”按钮，打开“平面”详细信息视图栏，设置“类型”为“从三点”，其余为默认选项，如图 5-43 所示。在模型中选择 3 个点，如图 5-44 所示，单击工具栏中的“生成”按钮，创建平面 4。

详细信息视图	
⊟ 详细信息 平面4	
平面	平面4
类型	从三点
已选点	3 点
转换1 (RMB)	无
反向法向/Z轴？	否
翻转XY轴？	否
导出坐标系吗？	否

图 5-43　“平面”详细信息视图栏

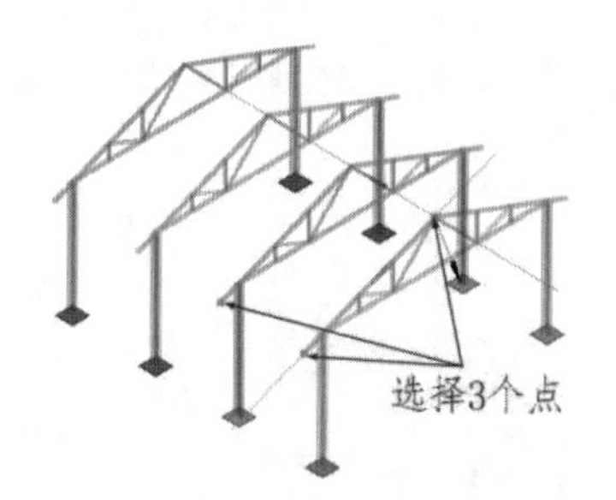

图 5-44　选择 3 个点

（23）绘制桁架草图。先单击树轮廓中的“平面 4”按钮 平面4，再单击工具栏中的“新草图”按钮，新建一个草图。此时树轮廓中的“平面 4”分支下会多出一个名为“草图 5”的草图，单击工具栏中的“查看面/平面/草图”按钮，将视图切换为正视于“平面 4”方向。利用“草图绘制”标签中的绘制工具绘制图 5-45 所示的草图。

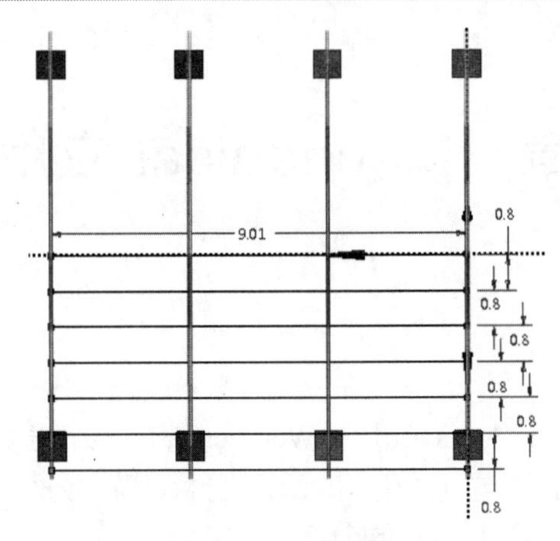

图 5-45 绘制桁架草图

（24）创建桁架草图线体。选择“概念”→“草图线”命令，打开“草图线”详细信息视图栏，设置“基对象”为“草图 5”，“操作”为“添加冻结”，其余为默认设置，如图 5-46 所示。单击工具栏中的“生成”按钮生成，完成桁架草图线体的创建，结果如图 5-47 所示。

（25）将圆形管横截面赋给桁架线体。在树轮廓中选中步骤（24）创建的桁架草图线体，打开“线体”详细信息视图栏，在“横截面”下拉列表中选择创建的 CircularTube1 横截面，如图 5-48 所示，操作后结果如图 5-49 所示。

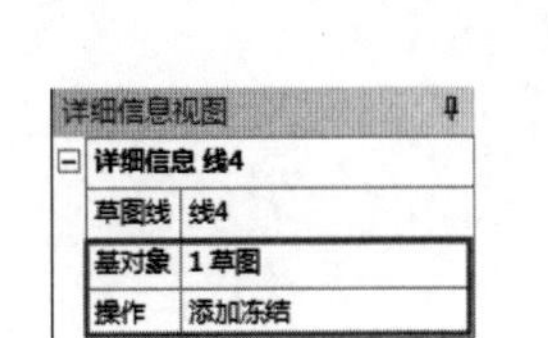

图 5-46 “草图线”详细信息视图栏

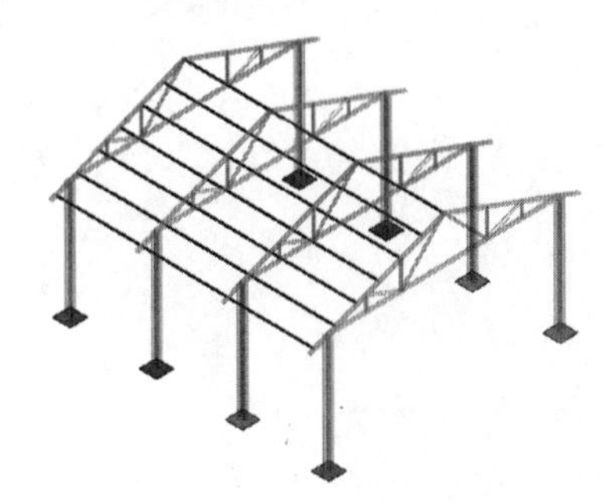

图 5-47 创建桁架草图线体

图 5-48 选择 CircularTube1 横截面

（26）镜像桁架。选择“创建”→“几何体转换”→“镜像”命令，打开“镜像”详细信息视图栏，设置“镜像面”为“XY 平面”，“几何体”为下方的 6 个桁架，如图 5-50 所示。单击工具栏中的“生成”按钮生成，完成桁架的镜像操作。至此完成钢结构厂棚的建模，结果如图 5-19 所示。

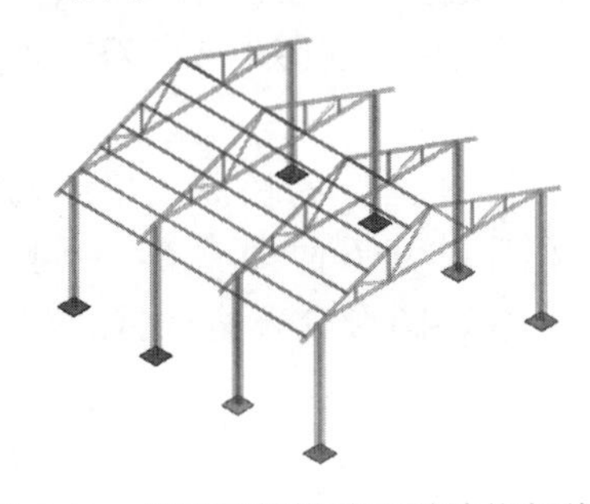

图 5-49 将圆形管横截面赋给桁架线体

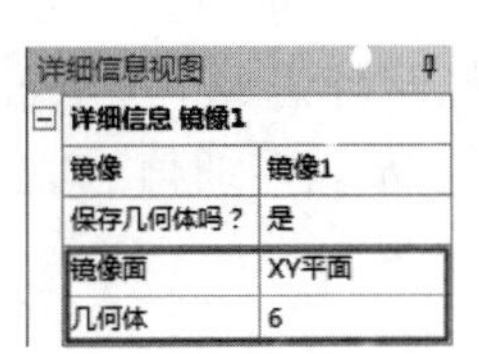

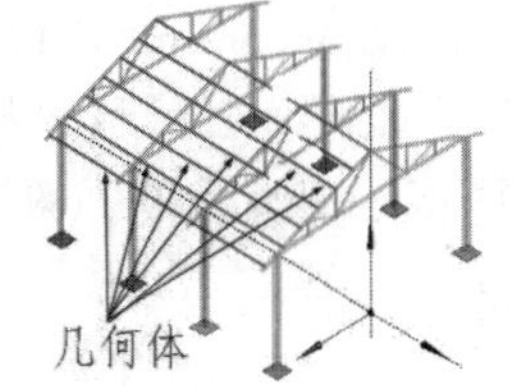

图 5-50 “镜像”详细信息视图栏及设置

第 6 章　Mechanical 应用程序

导读

与 DesignModeler 一样，Mechanical 也是 Workbench 的一个模块，主要用于结构产品问题的分析和解决，其分析类型包括静力学（线性/非线性）分析、模态分析、谐响应分析、响应谱分析、显式动力学分析，同时还提供热分析、声学分析、压电分析，磁场、电场及热结构、电-热、电-热结构等耦合分析。

使用 Mechanical 应用程序时，需要定义模型的环境载荷情况、求解分析并设置不同的结果形式。本章主要对 Workbench-Mechanical 分析交互界面、菜单、工具栏、导航树等进行讲解。

精彩内容

- Mechanical 启动及其界面
- 选项卡概述
- 树轮廓概述
- 详细信息视图栏概述
- 图形区域
- 应用向导
- 图形和表格数据

6.1　Mechanical 启动及其界面

Workbench-Mechanical 主要用于结构产品问题的分析和解决，能够处理大部分的有限元分析问题。在进行有限元分析时，首先需要启动 Mechanical 应用程序，具体步骤如下。

（1）创建分析模块。在 Workbench 中创建需要的分析模块，这里以“静态结构”项目模块为例进行讲解。在“分析系统”工具箱中将“静态结构”模块拖到项目原理图中或者双击“静态结构”模块，创建一个“静态结构”项目模块，如图 6-1 所示。

（2）启动 Mechanical 程序。在项目原理图中右击“模型”，在弹出的快捷菜单中选择“编辑”命令，如图 6-2 所示，打开静态结构-Mechanical 应用程序，其界面如图 6-3 所示，主要包括选项卡、功能面板、树轮廓、详细信息视图栏、图形区域、图形、表格数据、状态栏和应用向导等。

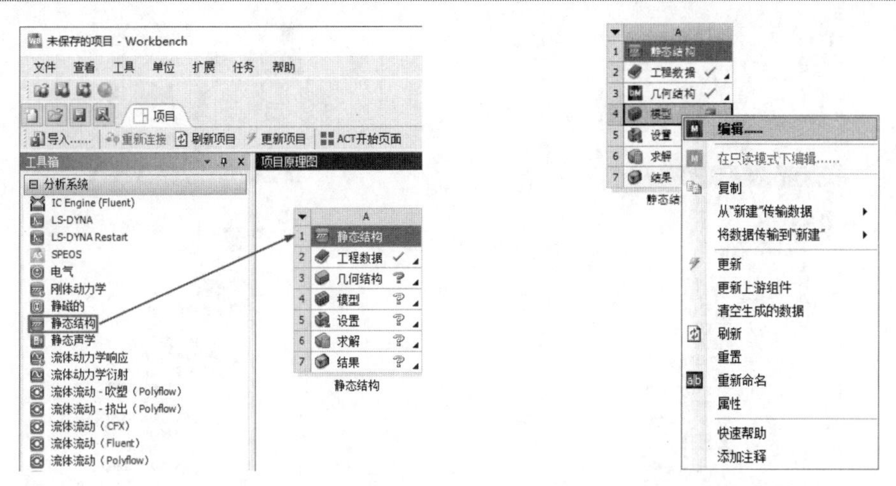

图 6-1　创建“静态结构”项目模块　　　　图 6-2　选择“编辑”命令

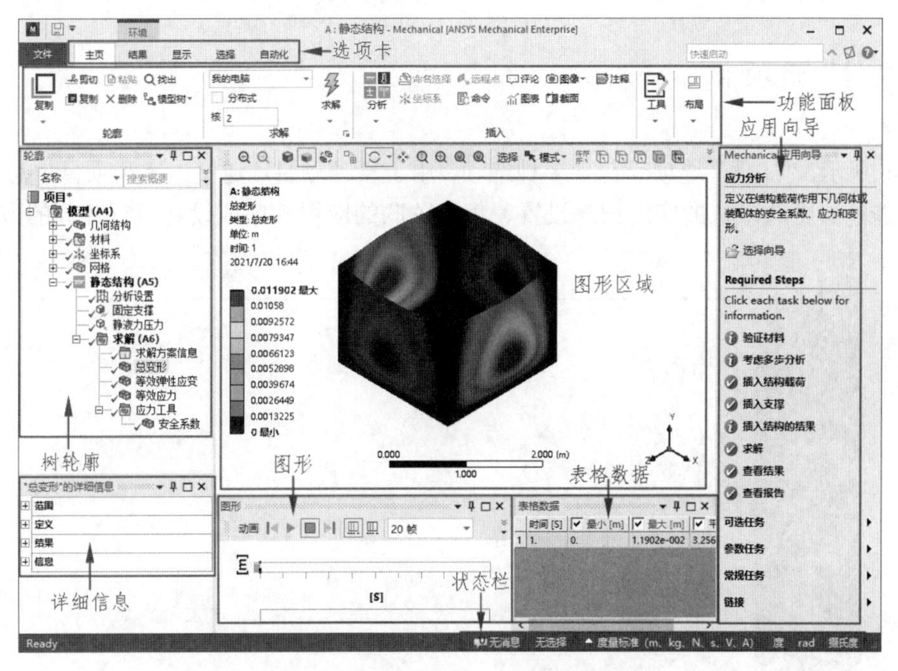

图 6-3　静态结构-Mechanical 界面

6.2　选项卡概述

静态结构-Mechanical 界面中的选项卡位于界面上方，包括“文件”选项卡、“主页”选项卡、“显示”选项卡、“选择”选项卡、“自动化”选项卡等；另外，还有一些隐藏的选项卡，包括“模型”选项卡、“材料”选项卡、“连接”选项卡、“网格”选项卡、“环境”选项卡、“求解”选项卡、“求解方案信息”选项卡等，这些选项卡依次对应“树轮廓”里的分支。例如，选择树轮廓中的“模型”，则在界面上方出现“模型”选项卡，如图 6-4 所示；选择树轮廓中的“网格”，则在界面上方出现“网格”选项卡，如图 6-5 所示。

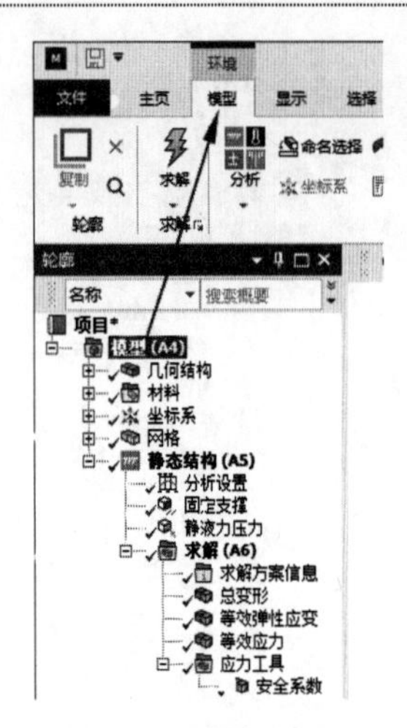

图 6-4 “模型”选项卡

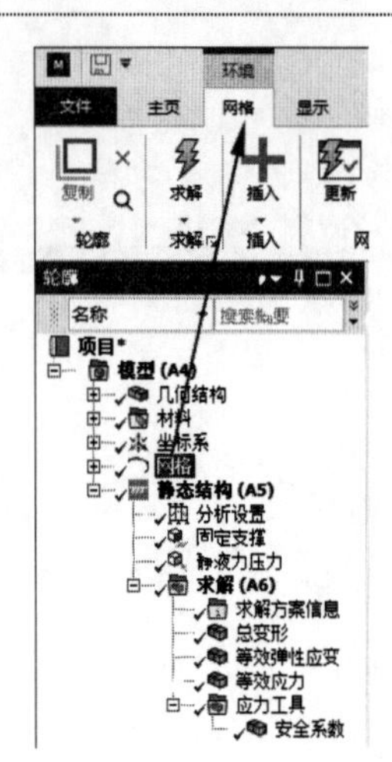

图 6-5 “网格”选项卡

6.2.1 “文件”选项卡

如图 6-6 所示，“文件”选项卡包含多种选项，用于管理项目、定义作者和项目信息及保存项目等。这些功能能够更改默认的应用程序设置、集成关联的应用程序或设置运行计算的方法等。

图 6-6 “文件”选项卡

6.2.2 “主页”选项卡

启动 Mechanical 应用程序后，默认打开的就是“主页”选项卡，如图 6-7 所示，主要包括“轮廓”“求解”“插入”“工具”“布局”面板。

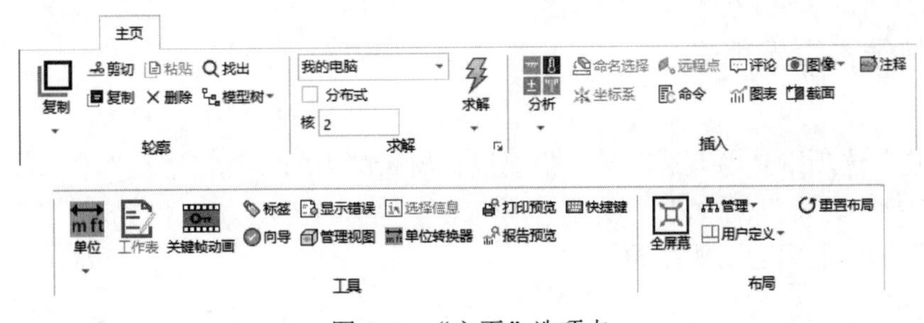

图 6-7　“主页”选项卡

（1）“轮廓”面板：主要对模型树中的分析载荷、边界条件及后处理结果进行复制、粘贴和删除操作。

（2）“求解”面板：可以设置求解选项及求解类型。

（3）“插入”面板：选择插入分析类型，如静态结构分析、瞬态分析、响应谱分析、热分析等；还可以插入坐标系、远程点、命令、图标及评论等。

（4）“工具”面板：可以设置系统单位、设置显示关键帧动画、打开向导、显示错误信息及换算单位等。

（5）“布局”面板：控制应用程序全屏显示，需按 F11 键返回。其中，“管理”下拉列表可设置各种是否要显示的对象，如轮廓、详细信息视图栏、状态栏、表格数据、图形等。

6.2.3　“模型”选项卡

“模型”选项卡是隐藏选项卡，需要选择树轮廓中的“模型”后才可弹出，如图 6-8 所示，包括“轮廓”“求解”“插入”“准备”“定义”“网格”“结果”面板，其中前 3 个面板和“主页”选项卡中的功能相同。

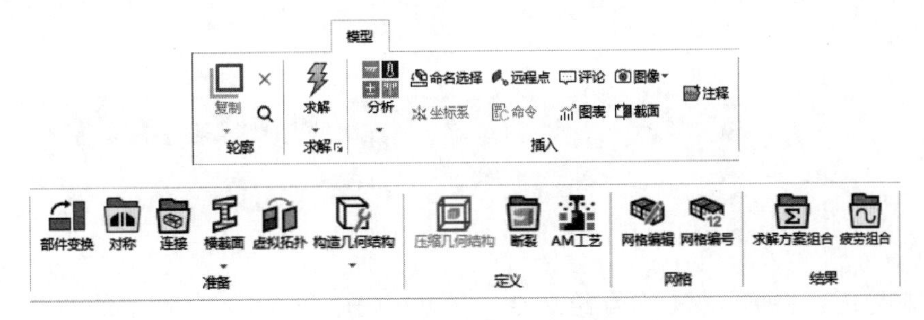

图 6-8　“模型”选项卡

（1）“准备”面板：分析之前对模型进行修改，如变换模型位置、方向，添加模型对称对象、建立模型连接、插入横截面类型、插入拓扑操作和构造几何结构等。

（2）“定义”面板：插入压缩的几何结构、为模型插入不同的裂纹、插入 AM 工艺启动增材仿真。

（3）“网格”面板：划分网格后，对网格进行编辑和编号，创建网格连接和接触匹配，并允许对由柔性零件组成的网格模型的节点和元素编号进行重新编号。

（4）“结果”面板：插入求解后处理所要查看的结果。

6.2.4 “几何结构”选项卡

“几何结构”选项卡是隐藏选项卡，需要选择树轮廓中的“几何结构”分支后才可弹出，如图 6-9 所示，包括“轮廓”“求解”“插入”“几何结构”“质量”“修改”“虚拟”面板，其中前 3 个面板和“主页”选项卡中的功能相同。

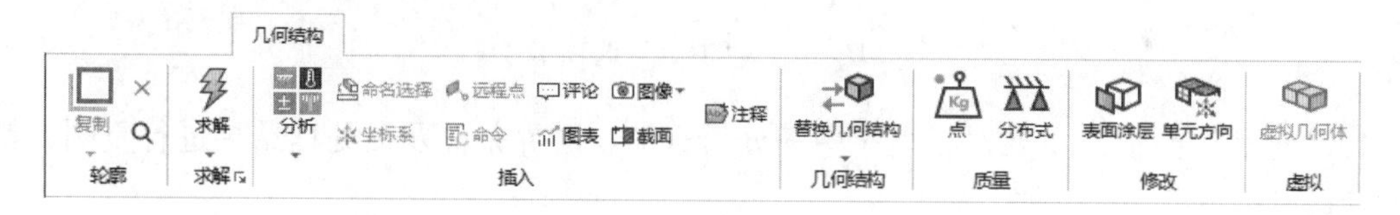

图 6-9 “几何结构”选项卡

（1）“几何结构”面板：主要是通过选择外部 CAD 文件来替换当前的几何文件。

（2）“质量”面板：为几何结构添加点质量或者分布式质量。

（3）“修改”面板：为几何物体的表面插入一个或几个材料作为该物体的表面图层；为给定模型的单元或几何体进行对齐设置。

（4）“虚拟”面板：只有在使用组件网格算法时可用，可插入一个虚拟几何体，便于对对流区域进行网格划分，不必使用建模器进行建模，简化操作。

6.2.5 “材料”选项卡

“材料”选项卡是隐藏选项卡，需要选择树轮廓中的“材料”分支后才可弹出，如图 6-10 所示，包括“轮廓”“求解”“插入”面板，以及“材料分配”“材料图”“材料组合”命令，其中前 3 个面板和“主页”选项卡中的功能相同。

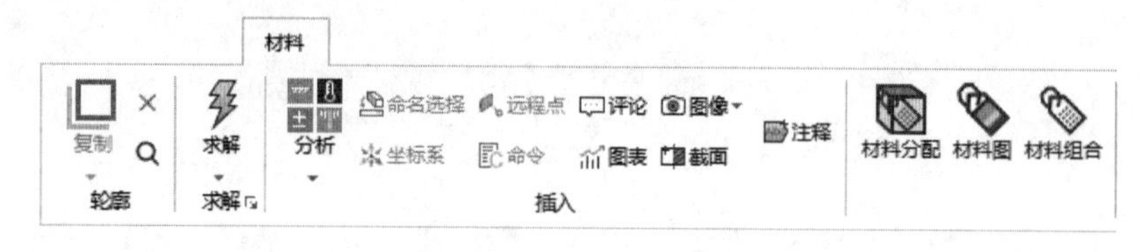

图 6-10 “材料”选项卡

（1）材料分配：将特定材料分配给选定的对象；此命令还可以控制非线性效应和热应变效应，但是在进行 LS-DYNA 分析时不支持该功能。

（2）材料图：能够使用几何图形或命名选择范围将模型的材质绘制为等高线形式。其支持的几何图元包括体、面、边和元素。

（3）材料组合：可将不同材料的特性组合在一起，并添加到模型中。

6.2.6 “连接”选项卡

“连接”选项卡是隐藏选项卡，需要选择树轮廓中的“连接”分支后才可弹出，如图 6-11 所示，包括“轮廓”“求解”“插入”“连接”“接触”“连接副”“浏览”面板，其中前 3 个面板和“主页”选项卡中的功能相同。

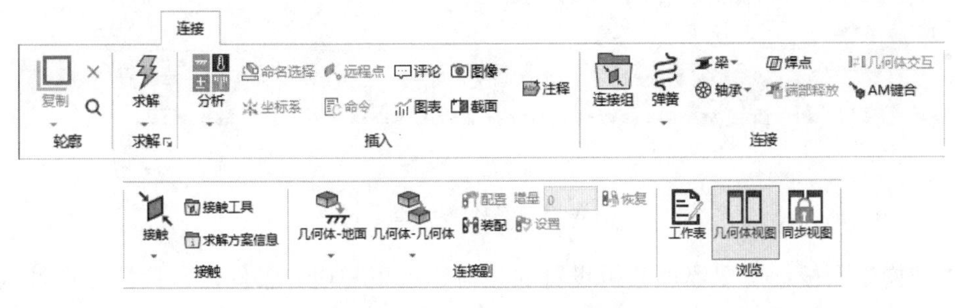

图 6-11　“连接”选项卡

（1）“连接”面板：为对象添加连接类型，如弹簧连接、梁连接、轴承连接、焊点连接等。

（2）“接触”面板：为对象添加接触类型，如绑定接触、无分离摩擦、无摩擦接触等。

（3）“连接副”面板：在几何体与地面或两个几何体之间添加连接副类型，如添加固定连接副、回转连接副、圆柱形连接副等。

（4）“浏览”面板：控制添加连接时几何体的显示状态。

6.2.7　“网格”选项卡

“网格”选项卡是隐藏选项卡，需要选择树轮廓中的“网格”分支后才可弹出，如图 6-12 所示，包括“轮廓”“求解”“插入”“网格”“预览”“控制”“网格编辑”“度量标准显示”面板，其中前 3 个面板和“主页”选项卡中的功能相同。由于该选项卡涉及内容较多，因此将在第 7 章进行详细讲解，这里不再赘述。

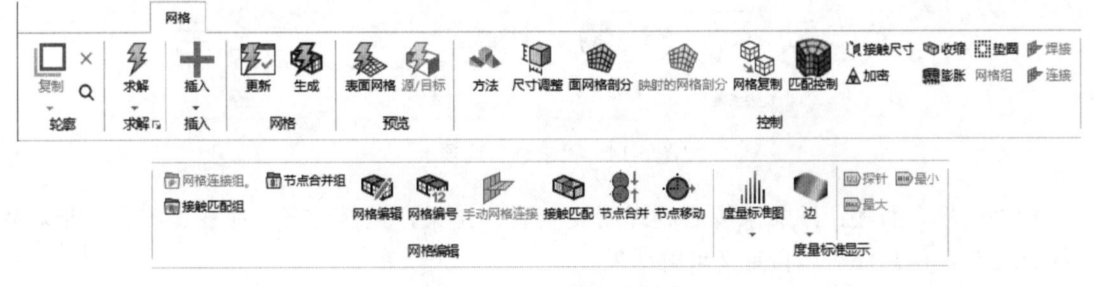

图 6-12　“网格”选项卡

6.2.8　“环境”选项卡

“环境”选项卡是隐藏选项卡，需要选择树轮廓中的“静态结构”分支后才可弹出，如图 6-13 所示，包括“轮廓”“求解”“插入”“结构”“工具”“浏览”面板，其中前 3 个面板和“主页”选项卡中的功能相同。

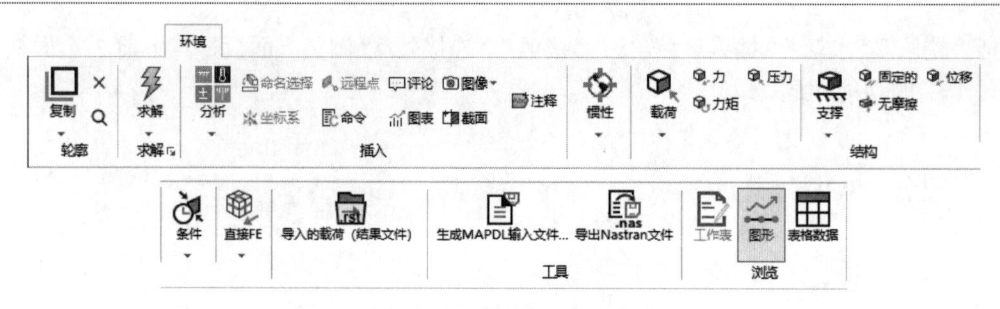

图 6-13　“环境”选项卡

（1）“结构”面板：主要添加分析设置的载荷、约束和边界条件，包括添加惯性载荷、力载荷、压力载荷等，添加固定约束、位移约束和各种支撑，添加耦合、约束方程、单元生死等各种边界条件。

（2）“工具”面板：输入及导出响应文件。

（3）“浏览”面板：查看工作表、图形和表格数据。

6.2.9　“求解”选项卡

“求解”选项卡是隐藏选项卡，需要选择树轮廓中的“求解（A6）”分支后才可弹出，如图 6-14 所示，包括“轮廓”“求解”“插入”“结果”“用户定义的标准”“探针”“工具箱”“工具”“浏览”面板，其中前 3 个面板和“主页”选项卡中的功能相同。

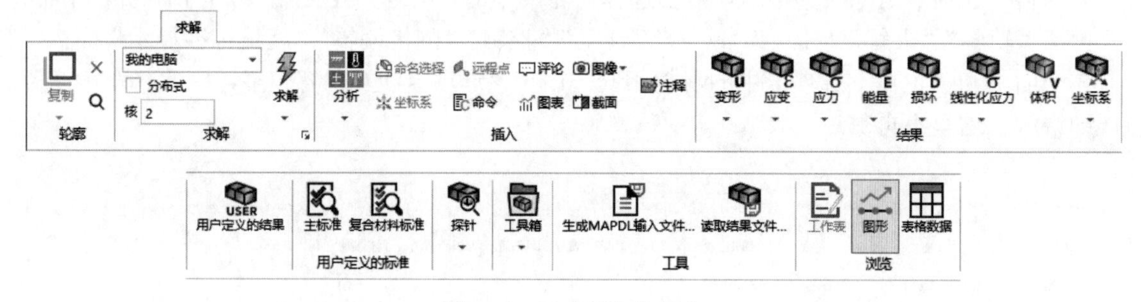

图 6-14　“求解”选项卡

（1）“结果”面板：添加求解后处理所要查看的结果，包括变形、应变、应力、损坏等结果。除此之外，用户还可以自定义求解结果。

（2）“探针”面板：插入探针，精确查看模型各部分的变形、应变、应力等结果。

（3）“工具箱”面板：查看求解结果工具箱，包括应力工具、疲劳工具、接触工具及螺栓工具等。

6.2.10　“显示”选项卡

“显示”选项卡如图 6-15 所示，包括“定向”“注释”“类型”“顶点”“边”“分解”“视区”“显示”面板。

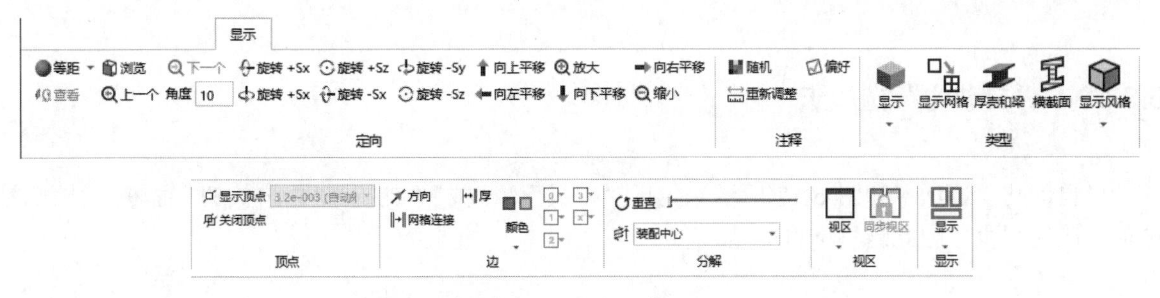

图 6-15 “显示”选项卡

（1）“定向”面板：调整模型视图方向。

（2）“注释”面板：为载荷、命名或触点随机分配颜色，放大或缩小视图后重新调整注释符号的大小。

（3）“类型”面板：调整模型的视图类型（带边涂色、涂色和边框模式）、是否显示网格、是否显示梁或壳、是否显示横截面等。

（4）“顶点”面板：设置是否显示顶点。

（5）“边”面板：设置边方向箭头、边颜色及加厚边厚度。

（6）“分解”面板：用于对模型进行分解并将分解后的模型重置为原始状态。

（7）“视区”面板：设置视图区域，是 1 个、2 个还是 4 个视图区域。

（8）“显示”面板：控制标尺、图例、坐标系等的显示。

6.2.11 “选择”选项卡

“选择”选项卡如图 6-16 所示，包括“命名选择”“扩展到”“选择”“转换为”“路径”面板。

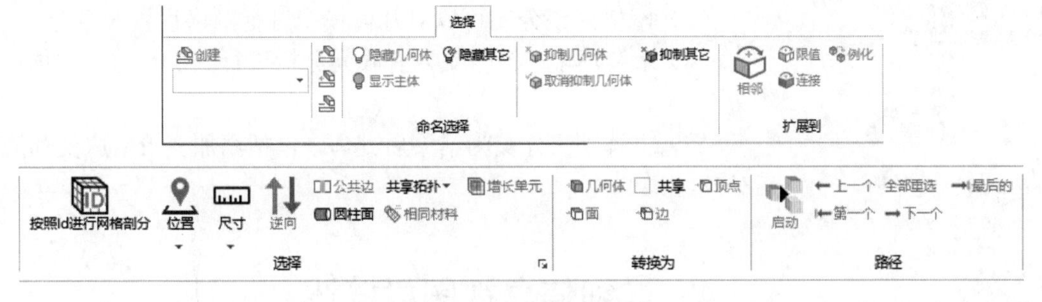

图 6-16 “选择”选项卡

（1）“命名选择”面板：能够从现有用户定义的命名选择中选择、添加和删除项目，以及修改可见性和隐藏状态。

（2）“扩展到”面板：对选择的边或面扩展选择到相邻、相切或所有相邻的其他边或面。

（3）“选择”面板：通过设置的位置或尺寸范围进行选择。

（4）“转换为”面板：将选择模式转换为按几何体顶点、单元、面、边或节点进行选择。

（5）“路径”面板：按路径选择模型。

6.2.12 “自动化”选项卡

“自动化”选项卡如图 6-17 所示，包括“工具”“机械”“支持”“用户按钮”面板。由于该选项卡应用很少，因此这里不再赘述。

图 6-17 “自动化”选项卡

6.3 树轮廓概述

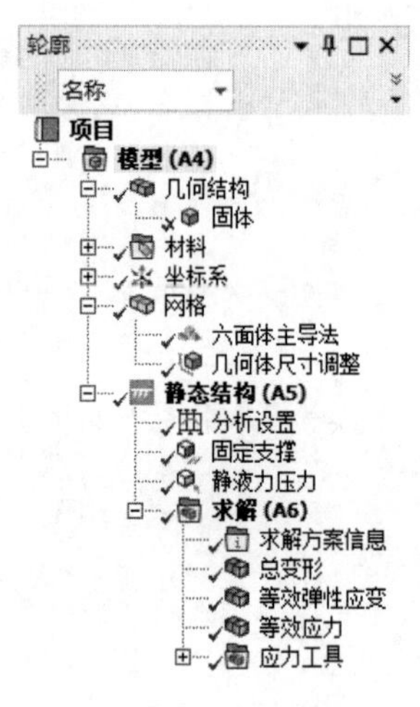

图 6-18 树轮廓

树轮廓位于应用程序的左侧，如图 6-18 所示。这里以静态结构分析为例对树轮廓各项进行简要讲解。

树轮廓中包括几何结构、材料、坐标系、网格、求解环境（这里为“静态结构”）、求解，从上到下排列，这也是进行分析的步骤。

（1）几何结构：该分支可以定义几何材料属性、观察各种物理特征、进行单元控制，以及观测网格数量统计等。

（2）坐标系：该分支可以定义需要的局部坐标系。

（3）网格：该分支可以对几何模型进行网格设置及划分。

（4）求解环境：该分支为有限元分析进行分析设置、添加载荷和约束。

（5）求解：该分支为结果后处理，包括添加变形、应变和应力等后处理结果。

6.4 详细信息视图栏概述

详细信息视图栏在 Mechanical 应用程序的左下角，其会根据选取分支的不同而自动改变，如图 6-19 所示。

（1）①区：此栏为输入数据区，可以对白色区域的数据进行编辑。

（2）②区：显示信息，此区域的数据不能修改。

（3）③区：不完整的输入信息，表示信息丢失。

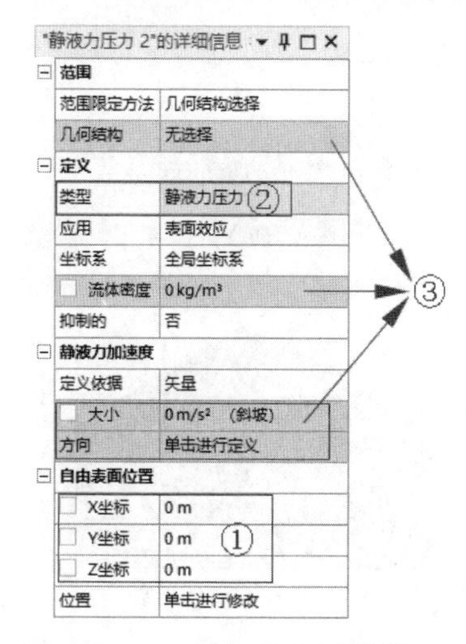

图 6-19　详细信息视图栏

6.5　图 形 区 域

图形区域（或称图形窗口）中显示几何模型和结果，同时有列出 HTML 报告及打印预览的功能，如图 6-20 所示。

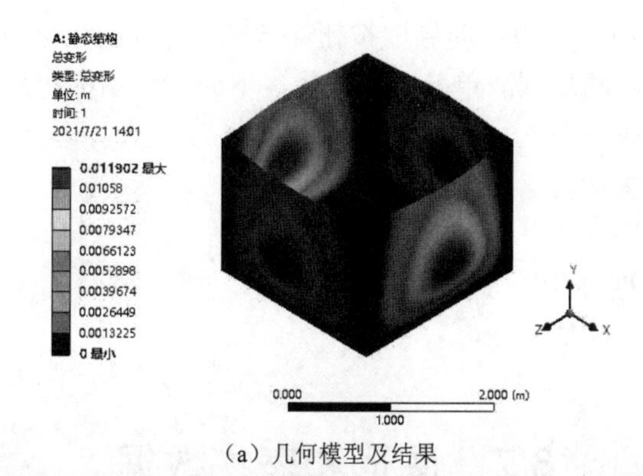

（a）几何模型及结果

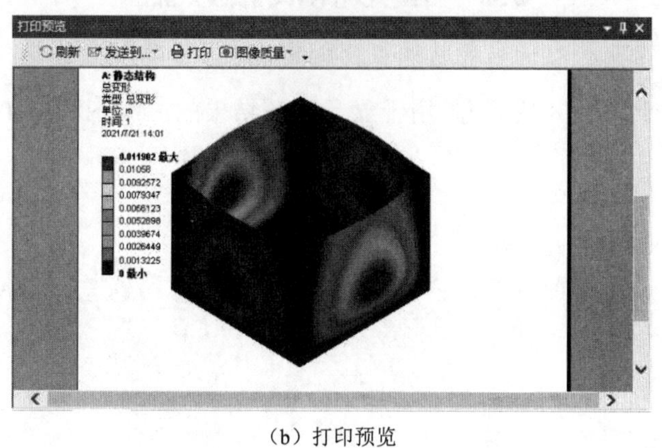

（b）打印预览

图 6-20　图形区域

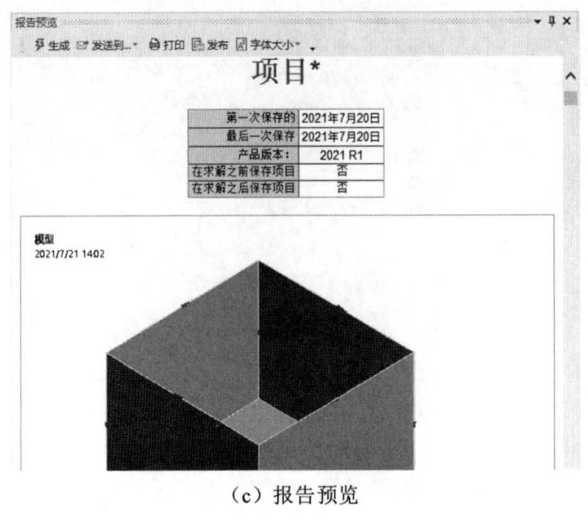

（c）报告预览

图 6-20 （续）

6.6 应 用 向 导

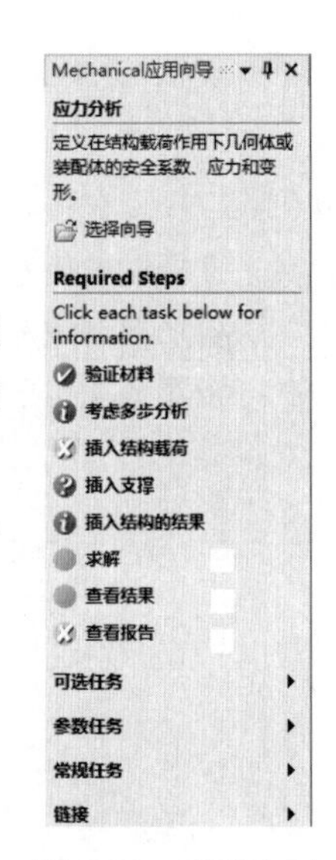

图 6-21 应用向导

应用向导是一个可选组件，位于 Mechanical 应用程序的右侧，可提醒用户完成分析所需要的步骤，如图 6-21 所示，对于初学者而言非常有用。可以通过在“主页”选项卡的“工具”面板中单击的“向导”按钮 向导 来打开应用向导。

应用向导提供了一个必要的步骤清单及图标符号，下面列举图标符号的含义。

（1）：该项目已完成。

（2）：显示一个信息项目。

（3）：该步骤无法执行。

（4）：一个不完整的项目。

（5）：该项目还没有完成。

6.7 图形和表格数据

图形和表格数据位于图形区域下方，用于显示求解结果的曲线图和结果数据，如图 6-22 所示。

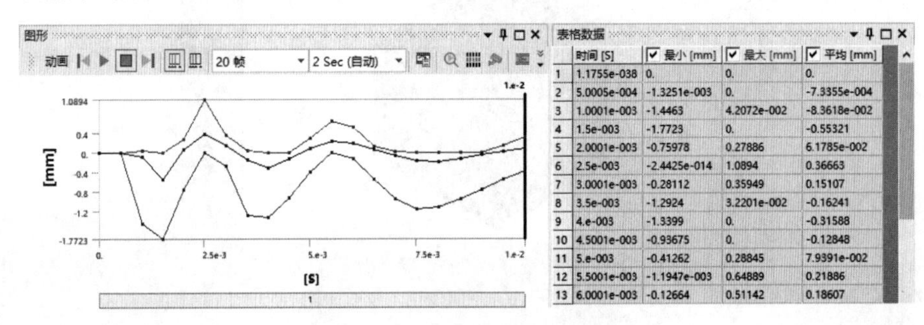

	时间 [S]	最小 [mm]	最大 [mm]	平均 [mm]
1	1.1755e-038	0.	0.	0.
2	5.0005e-004	-1.3251e-003	0.	-7.3355e-004
3	1.0001e-003	-1.4463	4.2072e-002	-8.3618e-002
4	1.5e-003	-1.7723	0.	-0.55321
5	2.0001e-003	-0.75978	0.27886	6.1785e-002
6	2.5e-003	-2.4425e-014	1.0894	0.36663
7	3.0001e-003	-0.28112	0.35949	0.15107
8	3.5e-003	-1.2924	3.2201e-002	-0.16241
9	4.e-003	-1.3399	0.	-0.31588
10	4.5001e-003	-0.93675	0.	-0.12848
11	5.e-003	-0.41262	0.28845	7.9391e-002
12	5.5001e-003	-1.1947e-003	0.64889	0.21886
13	6.0001e-003	-0.12664	0.51142	0.18607

图 6-22 图形和表格数据

第 7 章　网 格 划 分

导读

ANSYS Meshing 是 Workbench 的一个组件，集成了 1CEM CFD、TGrid（Fluent Meshing）、CFX-Mesh、GAMBIT 网格划分功能，具有极为强大的前处理网格划分能力，能够对不同的物理场进行网格划分。

精彩内容

- 网格划分概述
- 全局网格控制
- 局部网格控制
- 网格工具
- 网格划分方法
- 实例 1 ——轴承座网格划分
- 实例 2 ——硬盘碟片网格划分

7.1　网格划分概述

网格划分的基本功能是在 ANSYS Workbench 中的网格应用程序中完成的，可以从 ANSYS Workbench 项目管理器中的网格概图中进入，也可以通过其他概图进行网格划分。

7.1.1　ANSYS 网格划分应用程序概述

Workbench 中的 ANSYS Meshing 应用程序的目标是提供通用的网格划分格局。网格划分工具可以在任何分析类型中使用，包括结构动力学分析、显式动力学分析、电磁分析及 CFD 分析。

图 7-1 所示为三维网格的基本形状。

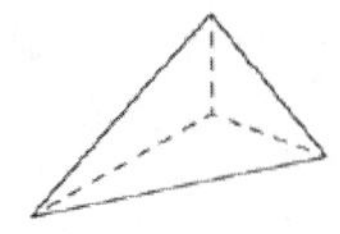
（a）四面体（非结构化网格）

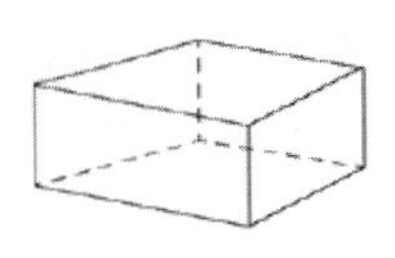
（b）六面体（通常为结构化网格）

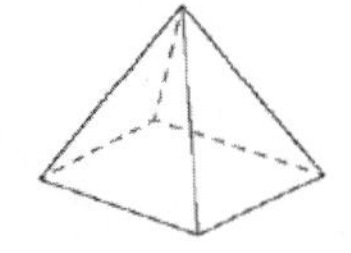
（c）棱锥（四面体和六面体之间的过渡）

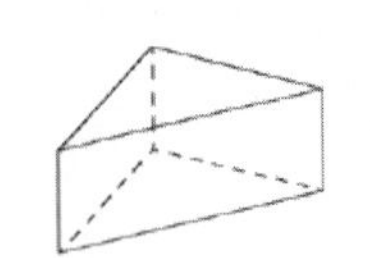
（d）棱柱（四面体网格被拉伸时形成）

图 7-1　三维网格的基本形状

7.1.2 网格划分步骤

网格划分步骤如下。

（1）设置目标物理环境（结构、CFD 等），自动生成相关物理环境的网格（如流体动力学、CFX 或机械）。

（2）设定网格划分方法。

（3）定义网格设置（尺寸、控制和膨胀等）。

（4）创建命名选择以方便使用。

（5）预览网格并进行必要调整。

（6）生成网格。

（7）检查网格质量。

（8）准备分析的网格。

7.1.3 分析类型

在 Workbench 中，不同分析类型有不同的网格划分要求。在进行结构分析时，使用高阶单元划分较为粗糙的网格；在进行 CFD 分析时，需要平滑过渡的网格进行边界层的转化，且不同 CFD 求解器也有不同的要求；在显式动力学分析时，需要均匀尺寸的网格。

表 7-1 中列出的是设定物理优先选项时各项设置的默认值。

表 7-1　物理优先权

物理优先选项	自动设置下列各项			
	实体单元默认节点	关联中心默认值	平滑度	过渡
力学分析	保留	粗糙	中等	快
CFD	消除	粗糙	中等	慢
电磁分析	保留	中等	中等	快
显式分析	消除	粗糙	高	慢

在 Workbench 中，分析类型是通过“网格”的详细信息视图栏进行定义的，图 7-2 所示为定义不同物理环境的“网格”的详细信息视图栏。

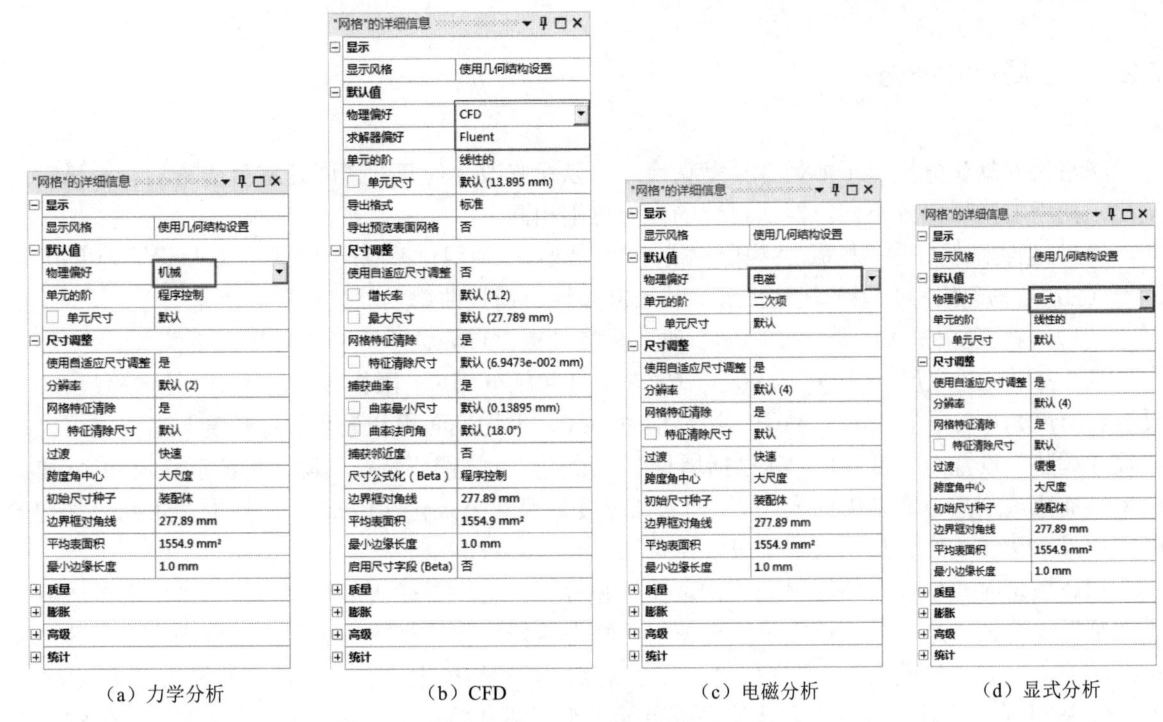

（a）力学分析　（b）CFD　（c）电磁分析　（d）显式分析

图 7-2　不同分析类型

7.2　全局网格控制

选择分析类型后并不等于网格控制完成，其仅仅是初步的网格划分，还需要设置“网格”的详细信息视图栏中的其他选项。

7.2.1　全局单元尺寸

“网格”的详细信息视图栏中的“单元尺寸”选项用于设置整个模型使用的单元尺寸。该尺寸将应用到所有的边、面和体的划分。“单元尺寸”可以采用默认设置，也可以通过输入尺寸的方式来定义，如图 7-3 所示。

"网格"的详细信息	
显示	
显示风格	使用几何结构设置
默认值	
物理偏好	CFD
求解器偏好	Fluent
单元的阶	线性的
单元尺寸	默认 (13.895 mm)
导出格式	标准
导出预览表面网格	否

（a）默认设置

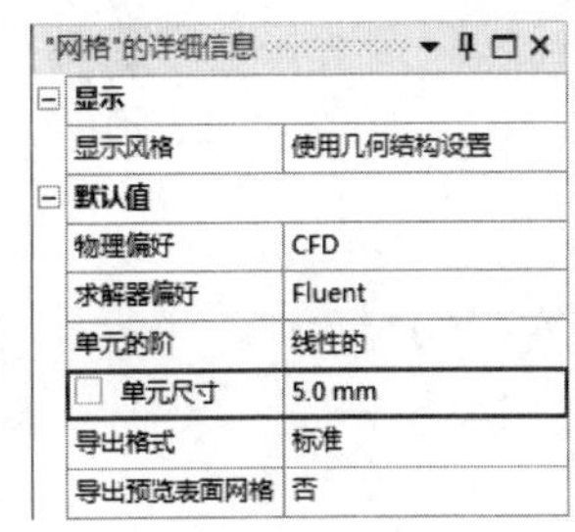

（b）输入尺寸

图 7-3　全局单元尺寸

7.2.2 全局尺寸调整

网格尺寸默认值描述了如何计算默认尺寸，以及修改其他尺寸值时这些值会得到怎样相应的变化。使用的物理偏好不同，默认设置的内容也不相同。

（1）当物理偏好为“机械”“电磁”或“显式”时，“使用自适应尺寸调整”默认设置为“是”。

（2）当物理偏好为“非线性机械”或 CFD 时，“捕捉曲率”默认设置为“是”。

（3）当物理偏好为“流体动力学”时，只能设置“单元大小”和“破坏大小”。

当“使用自适应尺寸调整”设置为“是”时，其包括分辨率、网格特征清除（特征清除尺寸）、过渡、跨度角中心、初始尺寸种子、边界框对角线、平均表面积和最小边缘长度；当“使用自适应尺寸调整”设置为“否”时，其包括增长率、最大尺寸、网格特征清除（特征清除尺寸）、捕捉曲率（曲率最小尺寸和曲率法向角）、捕获邻近度、尺寸公式化（Beta）、边界框对角线、平均表面积、最小边缘长度、启用尺寸字段（Beta）。

加载模型时，软件会使用模型的物理偏好和特性自动设置默认单元大小。当“使用自适应大小调整”设置为“是”时，该因子通过使用“物理偏好”和“初始大小”的组合来确定。其他默认网格大小（如“失效大小”“曲率大小”“近似大小”）是根据单元大小进行设置的。从 ANSYS 的 18.2 版开始，可以依赖动态默认值根据单元大小调整其他大小。修改单元大小时，其他默认大小会动态更新以响应，从而提供更直接的调整。

动态默认值由“机械最小尺寸因子”“CFD 最小尺寸因子”“机械失效尺寸因子”“CFD 失效尺寸因子”选项控制。这些选项在“选项”对话框中可用。使用这些选项可以设置缩放的首选项。

在 Workbench 中设置跨度角中心来设定基于边的细化的曲度目标，如图 7-4 所示。网格在角度的弯曲区域细分，直到单独单元跨越这个角。有以下几种选择。

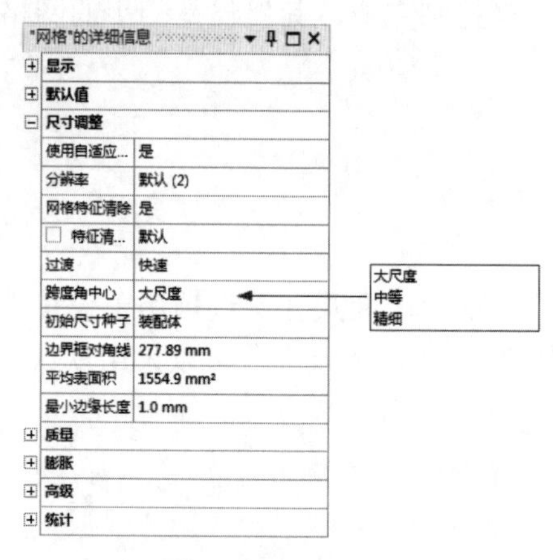

图 7-4　跨度角中心

（1）大尺度：60°～91°。

（2）中等：24°～75°。

（3）精细：12°～36°。

跨度角中心只在高级尺寸函数关闭时使用，选择“大尺度”和“精细”时的效果分别如图 7-5（a）和图 7-5（b）所示。

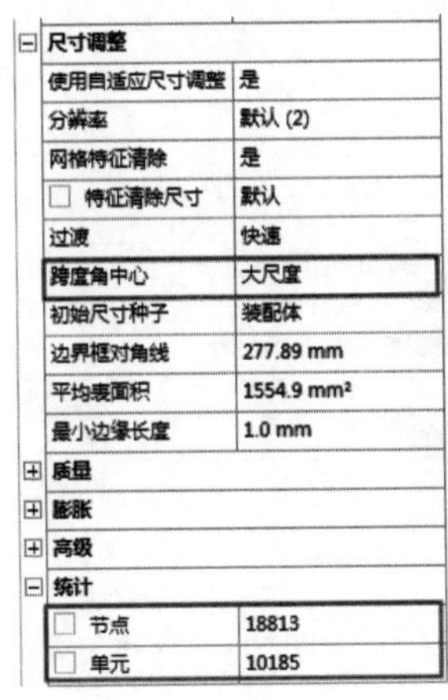

尺寸调整	
使用自适应尺寸调整	是
分辨率	默认 (2)
网格特征清除	是
特征清除尺寸	默认
过渡	快速
跨度角中心	大尺度
初始尺寸种子	装配体
边界框对角线	277.89 mm
平均表面积	1554.9 mm²
最小边缘长度	1.0 mm
质量	
膨胀	
高级	
统计	
节点	18813
单元	10185

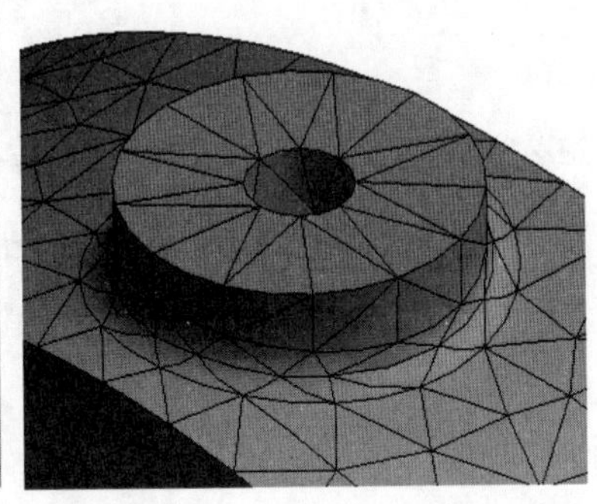

（a）大尺度

尺寸调整	
使用自适应尺寸调整	是
分辨率	默认 (2)
网格特征清除	是
特征清除尺寸	默认
过渡	快速
跨度角中心	精细
初始尺寸种子	装配体
边界框对角线	277.89 mm
平均表面积	1554.9 mm²
最小边缘长度	1.0 mm
质量	
膨胀	
高级	
统计	
节点	33484
单元	18856

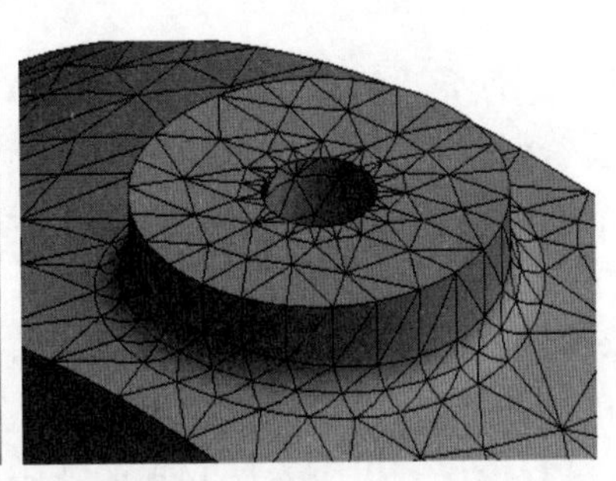

（b）精细

图 7-5　跨度角中心的两种效果

在“网格”的详细信息视图栏中，可以通过设置初始尺寸种子来控制每一部件的初始网格种子。如图 7-6 所示，“初始尺寸种子”有两个选项。

（1）装配体：基于该设置，初始尺寸种子放入所有装配部件，而不管抑制部件的数量。因为抑制部件网格不改变。

（2）部件：基于该设置，初始尺寸种子在网格划分时放入个别特殊部件。因为抑制部件网格不改变。

"网格"的详细信息

显示	
显示风格	使用几何结构设置
默认值	
尺寸调整	
使用自适应尺寸调整	是
分辨率	默认 (2)
网格特征清除	是
特征清除尺寸	默认
过渡	快速
跨度角中心	精细
初始尺寸种子	装配体
边界框对角线	277.89 mm
平均表面积	1554.9 mm²
最小边缘长度	1.0 mm

装配体
部件

图 7-6　初始尺寸种子

7.2.3　质量

质量设置的内容包括检查网格质量、误差限值、目标质量、平滑、网格度量标准。

可以通过在“网格”的详细信息视图栏中设置“平滑”栏控制网格的平滑，如图 7-7 所示；通过“网格度量标准”栏查看网格度量标准信息，如图 7-8 所示。

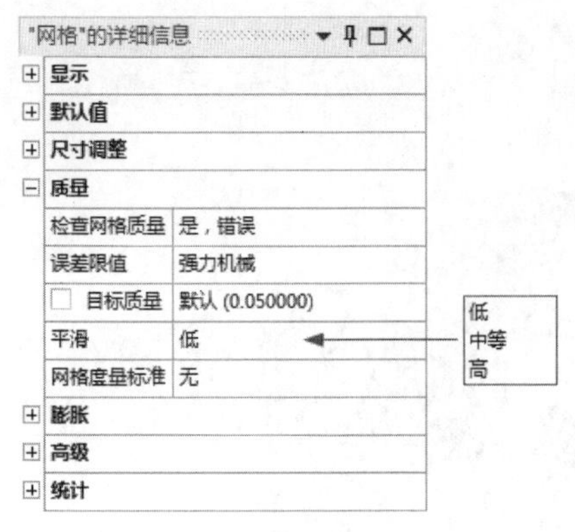

图 7-7　平滑

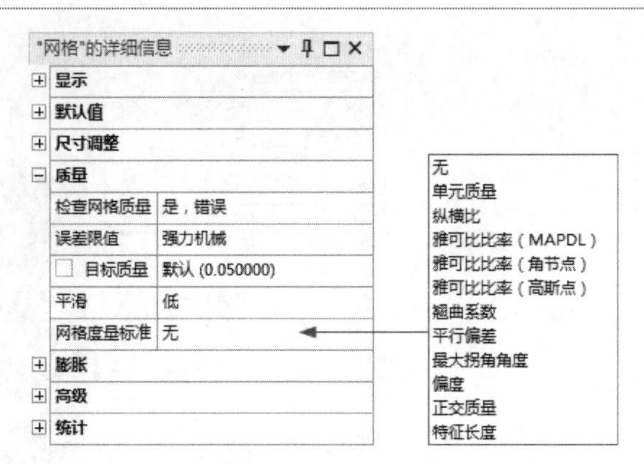

图 7-8　网格度量标准

1. 平滑

平滑网格通过移动周围节点和单元的节点位置改进网格质量。平滑的 3 个选项（低、中等、高）和网格划分器开始平滑的门槛尺度一起控制平滑的迭代次数。

2. 网格度量标准

“网格度量标准”选项允许查看网格度量标准信息，从而评估网格质量。生成网格后，可以选择查看有关以下任何网格度量标准的信息：单元质量、三角形纵横比或四边形纵横比、雅可比比率（MAPDL、角节点或高斯点）、翘曲系数、平行偏差、最大拐角角度、偏度、正交质量和特征长度。如果选择“无”，则将关闭网格度量查看。

选择网格度量标准时，其最小值、最大值、平均值和标准偏差值将在详细信息视图栏中显示，并在“几何图形”窗口下显示条形图。对于模型网格中表示的每个元素形状，图形用彩色编码条进行标记，并且可以进行操作，以查看感兴趣的特定网格统计信息。

7.2.4　高级尺寸功能

前几个小节进行的设置均是在无高级尺寸功能时的设置。无高级尺寸功能时，根据已定义的单元尺寸对边划分网格，对曲率和邻近度进行细化，对缺陷和收缩控制进行调整，然后通过面和体划分网格。

图 7-9 所示为采用标准尺寸功能和采用高级尺寸功能的对比。

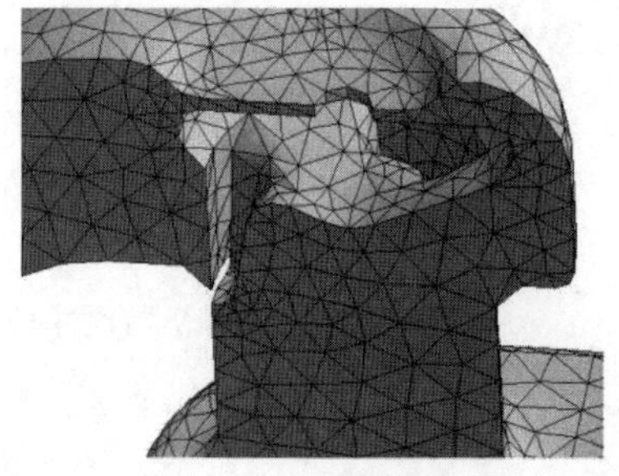

（a）标准尺寸功能

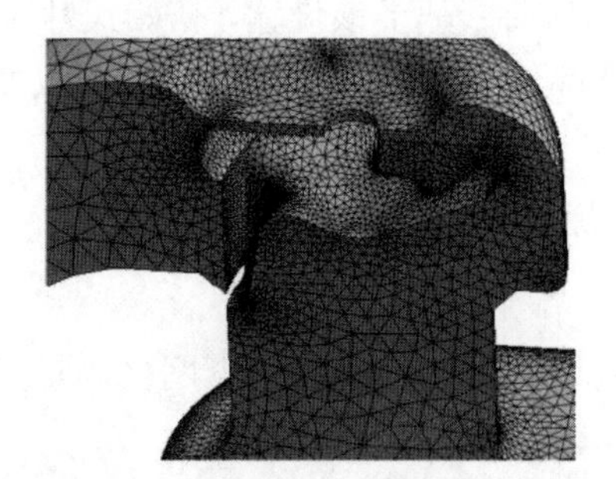

（b）高级尺寸功能

图 7-9　采用标准尺寸功能和采用高级尺寸功能的对比

在“网格”的详细信息视图栏中，高级尺寸功能的选项和默认值包括“捕获曲率”与“捕获邻近度”，如图 7-10 所示。

（1）捕获曲率：默认值为 60° 。

（2）捕获邻近度：默认值为每个间隙 3 个单元（二维和三维）。其默认精度为 0.5，如果邻近度不允许，就增大到 1。

图 7-11 所示为通过曲率和通过曲率与邻近度进行网格划分后的图形。

"网格"的详细信息

显示	
显示风格	使用几何结构设置
默认值	
物理偏好	非线性机械
单元的阶	程序控制
单元尺寸	默认 (13.895 mm)
尺寸调整	
增长率	默认 (1.5)
最大尺寸	默认 (27.789 mm)
网格特征清除	是
特征清除尺寸	默认 (6.9473e-002 mm)
捕获曲率	是
曲率最小尺寸	默认 (0.13895 mm)
曲率法向角	默认 (60.0°)
捕获邻近度	否
尺寸公式化（Beta）	程序控制
边界框对角线	277.89 mm
平均表面积	1554.9 mm²
最小边缘长度	1.0 mm
启用尺寸字段 (Beta)	否
质量	
膨胀	
高级	
统计	

图 7-10 “捕获邻近度”与“捕获曲率”选项

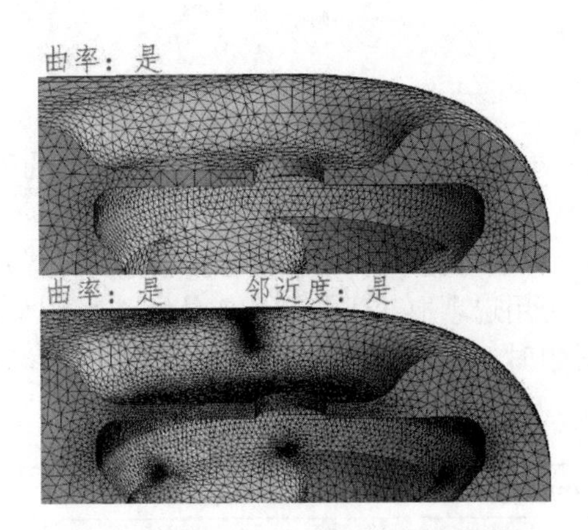

图 7-11 曲率划分和曲率与邻近度划分

7.3 局部网格控制

进行网格划分时可用到的局部网格控制包含（可用性取决于使用的网格划分方法）尺寸调整、接触尺寸、加密、面网格剖分、匹配控制、收缩和膨胀。通过在树轮廓中右击“网格”分支，在弹出的右键快捷菜单中进行局部网格控制，如图 7-12 所示。

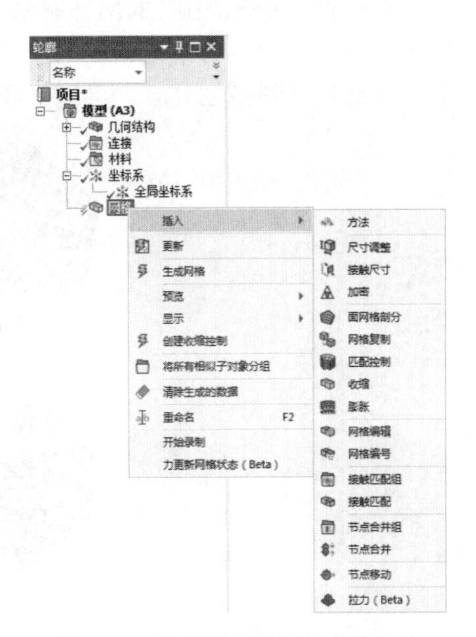

图 7-12 局部网格控制的实现方法

7.3.1 局部尺寸调整

在树轮廓中右击“网格”分支，在弹出的快捷菜单中选择“插入”→“尺寸调整”命令，可以定义局部网格的划分，如图 7-13 所示。

在局部尺寸的“网格”的详细信息视图栏中选择要进行划分的线或体，如图 7-14 所示。选择需要划分的对象后，单击“几何结构”栏中的“应用”按钮。

局部尺寸调整的类型主要包括 3 个选项。

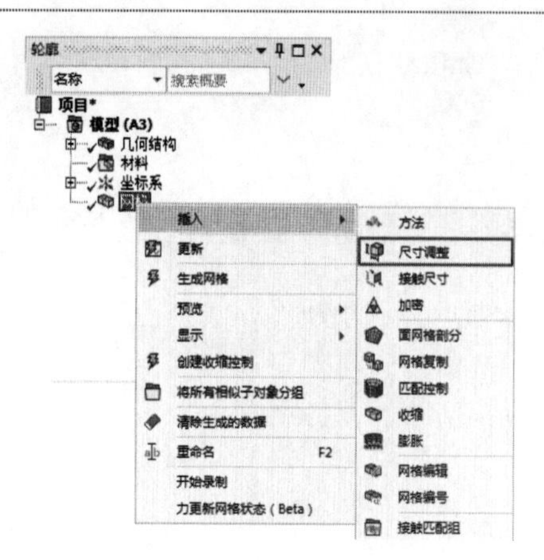

图 7-13 “局部尺寸”命令

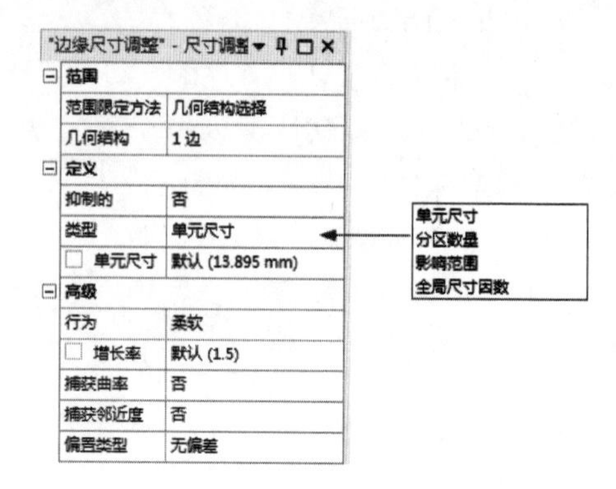

图 7-14 “网格”的详细信息视图栏

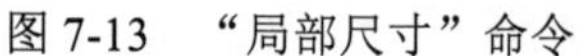

（1）单元尺寸：定义体、面、边或顶点的平均单元边长。

（2）分区数量：定义边的单元分数。

（3）影响范围：球体内单元给定的平均单元尺寸。

以上可用选项取决于作用的实体。选择边与选择体所含的选项不同，表 7-2 所列为选择不同的作用对象时“网格”的详细信息视图栏中的选项。

表 7-2 选择不同的作用对象时“网格”的详细信息视图栏中的选项

作用对象	单元尺寸	分区数量	影响范围
体	√		√
面	√		√
边	√	√	√
顶点			√

在进行“影响范围”的局部网格划分操作中，已定义的“影响范围”面尺寸如图 7-15 所示。位于球内的单元具有给定的平均单元尺寸。常规的“影响范围”控制所有可触及面的网格。在进行局部尺寸网格划分时，可选择多个实体，并且所有球体内的作用实体受设定的尺寸影响。

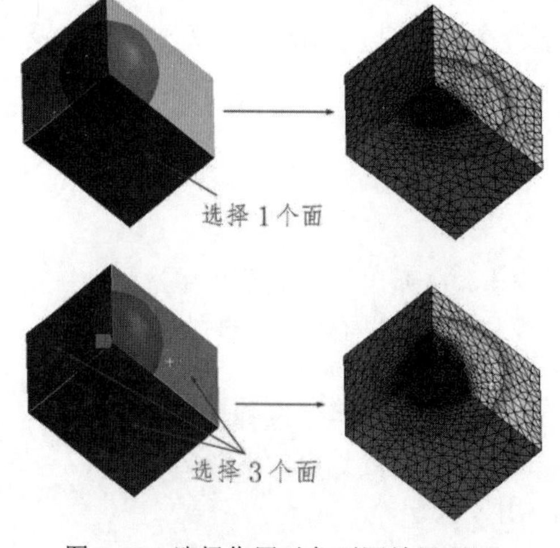

图 7-15 选择作用对象不同效果不同

边尺寸可通过对一个端部、两个端部或中心的偏置把边离散化。在定义边尺寸时，如图 7-16 所示的源面使用了扫掠网格，源面的两条边定义了边尺寸；定义偏置边尺寸以在边的附近得到更细化的网格，如图 7-17 所示。

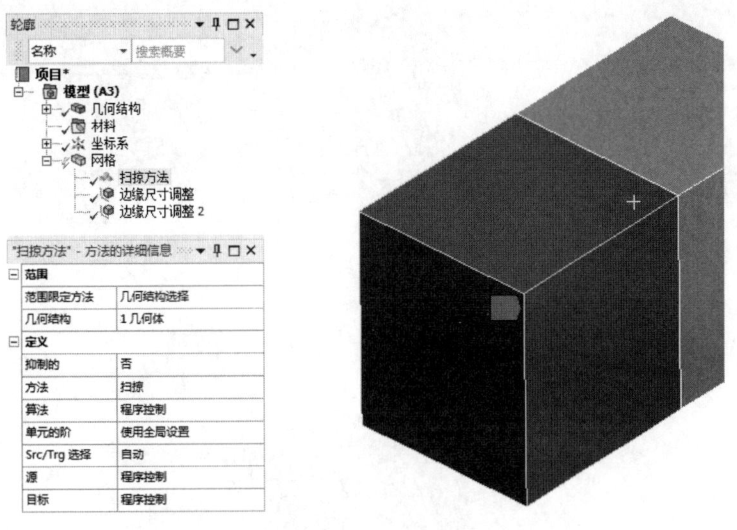

图 7-16　扫掠网格

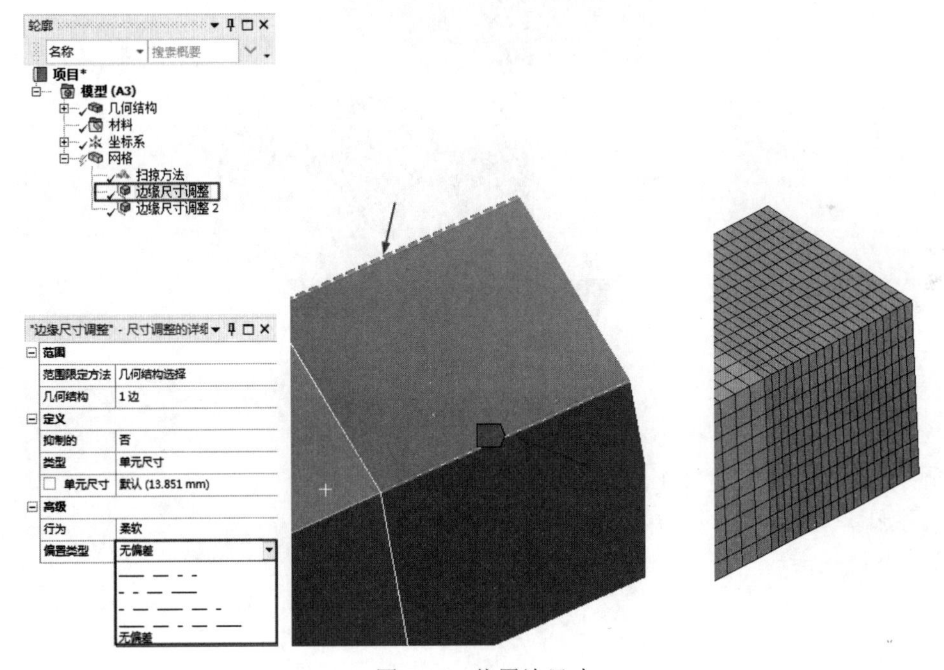

图 7-17　偏置边尺寸

顶点也可以定义尺寸，定义顶点尺寸即将模型的一个顶点定义为影响范围的中心。顶点尺寸将定义在球体内的所有实体上，如图 7-18 所示。

受影响的几何体只在高级尺寸功能打开时被激活。受影响的几何体可以是任何的 CAD 线、面或实体。使用受影响的几何体划分网格其实并没有真正划分网格，只是作为一个约束来定义网格划分的尺寸，如图 7-19 所示。

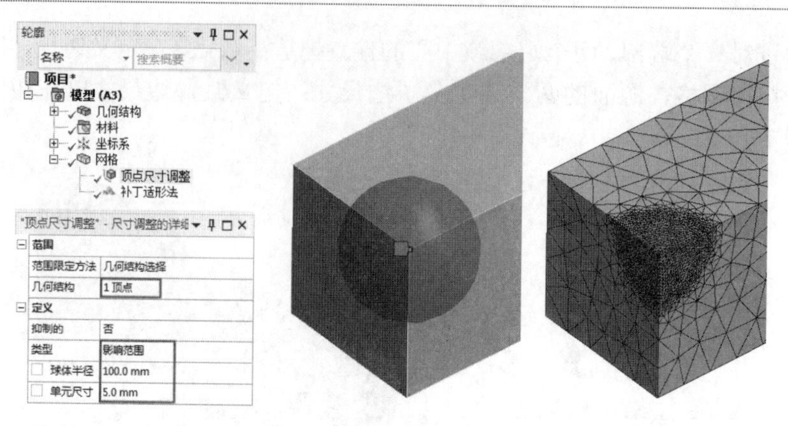

图 7-18　顶点影响范围

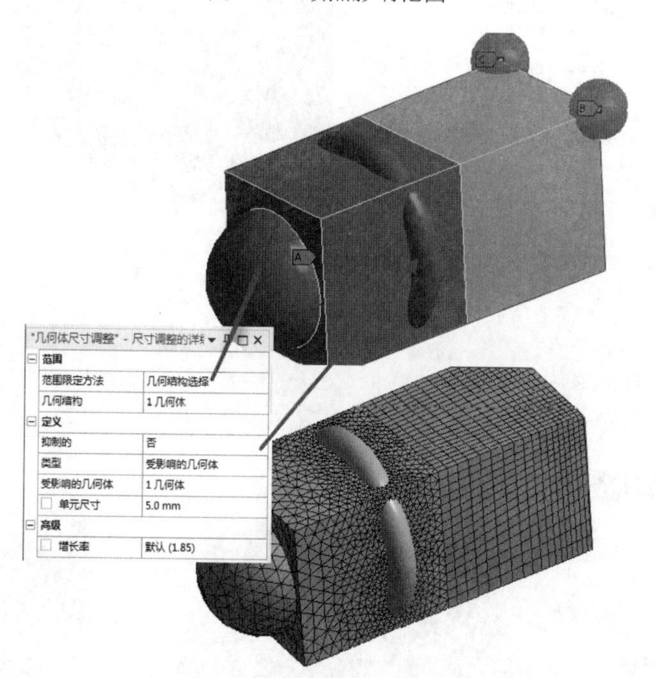

图 7-19　受影响的几何体

受影响的几何体的操作通过 3 部分来定义，分别是拾取几何体、拾取受影响的几何体及指定参数。其中，指定参数含有单元尺寸及增长率。

7.3.2　接触尺寸

"接触尺寸"命令提供了一种在部件间接触面上产生近似尺寸单元的方式，如图 7-20 所示（网格的尺寸近似但不共形）。对给定接触区域可定义"单元尺寸"或"分辨率"参数。

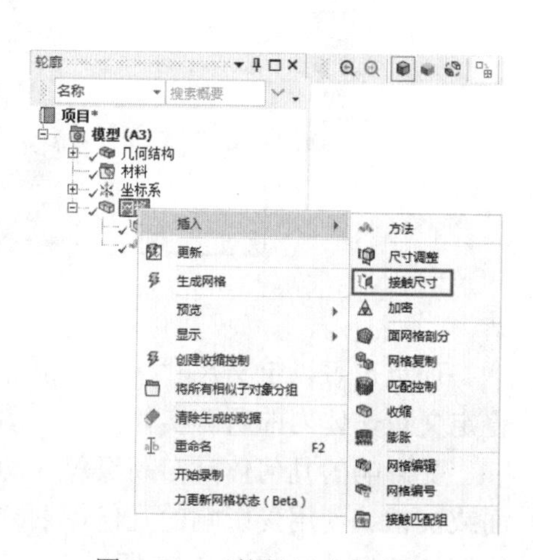

图 7-20　"接触尺寸"命令

7.3.3　加密

网格加密即划分现有网格，如图 7-21 所示，在树轮廓中右击“网格”分支，在弹出的快捷菜单中选择“插入”→“加密”命令，即可对网格进行加密划分。网格的加密划分对面、边和顶点均有效，但对补丁独立四面体或 CFX-Mesh 不可用。

在进行加密划分时，首先由全局和局部尺寸控制形成初始网格，然后在指定位置对网格进行加密。

加密水平可从 1（最小的）到 3（最大的）改变。当加密水平为 1 时，将初始网格单元的边一分为二。由于不能使用膨胀，因此在对 CFD 进行网格划分时不推荐使用加密。如图 7-22 所示，长方体左端面采用了加密水平 1，而右端面保留了默认设置。

图 7-21　“加密”命令

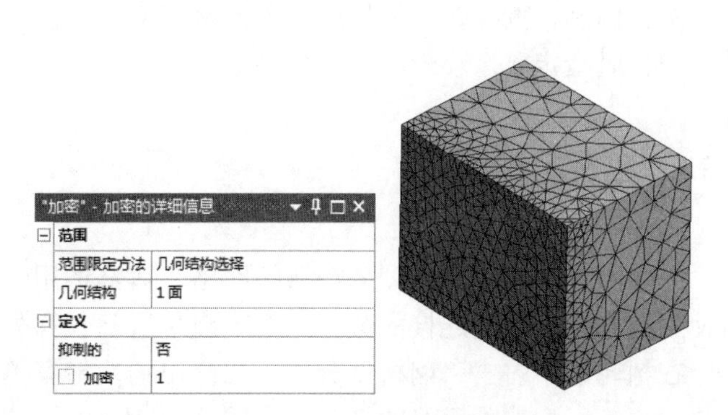

图 7-22　长方体左端面加密

7.3.4　面网格剖分

在进行局部网格划分时，“面网格剖分”可以在面上产生结构网格。

在树轮廓中右击“网格”分支，在弹出的快捷菜单中选择“插入”→“面网格剖分”命令，可以定义局部映射面网格的划分，如图 7-23 所示。

图 7-23　“面网格剖分”命令

如图 7-24 所示，面网格剖分的内部圆柱面有更均匀的网格模式。

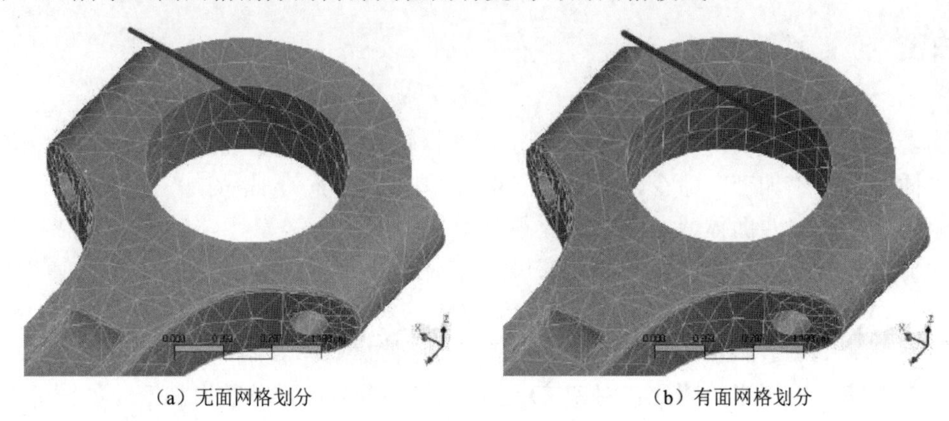

（a）无面网格划分　　（b）有面网格划分

图 7-24　面网格剖分对比

进行面网格剖分时，如果选择的面网格剖分的面是由两个回线定义的，则要激活径向的分割数。扫掠时指定穿过环形区域的分割数。

7.3.5　匹配控制

一般用于在对称面上划分一致的网格，尤其适用于旋转机械的旋转对称分析，因为旋转对称所使用的约束方程其连接的截面上的节点位置除偏移外必须一致，如图 7-25 所示。

在树轮廓中右击“网格”分支，在弹出的快捷菜单中选择“插入”→“匹配控制”命令，可以定义局部匹配控制网格的划分，如图 7-26 所示。

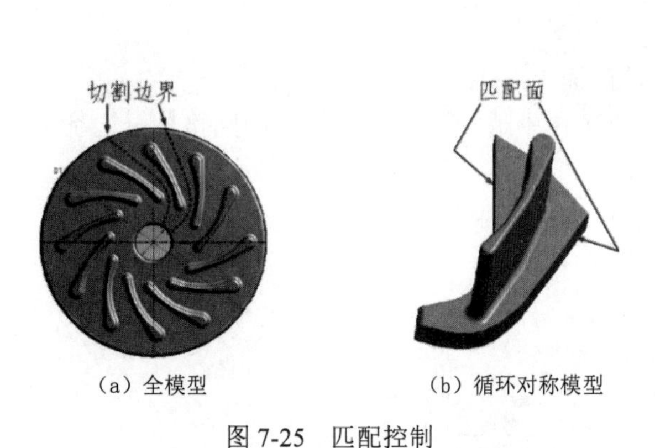

（a）全模型　　（b）循环对称模型

图 7-25　匹配控制

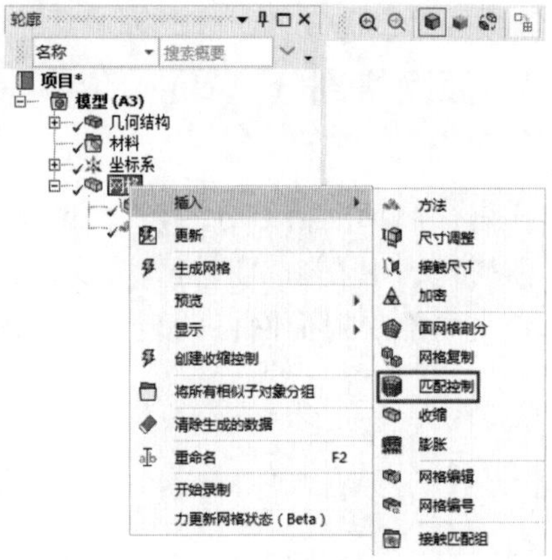

图 7-26　“匹配控制”命令

建立匹配控制的过程如下（见图 7-27）。

（1）右击“网格”分支，在弹出的快捷菜单中选择“插入”→“匹配控制”命令。

（2）识别对称边界的面。

（3）识别坐标系（Z 轴是旋转轴）。

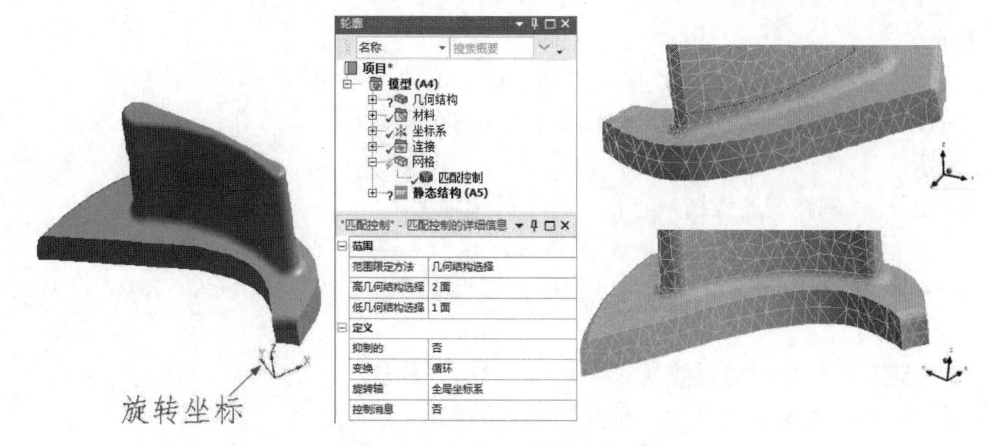

图 7-27　建立匹配控制的过程

7.3.6　收缩

定义了收缩控制后，网格生成时会产生缺陷。收缩只对顶点和边起作用，面和体不能收缩。图 7-28 所示为运用收缩控制的结果。

在树轮廓中右击“网格”分支，在弹出的快捷菜单中选择“插入”→“收缩”命令，可以定义局部网格的收缩控制，如图 7-29 所示。

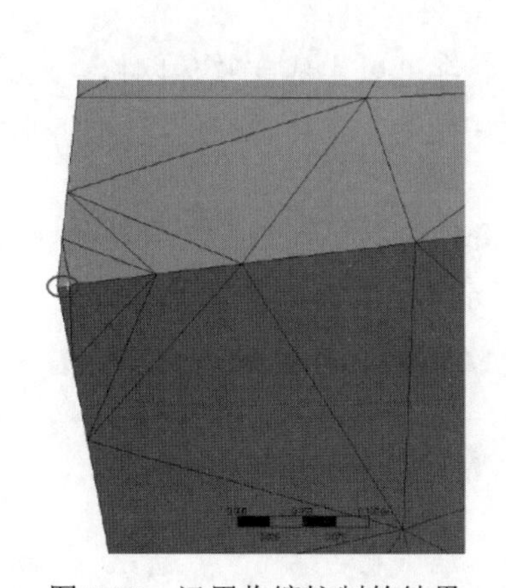

图 7-28　运用收缩控制的结果

图 7-29　“收缩”命令

以下网格方法支持收缩特性：补丁适形四面体、薄实体扫掠、六面体控制划分、四边形控制表面网格划分、所有三角形表面划分。

7.3.7　膨胀

当网格方法设置为四面体或多区域时，可以通过选择想要膨胀的面来处理边界层处的网格，实现从膨胀层到内部网格的平滑过渡；而当网格方法设置为扫掠时，则通过选择源面上要膨胀的边来施加膨胀。

在树轮廓中右击“网格”分支，在弹出的快捷菜单中选择“插入”→“膨胀”命令，可以定义局部膨胀网格的划分，如图 7-30 所示。

添加膨胀后的“网格”的详细信息视图栏中的选项如下。

（1）使用自动膨胀：当所有面无命名选择时以及在共享体间没有内部面的情况下，可以通过“程序控制”使用自动膨胀。

（2）膨胀选项：包括平滑过渡（对 2D 和四面体划分是默认的）、第一层厚度及总厚度（对其他是默认的）。

（3）膨胀算法：包含前处理和后处理。

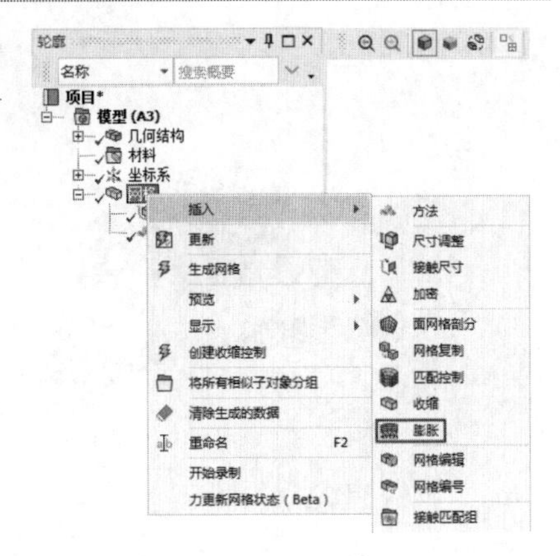

图 7-30 “收缩”命令

7.4 网 格 工 具

在对网格进行全局控制和局部控制之后，需要生成网格并进行查看，这需要用到一些工具，包括生成网格、截面和命名选择。

7.4.1 生成网格

生成网格是划分网格不可缺少的步骤。利用“生成网格”命令可以生成完整体网格，对之前进行的网格划分进行最终运算。“生成网格”命令可以在功能区中执行，也可以在树轮廓中利用右键菜单执行，如图 7-31 所示。

在划分网格之前可以预览表面网格工具，对大多数方法（除四面体补丁独立方法）来说，这个选项更快。因此，它通常首选用来预览表面网格，图 7-32 所示为“表面网格”命令。

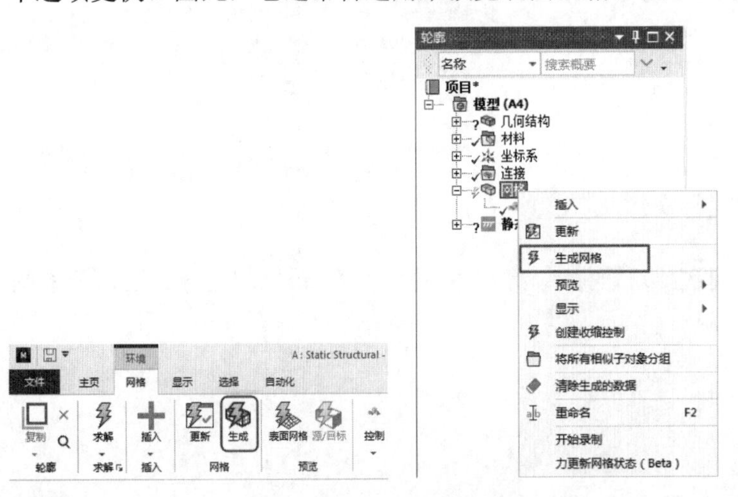

图 7-31 “生成网格”命令

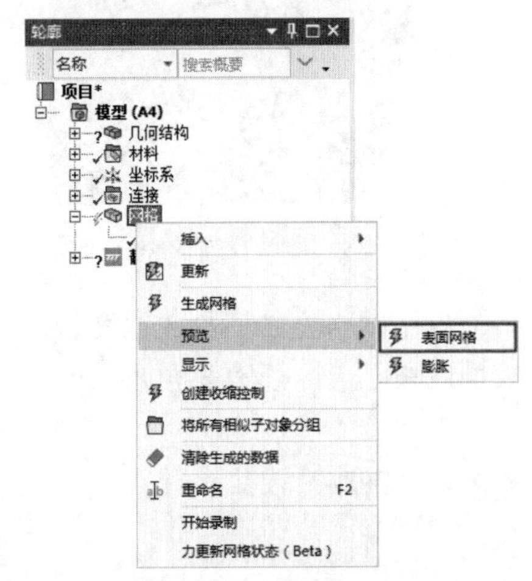

图 7-32 “表面网格”命令

如果由于不能满足单元质量参数，网格的划分失败，预览表面网格将是十分有用的。它允许看到表面网格，因此可看到需要改进的地方。

7.4.2　截面

在网格划分程序中，截面可显示内部的网格。图 7-33 所示为“截面”窗格，默认显示在程序左下角。

要执行“截面”命令，可以在“功能”面板的“插入”面板中单击“截面”按钮截面，如图 7-34 所示。

利用截面工具可显示位于截面任一边的单元、切割或完整的单元或位面上的单元；还可以通过使用多个位面生成需要的截面。图 7-35 所示为利用两个位面得到的 120° 剖视的截面。

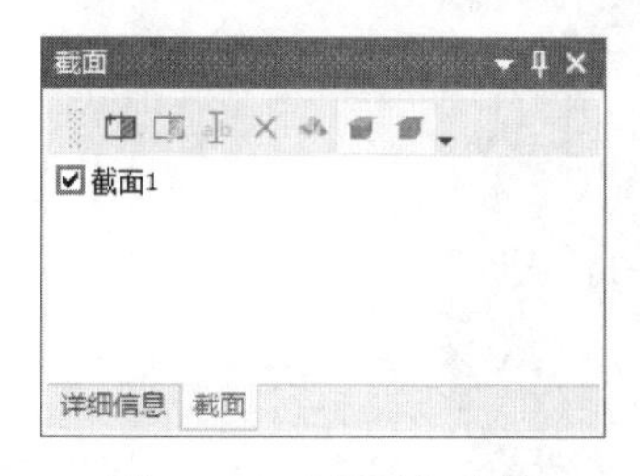

图 7-33　“截面”窗格

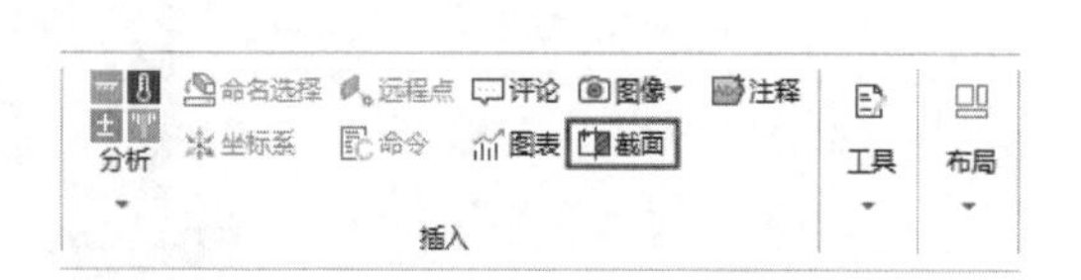

图 7-34　“截面”按钮

截面的操作步骤如下。

（1）如图 7-36 所示，当没有截面时，绘图区域只能显示外部网格。

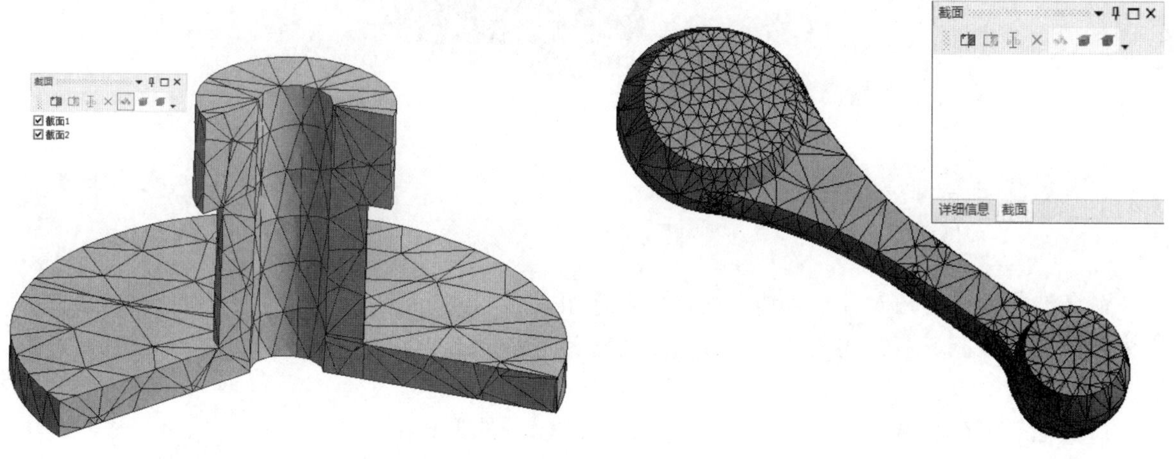

图 7-35　多位面截面

图 7-36　外部网格

（2）在绘图区域创建截面，绘图区域将显示创建的截面的一边，如图 7-37 所示。

（3）单击绘图区域中的虚线，则转换显示截面边。也可以拖动绘图区域中的方块调节位面的移动，如图 7-38 所示。

（4）在“截面”窗格中单击“显示完整单元”按钮，显示完整单元，如图 7-39 所示。

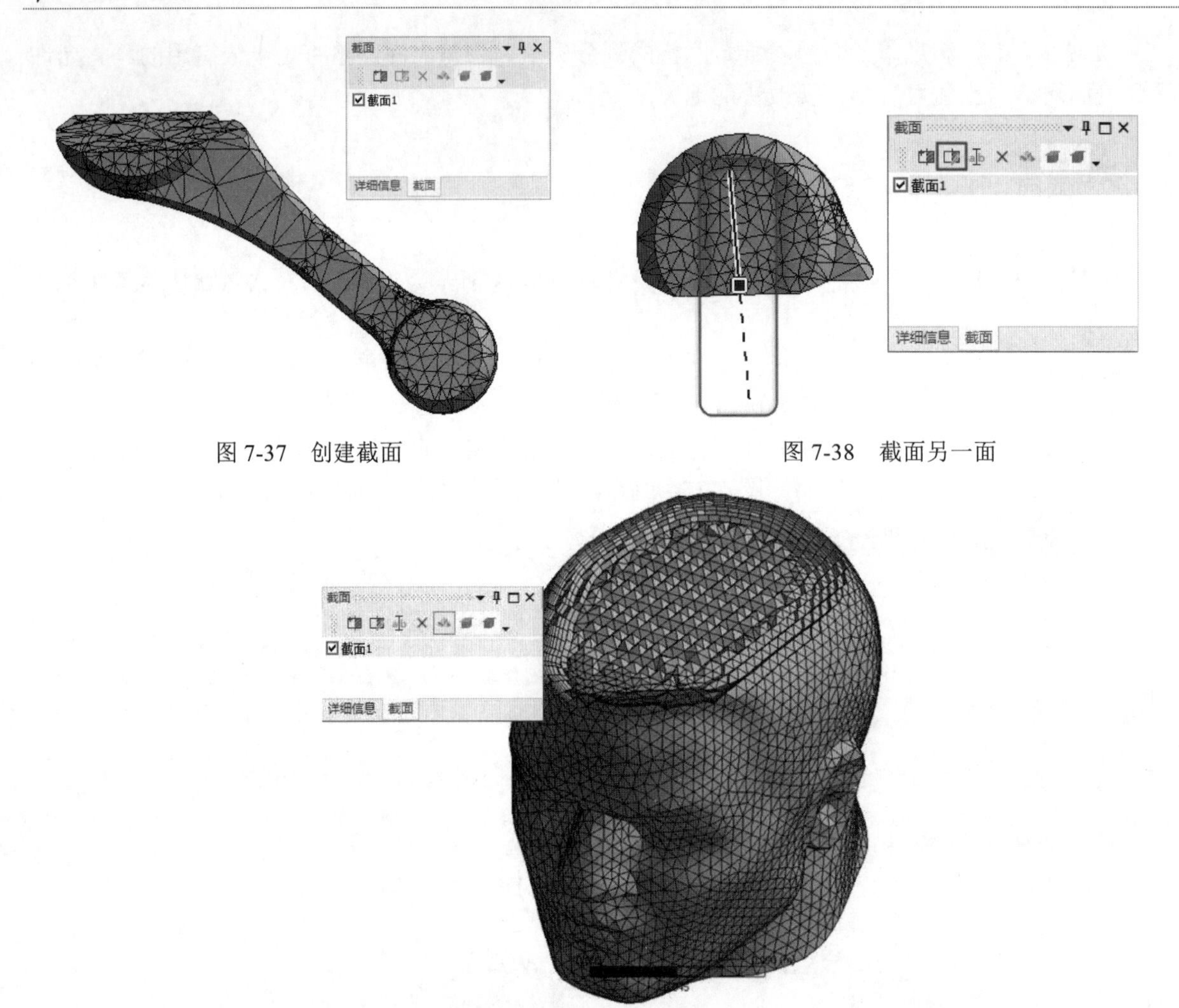

图 7-37　创建截面

图 7-38　截面另一面

图 7-39　显示完整单元

7.4.3　命名选择

命名选择允许用户对顶点、边、面或体创建组。命名选择可用来定义网格控制、施加载荷和结构分析中的边界等，如图 7-40 所示。

命名选择将在网格输入 CFX-Pre 或 Fluent 时以域的形式出现，在定义接触区、边界条件等时可参考，提供了一种选择组的简单方法。

另外，命名的选项组可从 DesignModeler 和某些 CAD 系统中输入。

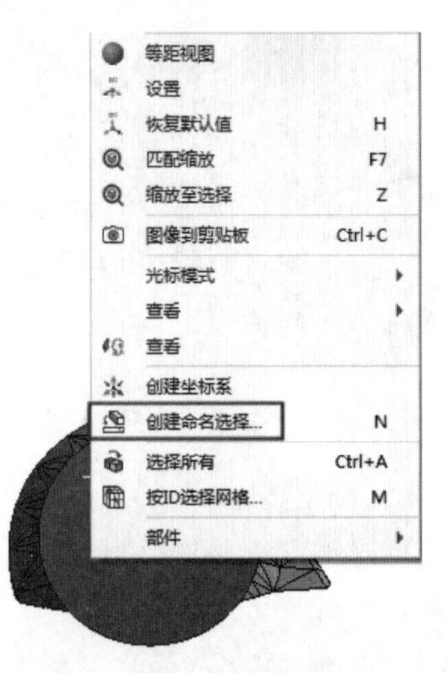

图 7-40　命名选择

7.5 网格划分方法

7.5.1 自动划分方法

在网格划分方法中，自动划分方法是最简单的划分方法，即系统自动进行网格划分。但这是一种比较粗糙的方式，在实际运用中如果不要求精确的结果，可以采用此种方式。是自动进行四面体（补丁适形）网格划分还是进行或扫掠网格划分，取决于体是否可扫掠。如果几何体不规则，程序会自动产生四面体；如果几何体规则，就可以产生六面体网格，如图 7-41 所示。

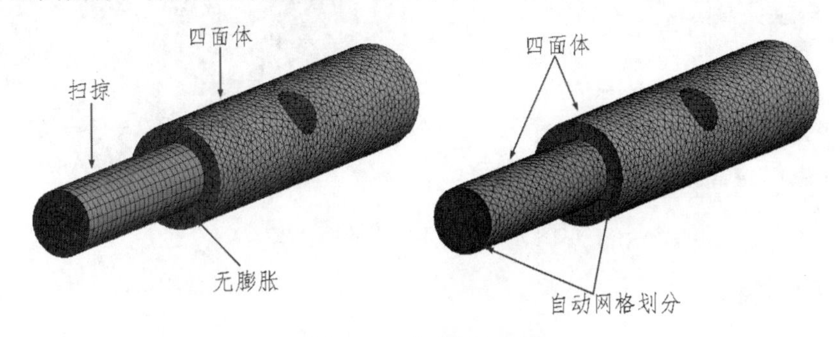

图 7-41　自动划分网格

7.5.2 四面体

四面体网格划分方法是基本的网格划分方法，其又包含两种方法，即补丁适形法与补丁独立法。其中，补丁适形法为 Workbench 自带的功能，而补丁独立法主要依靠 ICEM CFD 软件包完成。

1. 四面体网格的特点

利用四面体进行网格划分具有很多优点：任意体都可以用四面体网格进行划分；利用四面体可以快速进行网格的划分，且自动生成，并适用于复杂几何体；在关键区域容易使用曲度和近似尺寸功能自动细化网格；可使用膨胀细化实体边界附近的网格（边界层识别）。

当然，利用四面体网格进行划分还有一些缺点：在近似网格密度情况下，单元和节点数要高于六面体网格；四面体一般不可能使网格在一个方向上排列；由于几何和单元性能的非均质性，四面体网格不适合于薄实体或环形体。

2. 四面体算法

（1）补丁适形：首先由默认的考虑几何所有面和边的 Delaunay 或 AdvancingFront 表面网格划分器生成表面网格（注意：一些内在缺陷在最小尺寸限度之下），然后基于 TGRID Tetra 算法由表面网格生成体网格。

（2）补丁独立：生成体网格并映射到表面产生表面网格。如果没有载荷、边界条件或其他作用，则面和它们的边界（边和顶点）不必考虑。补丁独立算法基于 ICEM CFD Tetra。

3. 补丁适形四面体

（1）在树轮廓中右击“网格”分支，在弹出的快捷菜单中选择“插入”→“方法”命令，并选择应用此方法的几何体。

（2）将“方法”设置为“四面体”，将“算法”设置为“补丁适形”。

不同部件有不同的方法，多体部件可混合使用补丁适形四面体和扫掠方法生成共形网格，如图 7-42 所示。补丁适形方法可以联合 Pinch Controls 功能，有助于移除短边。

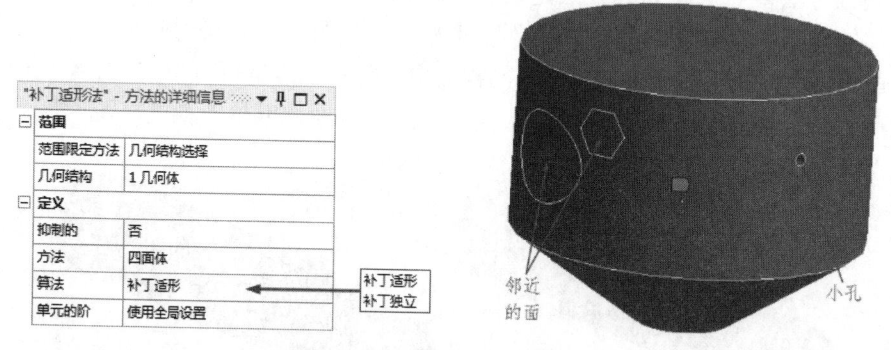

图 7-42　补丁适形四面体

4. 补丁独立四面体

补丁独立四面体的网格划分对 CAD 许多面的修补都有用，如碎面、短边、差的面参数等，补丁独立四面体“网格”的详细信息视图栏如图 7-43 所示。

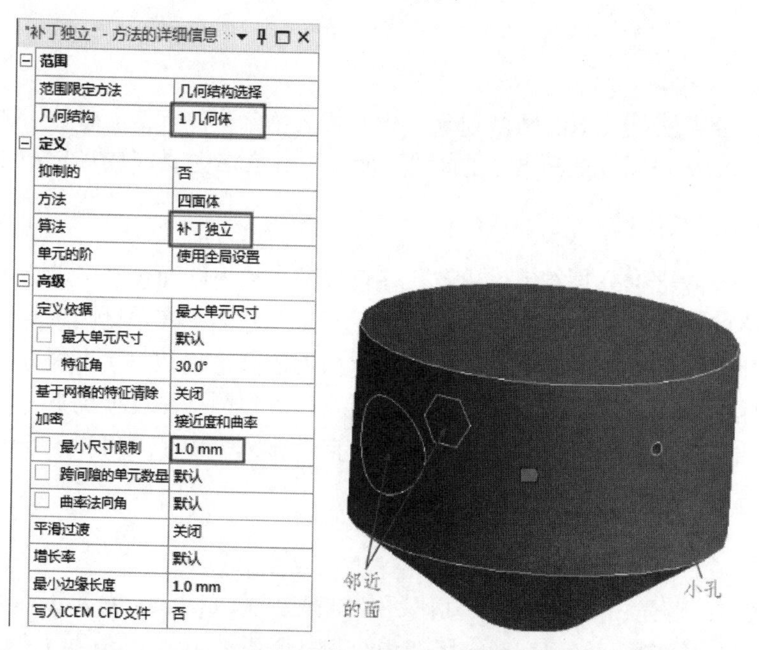

图 7-43　补丁独立四面体“网格”的详细信息视图栏

这里除设置曲率和邻近度外，对所关心的细节部位有额外的设置，如图 7-44 所示。

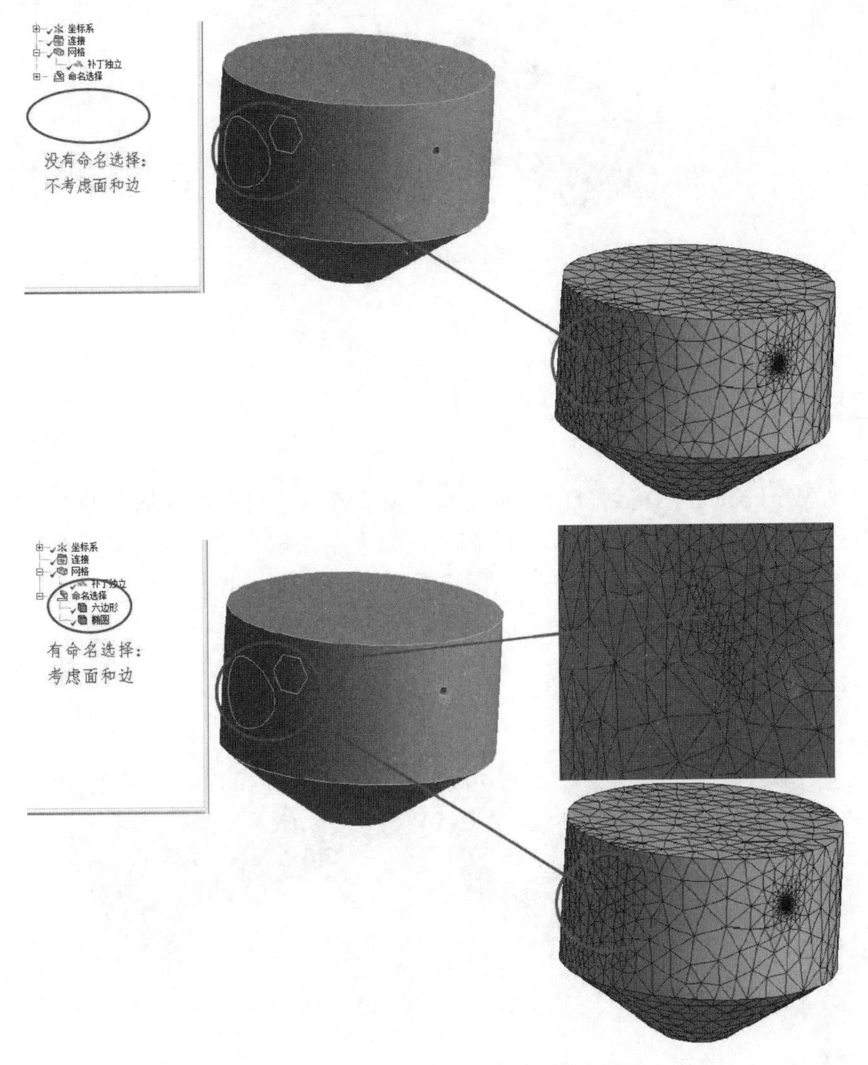

图 7-44　补丁独立四面体的网格划分

7.5.3　扫掠

扫掠网格划分方法一般会生成六面体网格，可以在分析计算时缩短计算时间，因为其所生成的单元与节点数要远远低于四面体网格。采用扫掠网格划分方法时，几何体必须是可扫掠的。

膨胀可产生纯六面体或棱柱网格，扫掠可以手动或自动设定“源/目标”，通常是单个源面对单个目标面。薄壁模型自动网格划分会有多个面，且厚度方向可划分为多个单元。

右击“网格”分支，在弹出的快捷菜单中选择“显示”→“可扫掠的几何体”命令，可显示可扫掠体。当创建六面体网格时，先划分源面，再延伸到目标面。扫掠方向或路径由侧面定义，源面和目标面之间的单元层由插值法建立并投射到侧面，如图 7-45 所示。

使用此方法，扫掠体可由六面体和楔形单元有效划分。在进行扫掠划分操作时，体相对侧源面和目标面的拓扑可手动或自动选择；源面可划分为四边形面和三角形面；源面网格复制到目标面；随体的外部拓扑生成六面体或楔形单元连接两个面。

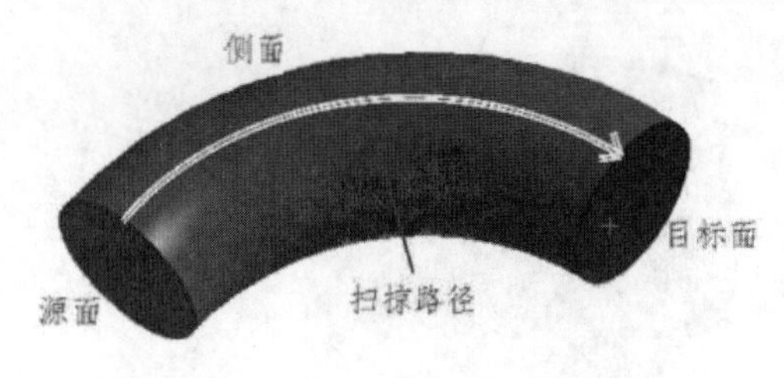

图 7-45　扫掠

可对一个部件中多个体应用单一扫掠方法。

7.5.4　多区域

多区域法为 Workbench 网格划分的亮点之一。多区域扫掠网格划分基于 ICEM CFD 六面体模块，会自动进行几何分解。如图 7-46 所示的模型，如果用扫掠方法，则该模型要被切成三个体来得到纯六面体网格；如果用多区域划分法，则可立即对该模型进行网格划分。

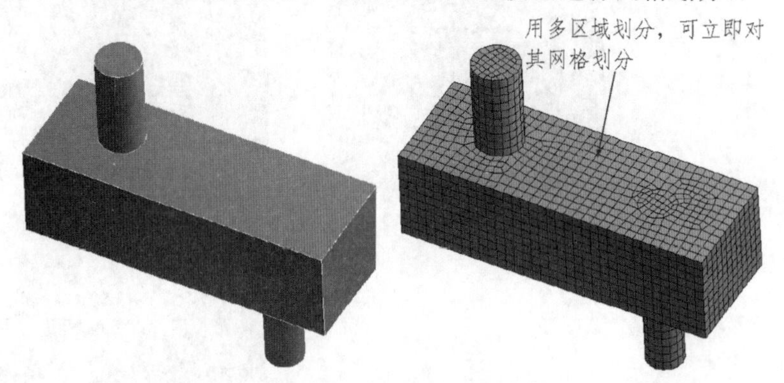

图 7-46　多区域网格划分

1. 多区域方法

多区域的特征是自动分解几何体，从而避免将一个体分裂成多个可扫掠体，然后用扫掠方法得到六面体网格。

例如，图 7-47 所示的几何体需要分裂成三个体以扫掠得到六面体网格，使用多区域方法即可直接生成六面体网格。

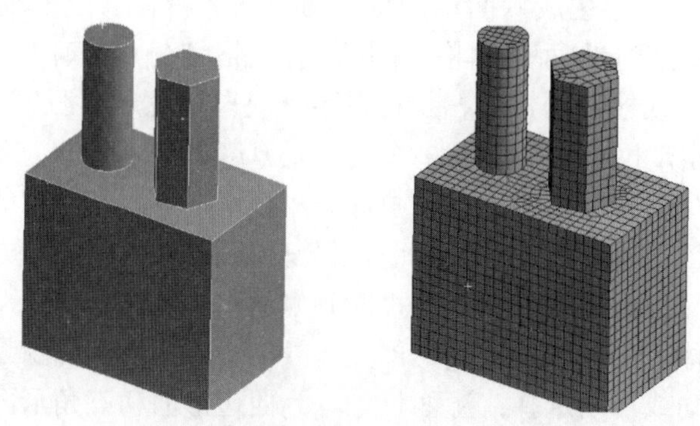

图 7-47　自动分裂得到六面体网格

2. 多区域方法设置

多区域不利用高级尺寸功能（只用补丁适形四面体和扫掠方法）。源面选择不是必需的，但是是有用的。可拒绝或允许自由网格程序块。图 7-48 所示为多区域的“网格”详细信息视图栏。

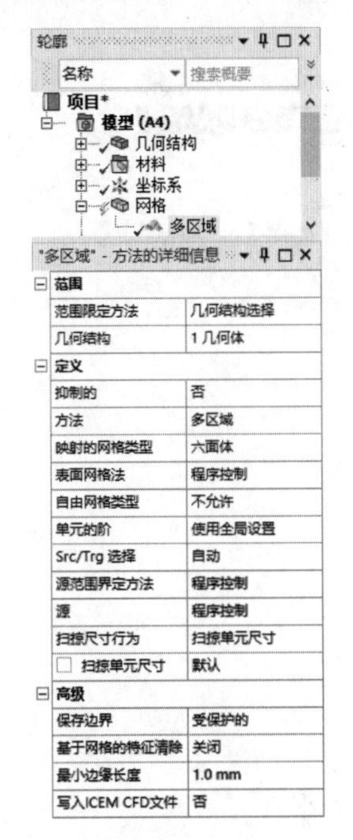

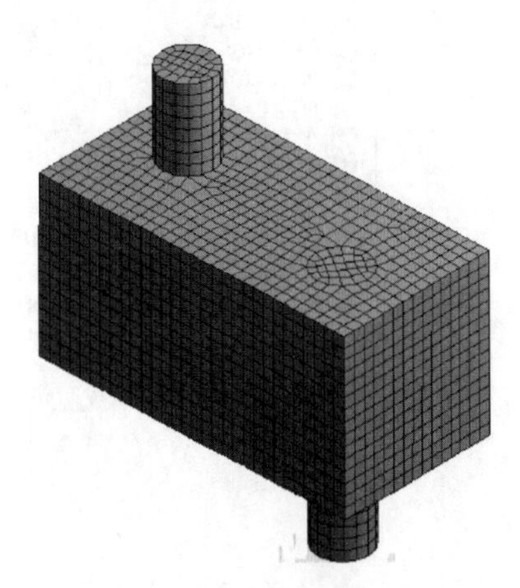

图 7-48　多区域的“网格”详细信息视图栏

3. 多区域方法可以进行的设置

（1）映射的网格类型：可生成的映射网格有“六面体”“六面体/棱柱和棱柱”。

（2）自由网格类型：包含 5 个选项，分别是“不允许”“四面体”“四面体/金字塔”“六面体支配”“六面体内核”。

（3）Src（源面）/Trg（目标面）选择：包含“自动”及“手动源”。

（4）高级：可编辑“损伤容差”及“最小边缘长度”。

7.6 实例 1——轴承座网格划分

扫一扫，看视频

该实例为利用本章所学知识，通过网格划分方法和尺寸调整对一个轴承座进行网格划分，如图 7-49 所示。

图 7-49　轴承座

7.6.1 创建工程项目

（1）打开 Workbench 程序，展开左边工具箱中的“组件系统”栏，将“网格”模块拖动到右侧项目原理图中或直接双击“网格”模块，建立一个含有“网格”的项目模块，如图 7-50 所示。

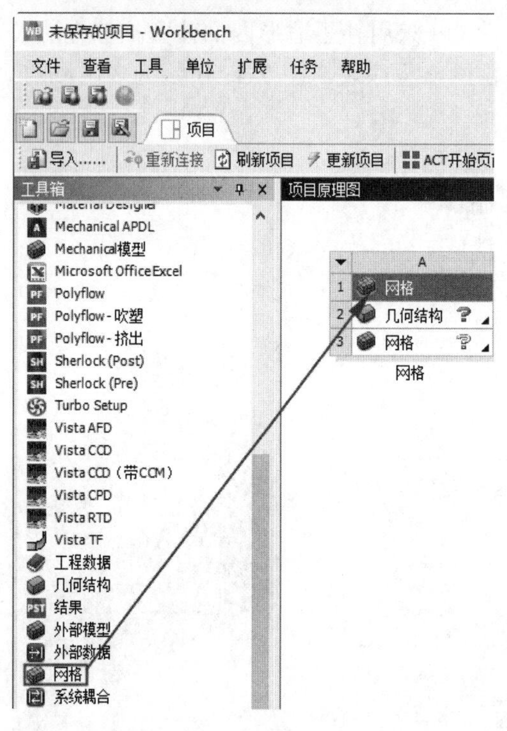

图 7-50 创建网格工程项目

（2）导入模型。在项目原理图中右击“几何结构”，在弹出的快捷菜单中选择“导入几何模型”→“浏览”命令，弹出“打开”对话框，如图 7-51 所示，选择要导入的模型“轴承座”，单击“打开”按钮。

（3）启动“网格-Meshing”（生成网格）应用程序。在项目原理图中右击“网格”，在弹出的快捷菜单中选择“编辑”命令，如图 7-52 所示，进入“网格-Meshing”应用程序，如图 7-53 所示。

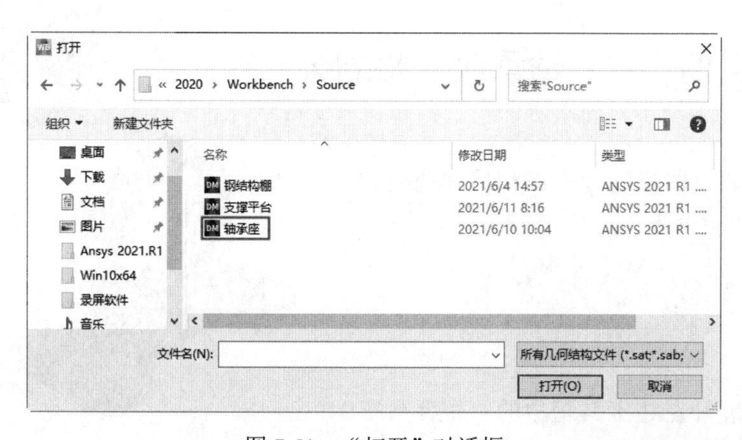

图 7-51 “打开”对话框

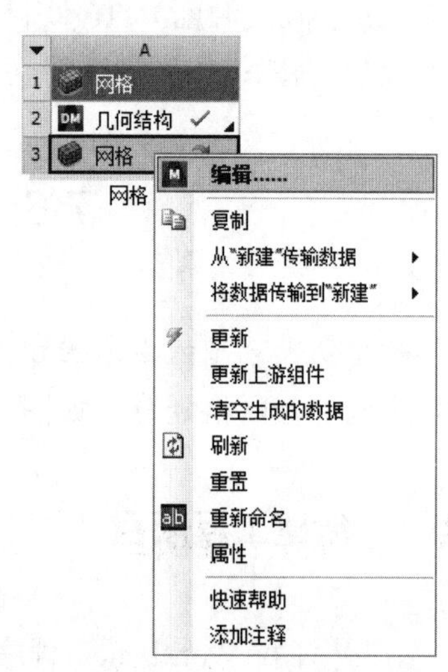

图 7-52 “编辑”命令

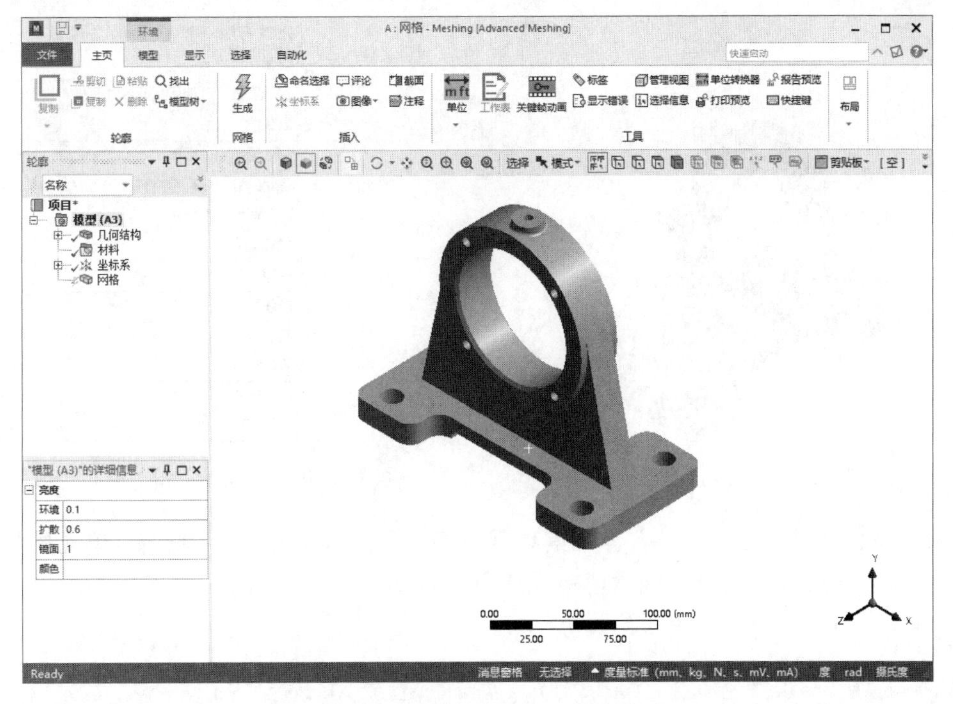

图 7-53　“网格-Meshing”应用程序

7.6.2　设置单位

在“主页”选项卡的“工具”面板中单击“单位”按钮，弹出“单位系统”下拉菜单，如图 7-54 所示，选择“度量标准（mm、kg、N、s、mV、mA）”选项。

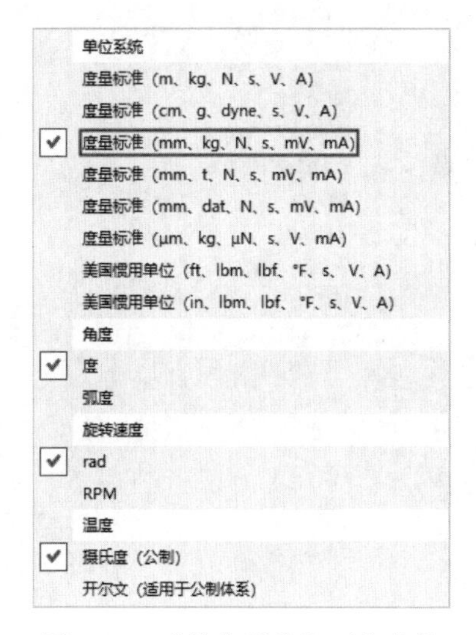

图 7-54　“单位系统”下拉菜单

7.6.3　自动划分网格

（1）切换到“网格”选项卡。在树轮廓中选择“网格”分支，系统切换到“网格”选项卡，如图 6-12 所示。

（2）自动划分网格。在“网格”选项卡的“网格”面板中单击“生成”按钮，系统自动划分网格，结果如图 7-55 所示。此时“网格”详细信息视图栏中的“统计”栏中显示划分网格的“节点”和“单元”数量，如图 7-56 所示。

（3）显示网格度量标准。在“网格”选项卡的“度量标准显示”面板中单击“度量标准图”下拉按钮，在弹出的下拉菜单中选择“单元质量”选项，如图 7-57 所示。图形区域下方出现“网格度量标准”条形图，如图 7-58 所示。图中显示划分网格的单元为 Tet10，单击条形图上方的“控制”按钮，弹出对话框，可以设置条形图的显示形式，如图 7-59 所示。查看后在“网格”选项卡的“度量标准显示”面板中单击“度量标准图”下拉按钮，在弹出的下拉菜单中选择“无”选项，关闭“网格度量标准”条形图。

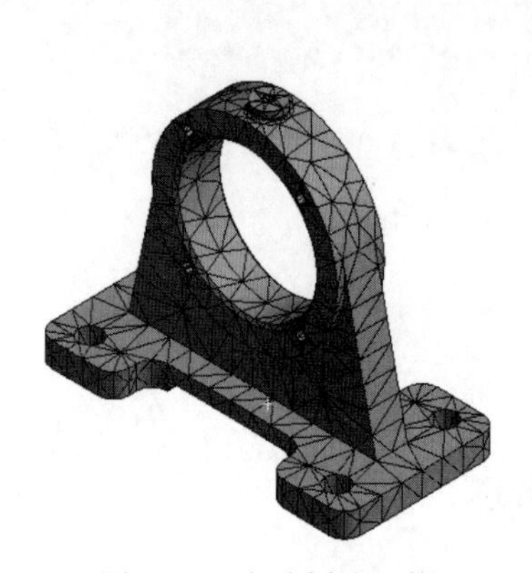

图 7-55　自动划分网格

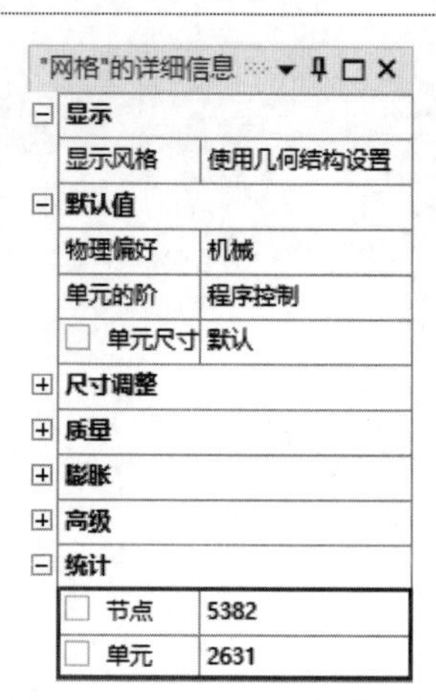

图 7-56　“节点”和“单元”数量

（4）显示网格质量。在“网格”详细信息视图栏的“显示风格”栏中选择“单元质量”选项，如图 7-60 所示，图形区域会显示轴承座单元质量图，如图 7-61 所示。

注意：

如果不关闭“网格度量标准”条形图，图形区域将不会显示单元质量图。

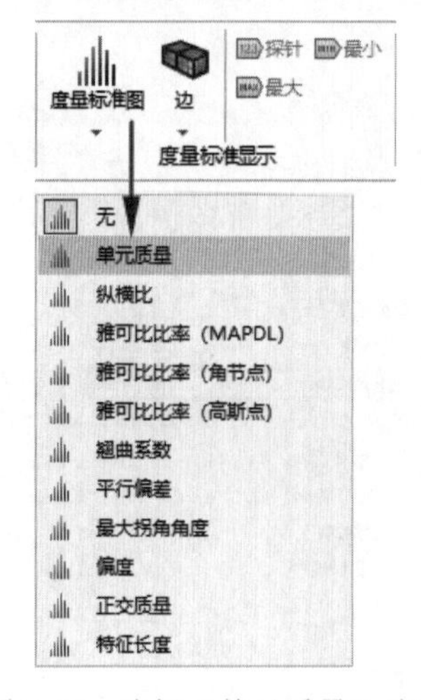

图 7-57　选择“单元质量”选项

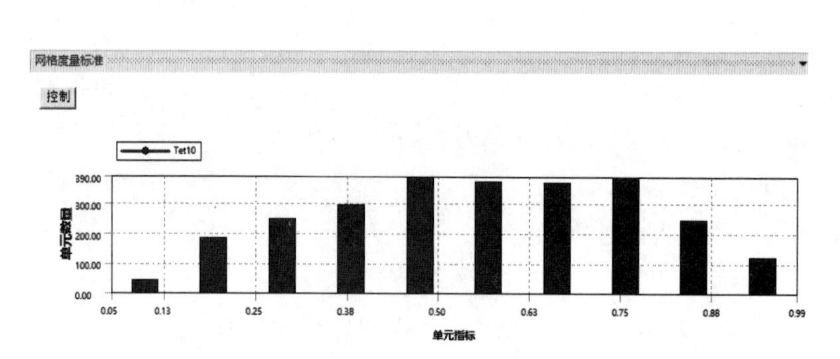

图 7-58　“网格度量标准”条形图

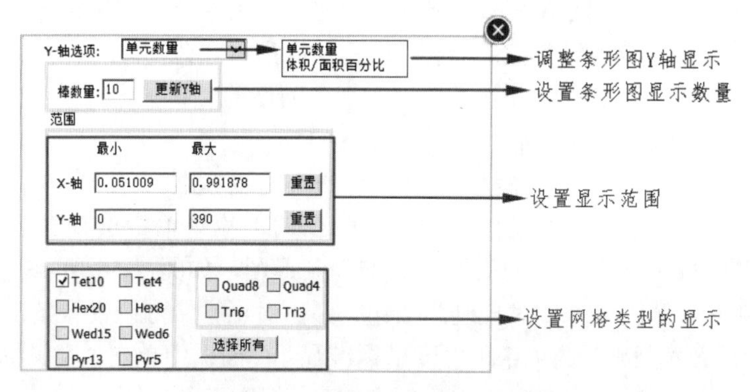

图 7-59　设置条形图的显示形式

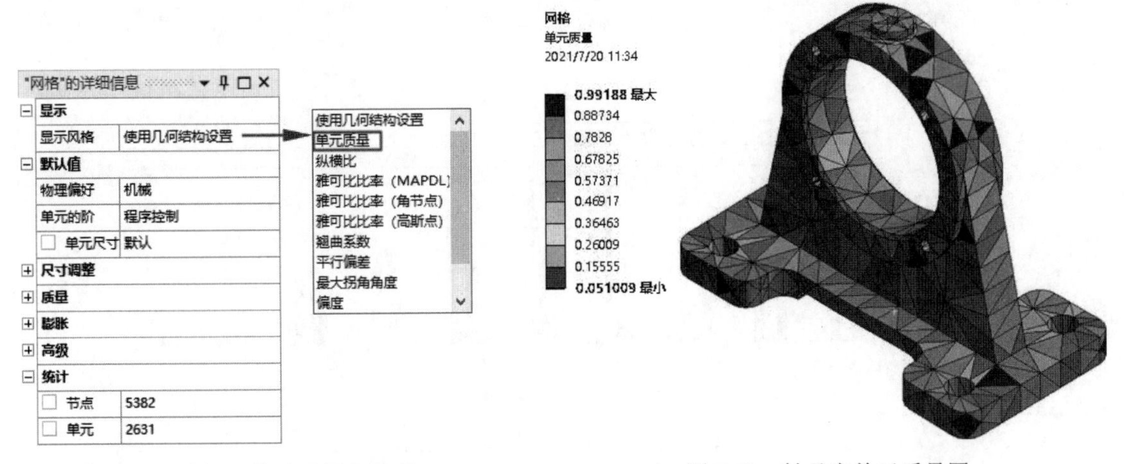

图 7-60 选择“单元质量”选项

图 7-61 轴承座单元质量图

7.6.4 设置划分方法

（1）网格分析。在图 7-61 所示的轴承座单元质量图中可以看到，划分的网格含有许多尖角，这是因为划分网格的单元多为四面体网格。这样的划分并不理想，划分的网格质量也不高，因此需要提高网格质量。

（2）设置划分方法。在“网格”选项卡的“控制”面板中单击“方法”按钮，界面左下角弹出“自动方法”的详细信息视图栏，设置“几何结构”为轴承座，“方法”为“六面体主导”，此时的详细信息视图栏改为“六面体主导法”的详细信息视图栏，如图 7-62 所示。

（3）划分网格。在“网格”选项卡的“网格”面板中单击“生成”按钮，划分网格，结果如图 7-63 所示，可以看到此时网格中尖角少了许多，质量也有所提高。

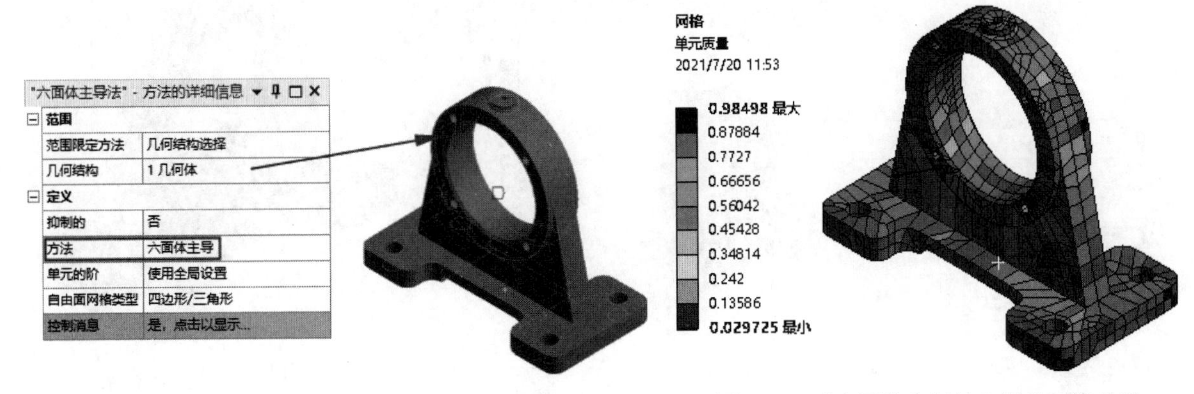

图 7-62 “六面体主导法”的详细信息视图栏

图 7-63 “六面体主导法”划分网格结果

（4）显示网格度量标准。在“网格”选项卡的“度量标准显示”面板中单击“度量标准图”下拉按钮，在弹出的下拉菜单中选择“单元质量”选项，图形区域下方出现“网格度量标准”条形图，如图 7-64 所示，图中显示划分网格的单元中出现了六面体网格 Hex20，但是数量不多。查看后关闭“网格度量标准”条形图。

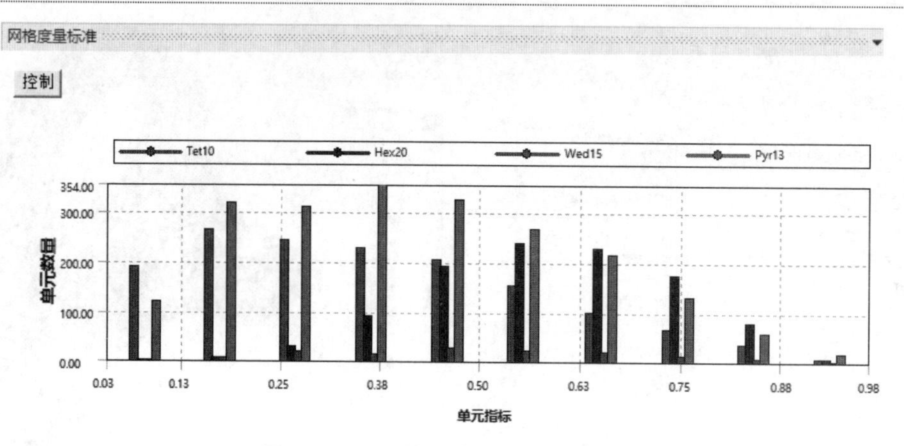

图 7-64 “网格度量标准”条形图

7.6.5 调整尺寸

（1）网格分析。图 7-64 所示的轴承座的“网格度量标准”条形图中，网格划分单元有 Tet10、Hex20、Wed15 和 Pyt13 四种单元类型，而 Hex20 单元数量不多；同时，图 7-61 中的网格划分比较粗糙，接下来我们细化网格。

（2）调整尺寸。在“网格”选项卡的“控制”面板中单击“尺寸调整”按钮，界面左下角弹出“几何体尺寸调整”的详细信息视图栏，设置“几何结构”为轴承座，“单元尺寸”为 3.0mm，如图 7-65 所示。

（3）划分网格。单击“网格”选项卡“网格”面板中的“生成”按钮，划分网格，结果如图 7-66 所示，可以看到此时网格细化了许多，质量也有很大的提高。

图 7-65 “几何体尺寸调整”的详细信息视图栏

图 7-66 尺寸调整后划分网格结果

（4）显示网格度量标准。在“网格”选项卡的“度量标准显示”面板中单击“度量标准图”下拉按钮，在弹出的下拉菜单中选择“单元质量”选项，图形区域下方出现“网格度量标准”条形图，如图 7-67 所示，图中显示划分网格的六面体网格 Hex20 占比很高。查看后关闭“网格度量标准”条形图。

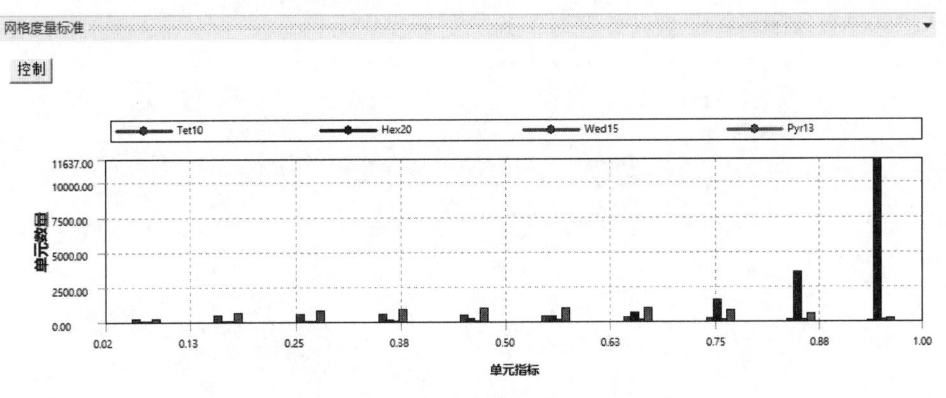

图 7-67　“网格度量标准”条形图

7.7　实例 2——硬盘碟片网格划分

该实例为利用本章所学知识，通过网格划分方法、尺寸调整和面网格剖分对一个硬盘碟片进行网格划分，如图 7-68 所示。

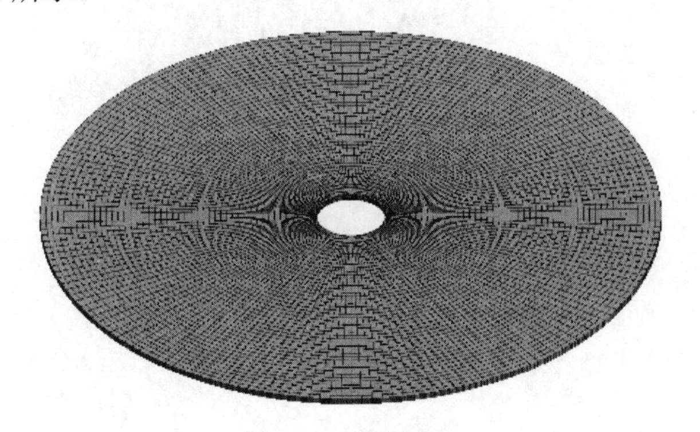

图 7-68　硬盘碟片

7.7.1　创建工程项目

（1）打开 Workbench 程序，展开左边工具箱中的“组件系统”栏，将“网格”模块直接拖动到项目原理图中或直接双击“网格”模块，建立一个含有“网格”的项目模块。

（2）导入模型。在项目原理图中右击“几何结构”，在弹出的快捷菜单中选择“导入几何模型”→“浏览”命令，弹出“打开”对话框，如图 7-69 所示，选择要导入的模型“硬盘碟片”，单击“打开”按钮。

（3）启动“网格-Meshing”应用程序。在项目原理图中右击“网格”，在弹出的快捷菜单中选择“编辑”命令，进入“网格-Meshing”应用程序，如图 7-70 所示。

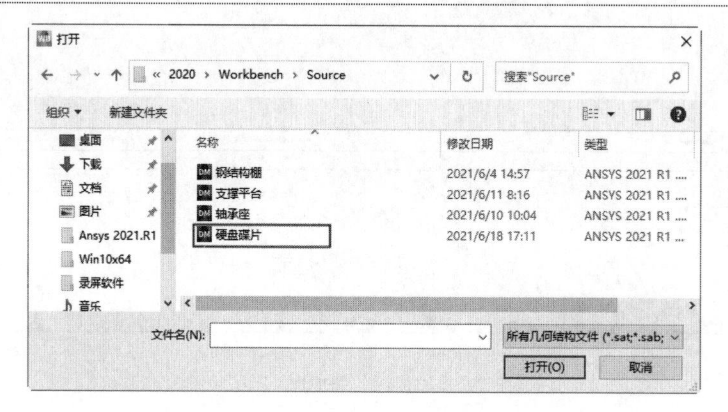

图 7-69 “打开”对话框

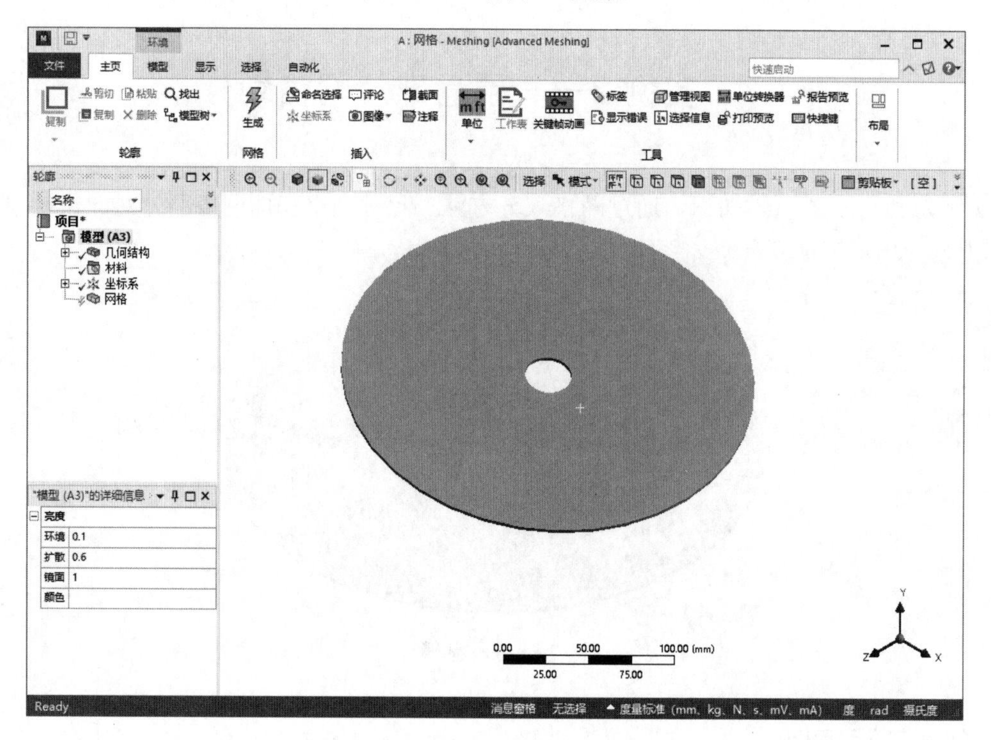

图 7-70 “网格-Meshing”应用程序

7.7.2 设置单位

在“主页”选项卡的“工具”面板中单击“单位”按钮，弹出“单位系统”下拉菜单，选择“度量标准（mm、kg、N、s、mV、mA)”选项。

7.7.3 自动划分网格

（1）切换到“网格”选项卡。在树轮廓中选择“网格”分支，系统切换到“网格”选项卡。

（2）自动划分网格。在“网格”选项卡的“网格”面板中单击“生成”按钮，系统自动划分网格，结果如图 7-71 所示，此时“网格”详细信息视图栏中的“统计”栏中显示划分网格的“节点”和“单元”数量，如图 7-72 所示。

（3）显示网格度量标准。在“网格”选项卡的“度量标准显示”面板中单击“度量标准图”下拉按钮，在弹出的下拉菜单中选择“单元质量”选项，图形区域下方出现“网格度量标准”条形图，如图 7-73 所示，图中显示划分网格的单元主要为 Hex20，占比有 75%左右。查看后在“网格”选项卡的“度量标准显示”面板中单击“度量标准图”下拉按钮，在弹出的下拉菜单中选择“无”选项，关闭“网格度量标准”条形图。

（4）显示网格质量。在“网格”详细信息视图栏的“显示风格”栏中选择“单元质量”选项，图形区域显示硬盘碟片的单元质量图，如图 7-74 所示。

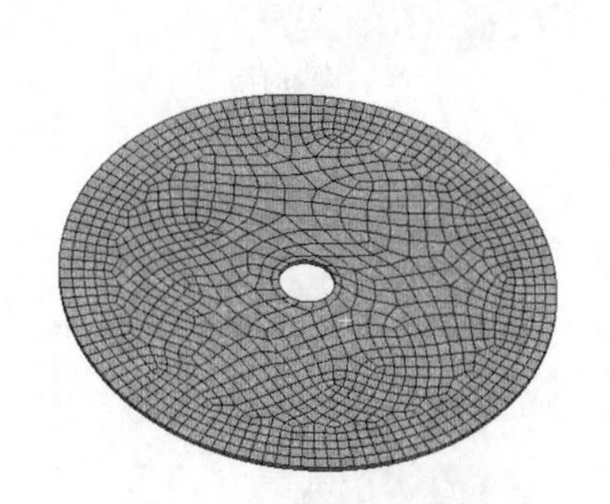

图 7-71　自动划分网格

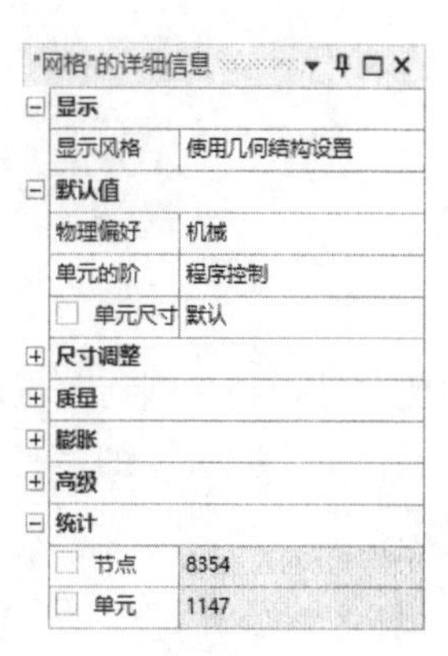

图 7-72　“节点”和“单元”数量

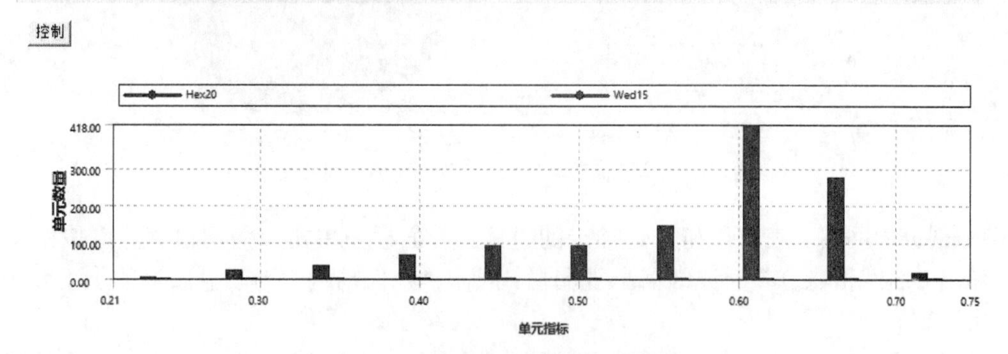

图 7-73　“网格度量标准”条形图

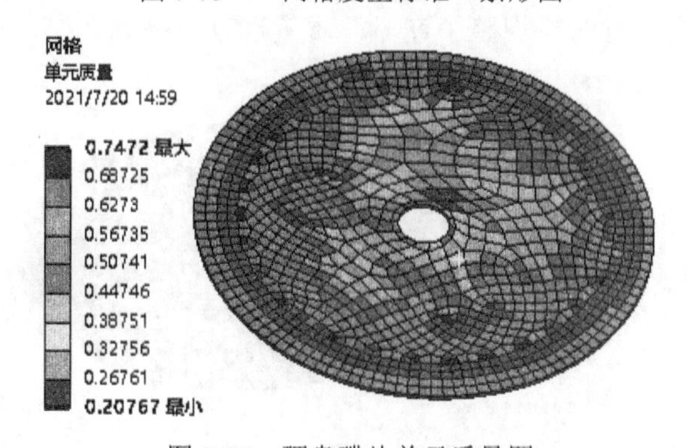

图 7-74　硬盘碟片单元质量图

7.7.4 细化网格划分

（1）设置划分方法。在“网格”选项卡的“控制”面板中单击“方法”按钮，界面左下角弹出“自动方法”的详细信息视图栏，设置“几何结构”为硬盘碟片，“方法”为“六面体主导”，此时的详细信息视图栏改为“六面体主导法”的详细信息视图栏，如图 7-75 所示。

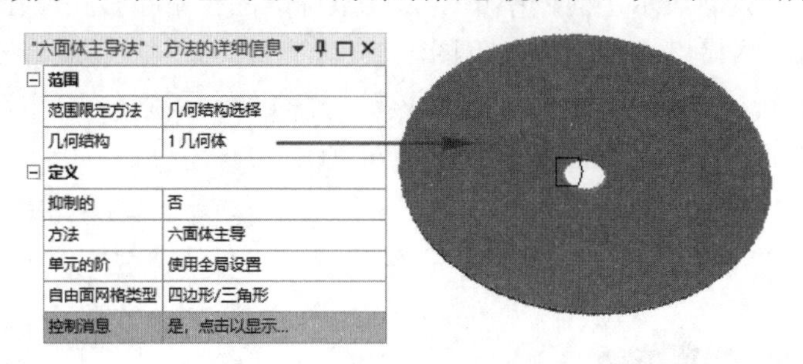

图 7-75 “六面体主导法”的详细信息视图栏

（2）调整尺寸。在“网格”选项卡的“控制”面板中单击“尺寸调整”按钮，界面左下角弹出“几何体尺寸调整”的详细信息视图栏，设置“几何结构”为硬盘碟片，“单元尺寸”为 0.5mm，如图 7-76 所示。

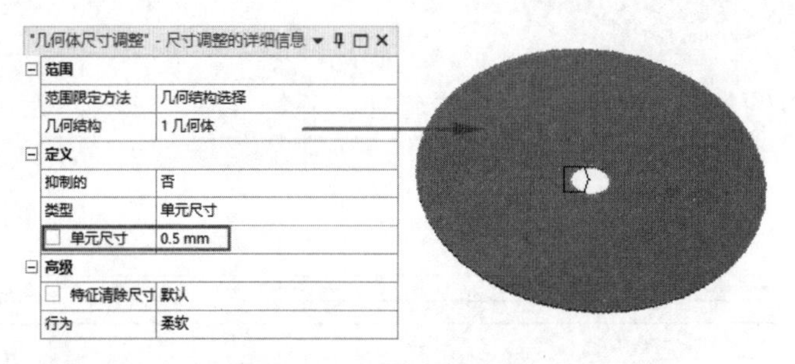

图 7-76 “几何体尺寸调整”的详细信息视图栏

（3）剖分面网格。在“网格”选项卡的“控制”面板中单击“面网格剖分”按钮，界面左下角弹出“面网格剖分”的详细信息视图栏，设置“几何结构”为硬盘碟片的上下两个面，其余为默认设置。

（4）划分网格。在“网格”选项卡的“网格”面板中单击“生成”按钮，划分网格，结果如图 7-77 所示，可以看到此时网格规整了许多，质量也有所提高。

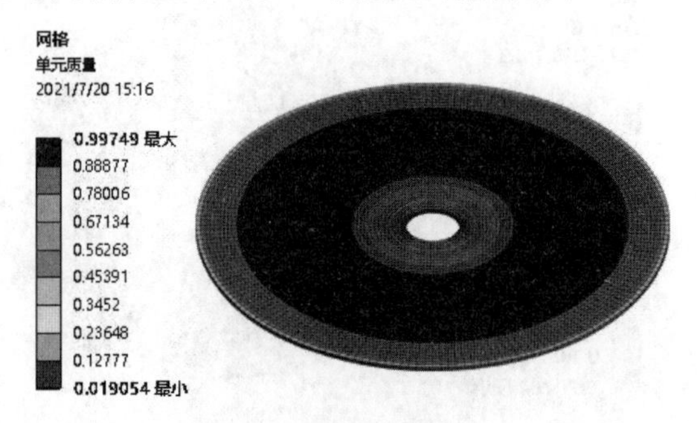

图 7-77 划分网格

（5）显示网格度量标准。在“网格”选项卡的“度量标准显示”面板中单击“度量标准图”下拉按钮，在弹出的下拉菜单中选择“单元质量”选项，图形区域下方出现“网格度量标准”条形图，如图 7-78 所示，此时可看出 Hex20 网格划分单元占比 99%以上，网格质量很高。查看后关闭“网格度量标准”条形图。

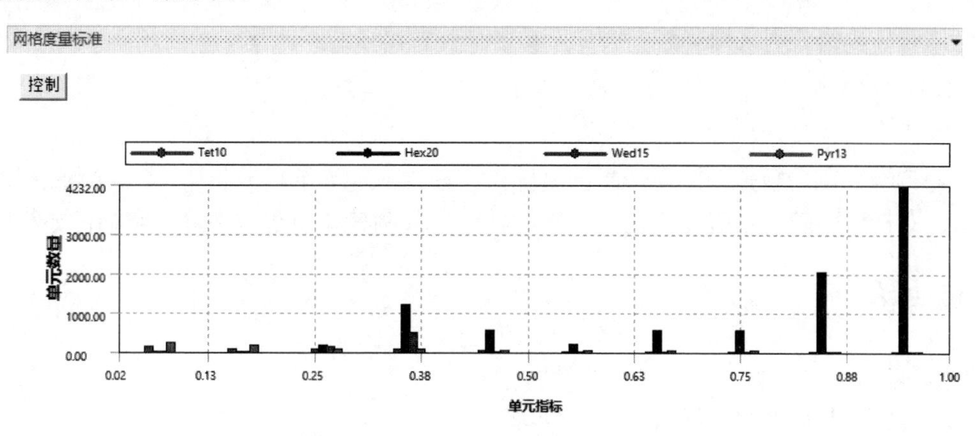

图 7-78　“网格度量标准”条形图

注意：

在对模型进行网格划分时，并不是网格质量越高越好。如果为了提高网格质量而将网格划分得很密，会大大增加节点数量和单元数量，这不仅限制了后续的有限元分析质量的提高，而且会延长计算机的运行时间，降低有限元分析效率，因此划分网格要结合实际的有限元分析。合理地划分网格对有限元分析非常重要，读者需要多多练习，掌握更多的划分技巧。

第 8 章　线性静力学结构分析

导读

线性静力学结构分析是有限元分析的基础，在线性静力学结构分析中，所使用的材料必须为线性材料，即材料的应力与应变成正比。本章将结合实例具体讲解线性静力学结构分析的内容。

精彩内容

- 分析原理
- 线性静力学结构分析流程
- 创建工程项目
- 创建或导入几何模型
- 定义材料属性和划分网格
- 定义载荷与约束
- 求解模型
- 结果后处理
- 实例 1——置物平台静力学结构分析
- 实例 2——脚手架螺栓静力学结构分析及优化

8.1　分 析 原 理

线性静力学结构分析是分析模型结构在给定静力载荷作用下的响应，通常包括结构的应力、应变、位移和反作用力等。

对于一个线性静态结构分析，位移$\{x\}$由下面的矩阵方程解出：

$$[\boldsymbol{K}]\{x\}=\{F\}$$

式中，$\boldsymbol{K}$ 为一个常量矩阵，它建立的假设条件为：假设是线弹性材料行为，使用小变形理论，可能包含一些非线性边界条件；F 为静态加在模型上的，不考虑随时间变化的力，不包含惯性影响（质量、阻尼）。

8.2　线性静力学结构分析流程

线性静力学结构分析流程如下。

（1）创建工程项目。

（2）创建或导入几何模型。

（3）定义材料属性和划分网格。

（4）定义载荷与约束。

（5）求解模型。

（6）结果后处理。

下面对这几个方面进行讲解。

8.3　创建工程项目

静力学结构分析采用“静态结构”模块进行。将工具箱中的“静态结构”模块拖到项目原理图中或者双击“静态结构”模块，即可在 Workbench 中创建“静态结构”项目模块，如图 6-1 所示。

8.4　创建或导入几何模型

第 4 章中已详细介绍了如何利用 DesignModeler 创建模型，这里不再赘述，但利用 Workbench 中的 Mechanical 进行静力学结构分析时要注意以下几点。

1．质量点

在使用 Workbench 进行有限元分析时，有些模型没有给出明确的质量，需要在模型中添加一个质量点来模拟没有明确质量的模型。

注意：

质量点只能和面一起使用。

添加的质量有两种类型，分别是“点”质量和“分布式”质量，如图 8-1 所示。

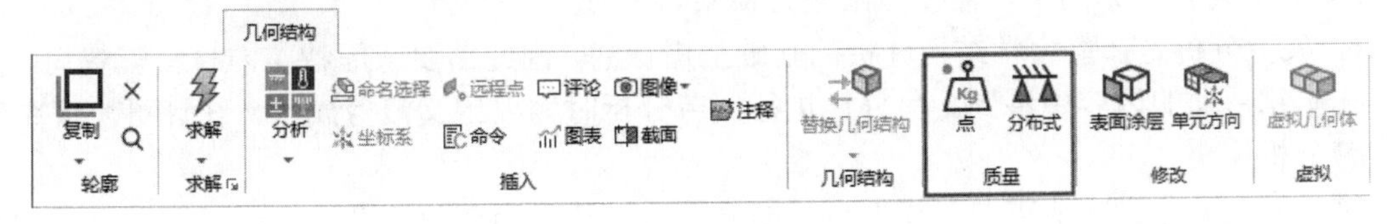

图 8-1　质量类型

关于质量点的位置，可以通过在用户自定义坐标系中指定坐标值，或通过选择顶点/边/面指定。

质量点只受加速度、重力加速度和角加速度的影响。

质量点与选择的面联系在一起，并假设它们之间没有刚度，不存在转动惯性。

对于分布质量，可以采用“总质量”或“每单位面积的质量”两种方式来添加，采用分布质量在求解过程中效率更高。

图 8-2 为“点质量”的详细信息视图栏，图 8-3 为“分布质量”的详细信息视图栏。

2．壳体厚度

在使用 Workbench 对壳体进行有限元分析时，需要指定其厚度值。该厚度值可以在建模时在 DesignModeler 中赋予；也可以在 Mechanical 界面中选择“几何结构”分支下的“表面几何体”选项，在弹出的“表面几何体”的详细信息视图栏中指定，如图 8-4 所示。

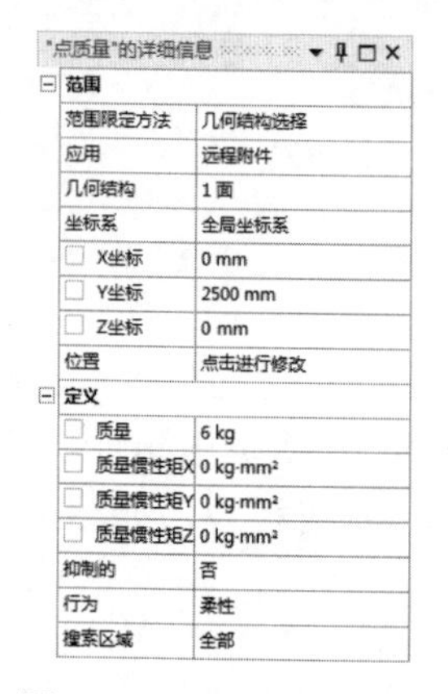

图 8-2　“点质量”的详细信息视图栏

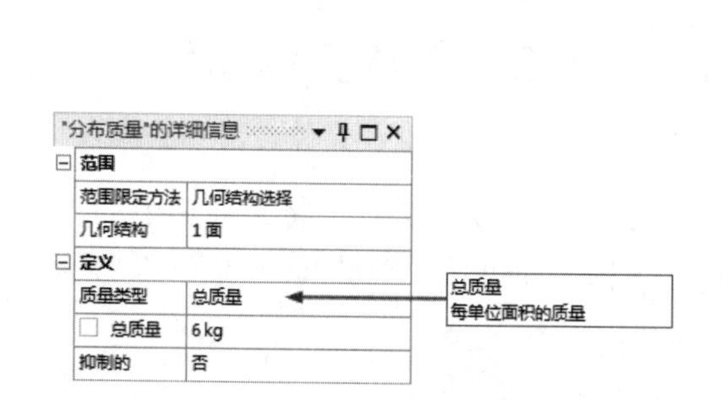

图 8-3　“分布质量”的详细信息视图栏

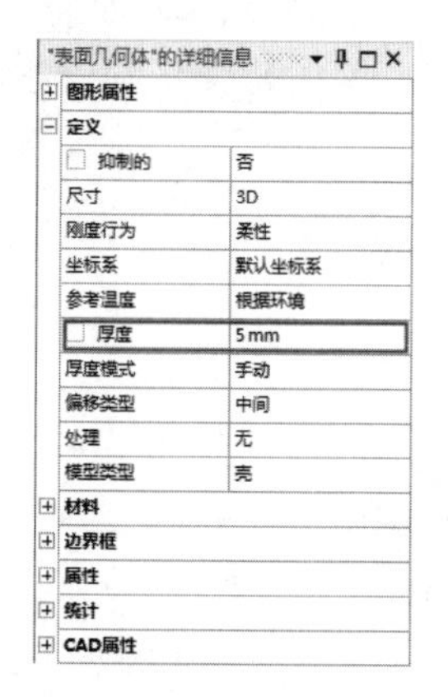

图 8-4　“表面几何体”的详细信息视图栏

8.5　定义材料属性和划分网格

在进行线性静力学结构分析之前需要给模型赋予材料，这在第 1 章和第 7 章已经分别讲到，这里不再赘述。另外，在线性静态结构分析中除了需要给出弹性模量和泊松比之外，还需要注意以下事项。

（1）所有的材料属性参数是在 Engineering Data 中输入的。

（2）当要分析的项目存在惯性时，需要给出材料密度。

（3）当施加了一个均匀的温度载荷时，需要给出热膨胀系数。

（4）在均匀温度载荷条件下，不需要指定导热系数。

（5）要想得到应力结果，需要给出应力极限。

（6）疲劳分析是在静力学结构分析的基础上进行的，因此需要考虑特定的材料与载荷，这些内容将在本章后面的内容中讲到。另外，进行疲劳分析时需要定义疲劳属性，在许可协议中需要添加疲劳分析模块。

在进行有限元分析之前需要对模型进行网格划分，该内容在第 7 章中已经讲解，这里也不再赘述。

8.6　定义载荷与约束

载荷和约束是以所选单元的自由度的形式定义的。Workbench 中的 Mechanical 中有 4 种类型的结构载荷，分别是惯性载荷、结构载荷、结构约束和热载荷。这里介绍前 3 种载荷，热载荷将在第 15 章中介绍。

实体的自由度是在 X、Y、Z 方向上的平移（壳体还得加上旋转自由度，绕 X、Y、Z 轴的转动），如图 8-5 所示。

如不考虑实际的名称，约束也是以自由度的形式定义的，如图 8-6 所示。在块体的 Z 面上施加一个光滑约束，表示 Z 方向上的自由度不再是自由的（其他自由度是自由的）。

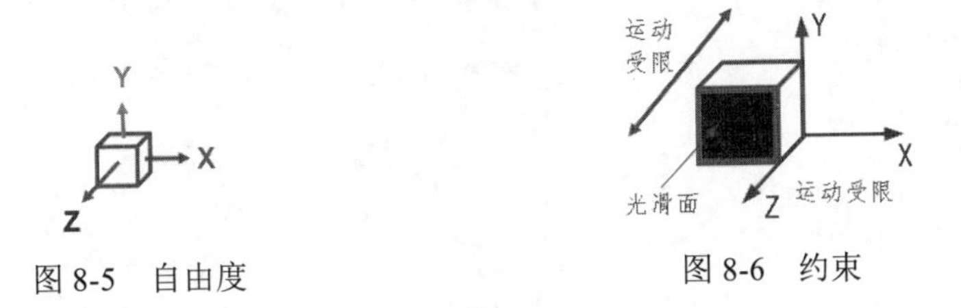

图 8-5　自由度　　　　图 8-6　约束

8.6.1　惯性载荷

惯性载荷需施加在整个模型上，并且这些载荷专指施加在定义好的质量点上的力。惯性载荷包括加速度、标准地球重力、旋转速度和旋转加速度，如图 8-7 所示。

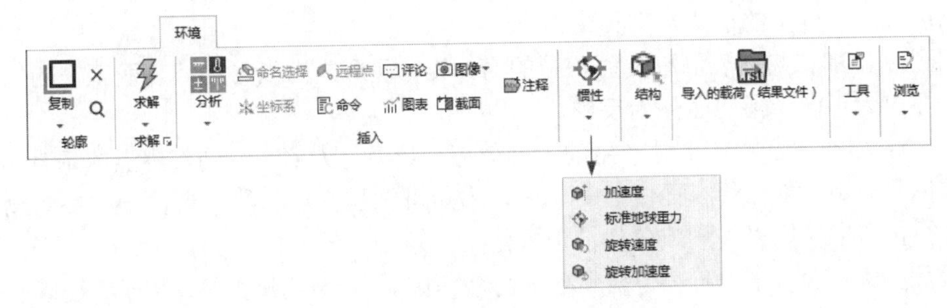

图 8-7　惯性载荷类型

（1）加速度：施加在整个模型上，单位是距离与时间的平方之比，其形式可以是分量或矢量。物体的加速度方向与物体本身的惯性方向相反。

（2）标准地球重力：即重力加速度，其标准值为 9.80665m/s^2，也可以根据所选的单位制系统确定它的值。重力加速度的方向定义为整体坐标系或局部坐标系的其中一个坐标轴方向。

（3）旋转速度：即角速度，是一个质点绕圆做圆周运动，在单位时间里转过的角度，单位为 rad/s。其速度方向为圆周运动时，质点所在圆周上的切线方向。旋转速度解释了模型以恒定速度旋转的结构效应，适用于模态分析、静态结构分析和瞬态结构分析。

（4）旋转加速度：即角加速度，是旋转速度在单位时间的变化量，即 rad/s^2。旋转加速度适用于静态结构分析和瞬态结构分析。

8.6.2　结构载荷

集中力和压力是作用于模型上的载荷。力载荷可以施加在结构的外面、边缘或表面等位置；而压力载荷只能施加在表面，而且方向通常与表面的法向方向一致。图 8-8 所示为“环境”选项卡“结构”面板中的几种结构载荷类型，下面介绍几种常用的载荷。

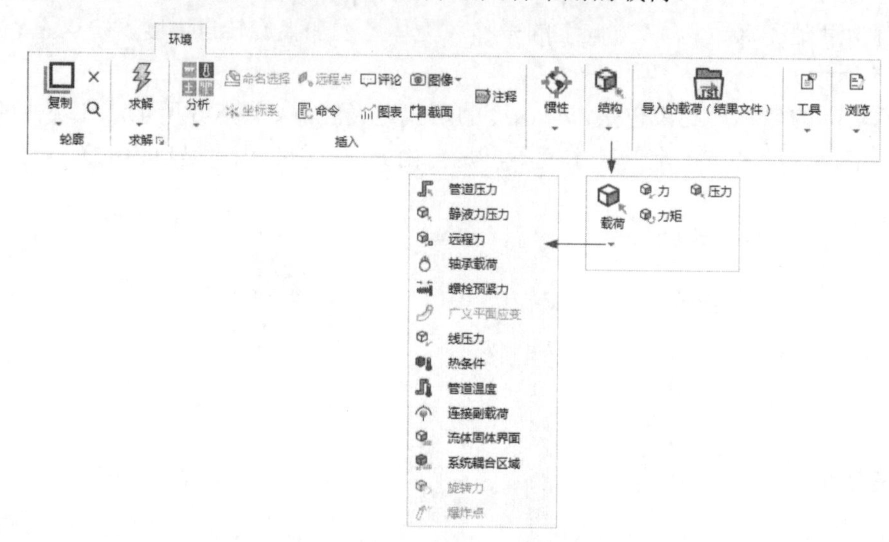

图 8-8　结构载荷类型

（1）力：施加在物体上的点、线或面上的集中力，均匀分布在所有实体上。在对物体进行分析时，可以以矢量或分量的形式定义集中力。

（2）压力：施加在物体表面单位面积上的力，其表现形式为以与物体表面正交的方式施加在面上，指向面内为正向，指向面外为反向。

（3）力矩：力作用在物体上时产生的转动效应，是力与力臂（力到作用点的垂直距离）的乘积。对于实体，力矩只能作用在面上；对于面，力矩可施加在点、线或者面上。在对物体进行分析时，可以根据右手法则以矢量或分量的形式定义力矩。

（4）管道压力：对于管道应力分析和管道设计都很有用。管道压力仅适用于管线体形式的管道。

（5）静液力压力：在面（实体或壳体）上施加一个线性变化的力，模拟结构上的流体压力载荷。该力可能处于结构内部或外部，另外还需指定加速度的大小和方向、流体密度、代表流体自由面的坐标系。对于壳体，还提供了一个顶面/底面选项。

（6）远程力：给物体的面或边施加一个远离的偏置的载荷力，将得到一个等效力或等效力矩。该载荷力可以通过矢量和幅值或者分量来定义。

（7）轴承载荷：使用投影面的方法将力的分量按照投影面积分布在压缩边上。不允许存在轴向分量，每个圆柱面上只能使用一个轴承载荷。在施加该载荷时，若圆柱面是分裂的，则一定要选中它的两个半圆柱面。轴承载荷以矢量或分量的形式定义。

（8）螺栓预紧力：在线体、梁或圆柱形截面上施加预紧力以模拟螺栓连接，可以选择“载荷”“调整”或“打开”，需要给物体指定一个局部坐标系统（在 Z 方向上的预紧力）。

螺栓预紧力一般需要采用两个载荷步骤求解：①施加预紧力、边界条件和接触条件；②预紧力部分的相对运动是固定的，并施加一个外部载荷。

（9）线压力：只能用于三维模拟中，通过载荷密度形式给一个边施加一个分布载荷，单位是单位长度上的载荷，可以按下列方式定义：幅值和向量、幅值和分量方向、幅值和切向。

（10）热条件：在结构分析中施加一个均匀温度，必须指定参考温度，温度差会在结构中导致热膨胀或热传导。热应变按下式计算：

$$\varepsilon_{\text{th}}^{x} = \varepsilon_{\text{th}}^{y} = \varepsilon_{\text{th}}^{z} = \alpha(T - T_{\text{ref}})$$

式中，α为热膨胀系数；T_{ref}为参考温度（热应变为 0 时的温度）；T为施加的温度。在整体环境中定义参考温度，或把它作为单个实体的特性进行定义。

（11）连接副载荷：静力学结构分析可采用运动副载荷，需要设置大变形分析。连接副载荷可以确定机构零件之间的相对运动关系，其自由度的约束与释放是以参考坐标系为基础建立的。

8.6.3 结构约束

结构约束是在分析过程中为防止模型在特定区域上移动而施加的约束。图 8-9 所示为“环境”选项卡“结构”面板中的几种结构约束类型，下面介绍几种常用的约束。

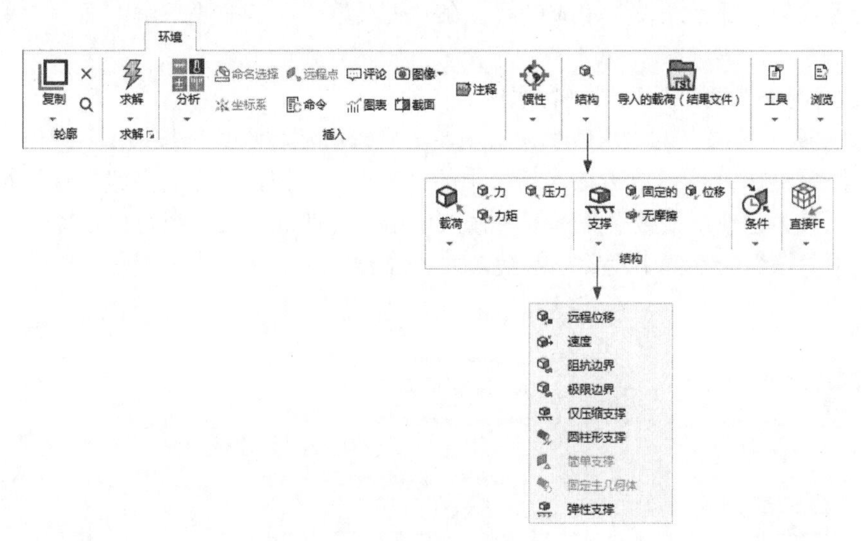

图 8-9　结构约束类型

（1）固定的：限制点、边或面的所有自由度。对于实体而言，是限制其在 X、Y、Z 方向上的移动；对面体和线体而言，是限制其在 X、Y、Z 方向上的移动和绕各轴的转动。

（2）位移：对物体在点、边或面上施加已知位移，可以给出在 X、Y、Z 方向上的位移量，以给定数值表示。当设置数值为 0 时，则表示在该方向上不能移动，处于受限制状态；若 X、Y、Z 分量显示为“自由”，则表示在 X、Y、Z 方向上不受约束。

（3）无摩擦：在面上施加法向固定约束，而轴向和切向是自由的。对实体而言，该类型可以用于模拟对称边界约束。

（4）远程位移：允许在远端加载平移或旋转位移，默认位置是几何模型的质心，也可以通过单击选取或输入坐标值来定义远端的定位点，坐标建议采用局部坐标。

（5）仅压缩支撑：只能在正常压缩方向施加约束，用于模拟圆柱面上受销钉、螺栓等的作用，需要进行迭代（非线性）求解。

（6）圆柱形支撑：施加在圆柱表面，可以指定轴向、径向或者切向约束。

（7）简单支撑：施加在梁或壳体的边缘或者顶点上，仅用于限制平移，所有旋转都是自由的。

（8）固定主几何体（转动约束）：和简单支撑相反，也是施加在梁或壳体的边缘或者顶点上，但是仅用于限制旋转，所有平移都是自由的。

（9）弹性支撑：允许在面/边界上模拟弹簧行为，基础的刚度为使基础产生单位法向偏移所需要的压力。

8.7 求解模型

在 Workbench 中，Mechanical 具有两个求解器，分别为直接求解器和迭代求解器。通常求解器是自动选取的，也可以预先选用。具体操作为：选择“文件”下拉菜单中的“选项”命令，打开“选项”对话框，在该对话框中选择“分析设置和求解”命令进行设置。

当分析的各项条件都已经设置完成以后，在“主页”选项卡的“求解”面板中单击“求解”按钮，进行求解。

（1）默认情况下为两个处理器进行求解。

（2）在“主页”选项卡的“求解”面板中单击“求解流程设置”按钮，弹出“求解流程设置”对话框，如图 8-10 所示。单击该对话框中的“高级”按钮，弹出“高级属性”对话框，如图 8-11 所示，在“最大已使用核数”文本框中输入使用的处理器个数；也可以在“主页”选项卡的“求解”面板中“核”文本框中设置该参数，如图 8-12 所示。

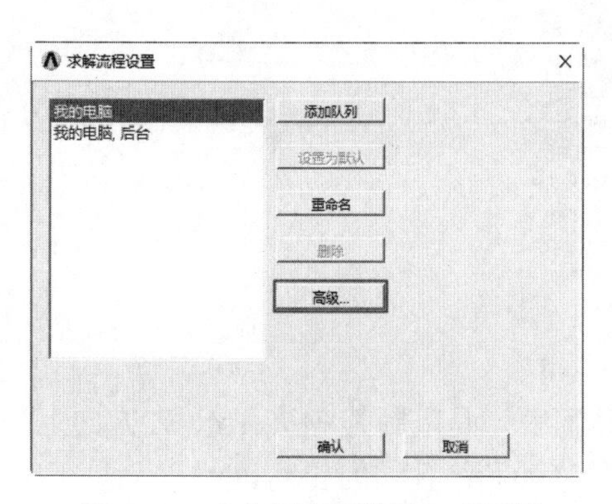

图 8-10 “求解流程设置”对话框

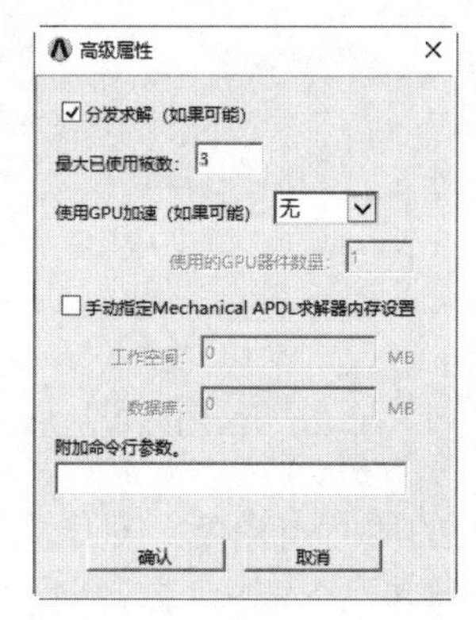

图 8-11 “高级属性”对话框

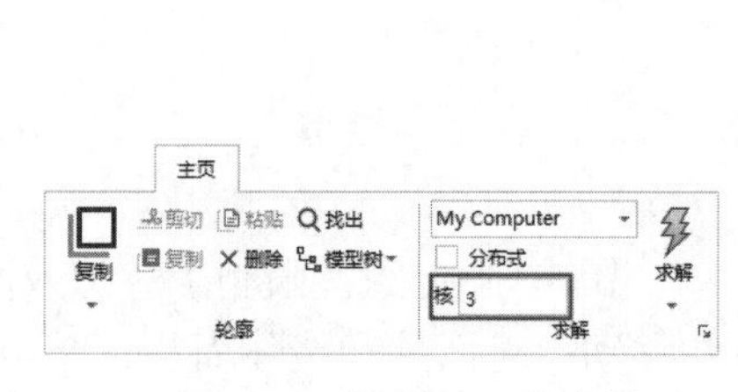

图 8-12 设置处理器个数

8.8 结果后处理

在 Mechanical 的后处理中可以得到多种不同的结果：各个方向变形及总变形、等效应力应变、主应力应变、线性化应力、应力工具、接触工具等。这些结果需要在“求解”选项卡中选择，如图 8-13 所示。

在 Mechanical 中，结果通常是在计算前指定的，但是它们也可以在计算完成后指定。如果求解一个模型后再指定结果，则必须重新单击“求解”按钮，然后查看结果。

所有的结果云图和矢量图均可在模型中显示，而且利用“结果”选项卡的“显示”面板中的“自动缩放”命令可以改变结果的显示比例等，如图 8-14 所示。

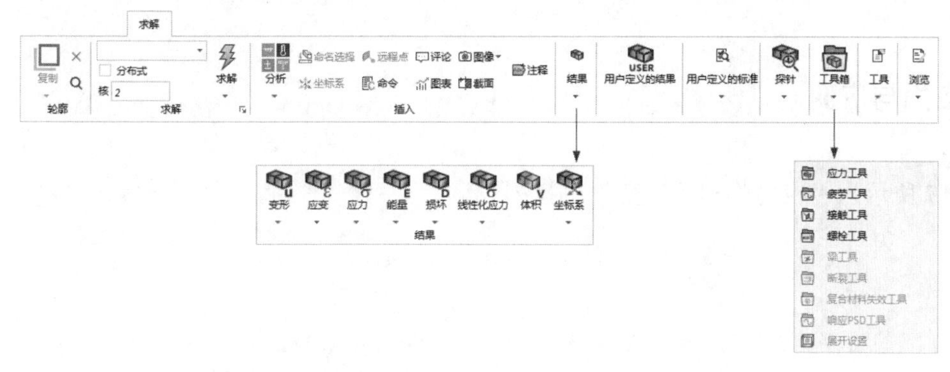

图 8-13　“求解”选项卡

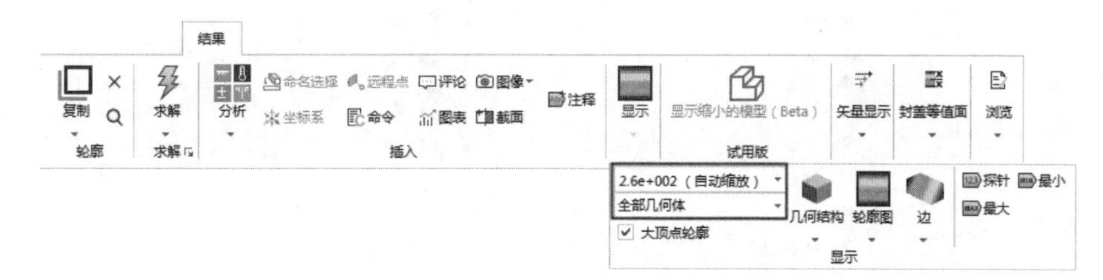

图 8-14　修改显示结果比例

8.8.1　模型变形

图 8-15 所示为“变形”下拉列表。

整体变形是一个标量，即 $U_{\text{total}}=\sqrt{U_X^2+U_Y^2+U_Z^2}$；在“定向”里可以指定变形的 X、Y、Z 分量，显示在整体或局部坐标系中。最后可以得到变形的矢量图，如图 8-16 所示。

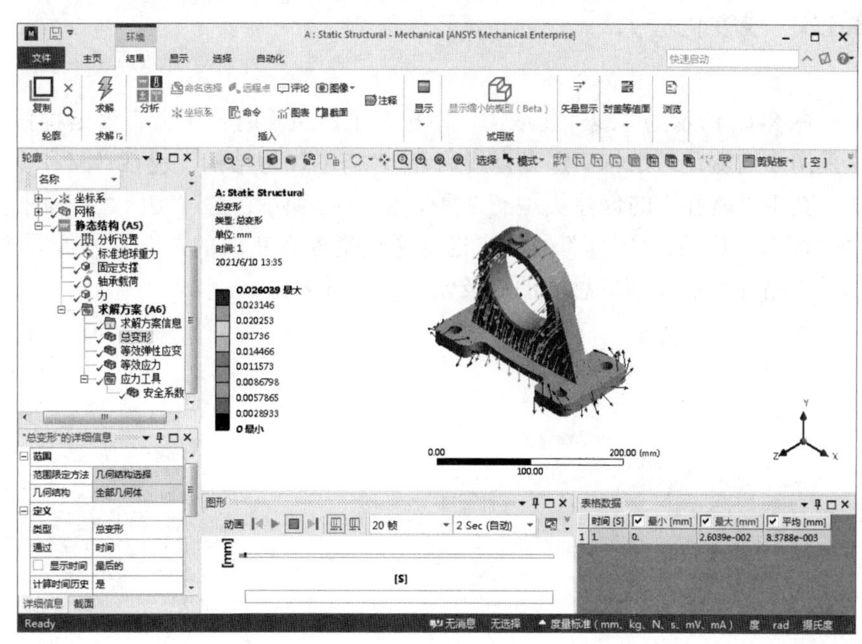

变形
总计
定向
总速度
定向速度
总加速度
定向加速度

图 8-15　“变形”下拉列表　　　　图 8-16　变形的矢量图

8.8.2 应力与应变

图 8-17 所示为“应力”和“应变”下拉列表。

图 8-17　“应力”和“应变”下拉列表

在显示应力和应变前需要注意：应力和弹性应变有 6 个分量（X、Y、Z、XY、YZ、XZ），而热应变有三个分量（X、Y、Z）。对应力和应变而言，它们的分量可以在“法向”应力和“法向”应变里指定；而对于热应变，则在“热”中指定。

8.8.3 线性化应力

图 8-18 所示为“线性化应力”下拉列表，通常用于压力容器结构按照规范进行评估。需要事先采用“构造几何结构”定义直线路径。“构造几何结构”包括“路径”“表面”“固体”等创建方法。其中“路径”的创建类型有 3 种，分别是“两个点”“边”“X 轴相交”；“表面”的创建是通过坐标系完成的；“固体”的创建也是通过坐标系完成的，需要输入固体的角点坐标。图 8-19 所示为“路径”的详细信息视图栏及创建的 3 种方式。

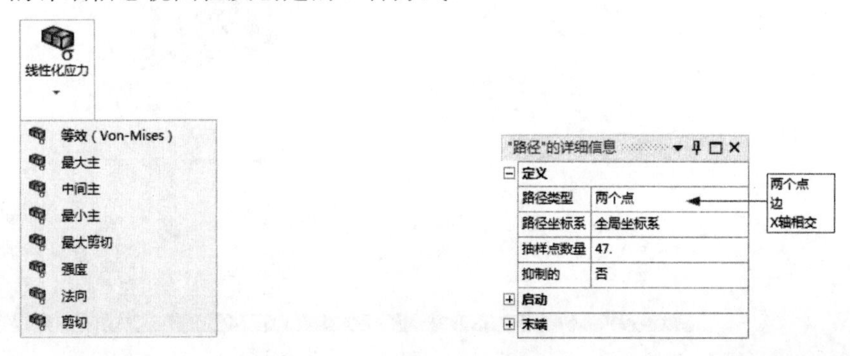

图 8-18　“线性化应力”下拉列表　　　　图 8-19　“路径”的详细信息视图栏及创建的 3 种方式

8.8.4　接触工具

在“求解”选项卡的“工具箱”面板中单击“接触工具”按钮 接触工具，可以打开“接触工具”选项卡，接触工具在“结果”面板中，如图 8-20 所示。

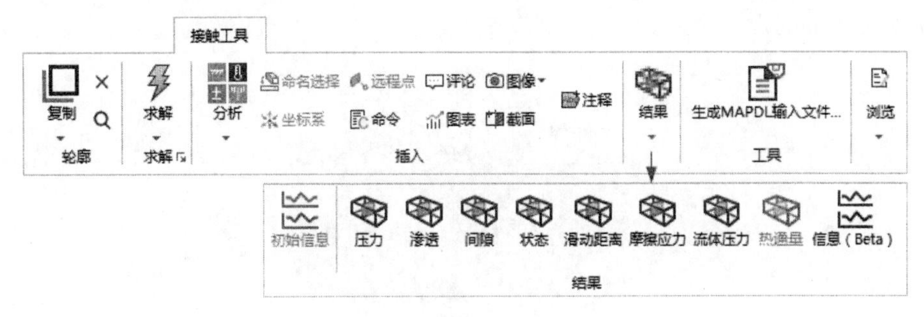

图 8-20　“接触工具”选项卡

接触工具中的内容如下。

（1）压力：显示法向接触压力分布。

（2）渗透：显示渗透数量结果。

（3）间隙：显示在半径范围内任何间隙的大小。

（4）状态：提供是否建立了接触的信息。

（5）滑动距离：是一个表面相对于另一个表面的滑动距离。

（6）摩擦应力：因为摩擦而产生的切向牵引力。

（7）流体压力：接触流体产生的压力。

（8）热通量：插入能计算定义的接触“热通量”的结果。

（9）信息（Beta）：插入能计算定义的接触“信息”的结果。

为接触工具选择接触域有两种方法。

（1）工作表：从表单中选择接触域，包括接触面、目标面或同时选择两者。

（2）几何结构选择：在图形窗口中选择接触域。

8.8.5　用户自定义结果

除了标准结果外，用户还可以插入自定义结果，包括数学表达式和多个结果的组合。按以下两种方式定义结果。

（1）单击“求解”选项卡中的“用户定义的结果”按钮。

（2）在树轮廓中右击“求解（A6）”，在弹出的快捷菜单中选择“插入”→“用户定义的结果”命令。

在“用户定义的结果”的详细信息视图栏中，表达式允许使用各种数学操作符号，包括平方根、绝对值、指数等。用户定义结果可以使用一种标识符来标注。结果图例包含标识符和表达式。

扫一扫，看视频

8.9　实例1——置物平台静力学结构分析

该实例对一个置物平台进行静力学结构分析。图8-21所示为一个铝合金的方形置物平台，四角通过螺栓与支撑架（未显示）连接，上面放置一个1t重的钢制圆柱物品，分析该圆柱物品因重力作用而使平台产生的形变及应力。

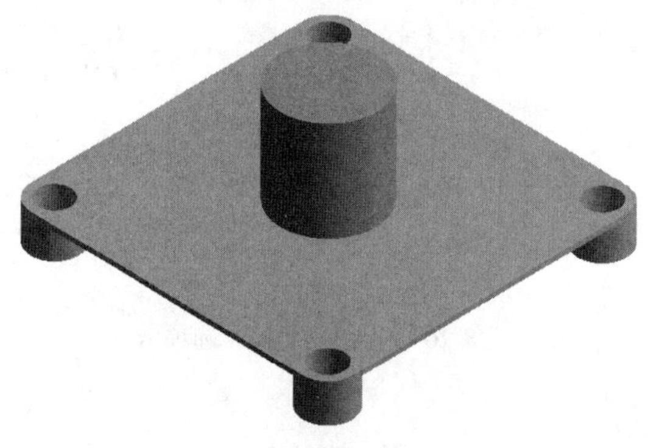

图8-21　置物平台模型

8.9.1　创建工程项目

（1）打开Workbench程序，展开左边工具箱中的“分析系统”栏，将“静态结构”模块直接拖动到项目原理图中或直接双击“静态结构”模块，建立一个含有“静态结构”的项目模块。

（2）导入模型。在项目原理图中右击“几何结构”，在弹出的快捷菜单中选择“导入几何模型”→“浏览”命令，弹出“打开”对话框，如图8-22所示，选择要导入的模型“置物平台”，单击“打开”按钮。

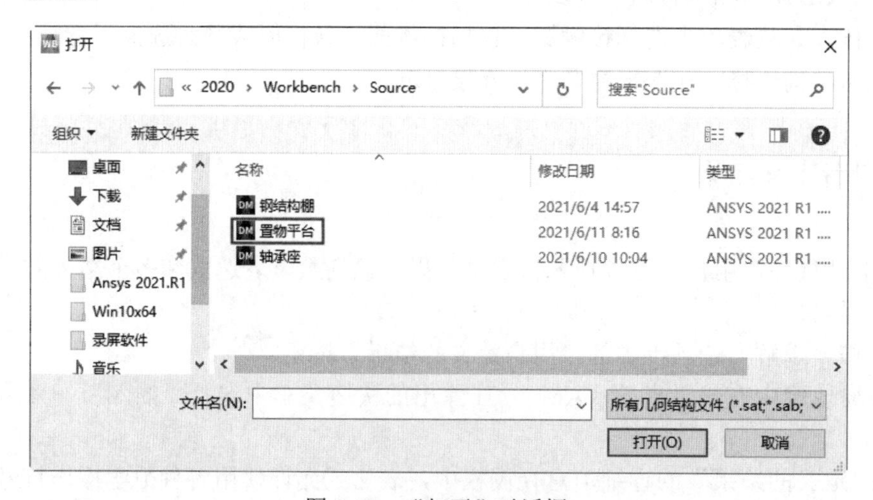

图8-22　“打开”对话框

（3）设置单位系统。选择“单位”→“度量标准(kg, mm, s, ℃, mA, N, mV)”命令，设置单位为毫米。

（4）启动“静态结构-Mechanical”应用程序。在项目原理图中右击“模型”，在弹出的快捷菜单中选择“编辑”命令，进入“静态结构-Mechanical”应用程序，如图 8-23 所示。

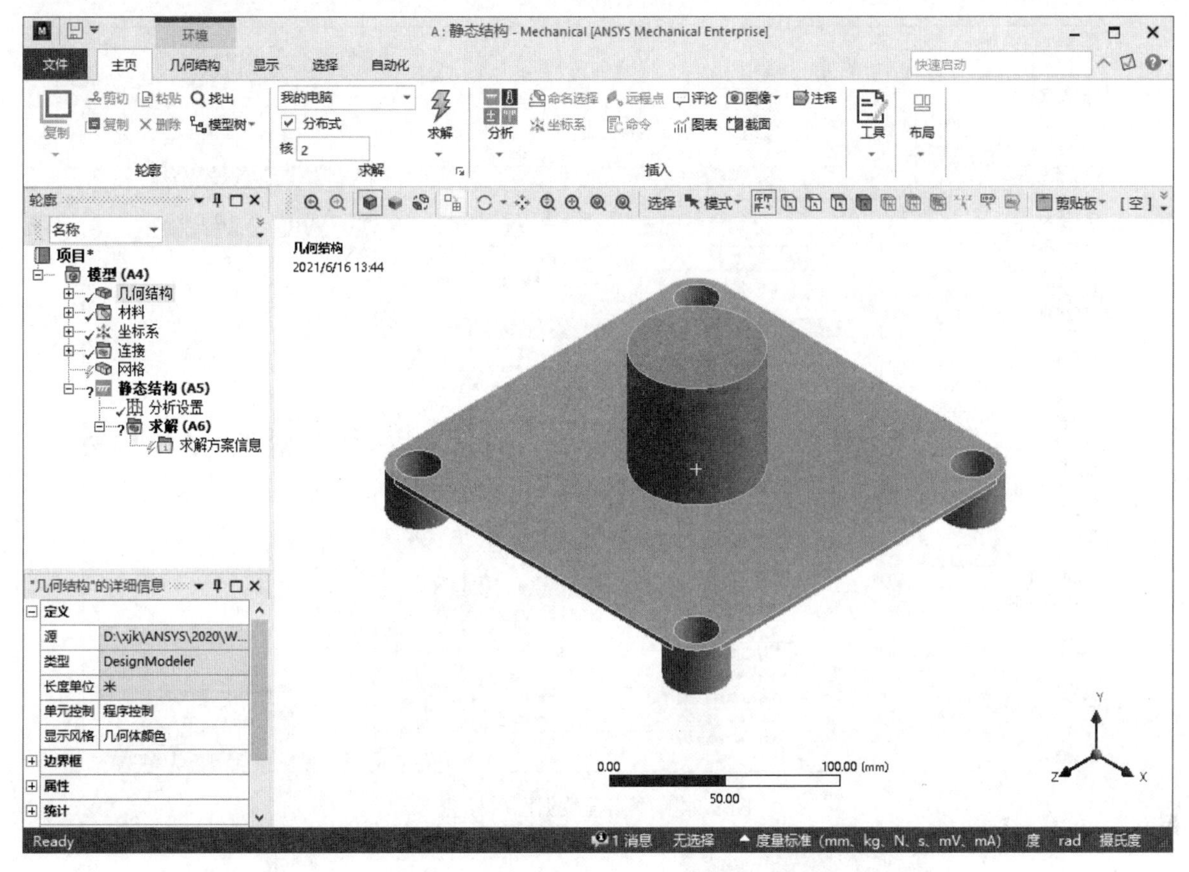

图 8-23　“静态结构-Mechanical”应用程序

8.9.2　设置模型材料

（1）设置单位系统。在“主页”选项卡的“工具”面板中单击“单位”按钮，弹出“单位系统”下拉菜单，选择“度量标准(mm、kg、N、s、mV、mA)”选项。

（2）定义工程数据。返回 Workbench 界面，双击“工程数据”选项，弹出“工程数据”选项卡。

（3）选择“工程数据源”标签。如图 8-24 所示，选择“工程数据源”标签。单击“一般材料”按钮 一般材料，使之点亮。在“一般材料”点亮的同时单击“轮廓 General Materials”（一般材料概述）窗格中的“铝合金”后的“添加”按钮，将该材料添加到当前项目中。

（4）单击“A2:工程数据”标签的“关闭”按钮，返回 Workbench 界面，此时“模型”模块指出需要进行一次刷新。右击“模型”，在弹出的快捷菜单中选择“刷新”命令，刷新“模型”模块。双击“模型”模块，返回“静态结构-Mechanical”应用程序。

（5）模型重命名。在树轮廓中展开“几何结构”，显示模型含有两个固体。右击上面的固体，在弹出的快捷菜单中选择“重命名”命令，重新输入名称为“置物架”；同理，设置下面的固体为“重物”，如图 8-25 所示。

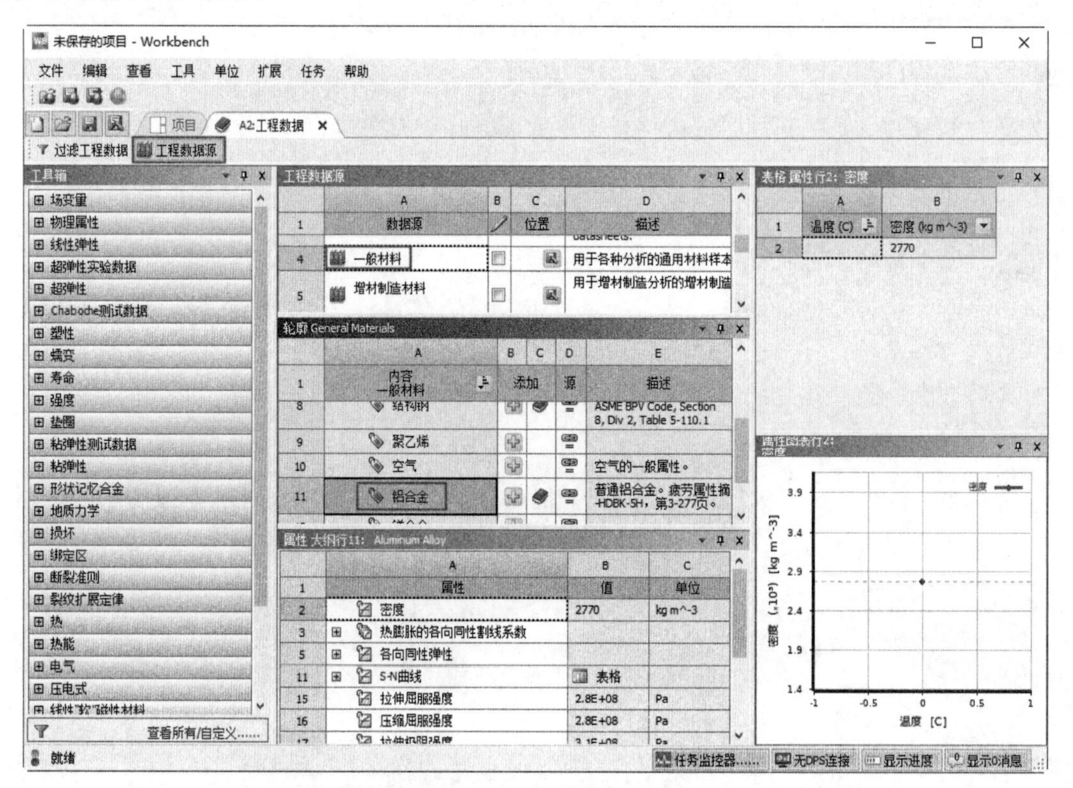

图 8-24 “工程数据源”标签

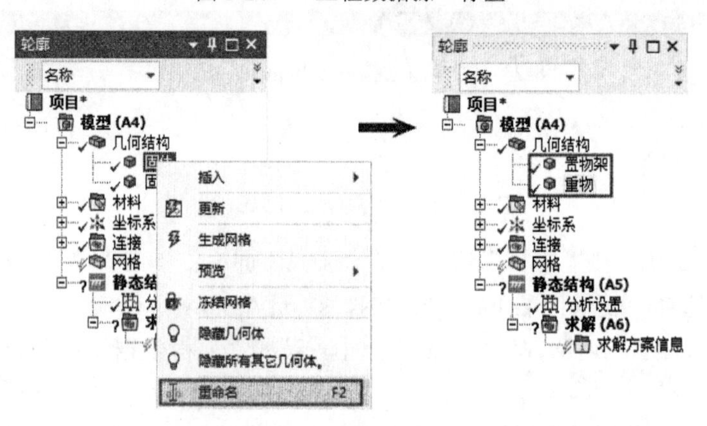

图 8-25 模型重命名

（6）设置模型材料。选择“置物架”，在左下角打开“置物架”的详细信息视图栏，单击“材料”栏中的“任务”，在弹出的“工程数据材料”对话框中选择“铝合金”选项，如图 8-26 所示，为置物架赋予“铝合金”材料。选择“重物”，其详细信息视图栏中显示“材料”任务为“结构钢”，这里不作更改。

图 8-26 设置模型材料

8.9.3 划分网格

（1）设置局部划分方法。在树轮廓中单击“网格”分支，系统切换到“网格”选项卡。在“网格”选项卡的“控制”面板中单击 “方法”按钮，左下角弹出“方法”的详细信息视图栏，设置“几何结构”为重物，“方法”为“六面体主导”，此时该详细信息视图栏改为“六面体主导法”的详细信息视图栏，如图 8-27 所示。

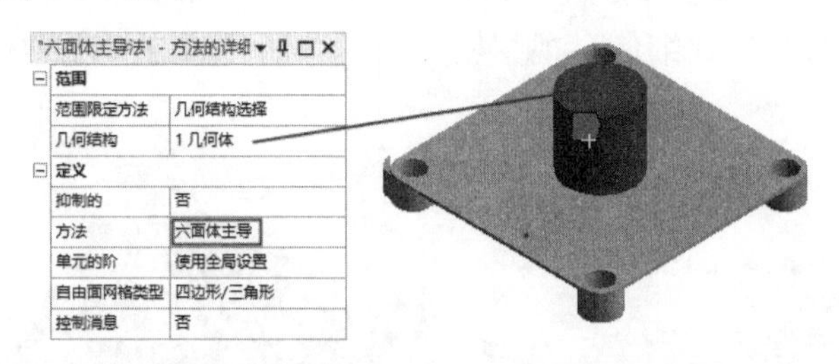

图 8-27 “六面体主导法”的详细信息视图栏

（2）调整尺寸。在“网格”选项卡的“控制”面板中单击“尺寸调整”按钮，左下角弹出“尺寸调整”的详细信息视图栏，设置“几何结构”为重物和置物架，“单元尺寸”为 5.0mm，如图 8-28 所示。

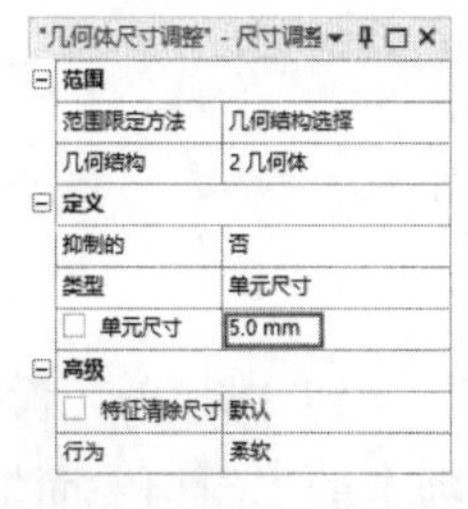

图 8-28 几何体“尺寸调整”的详细信息视图栏

（3）划分网格。在树轮廓中单击“网格”分支，左下角弹出“网格”的详细信息视图栏，采用默认设置。在“网格”选项卡的“网格”面板中单击“生成”按钮，系统自动划分网格，结果如图 8-29 所示。

（4）查看网格质量。在“网格”的详细信息视图栏中设置“显示风格”为“单元质量”，图形界面显示划分网格的质量，如图 8-30 所示。

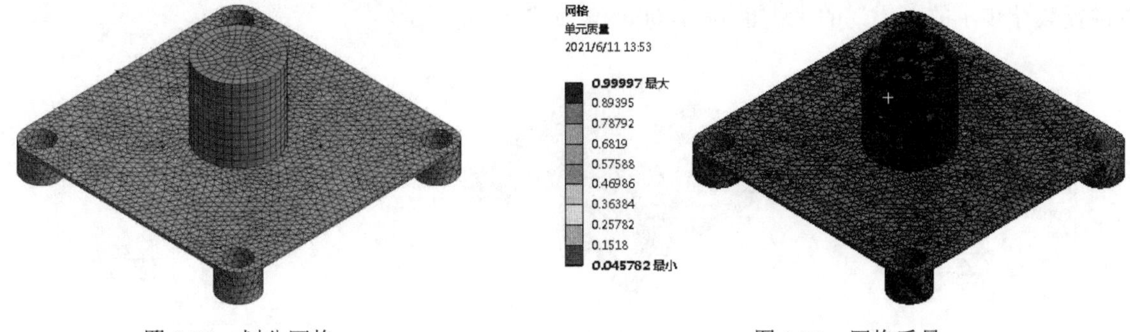

图 8-29 划分网格

图 8-30 网格质量

8.9.4　定义载荷和约束

（1）添加固定约束。在树轮廓中单击“静态结构（A5）”分支，系统切换到“环境”选项卡。在“环境”选项卡的“结构”面板中单击“固定的”按钮 固定的，左下角弹出“固定支撑”的详细信息视图栏，设置“几何结构”为置物架的 4 个固定孔内表面，如图 8-31 所示。

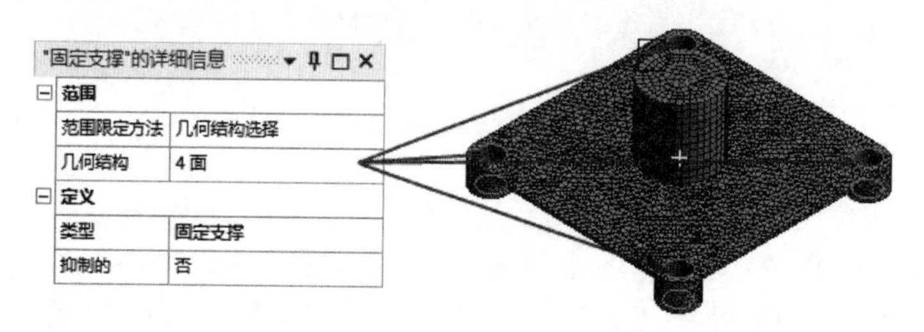

图 8-31　添加固定约束

（2）添加无摩擦支撑。在“环境”选项卡的“结构”面板中单击“无摩擦”按钮 无摩擦，左下角弹出“无摩擦支撑”的详细信息视图栏，设置“几何结构”为置物架的 4 个固定孔底面，如图 8-32 所示。

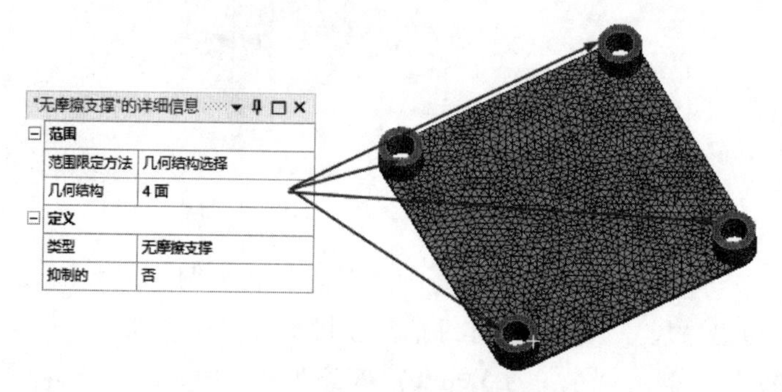

图 8-32　添加无摩擦支撑

（3）添加力。在重物的上表面施加一个 10000N 的向下的力，模拟重物的重力。在“环境”选项卡的“结构”面板中单击“力”按钮 力，左下角弹出“力”的详细信息视图栏，设置“几何结构”为重物的上表面，“大小”为-10000N（斜坡），单击“方向”栏，修改施加力的方向，如图 8-33 所示。由于模拟的是重物的重力，因此该力是恒定力，在图形界面的下方，在“表格数据”中设置载荷步 1 的“力”的大小也为-10000N，如图 8-34 所示。

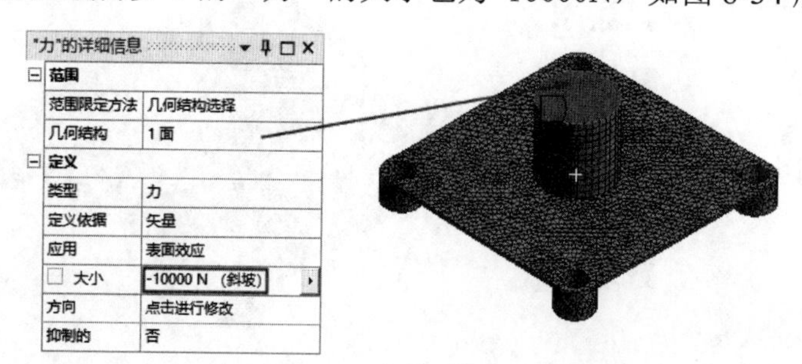

图 8-33　“力”的详细信息视图栏

表格数据

	步	时间 [S]	力 [N]
1	1	0.	10000.
2	1	1.	10000.
*			

图 8-34　设置载荷步“力”的大小

8.9.5　求解

在“主页”选项卡的“求解”面板中单击“求解”按钮，如图 8-35 所示，进行求解。

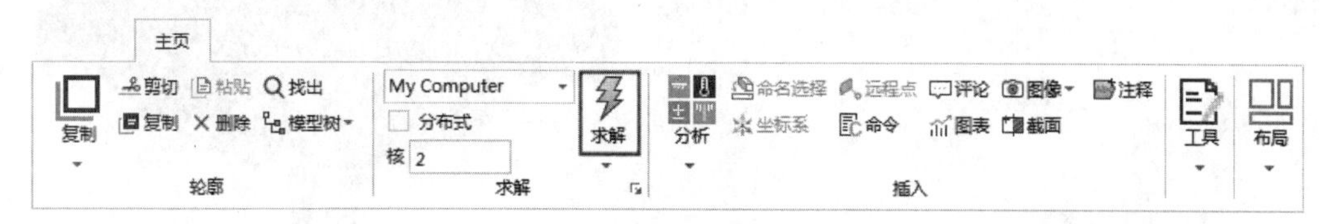

图 8-35　单击“求解”按钮

8.9.6　结果后处理

（1）求解完成后，在树轮廓中单击“求解（A6）”分支，系统切换到“求解”选项卡，在该选项卡中选择需要显示的结果。

（2）添加总变形。单击“求解”选项卡“结果”面板中的“变形”下拉按钮，在弹出的下拉菜单中选择“总计”选项，添加总变形，如图 8-36 所示。

（3）添加等效弹性应变。在“求解”选项卡的“结果”面板中单击“应变”下拉按钮，在弹出的下拉菜单中选择“等效（Von-Mises）”命令，添加等效弹性应变。

（4）添加等效应力。在“求解”选项卡的“结果”面板中单击“应力”下拉按钮，在弹出的下拉菜单中选择“等效（Von-Mises）”命令，添加等效应力。

（5）查看总变形结果。在“求解”选项卡的“求解”面板中单击“求解”按钮，求解完成后展开树轮廓中的“求解”，选择“总变形”选项，显示总变形云图，如图 8-37 所示。

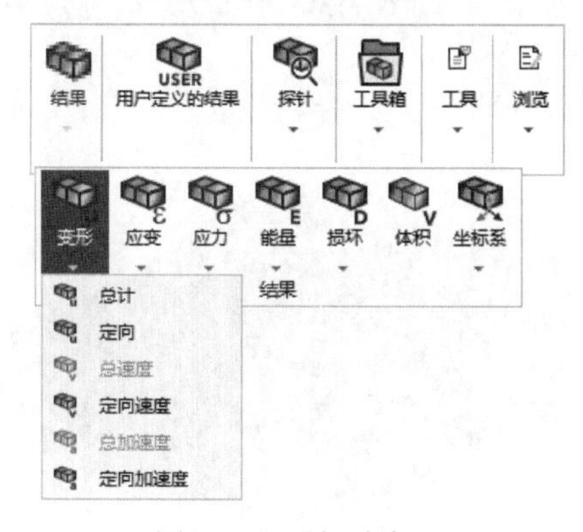

图 8-36　添加总变形

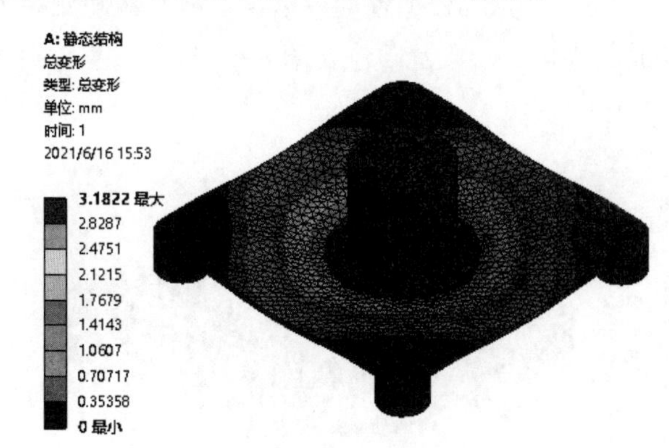

图 8-37　总变形云图

（6）设置变形系数。在“结果”选项卡的“显示”面板中单击“变形系数”下拉按钮，在弹出的下拉菜单中选择“94（2×自动）”选项，如图 8-38 所示，增大变形量，结果如图 8-39 所示。

（7）设置显示类型。在“结果”选项卡的“显示”面板中单击“轮廓图”下拉按钮，在弹出的下拉菜单中可以设置显示轮廓；单击“显示”面板中的“边”下拉按钮，在弹出的下拉菜单中可以设置显示的边线，如图 8-40 所示，包括是否显示单元、是否显示未变形的线框或模型等。图 8-41 所示为选择“平滑的轮廓线”和“无线框”后的总变形云图。

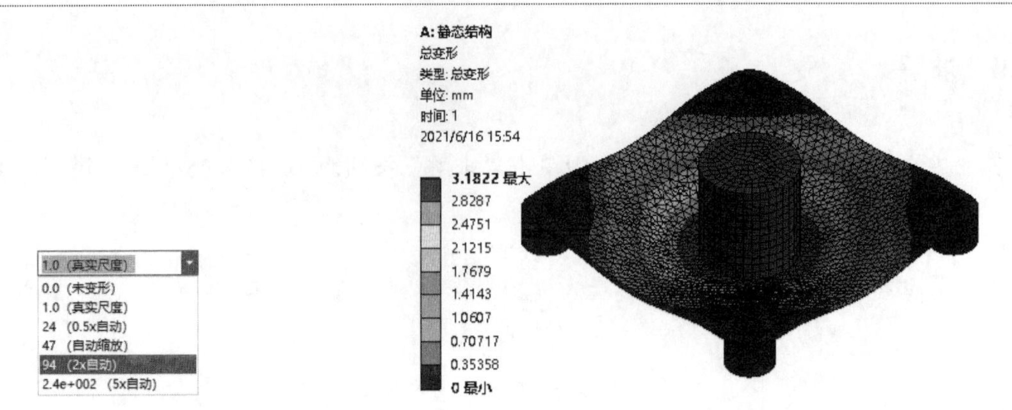

图 8-38　设置变形系数　　　　图 8-39　增大变形量

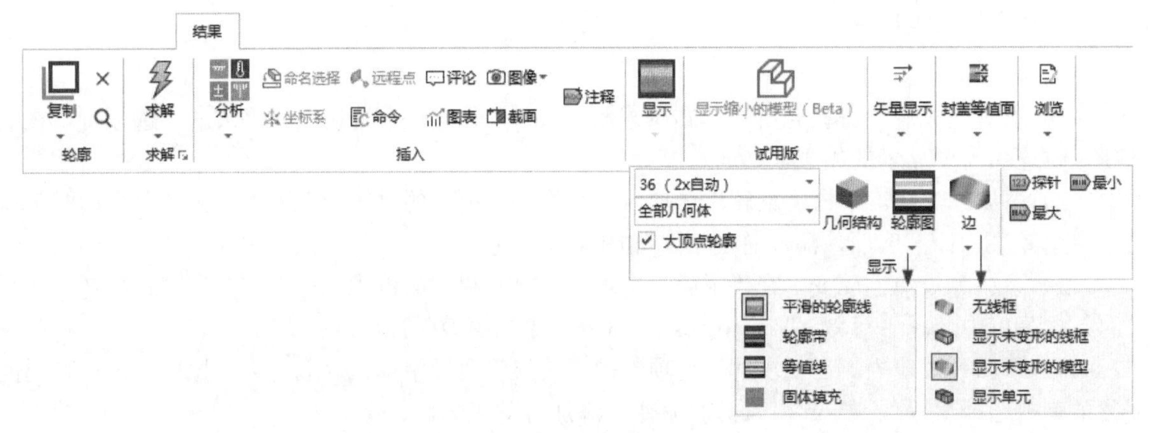

图 8-40　设置显示类型

（8）显示等效弹性应变云图。展开树轮廓中的“求解（A6）”，选择“等效弹性应变”选项，显示等效弹性应变云图，如图 8-42 所示。

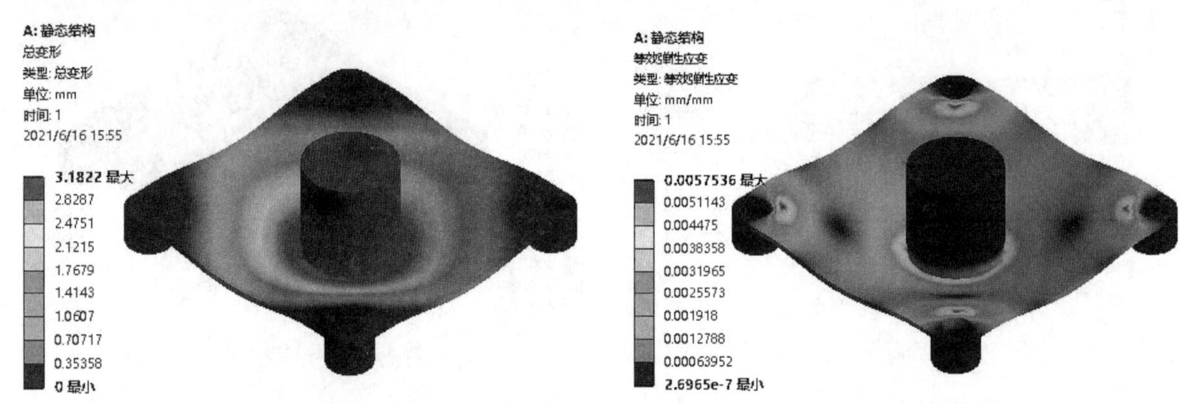

图 8-41　选择“平滑的轮廓线”和“无线框”后的总变形云图　　　　图 8-42　等效弹性应变云图

（9）显示等效应力云图。展开树轮廓中的“求解（A6）”，选择“等效应力”选项，显示等效应力云图，如图 8-43 所示。

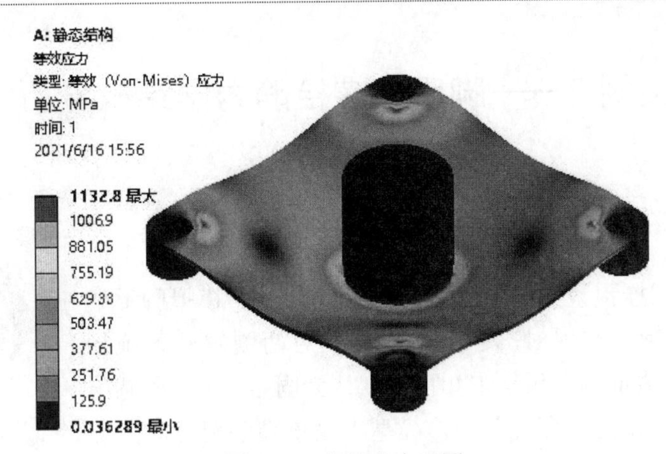

图 8-43　等效应力云图

8.9.7　生成报告

（1）创建一个 HTML 报告。选择需要放在报告中的绘图项（通过选择对应的分支和绘图方式实现）。

（2）生成报告。在“主页”选项卡的“工具”面板中单击“报告预览”按钮 报告预览，生成报告预览，如图 8-44 所示。

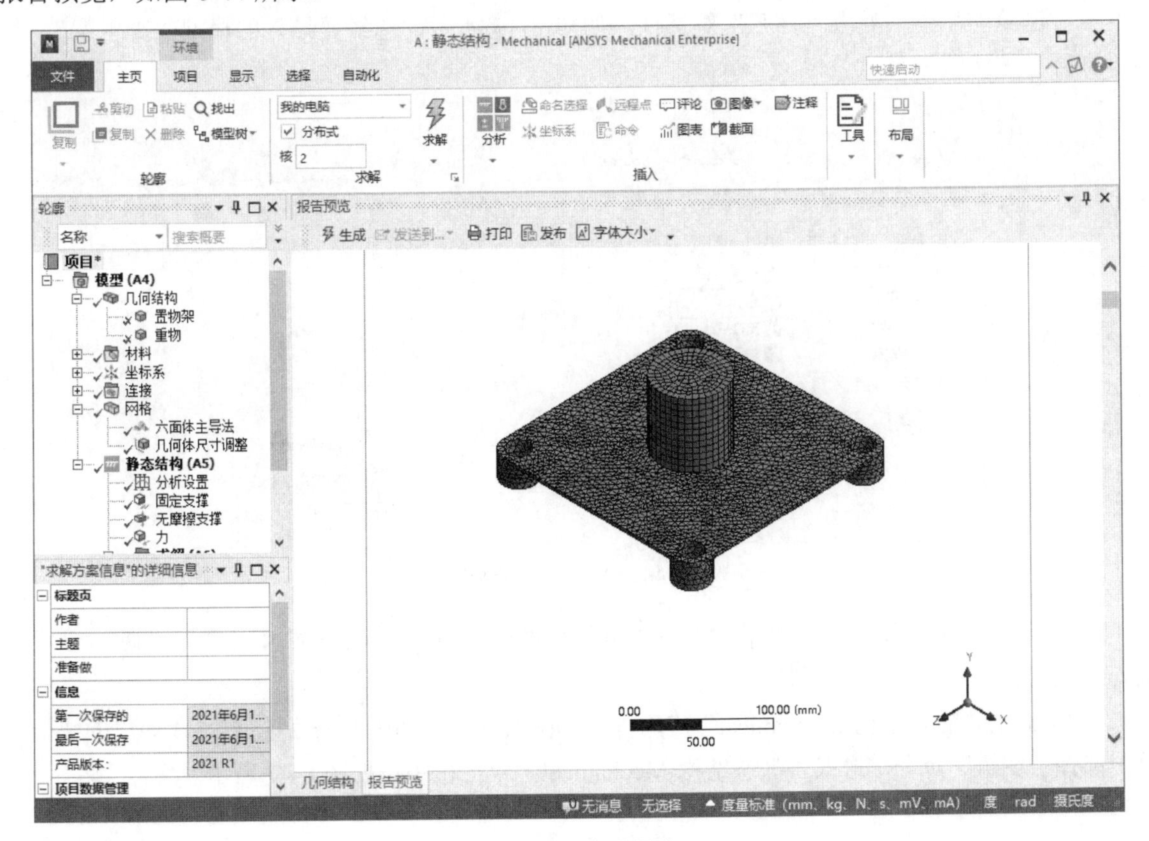

图 8-44　生成报告

扫一扫，看视频

8.10 实例 2——脚手架螺栓静力学结构分析及优化

在建筑工程上，脚手架是必备工具，脚手架是通过脚手架卡扣通过螺栓固定在一起的。该实例就对一个脚手架连接螺栓进行静力学结构分析，使读者了解螺栓预紧力的应用。如图 8-45 所示，模拟脚手架卡扣通过螺栓紧固钢管，实现对脚手架的连接。对两侧螺栓各施加 2000N 的预紧力，钢管表面与脚手架卡扣内侧默认为固定，分析在螺栓预紧力作用下脚手架卡扣的形变及应力。模型中设置脚手架材质为灰铸铁，其余为结构钢。

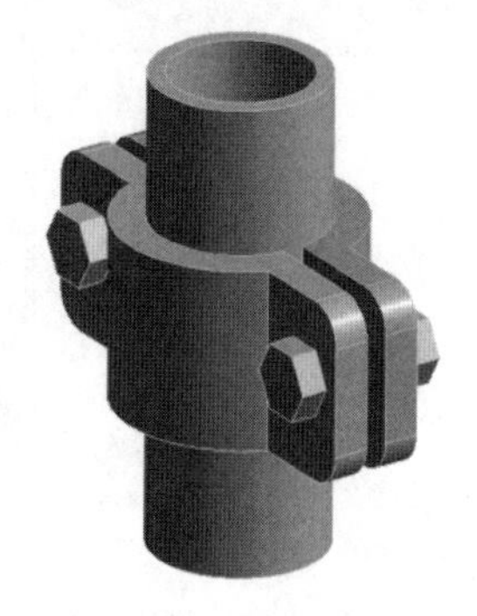
图 8-45　脚手架模型

8.10.1 创建工程项目

（1）打开 Workbench 程序，展开左边工具箱中的“分析系统”栏，将“静态结构”模块直接拖动到项目原理图中或直接双击“静态结构”模块，建立一个含有“静态结构”的项目模块。

（2）导入模型。在项目原理图中右击“几何结构”，在弹出的快捷菜单中选择“导入几何模型”→“浏览”命令，弹出“打开”对话框，如图 8-46 所示，选择要导入的模型“脚手架”，单击“打开”按钮。

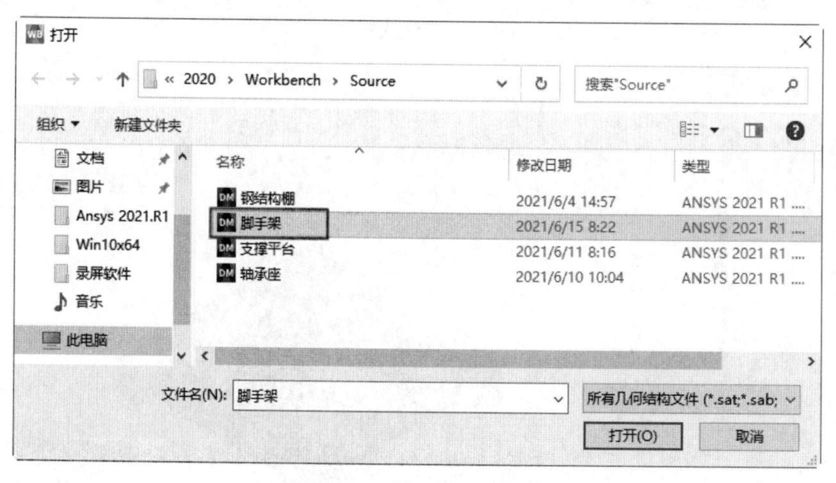

图 8-46　“打开”对话框

（3）设置单位系统。选择“单位”→“度量标准(kg, mm, s, ℃, mA, N, mV)”选项，设置单位为毫米。

（4）启动“静态结构-Mechanical”应用程序。在项目原理图中右击“模型”，在弹出的快捷菜单中选择“编辑”命令，进入“静态结构-Mechanical”应用程序，如图 8-47 所示。

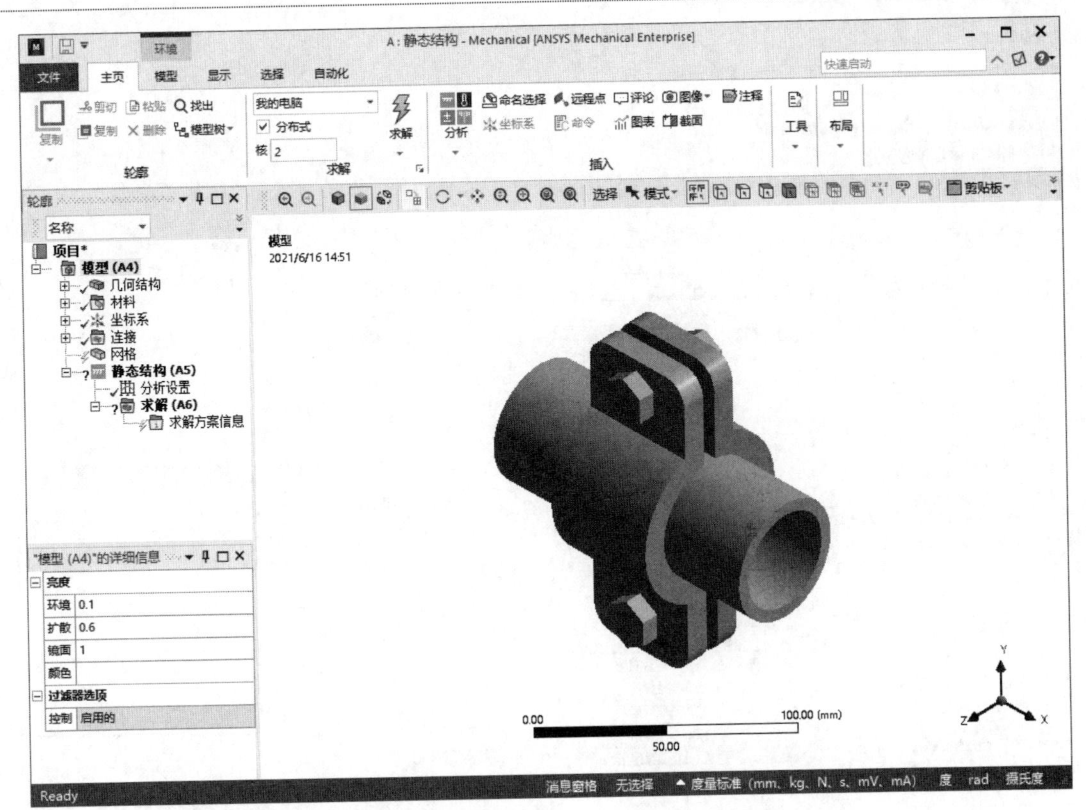

图 8-47　“静态结构-Mechanical”应用程序

8.10.2　设置模型材料

（1）设置单位系统。在“主页”选项卡的“工具”面板中单击“单位”按钮，弹出“单位系统”下拉菜单，选择“度量标准(mm、kg、N、s、mV、mA)”选项。

（2）定义工程数据。返回 Workbench 界面，双击“工程数据”选项，弹出“工程数据”选项卡。

（3）选择“工程数据源”标签。如图 8-48 所示，打开左上角的“工程数据源”窗口。单击“一般材料”按钮 一般材料，使之点亮。在“一般材料”点亮的同时，单击“轮廓 General Materials”窗格中的“灰铸铁”后的“添加”按钮，将该材料添加到当前项目中。

（4）单击“A2:工程数据”标签的“关闭”按钮×，返回 Workbench 界面，此时“模型”模块指出需要进行一次刷新。右击“模型”，在弹出的快捷菜单中选择“刷新”命令，刷新“模型”。双击“模型”，返回“静态结构-Mechanical”应用程序。

（5）模型重命名。在树轮廓中展开“几何结构”，显示模型含有 7 个固体，右击上面的固体，在弹出的快捷菜单中选择“重命名”命令，对固体进行重命名，结果如图 8-49 所示。

（6）设置模型材料。选择“卡扣 1”和“卡扣 2”，在左下角打开的详细信息视图栏中单击“材料”栏中的“任务”，在弹出的“工程数据材料”对话框中选择“灰铸铁”选项，如图 8-50 所示，为卡扣赋予“灰铸铁”材料。选择其他模型，其详细信息视图栏中显示“材料”任务为“结构钢”，这里不作更改。

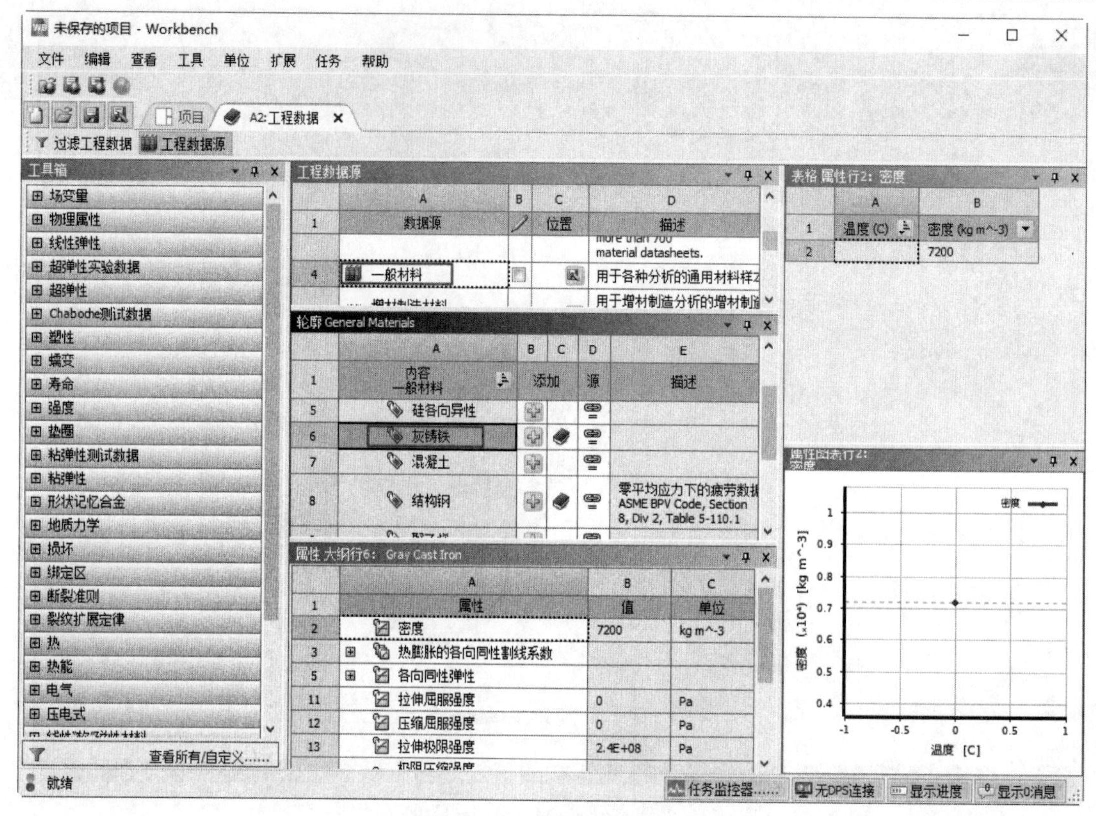

图 8-48 “工程数据源”标签

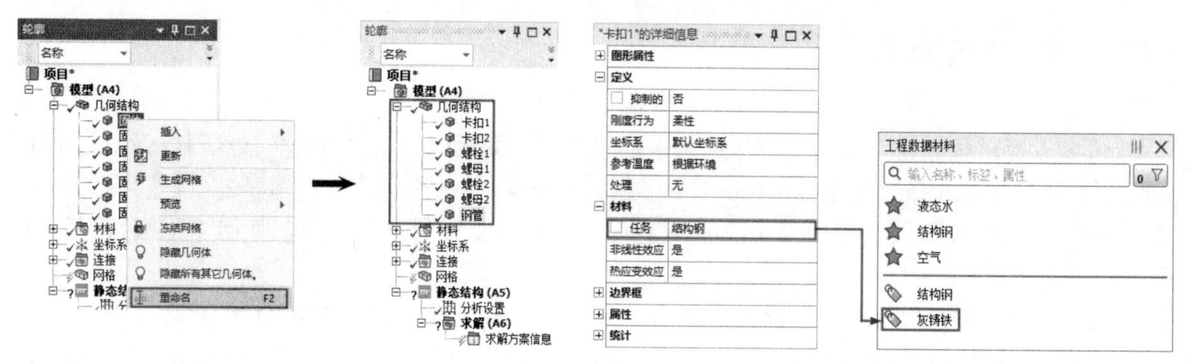

图 8-49 模型重命名　　图 8-50 设置模型材料

8.10.3 添加接触

（1）查看接触。在树轮廓中展开“连接”分支，系统已经为模型接触部分建立了接触连接，如图 8-51 所示；选择“接触区域”，左下角弹出“接触区域”的详细信息，同时在图形窗口显示“卡扣 1”和“螺栓 1”的接触面，如图 8-52 所示。

（2）修改接触。在“接触区域”的详细信息中单击“接触”栏后的选项框，在图形区域选择“卡扣 1”的上表面，如图 8-53 所示；单击“目标”栏后的选项框，在图形区域选择“螺栓 1”的下表面，如图 8-54 所示。

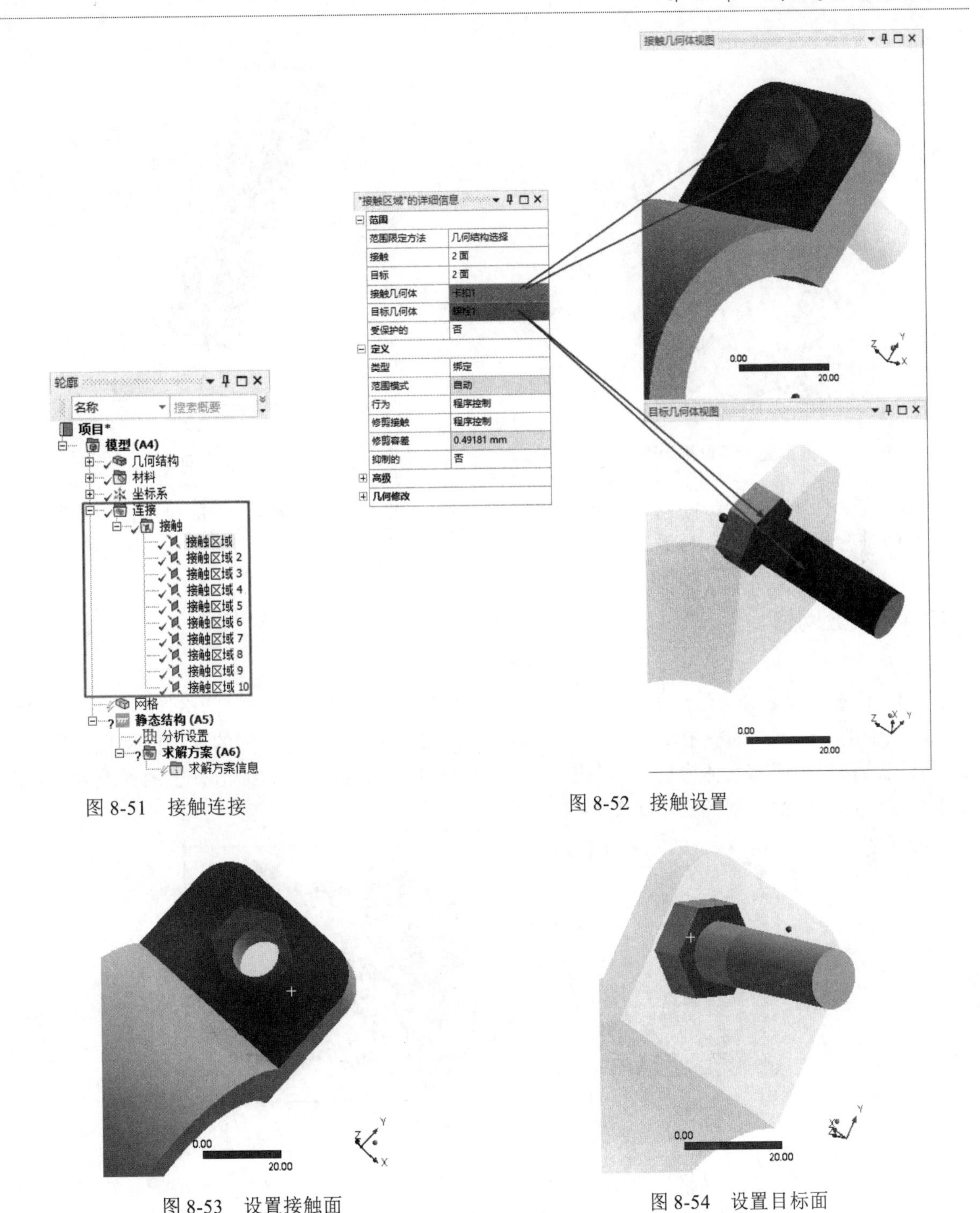

图 8-51　接触连接

图 8-52　接触设置

图 8-53　设置接触面

图 8-54　设置目标面

（3）添加接触。先在树轮廓中单击“连接”下的“接触”分支；再单击“连接”选项卡的“接触”面板中的“接触”下拉按钮，在弹出的下拉菜单中选择“绑定”选项，左下角弹出“绑定”的详细信息视图栏。单击“接触”栏后的选项框，在图形区域选择“卡扣 1”的螺栓孔内表面，如图 8-55 所示；单击“目标”栏后的选项框，在图形区域选择“螺栓 1”的圆柱面，如图 8-56 所示。

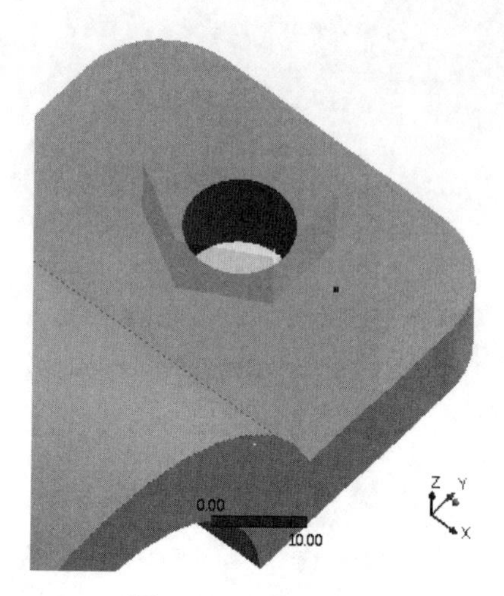

图 8-55　设置接触面

图 8-56　设置目标面

（4）按照上两步的操作设置“接触区域 2”，即“卡扣 2”和“螺栓 2”的接触。查看其他接触，如都符合设置，可不作修改。

8.10.4　划分网格

（1）设置局部划分方法。在树轮廓中单击“网格”分支，系统切换到“网格”选项卡。在“网格”选项卡的“控制”面板中单击“方法”按钮，左下角弹出“方法”的详细信息视图栏，设置“几何结构”为所有实体模型，“方法”为“六面体主导”，此时该详细信息视图栏改为“六面体主导法”的详细信息视图栏，如图 8-57 所示。

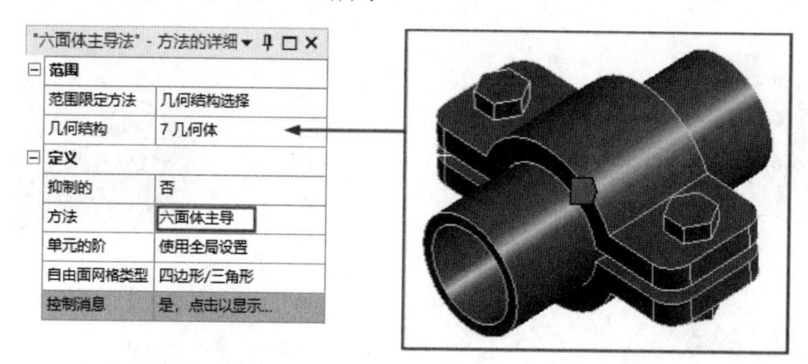

图 8-57　“六面体主导法”的详细信息视图栏

（2）调整尺寸。在“网格”选项卡的“控制”面板中单击“尺寸调整”按钮，左下角弹出“几何体尺寸调整”的详细信息视图栏，设置“几何结构”为卡扣 1、卡扣 2 和钢管，“单元尺寸”为 5.0mm，如图 8-58（a）所示；重新添加一个“几何体尺寸调整 2”，设置“几何结构”为螺栓 1、螺栓 2、螺母 1 和螺母 2，“单元尺寸”为 2.0mm，如图 8-58（b）所示。

（3）划分网格。在树轮廓中单击“网格”分支，左下角弹出“网格”的详细信息视图栏，采用默认设置。在“网格”选项卡的“网格”面板中单击“生成”按钮，系统自动划分网格，结果如图 8-59 所示。

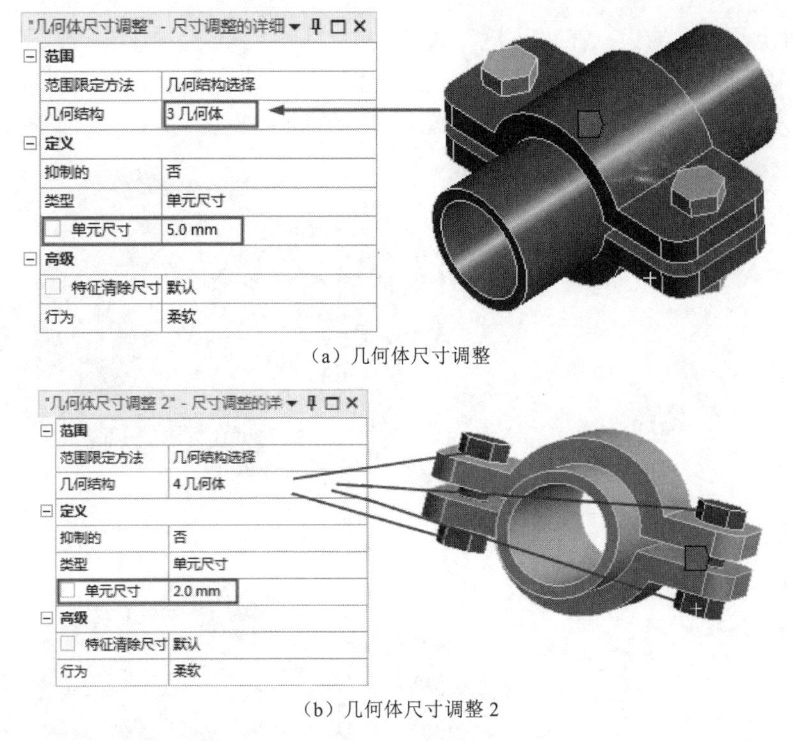

（a）几何体尺寸调整

（b）几何体尺寸调整 2

图 8-58　“尺寸调整”的详细信息视图栏

（4）查看网格质量。在“网格”的详细信息视图栏中设置“显示风格”为“单元质量”，图形界面显示划分网格的质量，如图 8-60 所示。

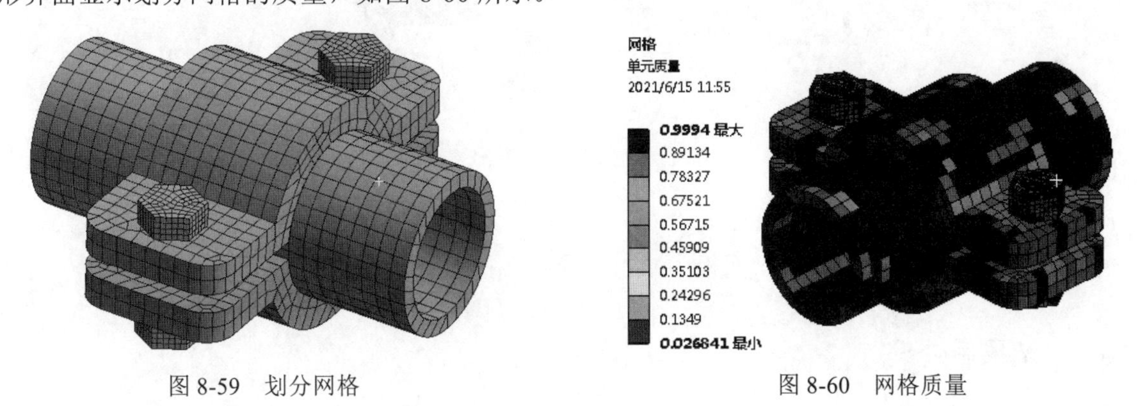

图 8-59　划分网格　　　　图 8-60　网格质量

8.10.5　定义载荷和约束

（1）添加固定约束。在树轮廓中单击“静态结构（A5）”分支，系统切换到“环境”选项卡。在“环境”选项卡的“结构”面板中单击“固定的”按钮固定的，左下角弹出“固定支撑”的详细信息视图栏，设置“几何结构”为“卡扣 1”的内表面和“钢管”的外表面。采用同样的方法添加另外一个固定约束，设置“几何结构”为“卡扣 2”的内表面和“钢管”的外表面，结果如图 8-61 所示。

（2）添加螺栓预紧力约束。在“环境”选项卡的“结构”面板中单击“载荷”下拉按钮，在弹出的下拉菜单中选择“螺栓预紧力”选项，左下角弹出“螺栓预紧力”的详细信息视图栏，设置“几何结构”为螺栓 1、螺母 1、螺栓 2 和螺母 2 四个固体模型，如图 8-62 所示。

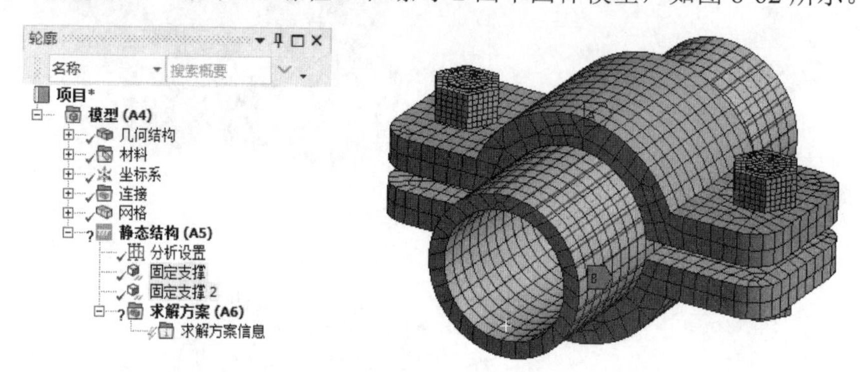

图 8-61　添加固定约束

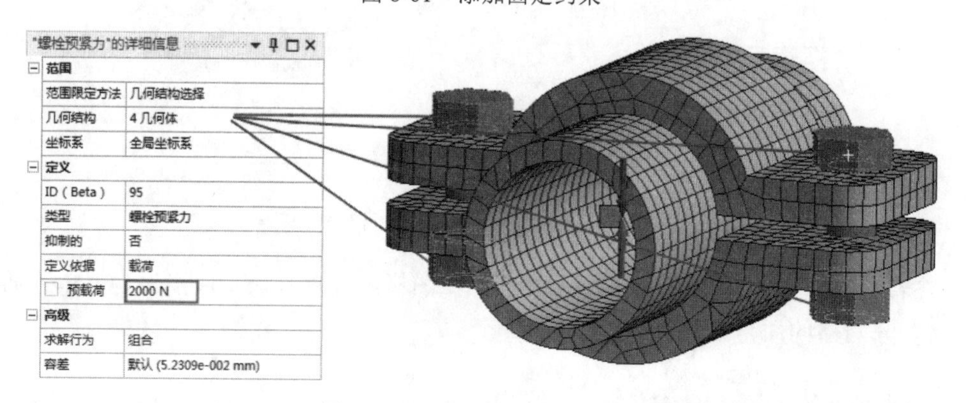

图 8-62　添加螺栓预紧力约束

8.10.6　求解

在“主页”选项卡的“求解”面板中单击“求解”按钮进行求解。

8.10.7　结果后处理

（1）求解完成后，在树轮廓中单击“求解（A6）”分支，系统切换到“求解”选项卡，在该选项卡中选择需要显示的结果。

（2）添加总变形。在“求解”选项卡的“结果”面板中单击“变形”下拉按钮，在弹出的下拉菜单中选择“总计”选项，添加总变形。

（3）添加等效弹性应变。在“求解”选项卡的“结果”面板中单击“应变”下拉按钮，在弹出的下拉菜单中选择“等效（Von-Mises）”选项，添加等效弹性应变。

（4）添加等效应力。在“求解”选项卡的“结果”面板中单击“应力”下拉按钮，在弹出的下拉菜单中选择“等效（Von-Mises）”选项添加等效应力。

（5）添加安全系数。在“求解”选项卡的“工具箱”面板下拉菜单中单击“应力工具”按钮 应力工具，在“求解（A6）”分支下展开“应用工具”，弹出“安全系数”栏，保持默认设置。

（6）查看总变形结果。在“求解”选项卡的“求解”面板中单击“求解”按钮，求解完成后展开树轮廓中的“求解”，选择“总变形”选项，显示总变形云图，如图 8-63 所示。

（7）设置显示类型。在“结果”选项卡的“显示”面板中单击“轮廓图”下拉按钮，在弹出的下拉菜单中可以设置显示轮廓；单击“显示”面板中的“边”下拉按钮，在弹出的下拉菜单中可以设置显示的边线，包括是否显示单元、是否显示未变形的线框或模型等。图 8-64 所示为选择“平滑的轮廓线”和“无线框”后的总变形云图。

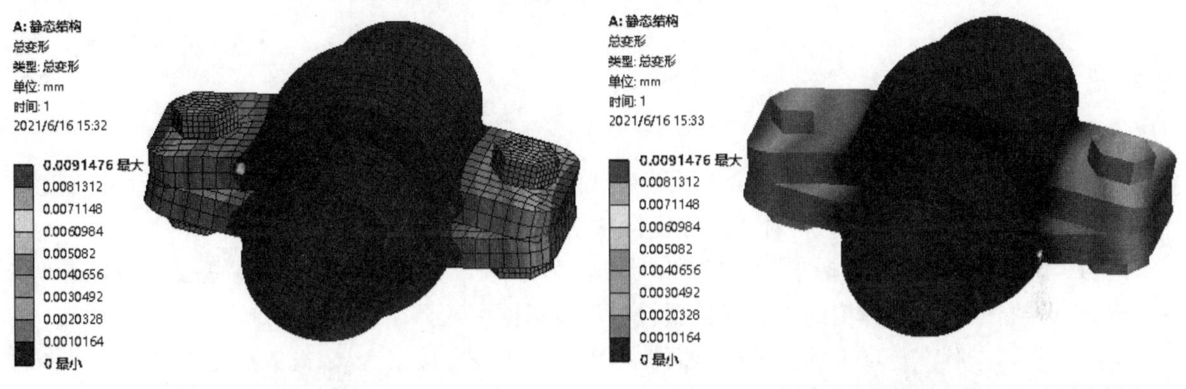

图 8-63　总变形云图　　图 8-64　选择“平滑的轮廓线”和“无线框”后的总变形云图

（8）显示等效弹性应变云图。展开树轮廓中的“求解（A6）”，选择“等效弹性应变”选项，显示等效弹性应变云图，如图 8-65 所示。

（9）显示等效应力云图。展开树轮廓中的“求解（A6）”，选择“等效应力”选项，显示等效应力云图，如图 8-66 所示。

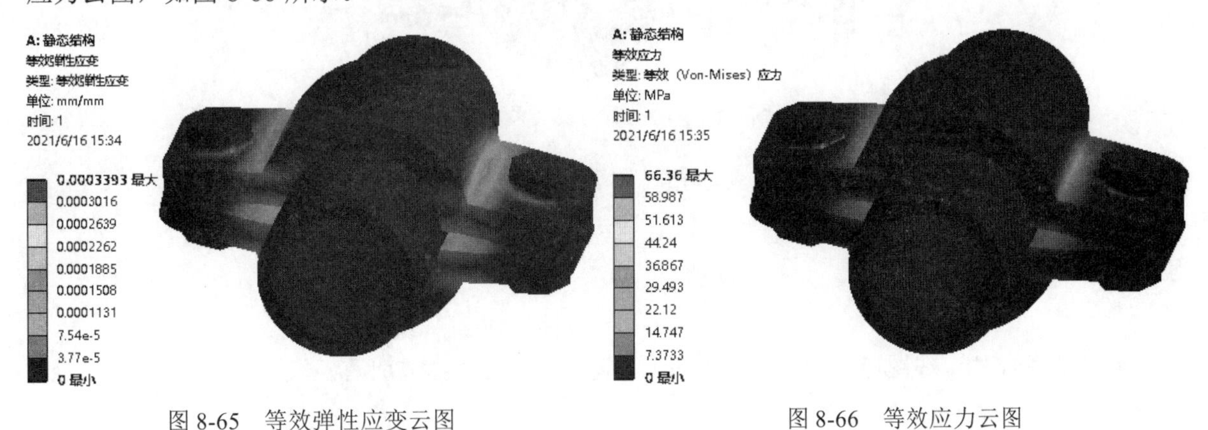

图 8-65　等效弹性应变云图　　图 8-66　等效应力云图

（10）显示安全系数云图。展开树轮廓中的“求解（A6）”，选择“安全系数”选项，显示安全系数云图，如图 8-67 所示。

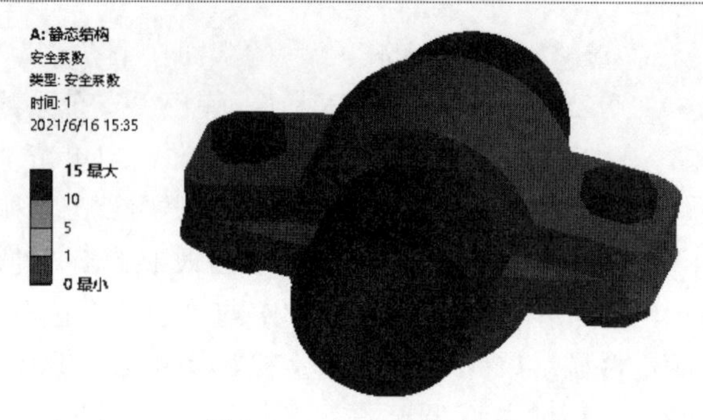

图 8-67　安全系数云图

8.10.8　优化

从分析结果的安全系数云图中可以看到卡扣的安全系数较低，说明使用灰铸铁做卡扣强度不够。接下来通过改变卡扣的材料对其进行优化。

（1）设置模型材料。选择“卡扣 1”和“卡扣 2”，在左下角打开的详细信息视图栏中单击“材料”栏中的“任务”，在弹出的“工程数据材料”对话框中选择“结构钢”选项。

（2）在“求解”选项卡的“求解”面板中单击“求解”按钮，求解完成后展开树轮廓中的“求解（A6)”，选择“安全系数”选项，显示安全系数云图，如图 8-68 所示。

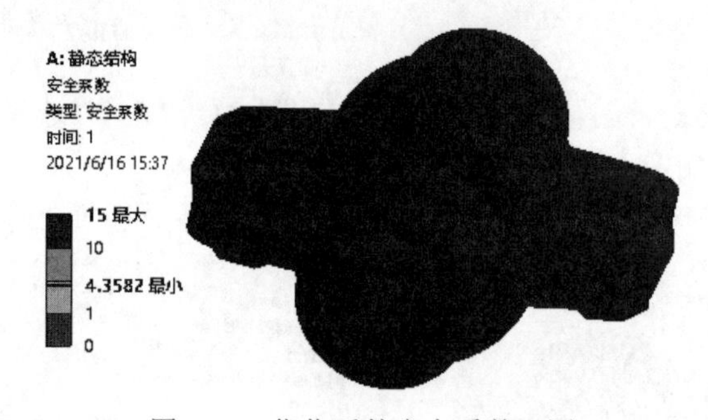

图 8-68　优化后的安全系数云图

（3）从图 8-68 中可以看出，改变卡扣材质后，此时的安全系数都很好。

8.10.9　动画显示结果

结果查看完毕，在图形区域下面的“图形”窗格中单击“播放或暂停”按钮，动画显示分析结果。

8.10.10　生成报告

（1）创建一个 HTML 报告。选择需要放在报告中的绘图项（通过选择对应的分支和绘图方式实现）。

（2）生成报告。在“主页”选项卡的“工具”面板中单击“报告预览”按钮，生成报告预览，如图 8-69 所示。

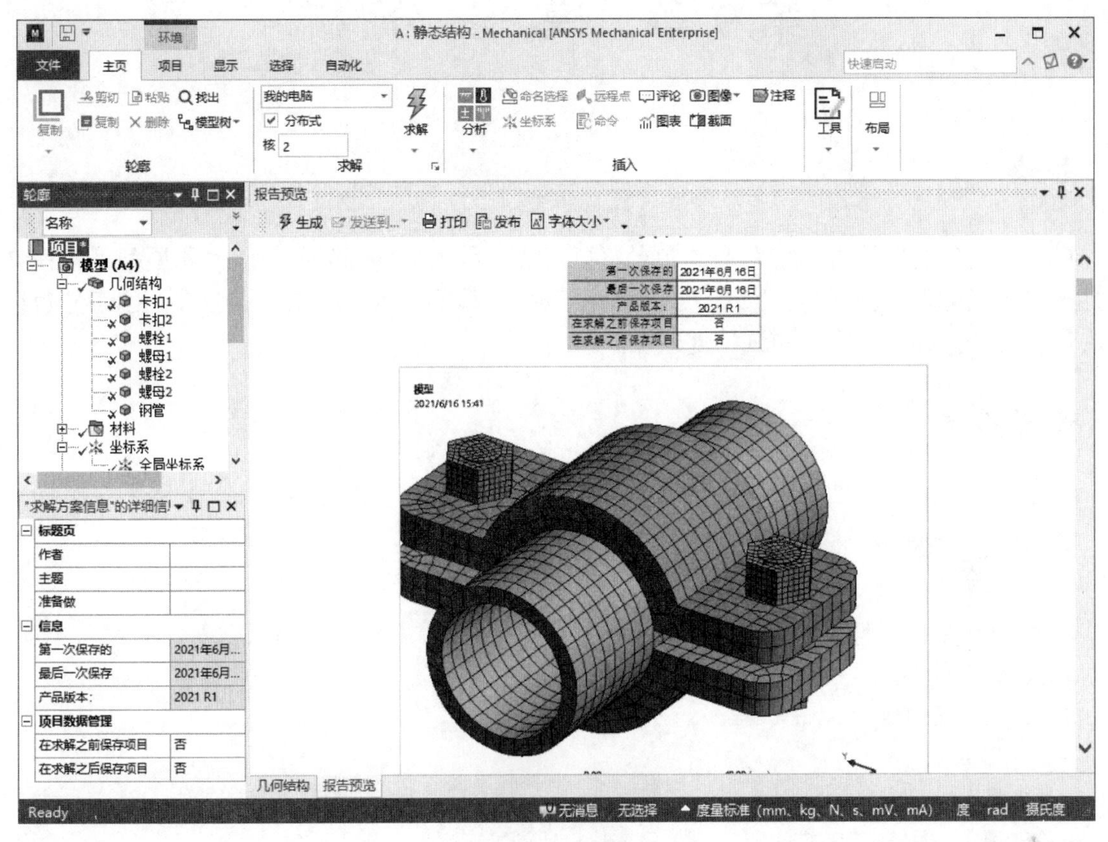

图 8-69　生成报告

第 9 章　模 态 分 析

导读

模态分析是机械工程中常用的动力学分析方式，是用结构的频率、阻尼和振型等固有动态特性来描述结构本身的过程。因此，结构的模态包括频率、阻尼和振型等参数，模态分析也可以说是对这些参数的计算、测试和处理操作。

精彩内容

- 模态分析原理
- 模态分析步骤
- 创建工程项目
- 创建或导入几何模型
- 定义接触关系
- 模态求解设置
- 求解
- 结果后处理
- 实例 1 ——路灯模态分析
- 实例 2 ——硬盘高速旋转模态分析

9.1　模态分析原理

模态分析用于确定所设计物体或零部件的振动特性（固有频率和阵型），即所设计物体或零部件的固有频率和阵型，它是承受动态载荷结构设计中的重要参数。同时，模态分析也可以作为其他动力学分析问题的开始，如瞬态动力学分析、谐响应分析和响应谱分析，进行响应谱分析、模态叠加法谐响应分析或瞬态动力学分析之前必须先进行模态分析。

在模态分析中，固有频率和模态振型是常用的分析参数，这两者存在于所要研究的结构上。一方面，模态分析要计算或者测试这些频率和相应的振型；另一方面，模态分析要找出影响结构动力响应的外在激励，从而对所设计的物体或零部件进行优化设计。

对于模态分析，振动频率 ω_i 和模态 ϕ_i 是根据下面的方程计算出的：

$$\left([\boldsymbol{K}]-\omega_i^2[\boldsymbol{M}]\right)\{\phi_i\}=0$$

公式中假设刚度矩阵 $\boldsymbol{K}$、质量矩阵 $\boldsymbol{M}$ 是定值，这就要求材料是线弹性的，任何非线性特性，如塑性、接触单元等，即使被定义了，也将被忽略。

9.2 模态分析步骤

模态分析与线性静态分析的过程非常相似，因此本章不对所有的步骤进行详细介绍。进行模态分析主要有以下几个步骤。

（1）创建工程项目。

（2）创建或导入几何模型（支持全部几何类型）。

（3）定义材料属性（不支持非线性材料属性）。

（4）定义接触关系（针对装配体）。

（5）划分网格。

（6）模态求解设置（包括预应力设置、分析设置、约束与载荷设置）。

（7）求解。

（8）结果后处理。

下面就几个主要方面进行讲解。

9.3 创建工程项目

模态分析采用“模态”模块进行分析，故应在Workbench中创建“模态”项目模块（图9-1），在“分析系统”工具箱中将“模态”模块拖到项目原理图中或者双击“模态”模块即可。

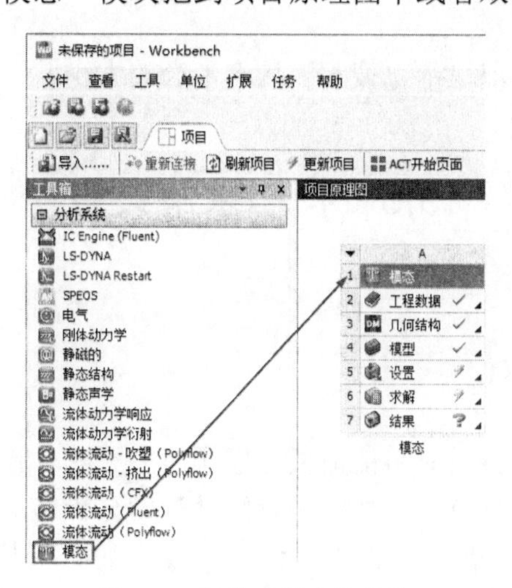

图9-1 创建“模态”模块

9.4 创建或导入几何模型

模态分析支持各种几何体，包括实体、表面体和线体。

模态分析可以使用质量点，质点在模态分析中只有质量（无硬度），量点的存在会降低结构自由振动的频率。

在材料属性设置中，弹性模量、泊松比和密度的值是必须要有的。

9.5 定义接触关系

当进行装配体的模态分析时，会存在接触问题。但是由于模态分析是纯粹的线性分析，故而采用的接触不同于非线性分析中的接触类型，具体见表 9-1。

表 9-1 接触类型

接触类型	静态分析	模态分析		
		初始接触	搜索区域内	搜索区域外
绑定	绑定	绑定	绑定	自由
无分离	无分离	无分离	无分离	自由
无摩擦	无摩擦	无分离	自由	自由
粗糙	粗糙	绑定	自由	自由
摩擦的	摩擦的	$\eta=0$，无分离 $\eta>0$，绑定	自由	自由

注：η 为摩擦系数。

接触包括粗糙接触和摩擦接触，其在内部表现为黏结或无分离。如果有间隙存在，非线性接触行为将是自由无约束的。

绑定和不分离的接触情形取决于“搜索区域”半径的大小。

9.6 模态求解设置

9.6.1 预应力设置

某些情况下，在执行模态分析时可能需要考虑预应力影响。预应力模态分析同一般的模态分析基本相同，只不过预应力模态分析需要先进行线性静力分析施加预应力。在项目原理图中建立一个与静力结构分析和模态分析相关联的并含有预应力的分析模型，如图 9-2 所示。此时在 Mechanical 应用程序的模型分支中含有“静态结构”和“模态”两种类型，并且树轮廓中静态分析的结果变为模态分析的开始条件，如图 9-3 所示。

“预应力（静态结构）”的详细信息视图栏如图 9-4 所示，其控制方式包括程序控制、载荷步和时间，接触状态包括使用真实状态、力粘附和强制绑定。

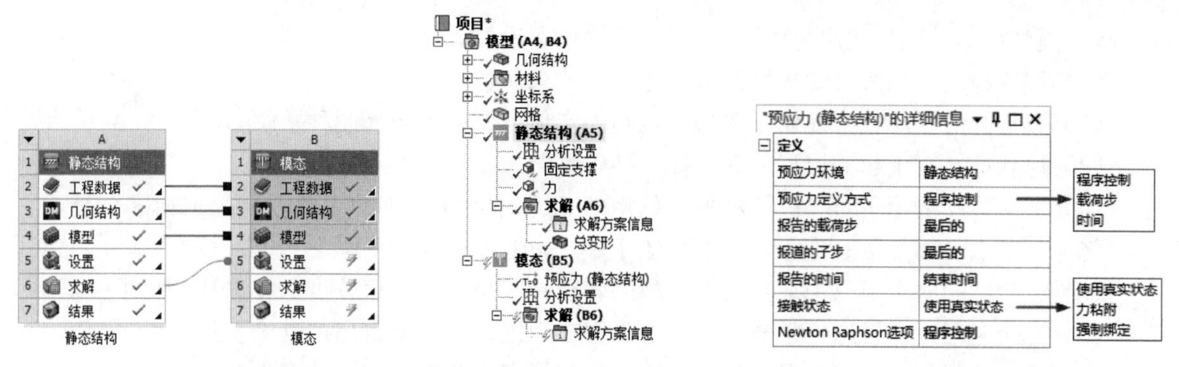

图 9-2　关联分析类型　　图 9-3　树轮廓结构　　图 9-4　“预应力（静态结构）”的详细信息视图栏

9.6.2　分析设置

模态分析设置包括设置模态数、阻尼与非阻尼、求解类型和输出控制等。“分析设置”的详细信息视图栏如图 9-5 所示。

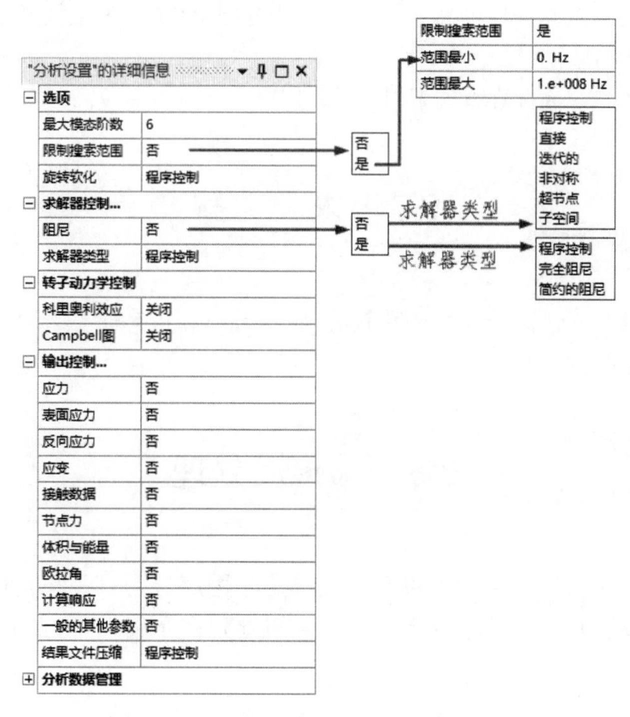

图 9-5　“分析设置”的详细信息视图栏

（1）最大模态阶数：提取的模态阶数，范围是 1～200，默认阶数为 6。

（2）限制搜索范围：通过选项“是”或“否”来控制是否对搜索范围进行设置。

（3）输出控制：对应力和应变结果进行评估。

（4）所有的材料属性参数都是在 Engineering Data 中输入的。

求解器包括无阻尼模态设置和有阻尼模态设置，通过选项“是”或“否”进行设置。其对应的求解器类型如下，默认状态为“否”，即无阻尼模态设置。

（1）程序控制：系统自动提供的最优先选择的求解器。

（2）直接：对于薄壁柔性体、形状不规则的实体模型，宜选择此种求解器。

（3）迭代的：对于超大模型，宜选择此种求解器。

（4）非对称：适用于对具有不对称质量矩阵 $\boldsymbol{M}$ 和刚度矩阵 $\boldsymbol{K}$ 以及声学问题的模态分析。

（5）超节点：对于 2D 平面和梁壳结构的模型，宜选择此种求解器。

（6）子空间：对于提取中型到大型模型的较少的阵型，且内存较少，宜选择此种求解器。

（7）完全阻尼：在模态声学分析中，如果存在阻尼，则完全阻尼是唯一支持的选项。

（8）简约的阻尼：与完全阻尼相比，简约的阻尼在求解时间方面效率更高。

9.6.3 约束和边界条件

在进行模态分析时，一般不加载结构载荷和热载荷。

约束：若模型有刚体位移，则这些模态将处于 0Hz 附近。这一点与静态结构分析不同，模态分析并不要求禁止刚体运动。

对于模态分析来说，边界条件非常重要，因为其能影响零件的振型和固有频率。因此，需要仔细考虑模型是如何被约束的。

压缩约束是非线性的，因此在此分析中不被使用。

9.7 求　　解

求解结束后，“求解”分支会显示一个图标，显示频率和模态阶数。可以从图表或者图形中选择需要振型或者全部振型进行显示。

9.8 结果后处理

在进行模态分析时，由于在结构上没有激励作用，因此振型只是与自由振动相关的相对值。

在详细列表里可以看到每个结果的频率值，可以通过图形窗口下方的时间标签的动画工具栏来查看振型。

扫一扫，看视频

9.9 实例 1——路灯模态分析

图 9-6 所示为一个路灯模型，其主体材质为结构钢，路灯底部固定，现在要对其进行模态分析。

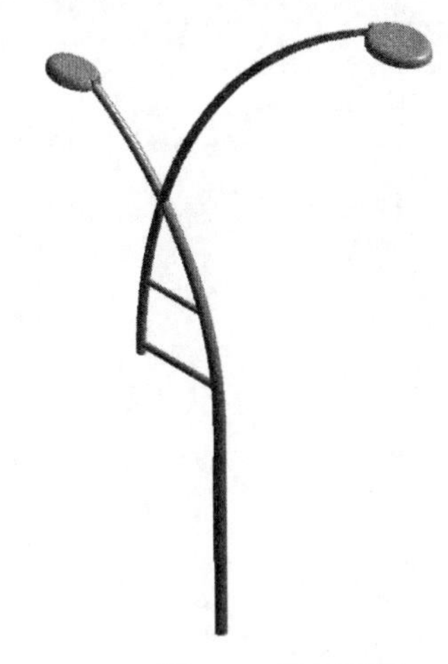

图 9-6 路灯模型

9.9.1 创建工程项目

（1）打开 Workbench 程序，展开左边工具箱中的“分析系统”栏，将“模态”模块直接拖动到项目原理图中或直接双击“模态”模块，建立一个含有“模态”的项目模块，结果如图 9-1 所示。

（2）导入模型。在项目原理图中右击“几何结构”，在弹出的快捷菜单中选择“导入几何模型”→“浏览”命令，弹出“打开”对话框，如图 9-7 所示，选择要导入的模型“路灯”，单击“打开”按钮。

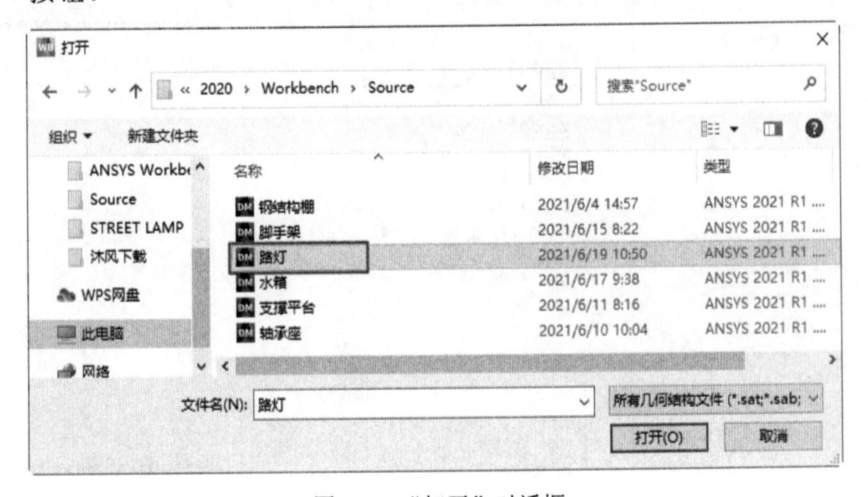

图 9-7 “打开”对话框

（3）设置单位系统。选择“单位”→“度量标准(kg, m, s,℃, A, N, V)”命令，设置单位为米。

（4）启动“模态-Mechanical”应用程序。在项目原理图中右击“模型”，在弹出的快捷菜单中选择“编辑”命令，如图 9-8 所示，进入“模态-Mechanical”应用程序，如图 9-9 所示。

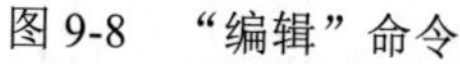
图 9-8 “编辑”命令

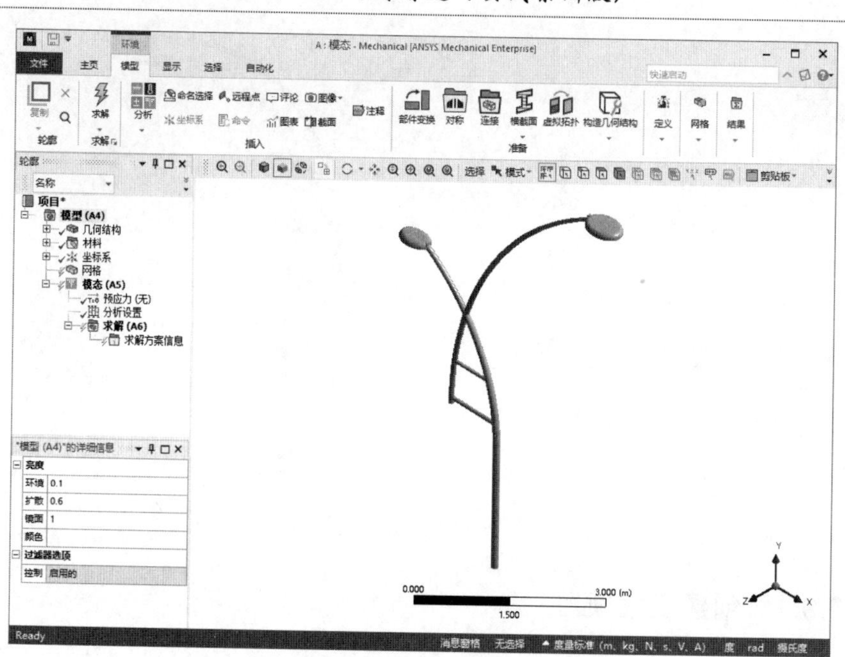

图 9-9 “模态-Mechanical”应用程序

9.9.2 设置模型材料

（1）设置单位系统。在“主页”选项卡的“工具”面板中单击“单位”按钮，弹出“单位系统”下拉菜单，如图 9-10 所示，选择“度量标准(m、kg、N、s、V、A)”选项。

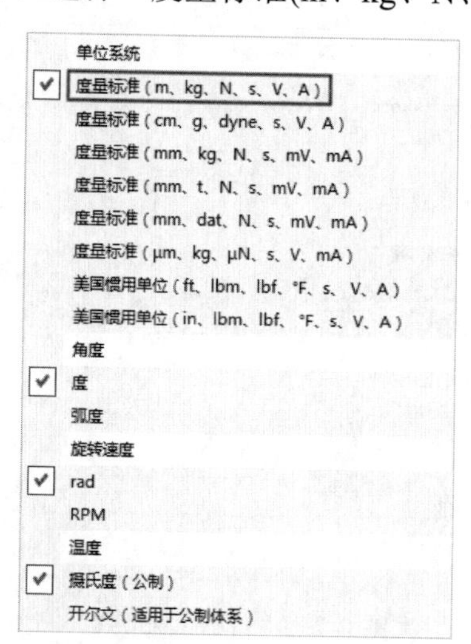

图 9-10 “单位系统”下拉菜单

（2）模型重命名。在树轮廓中展开“几何结构”，显示模型含有一个固体，右击该固体，在弹出的快捷菜单中选择“重命名”命令，重新输入名称为“路灯”。

（3）设置模型材料。选择“路灯”，在左下角弹出“路灯”的详细信息视图栏，其中显示“材料”任务为“结构钢”，这里不作更改。

9.9.3 划分网格

（1）调整尺寸。在树轮廓中单击“网格”分支，系统切换到“网格”选项卡。在“网格”选项卡的“控制”面板中单击“尺寸调整”按钮，左下角弹出“几何体尺寸调整”的详细信息视图栏，设置“几何结构”为路灯，“单元尺寸”为 0.1m，如图 9-11 所示。

（2）划分网格。在树轮廓中单击“网格”分支，左下角弹出“网格”的详细信息视图栏，采用默认设置。在“网格”选项卡的“网格”面板中单击“生成”按钮，系统自动划分网格，结果如图 9-12 所示。

（3）查看网格质量。在“网格”的详细信息视图栏中设置“显示风格”为“单元质量”，图形界面显示划分网格的质量，如图 9-13 所示。

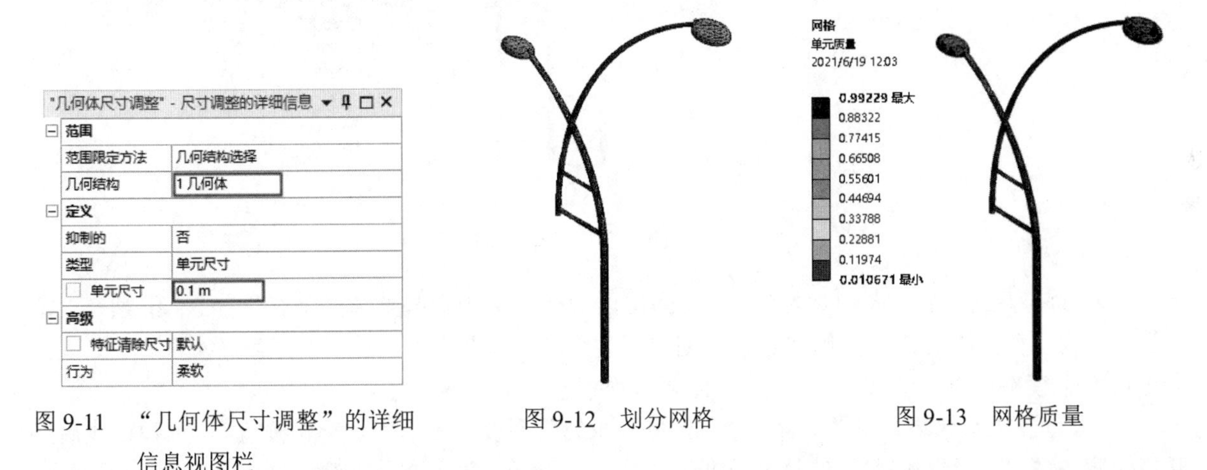

图 9-11 “几何体尺寸调整”的详细信息视图栏

图 9-12 划分网格

图 9-13 网格质量

9.9.4 定义载荷和约束

（1）添加固定约束。在树轮廓中单击“模态（A5）”分支，系统切换到“环境”选项卡。在“环境”选项卡的“结构”面板中单击“固定的”按钮 固定的，左下角弹出“固定支撑”的详细信息视图栏，设置“几何结构”为路灯的底面，如图 9-14 所示。

（2）分析设置。单击“模态（A5）”分支下的“分析设置”，在“分析设置”的详细信息视图栏中设置“最大模态阶数”为 8，其他为默认，如图 9-15 所示。

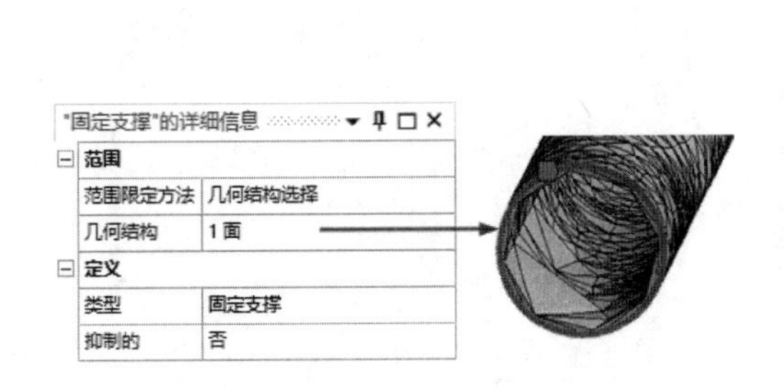

图 9-14 添加固定约束

图 9-15 “分析设置”的详细信息视图栏

9.9.5 求解

在“主页”选项卡的“求解”面板中单击“求解”按钮进行求解。

9.9.6 结果后处理

（1）求解完成后，在树轮廓中单击“求解（A6）”分支，系统切换到“求解”选项卡，同时在图形窗口下方出现“图形”表和“表格数据”，显示了对应的频率，如图 9-16 所示。

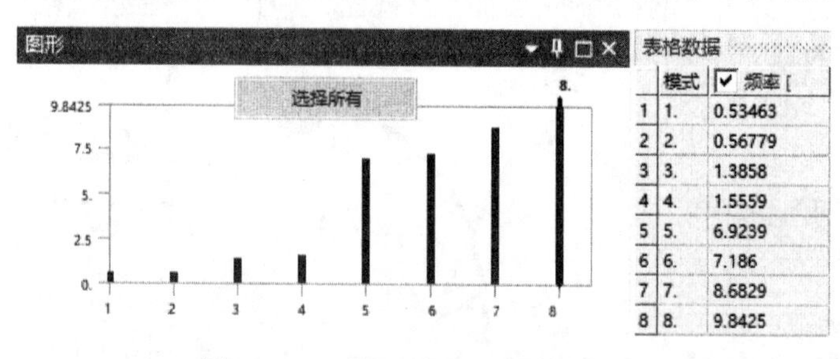

	模式	频率 [
1	1.	0.53463
2	2.	0.56779
3	3.	1.3858
4	4.	1.5559
5	5.	6.9239
6	6.	7.186
7	7.	8.6829
8	8.	9.8425

图 9-16 “图形”和“表格数据”

（2）提取模态。在“图形”上右击，在弹出的快捷菜单中选择“选择所有”命令；继续在“图形”上右击，在弹出的快捷菜单中选择“创建模型形状结果”命令。此时“求解（A6）”分支下方会出现 8 个模态结果，如图 9-17 所示，需要再次求解才能正常显示。

（3）查看模态结果。在“求解”选项卡的“求解”面板中单击“求解”按钮，求解完成后展开树轮廓中的“求解（A6）”，选择“总变形”选项，显示一阶模态总变形云图，如图 9-18 所示。

（4）设置变形系数。在“结果”选项卡的“显示”面板中单击“变形系数”下拉按钮，在弹出的下拉菜单中选择“13（2×自动）”选项，增大变形量。

（5）设置显示类型。在“结果”选项卡的“显示”面板中单击“轮廓图”下拉按钮，在弹出的下拉菜单中可以设置显示轮廓；单击“显示”面板中的“边”下拉按钮，在弹出的下拉菜单中可以设置显示的边线，包括是否显示网格、是否显示未变形的线框或模型等。图 9-19 所示为选择“平滑的轮廓线”和“无线框”后的一阶模态总变形云图。

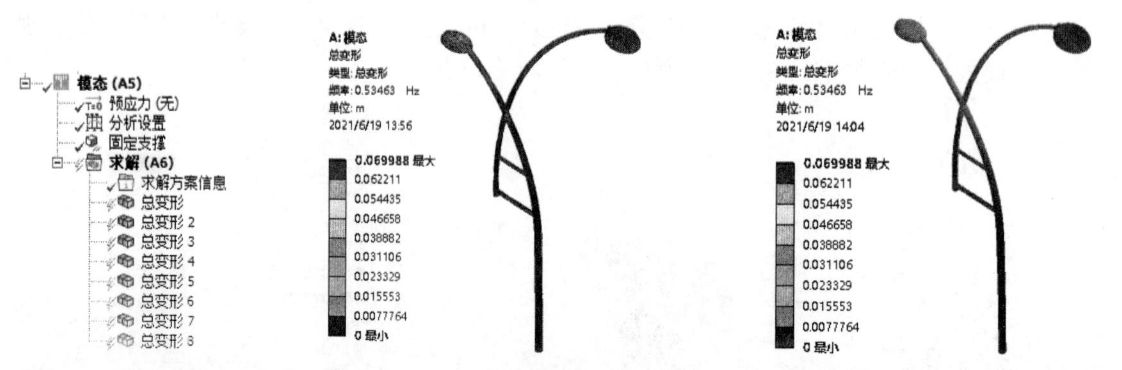

图 9-17 提取模态　图 9-18 一阶模态总变形云图　图 9-19 选择“平滑的轮廓线”和“无线框”后的一阶模态总变形云图

（6）查看其他模态变形图。在“求解（A6）”分支下方依次单击其他总变形图，查看各阶模态的云图，如图 9-20 所示。

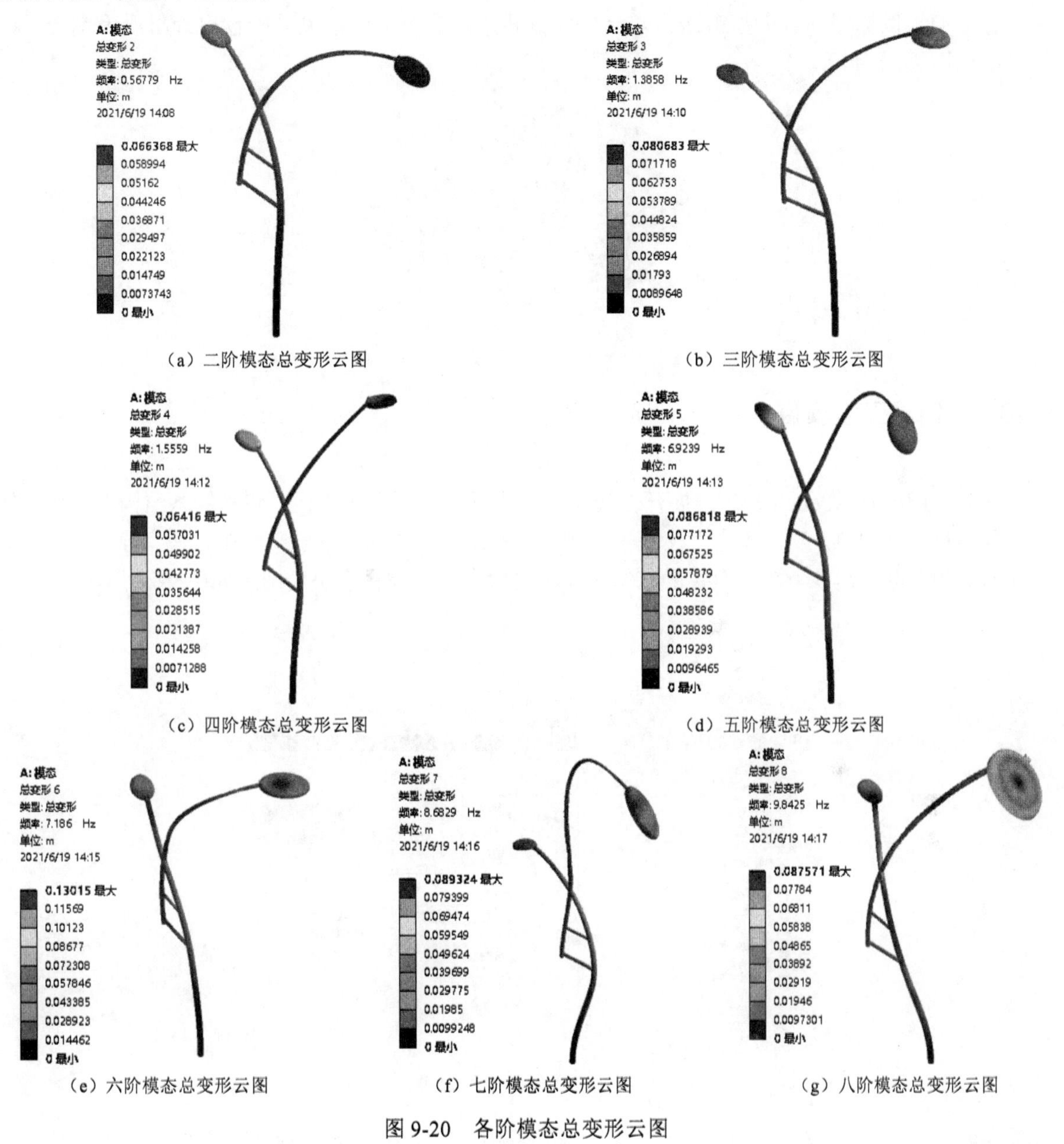

（a）二阶模态总变形云图　（b）三阶模态总变形云图

（c）四阶模态总变形云图　（d）五阶模态总变形云图

（e）六阶模态总变形云图　（f）七阶模态总变形云图　（g）八阶模态总变形云图

图 9-20　各阶模态总变形云图

9.10　实例 2——硬盘高速旋转模态分析

扫一扫，看视频

物体在高速旋转时，由于受到离心力的影响，其旋转状态下的固有频率与静止时相比会有一定的变化。因此，在设计高速旋转的机械零部件时，对其进行高速旋转的模态分析很有必要。求出其在高速旋转状态下的固有频率和模态振型，对设计零部件进行优化，使其在要求的转速下尽量远离高速状态的固有频率和模态振型。

该实例是对一个硬盘碟片进行高速旋转的模态分析，查看其在 7200r/min 状态下的固有频率和模态振型，以免振动过大损害磁头，降低硬盘碟片寿命。目前常见的硬盘碟片材质为铝合金，其模型如图 9-21 所示。

图 9-21　硬盘碟片模型

9.10.1　创建工程项目

（1）打开 Workbench 程序，展开左边工具箱中的“分析系统”栏，将“静态结构”模块直接拖动到项目原理图中，将“模态”模块拖动到“静态结构”中的“求解”栏中，使“静态结构”和“模态”相关联，建立一个含有“静态结构”和“模态”的项目模块，结果如图 9-22 所示。

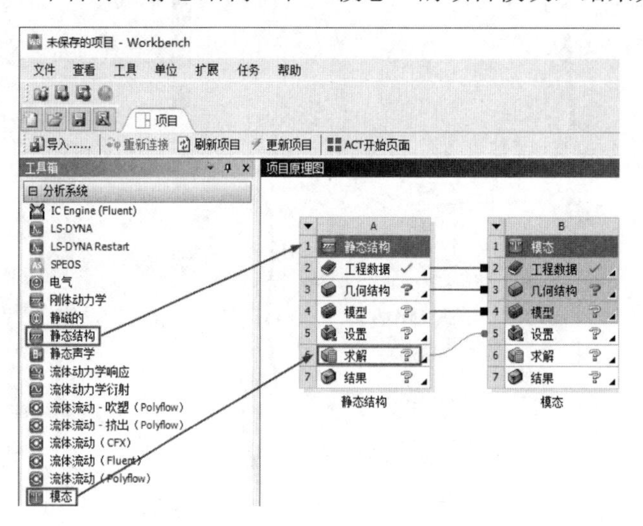

图 9-22　创建工程项目

（2）导入模型。在项目原理图中右击“几何结构”，在弹出的快捷菜单中选择“导入几何模型”→“浏览”命令，弹出“打开”对话框，如图 9-23 所示，选择要导入的模型“硬盘碟片”，单击“打开”按钮。

（3）设置单位系统。选择“单位”→“度量标准(kg,mm,s,℃,mA,N,mV)”命令，设置单位为毫米。

（4）启动“多个系统-Mechanical”应用程序。在项目原理图中右击“模型”，在弹出的快捷菜单中选择“编辑”命令，如图 9-24 所示，进入“多个系统-Mechanical”应用程序，如图 9-25 所示。

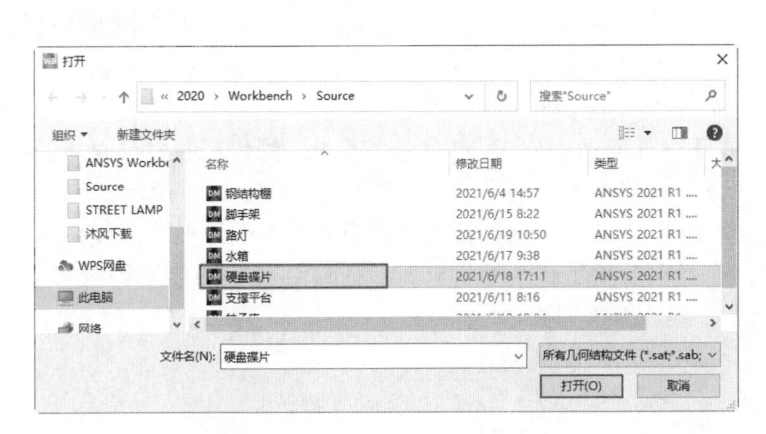
图 9-23 “打开”对话框

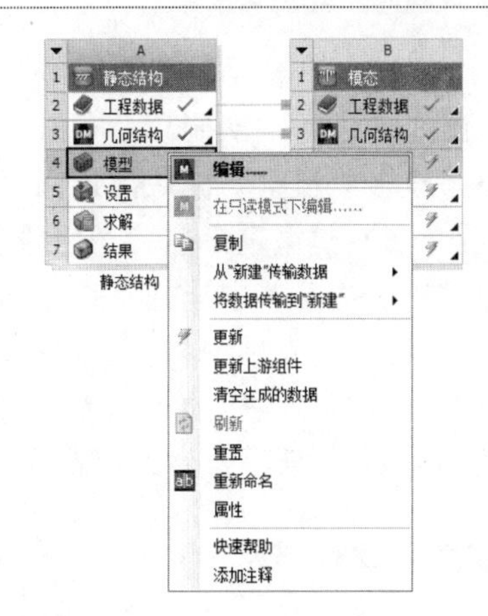
图 9-24 “编辑”命令

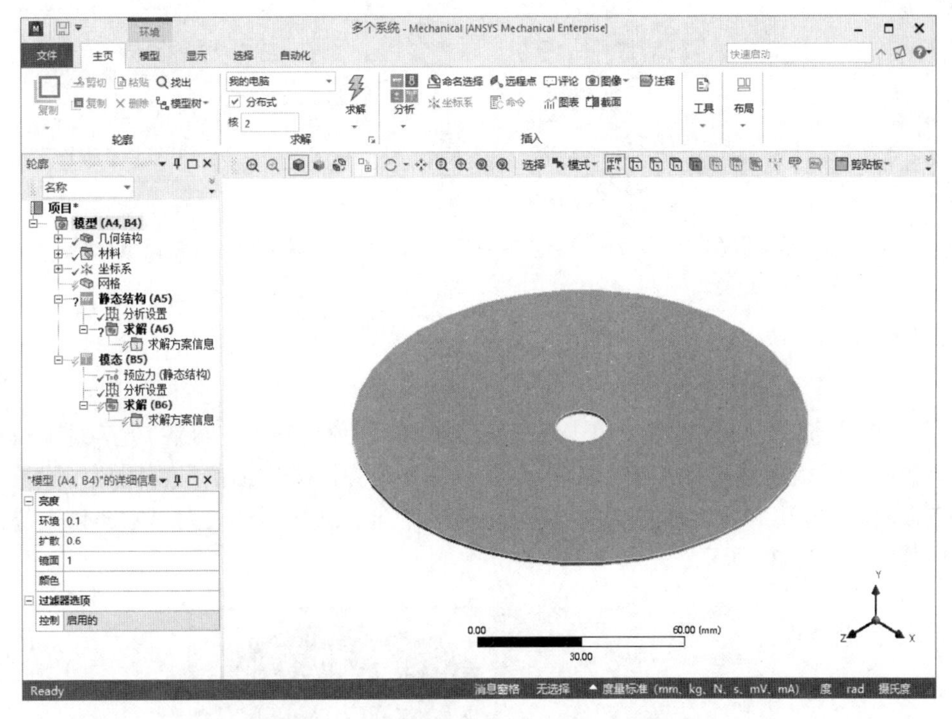
图 9-25 “多个系统-Mechanical”应用程序

9.10.2 设置模型材料

（1）设置单位系统。在“主页”选项卡的“工具”面板中单击“单位”按钮，弹出“单位系统”下拉菜单，选择“度量标准(mm、kg、N、s、mV、mA)”选项。

（2）定义工程数据。返回 Workbench 界面，双击“工程数据”选项，弹出“工程数据”选项卡。

（3）选择“工程数据源”标签。打开左上角的“工程数据源”窗口，单击“一般材料”按钮，使之点亮。在“一般材料”点亮的同时，单击“轮廓 General Materials”窗格中“铝合金”后面的“添加”按钮，将该材料添加到当前项目中。

（4）单击“A2:工程数据”标签的“关闭”按钮✖，返回 Workbench 界面，此时“模型”模块指出需要进行一次刷新。右击“模型”，在弹出的快捷菜单中选择“刷新”命令，刷新“模型”模块。双击“模型”模块，返回“多个系统-Mechanical”应用程序。

（5）模型重命名。在树轮廓中展开“几何结构”，显示模型含有 1 个固体，右击该固体，在弹出的快捷菜单中选择“重命名”命令，将固体重命名为“硬盘碟片”，如图 9-26 所示。

（6）设置模型材料。选择“硬盘碟片”，在左下角打开的“硬盘碟片”的详细信息视图栏中单击“材料”栏中的“任务”选项，在弹出的“工程数据材料”对话框中选择“铝合金”选项，如图 9-27 所示，为“硬盘碟片”赋予“铝合金”材料。

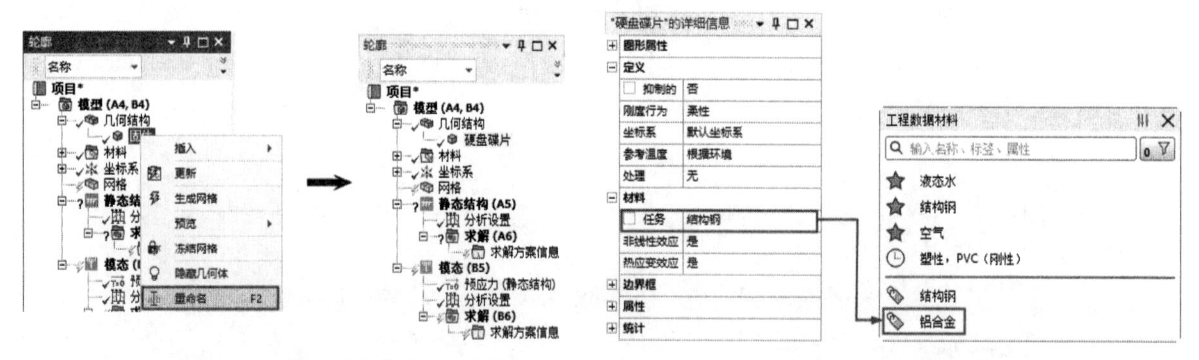

图 9-26　模型重命名　　　　图 9-27　设置模型材料

9.10.3　划分网格

（1）设置划分方法。在树轮廓中单击“网格”分支，系统切换到“网格”选项卡。在“网格”选项卡的“控制”面板中单击“方法”按钮，在左下角弹出的详细信息视图栏中设置“几何结构”为硬盘碟片，“方法”为“六面体主导”，此时该详细信息视图栏改为“六面体主导法”的详细信息视图栏，如图 9-28 所示。

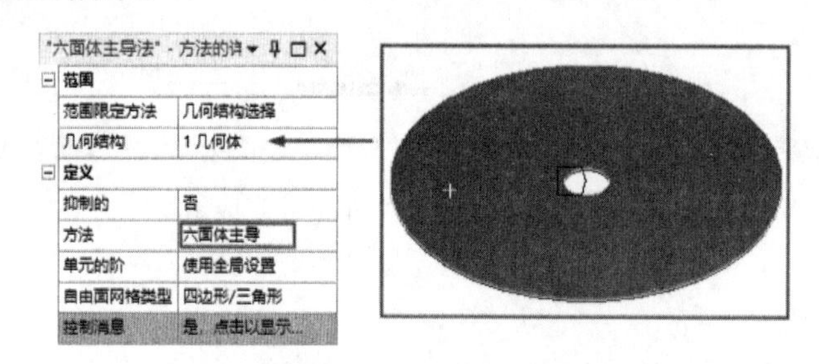

图 9-28　“六面体主导法”的详细信息视图栏

（2）调整尺寸。在“网格”选项卡的“控制”面板中单击“尺寸调整”按钮，左下角弹出“几何体尺寸调整”的详细信息视图栏，设置“几何结构”为硬盘碟片，“单元尺寸”为 1.0mm，如图 9-29 所示。

（3）面网格剖分。在“网格”选项卡的“控制”面板中单击“面网格剖分”按钮，左下角弹出“面网格剖分”的详细信息视图栏，设置“几何结构”为硬盘碟片的上下两个圆面，“方法”为“四边形”，如图 9-30 所示。

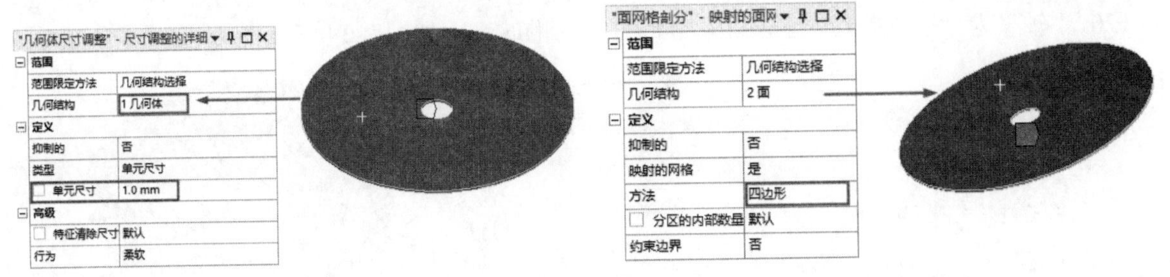

图 9-29　调整尺寸

图 9-30　面网格剖分

（4）划分网格。在树轮廓中单击“网格”分支，左下角弹出“网格”的详细信息视图栏，采用默认设置。在“网格”选项卡的“网格”面板中单击“生成”按钮，系统自动划分网格，结果如图 9-31 所示。

（5）查看网格质量。在“网格”的详细信息视图栏中设置“显示风格”为“单元质量”，图形界面显示划分网格的质量，如图 9-32 所示。

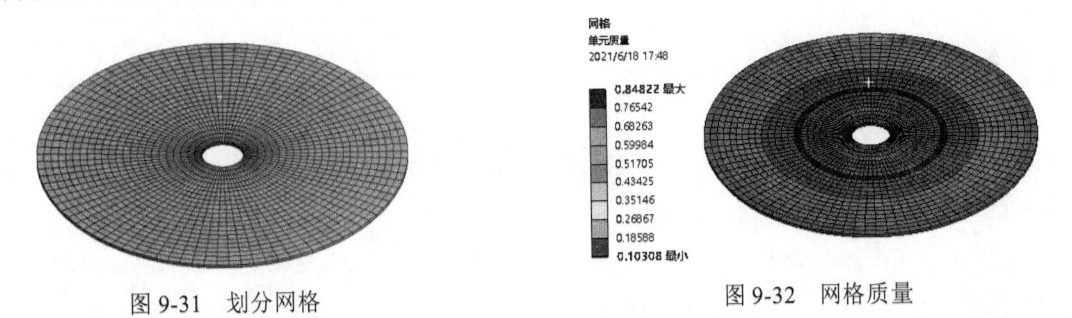

图 9-31　划分网格

图 9-32　网格质量

9.10.4　定义载荷和约束

（1）添加圆柱形支撑。在树轮廓中单击“静态结构（A5）”分支，系统切换到“环境”选项卡。在“环境”选项卡的“结构”面板中单击“支撑”下拉按钮，在弹出的下拉菜单中选择“圆柱形支撑”选项，左下角弹出“圆柱形支撑”的详细信息视图栏，设置“几何结构”为硬盘碟片的小圆内表面，其他为默认设置，如图 9-33 所示。

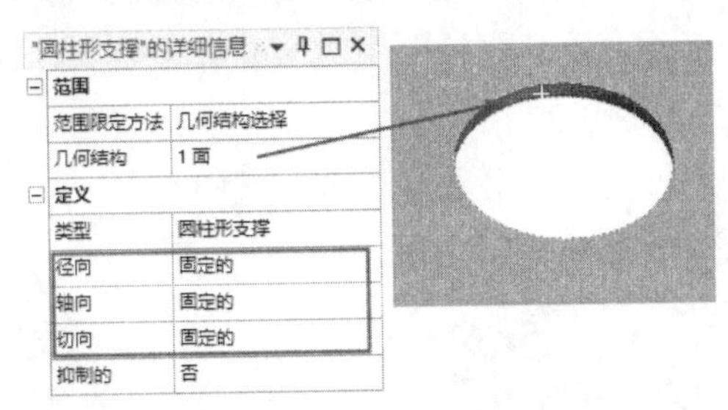

图 9-33　添加圆柱形支撑

（2）添加旋转速度。单击“环境”选项卡中的“惯性”下拉按钮，在弹出的下拉菜单中选择“旋转速度”选项，左下角弹出“旋转速度”的详细信息视图栏，设置“几何结构”为“全部几何体”，“大小”为 120rad/s（斜坡）。在图形窗口下方的“表格数据”中设置步骤（1）的旋转速度为 120，“轴”为“硬盘碟片”上表面，修改方向为顺时针，如图 9-34 和图 9-35 所示。

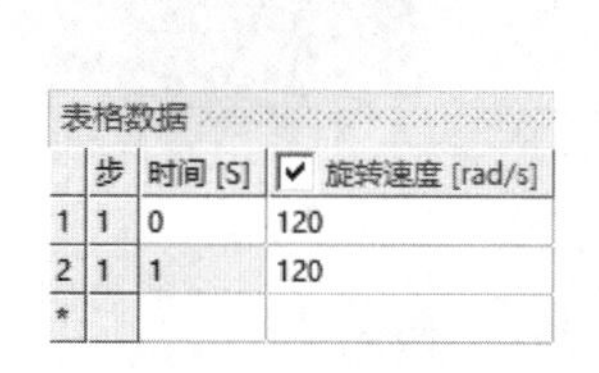

表格数据

	步	时间 [S]	☑ 旋转速度 [rad/s]
1	1	0	120
2	1	1	120
*			

图 9-34　表格数据

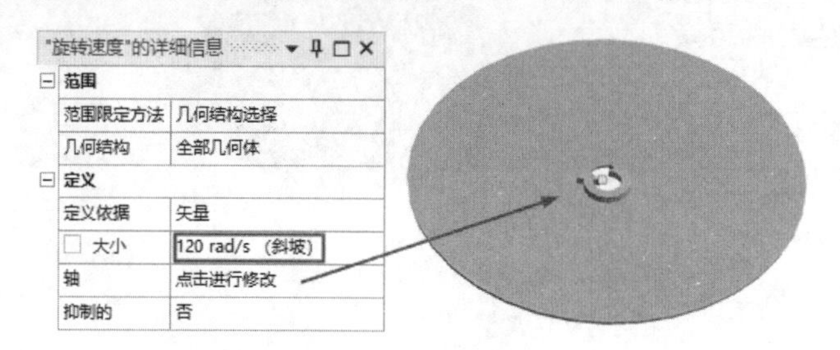

图 9-35　“旋转速度”的详细信息视图栏

9.10.5　静态求解

在“主页”选项卡的“求解”面板中单击“求解”按钮进行求解。

9.10.6　结果后处理（一）

（1）求解完成后，在树轮廓中单击“求解（A6）”分支，系统切换到“求解”选项卡，在该选项卡中选择需要显示的结果。

（2）添加总变形。在“求解”选项卡的“结果”面板中单击“变形”下拉按钮，在弹出的下拉菜单中选择“总计”选项，添加总变形。

（3）添加等效弹性应变。在“求解”选项卡的“结果”面板中单击“应变”下拉按钮，在弹出的下拉菜单中选择“等效（Von-Mises）”选项，添加等效弹性应变。

（4）添加等效应力。在“求解”选项卡的“结果”面板中单击“应力”下拉按钮，在弹出的下拉菜单中选择“等效（Von-Mises）”选项，添加等效应力。

（5）查看总变形结果。在“求解”选项卡的“求解”面板中单击“求解”按钮，求解完成后展开树轮廓中的“求解”，选择“总变形”选项，显示“总变形”云图，如图 9-36 所示。由图 9-36 可以看出，由于离心力的作用，硬盘碟片外圆变形较大。

（6）显示等效弹性应变云图。展开树轮廓中的“求解（A6）”，选择“等效弹性应变”选项，显示“等效弹性应变”云图，如图 9-37 所示。

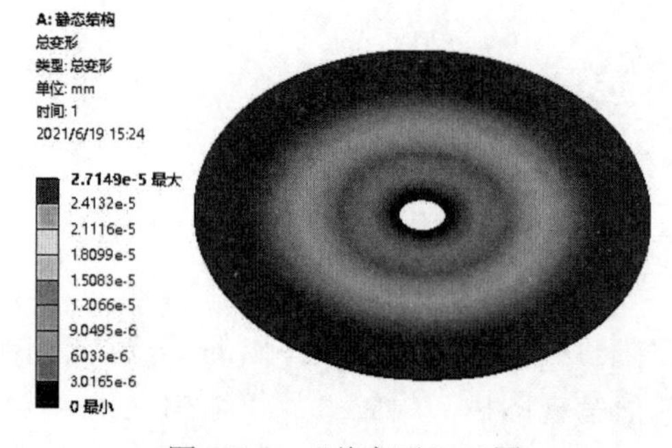

图 9-36　“总变形”云图

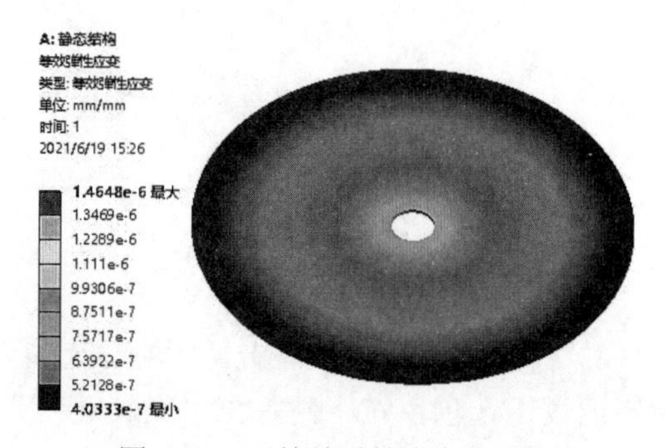

图 9-37　“等效弹性应变”云图

（7）显示等效应力云图。展开树轮廓中的“求解”，选择“等效应力”选项，显示“等效应力”云图，如图 9-38 所示。

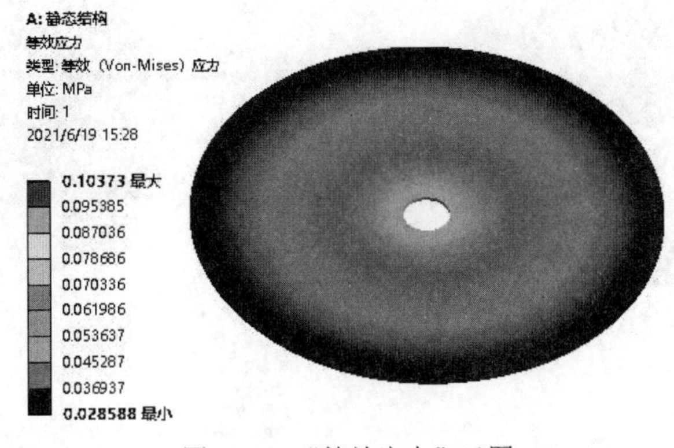

图 9-38 “等效应力”云图

9.10.7 模态求解

完成静态求解后，将分析得到的应力作为模态分析的预应力，选择“模态（B5）”分支，在“主页”选项卡的“求解”面板中单击“求解”按钮进行求解。

9.10.8 结果后处理（二）

（1）求解完成后，在树轮廓中单击“求解（B6）”分支，系统切换到“求解”选项卡，同时在图形窗口下方出现“图形”和“表格数据”，显示了对应的频率，如图 9-39 所示。

（2）提取模态。在“图形”上右击，在弹出的快捷菜单中选择“选择所有”命令；继续在“图形”上右击，在弹出的快捷菜单中选择“创建模型形状结果”命令。此时“求解（B6）”分支下方会出现 6 个模态结果（默认的分析设置），如图 9-40 所示，需要再次求解才能正常显示。

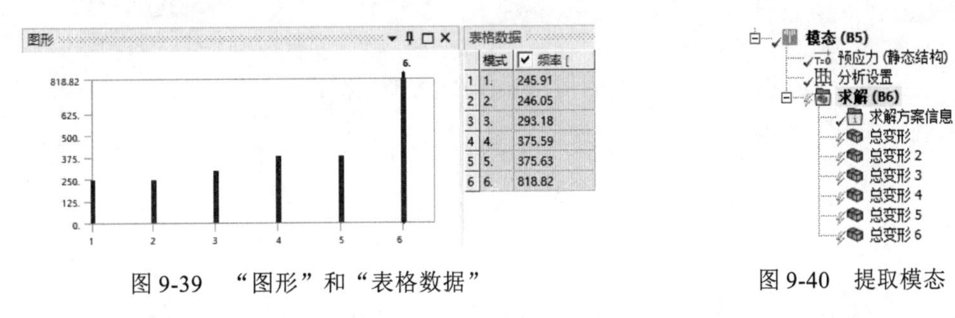

	模式	频率 [
1	1.	245.91
2	2.	246.05
3	3.	293.18
4	4.	375.59
5	5.	375.63
6	6.	818.82

图 9-39 “图形”和“表格数据”　　图 9-40 提取模态

（3）查看模态结果。在“求解”选项卡的“求解”面板中单击“求解”按钮，求解完成后，在“求解（B6）”分支下方依次单击总变形图，查看各阶模态的云图，如图 9-41 所示。

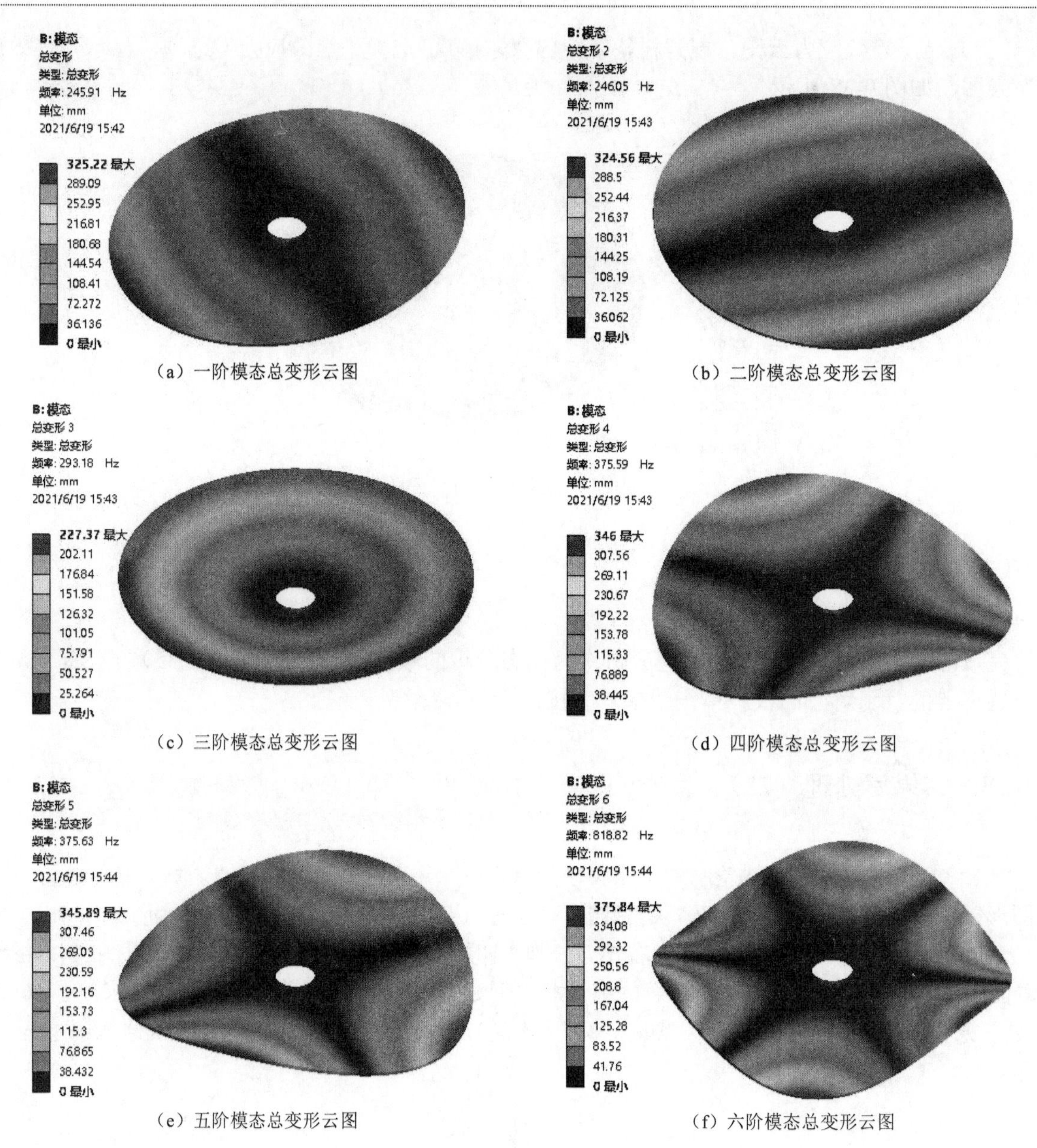

（a）一阶模态总变形云图　（b）二阶模态总变形云图

（c）三阶模态总变形云图　（d）四阶模态总变形云图

（e）五阶模态总变形云图　（f）六阶模态总变形云图

图 9-41　各阶模态总变形云图

第 10 章　谐响应分析

导读

谐响应分析的基础是模态分析，模态分析出固有频率后，就可以针对性地对某一频率段进行谐响应分析，主要是分析共振位置的应力状态,观察得到的结果是否超过振动疲劳极限。

精彩内容

- 谐响应分析概述
- 谐响应分析方法
- 谐响应分析流程
- 创建工程项目
- 创建或导入几何模型
- 定义材料属性
- 谐响应分析设置
- 结果后处理
- 实例 1 ——钓鱼竿谐响应分析
- 实例 2 ——加湿机筒受振谐响应分析

10.1　谐响应分析概述

谐响应分析是用于确定线性结构在承受随正弦（简谐）规律变化的载荷时的稳态响应的一种技术。谐响应分析只计算处于随时间按正弦规律变化下的稳态受迫振动，不计算刚开始受到激励时的瞬态振动。

谐响应分析的目的是计算出结构在几种频率下的响应并得到这些响应值对应的频率曲线，这样就可以预测结构的持续动力学特征，从而验证其设计能否成功地克服共振、疲劳及其他受迫振动引起的有害效果。

谐响应分析是一种线性分析，若指定了非线性单元，则会将其作为线性单元处理。其输入材料性质可以是线性或非线性、各向同性或正交各向异性、温度恒定的或温度相关的，但必须指定材料的弹性模量和密度。

10.2 谐响应分析方法

在 Workbench 中，有两种方法可以进行谐响应分析，分别为完全法和模态叠加法，如图 10-1 所示。

（1）模态叠加法：该方法需要先进行模态分析，通过模态分析得到各个振型后再乘以系数叠加起来。该方法是一种近似求解方法，求解结果与实际结果的近似度取决于提取的模态数量，数量越多结果越接近；如果只采用几个模态数量，得到的结果会很差，但可以保证得到良好的位移结果。该方法运算速度较快，但不适用于非零位移载荷、非对称矩阵和非线性性质的分析计算。

（2）完全法：该方法最容易，允许使用完整的结构矩阵，且允许采用非对称矩阵。该方法求解准确，可采用稀疏矩阵求解计算复杂的方程，支持各种类型载荷和约束，但该方法的求解时间较长。

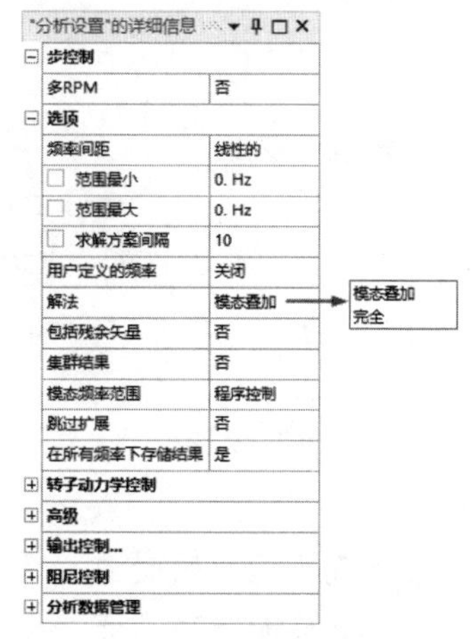

图 10-1　谐响应分析方法

10.3 谐响应分析流程

谐响应分析流程如下。

（1）创建工程项目。

（2）创建或导入几何模型。

（3）定义材料属性。

（4）定义接触关系（如果存在接触）。

（5）划分网格。

（6）模态求解设置（包括预应力设置、分析设置和约束与载荷的设置）。

（7）模态求解。

（8）谐响应分析设置（包括预应力/模态设置、分析设置和约束与载荷的设置）。

（9）谐响应求解。

（10）结果后处理。

下面就几个主要的方面进行讲解。

10.4 创建工程项目

谐响应采用“谐波响应”模块进行分析。在 Workbench 中创建“谐波响应”模块，只需在“分析系统”工具箱中将“谐波响应”模块拖到项目原理图中或者双击“谐波响应”模块即可，如图 10-2 所示。

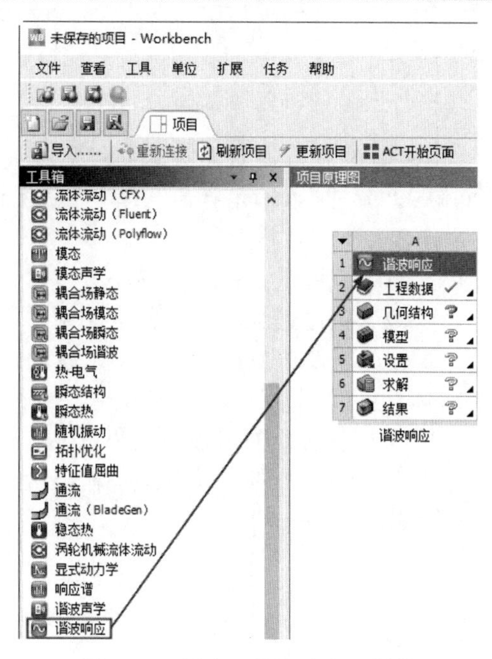

图 10-2　创建“谐波响应”模块

10.5　创建或导入几何模型

模态分析支持各种几何体，包括实体、表面体和线体。

在材料属性设置中，弹性模量、泊松比和密度的值是必须要有的。

10.6　定义材料属性

由于谐响应分析是一种线性分析，因此不支持非线性特性，除此之外的各向同性、正交各向异性和与温度相关的特性都可以加载。

10.7　谐响应分析设置

10.7.1　预应力/模态设置

大多数情况下，在进行谐响应分析时需要进行模态分析，部分情况可能还需要添加预应力。此时，应在项目原理图中建立一个静力结构分析、一个模态分析和一个谐响应分析模块，将三者相关联，其详细信息视图栏如图 10-3 所示，包括“模态环境”和“预应力环境”。

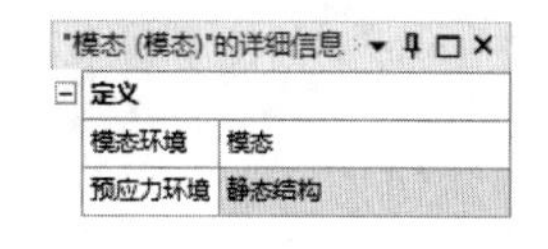

图 10-3　“模态（模态）”的详细信息视图栏

10.7.2 分析设置

输出控制...	
应力	是
表面应力	否
反向应力	否
应变	是
接触数据	是
节点力	否
体积与能量	是
欧拉角	是
计算响应	是
一般的其它参数	否
从......展开结果	程序控制
--膨胀	谐波求解
结果文件压缩	程序控制

图 10-4 “输出控制”信息栏

谐响应分析设置主要包括“范围最小”“范围最大”“求解方案间隔”“解法”“输出控制”等，“分析设置”的详细信息视图栏如图 10-1 所示。

（1）范围最小：定义最小频率。

（2）范围最大：定义最大频率。

（3）求解方案间隔：定义求解间隔，可以用均值等间隔频率点分布，也可以采用集群分布方式。

（4）解法：模态叠加法和完全法。

（5）输出控制：设置结果输出量，默认为输出“应力”和“应变”结果，如图 10-4 所示。

10.7.3 约束和载荷设置

在谐响应分析中，输入载荷可以是已知幅值和频率的力、压力和位移。所有的结构载荷均有相同的激励频率，Mechanical 中支持的载荷见表 10-1。

表 10-1 Mechanical 中支持的载荷

载荷类型	相位输入	求解方法
加速度载荷	不支持	完全法或模态叠加法
压力载荷	支持	完全法或模态叠加法
力载荷	支持	完全法或模态叠加法
轴承载荷	不支持	完全法或模态叠加法
力矩载荷	不支持	完全法或模态叠加法
给定位移载荷	支持	完全法

Mechanical 中不支持的载荷有标准地球重力、热条件、旋转速度、旋转加速度、静液力压力和螺栓预紧力载荷等。

用户在加载载荷时，要确定载荷的幅值、相位移及频率。图 10-5 所示为加载力的幅值、相位角的详细信息视图栏。

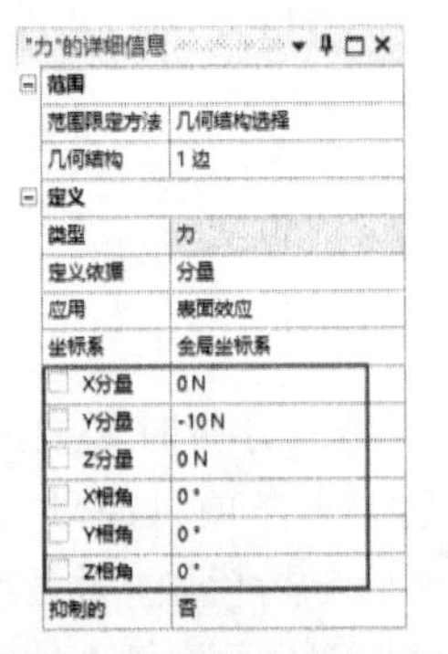

图 10-5 加载力的幅值、相位角的详细信息视图栏

10.8　结果后处理

在后处理中可以查看总变形、应力、应变、位移等频率图。图 10-6 所示为一个典型的变形频率图。

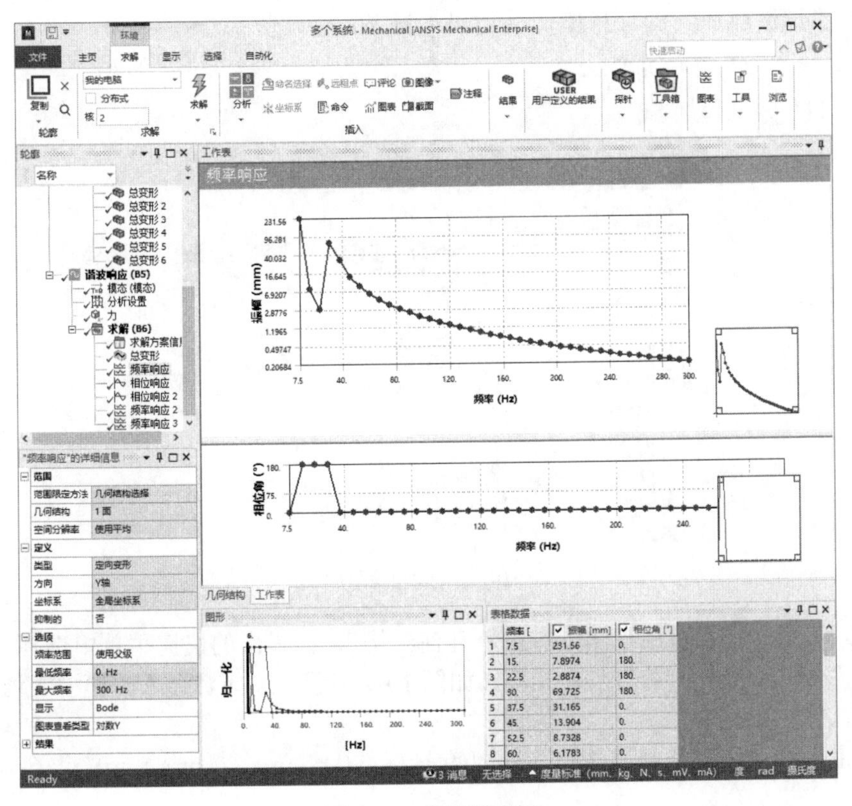

	频率 [	振幅 [mm]	相位角 [°]
1	7.5	231.56	0.
2	15.	7.8974	180.
3	22.5	2.8874	180.
4	30.	69.725	180.
5	37.5	31.165	0.
6	45.	13.904	0.
7	52.5	8.7328	0.
8	60.	6.1783	0.

图 10-6　变形频率图

扫一扫，看视频

10.9　实例 1——钓鱼竿谐响应分析

图 10-7 所示为一个钓鱼竿模型，其材质为玻璃纤维。该鱼竿一端固定，模拟钓到鱼后，由于挣扎产生一个频率为 150Hz、大小为 10N 的向下的力，对此状态的钓鱼竿进行谐响应分析。

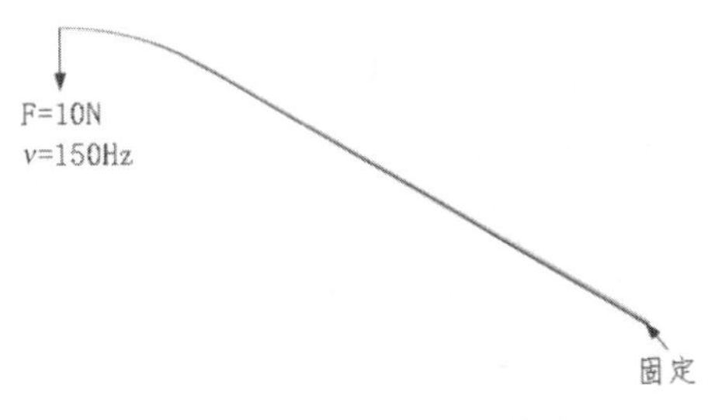

图 10-7　钓鱼竿模型

10.9.1 创建工程项目

（1）打开 Workbench 程序，展开左边工具箱中的“分析系统”栏，将“模态”模块直接拖动到项目原理图中或直接双击“模态”模块，建立一个含有“模态”的项目模块。将工具箱里的“谐波响应”模块拖动到“模态”的“求解”栏中，使“谐波响应”和“模态”相关联，建立一个含有“模态”和“谐波响应”的项目模块，结果如图 10-8 所示。

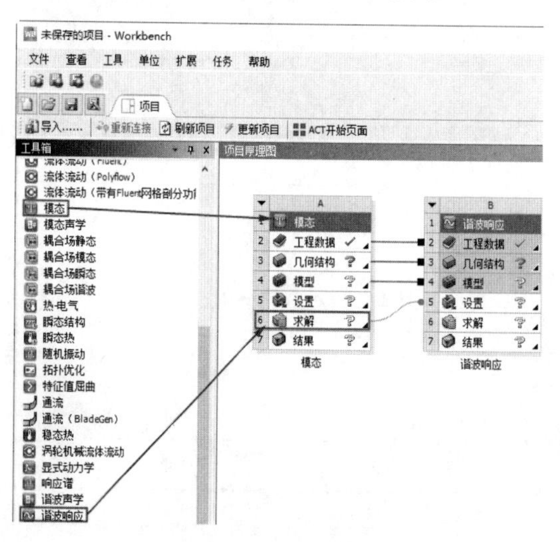

图 10-8 创建工程项目

（2）导入模型。在项目原理图中右击“几何结构”，在弹出的快捷菜单中选择“导入几何模型”→“浏览”命令，弹出“打开”对话框，如图 10-9 所示，选择要导入的模型“钓鱼竿”，单击“打开”按钮。

（3）设置单位系统。选择“单位”→“度量标准(kg,mm,s,℃,mA,N,mV)”命令，设置单位为毫米。

（4）启动“多个系统-Mechanical”应用程序。在项目原理图中右击“模型”，在弹出的快捷菜单中选择“编辑”命令，如图 10-10 所示，进入“多个系统-Mechanical”应用程序，如图 10-11 所示。

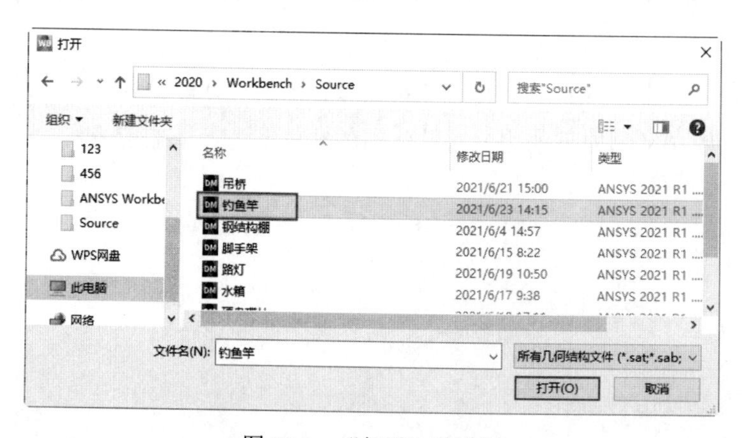

图 10-9 “打开”对话框

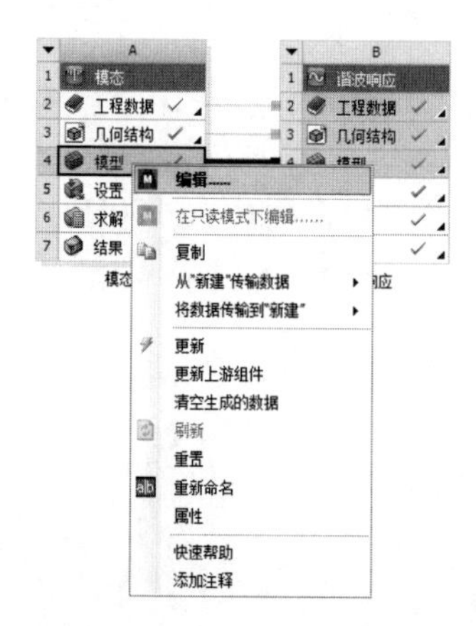

图 10-10 “编辑”命令

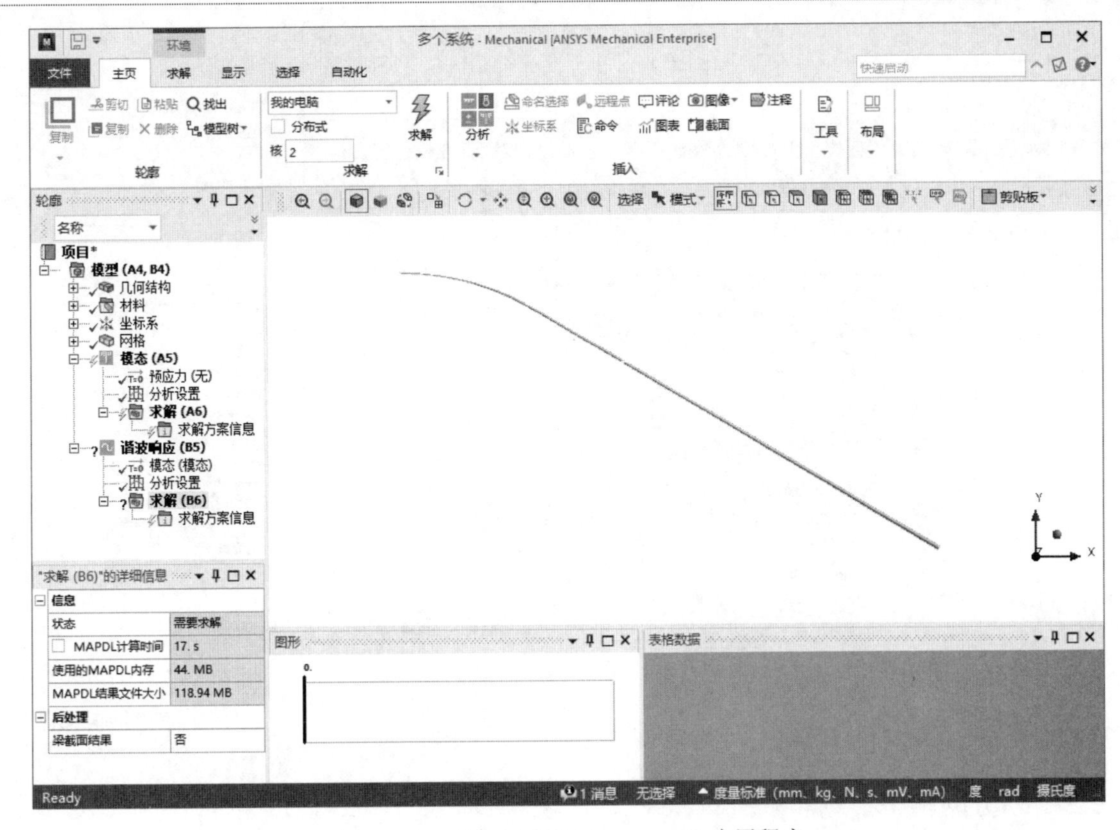

图 10-11 “多个系统-Mechanical”应用程序

10.9.2 设置模型材料

（1）设置单位系统。在“主页”选项卡的“工具”面板中单击“单位”按钮，弹出“单位系统”下拉菜单，选择“度量标准(mm、kg、N、s、mV、mA)”选项。

（2）定义工程数据。返回 Workbench 界面，双击“工程数据”选项，弹出“工程数据”选项卡。

（3）选择“工程数据源”标签。如图 10-12 所示，打开左上角的“工程数据源”窗口，单击“复合材料”按钮 复合材料，使之点亮。在“复合材料”点亮的同时，单击“轮廓 Composite Materials”窗格中的“玻璃纤维”后的“添加”按钮，将该材料添加到当前项目中。

（4）单击“A2,B2:工程数据”标签的“关闭”按钮，返回 Workbench 界面，此时“模型”模块指出需要进行一次刷新。右击“模型”，在弹出的快捷菜单中选择“刷新”命令，刷新“模型”模块。双击“模型”模块，返回“多个系统-Mechanical”应用程序。

（5）模型重命名。在树轮廓中展开“几何结构”，显示模型含有一个表面几何体。右击该表面几何体，在弹出的快捷菜单中选择“重命名”命令，重新输入名称为“钓鱼竿”。

（6）设置模型厚度和材料。选择“钓鱼竿”，在左下角打开“钓鱼竿”的详细信息视图栏，首先在“厚度”栏中输入 1mm，然后在“材料”的“任务”栏中选择“玻璃纤维”，如图 10-13 所示。

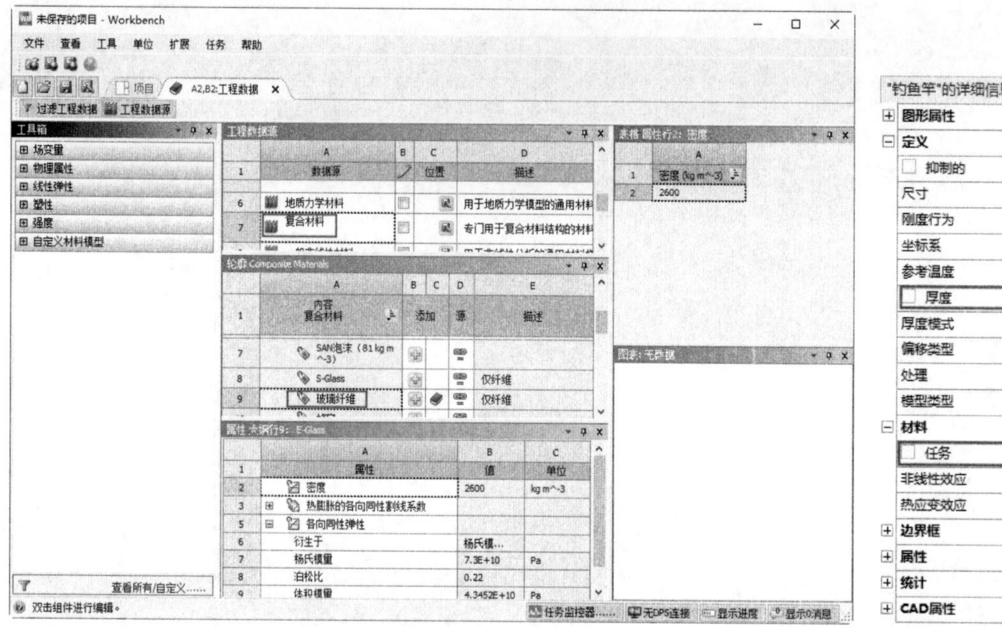

图 10-12 “工程数据源”标签

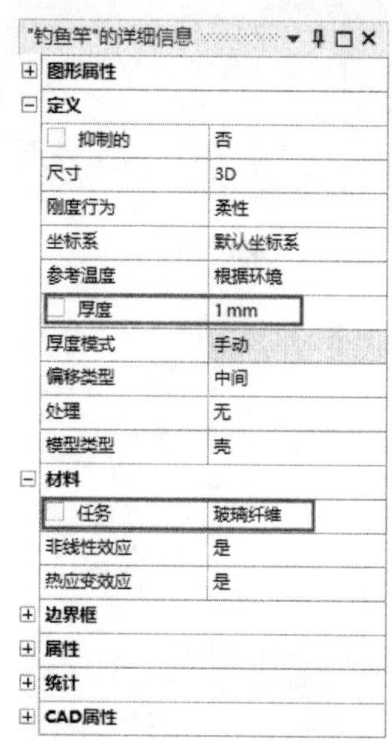

图 10-13 “钓鱼竿”的详细信息视图栏

10.9.3 划分网格

（1）设置局部划分方法。在树轮廓中单击“网格”分支，系统切换到“网格”选项卡。在“网格”选项卡的“控制”面板中单击“方法”按钮，左下角弹出“方法”的详细信息视图栏，设置“几何结构”为钓鱼竿，“方法”为 MultiZone Quad/Tri（四核、三核多区域），此时该详细信息视图栏改为“MultiZone Quad/Tri 方法”的详细信息视图栏，如图 10-14 所示。

（2）调整尺寸。在树轮廓中单击“网格”分支，系统切换到“网格”选项卡。在“网格”选项卡的“控制”面板中单击“尺寸调整”按钮，左下角弹出“尺寸调整”的详细信息视图栏，设置“几何结构”为钓鱼竿，“单元尺寸”为 5.0mm，如图 10-15 所示。

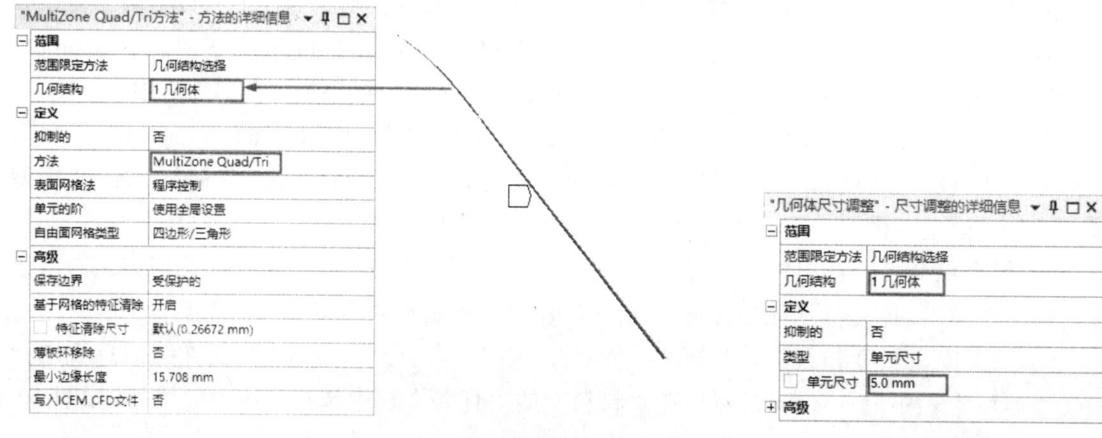

图 10-14 “MultiZone Quad/Tri 方法”的详细信息视图栏

图 10-15 调整尺寸

（3）面网格剖分。在树轮廓中单击“网格”分支，系统切换到“网格”选项卡。在“网格”选项卡的“控制”面板中单击“面网格剖分”按钮，左下角弹出“面网格剖分”的详细信息视图栏，设置“几何结构”为钓鱼竿外表面，设置“方法”为“四边形”，如图 10-16 所示。

（4）划分网格。在树轮廓中单击“网格”分支，左下角弹出“网格”的详细信息视图栏，采用默认设置。在“网格”选项卡的“网格”面板中单击“生成”按钮，系统自动划分网格，结果如图 10-17 所示。

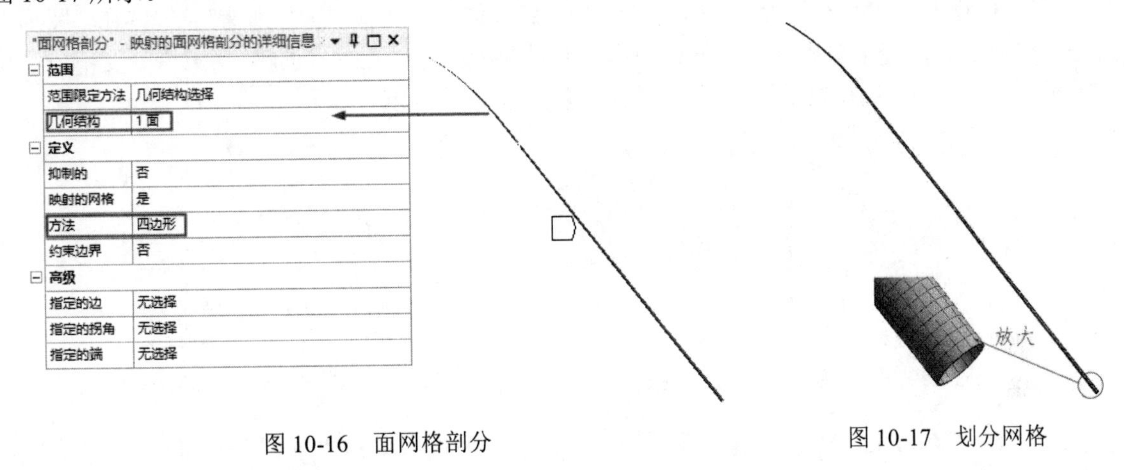

图 10-16　面网格剖分　　　　图 10-17　划分网格

10.9.4　定义载荷和约束

（1）添加固定约束。在树轮廓中单击“模态（A5）”分支，系统切换到“环境”选项卡。在“环境”选项卡的“结构”面板中单击“固定的”按钮 固定的，左下角弹出“固定支撑”的详细信息视图栏，设置“几何结构”为钓鱼竿的底面边线，如图 10-18 所示。

（2）分析设置。单击“模态（A5）”分支下的“分析设置”，在“分析设置”的详细信息视图栏中设置“最大模态阶数”为 6，其他为默认设置，如图 10-19 所示。

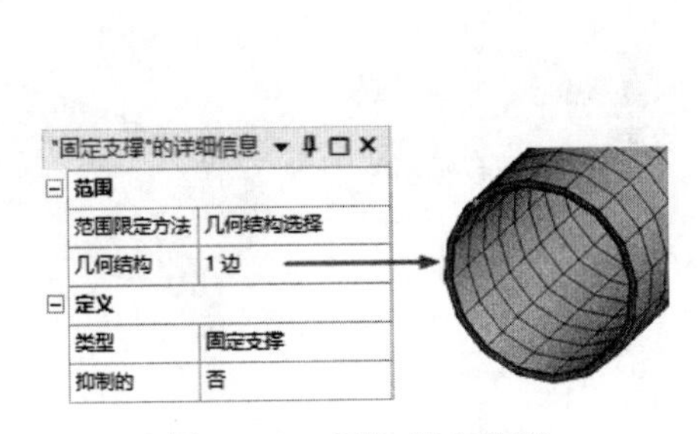

图 10-18　添加固定约束

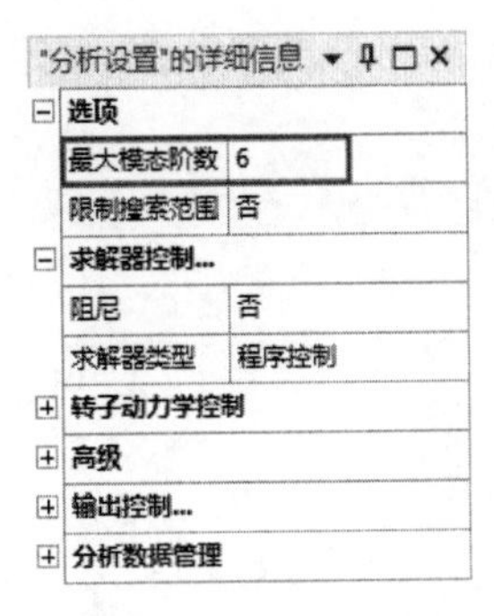

图 10-19　分析设置

10.9.5　模态求解

在“主页”选项卡的“求解”面板中单击“求解”按钮进行求解。

10.9.6　模态结果后处理

（1）求解完成后，在树轮廓中单击“求解（A6）”分支，系统切换到“求解”选项卡，同时在图形窗口下方出现“图形”和“表格数据”，显示了对应的频率，如图 10-20 所示。

（2）提取模态。在“图形”上右击，在弹出的快捷菜单中选择“选择所有”；继续在“图形”上右击，在弹出的快捷菜单中选择“创建模型形状结果”命令。此时“求解（A6）”分支下方会出现 6 个模态结果，如图 10-21 所示，需要再次求解才能正常显示。

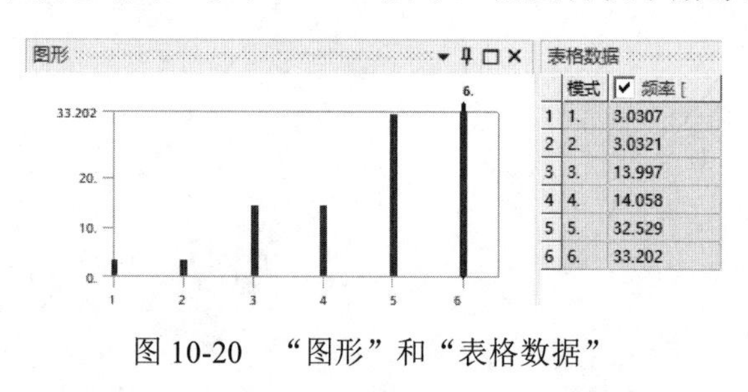

图 10-20　“图形”和“表格数据”

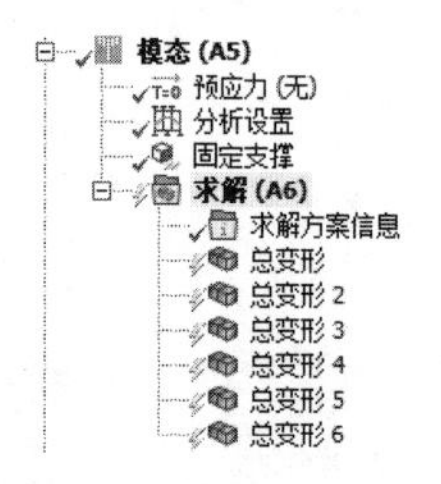

图 10-21　提取模态

（3）查看模态结果。在“求解”选项卡的“求解”面板中单击“求解”按钮，求解完成后查看各阶模态。

10.9.7　谐波响应设置

（1）分析设置。在树轮廓中单击“谐波响应（B5）”分支下的“分析设置”，左下角弹出“分析设置”的详细信息视图栏，设置“范围最大”为 150Hz，“求解方案间隔”为 40，如图 10-22 所示。

（2）添加力。单击“谐波响应（B5）”分支，系统切换到“环境”选项卡。在“环境”选项卡的“结构”面板中单击“力”按钮 力，左下角弹出“力”的详细信息视图栏，设置“几何结构”为钓鱼竿的另一端的边线，“定义依据”为“分量”，“Y 分量”为-10N，其他为默认设置，如图 10-23 所示。

"分析设置"的详细信息

步控制	
多RPM	否
选项	
频率间距	线性的
范围最小	0 Hz
范围最大	150 Hz
求解方案间隔	40
用户定义的频率	关闭
解法	模态叠加
包括残余矢量	否
集群结果	否
跳过扩展	否
在所有频率下存储结果	是
转子动力学控制	
输出控制...	
阻尼控制	
分析数据管理	

图 10-22　分析设置

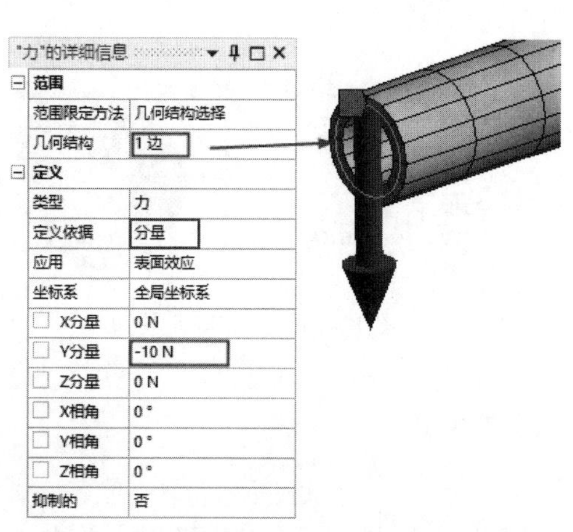

图 10-23　添加力

10.9.8　谐响应求解

在“主页”选项卡的“求解”面板中单击“求解”按钮进行求解。

10.9.9　谐响应后处理

（1）求解完成后，在树轮廓中单击“求解（B6）”分支，系统切换到“求解”选项卡，在该选项卡中选择需要显示的结果。

（2）添加变形频率响应。在“求解”选项卡的“图标”面板中单击“频率响应”下拉按钮，在弹出的下拉菜单中选择“变形”选项，设置“几何结构”为钓鱼竿表面，“方向”为“Y 轴”，如图 10-24 所示，添加变形频率响应。

（3）求解变形频率响应。右击“求解（B6）”分支下方的“频率响应”，在弹出的快捷菜单中选择“评估所有结果”命令，如图 10-25 所示，进行求解，得到频率响应图。如图 10-26 所示，可以看到在频率 33.75Hz 处有一个小峰值。

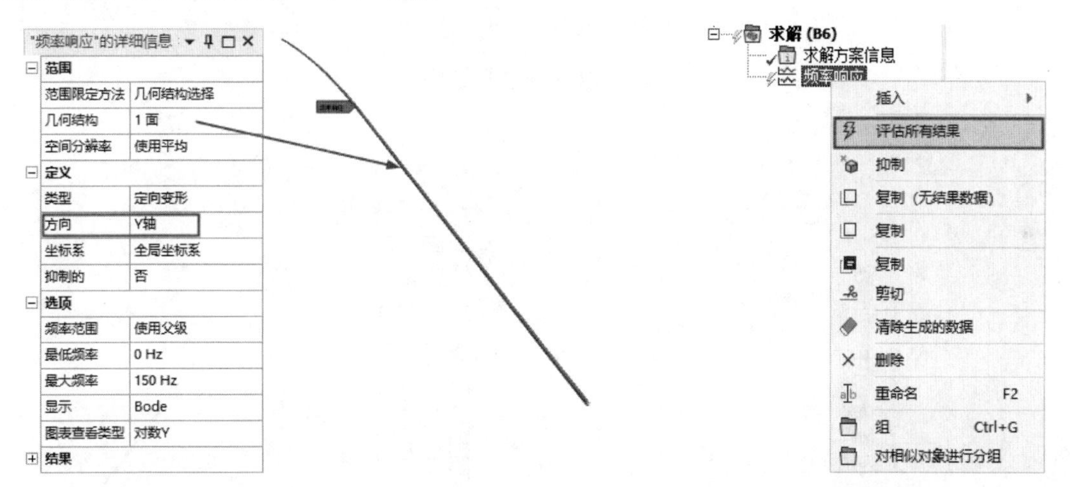

图 10-24　添加变形频率响应　　　　图 10-25　选择“评估所有结果”命令

（4）查看定向位移。右击“求解（B6）”分支下方的“频率响应”，在弹出的快捷菜单中选择“创建轮廓结果”命令，如图 10-27 所示。此时“求解（B6）”分支下出现“定向变形”，对其进行求解，得到频率为 3.75Hz 时钓鱼竿在 Y 向上的位移云图，如图 10-28 所示。在图 10-28 中可以看出，在 3.75Hz 时，钓鱼竿在 Y 向上的最大位移为 558.97mm。在图形区域下方的“图形”表格中单击“播放或暂停”按钮，可动态观察位移云图。

（5）添加总变形。在“求解”选项卡的“结果”面板中单击“变形”下拉按钮，在弹出的下拉菜单中选择“总计”选项，设置“频率”为 3.75Hz，“扫掠相”为 0°，添加总变形。求解后得到 3.75Hz 时的总变形云图，如图 10-29 所示，显示此时最大位移为 620.46mm。

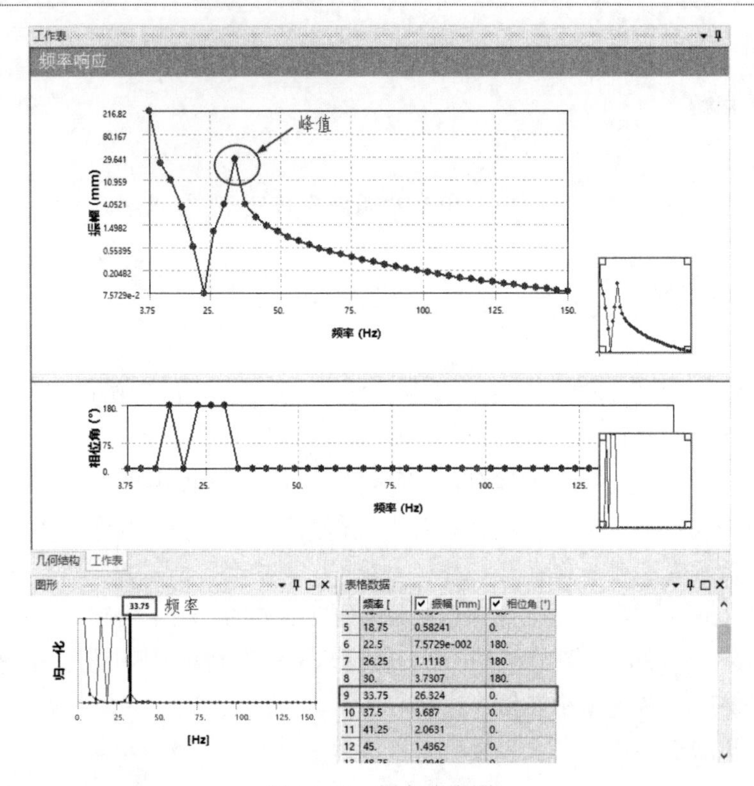

图 10-26　频率响应图

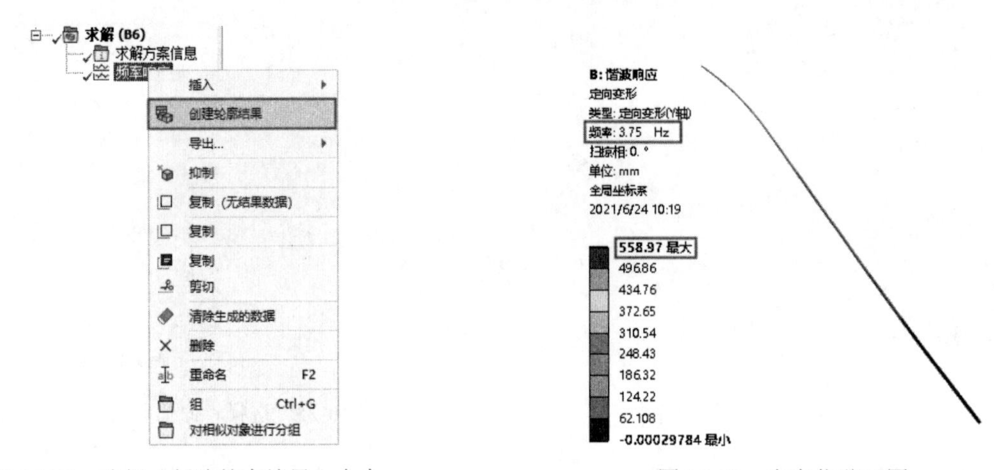

图 10-27　选择“创建轮廓结果”命令　　　　图 10-28　定向位移云图

（6）添加等效应力。在“求解”选项卡的“结果”面板中单击“应力”下拉按钮，在弹出的下拉菜单中选择“等效（Von-Mises）”选项，设置“频率”为 3.75Hz，“扫掠相”为 0°，添加等效应力。求解后得到 3.75Hz 时的等效应力云图，如图 10-30 所示，显示此时最大等效应力为 164.76MPa。

（7）添加变形相位响应。在“求解”选项卡的“图标”面板中单击“相位响应”下拉按钮，在弹出的下拉菜单中选择“变形”选项，设置“几何结构”为钓鱼竿外表面，“方向”为“Y 轴”，“频率”为 3.75Hz，如图 10-31 所示，添加变形相位响应。求解后得到 3.75Hz 时的相位响应图，如图 10-32 所示。

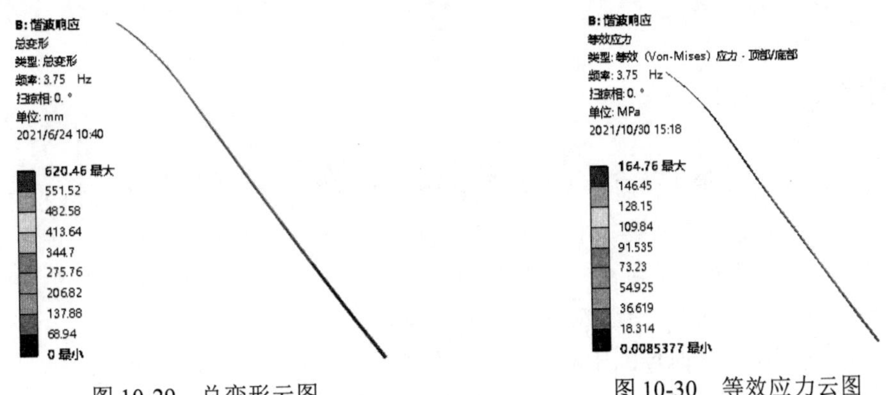

图 10-29　总变形云图

图 10-30　等效应力云图

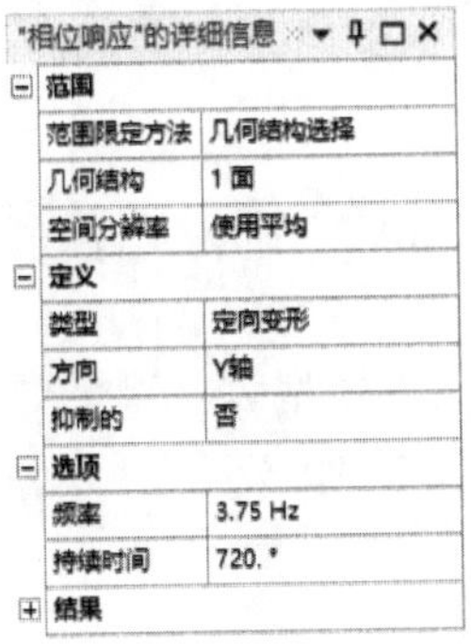

"相位响应"的详细信息	
范围	
范围限定方法	几何结构选择
几何结构	1 面
空间分辨率	使用平均
定义	
类型	定向变形
方向	Y轴
抑制的	否
选项	
频率	3.75 Hz
持续时间	720. °
结果	

图 10-31　添加变形相位响应

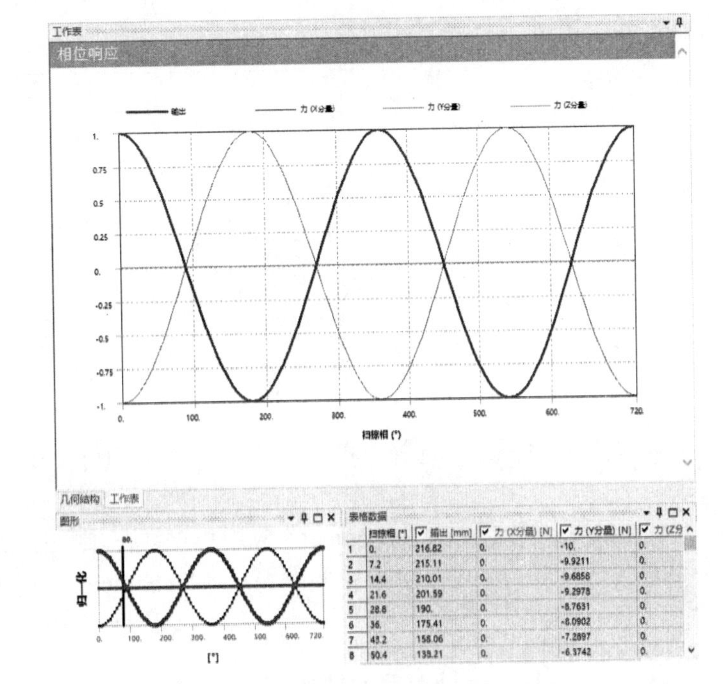

图 10-32　相位响应图

10.10　实例 2——加湿机筒受振谐响应分析

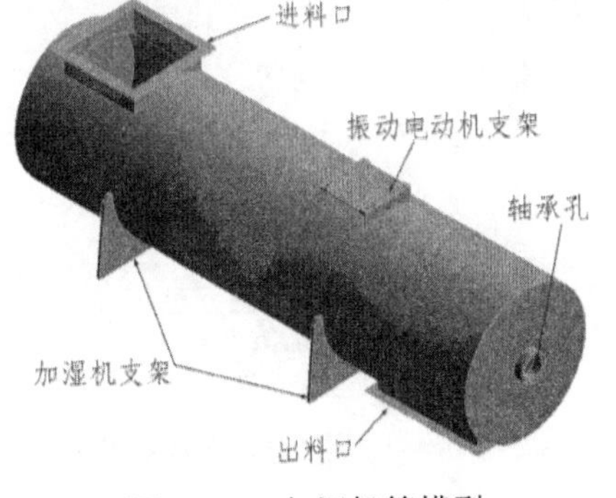

图 10-33　加湿机筒模型

随着人们环保意识的提高，在冶金、矿山、水泥等工业生产中，会对产生的粉尘等污染物进行除尘，加湿后收集起来，再进行合理利用或排放，减少扬尘污染。图 10-33 所示为一个加湿机筒模型，其材质为结构钢，加湿机进料口、出料口、轴承孔和支架为固定状态。在对收集的粉尘进行加湿的过程中，为防止粉尘颗粒黏结在加湿机内壁上，对加湿机安装一个振动电动机，振动电动机振动频率为 600Hz，激振力为 1500N，对此状态的加湿机筒进行谐响应分析。

10.10.1　创建工程项目

（1）打开 Workbench 程序，展开左边工具箱中的“分析系统”栏，将工具箱里的“模态”模块直接拖动到项目原理图中或直接双击“模态”模块，建立一个含有“模态”的项目模块。将工具箱里的“谐波响应”模块拖动到“模态”中的“求解”栏中，使“谐波响应”和“模态”相关联，建立一个含有“模态”和“谐波响应”的项目模块。

（2）导入模型。在项目原理图中右击“几何结构”，在弹出的快捷菜单中选择“导入几何模型”→“浏览”命令，弹出“打开”对话框，如图 10-34 所示，选择要导入的模型“加湿机筒”，单击“打开”按钮。

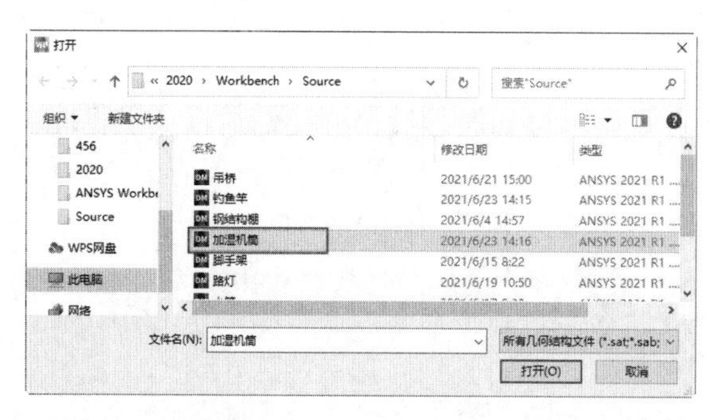

图 10-34　“打开”对话框

（3）设置单位系统。选择“单位”→“度量标准(kg,mm,s,℃,mA,N,mV)”命令，设置单位为毫米。

（4）启动“多个系统-Mechanical”应用程序。在项目原理图中右击“模型”，在弹出的快捷菜单中选择“编辑”命令，进入“多个系统-Mechanical”应用程序，如图 10-35 所示。

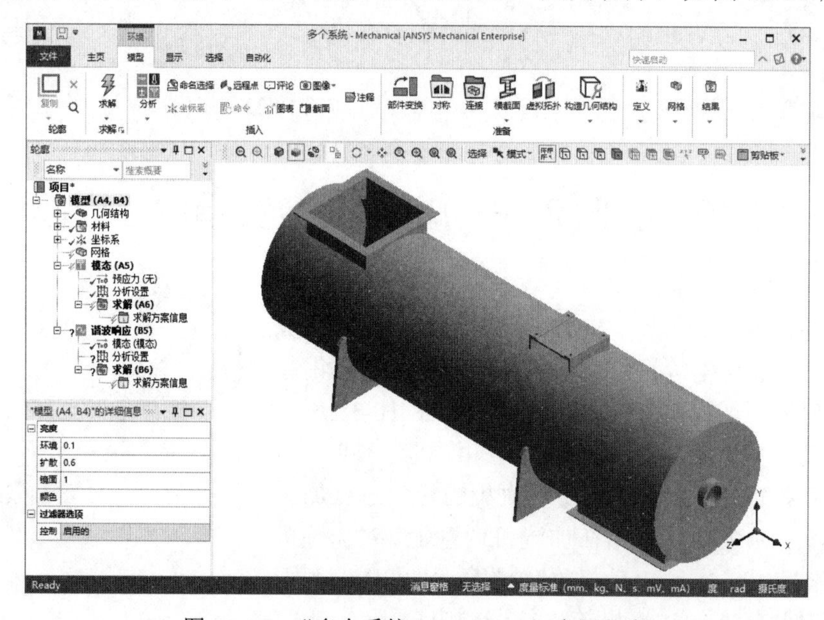

图 10-35　“多个系统-Mechanical”应用程序

10.10.2　设置模型材料

（1）设置单位系统。在“主页”选项卡的“工具”面板中单击“单位”按钮，弹出“单位系统”下拉菜单，选择“度量标准(mm、kg、N、s、mV、mA)”选项。

（2）模型重命名。在树轮廓中展开“几何结构”，显示模型含有一个固体，右击该固体，在弹出的快捷菜单中选择“重命名”命令，重新输入名称为“加湿机筒”。

（3）设置模型材料。选择“加湿机筒”，在左下角打开“加湿机筒”的详细信息视图栏，“材料”栏的“任务”选项框中显示材料为“结构钢”，保持该设置，这里不作处理。

10.10.3　划分网格

（1）调整尺寸。在树轮廓中单击“网格”分支，系统切换到“网格”选项卡。在“网格”选项卡的“控制”面板中单击“尺寸调整”按钮，左下角弹出“几何体尺寸调整”的详细信息视图栏，设置“几何结构”为“加湿机筒”，“单元尺寸”为 40.0mm，如图 10-36 所示。

（2）划分网格。在树轮廓中单击“网格”分支，左下角弹出“网格”的详细信息视图栏，采用默认设置。在“网格”选项卡的“网格”面板中单击“生成”按钮，系统自动划分网格，结果如图 10-37 所示。

图 10-36　“几何体尺寸调整”的详细信息视图栏　　图 10-37　划分网格

10.10.4　定义载荷和约束

（1）添加固定约束。在树轮廓中单击“模态（A5）”分支，系统切换到“环境”选项卡。在“环境”选项卡的“结构”面板中单击“固定的”按钮 固定的，左下角弹出“固定支撑”的详细信息视图栏，设置“几何结构”为加湿机筒的进、出料口端面，两个轴承孔内圆面和两个支架的底面，如图 10-38 所示。

（2）分析设置。单击“模态（A5）”分支下的“分析设置”，在“分析设置”的详细信息视图栏中设置“最大模态阶数”为 6，其他为默认设置，如图 10-39 所示。

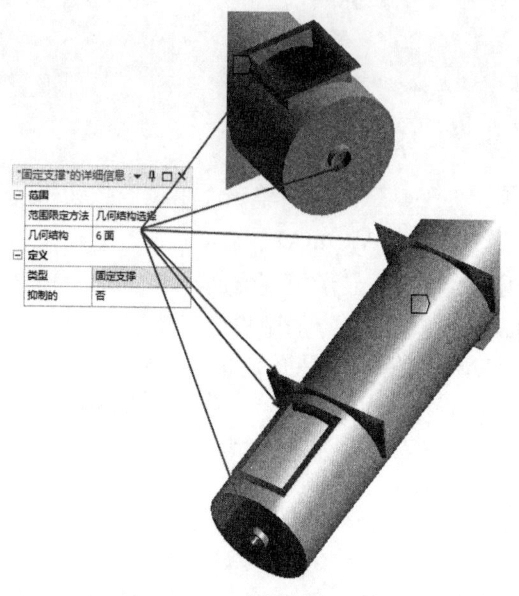

图 10-38　添加固定约束

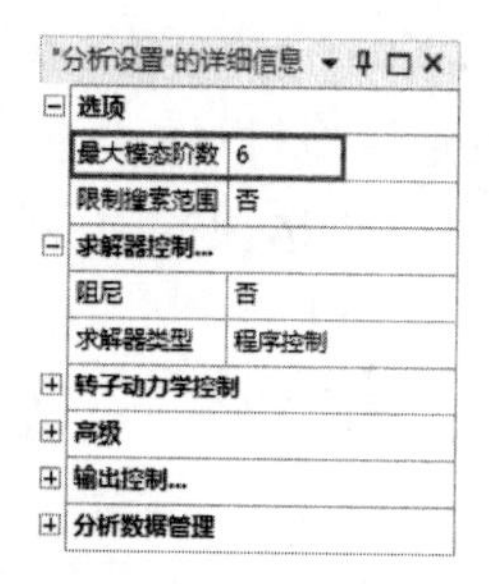

图 10-39　分析设置

10.10.5　模态求解

在“主页”选项卡的“求解”面板中单击“求解”按钮进行求解。

10.10.6　模态结果后处理

（1）求解完成后，在树轮廓中单击“求解（A6）”分支，系统切换到“求解”选项卡，同时在图形窗口下方出现“图形”和“表格数据”，显示了对应的频率，如图 10-40 所示。

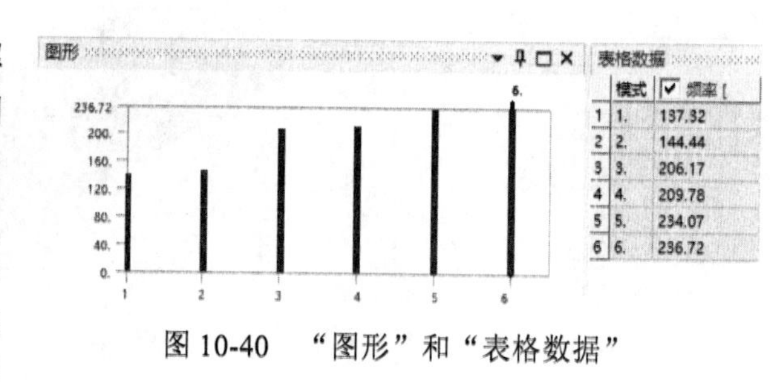

图 10-40　“图形”和“表格数据”

（2）提取模态。在“图形”上右击，在弹出的快捷菜单中选择“选择所有”命令；继续在“图形”上右击，在弹出的快捷菜单中选择“创建模型形状结果”命令。此时“求解（A6）”分支下方会出现 6 个模态结果，需要再次求解才能正常显示。

（3）查看模态结果。在“求解”选项卡的“求解”面板中单击“求解”按钮，求解完成后查看各阶模态。

10.10.7　谐波响应设置

（1）分析设置。在树轮廓中单击“谐波响应（B5）”分支下的“分析设置”，左下角弹出“分析设置”的详细信息视图栏，设置“范围最大”为 600Hz，“求解方案间隔”为 30，如图 10-41

所示。

（2）添加力。单击“谐波响应（B5）”分支，系统切换到“环境”选项卡。在“环境”选项卡的“结构”面板中单击“力”按钮，左下角弹出“力”的详细信息视图栏，设置“几何结构”为加湿机筒的振动电动机支架的上表面，“大小”为 1500N，“方向”为竖直向下，其他为默认设置，如图 10-42 所示。

图 10-41　分析设置

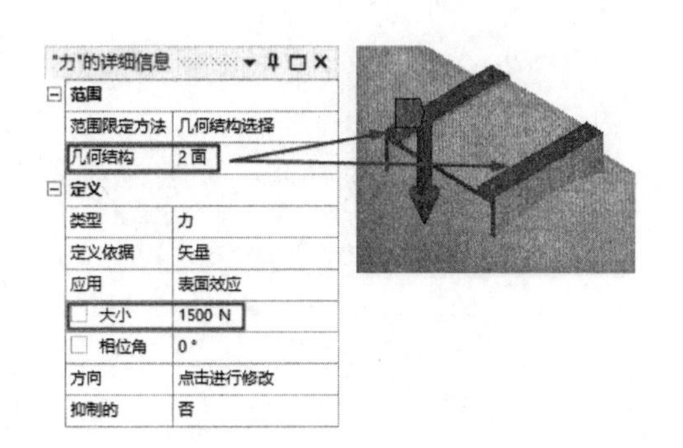

图 10-42　添加力

10.10.8　谐响应求解

在“主页”选项卡的“求解”面板中单击“求解”按钮进行求解。

10.10.9　谐响应后处理

（1）求解完成后，在树轮廓中单击“求解（B6）”分支，系统切换到“求解”选项卡，在该选项卡中选择需要显示的结果。

（2）添加变形频率响应。在“求解”选项卡的“图表”面板中单击“频率响应”下拉按钮，在弹出的下拉菜单中选择“变形”选项，设置“几何结构”为加湿机筒，“方向”为“Y 轴”，如图 10-43 所示，添加变形频率响应。

（3）求解变形频率响应。右击“求解（B6）”分支下方的“频率响应”，在弹出的快捷菜单中选择“评估所有结果”命令，进行求解，得到频率响应图。如图 10-44 所示，可以看到在频率 140Hz 和 240Hz 处各有一个小峰值。

（4）查看定向位移。右击“求解（B6）”分支下方的“频率响应”，在弹出的快捷菜单中选择“创建轮廓结果”命令。此时“求解（B6）”分支下出现“定向变形”，对其进行求解，得到频率为 140Hz 时加湿机筒在 Y 向上的位移云图，如图 10-45 所示，可以看出，在 140Hz 时加湿机筒在 Y 向上的最大位移为 0.92756mm。在图形区域下方的“图形”表格中单击“播放或暂停”按钮，可动态观察位移云图。

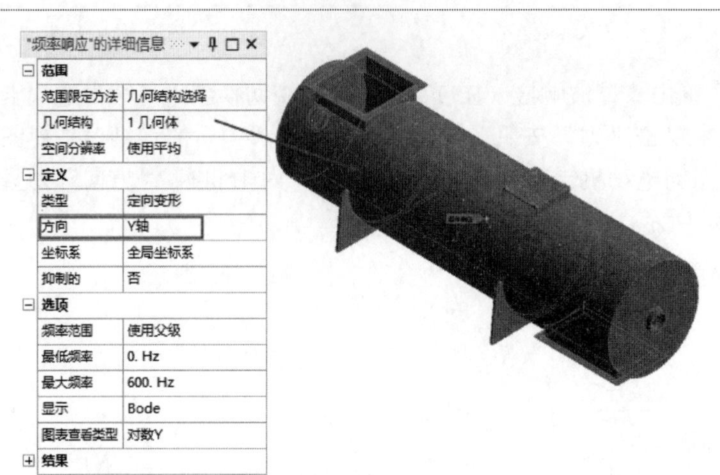

图 10-43　添加变形频率响应

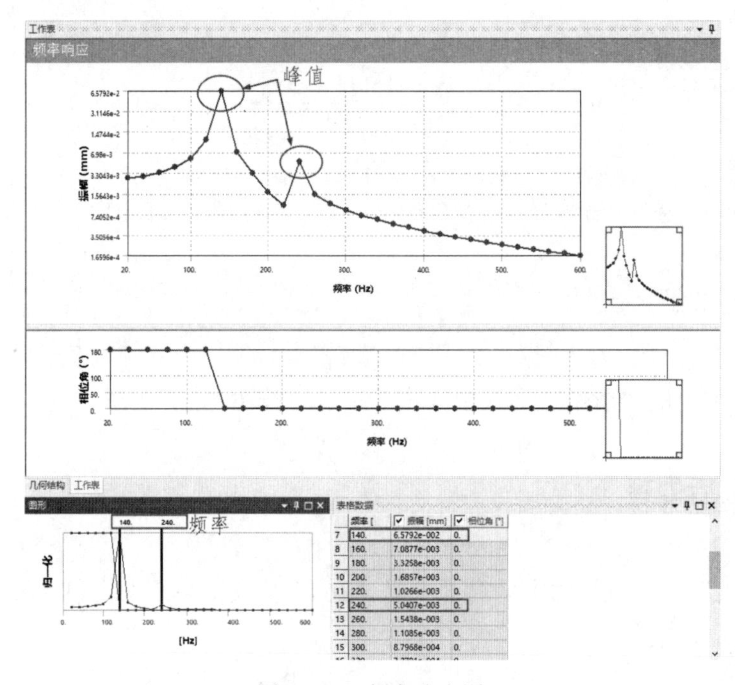

	频率 [	振幅 [mm]	相位角 [°]
7	140.	6.5792e-002	0.
8	160.	7.0877e-003	0.
9	180.	3.3258e-003	0.
10	200.	1.6857e-003	0.
11	220.	1.0266e-003	0.
12	240.	5.0407e-003	0.
13	260.	1.5438e-003	0.
14	280.	1.1085e-003	0.
15	300.	8.7968e-004	0.

图 10-44　频率响应图

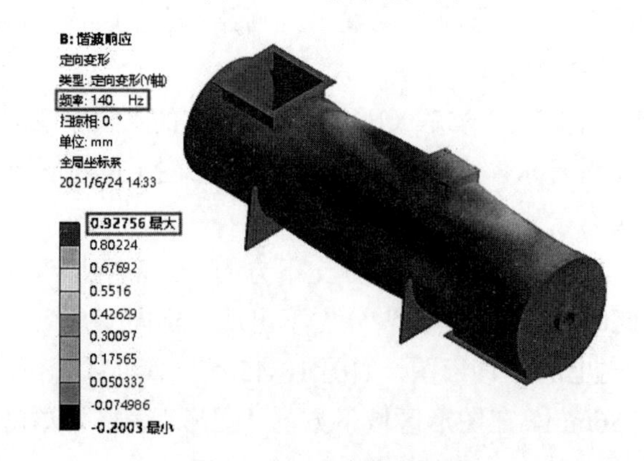

图 10-45　定向位移云图

（5）添加总变形。在“求解”选项卡的“结果”面板中单击“变形”下拉按钮，在弹出的下拉菜单中选择“总计”选项，设置“频率”为 140Hz，“扫掠相”为 0°，添加总变形。求解后得到 140Hz 时的总变形云图，如图 10-46 所示，显示此时最大位移为 0.92858mm。

（6）添加等效应力。在“求解”选项卡的“结果”面板中单击“应力”下拉按钮，在弹出的下拉菜单中选择“等效（Von-Mises）”选项，设置“频率”为 140Hz，设置“扫掠相”为 0°，添加等效应力。求解后得到 140Hz 时的等效应力云图，如图 10-47 所示，显示此时最大等效应力为 73.072MPa。

图 10-46　总变形云图　　　　图 10-47　等效应力云图

（7）添加变形相位响应。在“求解”选项卡的“图表”面板中单击“相位响应”下拉按钮，在弹出的下拉菜单中选择“变形”选项，设置“几何结构”为加湿机筒，“方向”为“Y 轴”，“频率”为 140Hz，如图 10-48 所示，添加变形相位响应。求解后得到 140Hz 时的相位响应图，如图 10-49 所示。

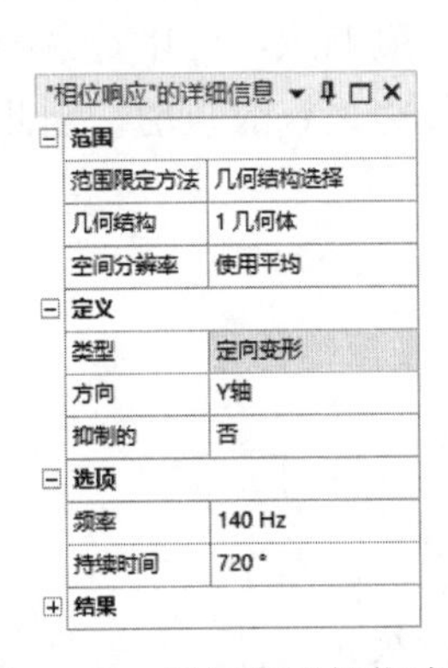

图 10-48　添加变形相位响应

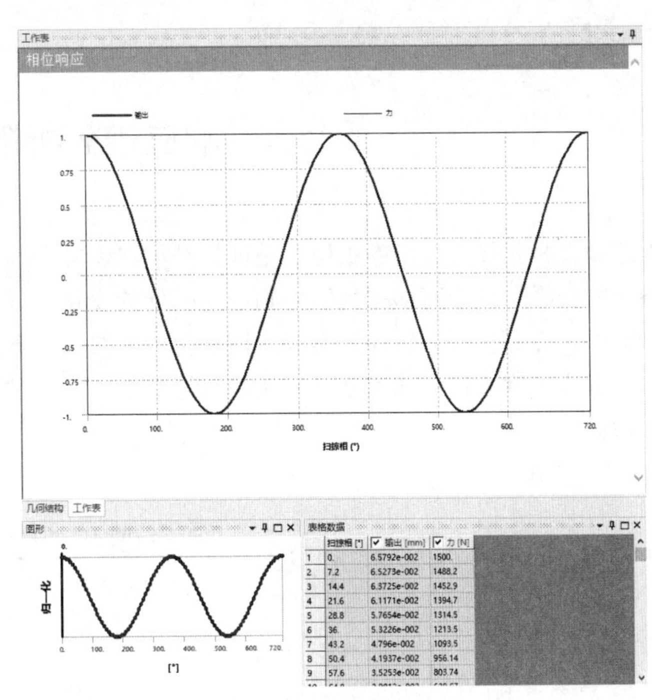

图 10-49　相位响应图

第 11 章　响应谱分析

导读

响应谱分析是一种将模态分析结果与已知谱相结合，以计算模型的最大位移和应力的分析技术。响应谱分析的应用十分广泛，它是用于地震分析的标准分析方法，被广泛应用到各种结构的地震分析中，也可以分析结构对风载、水的涌动等载荷的动力响应。

精彩内容

- 响应谱分析概述
- 响应谱分析类型
- 响应谱分析流程
- 创建工程项目
- 响应谱分析设置
- 结果后处理
- 实例 1——信号塔地震响应谱分析
- 实例 2——平台多点响应谱分析

11.1　响应谱分析概述

响应谱分析是模态分析的扩展，是计算结构在瞬态激励下峰值响应的近似算法，因此可以替代瞬态分析。瞬态分析可以得到结构响应随时间的变化，分析精确，但需要花费较长的时间，同时对所需的计算硬件要求较高；而响应谱分析能够快速计算出结构的峰值响应，可以是系统的最大位移、最大速度、最大加速度或最大应力等，由于计算过程中通常忽略系统的阻尼，因此其计算结果偏向于安全。

11.2　响应谱分析类型

在 Workbench 中，响应谱分析有两种类型，分别为单个点和多个点，如图 11-1 所示。

（1）单个点响应谱分析：只可以在模型的一个节点上指定一种谱曲线，或者在一组节点上分别指定相同的谱曲线，如在支撑处指定一种谱曲线，如图 11-2 所示。

（2）多个点响应谱分析：可以在多个节点处指定不同的谱曲线，如图 11-3 所示。对于多个点响应谱分析，应该先分别计算出每种响应谱的总体响应，再使用平方和的均方根方法得到多点响应谱的总体响应。

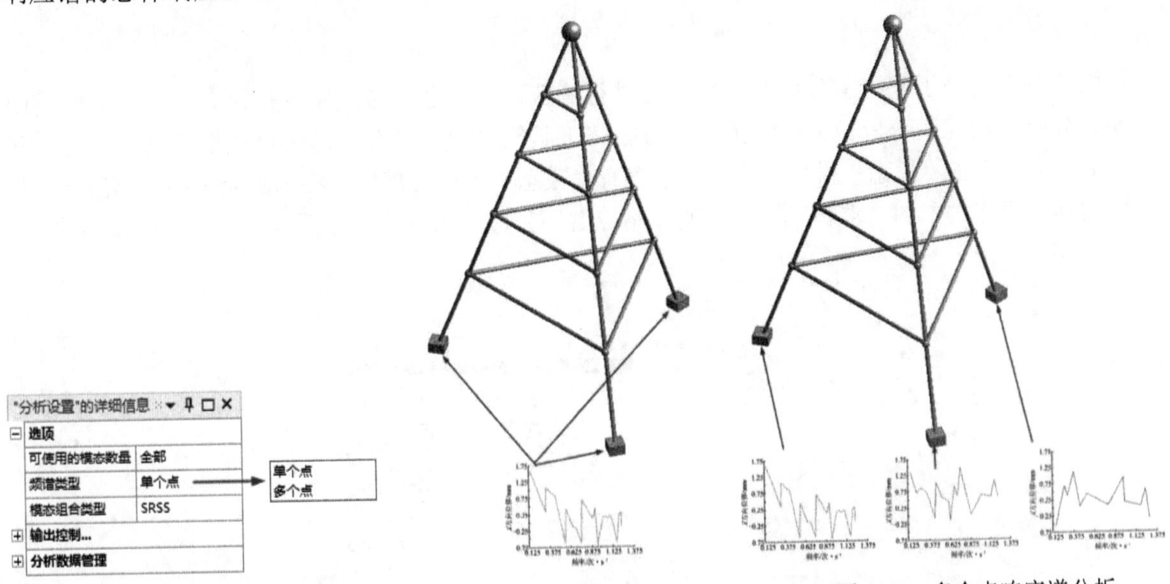

图 11-1 响应谱分析类型　　图 11-2 单个点响应谱分析　　图 11-3 多个点响应谱分析

11.3 响应谱分析流程

在进行响应谱分析之前，必须要知道以下几点事项。

（1）在进行响应谱分析之前先进行模态分析。

（2）结构必须是线性的、具有连续刚度和质量的。

（3）进行单个点谱响应分析时，结构只受一个已知方向和频率的频谱所激励。

（4）进行多个点谱响应分析时，结构可以被多个（最多 20 个）不同位置的频谱所激励。

响应谱分析流程如下。

（1）创建工程项目。

（2）创建或导入几何模型。

（3）定义材料属性。

（4）定义接触关系（如果存在接触）。

（5）划分网格。

（6）模态求解设置（包括预应力设置、分析设置和约束与载荷设置）。

（7）模态求解。

（8）响应谱分析设置。

（9）响应谱分析求解。

（10）结果后处理。

下面就几个主要的方面进行讲解。

11.4 创建工程项目

由于响应谱分析是模态分析的扩展，且进行响应谱分析之前必须先进行模态分析，因此要创建模态分析和响应谱分析相关联的工程项目。将工具箱里的“模态”模块直接拖动到“项目原理图”中或直接双击“模态”模块，建立一个含有“模态”的项目模块。将工具箱里的“响应谱”模块拖动到“模态”中的“求解”栏中，使“响应谱”分析和“模态”分析相关联，如图 11-4 所示。

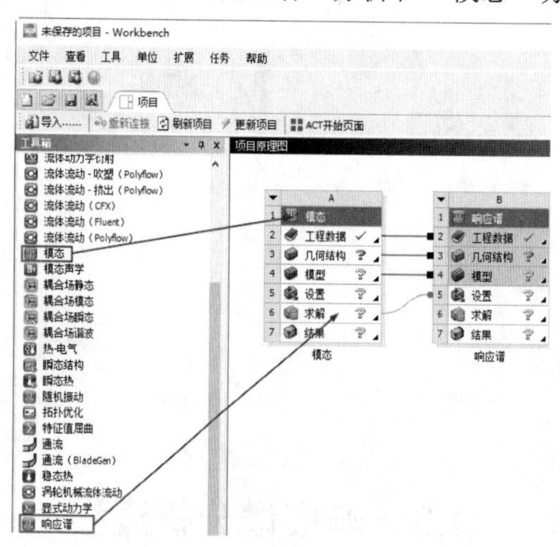

图 11-4 创建“响应谱”模块

11.5 响应谱分析设置

11.5.1 分析设置

响应谱分析设置主要包括可使用的模态数量、频谱类型、模态组合类型、输出控制和阻尼控制等，如图 11-5 所示。

“分析设置”的详细信息

选项	
可使用的模态数量	全部
频谱类型	单个点
模态组合类型	ROSE
输出控制...	
计算速度	否
计算加速度	否
结果文件压缩	程序控制
阻尼控制	
阻尼比率	0.
刚度系数按照以下方式进行定义	直接输入
刚度系数	0.
质量系数	0.
分析数据管理	

图 11-5 “分析设置”的详细信息视图栏

（1）可使用的模态数量：确定使用的模态数量，建议采用计算的模态频率范围，且不小于最大响应谱频率的 1.5 倍。

（2）频谱类型：选择采用单个点响应谱分析或者多个点响应谱分析。

（3）模态组合类型：选择用于组合模态响应的方法，包括 SRSS（平方和的平方根）、CQC（完全二次项平方根）、ROSE（Rosenblueth 的双和组合）。

（4）输出控制：控制是否输出速度或加速度等。

（5）阻尼控制：设置是否在响应谱分析中指定结构的

阻尼，包括阻尼比率、刚度系数（β 阻尼）和质量系数（α 阻尼），但阻尼不适用于 SRSS 组合法。

11.5.2 激励谱类型

响应谱分析支持 3 种激励谱的类型，包括 RS 加速度、RS 速度、RS 位移，如图 11-6 所示。

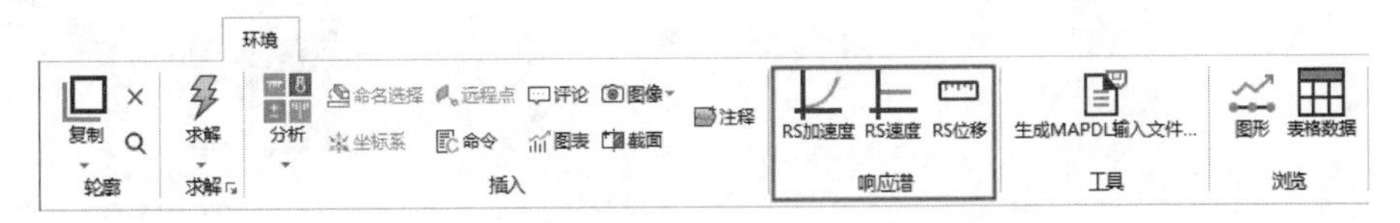

图 11-6 响应谱分析支持的 3 种激励谱类型

11.6 结果后处理

在后处理中可以求解总变形、等效应力、定向加速度等响应数值，如图 11-7 所示。

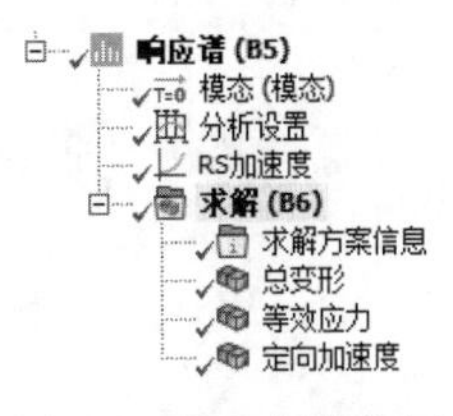

图 11-7 响应谱求解

11.7 实例 1——信号塔地震响应谱分析

扫一扫，看视频

图 11-8 所示为一个信号塔模型，其材质为结构钢。该信号塔底部固定，要求对其进行地震时的响应谱分析。

图 11-8 信号塔模型

11.7.1 创建工程项目

（1）打开 Workbench 程序，展开左边工具箱中的“分析系统”栏，将工具箱里的“模态”模块直接拖动到项目原理图中或直接双击“模态”模块，建立一个含有“模态”的项目模块。将工具箱里的“响应谱”模块拖动到“模态”中的“求解”栏中，使“响应谱”和“模态”相关联，建立一个含有“模态”和“响应谱”的项目模块。

（2）导入模型。在项目原理图中右击“几何结构”，在弹出的快捷菜单中选择“导入几何模型”→“浏览”命令，弹出“打开”对话框，如图 11-9 所示，选择要导入的模型“信号塔”，单击“打开”按钮。

（3）设置单位系统。选择“单位”→“度量标准(kg,m,s,℃,A,N,V)”命令，设置单位为米。

（4）启动“多个系统-Mechanical”应用程序。在项目原理图中右击“模型”，在弹出的快捷菜单中选择“编辑”命令，如图 11-10 所示，进入“多个系统-Mechanical”应用程序，如图 11-11 所示。

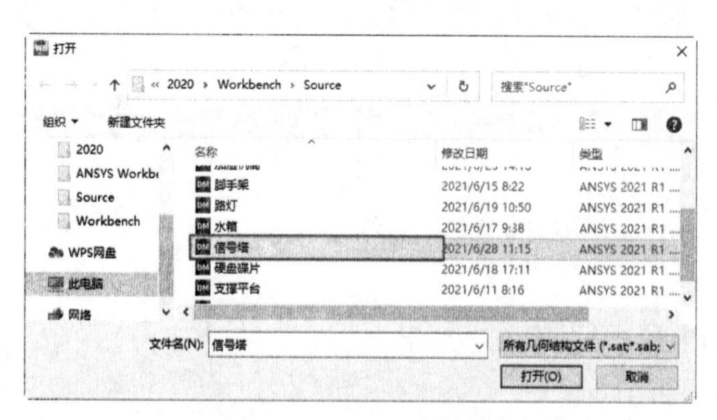

图 11-9 “打开”对话框

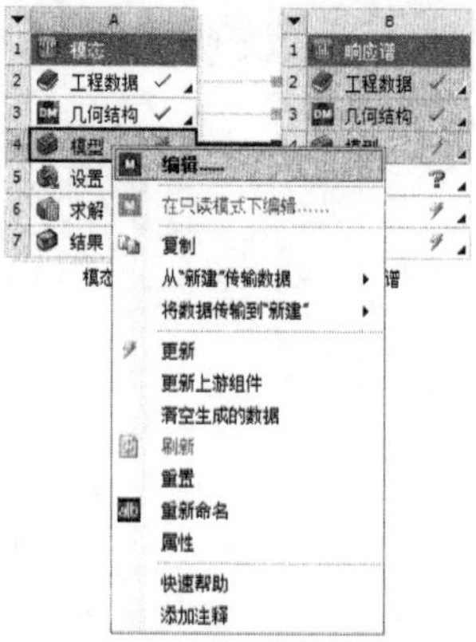

图 11-10 “编辑”命令

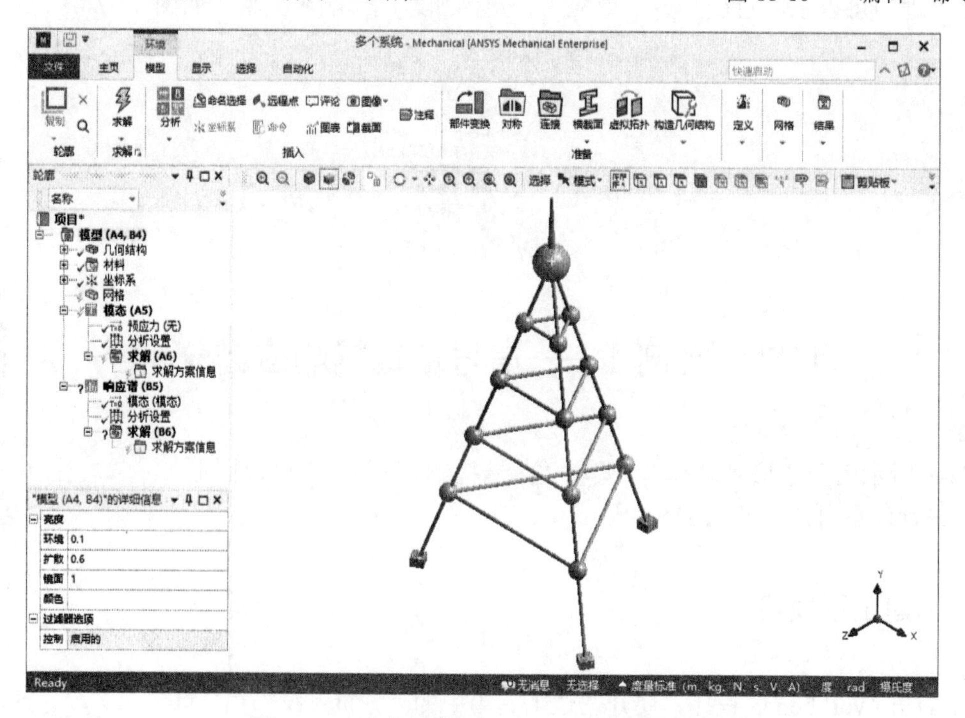

图 11-11 “多个系统-Mechanical”应用程序

11.7.2 设置模型材料

（1）设置单位系统。在“主页”选项卡的“工具”面板中单击“单位”按钮，弹出“单位系统”下拉菜单，选择“度量标准(m、kg、N、s、V、A)”选项。

（2）模型重命名。在树轮廓中展开“几何结构”，显示模型含有一个固体，右击该表面几何体，在弹出的快捷菜单中选择“重命名”命令，重新输入名称为“信号塔”。

（3）设置模型材料。选择“信号塔”，在左下角打开“信号塔”的详细信息视图栏，“材料”栏的“任务”选项框中显示材料为“结构钢”，这里不作处理。

11.7.3 划分网格

（1）调整尺寸。在树轮廓中单击“网格”分支，系统切换到“网格”选项卡。在“网格”选项卡的“控制”面板中单击“尺寸调整”按钮，左下角弹出“几何体尺寸调整”的详细信息视图栏，设置“几何结构”为信号塔，设置“单元尺寸”为 0.3m，如图 11-12 所示。

（2）划分网格。在树轮廓中单击“网格”分支，左下角弹出“网格”的详细信息视图栏，采用默认设置。在“网格”选项卡的“网格”面板中单击“生成”按钮，系统自动划分网格（划分时间较长），结果如图 11-13 所示。

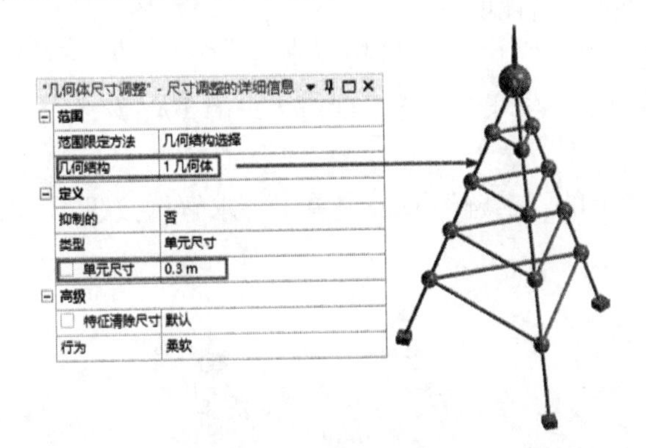

图 11-12 “几何体尺寸调整”的详细信息视图栏

图 11-13 划分网格

11.7.4 定义载荷和约束

（1）添加固定约束。在树轮廓中单击“模态（A5）”分支，系统切换到“环境”选项卡。在“环境”选项卡的“结构”面板中单击“固定的”按钮 固定的，左下角弹出“固定支撑”的详细信息视图栏，设置“几何结构”为信号塔的底面，如图 11-14 所示。

（2）分析设置。单击“模态（A5）”分支下的“分析设置”，在“分析设置”的详细信息视图栏中设置“最大模态阶数”为 6，其他为默认设置，如图 11-15 所示。

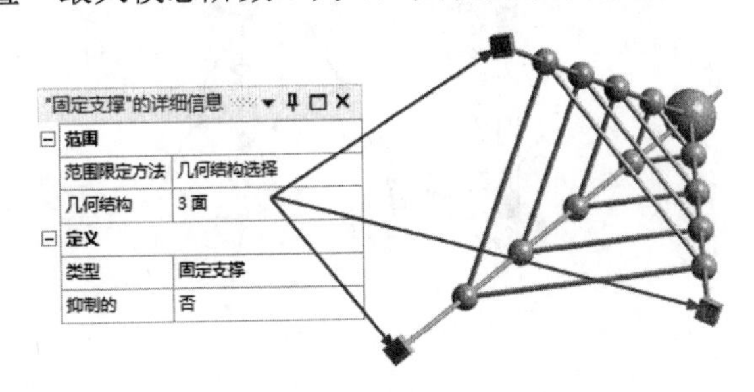

图 11-14 添加固定约束

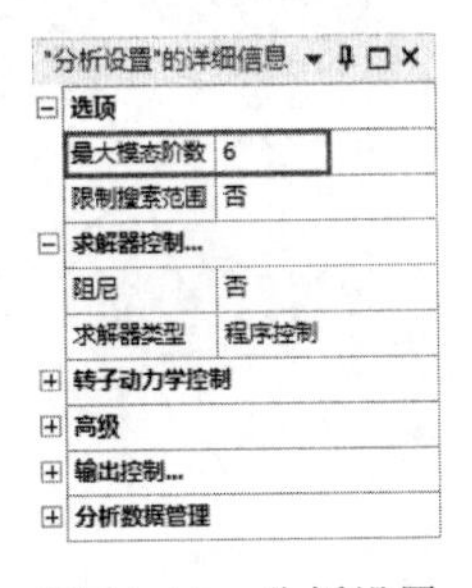

图 11-15 分析设置

11.7.5　模态求解

在“主页”选项卡的“求解”面板中单击“求解”按钮进行求解。

11.7.6　模态结果后处理

（1）求解完成后，在树轮廓中单击“求解（A6）”分支，系统切换到“求解”选项卡，同时在图形窗口下方出现“图形”和“表格数据”，显示了对应的频率，如图 11-16 所示。

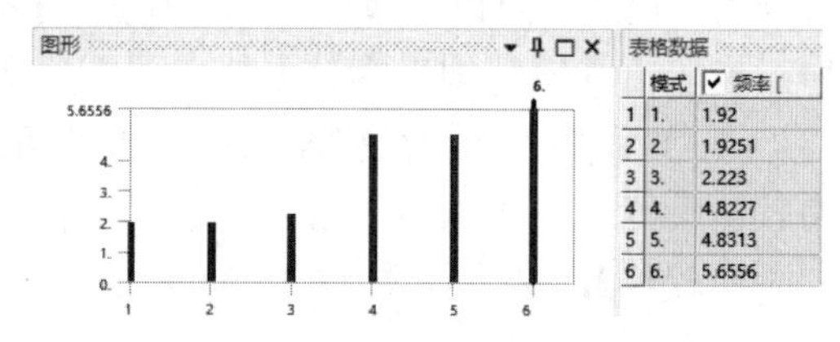

图 11-16　“图形”和“表格数据”

（2）提取模态。在“图形”上右击，在弹出的快捷菜单中选择“选择所有”命令；继续在“图形”上右击，在弹出的快捷菜单中选择“创建模型形状结果”命令。此时“求解（A6）”分支下方会出现 6 个模态结果，需要再次求解才能正常显示。

（3）查看模态结果。在“求解”选项卡的“求解”面板中单击“求解”按钮，求解完成后查看各阶模态，如图 11-17 所示。

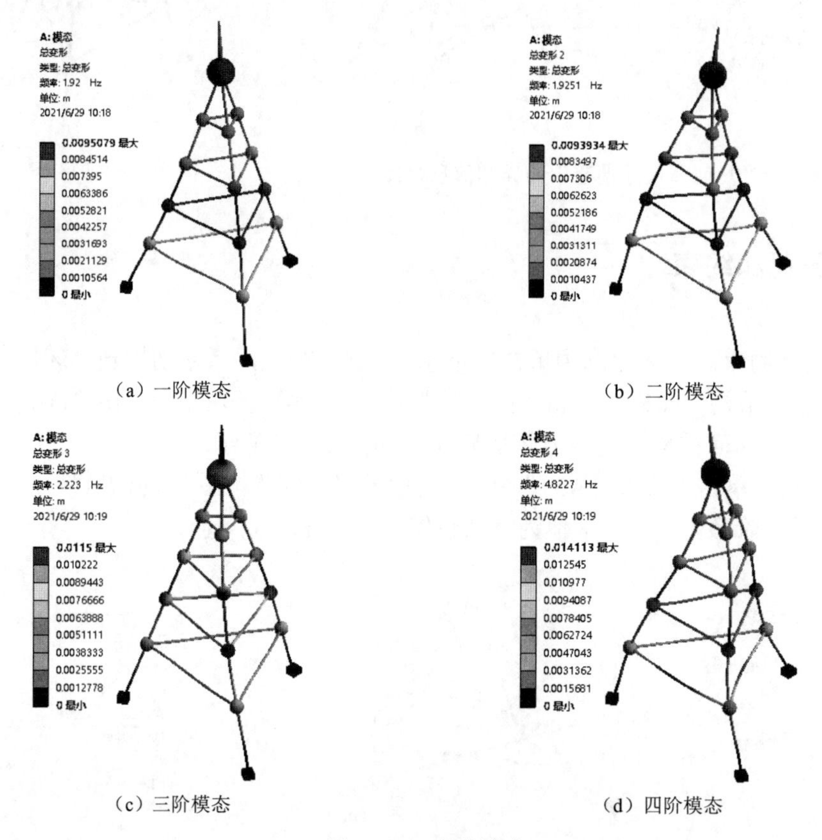

（a）一阶模态　（b）二阶模态

（c）三阶模态　（d）四阶模态

图 11-17　各阶模态

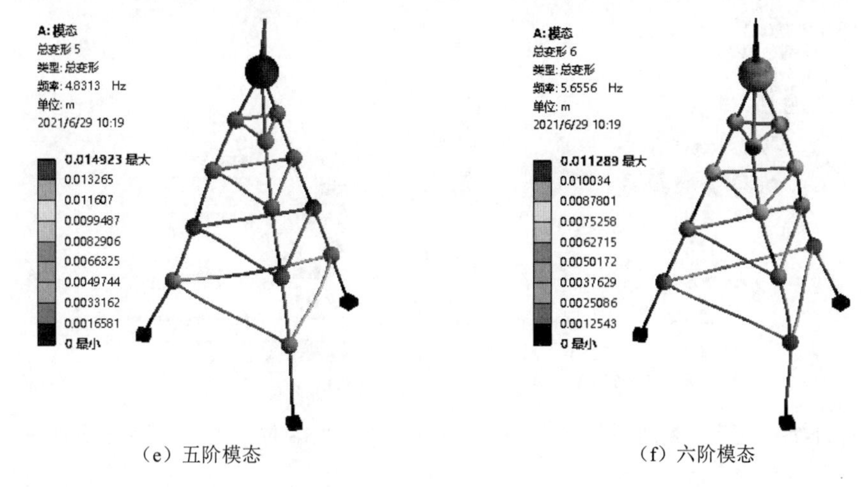

（e）五阶模态　　（f）六阶模态

图 11-17　（续）

11.7.7　响应谱设置

（1）分析设置。在树轮廓中单击“响应谱（B5）”分支下的“分析设置”，左下角弹出“分析设置”的详细信息视图栏，设置“可使用的模态数量”为“全部”，“频谱类型”为“单个点”，“模态组合类型”为 SRSS 组合法，如图 11-18 所示。

（2）添加 RS 位移。在“环境”选项卡的“响应谱”面板中单击“RS 位移”按钮，在“响应谱（B5）”分支下出现“RS 位移”列。在图形区域下方的“表格数据”中输入图 11-19 所示的随机载荷，并在“RS 位移”的详细信息视图栏中设置“方向”为“X 轴”，如图 11-20 所示。

"分析设置"的详细信息

选项	
可使用的模态数量	全部
频谱类型	单个点
模态组合类型	SRSS
输出控制...	
分析数据管理	

图 11-18　分析设置

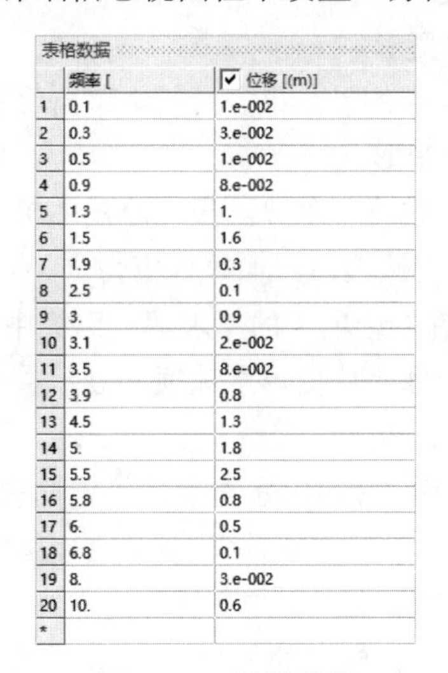

表格数据

	频率 [	位移 [(m)]
1	0.1	1.e-002
2	0.3	3.e-002
3	0.5	1.e-002
4	0.9	8.e-002
5	1.3	1.
6	1.5	1.6
7	1.9	0.3
8	2.5	0.1
9	3.	0.9
10	3.1	2.e-002
11	3.5	8.e-002
12	3.9	0.8
13	4.5	1.3
14	5.	1.8
15	5.5	2.5
16	5.8	0.8
17	6.	0.5
18	6.8	0.1
19	8.	3.e-002
20	10.	0.6
*		

图 11-19　随机载荷

"RS位移"的详细信息

范围	
边界条件	所有支持
定义	
加载数据	表格数据
比例因子	1.
方向	X轴
刚性响应效应	否
抑制的	否

图 11-20　“RS 位移”的详细信息视图栏

（3）复制 RS 位移。在树轮廓中右击“响应谱（B5）”分支下的“RS 位移”列，在弹出的快捷菜单中选择“复制”命令，如图 11-21 所示。此时“响应谱（B5）”分支下出现“RS 位移 2”列。选择该列，在“RS 位移 2”的详细信息视图栏中设置“方向”为“Y 轴”，如图 11-22 所示。同理再次复制，得到“RS 位移 3”，设置“RS 位移 3”的“方向”为“Z 轴”。

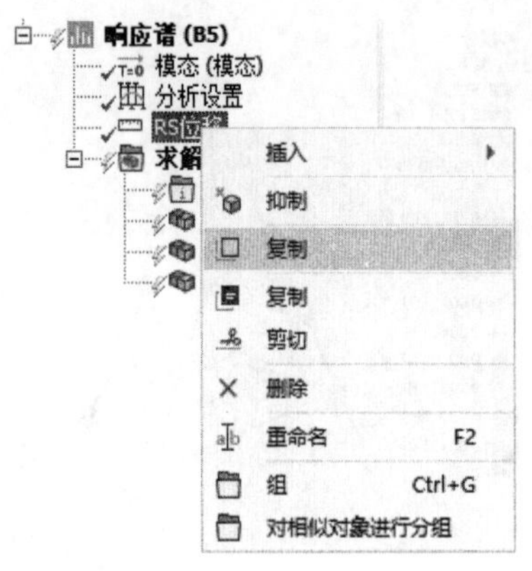

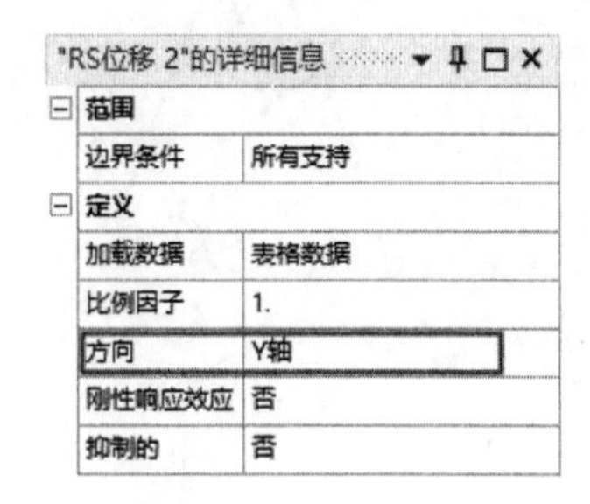
"RS位移 2"的详细信息

范围	
边界条件	所有支持
定义	
加载数据	表格数据
比例因子	1.
方向	Y轴
刚性响应效应	否
抑制的	否

图 11-21　选择“复制”命令　　　　图 11-22　“RS 位移 2”的详细信息视图栏

11.7.8　响应谱求解

在“主页”选项卡的“求解”面板中单击“求解”按钮进行求解。

11.7.9　响应谱后处理

（1）求解完成后，在树轮廓中单击“求解（B6）”分支，系统切换到“求解”选项卡，在该选项卡中选择需要显示的结果。

（2）添加总变形。在“求解”选项卡的“结果”面板中单击“变形”下拉按钮，在弹出的下拉菜单中选择“总计”选项，添加总变形。

（3）定向变形。在“求解”选项卡的“结果”面板中单击“变形”下拉按钮，在弹出的下拉菜单中选择“定向”选项，添加定向变形。

（4）添加等效应力。在“求解”选项卡的“结果”面板中单击“应力”下拉按钮，在弹出的下拉菜单中选择“等效（Von-Mises）”选项，添加等效应力。

（5）查看总变形结果。在“求解”选项卡的“求解”面板中单击“求解”按钮，求解完成后展开树轮廓中的“求解（B6）”，选择“总变形”选项，显示总变形云图，如图 11-23 所示，可以看到总变形的最大位移为 0.48566m。

（6）查看定向变形。单击“求解（B6）”分支中的“定向变形”选项，在弹出的“定向变形”的详细信息视图栏中设置“方向”为“X 轴”，如图 11-24 所示。显示信号塔在 X 轴方向上的位移云图，如图 11-25 所示。同理，在“定向变形”的详细信息视图栏中分别设置“方向”为“Y 轴”和“Z 轴”，分别查看 Y 轴方向上的位移云图和 Z 轴方向上的位移云图，如图 11-26 和图 11-27 所示。由于 X 轴和 Z 轴在同一个平面上，且施加的位移载荷谱相同，因此二者的位移云图也相同。

（7）查看等效应力云图。单击“求解（B6）”分支中的“等效应力”选项，显示等效应力云图，如图 11-28 所示，可以看出最大等效应力为 1.0559e9MPa。

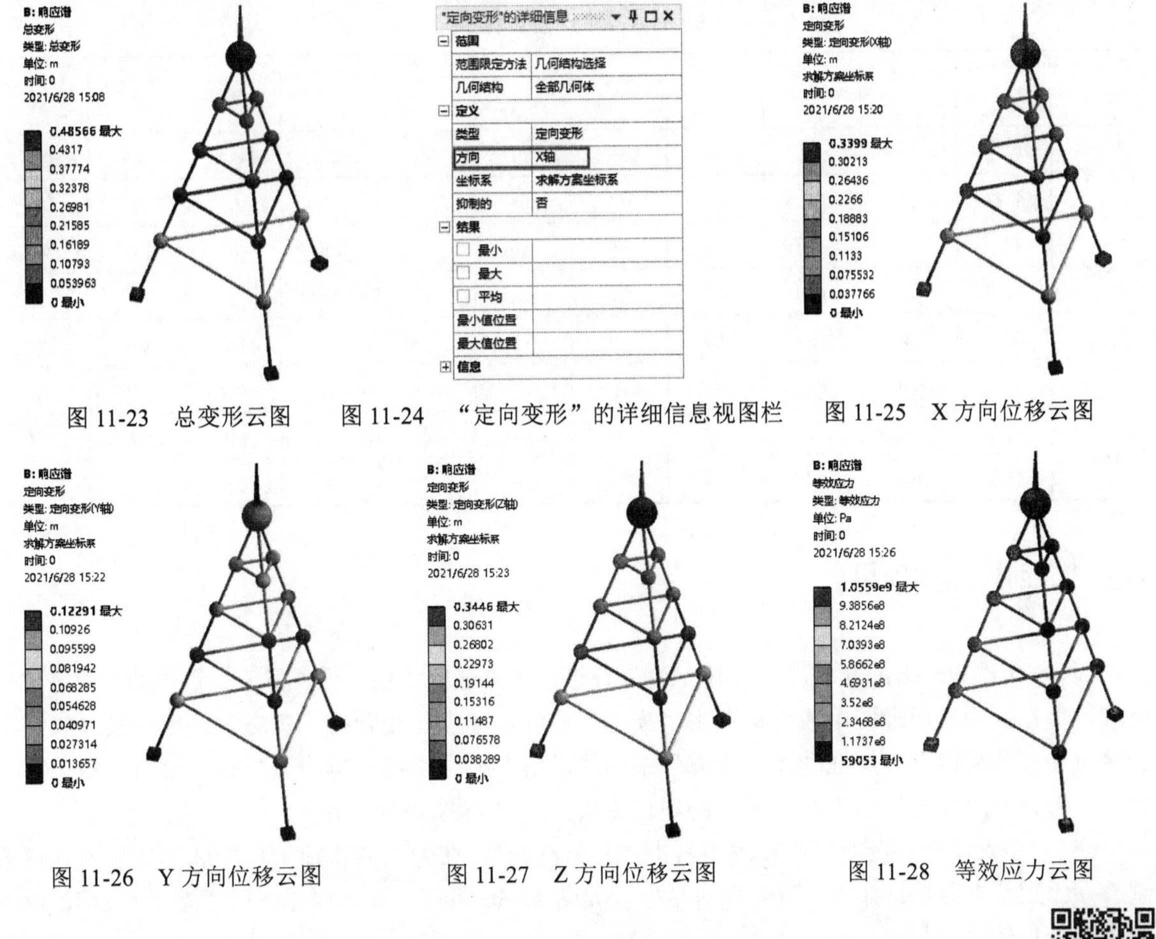

图 11-23　总变形云图　　图 11-24　“定向变形”的详细信息视图栏　　图 11-25　X 方向位移云图

图 11-26　Y 方向位移云图　　图 11-27　Z 方向位移云图　　图 11-28　等效应力云图

11.8　实例 2——平台多点响应谱分析

扫一扫，看视频

图 11-29 所示为一个机械平台模块，其材料为结构钢。该平台底部 4 个脚固定，但是由于振动，平台 4 个脚在 Y 方向上受到不同位移频谱的干扰，各个脚受到的频谱见表 11-1，要求对其进行多点响应谱分析。

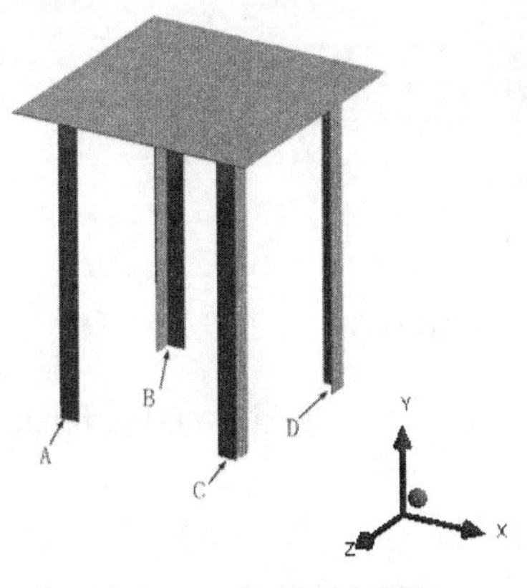

图 11-29　机械平台模型

表 11-1　多点频率响应谱

名称 \ 序号		1	2	3	4	5	6	7	8	9	10
A 脚	频率	10	15	30	55	80	95	125	145	165	185
	位移	0.1	0.3	0.5	0.1	0.8	1	3	0.5	2	4
B 脚	频率	8	10	14	45	55	80	100	165	185	200
	位移	0.2	0.5	0.4	0.8	0.2	2	0.8	2	4	1
C 脚	频率	4	6	16	20	43	55	95	115	158	190
	位移	0.4	0.8	1	3	0.2	0.5	2	0.4	0.7	2
D 脚	频率	10	30	50	70	85	98	106	158	169	205
	位移	0.1	0.2	0.8	0.4	0.6	0.7	2	0.5	1	3

11.8.1　创建工程项目

（1）打开 Workbench 程序，展开左边工具箱中的“分析系统”栏，将工具箱里的“模态”模块直接拖动到项目原理图中或直接双击“模态”模块，建立一个含有“模态”的项目模块。将工具箱里的“响应谱”模块拖动到“模态”中的“求解”栏中，使“响应谱”和“模态”相关联，建立一个含有“模态”和“响应谱”的项目模块，结果如图 11-4 所示。

（2）导入模型。在项目原理图中右击“几何结构”，在弹出的快捷菜单中选择“导入几何模型”→“浏览”命令，弹出“打开”对话框，如图 11-30 所示，选择要导入的模型“平台”，单击“打开”按钮。

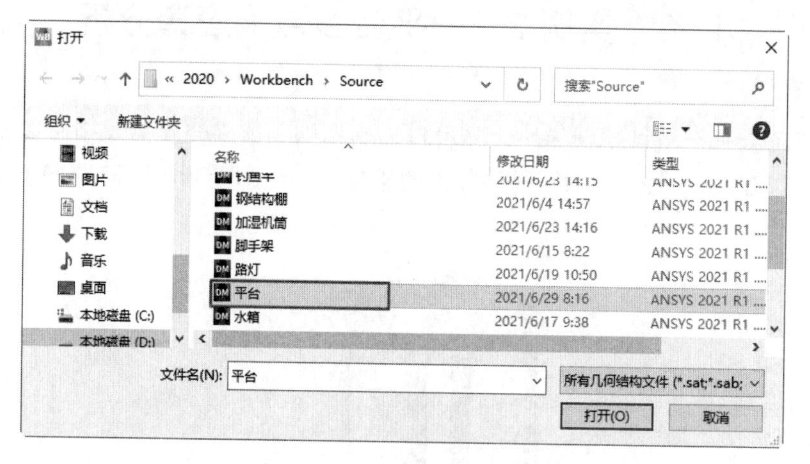

图 11-30　“打开”对话框

（3）设置单位系统。选择“单位”→“度量标准(kg,mm,s,℃,mA,N,mV)”命令，设置单位为毫米。

（4）启动“多个系统-Mechanical”应用程序。在项目原理图中右击“模型”，在弹出的快捷菜单中选择“编辑”命令，进入“多个系统-Mechanical”应用程序，如图 11-31 所示。

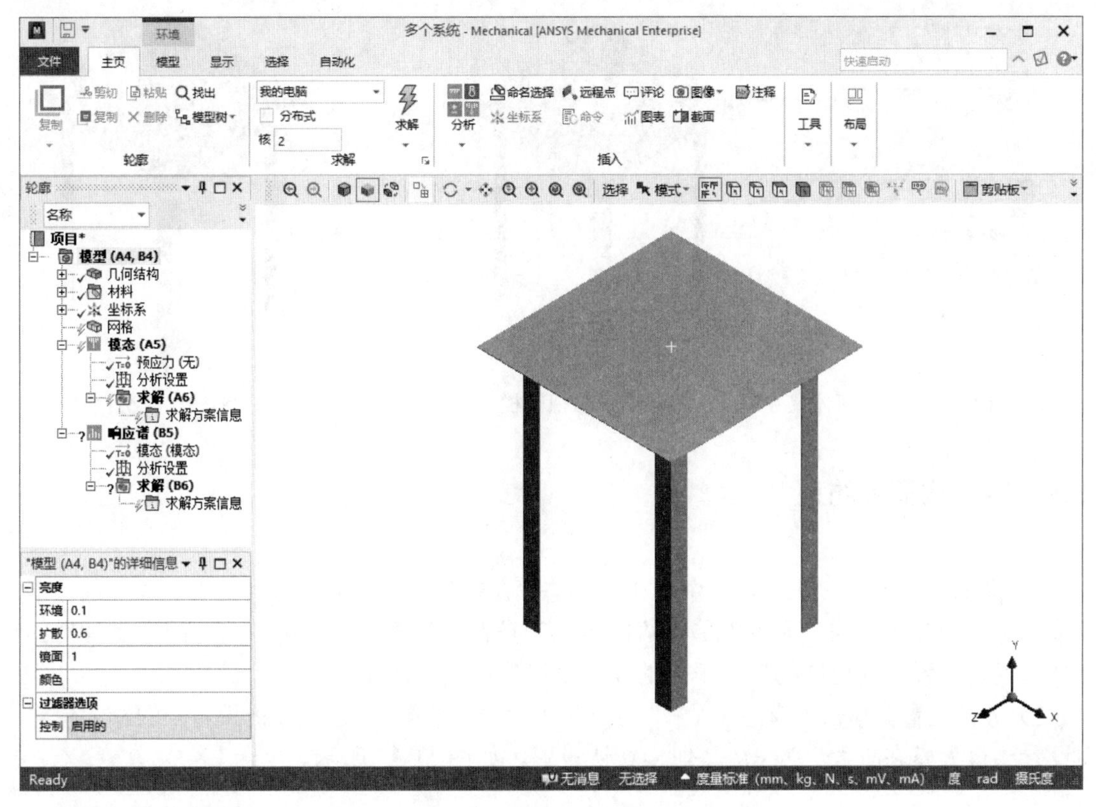

图 11-31　“多个系统-Mechanical”应用程序

11.8.2　设置模型材料

（1）设置单位系统。在“主页”选项卡的“工具”面板中单击“单位”按钮，弹出“单位系统”下拉菜单，选择“度量标准(mm、kg、N、s、mV、mA)”选项。

（2）模型重命名。在树轮廓中展开“几何结构”，显示模型含有一个固体，右击该固体，在弹出的快捷菜单中选择“重命名”命令，重新输入名称为“平台”。

（3）设置模型材料。选择“平台”，在左下角打开“平台”的详细信息视图栏，“材料”栏的“任务”选项框中显示材料为“结构钢”，这里不作处理。

11.8.3　划分网格

（1）调整尺寸。在树轮廓中单击“网格”分支，系统切换到“网格”选项卡。在“网格”选项卡的“控制”面板中单击“尺寸调整”按钮，左下角弹出“几何体尺寸调整”的详细信息视图栏，设置“几何结构”为平台，“单元尺寸”为 15.0mm，如图 11-32 所示。

（2）划分网格。在树轮廓中单击“网格”分支，左下角弹出“网格”的详细信息视图栏，采用默认设置。在“网格”选项卡的“网格”面板中单击“生成”按钮，系统自动划分网格，结果如图 11-33 所示。

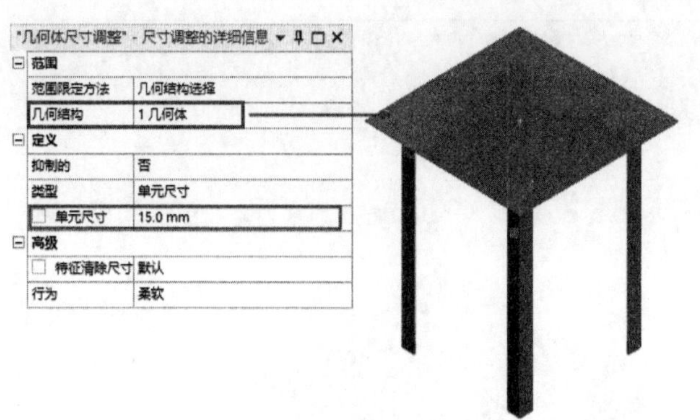

图 11-32　“几何体尺寸调整”的详细信息视图栏

图 11-33　划分网格

11.8.4　定义载荷和约束

（1）添加固定约束。在树轮廓中单击“模态（A5）”分支，系统切换到“环境”选项卡。在“环境”选项卡的“结构”面板中单击“固定的”按钮 固定的，左下角弹出“固定支撑”的详细信息视图栏，设置“几何结构”为平台的 4 个底脚底面，如图 11-34 所示。

（2）分析设置。单击“模态（A5）”分支下的“分析设置”，在“分析设置”的详细信息视图栏中设置“最大模态阶数”为 6，其他为默认设置，如图 11-35 所示。

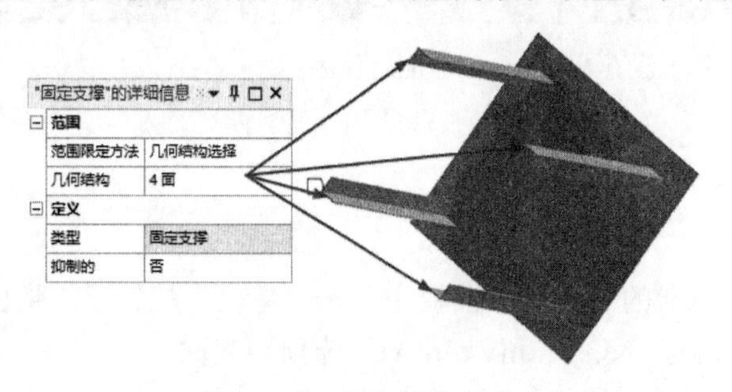

图 11-34　添加固定约束

图 11-35　分析设置

11.8.5　模态求解

在“主页”选项卡的“求解”面板中单击“求解”按钮进行求解。

11.8.6　模态结果后处理

（1）求解完成后，在树轮廓中单击“求解（A6）”分支，系统切换到“求解”选项卡，同时在图形窗口下方出现“图形”和“表格数据”，显示了对应的频率，如图 11-36 所示。

（2）提取模态。在“图形”上右击，在弹出的快捷菜单中选择“选择所有”命令；继续在“图形”上右击，在弹出的快捷菜单中选择“创建模型形状结果”命令。此时“求解（A6）”分支下方会出现 6 个模态结果，需要再次求解才能正常显示。

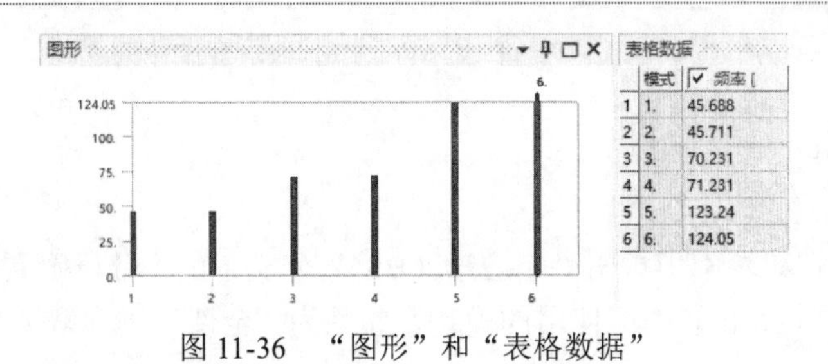

图 11-36 “图形”和“表格数据”

（3）查看模态结果。在“求解”选项卡的“求解”面板中单击“求解”按钮，求解完成后查看各阶模态，如图 11-37 所示。

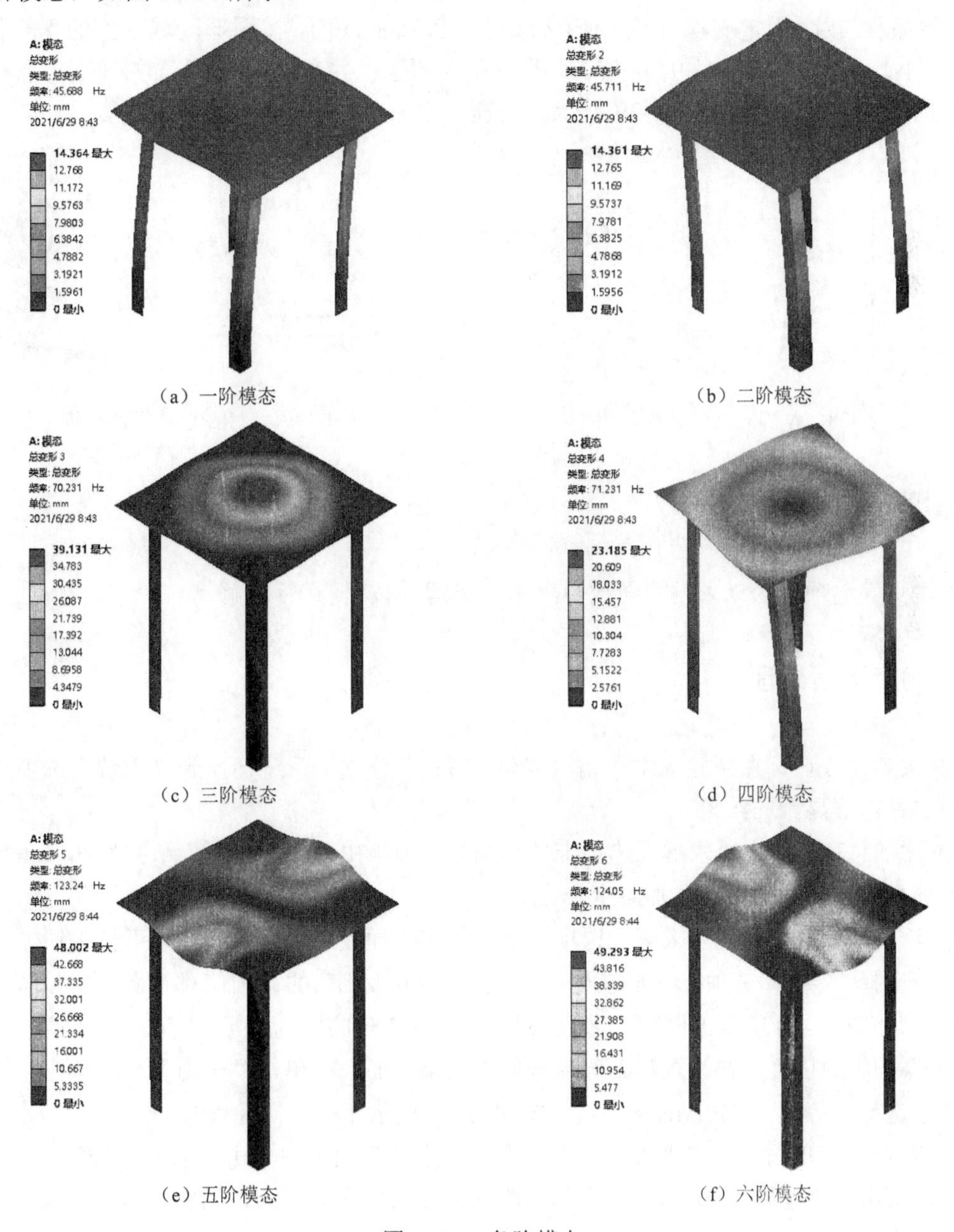

（a）一阶模态　（b）二阶模态

（c）三阶模态　（d）四阶模态

（e）五阶模态　（f）六阶模态

图 11-37 各阶模态

11.8.7 响应谱设置

（1）分析设置。在树轮廓中单击“响应谱（B5）”分支下的“分析设置”，左下角弹出“分析设置”的详细信息视图栏，设置“可使用的模态数量”为“全部”，“频谱类型”为“多个点”，“模态组合类型”为 SRSS。

（2）添加 RS 位移。单击“响应谱（B5）”分支，系统切换到“环境”选项卡。在“环境”选项卡的“结构”面板中单击“RS 位移”按钮，左下角弹出“RS 位移”的详细信息视图栏，设置“边界条件”为“固定支撑”。在图形区域选择 A 脚的底面，在图形区域下方的“表格数据”中输入表 11-1 中 A 脚的位移和频率值，如图 11-38 所示；并在“RS 位移”的详细信息视图栏中设置“方向”为“Y 轴”，如图 11-39 所示。同理，添加另外 3 个底脚的 RS 位移。

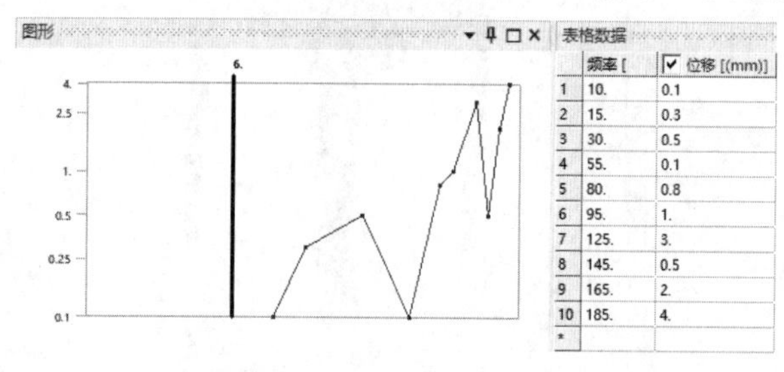

	频率 [	位移 [(mm)]
1	10.	0.1
2	15.	0.3
3	30.	0.5
4	55.	0.1
5	80.	0.8
6	95.	1.
7	125.	3.
8	145.	0.5
9	165.	2.
10	185.	4.
*		

图 11-38 A 脚的位移、频率图

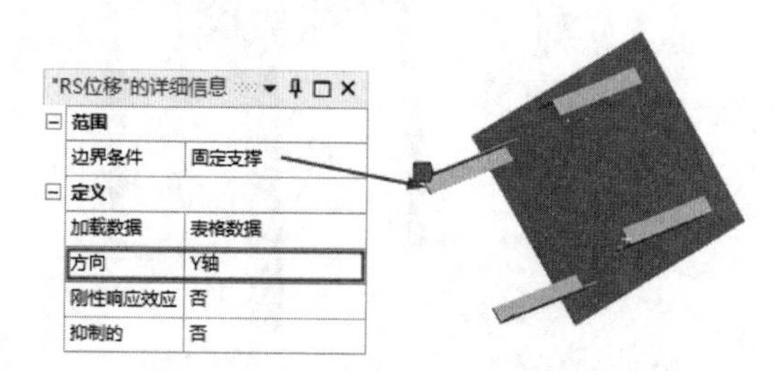

图 11-39 “RS 位移”的详细信息视图栏

11.8.8 响应谱求解

在“主页”选项卡的“求解”面板中单击“求解”按钮进行求解。

11.8.9 响应谱后处理

（1）求解完成后，在树轮廓中单击“求解（B6）”分支，系统切换到“求解”选项卡，在该选项卡中选择需要显示的结果。

（2）添加总变形。在“求解”选项卡的“结果”面板中单击“变形”下拉按钮，在弹出的下拉菜单中选择“总计”选项，添加总变形。

（3）添加定向变形。在“求解”选项卡的“结果”面板中单击“变形”下拉按钮，在弹出的下拉菜单中选择“定向”选项，添加定向变形。在“定向变形”的详细信息视图栏中设置“方向”为“X 轴”，如图 11-40 所示。同理，分别添加 Y 轴和 Z 轴的定向变形。

（4）添加等效应力。在“求解”选项卡的“结果”面板中单击“应力”下拉按钮，在弹出的下拉菜单中选择“等效（Von-Mises）”选项，添加等效应力。

（5）查看总变形结果。在“求解”选项卡的“求解”面板中单击“求解”按钮，求解完成后展开树轮廓中的“求解”，选择“总变形”选项，显示总变形云图，如图 11-41 所示，可以看到总变形的最大位移为 2.3269mm。

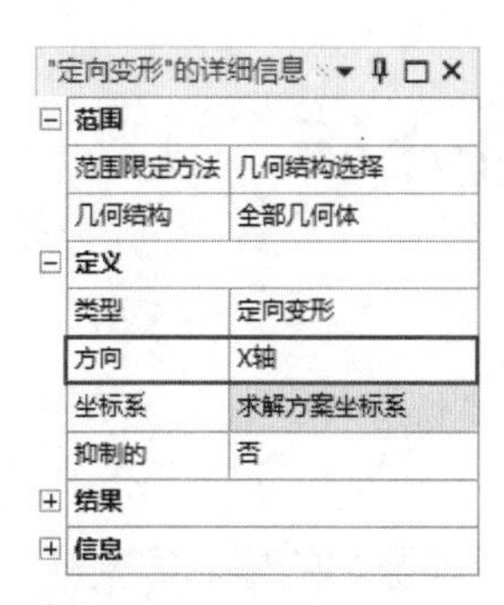

"定向变形"的详细信息	
⊟ 范围	
范围限定方法	几何结构选择
几何结构	全部几何体
⊟ 定义	
类型	定向变形
方向	X轴
坐标系	求解方案坐标系
抑制的	否
⊞ 结果	
⊞ 信息	

图 11-40　添加定向变形

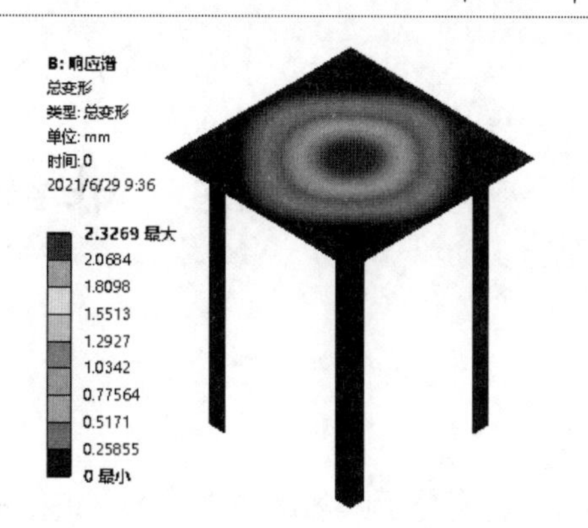

图 11-41　总变形云图

（6）查看定向变形。单击“求解（B6）”分支中的“定向变形”选项，显示 X 轴方向上的变形，如图 11-42 所示，可以看到 X 轴方向上的最大位移为 0.048966mm。同理，分别选择“定向变形 2”和“定向变形 3”，查看 Y 轴和 Z 轴方向上的定向变形。其中，Y 轴定向变形的云图如图 11-43 所示，由于施加的位移频谱都在 Y 轴方向，因此在 Y 轴方向上会产生最大位移，故 Y 轴方向位移云图和总变形云图相同。Z 轴方向上的定向云图如图 11-44 所示，可以看到 Z 轴方向上的最大位移为 0.046509mm。

（7）查看等效应力云图。单击“求解（B6）”分支中的“等效应力”选项，显示等效应力云图，如图 11-45 所示，可以看出最大的等效应力为 62.511MPa。

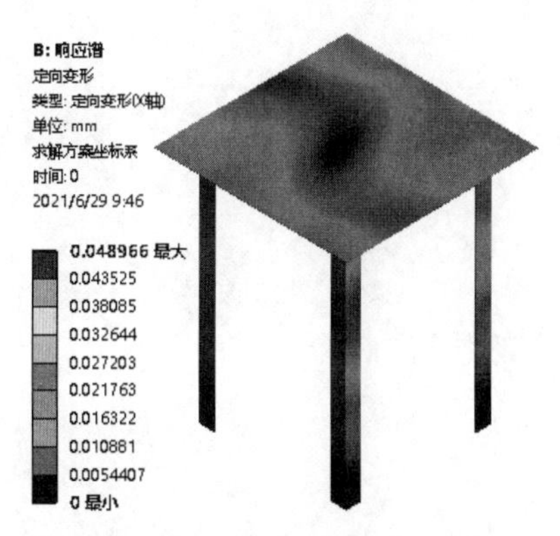

图 11-42　X 轴方向位移云图

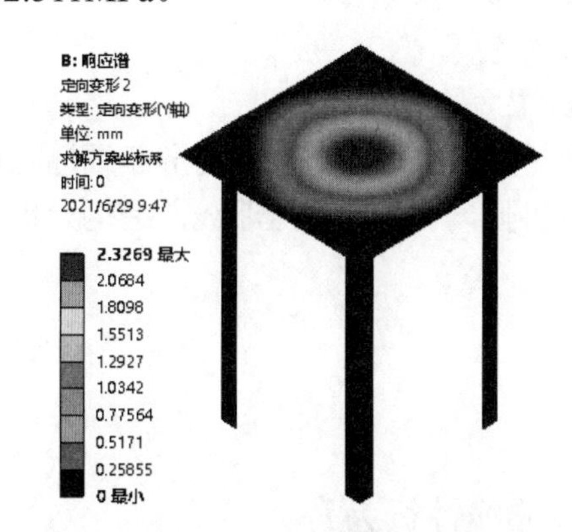

图 11-43　Y 轴方向位移云图

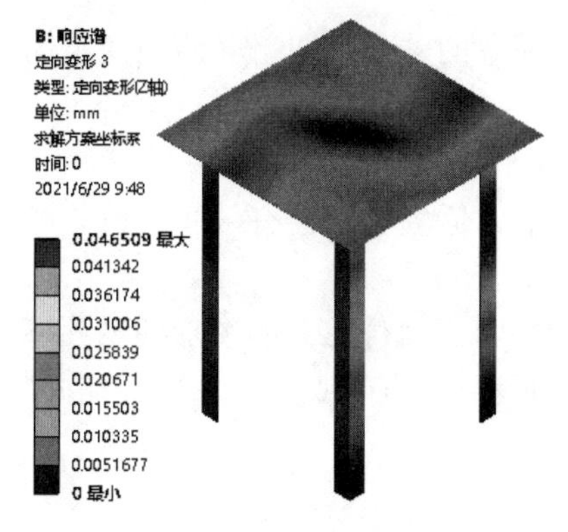

图 11-44　Z 轴方向位移云图

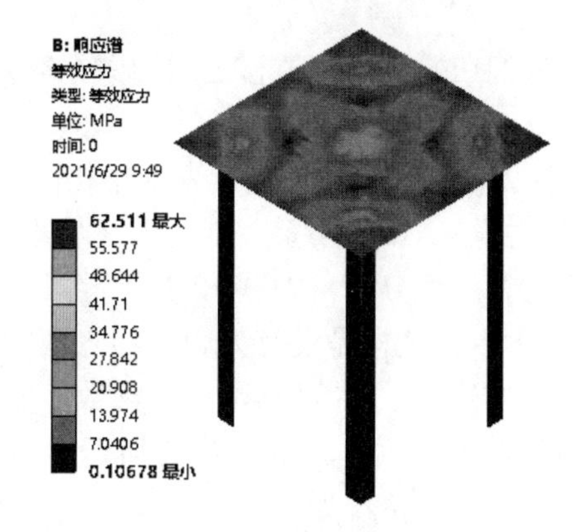

图 11-45　等效应力云图

第 12 章　非线性结构分析

导读

对物体的线性结构分析大多是理想状态下进行的，而现实生活中更多的是非线性结构分析，这是由物体本身的状态、几何结构的非线性和物体材料的非线性决定的，如钣金的折弯、钓到鱼提线时鱼竿的弯曲及载货时轮胎与地面的接触随货物质量变化而变化等，都涉及结构的非线性问题。

精彩内容

- 非线性结构概述
- 非线性求解与收敛
- 非线性结构分析流程
- 创建或导入几何模型
- 定义接触
- 分析设置
- 结果后处理
- 实例 1 ——橡胶棒受压变形非线性结构分析
- 实例 2 ——板材冲压非线性结构分析

12.1　非线性结构概述

12.1.1　非线性行为

早期人们在研究力与位移之间的关系时发现了一个简单的关系，即著名的胡克定律：

$$F=Ku$$

式中，F 为力；K 为一个常数，表示结构刚度；u 为位移。

这一公式遵循线性关系，是基于线性矩阵的代数，非常适宜于线性有限元分析，如对一个简单的弹簧进行线性分析，如图 12-1 所示。

但是，大多数结构是没有力和位移之间的线性关系的，力 F 对位移 u 的图形关系并不是直线，因为此时结构的刚度 K 不再是一个常数，而变为施加的载荷的函数变量 ——K^{T}（切向刚度），这样的结构就是非线性的，如图 12-2 所示。

典型的非线性情况如下。

（1）应力超过屈服强度，进入塑性变形。

图 12-1 胡克定律　　图 12-2 几何非线性

（2）状态的改变（两体间的接触、单元的生死）。

（3）大变形，如钓鱼竿受力变形。

12.1.2 非线性分类

引起结构非线性的原因很多，其可以被分成 3 种主要类型。

（1）状态变化（包括接触）。许多普通结构表现出一种与状态相关的非线性行为。例如，一根只能拉伸的电缆可能是松散的，也可能是绷紧的；轴承套可能是接触的，也可能是不接触的；冻土可能是冻结的，也可能是融化的。这些系统的刚度由于系统状态的改变而在不同的值之间突然变化。状态改变也许和载荷直接有关（如电缆），也可能由某种外部原因引起（如冻土中的紊乱热力学）。ANSYS 程序中单元的激活与杀死选项即用来给这种状态的变化建模。

接触是一种很普遍的非线性行为，是状态变化非线性类型中一个特殊而重要的子集。

（2）几何非线性。如果结构经受大变形，则其变化的几何形状可能会引起结构的非线性响应。例如，随着垂向载荷的增加，竿不断弯曲以至于动力臂明显减少，导致竿端显示出在较高载荷下不断增长的刚性，如图 12-3 所示。

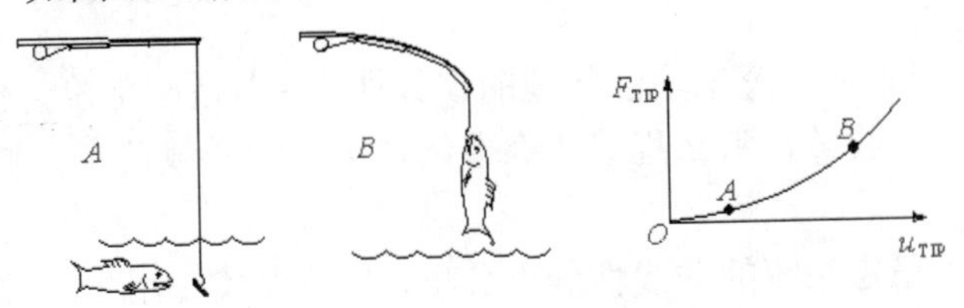

图 12-3 钓鱼竿示范几何非线性

（3）材料非线性。非线性的应力-应变关系是造成结构非线性的常见原因。许多因素可以影响材料的应力-应变性质，包括加载历史（如在弹-塑性响应状况下）、环境状况（如温度）、加载的时间总量（如在蠕变响应状况下）等。

12.2 非线性求解与收敛

非线性结构的行为不能直接用这样一系列的线性方程表示，而需要用一系列的带校正的线性近似来求解非线性问题。

12.2.1 非线性求解方法

一种近似的非线性求解是将载荷分成一系列的载荷增量。可以在几个载荷步内或者在一个载荷步的几个子步内施加载荷增量。每一个增量的求解完成后，在继续进行下一个载荷增量之前，程序调整刚度矩阵以反映结构刚度的非线性变化。遗憾的是，纯粹的增量近似不可避免地随着每一个载荷增量积累误差，导致结果最终失去平衡，如图 12-4（a）所示。

ANSYS 程序通过使用牛顿-拉弗森平衡迭代克服了这种困难，它迫使在每一个载荷增量的末端解达到平衡收敛（在某个容限范围内）。图 12-4（b）描述了在单自由度非线性结构分析中牛顿-拉弗森平衡迭代的使用。在每次求解前，牛顿-拉弗森方法估算出残差矢量，该矢量是回复力（对应于单元应力的载荷）和所加载荷的差值。然后程序使用非平衡载荷进行线性求解，且核查收敛性。如果不满足收敛准则，则重新估算非平衡载荷，修改刚度矩阵，获得新解。持续这种迭代过程，直到问题收敛。

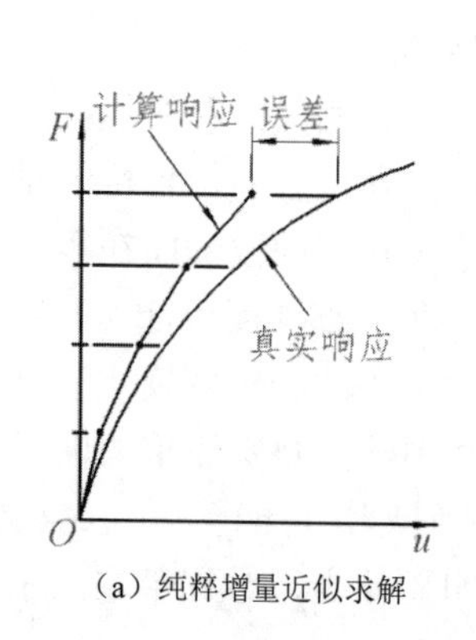

（a）纯粹增量近似求解

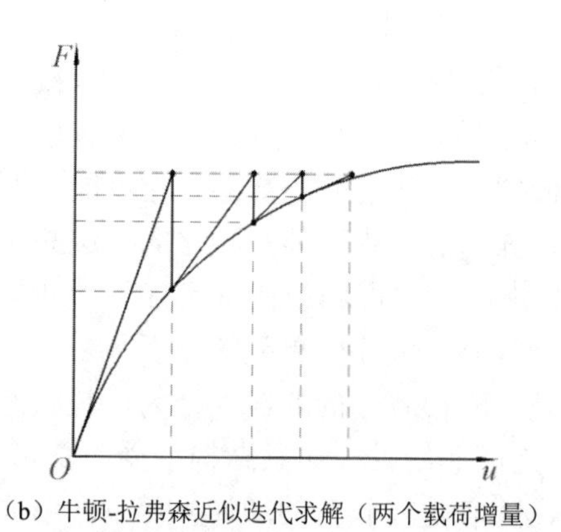

（b）牛顿-拉弗森近似迭代求解（两个载荷增量）

图 12-4　纯粹增量近似求解与牛顿-拉弗森近似迭代求解

ANSYS 程序提供了一系列命令来增强问题的收敛性，如自适应下降、线性搜索、自动载荷步及二分法等；如果不能得到收敛，那么程序要么继续计算下一个载荷步，要么终止（依据用户的指示而定）。

对某些物理意义上不稳定系统的非线性静态分析，如果仅仅使用牛顿-拉弗森方法，则正切刚度矩阵可能变为降秩矩阵，导致严重的收敛问题。这样的情况包括独立实体从固定表面分离的静态接触分析、结构或者完全崩溃或者突然变成另一个稳定形状的非线性弯曲问题。对这样的情况，可以激活另外一种迭代——弧长方法来帮助稳定求解。弧长方法导致牛顿-拉弗森平衡迭代沿一段弧收敛，即使当正切刚度矩阵的倾斜为零或负值时，也往往会阻止发散。两种迭代方法的比较如图 12-5 所示。

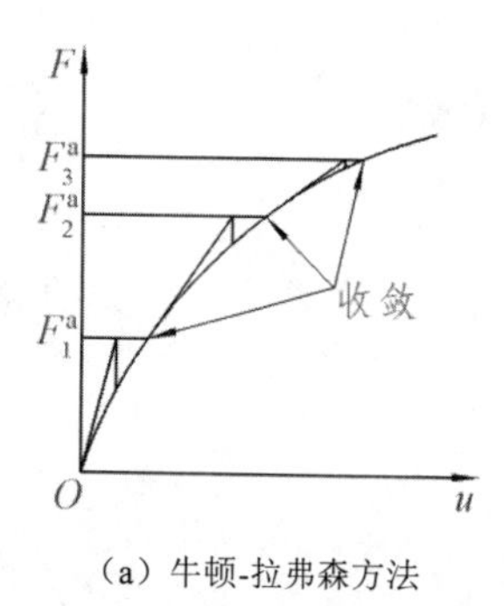

（a）牛顿-拉弗森方法

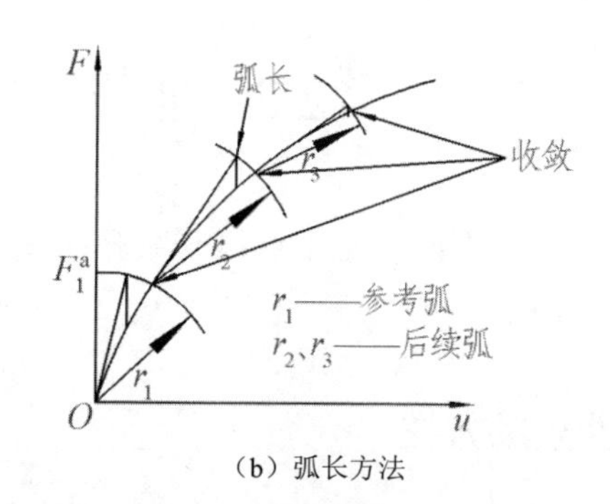

（b）弧长方法

图 12-5　传统的牛顿-拉弗森方法与弧长方法的比较

12.2.2　载荷步、时间步和平衡迭代

载荷步、时间步和平衡迭代是非线性求解的 3 个步骤，具体如下。

（1）载荷步：顶层，求解选项、载荷与边界条件都施加于某个载荷步内，并假定载荷在载荷步内是线性变化的。

（2）时间步：载荷步中的增量，用于逐步施加载荷控制程序执行多次求解（子步或时间步）。

（3）平衡迭代：为了得到给定时间步（载荷增量）的收敛解而采用的方法。

图 12-6 说明了一段用于非线性结构分析的典型的载荷时间历程。

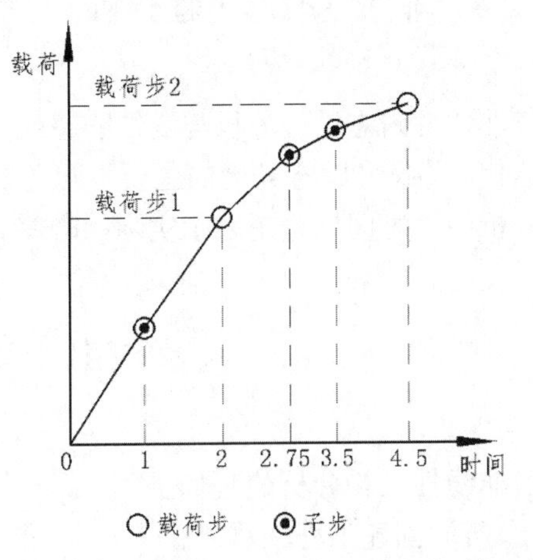

图 12-6　非线性结构分析的典型的载荷时间历程

12.2.3　载荷和位移的方向改变

当结构经历大变形时应该考虑到载荷发生了什么变化。在许多情况中，无论结构如何变形，施加在系统中的载荷都将保持恒定的方向；而在另一些情况中，力将改变方向，随着单元方向的改变而变化。

注意：

在大变形分析中不修正节点坐标系方向，因此计算出的位移在最初的方向上输出。

ANSYS 程序对这两种情况都可以建模，依赖于所施加的载荷类型。加速度和集中力将不管单元方向的改变而保持它们最初的方向，表面载荷作用在变形单元表面的法向，且可被用来模拟“跟随”力。表 12-1 说明了恒力和跟随力。

表12-1　恒力和跟随力

载　荷	变形前方向（恒力）	变形后方向（跟随力）
加速度	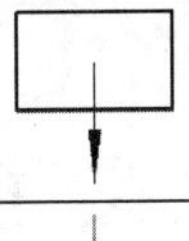	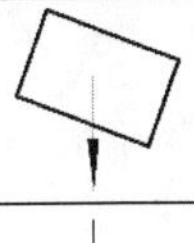
集中力、扭矩	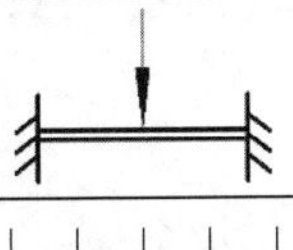	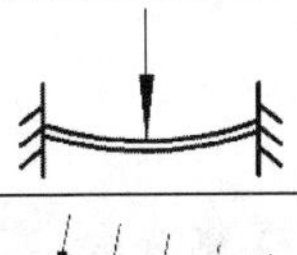
压力	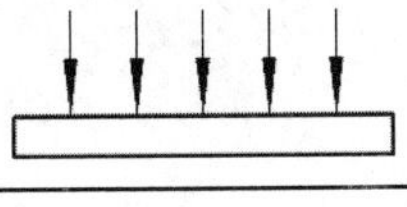	

12.2.4 非线性瞬态过程分析

非线性瞬态过程分析与线性静态或准静态分析类似：以步进增量加载，程序在每一步中进行平衡迭代。静态和瞬态处理的主要不同之处是在瞬态过程分析中要激活时间积分效应，因此在瞬态过程分析中“时间”总是表示实际的时序。自动时间分步和二等分特点同样也适用于瞬态过程分析。

12.3 非线性结构分析流程

非线性结构分析流程如下。

（1）创建工程项目。

（2）创建或导入几何模型。

（3）定义材料属性。

（4）定义接触。

（5）划分网格。

（6）非线性求解设置（包括分析设置、约束与载荷设置）。

（7）求解模型。

（8）结果后处理。

下面就几个主要的方面进行讲解（创建或导入几何模型，定义接触和分析设置）。

12.4 创建或导入几何模型

前面章节已经介绍了线性模型的创建，这里需要创建非线性模型。其实，创建非线性模型与创建线性模型的差别不是很大，只是承受大变形和应力硬化效应的轻微非线性行为可能不需要对几何和网格进行修正。

另外，需要注意：①进行网格划分时需考虑大变形的情况；②非线性材料大变形的单元技术选项；③大变形下的加载和边界条件的限制。

12.5 定 义 接 触

12.5.1 接触的基本概念

接触是指两个独立的表面相互接触并且相切。一般物理意义上，接触的表面包含以下特性。

（1）不同物体的表面不会渗透。

（2）可传递法向压缩力和切向摩擦力。

（3）通常不传递法向拉伸力，可自由分离和互相移动。

接触表面之间可以自由地分开并远离，接触是非线性的，随着接触状态的改变，接触表面的法向和切向刚度都会有明显的改变。对于较大的刚度突变，收敛问题比较困难。另外，接触区域的不确定性、摩擦及接触之外不再有其他约束，都使得接触问题变得非常复杂。

常见的考虑较多的接触问题主要有两类：刚性体与柔性体接触、柔性体与柔性体接触。

在 Workbench 中，如果要对分析的对象进行接触设置，则需要用到“接触区域”的详细信息视图栏，如图 12-7 所示。

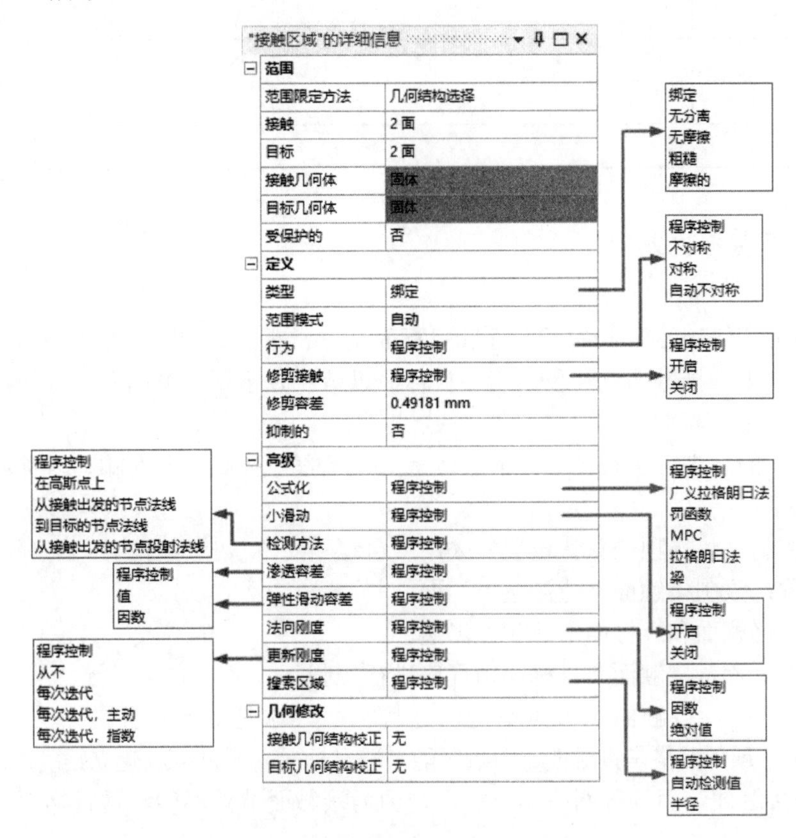

图 12-7　“接触区域”的详细信息视图栏

12.5.2　接触类型

Workbench 的 Mechanical 中有 5 种不同的接触类型，分别为绑定、无分离、无摩擦、粗糙和摩擦的。

（1）绑定：接触的物体之间不渗透、不分离，接触的面与面、边与边或者面与边之间不出现滑动。

（2）无分离：与“绑定”相似，只是接触的法向不分离，但允许接触面之间发生微量的无摩擦滑动。

（3）无摩擦：接触的物体之间不渗透，接触表面之间可以自由滑动，分离不受阻碍。

（4）粗糙：与“无摩擦”类似，但是不允许滑动。

（5）摩擦的：接触的物体之间存在摩擦，滑动阻力与摩擦系数成正比，同样分离不受阻碍。

在这 5 种接触类型中，无摩擦、粗糙和摩擦的接触行为都是非线性接触行为，其接触行为与迭代次数见表 12-2。

表12-2　接触行为和迭代次数

接触类型	迭代次数	法向行为	切向行为
绑定	一次	不分离	不可滑动
无分离	一次	不分离	允许滑动
无摩擦	多次	可分离	允许滑动
粗糙	多次	可分离	不可滑动
摩擦的	多次	可分离	允许滑动

12.5.3　对称/非对称行为

在 Workbench 程序内部，指定接触面和目标面是非常重要的。接触面和目标面都会显示在每一个“接触区域”中。接触面以红色表示，目标面以蓝色表示，接触面和目标面指定了两对相互接触的表面。

“接触区域”的详细信息视图栏中的接触行为包括程序控制、不对称、对称和自动不对称 4 种，具体解释如下。

（1）程序控制：该选项是默认设置，采用“自动不对称”接触行为。

（2）不对称：限制接触面不能渗透目标面。

（3）对称：接触面和目标面不能相互渗透。

（4）自动不对称：接触面和目标面由程序进行控制。

对于不对称行为，接触面的节点不能渗透目标面，这是需要记住的十分重要的规则。如图 12-8（a）所示，顶部网格是接触面，节点不能渗透目标面，所以接触建立正确；而在图 12-8（b）中，底部网格是接触面，而顶部网格是目标面，因为接触面节点不能渗透目标面，因此发生了太多的实际渗透。

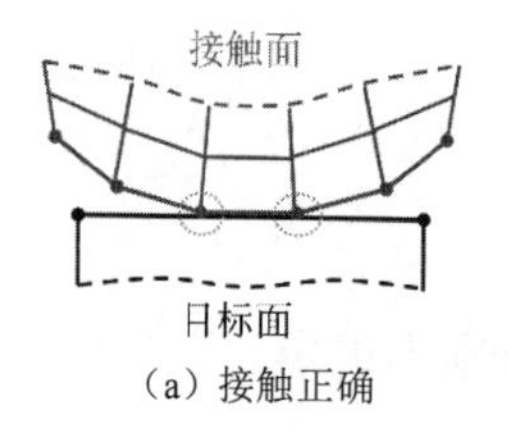

（a）接触正确

目标面

接触面

（b）渗透

图 12-8　不对称接触

使用对称行为的特点如下：①对称行为比较容易建立；②更大的计算代价；③解释实际接触压力这类数据将更加困难，需要报告两对面上的结果。

使用不对称行为的特点如下：①用户手动指定合适的接触面和目标面，但选择不正确的接触面和目标面会影响结果；②观察结果容易且直观，所有数据都在接触面上。

物体的接触面类型多种多样，可以按照如下原则进行非对称行为接触表面的正确选择。

（1）如果一个凸表面要和一个平面或凹面接触，则应选取平面或凹面为目标面。

（2）如果一个表面网格粗糙而另一个表面网格细密，则应选择粗糙网格表面为目标面。

（3）如果一个表面比另一个表面硬，则硬表面应为目标面。

（4）如果一个表面为高阶而另一个表面为低阶，则低阶表面应为目标面。

（5）如果一个表面大于另一个表面，则大的表面应为目标面。

12.5.4 修剪接触

修剪接触能够自动减少发送给求解器进行计算的接触单元的数量，从而加快计算速度。

修剪接触包括以下选项。

（1）程序控制：这是默认设置，系统会自动选择是否开启修剪接触。

（2）开启：开启修剪接触，检查接触面和目标面之间的接近度，接触面和目标面接触不紧密的单元不会写入文件，分析时被忽略。

（3）关闭：不执行修剪接触。

12.5.5 修剪容差

修剪容差提供定义公差值功能，定义修剪操作的上限。

（1）对于自动接触，该选项显示接触探测的值。

（2）对于手动接触，需要用户输入大于零的值。

12.5.6 接触公式

实际上接触体间是不相互渗透的。因此，程序必须建立两个表面之间的相互关系，以阻止分析中的相互渗透。在程序中阻止相互渗透称为强制接触协调性。如果没有进行强制接触协调，就会发生渗透，如图 12-9 所示。Workbench 的 Mechanical 中提供了几种不同的接触公式来建立接触面的强制协调性，包括广义拉格朗日法、罚函数、MPC（多点约束算法)、拉格朗日法和梁，下面进行具体讲解。

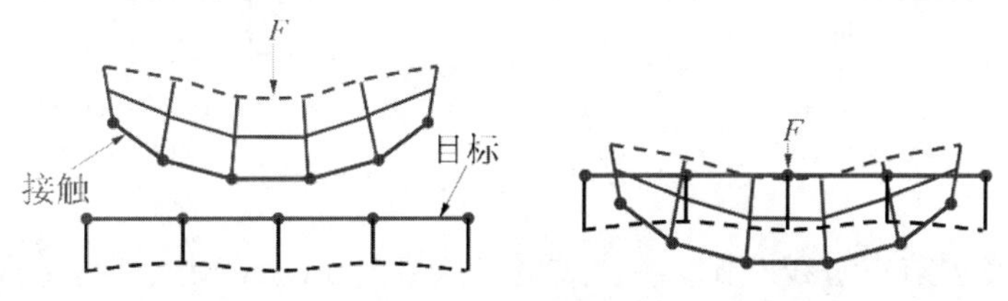

图 12-9 接触协调性不被强制时发生渗透

（1）广义拉格朗日法：基于罚函数的一种方法，但与单纯的罚函数方法相比，广义拉格朗日法通常导致更好的调节，这是因为这种方法将罚函数和拉格朗日法结合起来进行强制接触协调。

其公式如下：

$$F=k\Delta x+\lambda$$

由于存在额外因子λ，因此广义拉格朗日法对于接触刚度 k 的变化不敏感。当采用“程序控制”选项时，广义拉格朗日法为默认方法。

（2）罚函数：用一个接触“弹簧”在两个面间建立关系，弹簧刚度称为罚函数或接触刚度。当面分开时（开状态），弹簧不起作用；当面开始渗透时（闭合状态），弹簧起作用。

弹簧偏移量（渗透量）Δx 满足平衡方程 $F=k\Delta x$，其中 k 为接触刚度。为保证平衡，Δx 必须大于零。实际接触体相互不渗透，理想接触刚度应该是非常大的值。为得到最高精度，接触界面的渗透量应该最小，但这会引起收敛困难。

（3）MPC：通过添加约束方程“联结”接触面之间的位移。采用 MPC 算法的绑定接触支持大变形分析，只能用于绑定和不分离类型的接触。

（4）拉格朗日法：通过增加一个附加自由度（接触压力）来满足不可渗透条件，不涉及接触刚度和渗透。其公式如下：

$$F_{\text{normal}}=DOF$$

用压力自由度得到 0 或者接近 0 的渗透量，不需要法向接触刚度，采用直接求解器，只对接触表面的法向施加力。拉格朗日法经常处于接触状态的开与关，容易引起收敛振荡。

（5）梁：仅适用于绑定的接触类型，通过使用无质量的线性梁单元将接触关联在一起。

12.5.7 检测方法

检测方法主要包括程序控制、在高斯点上、从接触出发的节点法线、到目标的节点法线、从接触出发的节点投射法线 5 种，下面进行具体讲解。

（1）程序控制：默认设置。当公式设置为“罚函数”或“广义拉格朗日法”时，应用程序使用高斯积分点（在高斯点上）。

（2）在高斯点上：对于罚函数和广义拉格朗日法，默认使用“在高斯点上”进行探测，被认为是比节点探索更准确的检测方法，如图 12-10 所示。但有时需要采用基于节点的探测方法，特别是用于楔尖形状与线面接触的情况。

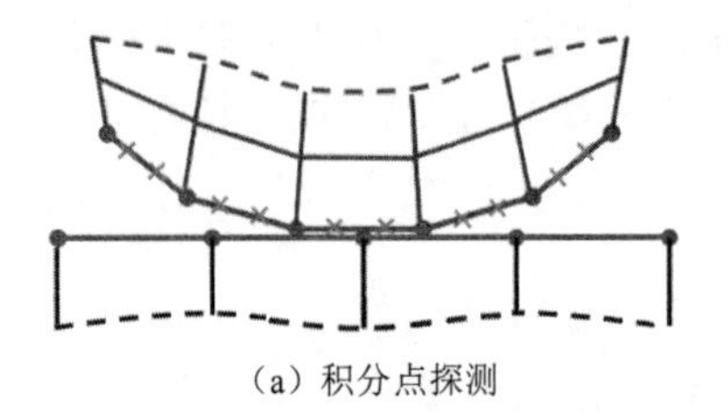

（a）积分点探测

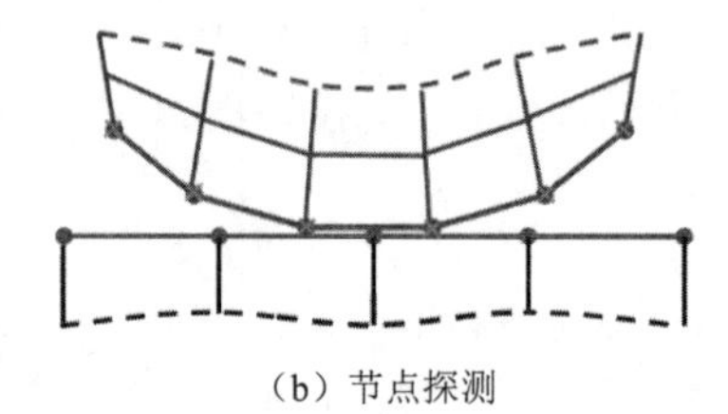

（b）节点探测

图 12-10　积分点探测与节点探测

（3）从接触出发的节点法线：当接触公式采用拉格朗日法或 MPC 时，检测方法默认使用“从接触出发的节点法线”，此时探测点更小。

（4）到目标的节点法线：垂直于接触面或者目标面的方法，决定了应用在接触面上接触力的方向。其通常需要额外的计算来确定正确的“法向”方向。

（5）从接触出发的节点投射法线：接触检测位置在接触表面和目标表面的重叠区域中的接触节点处（基于投影的方法）。相比其他设置，该方法提供更精确的下层单元接触压力，当有摩擦的接触面和目标面之间存在偏移时，可更好地满足力矩平衡。

12.5.8 渗透容差和弹性滑动容差

渗透容差和弹性滑动容差如图 12-11 所示。

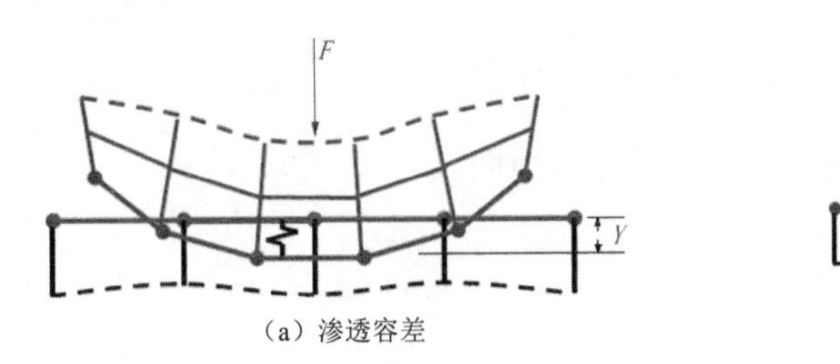

（a）渗透容差　　（b）弹性滑动容差

图 12-11　渗透容差和弹性滑动容差

（1）渗透容差：当接触公式设定为“程序控制”“广义拉格朗日法”或“罚函数”时，该选项能够为接触制定渗透公差值或渗透容差系数，主要方法包括输入渗透值和输入渗透因子。

注意：

当接触公式设置为“罚函数”时，若要显示“渗透容差”属性，则更新刚度的属性必须设置为“程序控制”“每次迭代”或“每次迭代，主动”选项。

（2）弹性滑动容差：当接触公式设定为“拉格朗日法”，或者更新刚度设置为“每次迭代”或“每次迭代，主动”时，该选项能够为接触制定弹性滑动值或弹性滑动系数，主要方法包括输入弹性滑动值和输入弹性滑动因子。

注意：

弹性滑动容差需要在许可容差范围内且接触公式能使接触的两个物体在切向上满足滑动要求。

12.5.9 法向刚度

法向刚度是影响接触精度和收敛行为最重要的参数，一般适用于广义拉格朗日法和罚函数。

接触刚度在求解中可自动调整，如图 12-12 所示。如果收敛困难，刚度将自动减小。刚度越大，结果越精确，收敛变得越困难。如果接触刚度太大，模型就会振动，接触面会相互弹开。

如果选择“法向刚度”属性为刚度因子，则对于一般变形使用 1.0，对于有收敛困难的弯曲支配情况则使用小于 0.1 的值可加强收敛，对收敛有益。对于法向刚度因子，可按照以下原则进行设置。

（1）对于绑定或无分离的接触，系统默认刚度因子为 10.0。

（2）对于其他形式的接触，系统默认刚度因子为 1.0。

（3）对于以体积为主的接触问题，接触刚度因子选择默认或者为 1.0。

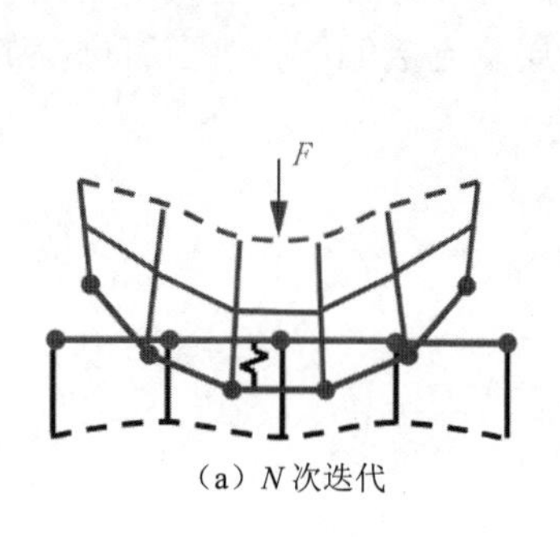

（a）N 次迭代

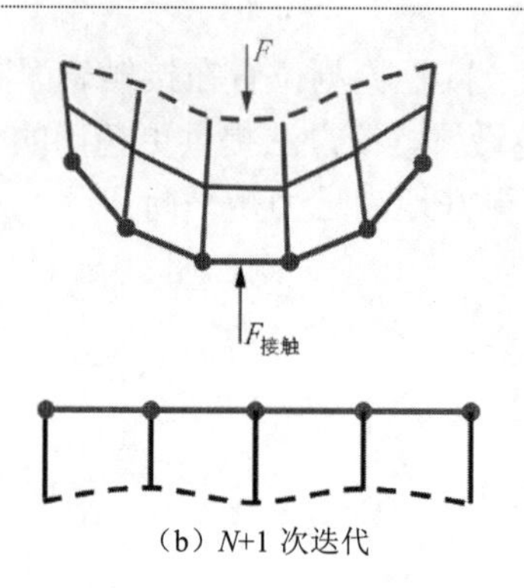

（b）N+1 次迭代

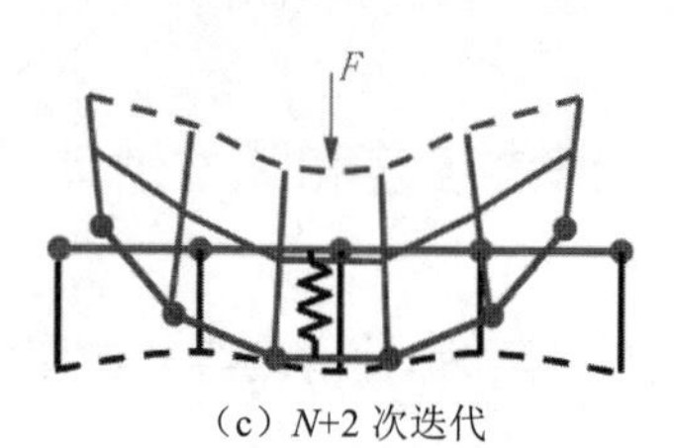

（c）N+2 次迭代

图 12-12　接触刚度自动调整

（4）对于以弯曲为主的接触问题，接触刚度因子选择 0.01～0.1 较合适。

12.5.10　更新刚度

更新刚度用于系统确定是否应在求解过程中更新或更改接触刚度。如果选择这些刚度更新设置中的任何一个，则程序将根据模型的物理特性（基础元素应力和渗透）修改刚度，使刚度值上升、降低或保持不变。设置更新刚度的一个优点是：设置后刚度是自动确定的，允许收敛和最小穿透。此外，如果使用这种设置，可能会在牛顿-拉弗森意义上进行收敛；否则不会收敛。

注意：

> 若要更新刚度，需要将接触公式设置为“广义拉格朗日法”或“罚函数”，这两种公式都适用于接触刚度。如果更新刚度选择“每次迭代，指数”选项，则接触公式必须设置为“罚函数”。

更新刚度的选项主要有“程序控制”“从不”“每次迭代”“每次迭代，主动”“每次迭代，指数”5 种，下面进行具体讲解。

（1）程序控制：默认设置，由系统自动判别。对于两个缸体之间的接触，系统默认为“从不”；对于其他情况，则默认为“每次迭代”。

（2）从不：关闭刚度更新功能。

（3）每次迭代：在每次平衡迭代结束时更新刚度。当不确定使用哪种刚度系数来获得良好的结果时，建议选择此选项。

（4）每次迭代，主动：与每次迭代相似，但允许更大范围地更改刚度值。

（5）每次迭代，指数：此选项要求将接触类型设置为“无摩擦”或“摩擦的”，将接触公式设置为“罚函数”。该选项显示零穿透压力和初始间隙属性，使用压力与穿透的指数关系更新刚度。

12.5.11　搜索区域

搜索区域是一个接触单元参数，用于区分远场开放和近场开放状态。搜索区域可以认为是包围每个接触探测点的球形边界。

如果一个在目标面上的节点处于该球体内，应用程序就会认为它“接近”接触，而且会更加

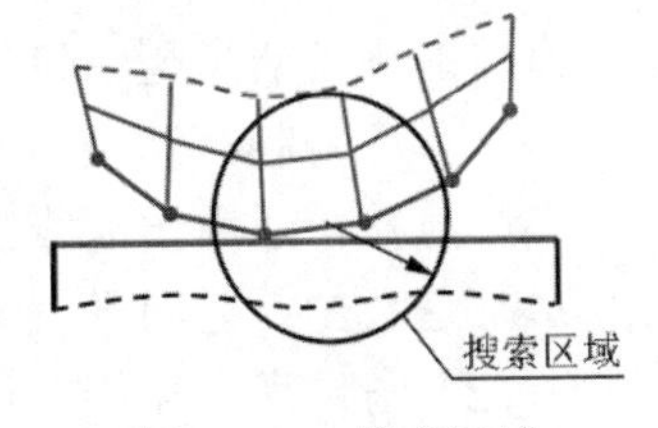

图 12-13　搜索区域

密切地监测它与接触探测点的关系。在球体以外的目标面上的节点相对于特定的接触探测点不会受到密切监测，如图 12-13 所示。

如果绑定接触的缝隙小于搜索区域半径，应用程序仍将会按绑定来处理该区域。

每个接触探测点有 3 个选项来控制搜索区域的大小，分别为程序控制、自动检测值和半径，下面进行具体讲解。

（1）程序控制：默认设置，搜索区域通过其下的单元类型和单元大小由程序计算给出。

（2）自动检测值：搜索区域等于全局接触设置的容差值。

（3）半径：用户手动为搜索区域设置数值。通过定义搜索区域半径，就可以直接确定一个缝隙的接触行为是被计算还是被忽略。

搜索区域对于大变形问题和初始渗透问题同样非常重要。

12.6　分析设置

非线性结构分析的求解与线性结构分析的求解不同。对于线性静力问题，矩阵方程求解器只需要一次求解；而非线性的每次迭代都需要新的求解。在非线性结构分析中，求解前的设置同样在“分析设置”的详细信息视图栏中，如图 12-14 所示。

在这里需要考虑的选项设置有步控制、求解器控制和非线性控制，下面进行具体讲解。

"分析设置"的详细信息

步控制	
步骤数量	1.
当前步数	1.
步骤结束时间	100. s
自动时步	开启
定义依据	子步
初始子步	10.
最小子步	10.
最大子步	1000.
求解器控制...	
求解器类型	迭代的
弱弹簧	关闭
求解器主元检查	程序控制
大挠曲	开启
惯性释放	关闭
准静态解	关闭
转子动力学控制	
重新启动控制	
非线性控制	
高级	
输出控制...	
分析数据管理	
可显示性	

图 12-14　“分析设置”的详细信息视图栏

12.6.1　步控制

在“分析设置”的详细信息视图栏中，“步控制”下的“自动时步”可使用户定义每个加载步的初始子步、最小子步和最大子步。

如果在分析时有收敛问题，则将使用自动时步对求解进行二分。二分会以更小的增量施加载荷（在指定范围内使用更多的子步），从最后成功收敛的子步重新开始。

如果在属性窗格中没有定义，则默认“自动时步”为“程序控制”，系统将根据模型的非线性特性自动设定。如果使用默认的自动时步设置，用户应通过在运行开始查看求解信息和二分来校核这些设置。

12.6.2　求解器控制

对于非线性设置，在“求解器控制”栏中设置的选项主要有求解器类型、弱弹簧和大挠曲 3 项，接下来进行具体讲解。

（1）求解器类型：包括程序控制、直接和迭代的 3 种类型。

- 程序控制：基于当前问题自动选择求解器。
- 直接：适用于非线性模型和非连续单元，如壳和梁。
- 迭代的：适用于大型结构的求解。

（2）弱弹簧：用来防止结构刚体位移导致的计算不收敛，打开后能帮助求解收敛。由于刚度很小，因此不会明显影响结构的计算结果。

（3）大挠曲：使分析考虑由大变形、大旋转和大应变引起的单元形状方向的改变，计算结果更准确。

12.6.3 非线性控制

非线性控制用来自动计算收敛容差。在牛顿-拉弗森迭代过程中用来确定模型何时收敛或平衡。默认的收敛准则适用于大多数工程应用。对特殊的情形，可以不考虑默认值而收紧或放松收敛容差。收紧的收敛容差会给出更高精确度，但可能会使收敛更加困难，使求解时间延长。

在“非线性控制”栏中设置的选项主要有线搜索和稳定性两项，接下来进行具体讲解。

（1）线搜索：对于增强收敛性是有用的，通过一个 0～1 的比例因子影响位移增量帮助收敛，适合施加力载荷、薄壳、细长杆结构或求解收敛振荡的情况。

（2）稳定性：不稳定问题导致的收敛困难，通常是在小载荷增量下产生大位移结果。稳定技术有助于实现收敛。稳定性可以被认为是在系统的所有节点上增加人工阻尼器，产生一个阻尼或稳定力。该力减少了自由度的位移，因此可以实现稳定。稳定性选项包括程序控制、关闭、常数、减少 4 种类型。

- 程序控制：默认设置，应用程序不会向求解程序发出任何激活稳定的请求。
- 关闭：解除稳定。
- 常数：激活稳定。在加载阶段，能量耗散率或阻尼系数保持不变。
- 减少：激活稳定。在负载阶跃结束时，能量耗散率或阻尼系数从规定值或计算值线性降低至零。

当稳定性选择了“常数”或“减少”时，会出现稳定性控制的方法，包括能量和阻尼两种方法。

（1）能量：默认设置，使用能量耗散率控制稳定性。能量耗散率是稳定力所做的功与元素势能的比值，该值通常为 0～1，默认值为 1×10^{-4}。

（2）阻尼：使用阻尼因子控制稳定性。阻尼系数为 ANSYS 解算器用于计算所有后续子步骤的稳定力的值，该值大于 0。

12.7 结果后处理

求解结束后进行结果后处理，查看求解结果。

（1）对于大变形问题，通常应从 Result（结果）工具栏按实际比例缩放来查看变形，任何结构的结果都可以被查询到。

（2）如果定义了接触，则接触工具可用来对接触相关结果进行后处理（压力、渗透、摩擦应力、状态等）。

（3）如果定义了非线性材料，则需要得到各种应力和应变分量。

12.8 实例1——橡胶棒受压变形非线性结构分析

扫一扫，看视频

如图12-15所示，一个橡胶棒被夹在两块钢板之间，下钢板固定，上钢板向下移动一段距离，该距离大小为橡胶棒的半径，分析此状态下橡胶棒的总变形量。

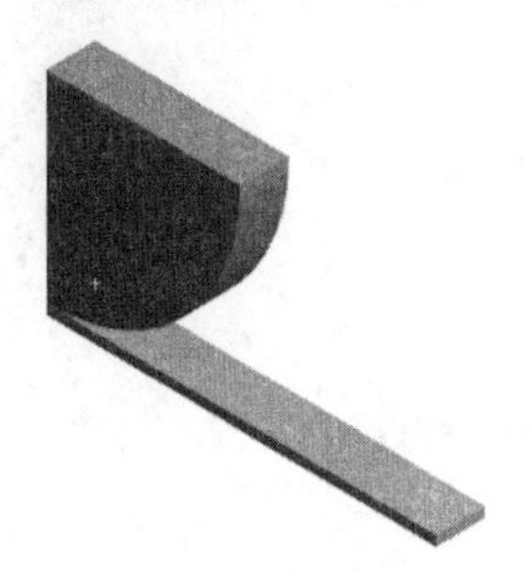

图12-15 橡胶棒模型

图中材料属性和模型尺寸见表12-3。

表12-3 材料属性及模型尺寸

名 称	材 料 属 性	模 型 尺 寸
钢板	杨氏模量 E=2×10^{11}Pa 泊松比 v=0.3 密度 ρ=7850kg/m^3	长×宽×高=400mm×50mm×10mm
橡胶棒	穆尼-里夫林常数： C10=2.93×10^{5}Pa C01=1.77×10^{5}Pa 不可压缩性参数 D11=0/Pa	半径 r=200mm 长度 l=50mm

12.8.1 创建工程项目

（1）打开Workbench程序，展开左边工具箱中的“分析系统”栏，将工具箱里的“静态结构”模块直接拖动到项目原理图中或直接双击“静态结构”模块，建立一个含有“静态结构”的项目模块。

（2）设置单位系统。选择“单位”→“度量标准(kg, mm, s, ℃, mA, N, mV)”命令，设置单位为毫米。

（3）创建模型。根据模型的对称性，可以创建1/4的横截面进行分析。右击“几何结构”，在弹出的快捷菜单中选择“新的DesignModeler几何结构”命令，进入DesignModeler应用程序。

在 DesignModeler 应用程序中将单位设置为毫米，创建 1/4 的模型，结果如图 12-16 所示，这里不再赘述。创建完毕，关闭 DesignModeler 应用程序。

（4）启动“静态结构-Mechanical”应用程序。在项目原理图中右击“模型”，在弹出的快捷菜单中选择“编辑”命令，进入“静态结构-Mechanical”应用程序，如图 12-17 所示。

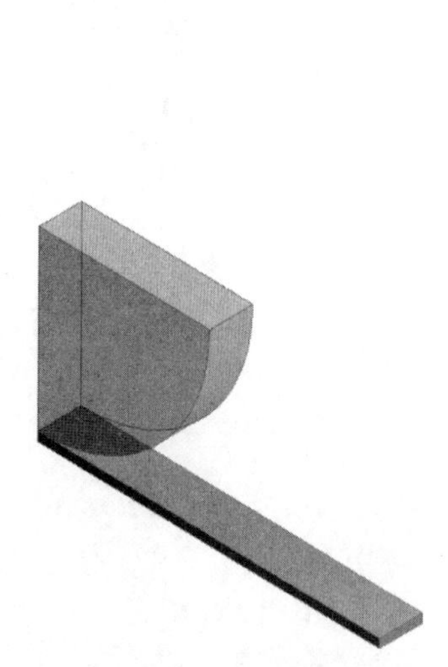

图 12-16　建立模型

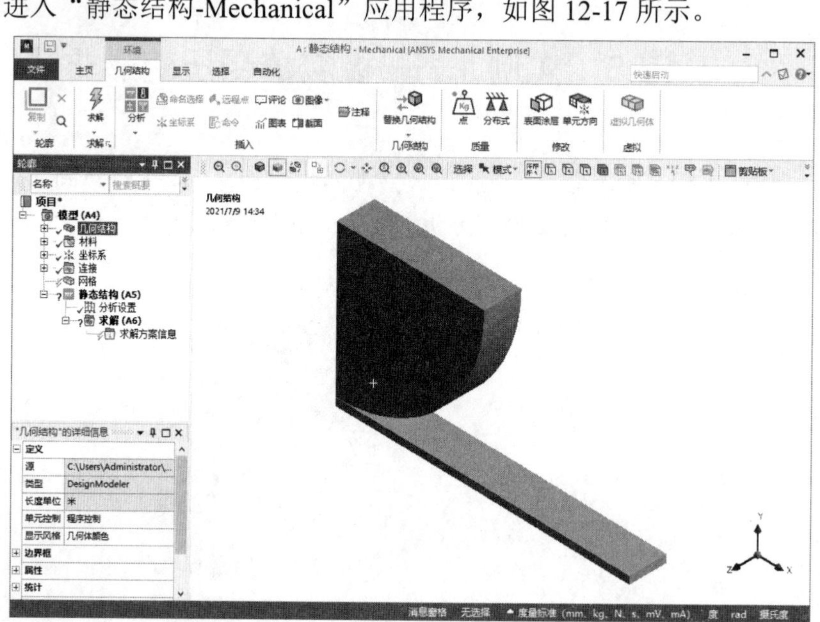

图 12-17　“静态结构-Mechanical”应用程序

12.8.2　设置模型材料

（1）设置单位系统。在“主页”选项卡的“工具”面板中单击“单位”按钮，弹出“单位系统”下拉菜单，选择“度量标准(mm、kg、N、s、mV、mA)”选项。

（2）定义工程数据。返回 Workbench 界面，在项目原理图中双击“工程数据”选项，弹出“A2：工程数据”选项卡。

（3）添加材料。在该选项卡中单击“轮廓 原理图 A2：工程数据”下方的“单击此处添加新材料”栏，如图 12-18 所示，在该栏中输入“钢”，此时就创建了一个“钢”材料。此时“钢”材料还没有定义属性，因此下方的“属性 大纲行 3：钢”中没有任何属性定义，如图 12-19 所示。

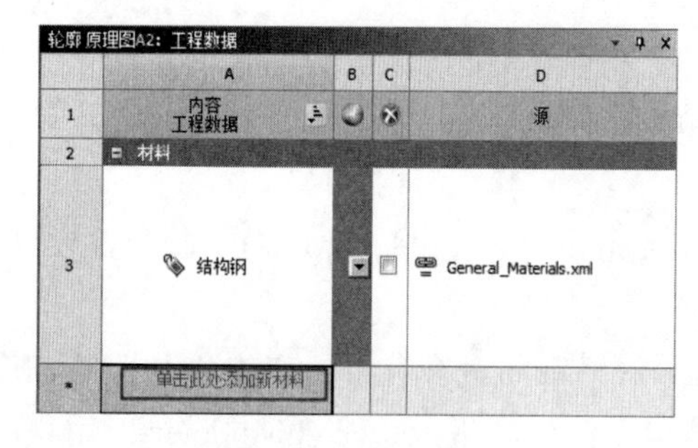

轮廓 原理图A2：工程数据

	A	B	C	D
1	内容 工程数据			源
2	材料			
3	结构钢			General_Materials.xml
*	单击此处添加新材料			

图 12-18　添加材料

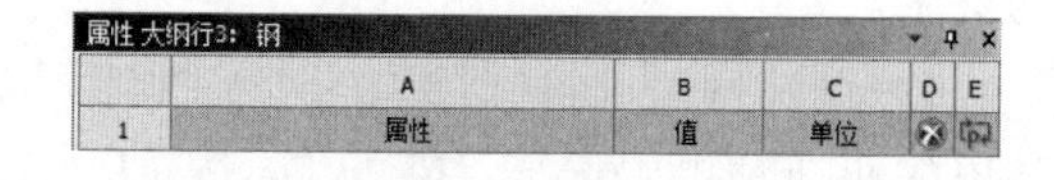

属性 大纲行3：钢

	A	B	C	D	E
1	属性	值	单位		

图 12-19　属性大纲行

（4）设置材料属性。展开左侧工具箱中的“物理属性”和“线性弹性”栏，将“密度”和“各向同性弹性”模块拖放到右侧的“钢”材料中，如图 12-20 所示。此时下方的“属性 大纲行 3：钢”中出现了所添加的属性。设置“密度”为 7850kg/m^3，“杨氏模量”为 2×10^{11}Pa，“泊松比”为 0.3，结果如图 12-21 所示。按照同样的方法添加和设置“橡胶”材料，将左侧工具箱中的“超弹性”栏中的“Mooney-Rivlin 2 参数”（穆尼-里夫林常数）模块拖放到右侧的“橡胶”材料中，设置“材料常数 C10”为 2.93×10^5Pa，“材料常数 C01”为 1.77×10^5Pa，“不可压缩性参数 D1”为 0/Pa，如图 12-22 所示。

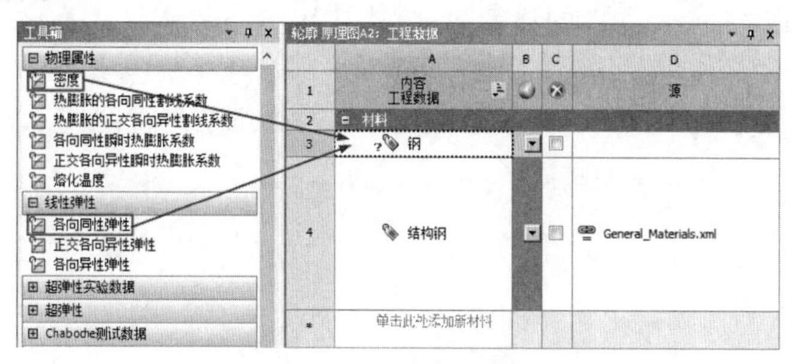

图 12-20　添加属性

	A	B	C	D	E
1	属性	值	单位		
2	材料场变量	表格			
3	密度	7850	kg m...		
4	⊞ 热膨胀的各向同性割线系数				
6	⊟ 各向同性弹性				
7	衍生于	杨氏...			
8	杨氏模量	2E+11	Pa		
9	泊松比	0.3			
10	体积模量	1.6667E+11	Pa		

图 12-21　设置钢板属性

属性 大纲行5：橡胶

	A	B	C	D	E
1	属性	值	单位		
2	⊟ Mooney-Rivlin 2参数				
3	材料常数C10	2.93E+05	Pa		
4	材料常数C01	1.77E+05	Pa		
5	不可压缩性参数D1	0	Pa^-1		

图 12-22　设置橡胶棒属性

（5）单击“A2:工程数据”标签的“关闭”按钮✖，返回 Workbench 界面，此时“模型”模块指出需要进行一次刷新。右击“模型”，在弹出的快捷菜单中选择“刷新”命令，刷新“模型”模块。双击“模型”模块，返回“静态结构-Mechanical”应用程序。

（6）模型重命名。在树轮廓中展开“几何结构”，显示模型含有两个固体，右击第一个固体，在弹出的快捷菜单中选择“重命名”命令，重新输入名称为“钢板”；同理，设置第二个固体为“橡胶棒”。

（7）设置模型材料。选择“钢板”，在左下角打开“钢板”的详细信息视图栏，单击“材料”栏中的“任务”选项，在弹出的“工程数据材料”对话框中选择“钢”选项，如图 12-23 所示，为钢板赋予“钢”材料。同理，选择“橡胶棒”，为橡胶棒赋予“橡胶”材料。

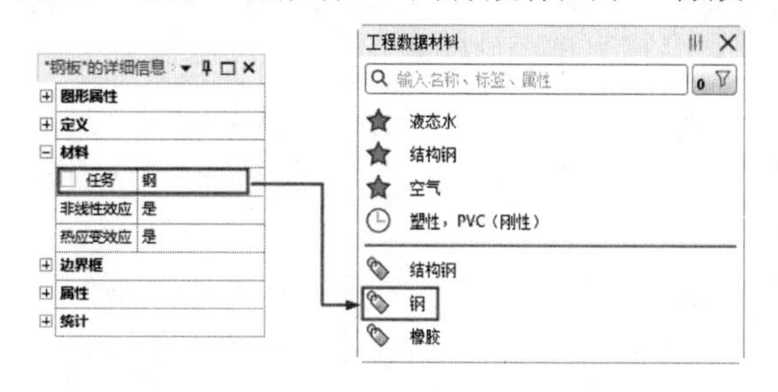

图 12-23　设置模型材料

12.8.3 添加接触

（1）查看接触。在树轮廓中展开“连接”分支，系统已经为模型接触部分建立了接触连接，如图 12-24 所示；选择“接触区域”，左下角弹出“接触区域”的详细信息视图栏，同时在图形窗口中显示“钢板”和“橡胶棒”的接触面，如图 12-25 所示。

（2）修改接触。在“接触区域”的详细信息视图栏中单击“定义”栏下方的“类型”选项框，选择“无摩擦”；单击“高级”栏下方的“公式化”选项，选择“广义拉格朗日法”，修改接触。此时该详细信息视图栏改为“无摩擦-钢板至橡胶棒”的详细信息视图栏，如图 12-26 所示。

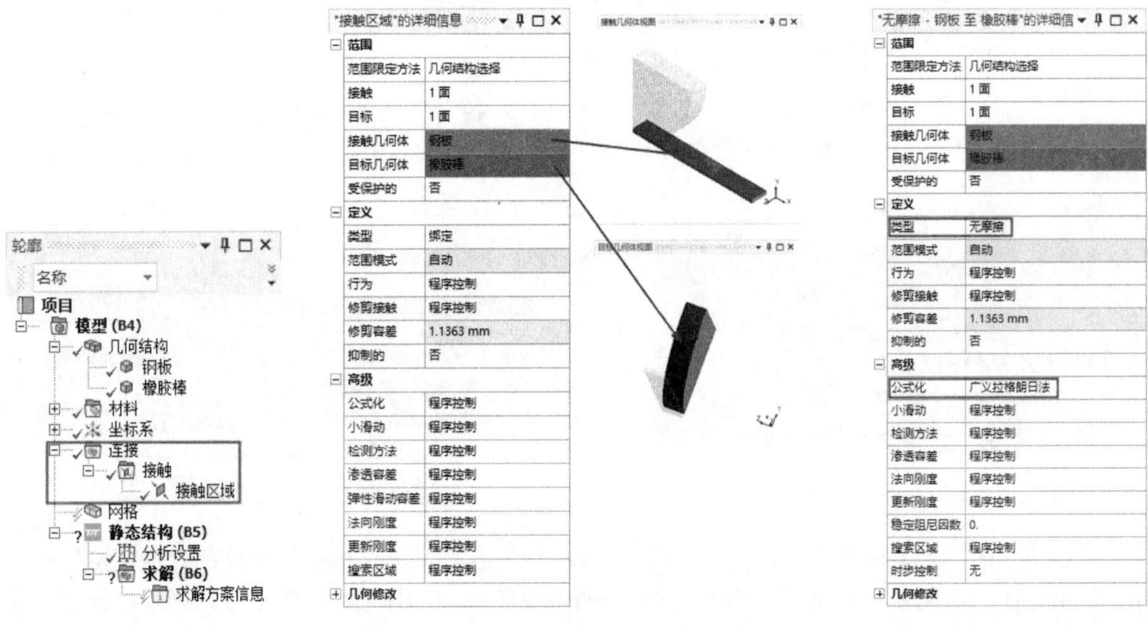

图 12-24　接触连接　　　　图 12-25　接触设置　　　　图 12-26　修改接触

12.8.4 划分网格

（1）设置局部划分方法。在树轮廓中单击“网格”分支，系统切换到“网格”选项卡。在“网格”选项卡的“控制”面板中单击“方法”按钮，左下角弹出“方法”的详细信息视图栏，设置“几何结构”为钢板和橡胶棒，“方法”为“六面体主导”，此时该详细信息视图栏改为“六面体主导法”的详细信息视图栏，如图 12-27 所示。

（2）调整尺寸。在“网格”选项卡的“控制”面板中单击“尺寸调整”按钮，左下角弹出“几何体尺寸调整”的详细信息视图栏，设置“几何结构”为钢板和橡胶棒，“单元尺寸”为 10.0mm，如图 12-28 所示。

（3）划分网格。在树轮廓中单击“网格”分支，左下角弹出“网格”的详细信息视图栏，采用默认设置。在“网格”选项卡的“网格”面板中单击“生成”按钮，系统自动划分网格，结果如图 12-29 所示。

图 12-27 “六面体主导法”的详细信息视图栏　　图 12-28 “几何体尺寸调整”的详细信息视图栏

（4）查看网格质量。在“网格”的详细信息视图栏中设置“显示风格”为“单元质量”，图形界面显示划分网格的质量，如图 12-30 所示，图中显示网格质量很高。

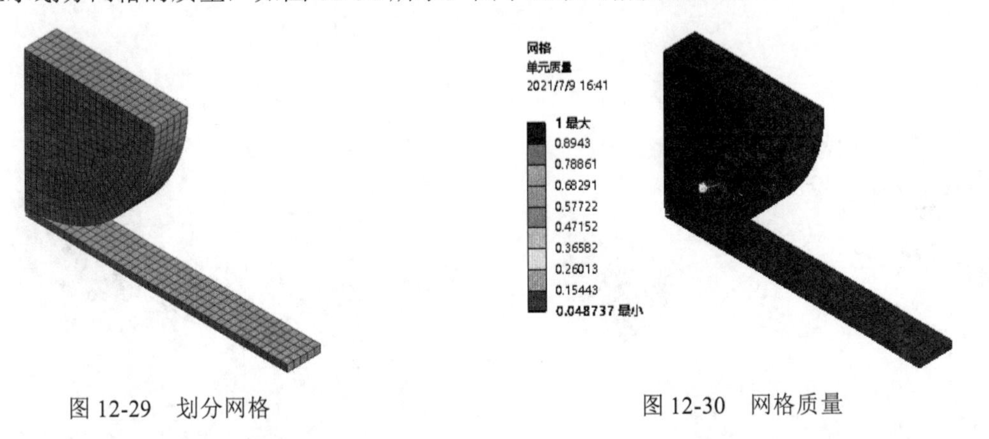

图 12-29 划分网格　　图 12-30 网格质量

12.8.5 分析设置

（1）步控制设置。在树轮廓中单击“静态结构（A5）”分支下的“分析设置”，系统切换到“环境”选项卡，同时左下角弹出“分析设置”的详细信息视图栏。在“步控制”栏中设置“步骤结束时间”为 100s，“自动时步”为“开启”，“初始子步”和“最小子步”为 10，“最大子步”为 1000，如图 12-31 所示。

（2）求解器控制设置。展开“求解器控制”栏，设置“求解器类型”为“迭代的”，“大挠曲”为“开启”，如图 12-32 所示。

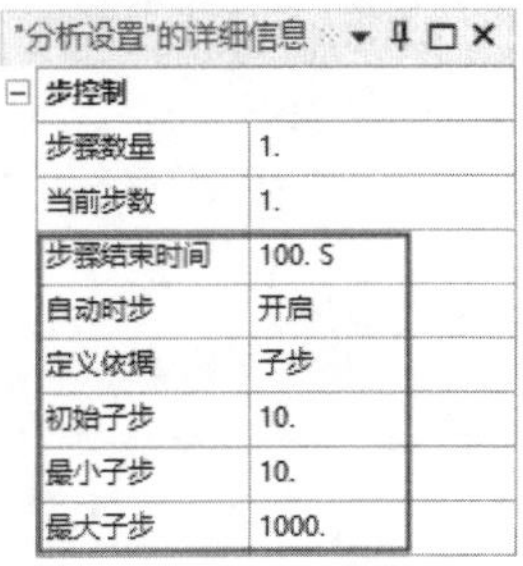

"分析设置"的详细信息

步控制	
步骤数量	1.
当前步数	1.
步骤结束时间	100. s
自动时步	开启
定义依据	子步
初始子步	10.
最小子步	10.
最大子步	1000.

图 12-31 步控制设置

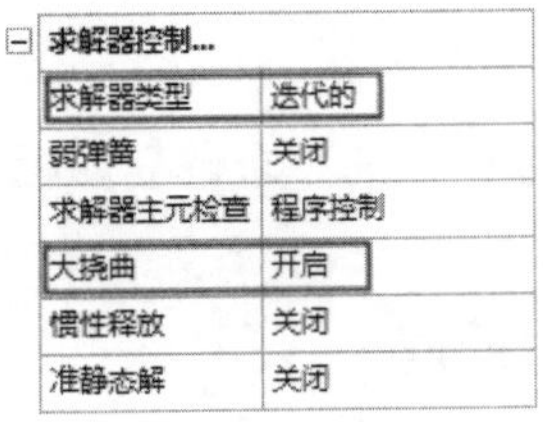

求解器控制...	
求解器类型	迭代的
弱弹簧	关闭
求解器主元检查	程序控制
大挠曲	开启
惯性释放	关闭
准静态解	关闭

图 12-32 求解器控制设置

12.8.6 定义载荷和约束

（1）添加无摩擦支撑。为防止橡胶棒在挤压过程中在 Z 轴和 X 轴方向产生偏移，需要在这几个面添加无摩擦支撑。在“环境”选项卡的“结构”面板中单击“无摩擦”按钮 无摩擦，左下角弹出“无摩擦支撑”的详细信息视图栏，设置“几何结构”为橡胶棒的 Z 轴和 X 轴方向上的 3 个平面，如图 12-33 所示。

（2）添加位移。在“环境”选项卡的“结构”面板中单击“位移”按钮 位移，左下角弹出“位移”的详细信息视图栏，设置“几何结构”为 1/4 橡胶棒的顶面，由于对称性，这里设置位移量为 100mm，即设置“Y 分量”为-100mm，如图 12-34 所示。

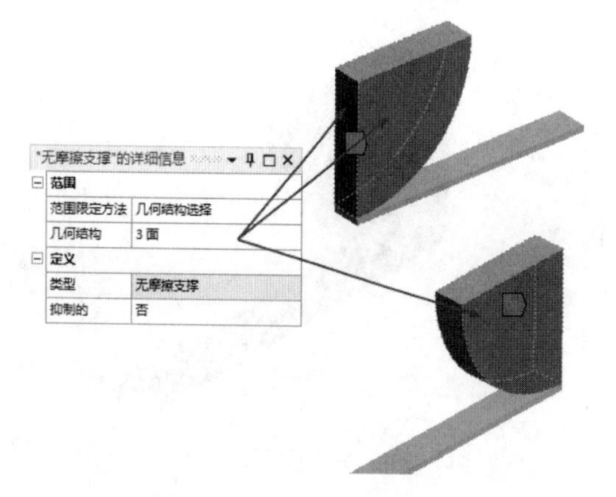

图 12-33　添加无摩擦支撑

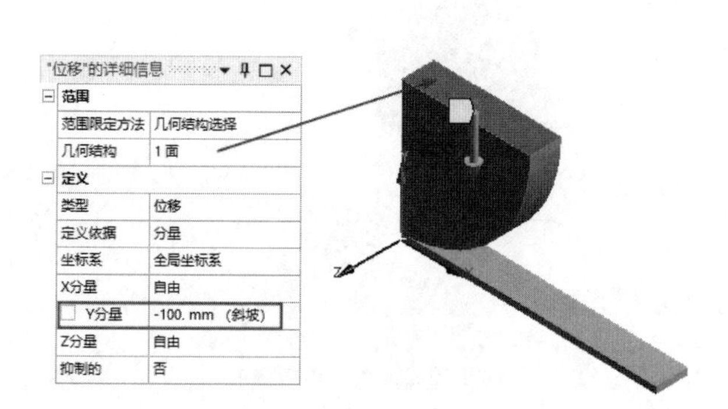

图 12-34　添加位移

（3）添加固定约束。在“环境”选项卡的“结构”面板中单击“固定的”按钮 固定的，左下角弹出“固定支撑”的详细信息视图栏，设置“几何结构”为钢板底面，如图 12-35 所示。

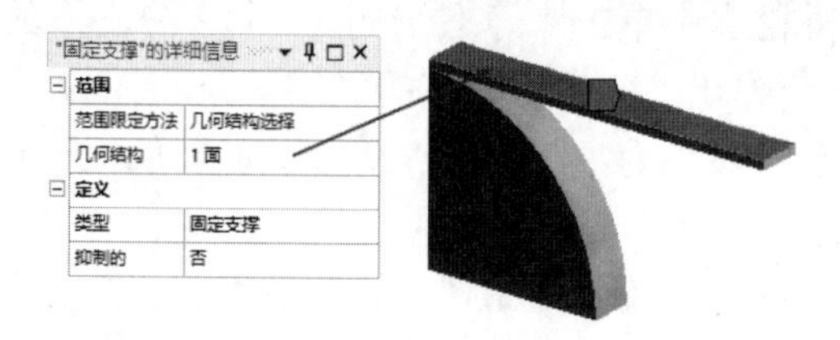

图 12-35　添加固定约束

12.8.7 求解

在“主页”选项卡的“求解”面板中单击“求解”按钮进行求解。

12.8.8 结果后处理

（1）求解完成后，在树轮廓中单击“求解（A6）”分支，系统切换到“求解”选项卡，在该选项卡中选择需要显示的结果。

（2）添加总变形。在“求解”选项卡的“结果”面板中单击“变形”下拉按钮，在弹出的下拉菜单中选择“总计”选项，添加总变形。

（3）添加等效应力。在“求解”选项卡的“结果”面板中单击“应力”下拉按钮，在弹出的下拉菜单中选择“等效（Von-Mises）”选项，添加等效应力。

（4）查看收敛力。单击“求解（A6）”分支下方的“求解方案信息”选项，左下角弹出“求解方案信息”的详细信息视图栏，设置“求解方案输出”为“力收敛”，此时就可以在图形区域查看求解过程中的收敛力，如图12-36所示。

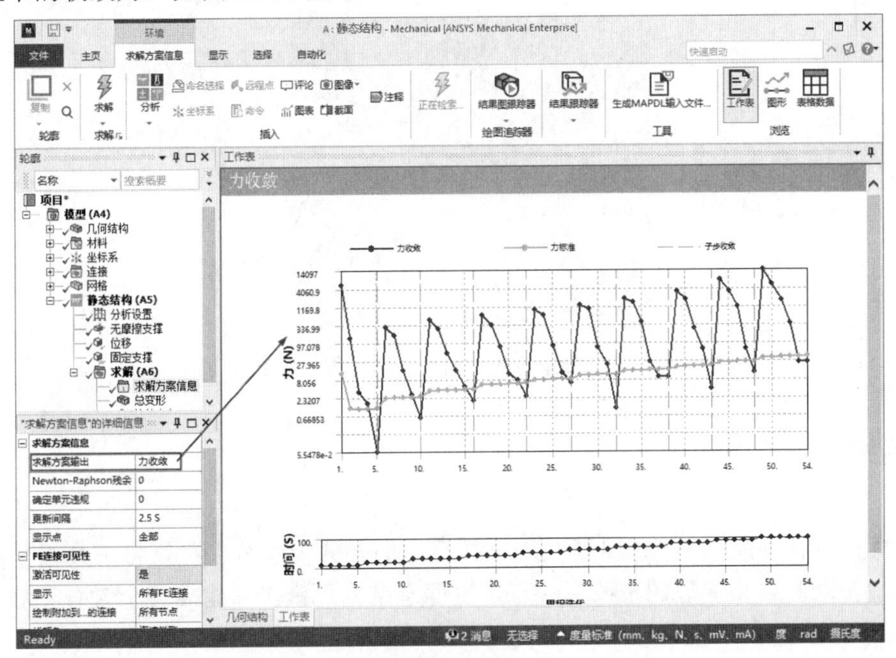

图12-36　收敛力

（5）查看总变形结果。在“求解”选项卡的“求解”面板中单击“求解”按钮，求解完成后展开树轮廓中的“求解（A6）”，选择“总变形”选项，显示总变形云图，如图12-37所示，可以看出1/4橡胶棒的最大位移为164.76mm，可推算出整个橡胶棒的最大位移为329.52mm。

（6）显示等效应力云图。展开树轮廓中的“求解（A6）”，选择“等效应力”选项，显示等效应力云图，如图12-38所示，显示最大等效应力为4.5165MPa。

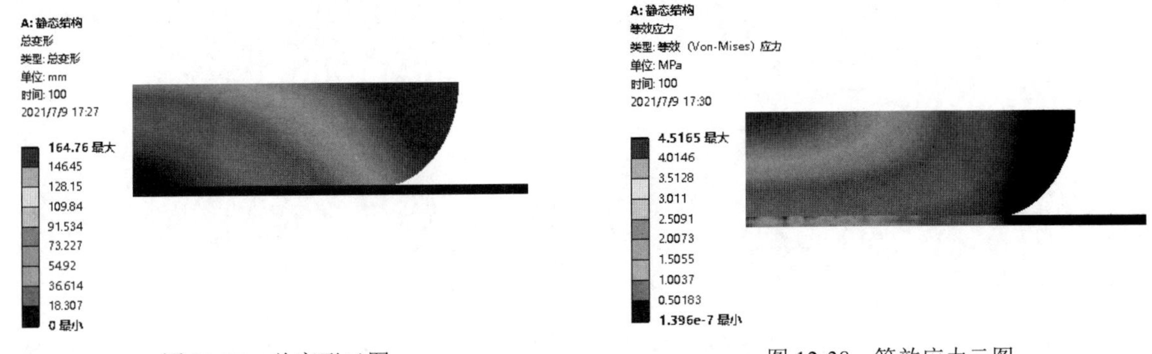

图12-37　总变形云图

图12-38　等效应力云图

扫一扫，看视频

12.9　实例 2——板材冲压非线性结构分析

板材冲压是利用安装在压力机上的模具对材料施加压力，使其产生分离或塑性变形，是典型的非线性结构分析，下面通过实例具体讲解。

图 12-39 所示为模拟的板材冲压过程：冲压的凸模向下移动，压动板材，使板材按凹模的形状产生塑性变形，达到生产需要的形状。本节即分析该过程中板材的变形过程和产生的应力。

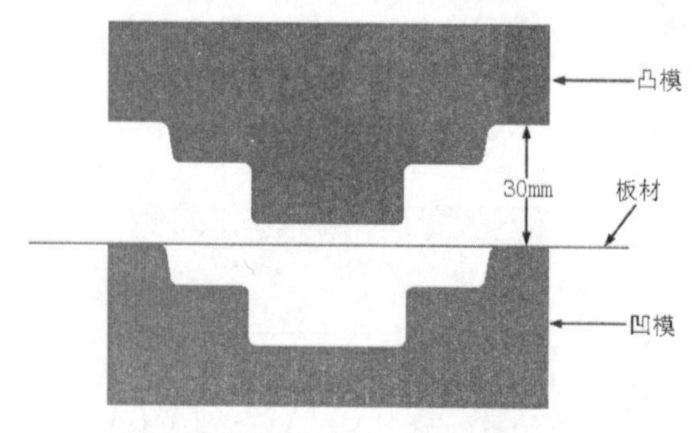

图 12-39　板材冲压过程

12.9.1　创建工程项目

（1）打开 Workbench 程序，展开左边工具箱中的“分析系统”栏，将工具箱里的“静态结构”模块直接拖动到项目原理图中或直接双击“静态结构”模块，建立一个含有“静态结构”的项目模块。

（2）导入模型。在项目原理图中右击“几何结构”，在弹出的快捷菜单中选择“导入几何模型”→“浏览”命令，弹出“打开”对话框，如图 12-40 所示，选择要导入的模型“板材冲压”，单击“打开”按钮。

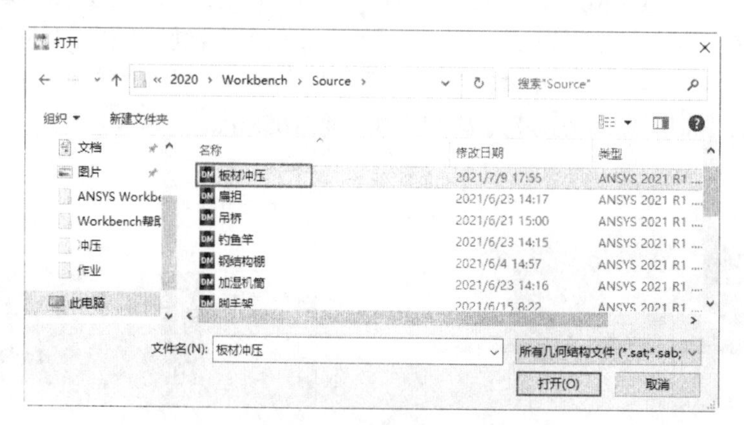

图 12-40　“打开”对话框

（3）设置单位系统。选择“单位”→“度量标准(kg, mm, s, ℃, mA, N, mV)”命令，设置单位为毫米。

（4）启动“静态结构-Mechanical”应用程序。在项目原理图中右击“模型”，在弹出的快捷菜单中选择“编辑”命令，进入“静态结构-Mechanical”应用程序，如图 12-41 所示。

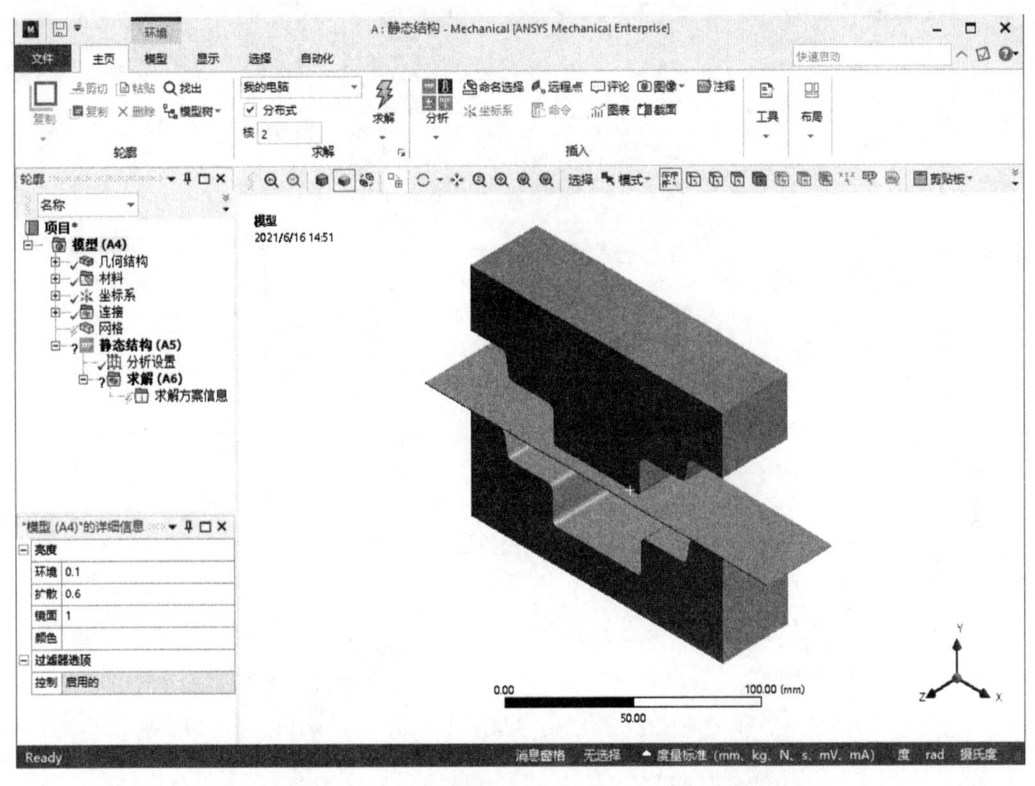

图 12-41　“静态结构-Mechanical”应用程序

12.9.2　设置模型材料

（1）设置单位系统。单击“主页”选项卡“工具”面板中的“单位”按钮，弹出“单位系统”下拉菜单，选择“度量标准(mm、kg、N、s、mV、mA)”选项。

（2）定义工程数据。返回 Workbench 界面，在项目原理图中双击“工程数据”选项，弹出“B2：工程数据”选项卡。

（3）选择“工程数据源”标签。如图 12-42 所示，打开左上角的“工程数据源”窗口，单击“一般非线性材料”按钮 一般非线性材料，使之点亮。在“一般非线性材料”按钮点亮的同时，单击“轮廓 General Non-linear Materials”（一般非线性材料概述）窗格中的“铝合金 NL”后的“添加”按钮，将该材料添加到当前项目中。

（4）单击“B2:工程数据”标签的“关闭”按钮，返回 Workbench 界面，此时“模型”模块指出需要进行一次刷新。右击“模型”，在弹出的快捷菜单中选择“刷新”命令，刷新“模型”模块。双击“模型”模块，返回“静态结构-Mechanical”应用程序。

（5）模型重命名。在树轮廓中展开“几何结构”，显示模型含有 3 个固体，右击上面的固体，在弹出的快捷菜单中选择“重命名”命令，对固体进行重命名，结果如图 12-43 所示。

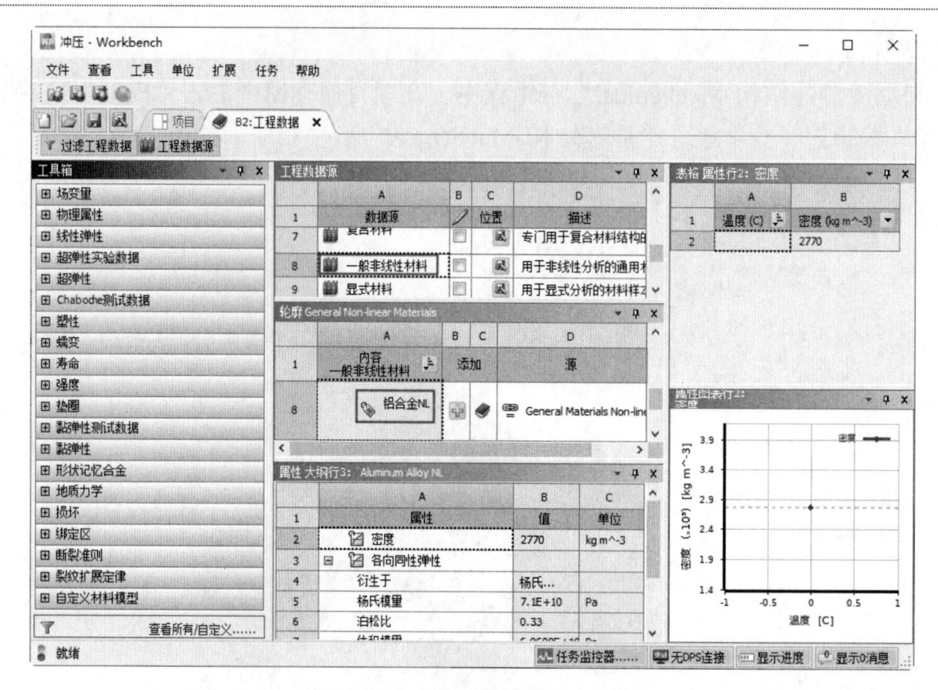

图 12-42 “工程数据源”标签

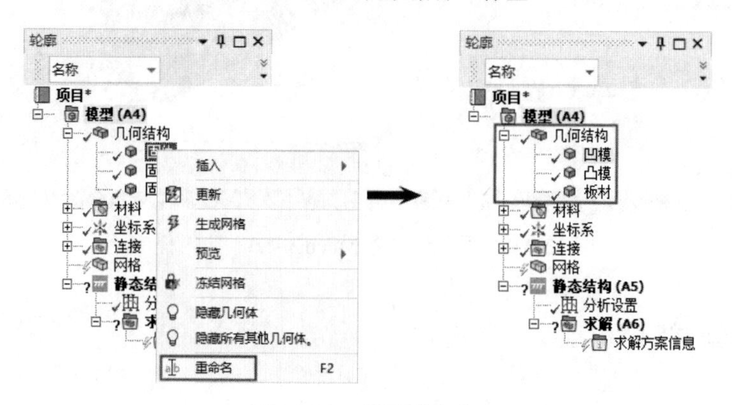

图 12-43 模型重命名

（6）设置模型材料。选择“板材”，在左下角弹出“板材”的详细信息视图栏，单击“材料”栏中的“任务”选项，在弹出的“工程数据材料”对话框中选择“铝合金 NL”选项，如图 12-44 所示，为板材赋予“铝合金 NL”材料。再选择“凹模”和“凸模”，其详细信息视图栏中显示“材料”为“结构钢”，这里不作更改。

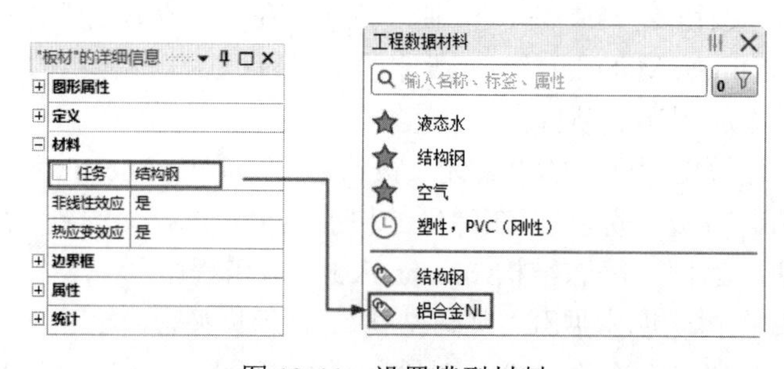

图 12-44 设置模型材料

12.9.3　添加接触

（1）查看接触。在树轮廓中展开“连接”分支，系统已经为模型接触部分建立了接触连接，如图 12-45 所示；选择“接触区域”，左下角弹出“接触区域”的详细信息视图栏，同时在图形窗口中显示“凹模”和“板材”的接触面，如图 12-46 所示。

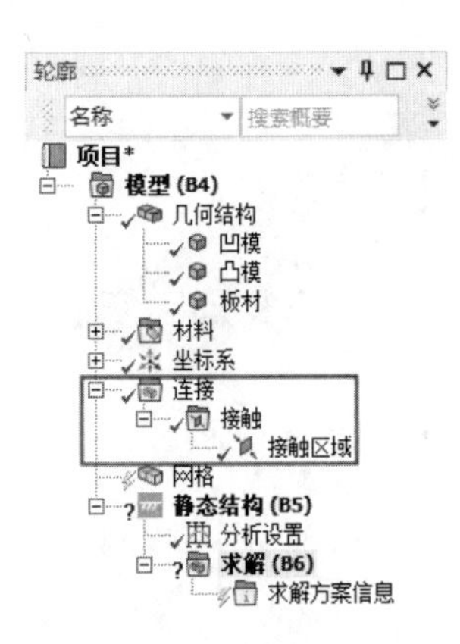

图 12-45　接触连接

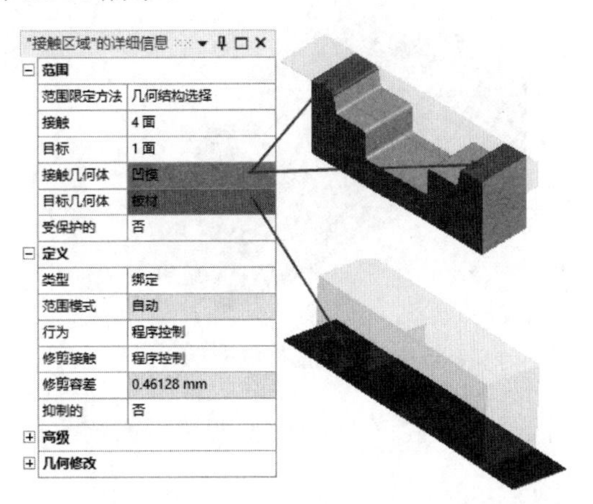

图 12-46　接触设置

（2）修改接触。在“接触区域”的详细信息视图栏中单击“接触”栏后面的选项框，在图形区域选择“凹模”所有的上表面，如图 12-47 所示；“目标”依然为板材下表面。在“定义”栏中设置“类型”为“无摩擦”，此时详细信息视图栏变为“无摩擦-凹模至板材”的详细信息视图栏。展开“高级”栏，设置“公式化”为“广义拉格朗日法”，其余为默认选项，如图 12-48 所示。

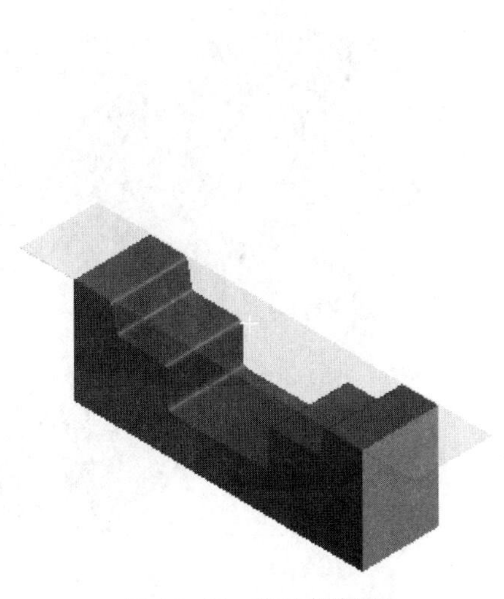

图 12-47　修改接触面

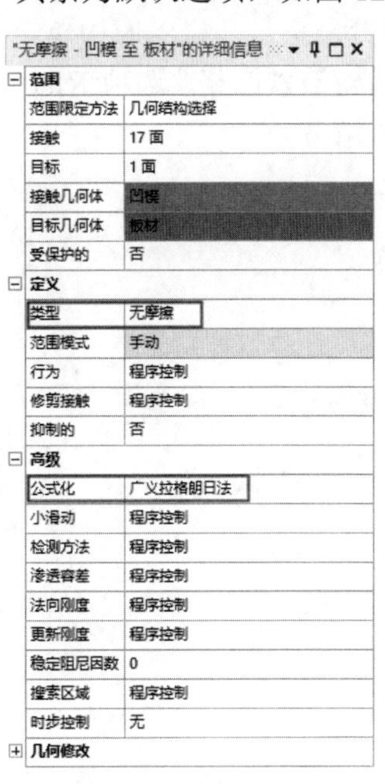

图 12-48　“无摩擦-凹模至板材”的详细信息视图栏

（3）添加接触。在树轮廓中先单击“连接”下的“接触”分支，再在“连接”选项卡的“接触”面板中单击“接触”下拉按钮，在弹出的下拉菜单中选择“无摩擦”选项，左下角弹出“无摩擦”的详细信息视图栏。单击“接触”栏后面的选项框，在图形区域选择凸模的下表面，如图 12-49 所示；单击“目标”栏后面的选项框，在图形区域选择板材的上表面，如图 12-50 所示。

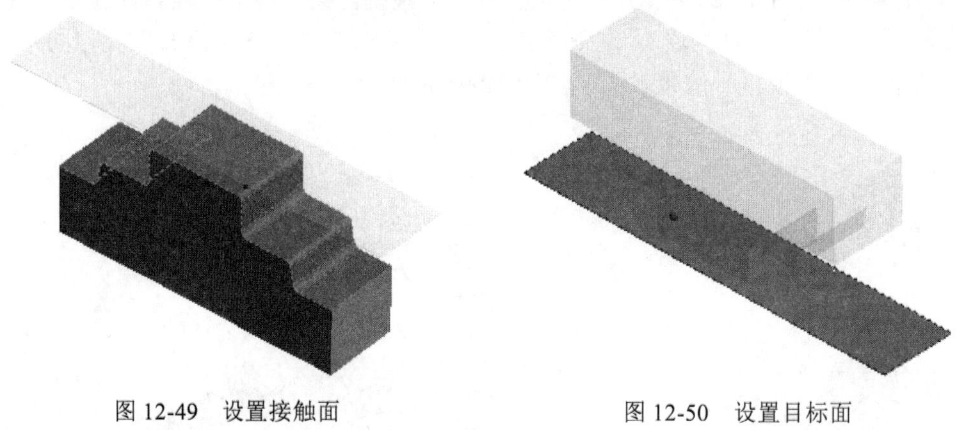

图 12-49　设置接触面　　　　图 12-50　设置目标面

（4）同理，设置该“无摩擦-凹模至板材”的详细信息视图栏，与图 12-48 相同。

12.9.4　划分网格

（1）调整尺寸。在“网格”选项卡的“控制”面板中单击“尺寸调整”按钮，左下角弹出“几何体尺寸调整”的详细信息视图栏，设置“几何结构”为板材，“单元尺寸”为 2.0mm，如图 12-51 所示。

（2）划分网格。在树轮廓中单击“网格”分支，左下角弹出“网格”的详细信息视图栏，采用默认设置。在“网格”选项卡的“网格”面板中单击“生成”按钮，系统自动划分网格，结果如图 12-52 所示。

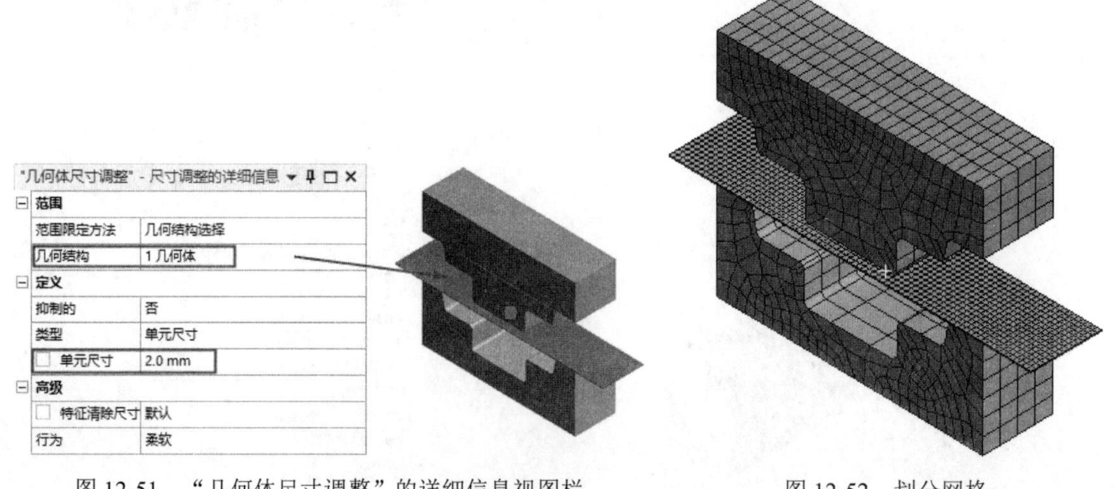

图 12-51　“几何体尺寸调整”的详细信息视图栏　　　　图 12-52　划分网格

12.9.5　分析设置

（1）步控制设置。在树轮廓中单击“静态结构（A5）”分支下的“分析设置”，系统切换到“环境”选项卡，同时左下角弹出“分析设置”的详细信息视图栏。在“步控制”栏中设置“步骤数量”为 2，“当前步数”为 1，“步骤结束时间”为 10s，“自动时步”为“开启”，“初始子步”和“最小子步”为 10，“最大子步”为 300，如图 12-53 所示。

（2）求解器控制设置。展开“求解器控制”栏，设置“求解器类型”为“迭代的”，“弱弹簧”为“开启”，“大挠曲”为“开启”，如图 12-54 所示。

（3）非线性控制设置。展开“非线性控制”栏，设置“力收敛”为“开启”，“线搜索”为“开启”，“稳定性”为“常数”，“方法”为“阻尼”，“阻尼因数”为 1，其余为默认设置，如图 12-55 所示。

（4）载荷步数 2 设置。在“步控制”栏中设置“当前步数”为 2，“步骤结束时间”为 20s，其余设置与载荷步数 1 中的“步控制”“求解器控制”“非线性控制”相同。

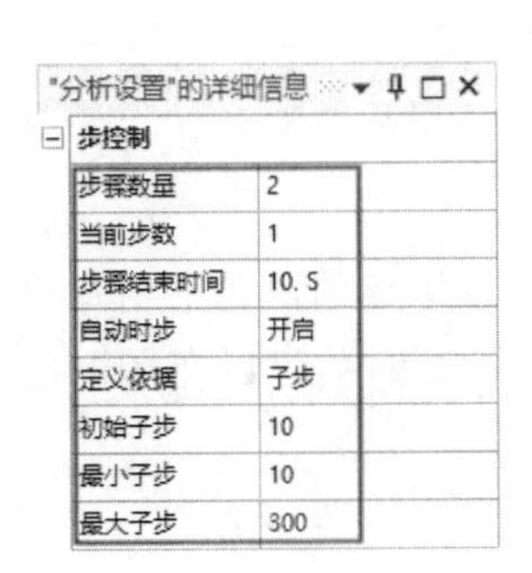

"分析设置"的详细信息

步控制	
步骤数量	2
当前步数	1
步骤结束时间	10. S
自动时步	开启
定义依据	子步
初始子步	10
最小子步	10
最大子步	300

图 12-53　步控制设置

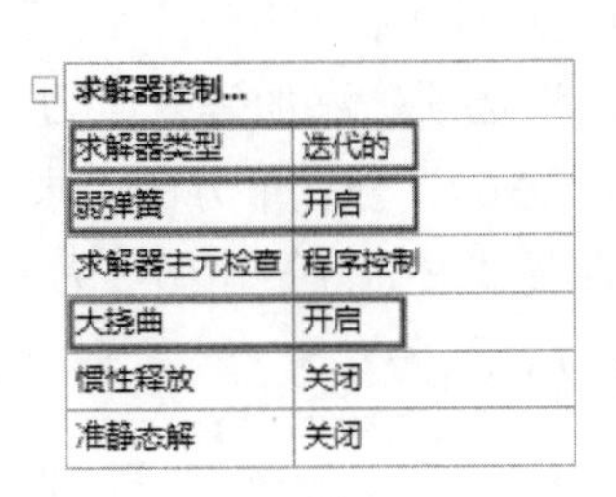

求解器控制...	
求解器类型	迭代的
弱弹簧	开启
求解器主元检查	程序控制
大挠曲	开启
惯性释放	关闭
准静态解	关闭

图 12-54　求解器控制设置

非线性控制	
Newton ...	程序控制
力收敛	开启
--值	用求解器计算
--容差	0.5%
--最小参考	1.e-002 N
力矩收敛	程序控制
位移收敛	程序控制
旋转收敛	程序控制
线搜索	开启
稳定性	常数
--方法	阻尼
--阻尼因数	1
--激活第...	否
——稳定...	0.2

图 12-55　非线性控制设置

12.9.6　定义载荷和约束

（1）添加无摩擦支撑。为防止板材在挤压过程中在 Z 轴方向产生偏移，需要在 Z 轴方向添加无摩擦支撑。在“环境”选项卡的“结构”面板中单击“无摩擦”按钮无摩擦，左下角弹出“无摩擦支撑”的详细信息视图栏，设置“几何结构”为板材的 Z 轴方向上的 2 个平面。

（2）添加位移。在“环境”选项卡的“结构”面板中单击“位移”按钮位移，左下角弹出“位移”的详细信息视图栏，设置“几何结构”为凸模的顶面，“X 分量”和“Z 分量”为 0mm，“Y 分量”为-30mm，如图 12-56 所示。图形区域下方的“表格数据”第 3 行中的 Y 列为 0mm，如图 12-57 所示。

（3）添加固定约束。在“环境”选项卡的“结构”面板中单击“固定的”按钮固定的，左下角弹出“固定支撑”的详细信息视图栏，设置“几何结构”为凹模底面，如图 12-58 所示。

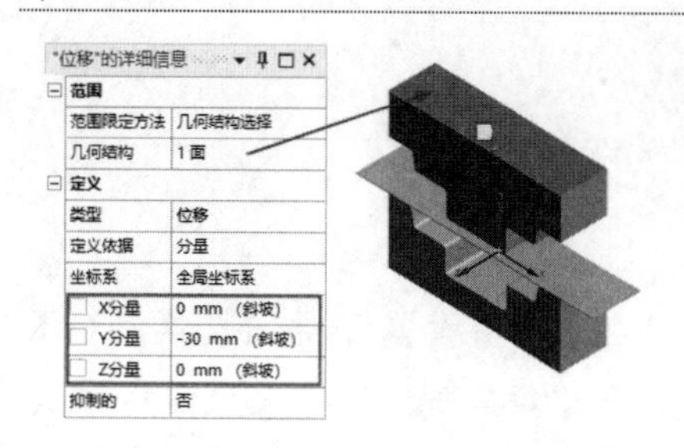

图 12-56　添加位移

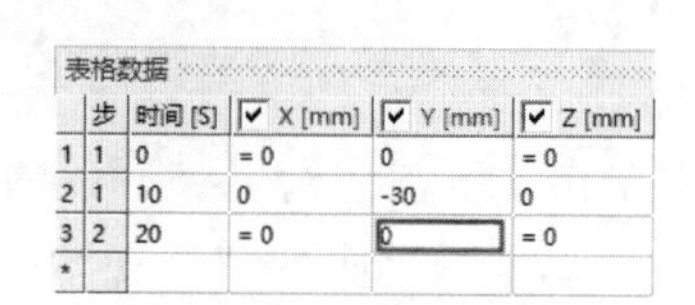

表格数据

	步	时间 [S]	X [mm]	Y [mm]	Z [mm]
1	1	0	= 0	0	= 0
2	1	10	0	-30	0
3	2	20	= 0	0	= 0
*					

图 12-57　表格数据

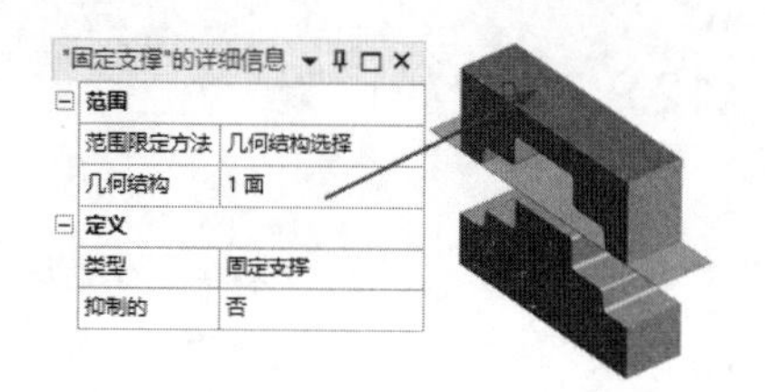

图 12-58　添加固定约束

12.9.7　求解

在"主页"选项卡的"求解"面板中单击"求解"按钮进行求解，时间有些长（20min 左右）。

12.9.8　结果后处理

（1）求解完成后，在树轮廓中单击"求解（A6）"分支，系统切换到"求解"选项卡，在该选项卡中选择需要显示的结果。

（2）添加总变形。在"求解"选项卡的"结果"面板中单击"变形"下拉按钮，在弹出的下拉菜单中选择"总计"选项，添加总变形。

（3）添加等效应力。在"求解"选项卡的"结果"面板中单击"应力"下拉按钮，在弹出的下拉菜单中选择"等效（Von-Mises）"选项，添加等效应力。

（4）查看收敛力。单击"求解（A6）"分支下方的"求解方案信息"选项，左下角弹出"求解方案信息"的详细信息视图栏，设置"求解方案输出"为"力收敛"，此时就可以在图形区域查看求解过程中的收敛力，如图 12-59 所示。

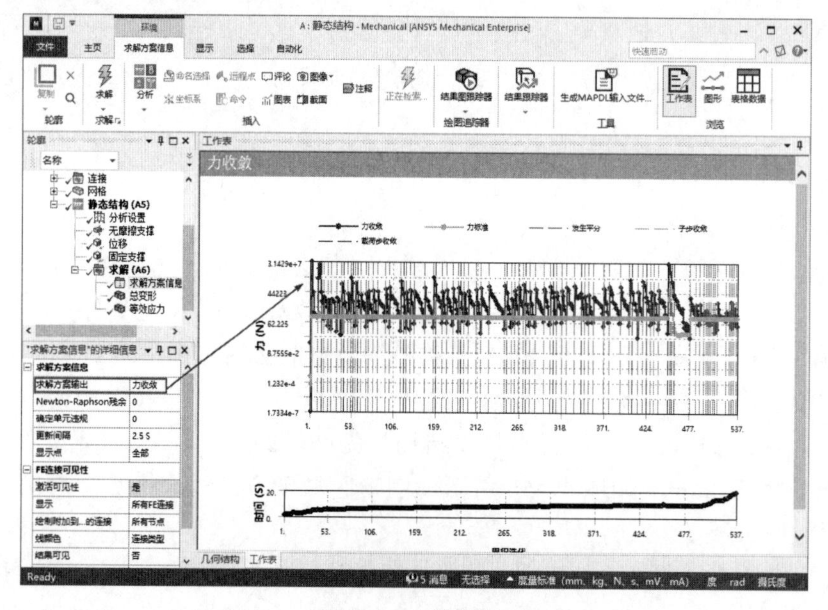

图 12-59　收敛力

（5）查看总变形结果。在“求解”选项卡的“求解”面板中单击“求解”按钮，求解完成后展开树轮廓中的“求解”，选择“总变形”选项，显示总变形云图，如图 12-60 所示，冲压后的最大位移为 25.006mm。

（6）显示等效应力云图。展开树轮廓中的“求解（A6）”，选择“等效应力”选项，显示等效应力云图，如图 12-61 所示，可以看到冲压后板材产生塑性变形，但自身还保留一定的应力，用探针探测后，最大应力大概为 93.588MPa。

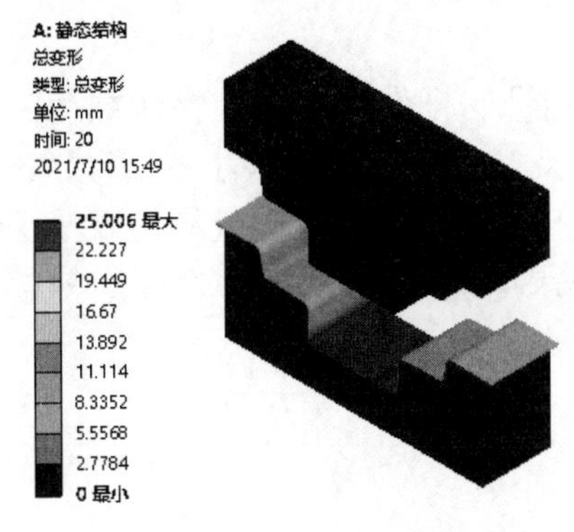

图 12-60　总变形云图

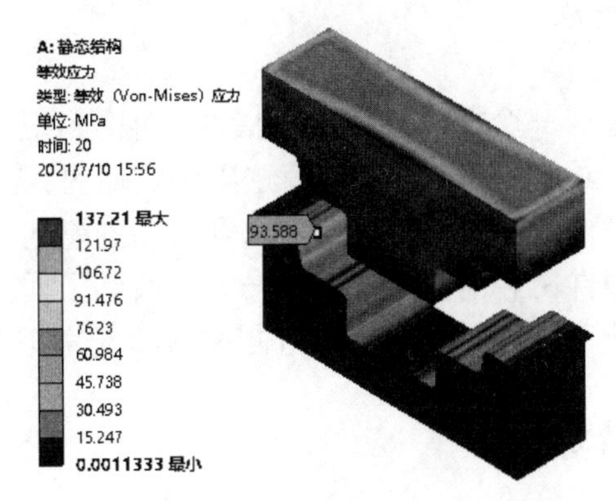

图 12-61　等效应力云图

第 13 章　屈 曲 分 析

导读

当对一个杆件或其他支撑件施加一个压力载荷时，刚开始杆件或支撑件会随载荷的增大而产生线性变形。当该载荷达到一定值时，若对该杆件或支撑件施加一个很小的扰动，该杆件或支撑件会突然失稳，失去承受压力的能力，产生塑性变形或断裂，而这一临界值就是该杆件或支撑件的屈曲值。若将这一情形放到工程上，造成的后果可能是灾难性的，因此，对物体尤其是起支撑作用的物体进行屈曲分析非常重要。

精彩内容

- 屈曲分析概述
- 屈曲分析原理
- 屈曲分析流程
- 创建工程项目
- 定义接触关系
- 载荷与约束
- 特征值屈曲求解设置
- 求解
- 结果后处理
- 实例 1——液压杆屈曲分析
- 实例 2——易拉罐非线性屈曲分析

13.1　屈曲分析概述

线性屈曲以小位移小应变的线弹性理论为基础，分析中不考虑结构在受载变形过程中结构形态的变化，即在外力施加的各个阶段，总是在结构的初始形态上建立平衡方程。当载荷达到某一临界值时，结构形态将突然跳到另一个随机的平衡状态，称之为屈曲。临界点之前称为前屈曲，临界点之后称为后屈曲。

在屈曲分析中，可以评价许多结构的稳定性，如对薄柱、压缩部件和真空罐进行屈曲分析。在失稳（屈曲）的结构中，当结构所受载荷达到某一值时，若增加一微小的扰动，则结构的平衡状态将发生很大的改变。图 13-1 所示为失稳悬臂梁。

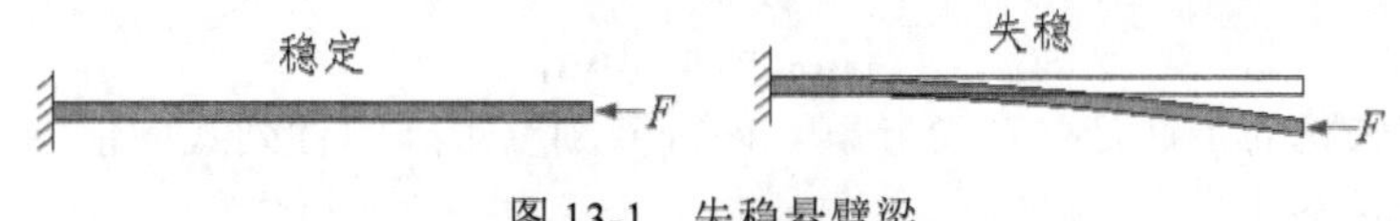

图 13-1 失稳悬臂梁

屈曲分析包括线性屈曲分析和非线性屈曲分析。

线性屈曲分析又称特征值屈曲分析，其可以考虑固定的预载荷，可以预测理想线弹性结构的理论屈曲强度。此方法相当于经典的线弹性屈曲分析，用欧拉行列式求解特征值屈曲会与经典的欧拉公式解相一致。特征值屈曲分析是理想状态下对没有任何缺陷的物体进行的屈曲分析，其得到的屈曲值会大于实际状态物体的屈曲值。因为实际情况中任何物体都存在自己的缺陷，所以现实中屈曲过程是一个非线性（大变形）过程。另外，线性屈曲分析对于结构后屈曲分析无能为力。

非线性屈曲分析过程较为复杂，同时可能需要多次尝试才能得到较为可信的结果。由于其不存在线性屈曲分析的局限性，因此工程上倾向于通过非线性屈曲分析来评价结构的稳定性。

线性屈曲分析得出的结果会大于实际结果，显得不保守。虽然不保守，但是线性屈曲仍有以下优点。

（1）线性屈曲分析比非线性屈曲分析计算省时，并且可以作为第一步计算来评估临界载荷（屈曲开始时的载荷）。

（2）线性屈曲分析可以用来作为确定屈曲形状的设计工具。在屈曲分析的模式结果中做一些对比，找到现实中可能发生哪种屈曲，为设计提供向导。

综上所述，结合线性屈曲分析和非线性屈曲分析的优缺点，在对物体进行屈曲分析时，可以先对其进行线性屈曲分析，结合线性屈曲分析的结果，确定物体可能发生屈曲的状态和屈曲值，再针对这一状态进行非线性屈曲分析。

13.2 屈曲分析原理

线性屈曲分析可计算包含桁架单元、梁单元、板单元、实体单元的结构的临界载荷系数和相应的屈曲模态。结构的静力平衡方程如下：

$$[\boldsymbol{K}]\{U\}+[\boldsymbol{K}_{\mathrm{G}}]\{U\}=\{P\}$$

式中，$[\boldsymbol{K}]$为结构的弹性刚度矩阵；$[\boldsymbol{K}_{\mathrm{G}}]$为结构的几何刚度矩阵；$\{U\}$为结构的整体位移向量；$\{P\}$为作用在结构上的载荷。

结构的几何刚度矩阵由各单元的几何刚度矩阵构成，各单元的几何刚度矩阵与构件的内力相关。

$$[\boldsymbol{K}_{\mathrm{G}}]=\sum[\boldsymbol{k}_{\mathrm{G}}]$$

$$[\boldsymbol{k}_{\mathrm{G}}]=F[\bar{\boldsymbol{k}}_{\mathrm{G}}]$$

式中，$[\bar{\boldsymbol{k}}_{\mathrm{G}}]$为单元标准几何刚度矩阵；$F$ 为构件内力。

将几何刚度矩阵用临界载荷系数与使用初始载荷计算的几何刚度矩阵的乘积表示，公式如下：

$$[\boldsymbol{K}_{\mathrm{G}}]=\alpha[\bar{\boldsymbol{K}}_{\mathrm{G}}]$$

式中，α为临界载荷系数；$[\boldsymbol{K}_{\mathrm{G}}]$为使用屈曲分析所用的初始载荷计算的几何刚度矩阵。

$$[\boldsymbol{K}+\lambda\boldsymbol{K}_{\mathrm{G}}]\{u\}=\{p\}$$

$$[\boldsymbol{K}_{\mathrm{eq}}]=[\boldsymbol{K}+\lambda\boldsymbol{K}_{\mathrm{G}}]$$

上述平衡方程失稳的条件是存在奇异解，即等效刚度矩阵的行列式的值为零。

非稳定的平衡状态：

$$|[\boldsymbol{K}_{\mathrm{eq}}]|<0(\lambda<\lambda_{\mathrm{cr}})$$

失稳状态：

$$|[\boldsymbol{K}_{\mathrm{eq}}]|>0(\lambda<\lambda_{\mathrm{cr}})$$

稳定状态：

$$|[\boldsymbol{K}_{\mathrm{eq}}]|>0(\lambda<\lambda_{\mathrm{cr}})$$

综上所述，线性屈曲分析就是求解下式的特征值，屈曲分析中的特征值就是临界载荷系数。

$$|\boldsymbol{K}+\lambda_i[\boldsymbol{K}_{\mathrm{G}}]|=0$$

式中，λ_i为特征值（临界载荷系数）。

临界载荷就是初始载荷乘以临界载荷系数的载荷值，表示结构作用临界载荷时结构会发生屈曲（失稳）。结构失稳时常伴随大位移变形和材料屈服，所以屈曲分析常要求考虑几何非线性或材料非线性的情况。

13.3 屈曲分析流程

屈曲分析流程如下。

（1）创建工程项目。

（2）创建或导入几何模型。

（3）定义材料属性。

（4）定义接触关系（针对装配体）。

（5）划分网格。

（6）设置载荷约束。

（7）静力结构求解。

（8）特征值屈曲求解设置。

（9）屈曲分析求解。

（10）屈曲分析后处理。

下面就几个主要的方面进行讲解。

13.4 创建工程项目

在进行特征屈曲分析之前，必须先进行静态结构分析，因此要创建静态结构分析和特征屈曲分析相关联的工程项目。首先将工具箱里的“静态结构”模块直接拖动到项目原理图中或直接双击“静态结构”模块，建立一个含有“静态结构”的项目模块；然后将工具箱里的“特征值屈曲”模块拖动到“静态结构”中的“求解”栏中，使“特征值屈曲”分析和“静态结构”分析相关联，如图 13-2 所示。

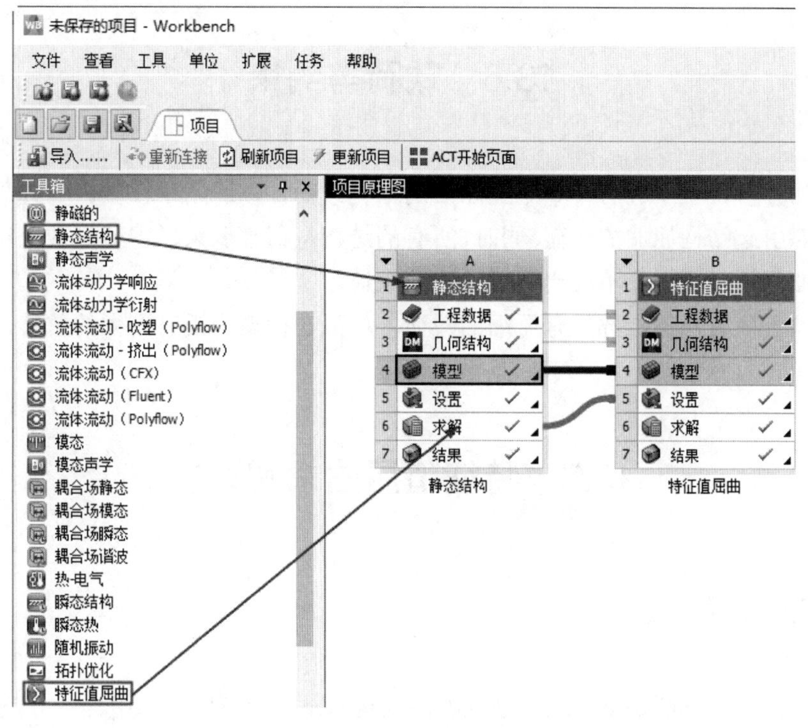

图 13-2　创建工程项目

13.5　定义接触关系

装配体结构需要创建连接关系。对于非线性接触关系，需要进行线性接触关系的转换，具体见表 13-1。

表13-1　非线性接触关系转换为线性接触关系

接触类型	静态分析	线性屈曲分析		
		初始接触	搜索区域内	搜索区域外
绑定	绑定	绑定	绑定	自由
无分离	无分离	无分离	无分离	自由
无摩擦	无摩擦	无分离	自由	自由
粗糙	粗糙	绑定	自由	自由
摩擦的	摩擦的	$\eta=0$，无分离 $\eta>0$，绑定	自由	自由

注：η 为摩擦系数。

接触模态分析包括粗糙接触和摩擦接触，将在内部表现为黏结或无分离；如果有间隙存在，非线性接触行为将是自由无约束的。

绑定和不分离的接触情形取决于搜索区域半径的大小。

13.6 载荷与约束

要进行屈曲分析，至少应有一个导致屈曲的结构载荷，以适用于模型。另外，模型也必须至少施加一个能够引起结构屈曲的载荷。同时，所有的结构载荷都要乘以载荷系数来决定屈曲载荷，因此在进行屈曲分析时不支持不成比例或常值的载荷。

在进行屈曲分析时，不推荐只有压缩的载荷，如果在模型中没有刚体的位移，则结构可以是全约束的。

13.7 特征值屈曲求解设置

13.7.1 预应力设置

在进行特征值屈曲求解之前，应先进行静态结构求解，会在树轮廓中的“特征值屈曲（B5）”分支下产生预应力。选择该选项，弹出“预应力（静态结构）”的详细信息视图栏，如图 13-3 所示，预应力环境包括“无”和“静态结构”，预应力定义方式包括“程序控制”“载荷步”“时间”，接触状态包括“使用真实状态”“力粘附”“强制绑定”。

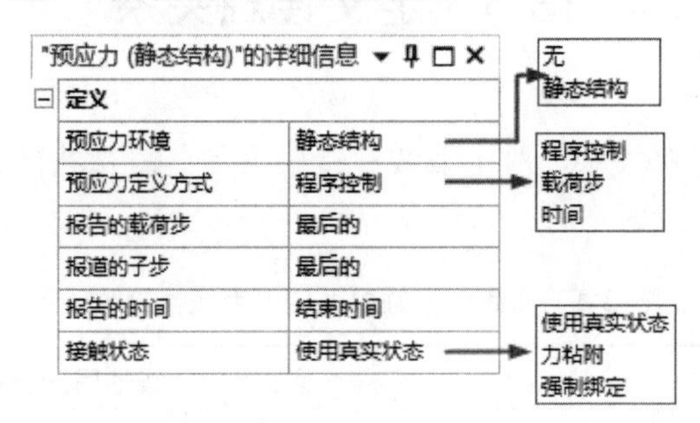

图 13-3 “预应力（静态结构）”的详细信息视图栏

13.7.2 分析设置

特征值屈曲分析设置包括设置最大模态阶数和输出控制等。“分析设置”的详细信息视图栏如图 13-4 所示。

（1）最大模态阶数：设置屈曲的模态阶数，默认阶数为 2。

（2）输出控制：默认输出屈曲因子和模态，能够计算相对应力、应变结果等，仅代表分布趋势，不代表真实数据。

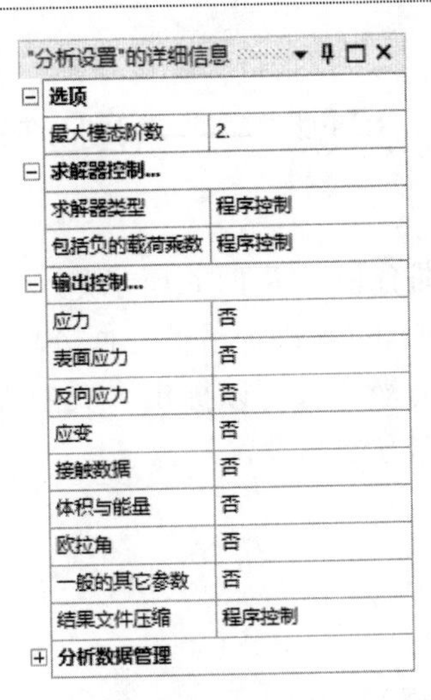

图 13-4 “分析设置”的详细信息视图栏

13.8 求 解

求解结束后，求解分支会显示一个图标，显示频率和模态阶数。可以从图表或者图形中选择需要振型或者全部振型进行显示。

13.9 结果后处理

求解完成后，可以检查屈曲模型求解的结果，每个屈曲模态的载荷因子显示在图形和表格数据中，载荷因子乘以施加的载荷值即为屈曲载荷。

屈曲载荷因子可以在线性屈曲分析分支下图形的结果中进行检查。

图 13-5 所示为求解多个屈曲模态的一个例子，通过图形和表格数据可以观察结构屈曲在给定的施加载荷下的多个屈曲模态。

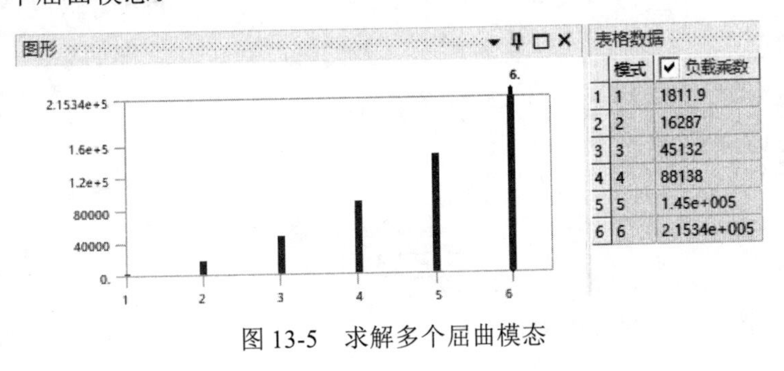

图 13-5 求解多个屈曲模态

扫一扫，看视频

13.10 实例 1——液压杆屈曲分析

图 13-6 推力液压杆模型

该实例对一个液压杆进行屈曲分析。图 13-6 所示是一个推力液压杆模型，其材质为结构钢，对其进行线性屈曲分析，确定其临界屈曲载荷，分析该推力液压杆可以提供多大的推力，同时学习屈曲分析的基本操作方法和设置。

13.10.1 创建工程项目

（1）打开 Workbench 程序，展开左边工具箱中的“分析系统”栏，将“静态结构”模块直接拖动到项目原理图中或直接双击“静态结构”模块，建立一个含有“静态结构”的项目模块。将工具箱里的“特征值屈曲”模块拖动到“静态结构”中的“求解”栏中，使“特征值屈曲”分析和“静态结构”分析相关联，如图 13-2 所示。

（2）导入模型。在项目原理图中右击“几何结构”，在弹出的快捷菜单中选择“导入几何模型”→“浏览”命令，弹出“打开”对话框，如图 13-7 所示，选择要导入的模型“液压杆”，单击“打开”按钮。

（3）设置单位系统。选择“单位”→“度量标准(kg, mm, s, ℃, mA, N, mV)”命令，设置单位为毫米。

（4）启动“多个系统-Mechanical”应用程序。在项目原理图中右击“模型”，在弹出的快捷菜单中选择“编辑”命令，如图 13-8 所示，进入“多个系统-Mechanical”应用程序，如图 13-9 所示。

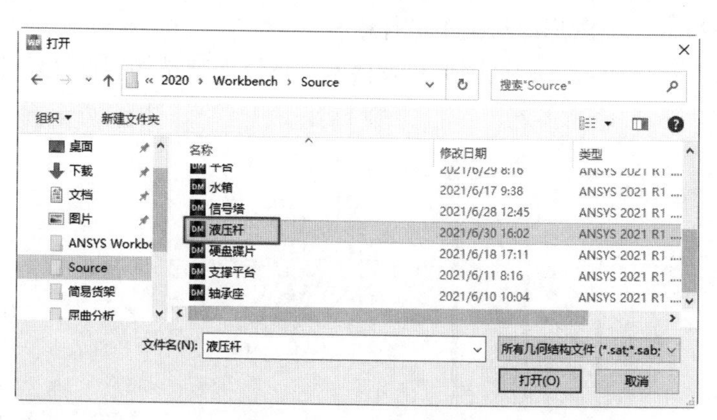

图 13-7 “打开”对话框

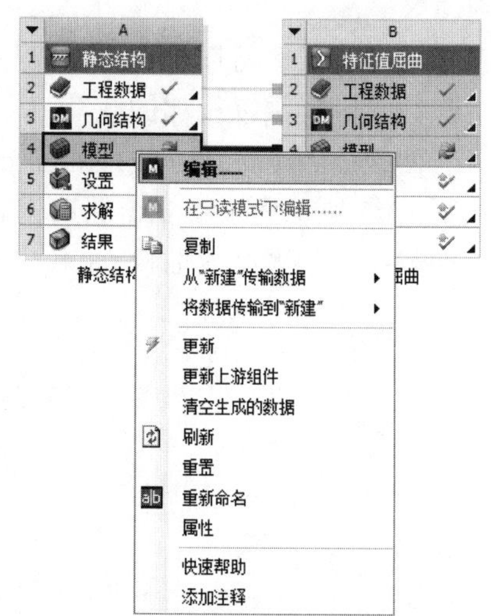

图 13-8 “编辑”命令

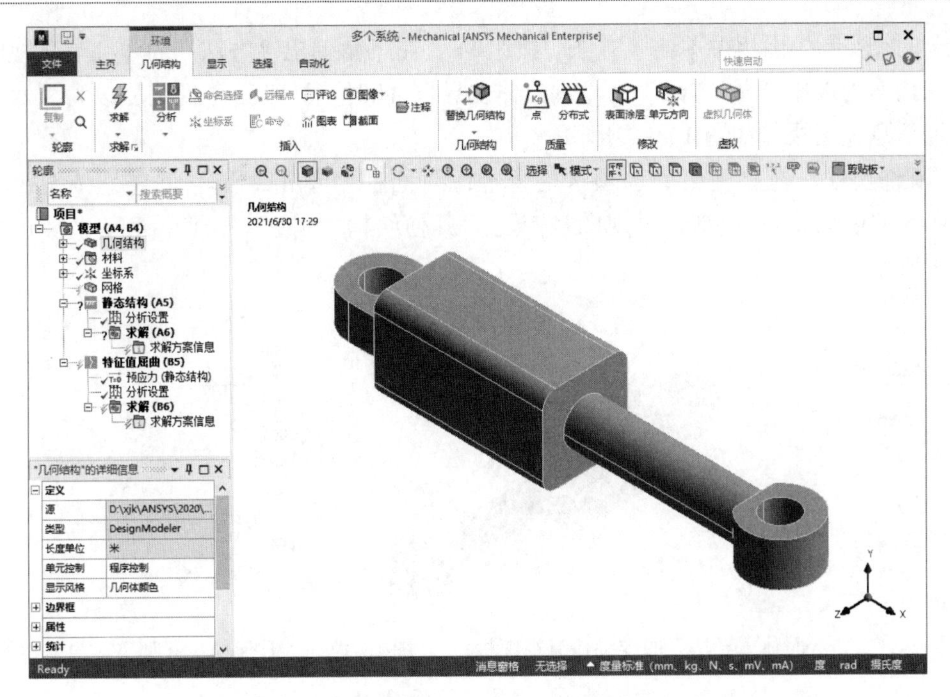

图 13-9　“多个系统-Mechanical”应用程序

13.10.2　设置模型材料

（1）设置单位系统。在“主页”选项卡的“工具”面板中单击“单位”按钮，弹出“单位系统”下拉菜单，选择“度量标准(mm、kg、N、s、mV、mA)”选项。

（2）模型重命名。在树轮廓中展开“几何结构”，显示模型含有一个固体，右击该固体，在弹出的快捷菜单中选择“重命名”命令，重新输入名称为“液压杆”，如图 13-10 所示。

（3）设置模型材料。选择“液压杆”，在左下角打开“液压杆”的详细信息视图栏，单击“材料”栏中的“任务”选项，显示“材料”任务为“结构钢”，这里不作更改。

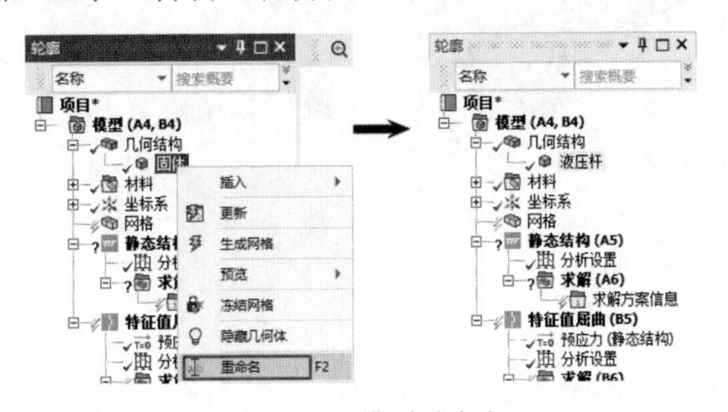

图 13-10　模型重命名

13.10.3　划分网格

（1）设置局部划分方法。在树轮廓中单击“网格”分支，系统切换到“网格”选项卡。在“网格”选项卡的“控制”面板中单击“方法”按钮，左下角弹出“方法”的详细信息视图栏，设置“几何结构”为液压杆，“方法”为“六面体主导”，此时该详细信息视图栏改为“六面体主导法”的详细信息视图栏，如图 13-11 所示。

（2）调整尺寸。在“网格”选项卡的“控制”面板中单击“尺寸调整”按钮，左下角弹出“几何体尺寸调整”的详细信息视图栏，设置“几何结构”为液压杆，“单元尺寸”为 15.0mm，如图 13-12 所示。

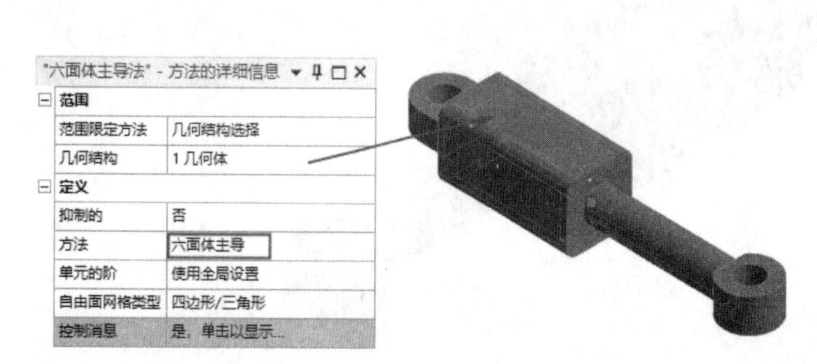

图 13-11　“六面体主导法”的详细信息视图栏

"几何体尺寸调整" - 尺寸调整的详细信息	
范围	
范围限定方法	几何结构选择
几何结构	1 几何体
定义	
抑制的	否
类型	单元尺寸
单元尺寸	15.0 mm
高级	
特征清除尺寸	默认
行为	柔软

图 13-12　“几何体尺寸调整”的详细信息视图栏

（3）划分网格。在树轮廓中单击“网格”分支，左下角弹出“网格”的详细信息视图栏，采用默认设置。在“网格”选项卡的“网格”面板中单击“生成”按钮，系统自动划分网格，结果如图 13-13 所示。

（4）查看网格质量。在“网格”的详细信息视图栏中设置“显示风格”为“单元质量”，图形界面显示划分网格的质量，如图 13-14 所示。

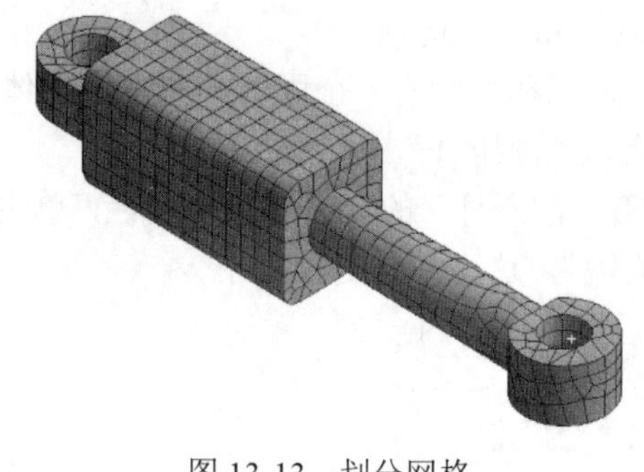

图 13-13　划分网格

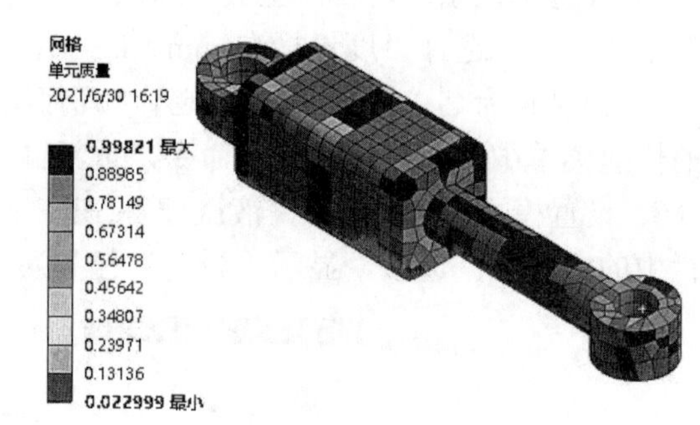

图 13-14　网格质量

13.10.4　定义载荷和约束

（1）添加固定约束。在树轮廓中单击“静态结构（A5）”分支，系统切换到“环境”选项卡。在“环境”选项卡的“结构”面板中单击“固定的”按钮 固定的，左下角弹出“固定支撑”的详细信息视图栏，设置“几何结构”为液压杆一端的孔的内表面，如图 13-15 所示。

（2）添加力。在“环境”选项卡的“结构”面板中单击“力”按钮 力，左下角弹出“力”的详细信息视图栏，设置“几何结构”为液压杆另一端的孔的内表面，“定义依据”为“分量”，“X 分量”为−1N（斜坡），如图 13-16 所示。

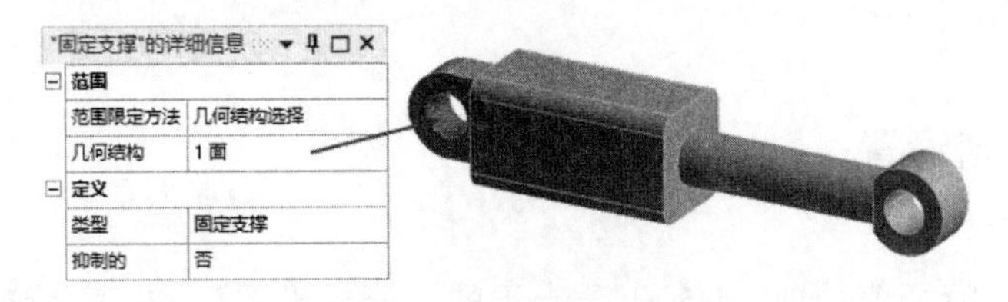

图 13-15 添加固定约束

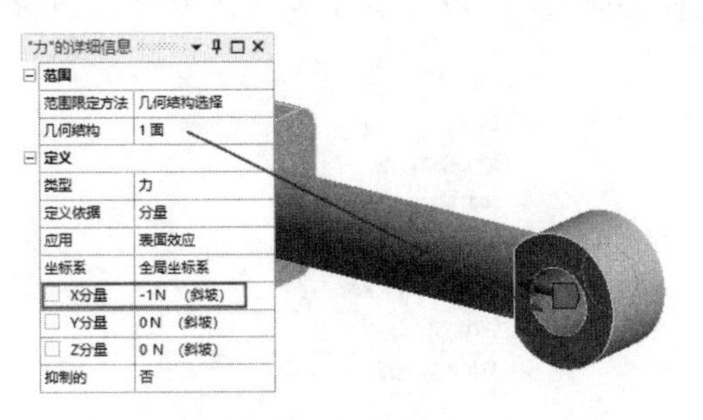

图 13-16 添加力

13.10.5 求解

在“主页”选项卡的“求解”面板中单击“求解”按钮进行求解。

13.10.6 结果后处理

（1）求解完成后，在树轮廓中单击“求解（A6）”分支，系统切换到“求解”选项卡，在该选项卡中选择需要显示的结果。

（2）添加总变形。在“求解”选项卡的“结果”面板中单击“变形”下拉按钮，在弹出的下拉菜单中选择“总计”选项，添加总变形。

（3）添加等效应力。在“求解”选项卡的“结果”面板中单击“应力”下拉按钮，在弹出的下拉菜单中选择“等效（Von-Mises）”选项，添加等效应力。

（4）查看总变形结果。在“求解”选项卡的“求解”面板中单击“求解”按钮，求解完成后展开树轮廓中的“求解”，选择“总变形”选项，显示总变形云图，如图 13-17 所示。

（5）显示等效应力云图。展开树轮廓中的“求解（A6）”，选择“等效应力”选项，显示等效应力云图，如图 13-18 所示。

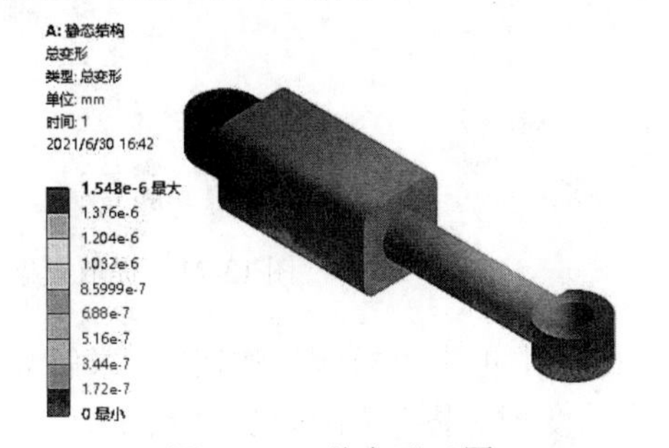

图 13-17 总变形云图

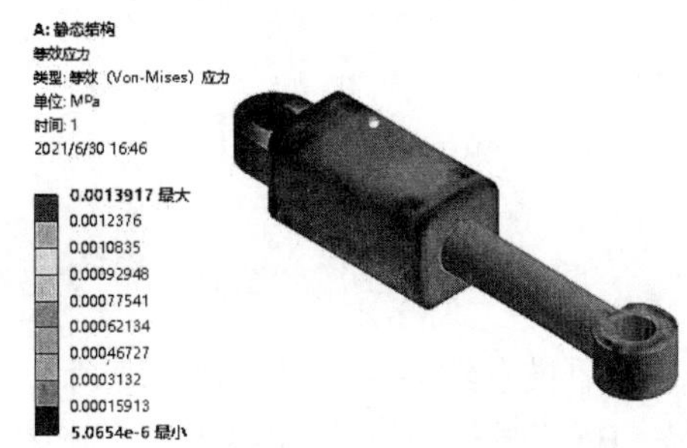

图 13-18 等效应力云图

13.10.7 特征屈曲值设置

在树轮廓中单击“特征值屈曲（B5）”分支下的“分析设置”，左下角弹出“分析设置”的详细信息视图栏，设置“最大模态阶数”为 6，其余为默认设置，如图 13-19 所示。

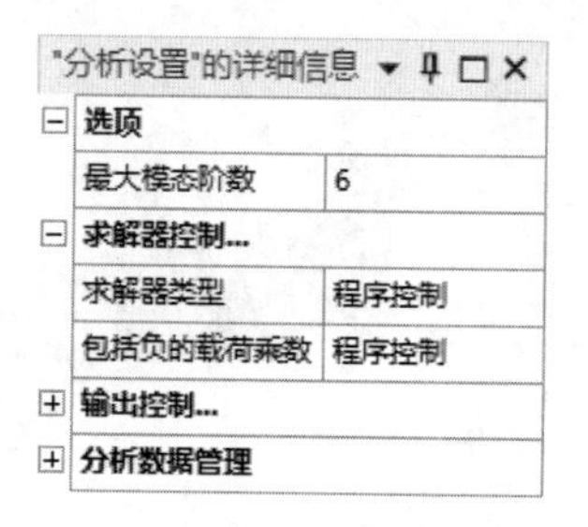

图 13-19 “分析设置”的详细信息视图栏

13.10.8 模态求解

选择“特征值屈曲（B5）”分支，在“主页”选项卡的“求解”面板中单击“求解”按钮⚡进行求解。

13.10.9 结果后处理

（1）求解完成后，在树轮廓中单击“求解（B6）”分支，系统切换到“求解”选项卡，同时在图形窗口下方出现“图形”和“表格数据”，显示了对应的负载乘数。由于输入的为-1N，为单位载荷，因此这里显示的负载乘数即为对应模式的屈曲载荷值，如图 13-20 所示。

（2）提取模态。在“图形”上右击，在弹出的快捷菜单中选择“选择所有”命令；继续在“图形”上右击，在弹出的快捷菜单中选择“创建模型形状结果”命令。此时“求解（B6）”分支下方会出现 6 阶总变形，如图 13-21 所示，需要再次求解才能正常显示。

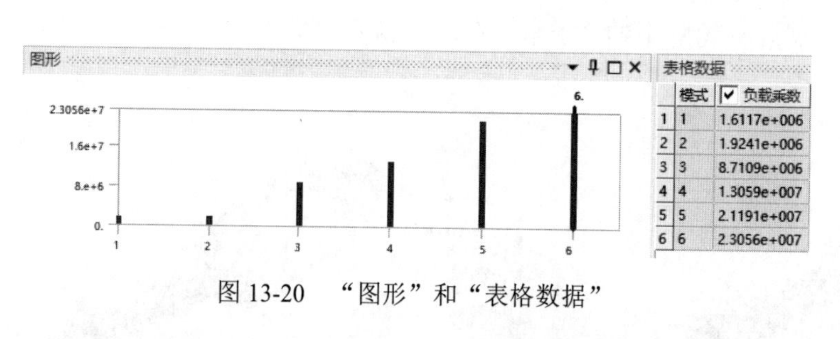

图 13-20 “图形”和“表格数据”

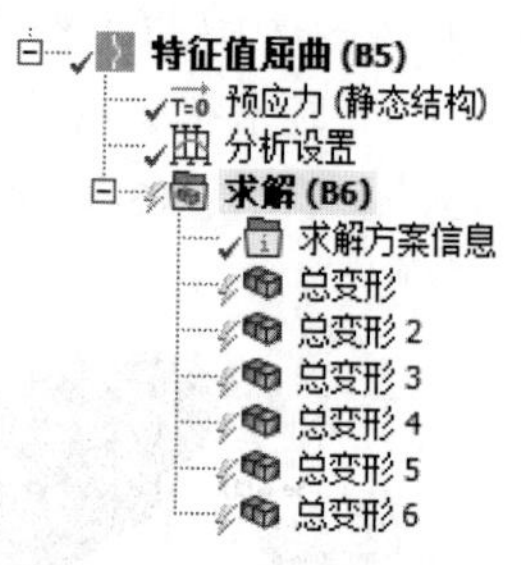

图 13-21 提取模态

（3）查看模态结果。在“求解”选项卡的“求解”面板中单击“求解”按钮⚡，求解完成后在“求解（B6）”分支下方依次单击总变形图，查看各阶总变形云图，如图 13-22 所示。

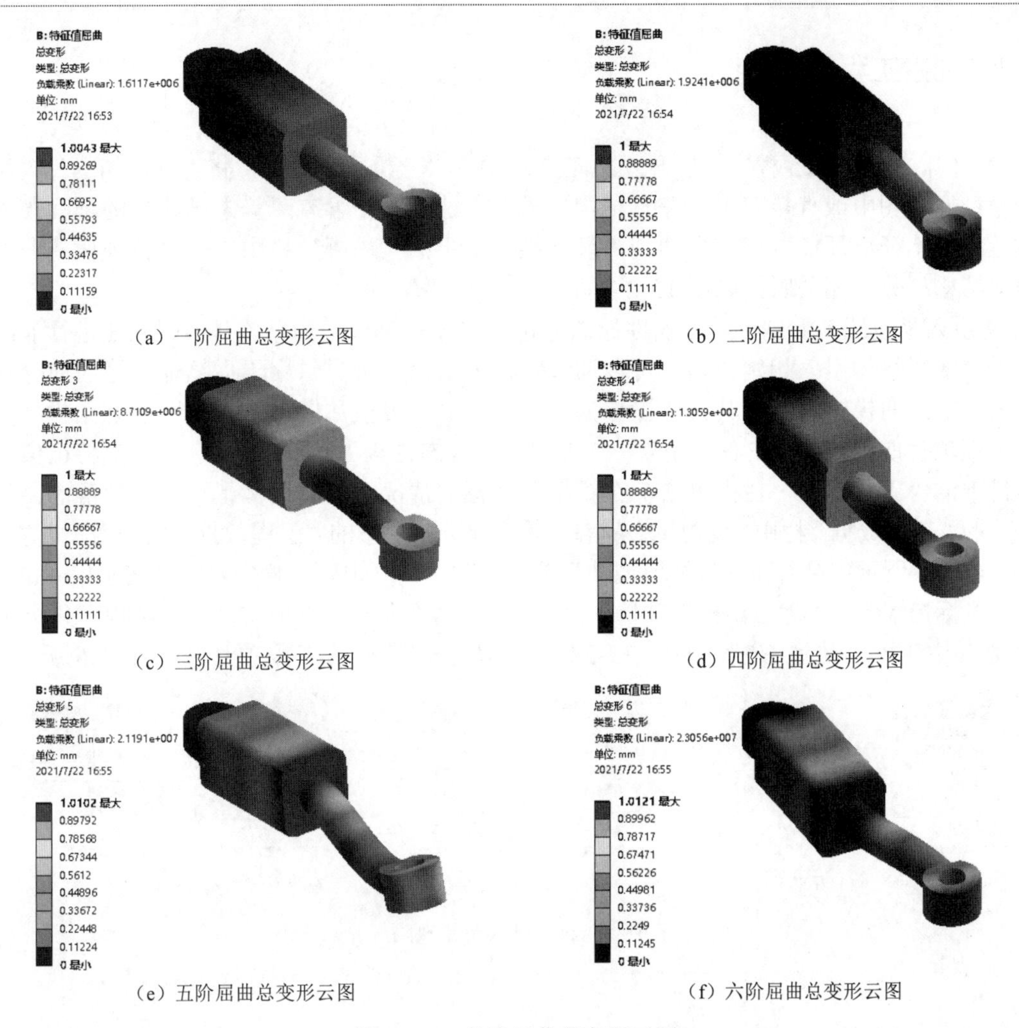

（a）一阶屈曲总变形云图　　（b）二阶屈曲总变形云图

（c）三阶屈曲总变形云图　　（d）四阶屈曲总变形云图

（e）五阶屈曲总变形云图　　（f）六阶屈曲总变形云图

图 13-22　各阶屈曲总变形云图

13.11　实例 2——易拉罐非线性屈曲分析

扫一扫，看视频

易拉罐是生活中常见的薄壁圆柱形结构体，该实例就对一个易拉罐模型进行非线性屈曲分析，如图 13-23 所示，来对比特征值屈曲分析和非线性屈曲分析的偏差，以及各自的优缺点。

图 13-23　易拉罐模型

13.11.1 创建工程项目

（1）打开 Workbench 程序，展开左边工具箱中的“分析系统”栏，将“静态结构”模块直接拖动到项目原理图中或直接双击“静态结构”模块，建立一个含有“静态结构”的项目模块。将工具箱里的“特征值屈曲”模块拖动到“静态结构”中的“求解”栏中，使“特征值屈曲”分析和“静态结构”分析相关联，如图 13-2 所示。

（2）引入易拉罐初始缺陷。非线性屈曲分析的对象是有缺陷的结构体，因此在进行非线性屈曲分析前需要对物体引入初始缺陷。可以通过特征值屈曲分析提供用于后续非线性屈曲分析中初始缺陷定义的屈曲模态振型。其具体操作为：在建立“特征值屈曲”分析和“静态结构”分析相关联的工程项目前提下，再在右侧建立一个独立的“静态结构”分析项目，然后在“特征值屈曲”分析项目下的“工程数据”栏中单击，在不松开鼠标的情况下拖动鼠标指针到 C“静态结构”分析项目下的“工程数据”栏中，此时 C“静态结构”分析项目下的“工程数据”栏变为“共享 B2”，如图 13-24（a）所示；接着在“特征值屈曲”分析项目下的“求解”栏中单击，在不松开鼠标的情况下拖动鼠标指针到 C“静态结构”分析项目下的“模型”栏中，此时 C“静态结构”分析项目下的“模型”栏变为“传递 B6”，如图 13-24（b）所示，最终的工程项目如图 13-25 所示。

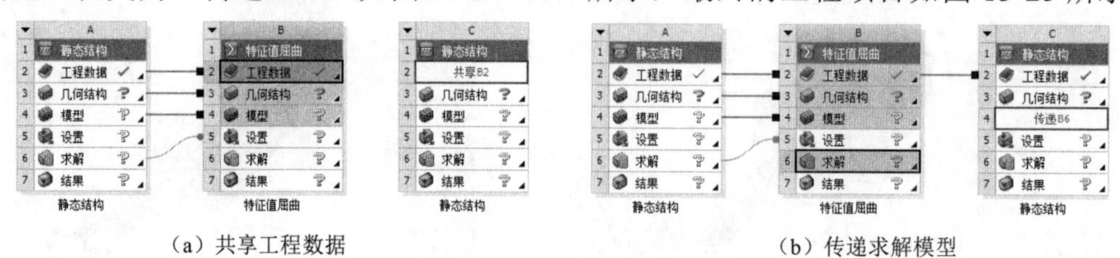

（a）共享工程数据　　（b）传递求解模型

图 13-24　引入初始缺陷

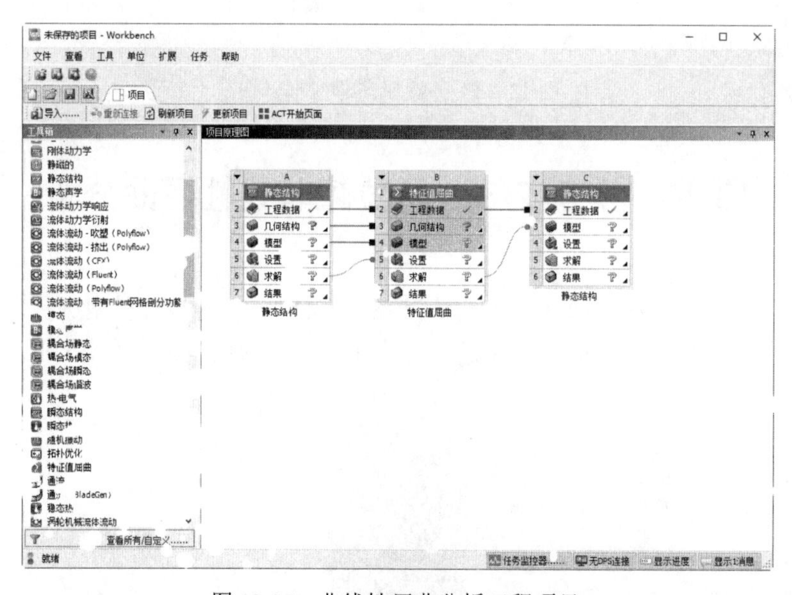

图 13-25　非线性屈曲分析工程项目

（3）导入模型。在项目原理图中右击“几何结构”，在弹出的快捷菜单中选择“导入几何模型”→“浏览”命令，弹出“打开”对话框，如图 13-26 所示，选择要导入的模型“易拉罐”，单击“打开”按钮。

（4）设置单位系统。选择“单位”→“度量标准(kg, mm, s, ℃, mA, N, mV)”命令，设置单位为毫米。

（5）启动“多个系统-Mechanical”应用程序。在项目原理图中右击“模型”，在弹出的快捷菜单中选择“编辑”命令，如图 13-27 所示，进入“多个系统-Mechanical”应用程序，如图 13-28 所示。

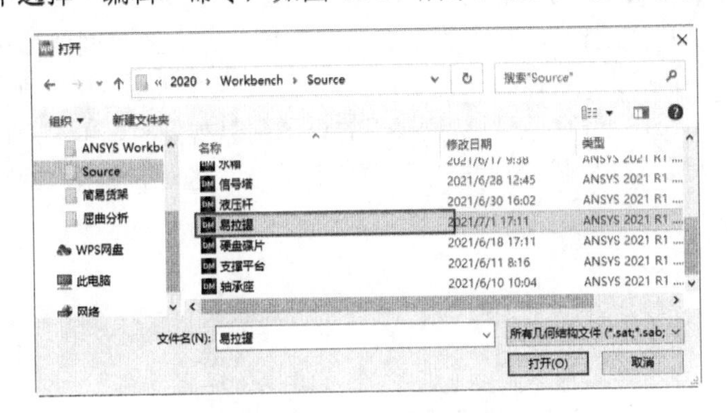

图 13-26 “打开”对话框

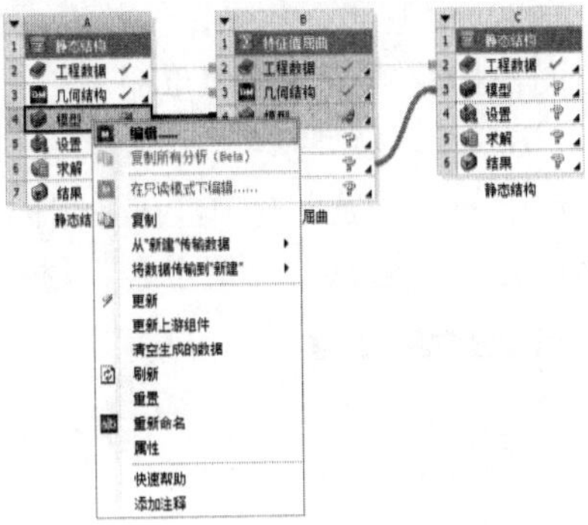

图 13-27 “编辑”命令

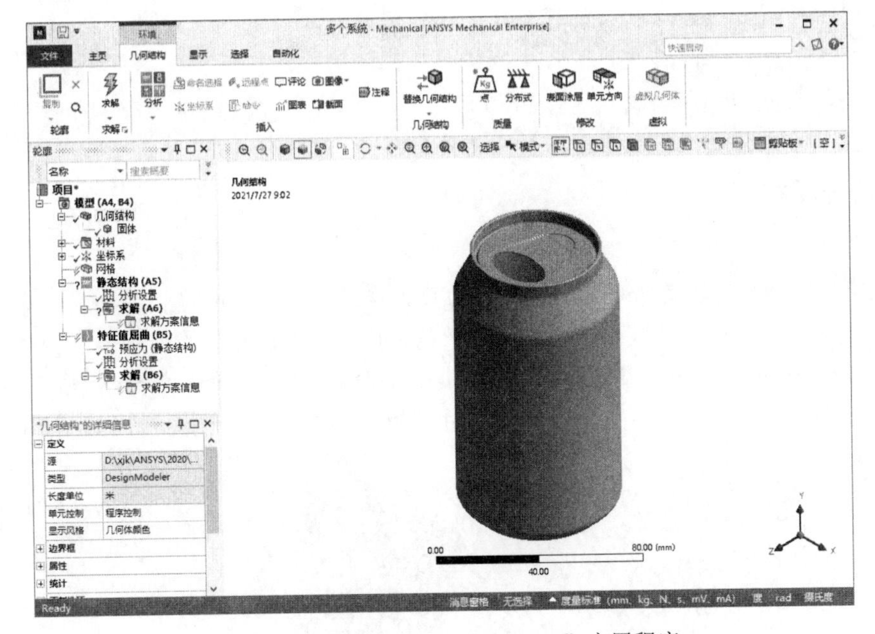

图 13-28 “多个系统-Mechanical”应用程序

13.11.2 设置模型材料

（1）设置单位系统。在“主页”选项卡的“工具”面板中单击“单位”按钮，弹出“单位系统”下拉菜单，选择“度量标准(mm、kg、N、s、mV、mA)”选项。

（2）定义工程数据。返回 Workbench 界面，双击“工程数据”选项，弹出“A2:工程数据”选项卡。

（3）选择“工程数据源”标签。打开左上角的“工程数据源”窗格，单击“一般材料”按

钮 一般材料，使之点亮。在“一般材料”点亮的同时，单击“轮廓 General Materials”窗格中的“铝合金”后的“添加”按钮，将该材料添加到当前项目中。

（4）单击“A2:工程数据”标签的“关闭”按钮，返回 Workbench 界面，此时“模型”模块指出需要进行一次刷新。右击“模型”，在弹出的快捷菜单中选择“刷新”命令，刷新“模型”模块。双击“模型”模块，返回“多个系统-Mechanical”应用程序。

（5）模型重命名。在树轮廓中展开“几何结构”，显示模型含有一个固体，右击该固体，在弹出的快捷菜单中选择“重命名”命令，重新输入名称为“易拉罐”，如图 13-29 所示。

（6）设置模型材料。选择“易拉罐”，在左下角打开“易拉罐”的详细信息视图栏，单击“材料”栏中的“任务”选项，在弹出的“工程数据材料”对话框中选择“铝合金”选项，如图 13-30 所示，为易拉罐赋予“铝合金”材料。

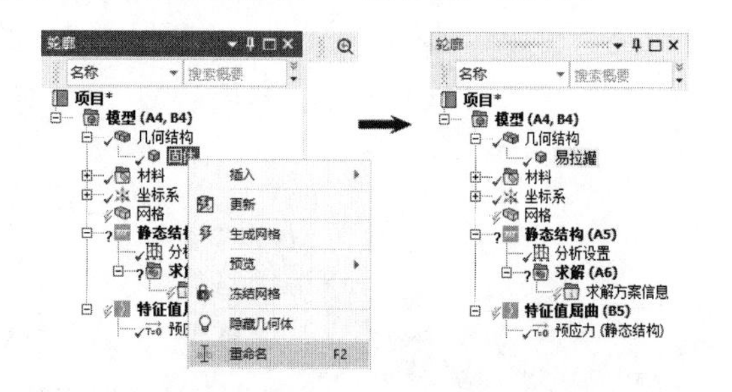

图 13-29　模型重命名

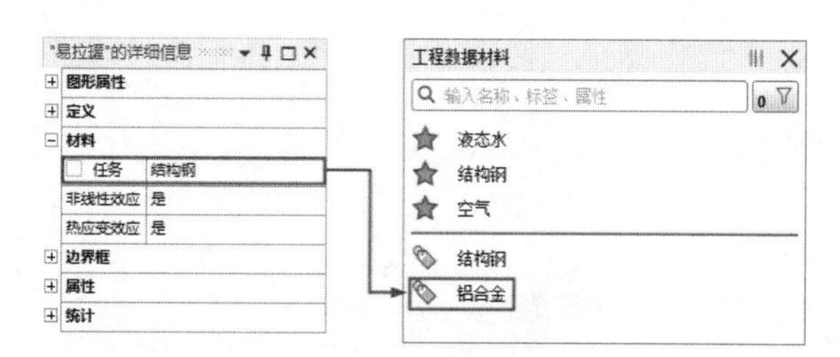

图 13-30　设置模型材料

13.11.3　划分网格

（1）调整尺寸。在树轮廓中单击“网格”分支，系统切换到“网格”选项卡。单击“网格”选项卡“控制”面板中的“尺寸调整”按钮，左下角弹出“尺寸调整”的详细信息视图栏，设置“几何结构”为易拉罐中间部位的 5 条圆环边线，“类型”为“分区数量”，“分区数量”为 60，“行为”为“硬”，此时该详细信息视图栏改为“边缘尺寸调整”的详细信息视图栏，如图 13-31 所示。

图 13-31　“边缘尺寸调整”的详细信息视图栏

（2）添加面网格剖分。在“网格”选项卡的“控制”面板中单击“面网格剖分”按钮，左下角弹出“面网格剖分”的详细信息视图栏，设置“几何结构”为易拉罐中间部位的 5 个外面及对应的 5 个内面，共 10 个面，其余为默认设置，如图 13-32 所示。

（3）划分网格。在树轮廓中单击“网格”分支，左下角弹出“网格”的详细信息视图栏，采用默认设置。在“网格”选项卡的“网格”面板中单击“生成”按钮，系统自动划分网格，结果如图 13-33 所示。

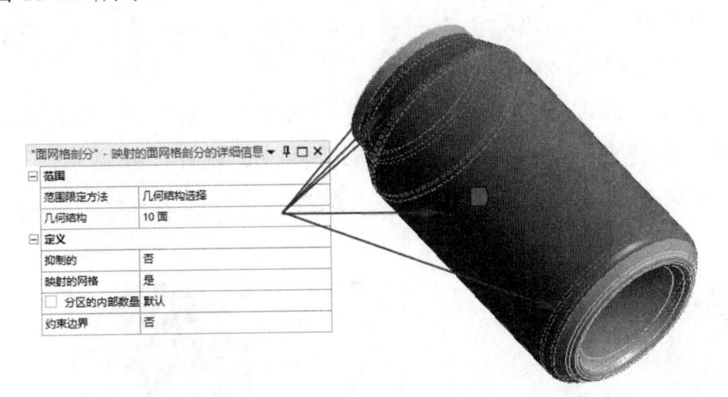

图 13-32 “面网格剖分”的详细信息视图栏

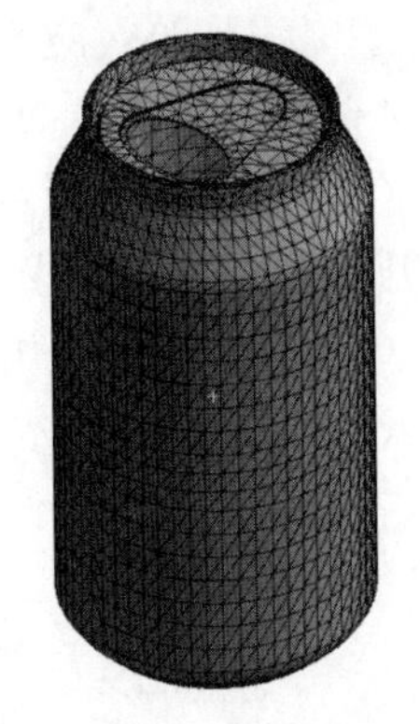

图 13-33 划分网格

13.11.4 定义载荷和约束

（1）添加固定约束。在树轮廓中单击“静态结构（A5）”分支，系统切换到“环境”选项卡。在“环境”选项卡的“结构”面板中单击“固定的”按钮 固定的，左下角弹出“固定支撑”的详细信息视图栏，设置“几何结构”为易拉罐的底面，如图 13-34 所示。

（2）添加压力。在“环境”选项卡的“结构”面板中单击“力”按钮 力，左下角弹出“力”的详细信息视图栏，设置“几何结构”为易拉罐顶面，“定义依据”为“分量”，“Y 分量”为-1N（斜坡），如图 13-35 所示。

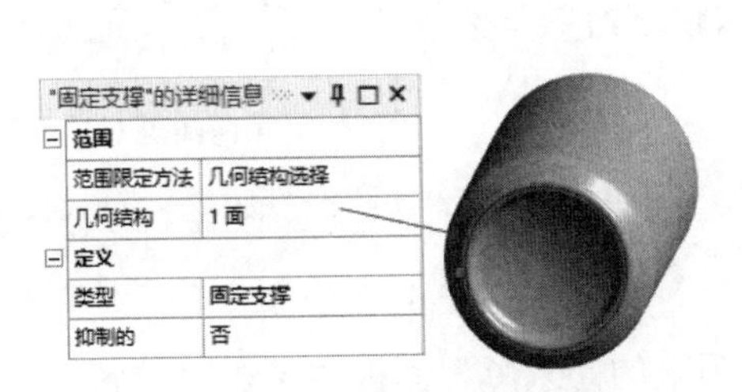

图 13-34 添加固定约束

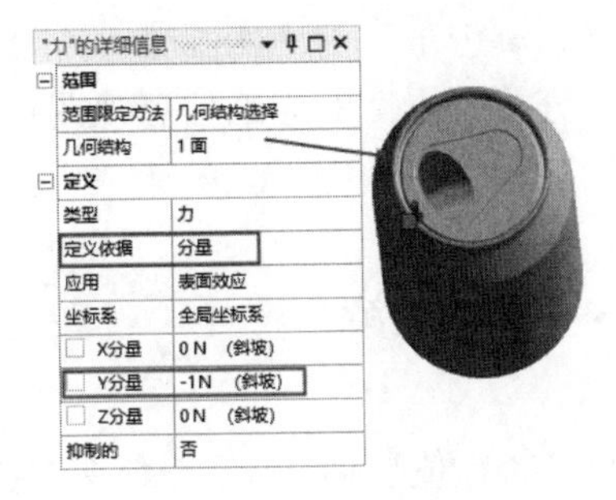

图 13-35 添加压力

13.11.5 求解

在“主页”选项卡的“求解”面板中单击“求解”按钮进行求解。

13.11.6 结果后处理

（1）求解完成后，在树轮廓中单击“求解（A6）”分支，系统切换到“求解”选项卡，在该选项卡中选择需要显示的结果。

（2）添加总变形。在“求解”选项卡的“结果”面板中单击“变形”下拉按钮，在弹出的下拉菜单中选择“总计”选项，添加总变形。

（3）添加等效应力。在“求解”选项卡的“结果”面板中单击“应力”下拉按钮，在弹出的下拉菜单中选择“等效（Von-Mises）”选项，添加等效应力。

（4）查看总变形结果。在“求解”选项卡的“求解”面板中单击“求解”按钮，求解完成后展开树轮廓中的“求解”，选择“总变形”选项，显示总变形云图，如图 13-36 所示。

（5）显示等效应力云图。展开树轮廓中的“求解（A6）”，选择“等效应力”选项，显示等效应力云图，如图 13-37 所示。

图 13-36　总变形云图

图 13-37　等效应力云图

13.11.7　特征屈曲值设置

在树轮廓中单击“特征值屈曲（B5）”分支下的“分析设置”，左下角弹出“分析设置”的详细信息视图栏，设置“最大模态阶数”为 6，其余为默认设置，如图 13-38 所示。

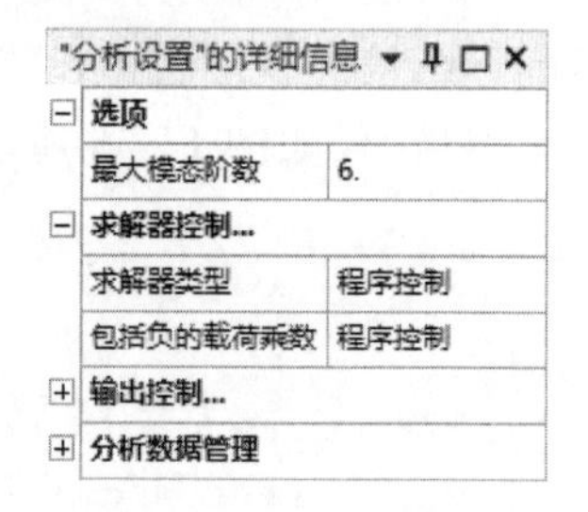

图 13-38　分析设置

13.11.8　模态求解

选择“特征值屈曲（B5）”分支，在“主页”选项卡的“求解”面板中单击“求解”按钮进行求解。

13.11.9　结果后处理

（1）求解完成后，在树轮廓中单击“求解（B6）”分支，系统切换到“求解”选项卡，同时在图形窗口下方出现“图形”和“表格数据”，显示了对应的负载乘数。由于输入的为-1N，为单位载荷，因此这里显示的负载乘数即为对应模式的屈曲载荷值，如图 13-39 所示。

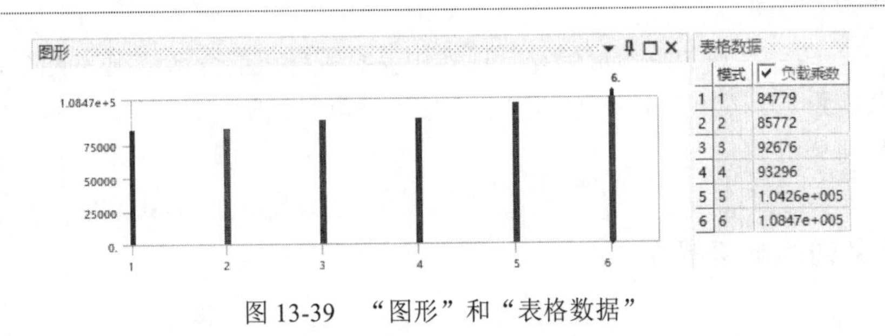

	模式	负载乘数
1	1	84779
2	2	85772
3	3	92676
4	4	93296
5	5	1.0426e+005
6	6	1.0847e+005

图 13-39　“图形”和“表格数据”

（2）提取模态。在“图形”上右击，在弹出的快捷菜单中选择“选择所有”命令；继续在“图形”上右击，在弹出的快捷菜单中选择“创建模型形状结果”命令，此时“求解（B6）”分支下方会出现 6 阶总变形，需要再次求解才能正常显示。

（3）查看模态结果。在“求解”选项卡的“求解”面板中单击“求解”按钮，求解完成后在“求解（B6）”分支下方依次单击总变形云图，查看各阶线性屈曲变形云图，如图 13-40 所示。

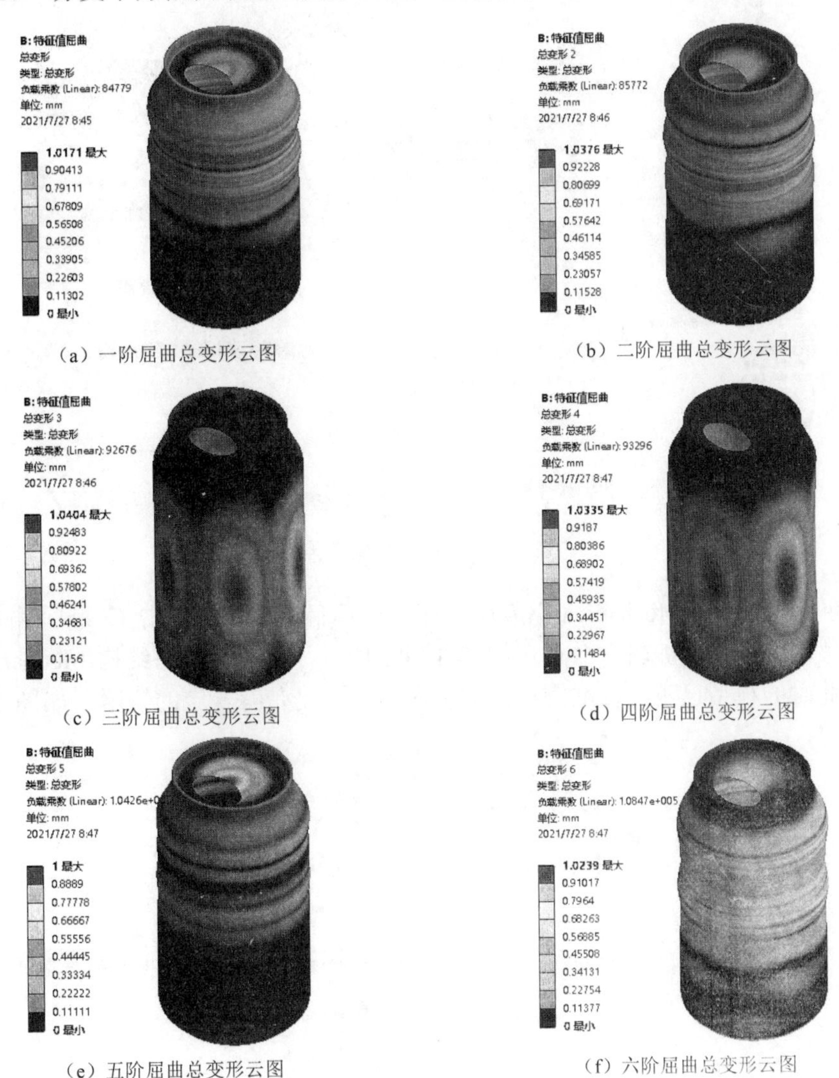

（a）一阶屈曲总变形云图

（b）二阶屈曲总变形云图

（c）三阶屈曲总变形云图

（d）四阶屈曲总变形云图

（e）五阶屈曲总变形云图

（f）六阶屈曲总变形云图

图 13-40　各阶屈曲总变形云图

（4）假设第一阶线性屈曲总变形更符合现实中易拉罐受压的变形情况，从图 13-40（a）中看到该阶的临界载荷系数（负载乘数）为 84779，接下来就以该阶屈曲形态作为有初始缺陷的易拉罐进行非线性屈曲分析。

13.11.10　定义初始缺陷模型

（1）设置初始缺陷。返回 Workbench 界面，选择“特征屈曲”分析项目模块中的“求解”栏，在右侧弹出的“属性 原理图 B6：求解”窗格将 22 栏中的“模式”改为 1，单击“更新项目”按钮 更新项目，如图 13-41 所示，这样就将线性屈曲分析的一阶振型图的模型作为进行非线性分析的初始模型，接下来即可对其进行非线性屈曲分析。

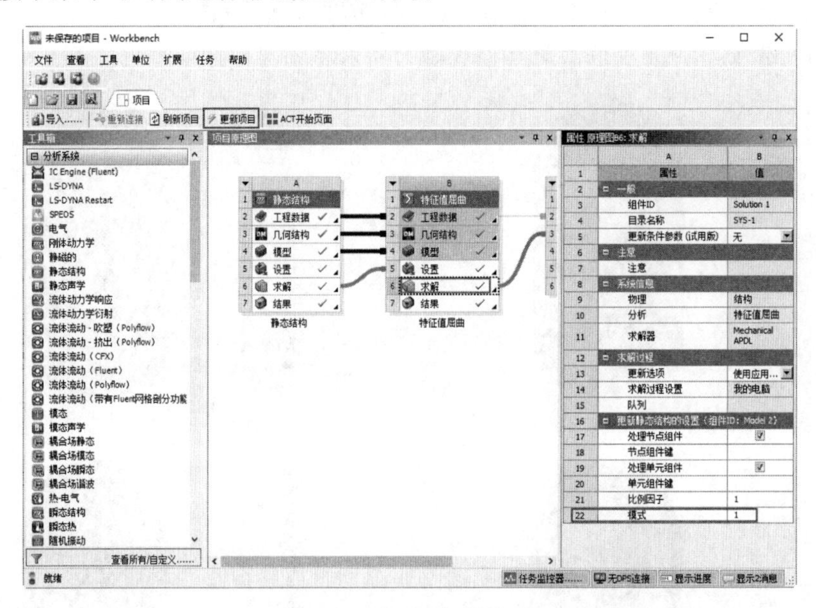

图 13-41　设置初始缺陷

（2）启动“静态结构-Mechanical”应用程序。在项目原理图中右击 C 组项目中的“模型”，在弹出的快捷菜单中选择“编辑”命令，如图 13-42 所示，打开“静态结构-Mechanical”应用程序，可以看到此时的模型已不是标准圆柱形的易拉罐，而是带有一定的缺陷，如图 13-43 所示。

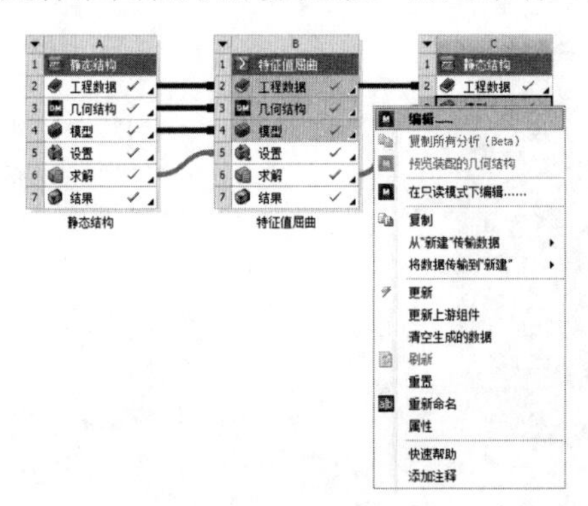

图 13-42　“编辑”命令

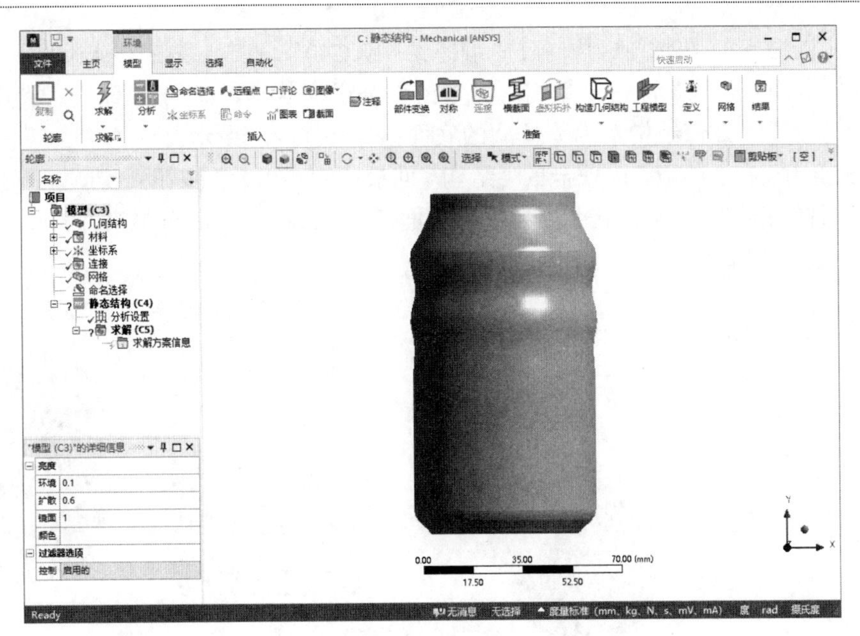

图 13-43　“静态结构-Mechanical”应用程序

13.11.11　定义载荷和约束

（1）非线性分析设置。在树轮廓中单击“静态结构（C4）”分支下的“分析设置”，左下角弹出“分析设置”的详细信息视图栏，在“步控制”栏中设置“步骤结束时间”为 86000s，“自动时步”为“开启”，“初始子步”为 10，“最小子步”为“10”，“最大子步”为 86000，如图 13-44 所示；展开“求解器控制”栏，设置“求解器类型”为“迭代的”，“弱弹簧”为“开启”，“大挠曲”为“开启”；展开“重新启动控制”栏，设置“生成重启点”为“手动”，“载荷步”为“全部”，“子步”为“全部”，“每步要保存的最大点”为“全部”，“完全解决后保留文件”为“是”，如图 13-45 所示；展开“非线性控制”栏，设置“力收敛”为“开启”，“线搜索”为“开启”，“稳定性”为“常数”，“方法”为“阻尼”，“阻尼因数”为 0.0004，“激活第一个子步”为“在非收敛上”，其余为默认设置，如图 13-46 所示。

“分析设置”的详细信息

步控制	
步骤数量	1
当前步数	1
步骤结束时间	86000 S
自动时步	开启
定义依据	子步
初始子步	10
最小子步	10
最大子步	86000

图 13-44　“步控制”栏设置

重新启动控制	
生成重启点	手动
载荷步	全部
子步	全部
每步要保存的最大点	全部
完全解决后保留文件	是
组合重新启动文件	程序控制

图 13-45　“重新启动控制”栏设置

非线性控制	
Newton Raphson选项	程序控制
力收敛	开启
--值	用求解器计算
--容差	0.5%
--最小参考	1.e-002 N
力矩收敛	程序控制
位移收敛	程序控制
旋转收敛	程序控制
线搜索	开启
稳定性	常数
--方法	阻尼
--阻尼因数	4.e-004
--激活第一个子步	在非收敛上
——稳定性力极限	0.2

图 13-46　“非线性控制”栏设置

（2）添加固定约束。在树轮廓中单击“静态结构（C4）”分支，系统切换到“环境”选项卡。在“环境”选项卡的“结构”面板中单击“固定的”按钮 固定的，左下角弹出“固定支撑”的详细信息视图栏，设置“几何结构”为易拉罐的底面，如图 13-47 所示。

（3）添加压力。在“环境”选项卡的“结构”面板中单击“力”按钮 力，左下角弹出“力”的详细信息视图栏，设置“几何结构”为易拉罐顶面，“定义依据”为“分量”，“Y 分量”为 86000N（斜坡），如图 13-48 所示。

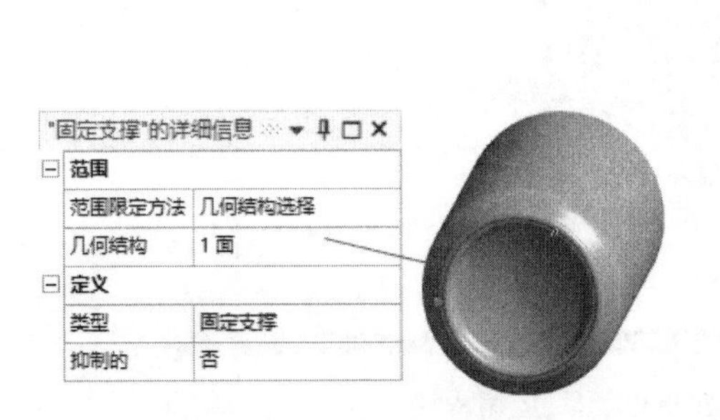

图 13-47　添加固定约束

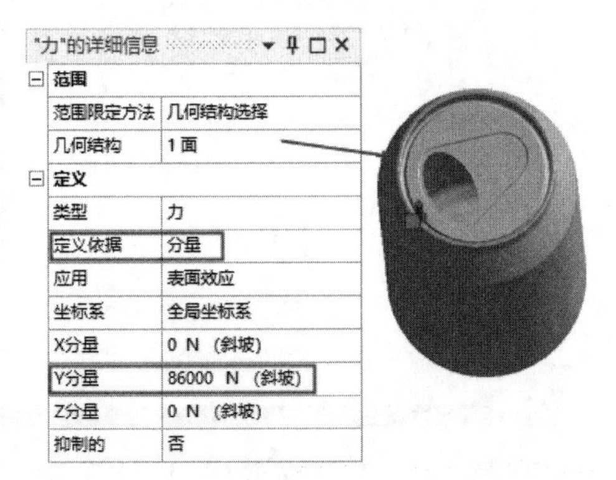

图 13-48　添加压力

13.11.12　求解

在“主页”选项卡的“求解”面板中单击“求解”按钮进行求解。在求解过程中可能会出现一些警告，用户无须理会。

13.11.13　结果后处理

（1）求解完成后，在树轮廓中单击“求解（C5）”分支，系统切换到“求解”选项卡，在该选项卡中选择需要显示的结果。

（2）添加总变形。在“求解”选项卡的“结果”面板中单击“变形”下拉按钮，在弹出的下拉菜单中选择“总计”选项，添加总变形。

（3）添加等效应力。在“求解”选项卡的“结果”面板中单击“应力”下拉按钮，在弹出的下拉菜单中选择“等效（Von-Mises）”选项 等效（Von-Mises），添加等效应力。

（4）查看总变形云图。在“求解”选项卡的“求解”面板中单击“求解”按钮，求解完成后展开树轮廓中的“求解”，选择“总变形”选项，显示总变形云图，如图 13-49 所示。

（5）查看等效应力云图。选择“等效应力”选项，显示等效应力云图，如图 13-50 所示。

（6）查看图表信息。查看总变形云图时，在图形区域下方会出现“图形”和“表格数据”，如图 13-51 所示。通过观察图形的位移与时间的关系，可知在 68800s 时图形位移发生突变，此时施加的力载荷即为发生屈曲载荷的值。由于设置的力为 86000N，步骤结束时间为 86000s，因此每秒计算对应的力为 1N，所以可得易拉罐在 68800N 时位移发生突变。而线性屈曲分析获得的临界载荷系数为 84779N，该载荷约为线性屈曲载荷的 81%。

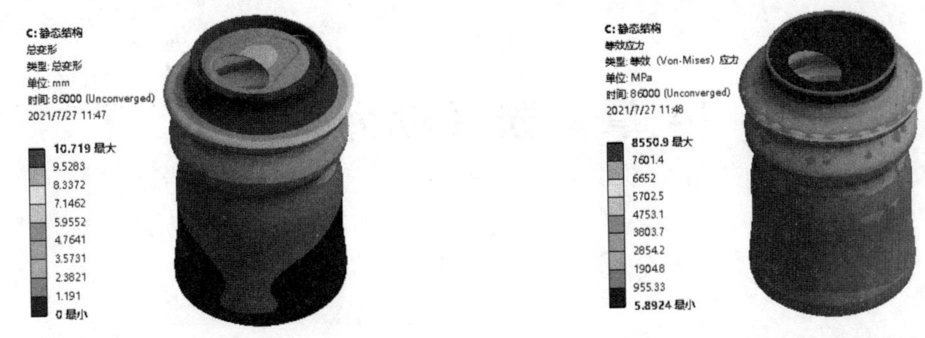

图 13-49　总变形云图　　图 13-50　等效应力云图

（7）动画播放总变形。在“结果”选项卡的“显示”面板中设置“显示”为“3.5（5×自动）”，如图 13-52 所示。单击图形区域下方“图形”中的“播放或暂停”按钮▶，动画显示变形过程，当达到临界载荷系数时，图形发生突变，如图 13-53 所示。

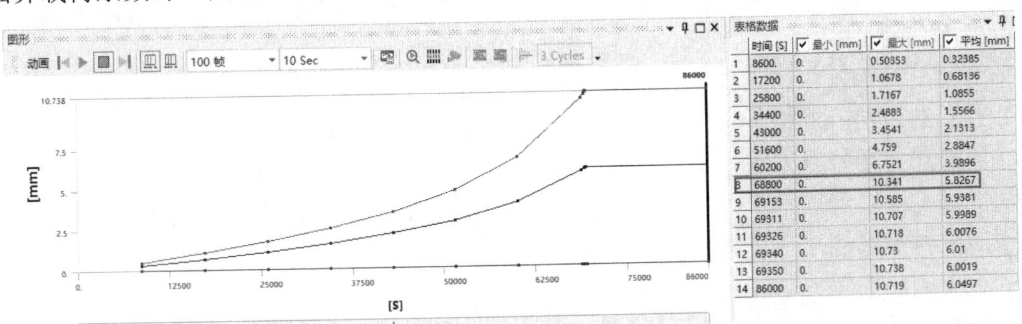

	时间 [S]	最小 [mm]	最大 [mm]	平均 [mm]
1	8600.	0.	0.50353	0.32385
2	17200	0.	1.0678	0.68136
3	25800	0.	1.7167	1.0855
4	34400	0.	2.4883	1.5566
5	43000	0.	3.4541	2.1313
6	51600	0.	4.759	2.8847
7	60200	0.	6.7521	3.9896
8	68800	0.	10.341	5.8267
9	69153	0.	10.585	5.9381
10	69311	0.	10.707	5.9989
11	69326	0.	10.718	6.0076
12	69340	0.	10.73	6.01
13	69350	0.	10.738	6.0019
14	86000	0.	10.719	6.0497

图 13-51　“图形”和“表格数据”

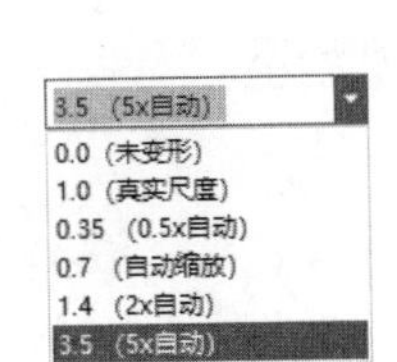

图 13-52　设置显示系数

图 13-53　屈曲后突变图形

第 14 章　显式动力学分析

导读

现实生活中有许多高速碰撞的情况发生，如工业生产中的冲压成型、汽车碰撞试验、物体的跌落等，如果采用常规的分析——隐式算法进行有限元分析，由于每个时间步都有许多平衡迭代，需要的分析时间较长，对于高度非线性问题无法保证其收敛性，容易出现分析错误。因此，对于此类问题多采用显式动力学进行分析。

精彩内容

- 显式动力学分析概述
- 显式动力学分析流程
- 创建工程项目
- 定义材料属性
- 定义初始条件
- 分析设置
- 显式动力学分析后处理
- 实例 1——两小球碰撞显式动力学分析
- 实例 2——子弹入水显式动力学分析

14.1　显式动力学分析概述

14.1.1　显式算法分析模块

在 ANSYS Workbench 2021 R1 版本中主要有两种显式动力学分析模块：LS-DYNA 分析模块和显式动力学分析模块。

（1）LS-DYNA 分析模块：通用的显式非线性有限元分析模块，能模拟现实中的各种复杂问题，特别适合求解各种二维、三维非线性结构的碰撞、金属成型等非线性动力冲击问题，同时可以求解传热、流体及流固耦合问题，具有显隐结合、算法丰富、材料齐全、计算性能高等特点。

（2）显式动力学分析模块：分析撞击及爆炸的显式动力学分析模块，已完全集成在 Workbench 中，可充分利用 Workbench 的双向 CAD 接口、参数化建模及方便实用的网格划分技术，还具有自身独特的前、后处理和分析模块。

14.1.2　隐式算法与显式算法的区别

1．隐式算法

在隐式算法中，每一增量步内都需要对静态平衡方程进行迭代求解，并且每次迭代都需要求解大型的线性方程组，这一过程需要占用相当数量的计算资源、磁盘空间和内存。该算法中的增量步可以比较大，至少可以比显式算法中的大得多，但在实际运算中还要受到迭代次数及非线性程度的限制，所以需要取一个合理值。

2．显式算法

显式算法采用动力学方程的一些差分格式，该算法不用直接求解切线刚度，也不需要进行平衡迭代，计算速度较快。当时间步长足够小时，该算法一般不存在收敛性问题。

显式算法需要的内存比隐式算法少，同时数值计算过程可以很容易地进行并行计算，程序编制也相对简单。

显式算法要求质量矩阵为对角矩阵，而且只有在单元级计算尽可能少时，速度优势才能发挥，因而往往采用减缩积分方法，但容易激发沙漏模式，影响应力和应变的计算精度。

14.2　显式动力学分析流程

显式动力学分析流程如下。

（1）创建工程项目。

（2）创建或导入几何模型。

（3）定义材料属性。

（4）定义接触关系。

（5）划分网格。

（6）定义初始条件。

（7）分析设置。

（8）设置载荷与约束条件。

（9）显式动力学分析求解。

（10）显式动力学分析后处理。

下面就几个主要的方面进行讲解。

14.3　创建工程项目

要创建“显式动力学”分析模块，需要在 Workbench 中将“显式动力学”项目模块拖到项目原理图中，如图 14-1 所示，或者双击“显式动力学”模块。

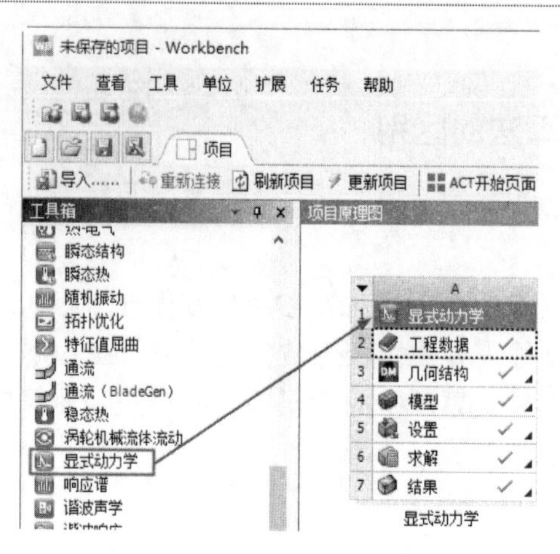

图 14-1　创建工程项目

14.4　定义材料属性

显式动力学模块支持多种材料属性，如线性弹性材料、超弹性材料及塑性材料等。

14.5　定义初始条件

默认条件下，显式动力学分析中的零件处于静止状态，没有约束和应力状态，因此，至少需要一个初始条件来描述物体的初始状态，如速度、角速度、落差等；也可以采用静力结构分析的结果作为显式动力学分析的预应力。

14.6　分 析 设 置

在显式动力学中的分析设置一般采用默认设置，但必须要设置分析结束的时间，该时间非常短，一般都是几毫秒，不超过 1s。

14.7　显式动力学分析后处理

显式动力学分析后处理既可以查看常规的后处理结果，如总变形、定向变形、定向速度、应力及应变等，还可以在“求解方案信息”选项卡的“结果跟踪器”面板的下拉菜单中实时查看动量、动能、总能量、沙漏能等，如图 14-2 所示。

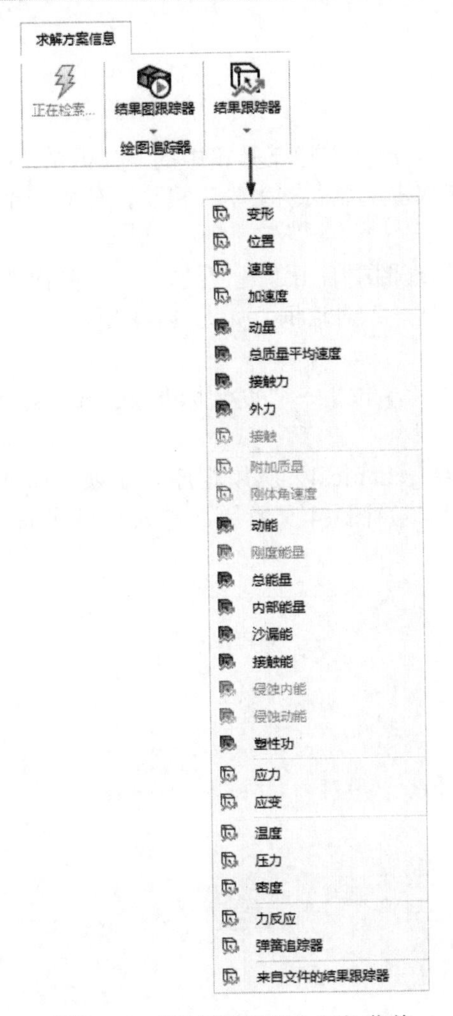

图 14-2　“结果跟踪器”下拉菜单

14.8　实例 1——两小球碰撞显式动力学分析

该实例对两个铁质小球的碰撞进行显式动力学分析。图 14-3 所示为两个小球模型，左侧小球以 30m/s 的速度撞向右侧小球，分析碰撞后整个系统的总能量、总变形、各小球自身的能量及各自的速度。

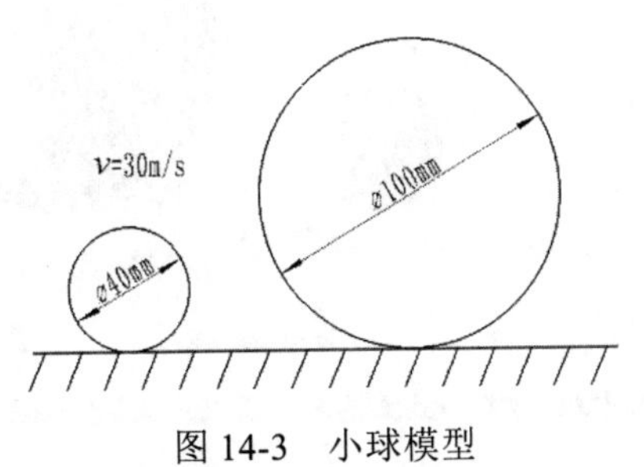

图 14-3　小球模型

14.8.1 创建工程项目

（1）打开 Workbench 程序，展开左边工具箱中的“分析系统”栏，将“显式动力学”模块直接拖动到项目原理图中或直接双击“显式动力学”模块，建立一个含有“显式动力学”的项目模块，结果如图 14-1 所示。

（2）导入模型。在项目原理图中右击“几何结构”，在弹出的快捷菜单中选择“导入几何模型”→“浏览”命令，弹出“打开”对话框，如图 14-4 所示，选择要导入的模型“小球”，单击“打开”按钮。

（3）设置单位系统。选择“单位”→“度量标准(kg, mm, s, ℃, mA, N, mV)”命令，设置单位为毫米。

（4）启动“显式动力学-Mechanical”应用程序。在项目原理图中右击“模型”，在弹出的快捷菜单中选择“编辑”命令，如图 14-5 所示，进入“显式动力学-Mechanical”应用程序，如图 14-6 所示。

图 14-4 “打开”对话框

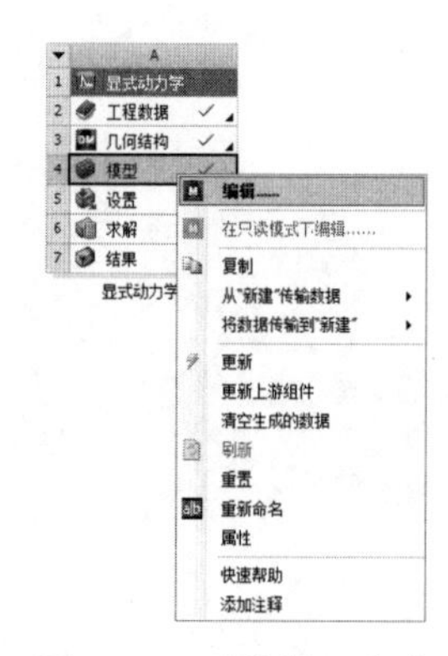

图 14-5 “编辑”命令

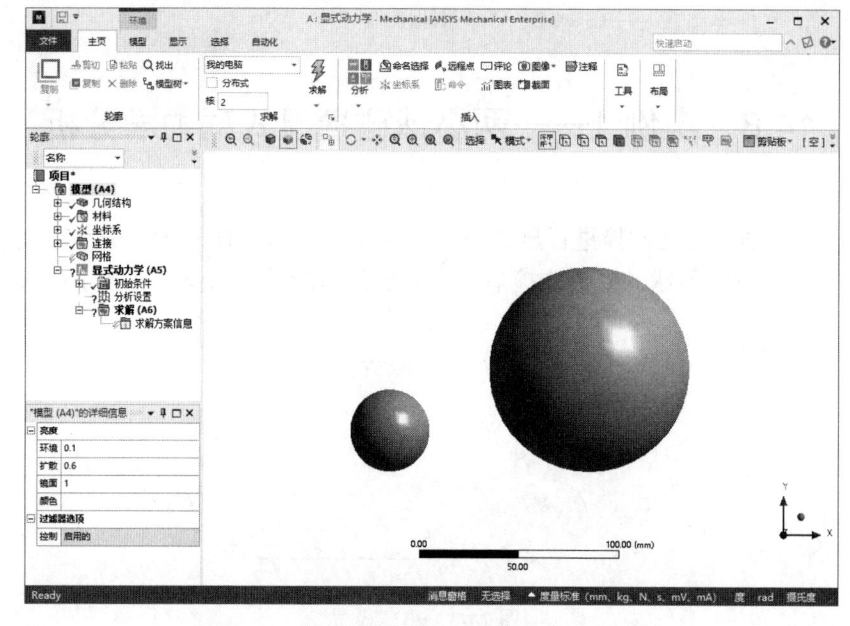

图 14-6 “显式动力学-Mechanical”应用程序

14.8.2 设置模型材料

（1）设置单位系统。在“主页”选项卡的“工具”面板中单击“单位”按钮，弹出“单位系统”下拉菜单，选择“度量标准(mm、kg、N、s、mV、mA)”选项。

（2）定义工程数据。返回 Workbench 界面，双击“工程数据”选项，弹出“A2:工程数据”选项卡。

（3）选择“工程数据源”标签。如图 14-7 所示，打开左上角的“工程数据源”窗口，单击“显式材料”按钮 显式材料，使之点亮。在“显式材料”点亮的同时，单击“轮廓 Explicit Materials”（显式材料概述）窗格中的“铁”后的“添加”按钮，将该材料添加到当前项目中。

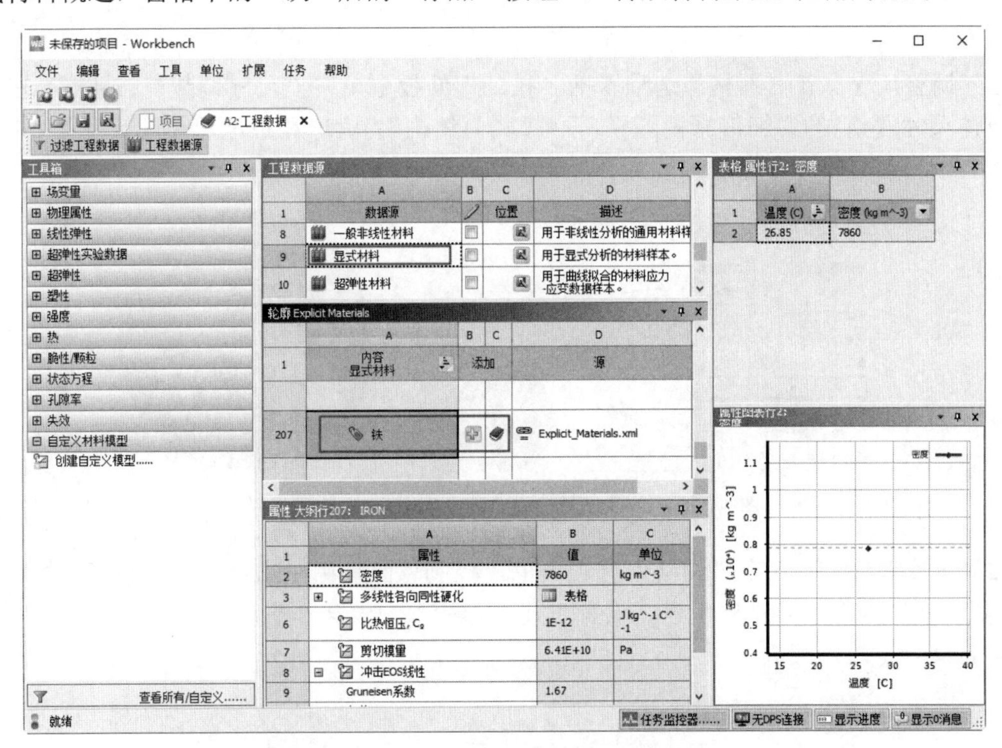

图 14-7 “工程数据源”标签

（4）单击“A2:工程数据”标签的“关闭”按钮✖，返回 Workbench 界面，此时“模型”模块指出需要进行一次刷新。右击“模型”，在弹出的快捷菜单中选择“刷新”命令，刷新“模型”模块。双击“模型”模块，返回“显式动力学-Mechanical”应用程序。

（5）模型重命名。在树轮廓中展开“几何结构”，显示模型含有两个固体，右击上面的固体，在弹出的快捷菜单中选择“重命名”命令，重新输入名称为“大球”；同理，设置下面的固体为“小球”，如图 14-8 所示。

（6）设置模型材料。选择“大球”和“小球”，在左下角打开“多个选择”的详细信息视图栏，单击“材料”栏中的“任务”选项，在弹出的“工程数据材料”对话框中选择“铁”选项，如图 14-9 所示，为“大球”和“小球”赋予“铁”材料。

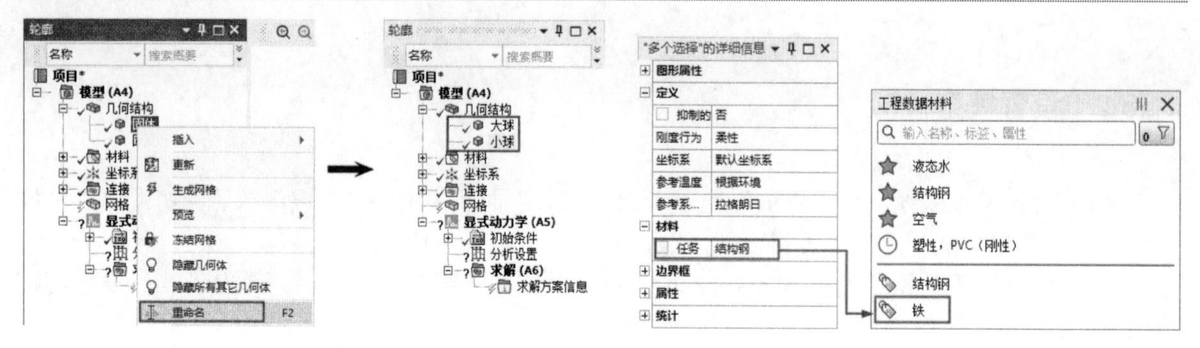

图 14-8　模型重命名　　　　图 14-9　设置模型材料

14.8.3　划分网格

（1）调整尺寸。在“网格”选项卡的“控制”面板中单击“尺寸调整”按钮，左下角弹出“几何体尺寸调整”的详细信息视图栏，设置“几何结构”为大球和小球，“单元尺寸”为 8.0mm，如图 14-10 所示。

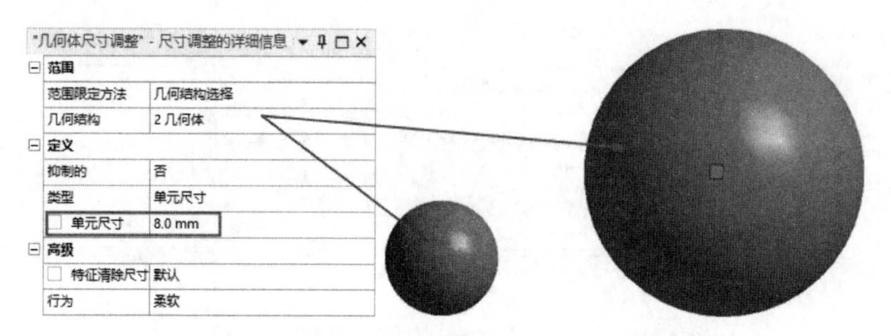

图 14-10　“几何体尺寸调整”的详细信息视图栏

（2）设置划分方法。在“网格”选项卡的“控制”面板中单击“方法”按钮，左下角弹出“多区域”的详细信息视图栏，设置“几何结构”为大球和小球，“方法”为“多区域”，如图 14-11 所示。

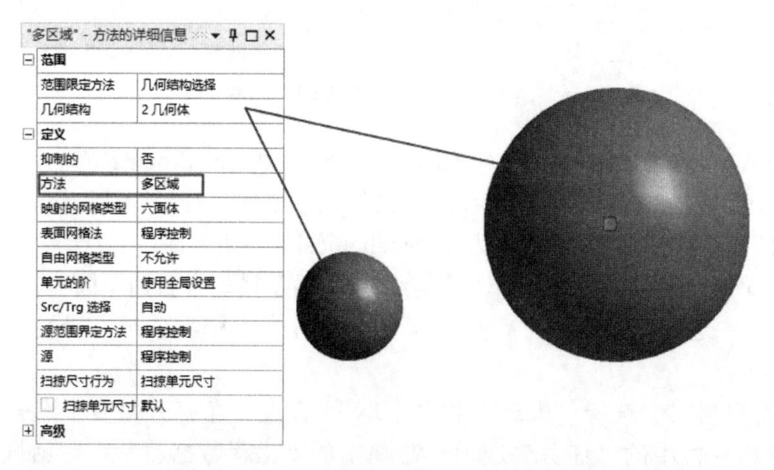

图 14-11　“多区域”的详细信息视图栏

（3）划分网格。在树轮廓中单击“网格”分支，左下角弹出“网格”的详细信息视图栏，采用默认设置。在“网格”选项卡的“网格”面板中单击“生成”按钮，系统自动划分网格，结果如图 14-12 所示。

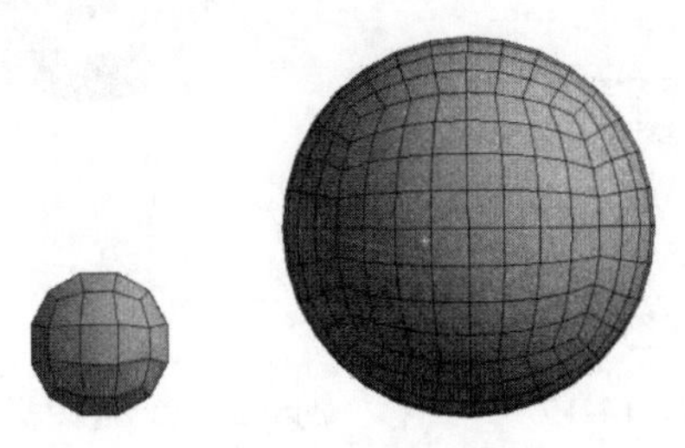

图 14-12　划分网格

14.8.4　定义初始条件

在树轮廓中单击“显式动力学（A5）”分支下方的“初始条件”选项，系统切换到“初始条件”选项卡，如图 14-13 所示。在“初始条件”选项卡的“条件”面板中单击“速度”按钮T=0，左下角弹出“速度”的详细信息视图栏，设置“几何结构”为小球，“定义依据”为“分量”，“X 分量”为 30000mm/s，如图 14-14 所示。

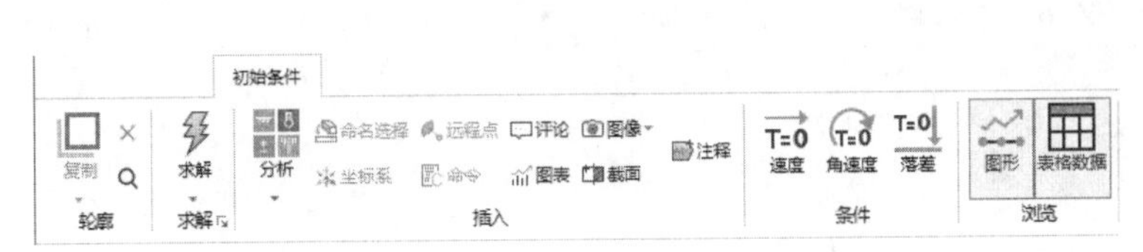

图 14-13　“初始条件”选项卡

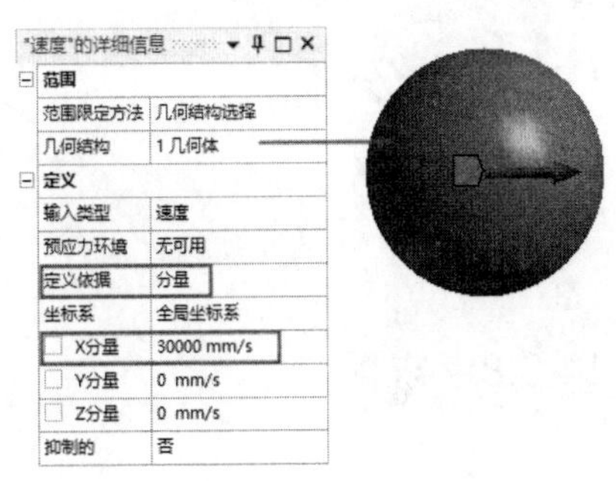

图 14-14　“速度”的详细信息视图栏

14.8.5　分析设置

在树轮廓中单击“显式动力学（A5）”分支下方的“分析设置”选项，左下角弹出“分析设置”的详细信息视图栏，设置“结束时间”为 0.01s。

14.8.6　添加约束

在树轮廓中单击“显式动力学（A5）”分支，系统切换到“环境”选项卡。在“环境”选项卡的“结构”面板中单击“位移”按钮位移，左下角弹出“位移”的详细信息视图栏，设置“几何结构”为小球外表面，“Y 分量”和“Z 分量”为 0mm（斜坡），其余为默认设置，如图 14-15 所示；同理，为大球添加同样的位移约束。

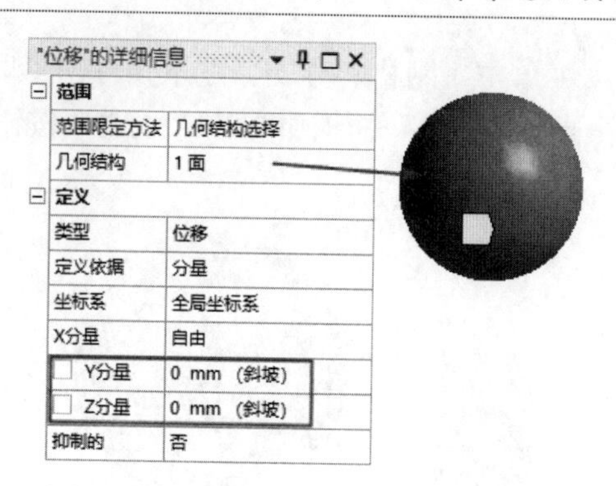

图 14-15 “位移”的详细信息视图栏

14.8.7 添加求解方案信息

在树轮廓中单击“求解（A6）”分支下方的“求解方案信息”，系统切换到“求解方案信息”选项卡，如图 14-16 所示。在“求解方案信息”选项卡的“结果跟踪器”下拉菜单中选择“总能量”选项，左下角弹出“总能量”的详细信息视图栏，设置“几何结构”为小球和大球，其余为默认设置，添加整个系统的总能量。同理，分别为小球和大球添加自身的总能量。

图 14-16 “求解方案信息”选项卡

14.8.8 求解

在“主页”选项卡的“求解”面板中单击“求解”按钮进行求解。

14.8.9 结果后处理

（1）求解完成后，在树轮廓中单击“求解（A6）”分支，系统切换到“求解”选项卡，在该选项卡中选择需要显示的结果。

（2）添加总变形。在“求解”选项卡的“结果”面板中单击“变形”下拉按钮，在弹出的下拉菜单中选择“总计”选项，添加总变形。

（3）添加定向速度。在“求解”选项卡的“结果”面板中单击“变形”下拉按钮，在弹出的下拉菜单中选择“定向速度”选项，左下角弹出“定向速度”的详细信息视图栏，设置“几何结构”为小球，“方向”为“X 轴”，如图 14-17 所示，添加小球的定向速度；同理，为大球添加同样的定向速度。

（4）查看总变形云图。右击“求解（A6）”下方的“总变形”，在弹出的快捷菜单中选择“评估所有结果”命令，如图 14-18 所示，系统会自动计算要查看的求解结果。选择“总变形”选项，显示总变形云图。

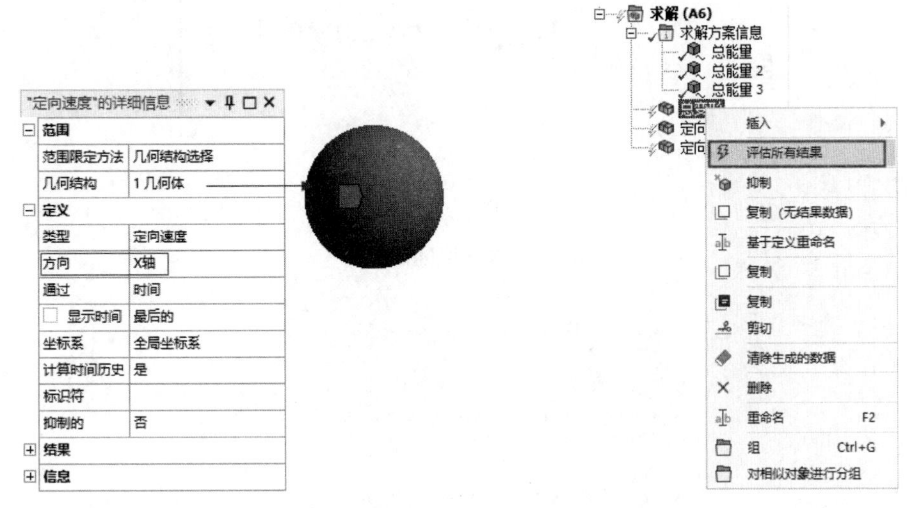

图 14-17 “定向速度”的详细信息视图栏　　图 14-18 选择“评估所有结果”命令

（5）查看小球速度。选择“定向速度”选项，显示小球的速度云图，同时图形区域下方出现小球的速度曲线和“表格数据”，如图 14-19 和图 14-20 所示。结合速度曲线和“表格数据”可以看到，刚开始小球以 30000mm/s 的速度撞向大球，然后速度迅速下降。由于两个球质量相差太大，因此小球被反弹回来，最终速度为-7624.8mm/s，负号表示小球末速度与初始速度方向相反。单击“图形”中的“播放或暂停”按钮▶，可查看小球的运动动画。

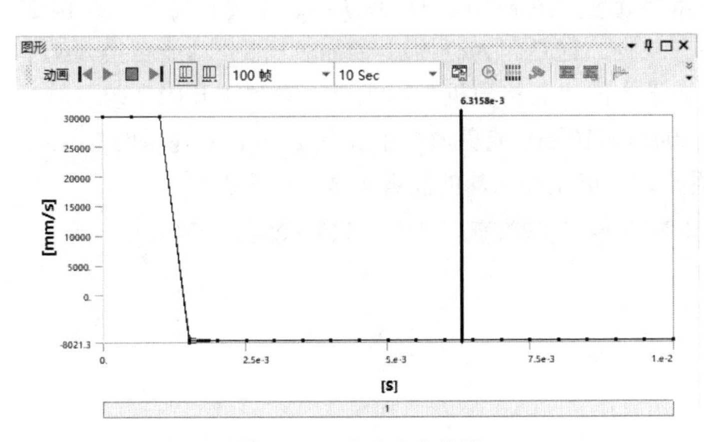

图 14-19 小球速度曲线

表格数据

	时间 [s]	最小 [mm/s]	最大 [mm/s]	平均 [mm/s]
1	1.1755e-038	30000	30000	30000
2	5.0002e-004	30000	30000	30000
3	1.e-003	30000	30000	30000
4	1.5e-003	-8021.3	-7228.1	-7624.8
5	2.e-003	-7641.8	-7603.5	-7624.8
6	2.5e-003	-7637.3	-7610.4	-7624.8
7	3.e-003	-7637.2	-7611.	-7624.8
8	3.5001e-003	-7636.9	-7611.3	-7624.8
9	4.e-003	-7636.6	-7611.7	-7624.8
10	4.5001e-003	-7636.3	-7612.1	-7624.8
11	5.e-003	-7636.	-7612.4	-7624.8
12	5.5001e-003	-7635.7	-7612.8	-7624.8
13	6.e-003	-7635.5	-7613.1	-7624.8
14	6.5e-003	-7635.2	-7613.4	-7624.8
15	7.0001e-003	-7635.	-7613.7	-7624.8
16	7.5e-003	-7634.7	-7614.	-7624.8
17	8.0001e-003	-7634.5	-7614.3	-7624.8
18	8.5001e-003	-7634.3	-7614.6	-7624.8
19	9.e-003	-7634.1	-7614.8	-7624.8
20	9.5001e-003	-7633.9	-7615.1	-7624.8
21	1.e-002	-7633.7	-7615.3	-7624.8

图 14-20 小球速度表格数据

（6）查看大球速度。选择“定向速度 2”选项，显示大球的速度云图，同时图形区域下方出现大球的速度曲线和“表格数据”，如图 14-21 和图 14-22 所示。结合速度曲线和“表格数据”可以看到，刚开始大球速度为 0mm/s，表示小球未接触大球，大球保持静止，两球相撞后，大球速度变为 2173.5mm/s。

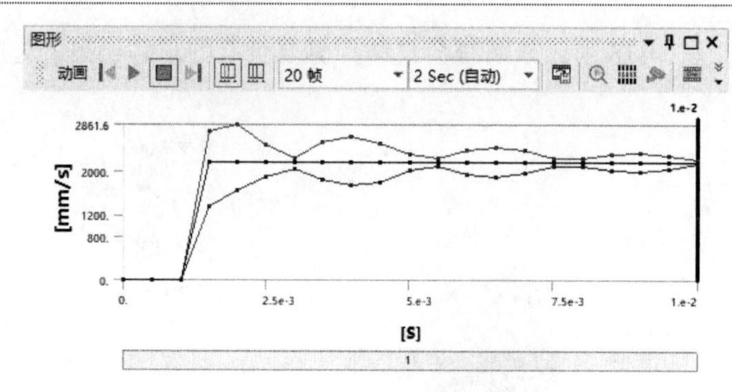

图 14-21　大球速度曲线图

表格数据

	时间 [s]	最小 [mm/s]	最大 [mm/s]	平均 [mm/s]
1	1.1755e-038	0.	0.	0.
2	5.0002e-004	0.	0.	0.
3	1.e-003	0.	0.	0.
4	1.5e-003	1351.7	2740.7	2177.4
5	2.e-003	1660.4	2861.6	2175.9
6	2.5e-003	1909.6	2483.	2173.6
7	3.e-003	2038.2	2240.8	2173.3
8	3.5001e-003	1838.6	2534.2	2173.5
9	4.e-003	1748.4	2629.2	2173.5
10	4.5001e-003	1810.2	2513.1	2173.4
11	5.e-003	2026.	2321.8	2173.5
12	5.5001e-003	2099.4	2256.4	2173.5
13	6.e-003	1937.7	2404.7	2173.5
14	6.5e-003	1895.3	2450.1	2173.5
15	7.0001e-003	1966.1	2384.6	2173.5
16	7.5e-003	2096.4	2249.8	2173.5
17	8.0001e-003	2106.1	2239.2	2173.5
18	8.5001e-003	2019.7	2330.2	2173.5
19	9.e-003	2000.	2347.	2173.5
20	9.5001e-003	2050.1	2297.7	2173.5
21	1.e-002	2133.9	2212.6	2173.5

图 14-22 大球速度表格数据

（7）查看系统总能量。选择“总能量”选项，图形界面出现系统的总能量曲线，如图 14-23 所示，可以看出碰撞后系统的总能量略有减少。这是因为碰撞后系统的一部分动能转换为两个小球的内能，总体遵循能量守恒定律。在下方的“表格数据”中也可以看到刚开始系统总能量为 1.0519×10^5mJ，碰撞后系统总能量为 1.0451×10^5mJ，能量损失非常小，约为初始能量的 6.5‰，如图 14-24 所示。同理，也可以分别查看小球的能量和大球的能量，这里不再讲解。

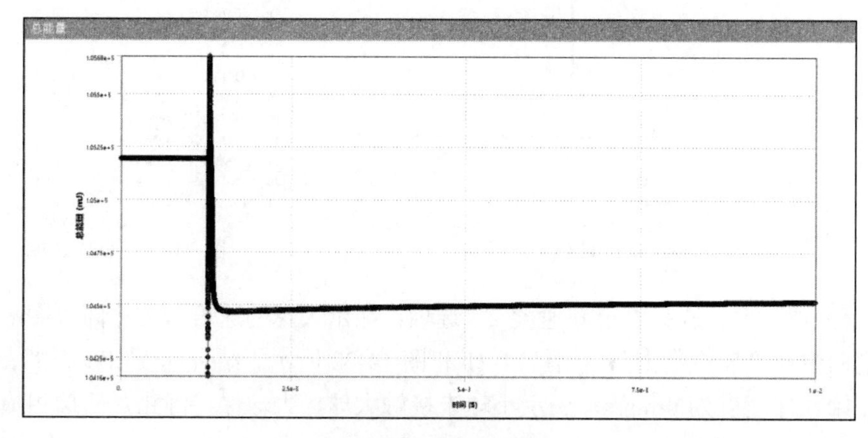

图 14-23　总能量曲线

表格数据

	时间 [S]	✔ 总能量 [mJ]
1	0.	1.0519e+005
2	3.5943e-008	1.0519e+005
3	7.5481e-008	1.0519e+005
4	1.1897e-007	1.0519e+005
5	1.6681e-007	1.0519e+005
6	2.1944e-007	1.0519e+005
7	2.7732e-007	1.0519e+005
8	3.41e-007	1.0519e+005
9	4.0635e-007	1.0519e+005
153076	9.9996e-003	1.0451e+005
153077	9.9997e-003	1.0451e+005
153078	9.9998e-003	1.0451e+005
153079	9.9998e-003	1.0451e+005
153080	9.9999e-003	1.0451e+005
153081	1.e-002	1.0451e+005
153082	1.e-002	1.0451e+005

图 14-24　总能量表格数据

14.9　实例 2——子弹入水显式动力学分析

扫一扫，看视频

图 14-25 所示为一个壁厚为 2mm、长度为 280mm 的铁管平面图，铁管内装满了水，有一颗直径为 10mm 的子弹以 800m/s 的速度击向该铁管，分析入水后铁管的形变、子弹的速度和能量的变化。

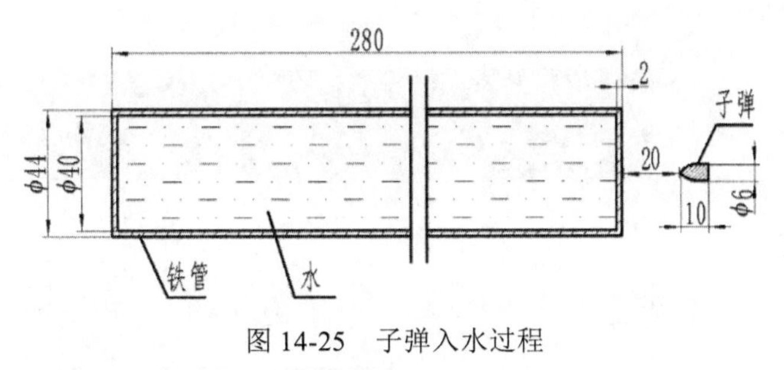

图 14-25　子弹入水过程

14.9.1　创建工程项目

（1）打开 Workbench 程序，展开左边工具箱中的“分析系统”栏，将工具箱里的“显式动力学”模块直接拖动到项目原理图中或直接双击“显式动力学”模块，建立一个含有“显式动力学”的项目模块，结果如图 14-1 所示。

（2）导入模型。在项目原理图中右击“几何结构”，在弹出的快捷菜单中选择“导入几何模型”→“浏览”命令，弹出“打开”对话框，如图 14-26 所示，选择要导入的模型“子弹”，单击“打开”按钮。

（3）设置单位系统。选择“单位”→“度量标准(kg, mm, s, ℃, mA, N, mV)”命令，设置单位为毫米。

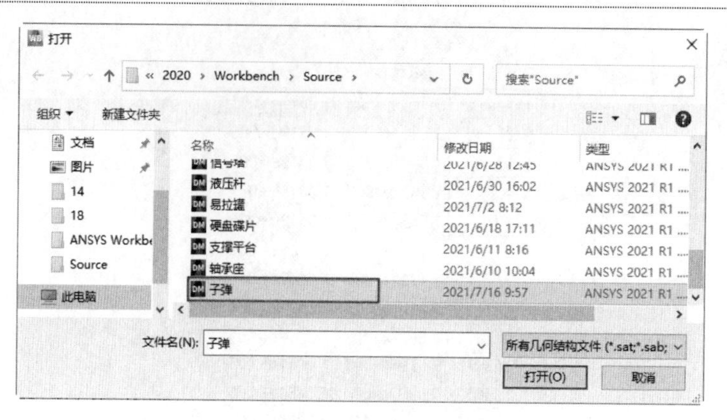

图 14-26　“打开”对话框

（4）启动“显式动力学-Mechanical”应用程序。在项目原理图中右击“模型”，在弹出的快捷菜单中选择“编辑”命令，进入“显式动力学-Mechanical”应用程序，如图 14-27 所示。

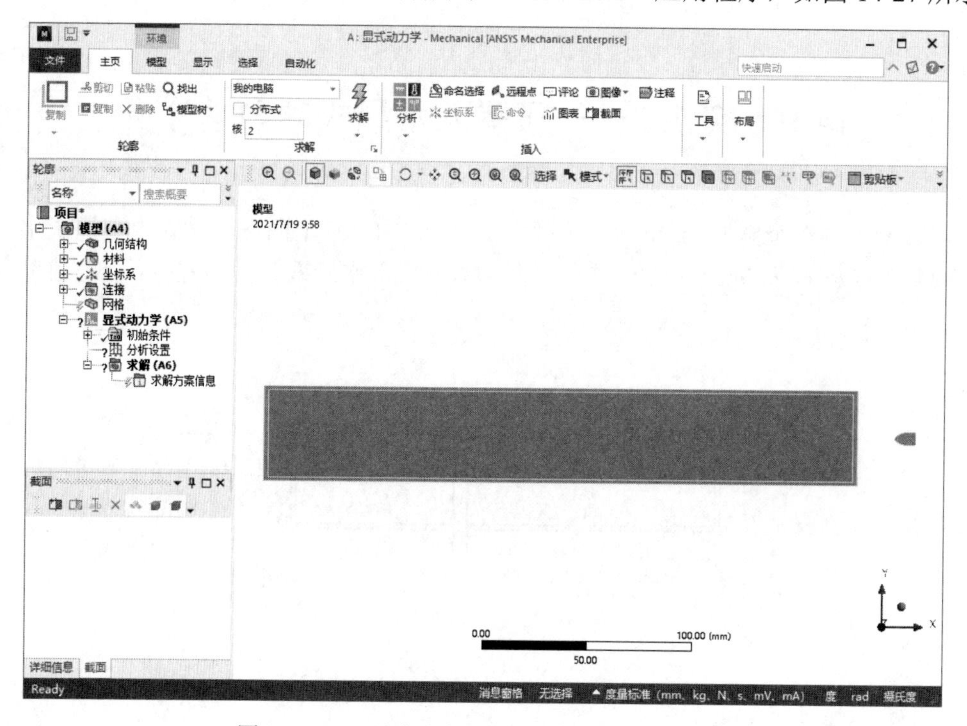

图 14-27　“显式动力学-Mechanical”应用程序

14.9.2　设置模型材料

（1）设置单位系统。在“主页”选项卡的“工具”面板中单击“单位”按钮，弹出“单位系统”下拉菜单，选择“度量标准(mm、kg、N、s、mV、mA)”选项。

（2）定义工程数据。返回 Workbench 界面，双击“工程数据”选项，弹出“工程数据”选项卡。

（3）选择“工程数据源”标签。打开左上角的“工程数据源”窗口，单击“显式材料”

按钮 显式材料，使之点亮。在“显式材料”点亮的同时，单击“轮廓 Explicit Materials”窗格中的“铁”后的“添加”按钮，将该材料添加到当前项目中；同理，将“水”材料也添加到当前项目中。

（4）单击“A2:工程数据”标签的“关闭”按钮，返回 Workbench 界面，此时“模型”模块指出需要进行一次刷新。右击“模型”，在弹出的快捷菜单中选择“刷新”命令，刷新“模型”模块。双击“模型”模块，返回“显式动力学-Mechanical”应用程序。

（5）模型重命名。在树轮廓中展开“几何结构”，显示模型含有 3 个固体，右击上面的固体，在弹出的快捷菜单中选择“重命名”命令，重新输入名称为“子弹”；同理，依次设置下面的两个固体为“液体”和“铁管”，如图 14-28 所示。

（6）设置模型材料。选择“子弹”，在左下角弹出“子弹”的详细信息视图栏。由于在这里分析子弹与水和薄铁管的撞击，相较之下子弹就属于刚性材质，因此将子弹的“刚度行为”设置为“刚性”，如图 14-29 所示，其他为默认设置；选择“液体”，在左下角弹出“液体”的详细信息视图栏，单击“材料”栏中的“任务”选项，在弹出的“工程数据材料”对话框中选择“水”选项，如图 14-30 所示，为“液体”赋予“水”材料；同理，为“铁管”赋予“铁”材料。

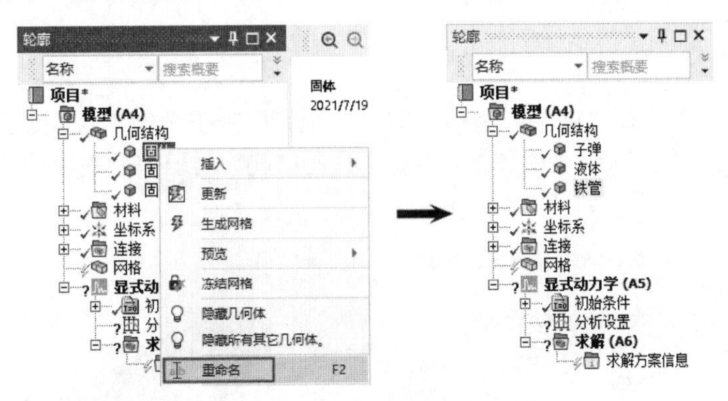

图 14-28　模型重命名

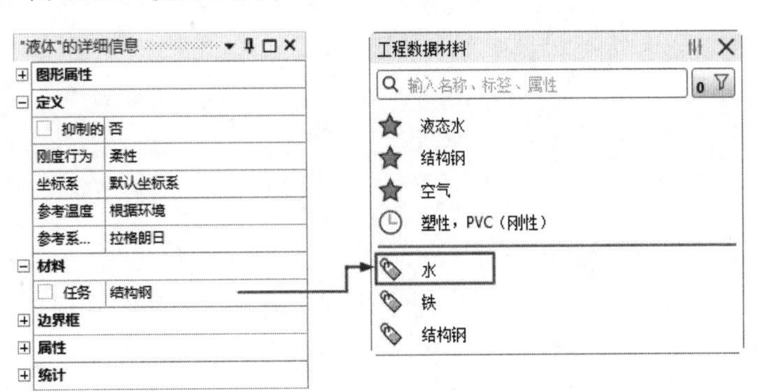

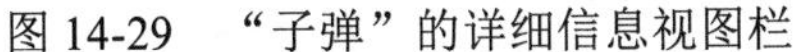

图 14-29　“子弹”的详细信息视图栏　　　　图 14-30　设置模型材料

14.9.3　设置接触

在树轮廓中展开“连接”分支下的“接触”栏，选择“接触区域”，如图 14-31 所示，左下角弹出“接触区域”的详细信息视图栏，设置“类型”为“无摩擦”，此时该详细信息视图栏改为“无摩擦-液体 至 铁管”的详细信息视图栏，如图 14-32 所示，设置铁管内壁与液体为无摩擦接触。

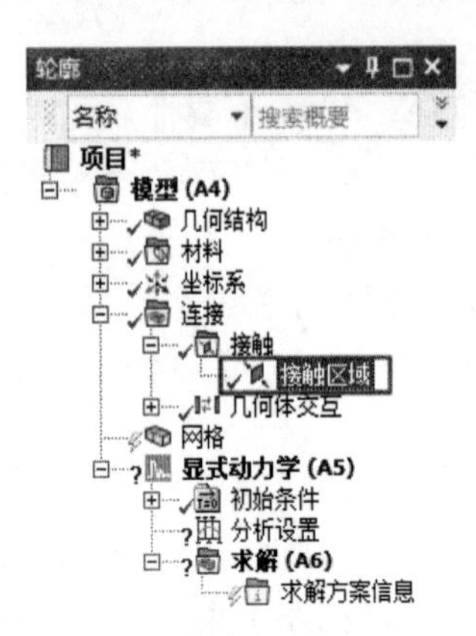

图 14-31　选择接触区域

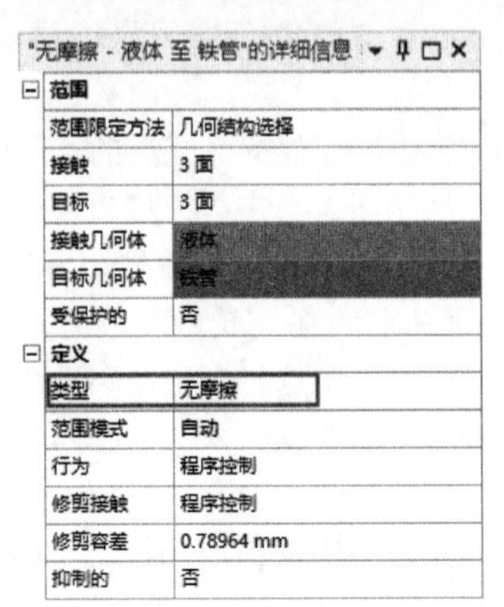

图 14-32　修改接触类型

14.9.4　划分网格

（1）调整子弹尺寸。在“网格”选项卡的“控制”面板中单击“尺寸调整”按钮，左下角弹出“边缘尺寸调整”的详细信息视图栏，设置“几何结构”为子弹后端部的边线，“类型”为“分区数量”，“分区数量”为 4，如图 14-33 所示。

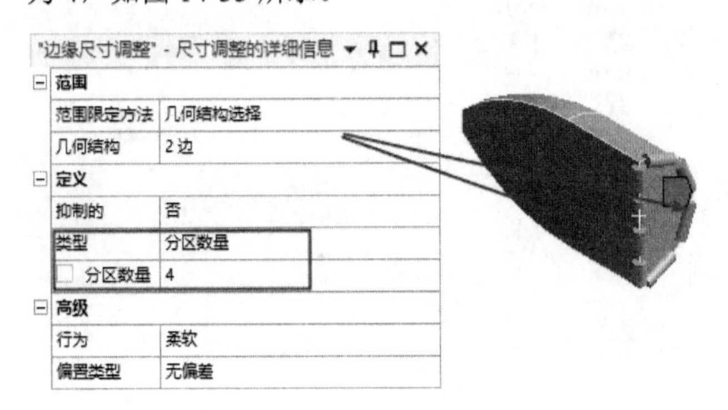

图 14-33　调整子弹尺寸

（2）调整液体尺寸。首先将“铁管”隐藏，便于“液体”的选择，在展开的“几何结构”分支下右击“铁管”，在弹出的快捷菜单中选择“隐藏几何体”命令，如图 14-34 所示，将“铁管”隐藏；然后在“网格”选项卡的“控制”面板中单击“尺寸调整”按钮，左下角弹出“边缘尺寸调整 2”的详细信息视图栏，设置“几何结构”为液体右侧的边线，“类型”为“分区数量”，“分区数量”为 25，如图 14-35 所示。

（3）调整铁管尺寸。首先将“铁管”显示出来，在展开的“几何结构”分支下右击“铁管”，在弹出的快捷菜单中选择“显示主体”命令，如图 14-36 所示，显示“铁管”；然后在“网格”选项卡的“控制”面板中单击“尺寸调整”按钮，左下角弹出“边缘尺寸调整 3”的详细信息视图栏，设置“几何结构”为铁管右侧的边线，“类型”为“分区数量”，“分区数量”为 25，如图 14-37 所示。

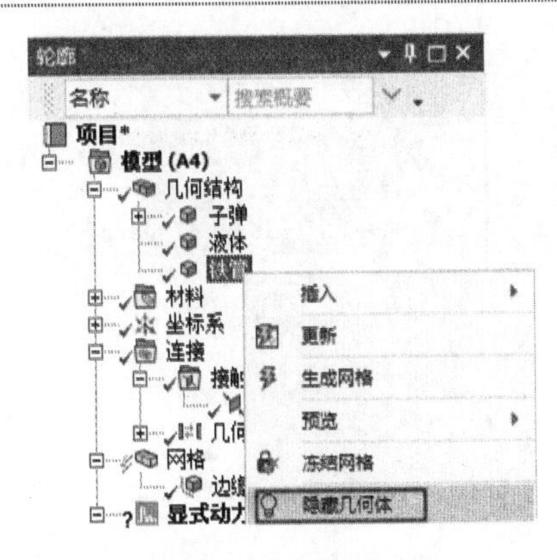

图 14-34　选择“隐藏几何体”命令

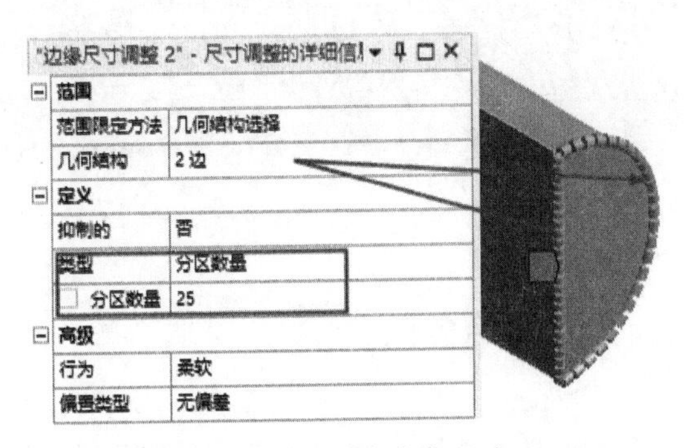

图 14-35　调整液体尺寸

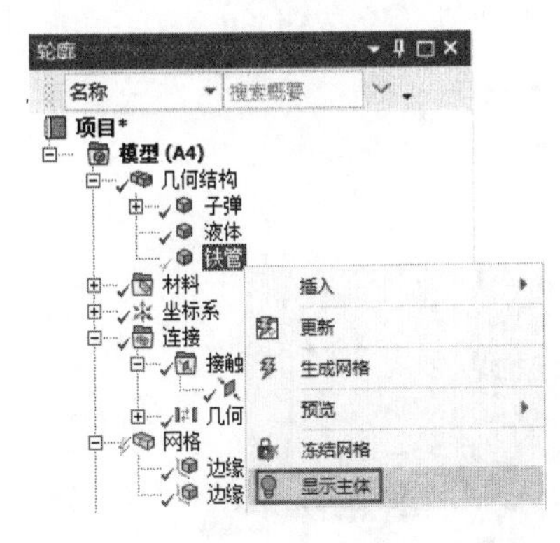

图 14-36　选择“显示主体”命令

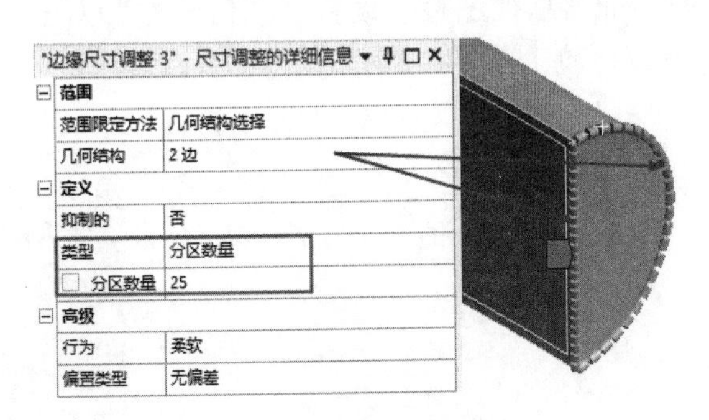

图 14-37　调整铁管尺寸

（4）设置划分方法。在“网格”选项卡的“控制”面板中单击“方法”按钮，左下角弹出“多区域”的详细信息视图栏，设置“几何结构”为子弹，“方法”为“多区域”，如图 14-38 所示；同理，分别为“液体”和“铁管”设置多区域的划分方法。

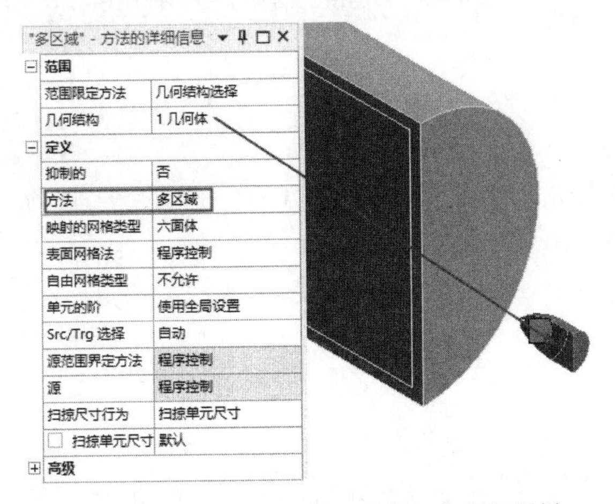

图 14-38　“多区域”的详细信息视图栏

（5）划分网格。在树轮廓中单击“网格”分支，左下角弹出“网格”的详细信息视图栏，采用默认设置。在“网格”选项卡的“网格”面板中单击“生成”按钮，系统自动划分网格，结果如图 14-39 所示。

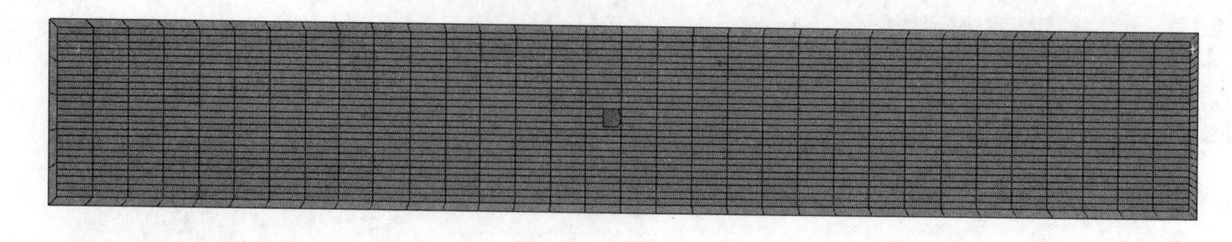

图 14-39　划分网格

14.9.5　定义初始条件

在树轮廓中单击“显式动力学（A5）”分支下方的“初始条件”选项，系统切换到“初始条件”选项卡。在“初始条件”选项卡的“条件”面板中单击“速度”按钮T=0，左下角弹出“速度”的详细信息视图栏，设置“几何结构”为子弹，“定义依据”为“分量”，“X 分量”为−8×10^5mm/s，如图 14-40 所示。

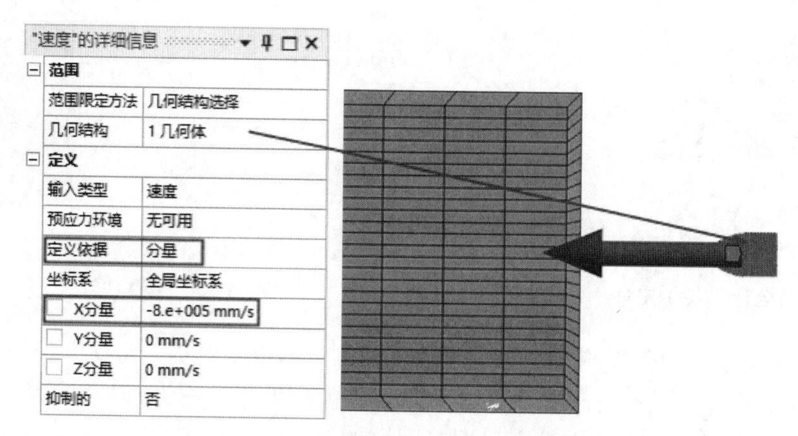

图 14-40　“速度”的详细信息视图栏

14.9.6　分析设置

在树轮廓中单击“显式动力学（A5）”分支下方的“分析设置”选项，左下角弹出“分析设置”的详细信息视图栏，设置“结束时间”为 0.0015s。

14.9.7　添加约束

（1）添加固定约束。在树轮廓中单击“显式动力学（A5）”分支，系统切换到“环境”选项卡。在“环境”选项卡的“结构”面板中单击“固定的”按钮 固定的，左下角弹出“固定支撑”的详细信息视图栏，设置“几何结构”为铁管外表面，如图 14-41 所示。

（2）添加位移约束。在“环境”选项卡的“结构”面板中单击“位移”按钮 位移，左下角弹出“位移”的详细信息视图栏，设置“几何结构”为子弹，“Y 分量”和“Z 分量”为 0mm（斜坡），其余为默认设置，如图 14-42 所示。

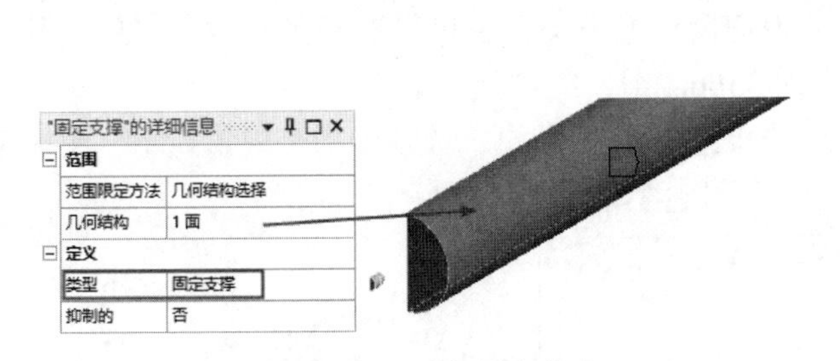

图 14-41 添加固定约束

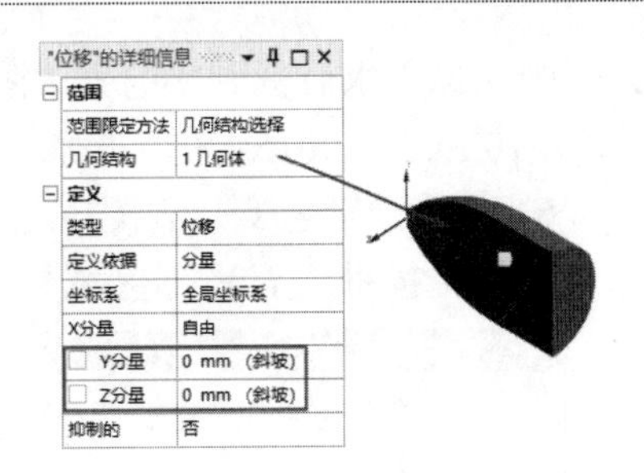

图 14-42 添加位移约束

14.9.8 添加求解方案信息

在树轮廓中单击“求解（A6）”分支下方的“求解方案信息”，系统切换到“求解方案信息”选项卡。在“求解方案信息”选项卡的“结果跟踪器”下拉菜单中选择“总能量”选项，左下角弹出“总能量”的详细信息视图栏，设置“几何结构”为子弹，其余为默认设置，添加子弹的总能量。

14.9.9 求解

在“主页”选项卡的“求解”面板中单击“求解”按钮进行求解。

14.9.10 结果后处理

（1）求解完成后，在树轮廓中单击“求解（A6）”分支，系统切换到“求解”选项卡，在该选项卡中选择需要显示的结果。

（2）添加总变形。在“求解”选项卡的“结果”面板中单击“变形”下拉按钮，在弹出的下拉菜单中选择“总计”选项，在“总变形”的详细信息视图栏中设置“几何结构”为铁管，为铁管添加总变形。

（3）添加定向速度。在“求解”选项卡的“结果”面板中单击“变形”下拉按钮，在弹出的下拉菜单中选择“定向速度”选项，左下角弹出“定向速度”的详细信息视图栏，设置“几何结构”为子弹，“方向”为“X 轴”，添加子弹的定向速度。

（4）查看总变形云图。右击“求解（A6）”下方的“总变形”，在弹出的快捷菜单中选择“评估所有结果”命令，如图 14-43 所示，系统会自动计算所要查看的信息。选择“总变形”选项，显示总变形云图。

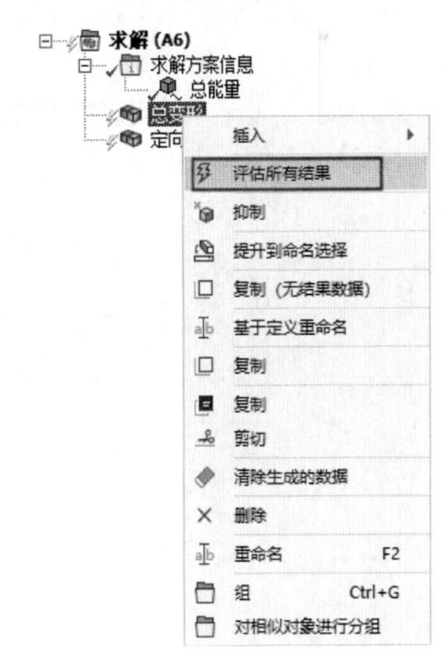

图 14-43 选择“评估所有结果”命令

（5）查看子弹能量。选择“求解（A6）”分支下的“总能量”，图形界面出现子弹的总能量曲线，如图 14-44 所示。从图 14-44 中可以看到，子弹击穿铁管入水后，子弹能量迅速下降，这是因为子弹高速入水后受到水的强大阻力，使子弹速度迅速下降；也可以看到刚开始子弹总能量为 2.4411×10^5mJ，0.0015s 后，子弹总能量下降为 3366.2mJ，能量损失非常大。

（6）查看铁管总变形云图。选择“总变形”选项，在“结果”选项卡的“矢量显示”面板中单击“矢量”按钮，图形区域显示铁管总变形云图，如图 14-45 所示。

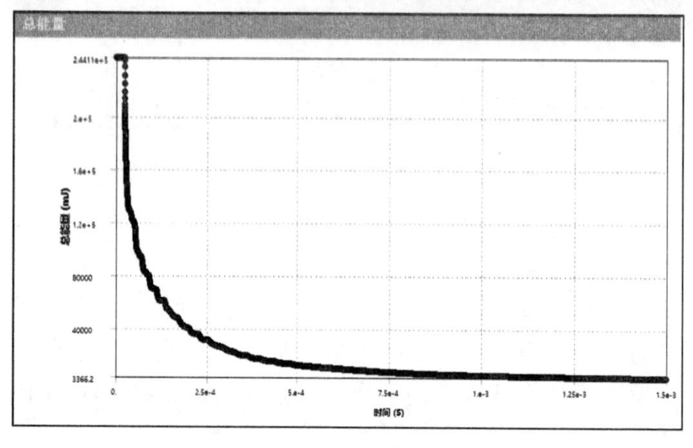

图 14-44　总能量曲线

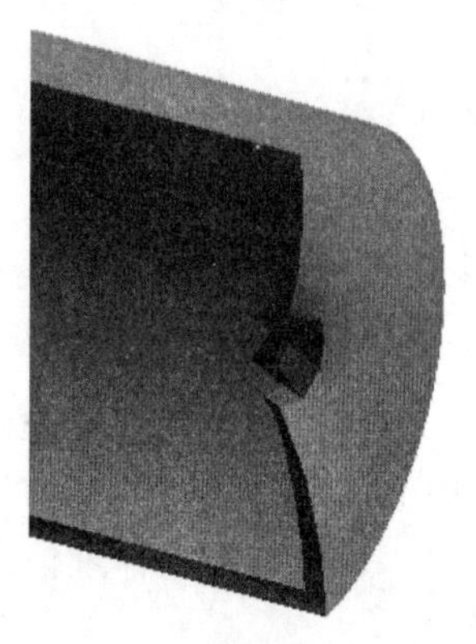

图 14-45　铁管总变形云图

（7）查看子弹速度。选择“定向速度”选项，显示子弹的速度云图，同时图形区域下方出现子弹的速度曲线和“表格数据”，如图 14-46 和图 14-47 所示。结合速度曲线和“表格数据”可以看到，刚开始子弹以 -8×10^5mm/s 的速度撞向铁管，在击穿铁管后速度迅速下降，0.0015s 后速度为-93944mm/s，负号表示子弹速度与 X 轴方向相反。单击“图形”中的“播放或暂停”按钮，可查看子弹击穿铁管及入水后的动画。0.0015s 时的子弹图形如图 14-48 所示，结合模型图计算可得子弹击穿铁管的时间大概为 3.75×10^{-5}s。首先在“定向速度”的详细信息视图栏中的“显示时间”栏中输入“3.75e-005s”，如图 14-49 所示；然后在“求解（A6）”分支下右击“定向速度”，在弹出的快捷菜单中选择“检索此结果”命令，速度曲线时间线出现在 3.75×10^{-5}s 处，如图 14-50 所示。由图 14-50 可看出此时子弹速度大概为 -5.5×10^5mm/s，仍具有很大的速度，但是当击入水中后，子弹速度持续快速下降。

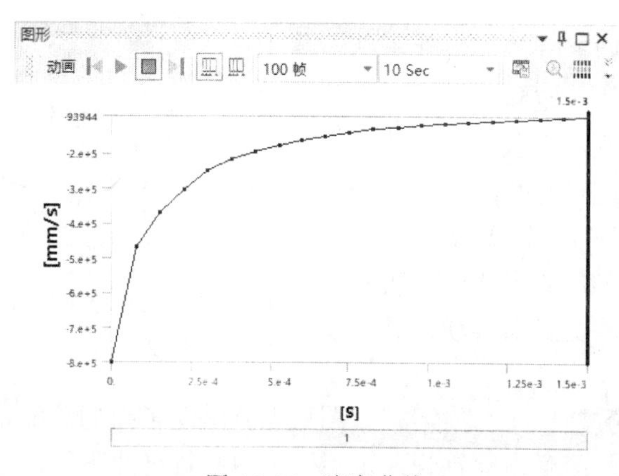

图 14-46　速度曲线

表格数据

	时间 [S]	最小 [mm/s]	最大 [mm/s]	平均 [mm/s]
1	1.1755e-038	-8.e+005	-8.e+005	-8.e+005
2	7.5007e-005	-4.6982e+005	-4.6982e+005	-4.6982e+005
3	1.5004e-004	-3.6935e+005	-3.6935e+005	-3.6935e+005
4	2.2503e-004	-3.0606e+005	-3.0606e+005	-3.0606e+005
5	3.0002e-004	-2.5198e+005	-2.5198e+005	-2.5198e+005
6	3.7501e-004	-2.1697e+005	-2.1697e+005	-2.1697e+005
7	4.5e-004	-1.9416e+005	-1.9416e+005	-1.9416e+005
8	5.2503e-004	-1.7806e+005	-1.7806e+005	-1.7806e+005
9	6.0001e-004	-1.6283e+005	-1.6283e+005	-1.6283e+005
10	6.7503e-004	-1.5143e+005	-1.5143e+005	-1.5143e+005
11	7.5001e-004	-1.4079e+005	-1.4079e+005	-1.4079e+005
12	8.2504e-004	-1.3215e+005	-1.3215e+005	-1.3215e+005
13	9.0001e-004	-1.2496e+005	-1.2496e+005	-1.2496e+005
14	9.75e-004	-1.1934e+005	-1.1934e+005	-1.1934e+005
15	1.05e-003	-1.1484e+005	-1.1484e+005	-1.1484e+005
16	1.125e-003	-1.1082e+005	-1.1082e+005	-1.1082e+005
17	1.2e-003	-1.07e+005	-1.07e+005	-1.07e+005
18	1.275e-003	-1.0363e+005	-1.0363e+005	-1.0363e+005
19	1.35e-003	-1.0047e+005	-1.0047e+005	-1.0047e+005
20	1.425e-003	-97109	-97109	-97109
21	1.5e-003	-93944	-93944	-93944

图 14-47　“表格数据”

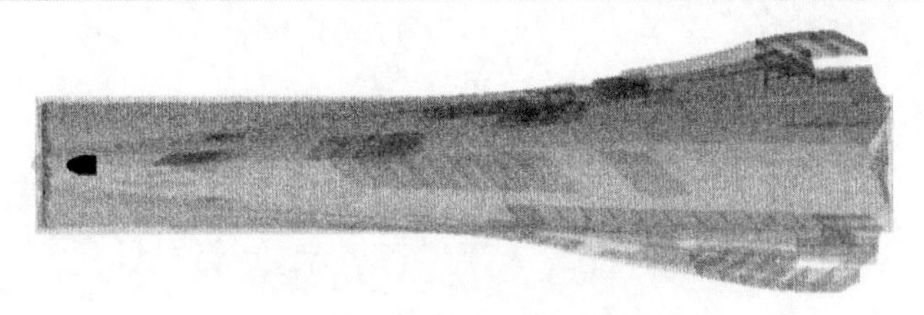

图 14-48 0.0015s 时的子弹图形

"定向速度"的详细信息	
⊟ 范围	
范围限定方法	几何结构选择
几何结构	1 几何体
⊟ 定义	
类型	定向速度
方向	X轴
通过	时间
显示时间	3.75e-005 S
坐标系	全局坐标系
计算时间历史	是
标识符	
抑制的	否
⊞ 结果	
⊞ 最小时间值	
⊞ 时间最大值	
⊞ 信息	

图 14-49 设置显示时间

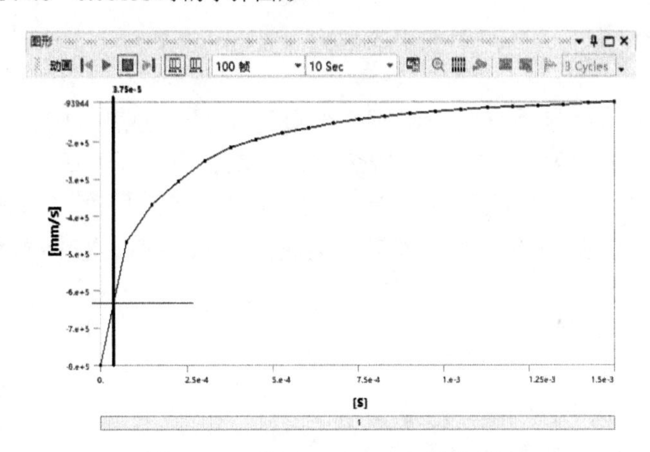

图 14-50 查看 3.75×10^{-5}s 时的速度

14.9.11 分析总结

通过此次分析可以看出，子弹击穿薄铁管后仍具有很大的杀伤力，但是在通过 280mm 的水柱后，速度和杀伤力迅速下降。通过具体实验可得，初速度为 800m/s 的子弹在水中的射程只有 2～3m。所以，在许多影视作品中，躲在车里可躲避子弹是不科学的。

第 15 章　热　分　析

导读

热分析是用来分析结构在热载荷作用下的热响应分析技术。其用有限元法计算物体内部各节点的温度，并导出其他热物理参数，常用于计算一个系统或部件的温度分布及其他热物理参数，如热量的获取或损失、热梯度、热流密度（热通量）等。热分析在许多工程应用中扮演着重要角色，如内燃机、涡轮机、换热器、管路系统、电子元件、锻压、铸造材料等。

精彩内容

- 热传递的基本方式
- 热力学第一定律
- 热分析控制方程
- 热分析分类
- 相变分析
- 热力学分析流程
- 创建工程项目
- 创建或导入几何模型
- 载荷与边界条件
- 热分析后处理
- 实例 1——散热器稳态热分析
- 实例 2——六角扳手热传递瞬态热分析

15.1　热传递的基本方式

热传递有 3 种基本传热方式，分别为热传导、热对流和热辐射。

在绝大多数情况下，我们分析的热传导问题都带有对流或辐射边界条件。

15.1.1　热传导

热传导可以定义为完全接触的两个物体之间或一个物体的不同部分之间由于温度梯度而引起的内能的交换，如图 15-1 所示。热传导遵循傅里叶定律：

$$q^* = -K_{nn}\frac{dT}{dn} \tag{15-1}$$

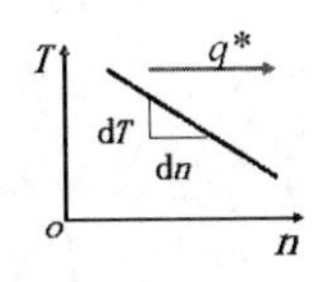

图 15-1 热传导

式中，q_*为热流密度（W/m²）；K_{nn}为热导率[W/（m·℃）]；$\frac{dT}{dn}$为方向 n 的温度梯度；负号表示热量流向温度降低的方向。

15.1.2 热对流

热对流是指固体的表面与它周围接触的流体之间由于温差的存在而引起的热量的交换，如图 15-2 所示。热对流可以分为两类：自然对流和强制对流。对流一般作为面边界条件施加。热对流用牛顿冷却方程来描述：

$$q_*=\alpha(T_S-T_B) \tag{15-2}$$

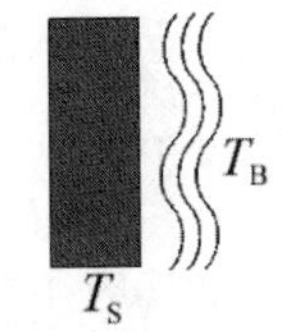

图 15-2 热对流

式中，α 为对流换热系数（或称膜传热系数、给热系数、膜系数等）；T_S为固体表面的温度；T_B为周围流体的温度。

15.1.3 热辐射

热辐射是指物体发射电磁能并被其他物体吸收转变为热的热量交换过程，如图 15-3 所示。物体温度越高，单位时间辐射的热量越多。热传导和热对流都需要有传热介质，而热辐射无须任何介质。实际上，在真空中的热辐射效率最高。

图 15-3 热辐射

在工程中通常考虑两个或两个以上物体之间的辐射，系统中每个物体同时辐射并吸收热量。它们之间的净热量传递可以用斯特藩-玻尔兹曼方程来计算：

$$Q = \varepsilon\sigma A_1 F_{12}(T_1^4 - T_2^4) \tag{15-3}$$

式中，Q 为热流率；ε为吸射率（黑度）；σ为斯特藩-玻尔兹曼常数，约为 5.67×10^{-8}W/（m²·K⁴），A_1 为辐射面 1 的面积；F_{12} 为由辐射面 1 到辐射面 2 的形状系数；T_1 为辐射面 1 的绝对温度；T_2 为辐射面 2 的绝对温度。

由式（15-3）可知，包含热辐射的热分析是高度非线性的。在 ANSYS 中，将辐射按平面现象处理（体都假设为不透明的），如图 15-3 所示。

对于一个线性静态结构分析，位移$\{x\}$由下面的矩阵方程解出：

$$[\boldsymbol{K}]\{x\} = \{F\} \tag{15-4}$$

式中，$[\boldsymbol{K}]$为一个常量矩阵，它建立的假设条件为：假设是线弹性材料行为，使用小变形理论，可能包含一些非线性边界条件；$\{F\}$是静态加在模型上的、不考虑随时间变化的力，不包含惯性影响（质量、阻尼）。

15.2 热力学第一定律

在一个热力学系统内，能量既不能被消灭，也不能被创造，但可以从一种形式转化为另一种形式，也可以从一种物质传递到另一种物质，在转化和传递过程中能量的总值保持不变。这是自然界的一个普遍的基本规律，即能量守恒定律，在热力学中称为热力学第一定律。对于一个封闭的系统（没有质量的流入或流出）：

$$Q - W = \Delta U + \Delta KE + \Delta PE \tag{15-5}$$

式中，Q 为热量；W 为做功；ΔU 为系统内能；ΔKE 为系统动能；ΔPE 为系统势能。

对于大多数工程传热问题认为：

$$\Delta KE = \Delta PE = 0 \tag{15-6}$$

通常考虑没有做功，即 $W = 0$，则 $Q = \Delta U$。

对于稳态热分析：$Q = \Delta U = 0$，即流入系统的热量等于流出的热量。

对于瞬态热分析：$q = \frac{dU}{dt}$，即流入或流出的热传递速率 q 等于系统内能的变化。

将其应用到一个微元体上，即可得到热传导的控制微分方程。

15.3 热分析控制方程

热传导的控制微分方程如下：

$$\frac{\partial}{\partial x}\left(k_{xx}\frac{\partial T}{\partial x}\right)+\frac{\partial}{\partial y}\left(k_{yy}\frac{\partial T}{\partial y}\right)+\frac{\partial}{\partial z}\left(k_{zz}\frac{\partial T}{\partial z}\right)+\dddot{q}=\rho c\frac{dT}{dt} \tag{15-7}$$

式中：

$$\frac{dT}{dt}=\frac{\partial T}{\partial t}+V_x\frac{\partial T}{\partial x}+V_y\frac{\partial T}{\partial y}+V_z\frac{\partial T}{\partial z} \tag{15-8}$$

式中，k_{xx}、k_{yy}、k_{zz} 为 3 个空间坐标轴的导热率；V_x、V_y、V_z 为媒介传导速率。

15.4 热分析分类

在 Workbench 中主要包括以下两种热分析。

（1）稳态热分析：系统的温度场不随时间变化。

（2）瞬态热分析：系统的温度场随时间明显变化。

15.4.1 稳态热分析

如果热能流动不随时间变化，则热传递就是稳态的。由于热能流动不随时间变化，因此系统的温度和热载荷也都不随时间变化。稳态热平衡满足热力学第一定律。

稳态传热用于分析稳定的热载荷对系统或部件的影响。通常在进行瞬态热分析以前会进行稳态热分析，用于确定初始温度分布。稳态热分析可以通过有限元计算确定由于稳定的热载荷引起的温度、热梯度、热流率、热流密度等参数。

对于稳态热传递，表示热平衡的微分方程如下：

$$\frac{\partial}{\partial x}\left(k_{xx}\frac{\partial T}{\partial x}\right)+\frac{\partial}{\partial y}\left(k_{yy}\frac{\partial T}{\partial y}\right)+\frac{\partial}{\partial z}\left(k_{zz}\frac{\partial T}{\partial z}\right)+\dddot{q}=0 \tag{15-9}$$

相应的有限元平衡方程如下：

$$[K]\{T\}=\{Q\}$$

15.4.2　瞬态热分析

瞬态热分析用于计算一个系统随时间变化的温度场及其他热参数。在工程上一般用瞬态热分析计算温度场，并将之作为热载荷进行应力分析。瞬态热分析的基本步骤与稳态热分析类似，主要区别是瞬态热分析中的载荷是随时间变化的；时间在稳态热分析中只用于计数，而在瞬态热分析中有了确定的物理含义；热能存储效应在稳态热分析中忽略，而在瞬态热分析中要考虑进去。

1. 控制方程

热存储项的计入将静态系统转变为瞬态系统，矩阵形式如下：

$$[C]\{\dot{T}\}+[\boldsymbol{K}]\{\boldsymbol{T}\}=\{\boldsymbol{Q}\} \tag{15-10}$$

式中，$[C]\{\dot{T}\}$为热存储项；$[\boldsymbol{K}]$为传导矩阵，包含导热系数、对流系数及辐射率和形状系数；$\{\boldsymbol{T}\}$为节点温度向量；$\{\boldsymbol{Q}\}$为节点热流率向量，包含热生成。

在瞬态分析中，载荷随时间变化时：

$$[C]\{\dot{T}\}+[\boldsymbol{K}]\{\boldsymbol{T}\}=\{\boldsymbol{Q}(t)\} \tag{15-11}$$

对于非线性瞬态分析：

$$[\boldsymbol{C}(\boldsymbol{T})]\{\dot{\boldsymbol{T}}\}+[\boldsymbol{K}(\boldsymbol{T})]\{\boldsymbol{T}\}=\{\boldsymbol{Q}(\boldsymbol{T},t)\} \tag{15-12}$$

2. 时间积分与时间步长预测

线性热系统的温度由一个常数连续变化为另一个常数，如图 15-4 所示；对于瞬态热分析，使用时间积分在离散的时间点上计算系统方程，如图 15-5 所示。求解之间时间的变化称为时间积分步（ITS）。通常情况下，ITS 越小，计算结果越精确。

默认情况下，自动时间步功能（ATS）按照振动幅度预测时间步。ATS 将振动幅度限制在公差的 0.5 之内，并调整 ITS 以满足准则要求。

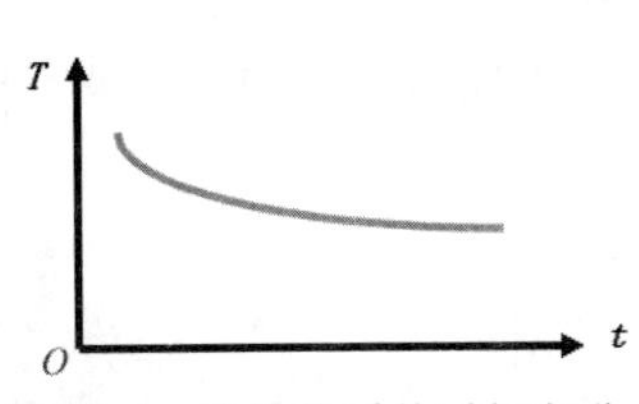

图 15-4　线性热系统时间积分

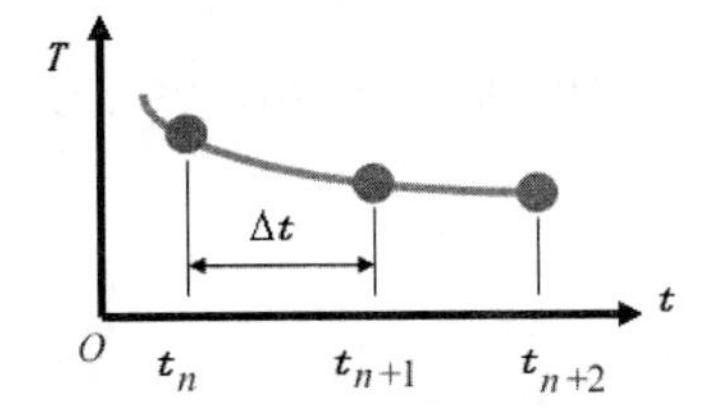

图 15-5　瞬态热分析时间积分

注意：

稳态热分析可以迅速地变为瞬态热分析，只要在后续载荷步中将时间积分效果打开；同样，瞬态热分析也可以变成稳态热分析，只要在后续载荷步中将时间积分效果关闭。可见，从求解方法来说，瞬态热分析和稳态热分析的差别就在于时间积分。

在瞬态热分析中，大致估计初始时间步长可以使用 Biot 数和 Fourier 数。

Biot 数是不考虑尺寸的热阻对流和传导比例因子：

$$\mathrm{Bi}=\frac{\alpha\,\Delta x}{\lambda} \tag{15-13}$$

式中，Δx 为名义单元宽度；α 为平均表面传热系数；λ 为平均热导率。

Fourier 数是不考虑尺寸的时间（$\Delta t/t$）：

$$\mathrm{Fo}=\frac{\lambda\,\Delta t}{\rho c(\Delta x)^2} \tag{15-14}$$

式中，ρ 和 c 为平均密度和比热容。

如果 Bi<1，则可以将 Fourier 数设为常数并求解Δt 来预测时间步长：

$$\Delta t=\beta\frac{\rho c(\Delta x)^2}{\lambda}=\beta\frac{(\Delta x)^2}{\alpha} \tag{15-15}$$

$$\alpha=\frac{\lambda}{\rho c} \tag{15-16}$$

式中，α 为热耗散；β 为比例因子。

α 数值越大表示材料越容易导热而不容易存储热能。另外，$0.1\leqslant\beta\leqslant0.5$。

如果 Bi>1，则时间步长可以用 Fourier 数和 Biot 数的乘积预测：

$$\mathrm{Fo}\cdot\mathrm{Bi}=\left(\frac{\lambda\,\Delta t}{\rho c(\Delta x)^2}\right)\left(\frac{\alpha\,\Delta x}{\lambda}\right)=\left(\frac{\alpha\Delta t}{\rho c\Delta x}\right)=\beta \tag{15-17}$$

$$\Delta t=\beta\frac{\rho c\Delta x}{\alpha} \tag{15-18}$$

式中，$0.1\leqslant\beta\leqslant0.5$。

时间步长的预测精度随单元宽度的取值、平均的方法和比例因子 β 而变化。

15.5 相变分析

15.5.1 相

物质的一种确定的原子结构形态，均匀同性称为相。有 3 种基本的相：气体、液体、固体，如图 15-6 所示。

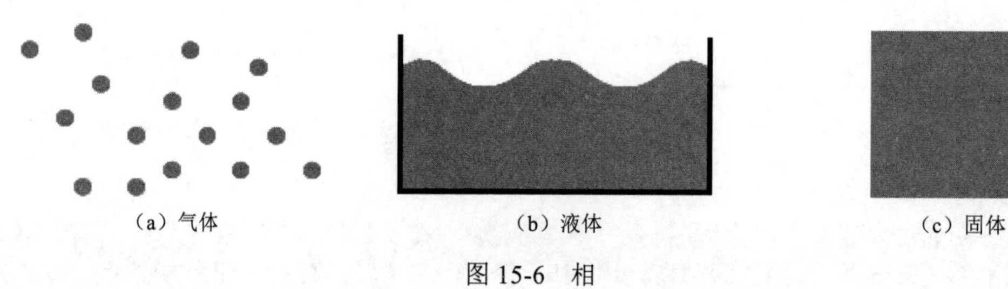

图 15-6 相

15.5.2 相变

系统能量的变化（增加或减少）可能导致物质的原子结构发生改变的现象称为相变。通常的相变过程称为固结、融化、汽化或凝固。

15.5.3 潜在热量

当物质发生相变时，其温度保持不变，在物质相变过程中需要的热量称为融化的潜在热量。例如，0℃的冰溶解为 0℃的水，需要吸收热量。

15.5.4 焓

在热力学上，焓由下式确定：

$$H = U + PV \tag{15-19}$$

式中，H 为焓；U 为力学能；P 为系统压力；V 为系统体积。

焓在化学热力学中是一个重要的物理量，可以从以下几个方面理解它的意义和性质。

（1）焓是状态函数，具有能量的量纲。

（2）焓是体系的广度性质，其量值与物质的量有关，具有加和性。

（3）焓与热力学能一样，其绝对值至今尚无法确定。但状态变化时，体系的焓变ΔH是确定的，而且是可求的。

（4）对于一定量的物质而言，由固态变为液态或由液态变为气态都必须吸热，所以有

$$H(g) > H(l) > H(s) \tag{15-20}$$

式中，$H(g)$为气体焓值；$H(l)$为液体焓值；$H(s)$为固体焓值。

（5）当某一过程或反应逆向进行时，其ΔH要改变符号，即$\Delta H_{(正)} = -\Delta H_{(逆)}$。

相变分析必须考虑材料的潜在热量，即在相变过程中吸收或释放的热量，通过定义材料的焓特性用来计入潜在热量。经典（热动力学）焓数值单位是能量单位，为 kJ 或 Btu。比焓单位为能量/质量，为 kJ/kg 或 Btu/lb。在 ANSYS 中，焓材料特性为比焓。如果比焓在某些材料中不能使用时，则其可以用密度、比热容和物质潜在热量得出：

$$H = \int \rho c(T) \mathrm{d}T \tag{15-21}$$

式中，H 为焓值；ρ为密度；$c(T)$为随温度变化的比热容。

15.5.5 相变分析的基本思路

相变分析必须考虑材料的潜在热量，将材料的潜在热量定义到材料的焓中，其中焓数值随温度变化，相变时焓变化相对温度变化而言十分迅速。对于纯材料，液体温度(T_l)与固体温度(T_s)之差($T_l - T_s$)应该为 0，在计算时通常取很小的温度差值，因此热分析是非线性的。在 ANSYS 中，将焓(ENTH)作为材料属性定义，通过温度来区分相。通过相变分析，可以获得物质在各个时刻的温

度分布，以及典型位置处节点的温度随时间的变化曲线。通过温度云图，可以得到完全相变所需时间（融化或凝固时间），并对物质在任何时间间隔融化、凝固进行预测。

1．相变分析的控制方程

相变分析过程中的控制方程如下：

$$[C]\{\dot{T}_t\}+[K]\{T_t\}=\{Q_f\} \tag{15-22}$$

式中：

$$[C]=\int \rho c[N]^{\mathrm{T}}[N]\mathrm{d}V \tag{15-23}$$

在式（15-23）中计入相变，而控制方程中的其他两项不随相变改变。

2．焓的计算方法

焓曲线根据温度可以分成 3 个区，在固体温度(T_{s})以下，物质为纯固体；在固体温度(T_{s})与液体温度(T_{l})之间，物质为相变区；在液体温度(T_{l})以上，物质为纯液体。根据比热容及潜热可计算出各温度的焓值，计算方程如下。

（1）低于固体温度时：

$$\begin{gathered} T<T_{\mathrm{s}} \\ H=\rho C_{\mathrm{s}}(T-T_{1}) \end{gathered} \tag{15-24}$$

式中，C_{s}为固体比热容。

（2）等于固体温度时：

$$\begin{gathered} T=T_{\mathrm{s}} \\ H_{\mathrm{s}}=\rho C_{\mathrm{s}}(T_{\mathrm{s}}-T_{1}) \end{gathered} \tag{15-25}$$

（3）在固体和液体温度之间（相变区域）时：

$$\begin{gathered} T_{\mathrm{s}}<T<T_{1} \\ H=H_{\mathrm{s}}+\rho C^{*}(T-T_{\mathrm{s}}) \end{gathered} \tag{15-26}$$

$$C_{\mathrm{avg}}=\frac{C_{\mathrm{s}}+C_{1}}{2} \tag{15-27}$$

$$C^{*}=C_{\mathrm{avg}}+\frac{L}{T_{1}-T_{\mathrm{s}}} \tag{15-28}$$

式中，C_{l}为液体比热容；L为潜热。

（4）等于液体温度时：

$$\begin{gathered} T=T_{1} \\ H_{1}=H_{\mathrm{s}}+\rho C^{*}(T_{1}-T_{\mathrm{s}}) \end{gathered} \tag{15-29}$$

（5）高于液体温度时：

$$\begin{gathered} T_{1}<T \\ H=H_{1}+\rho C_{1}(T-T_{1}) \end{gathered} \tag{15-30}$$

15.6　热力学分析流程

热力学分析流程如下。

（1）创建工程项目（根据分析类型定义是热稳态分析还是热瞬态分析）。

（2）创建或导入几何模型。

（3）定义材料属性（包括导热系数、密度、比热等参数）。

（4）定义接触关系（针对装配体，进行热传递）。

（5）划分网格。

（6）求解设置。

（7）初始条件（对于瞬态分析，可以采用稳态计算结果作为初始载荷条件）。

（8）设置载荷与边界条件。

（9）热分析求解。

（10）热分析后处理。

下面就几个主要的方面进行讲解。

15.7　创建工程项目

热分析包括稳态热和瞬态热两种形式，因此需要在 Workbench 中创建“稳态热”或“瞬态热”项目模块。如图 15-7 所示，在“分析系统”中将“瞬态热”或“稳态热”模块拖到项目原理图中或双击即可。

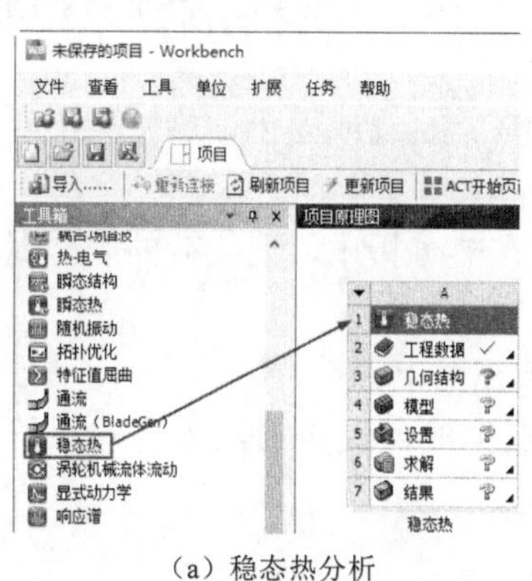

（a）稳态热分析

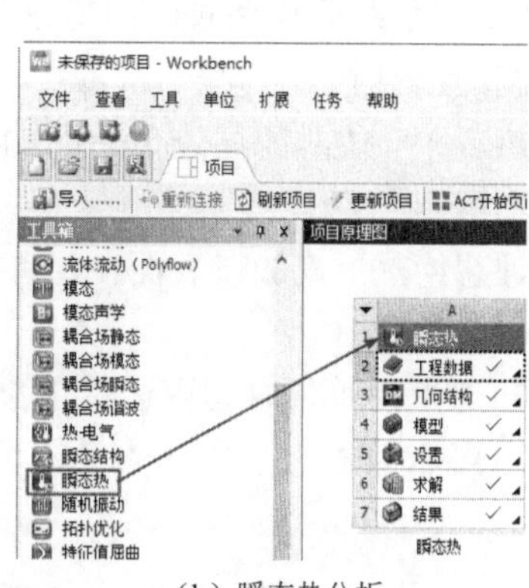

（b）瞬态热分析

图 15-7　创建工程项目

15.8　创建或导入几何模型

对于几何模型的创建和导入，前面章节有详细介绍，这里不再赘述。但要注意，在热分析中所有的实体类都被约束，包括体、面、线。对于线实体的截面和轴向在 DesignModeler 中定义，热分析中不可以使用点质量的特性。

关于壳体和线体的假设如下。

（1）壳体：没有厚度方向上的温度梯度。

（2）线体：没有厚度变化，假设在截面上是常温，但在线实体的轴向上仍有温度变化。

15.9 载荷与边界条件

15.9.1 热载荷

热载荷包括温度、辐射、对流、热流、理想绝热、热通量和内部热生成等，如图 15-8 所示。

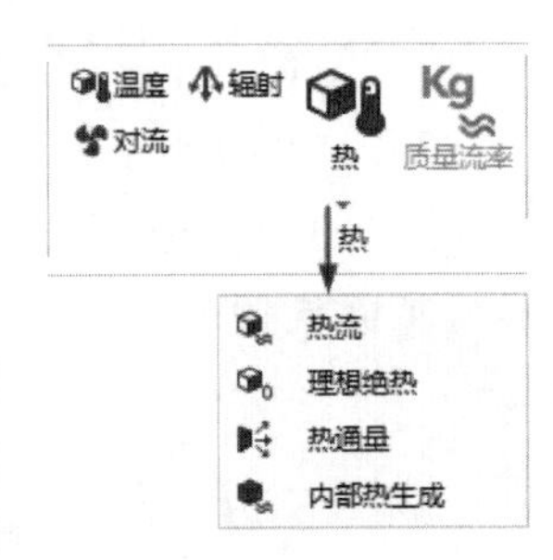

图 15-8 热载荷

（1）温度：在模型的特定区域定义一个温度，可以施加在点、线、面或体上。

（2）对流：发生在固体表面与周围流体之间，是由于温差而引起的热量交换，因此只能施加在面上；对于二维图形则施加在线上。对流 q 由导热膜系数 h、面积 A，以及表面温度 T_{surface} 与环境温度 T_{ambient} 的差值来定义：

$$q = hA(T_{\text{surface}} - T_{\text{ambient}})$$

式中，h 和 T_{ambient} 为用户指定的值，其中导热膜系数 h 可以是常量，也可以是关于温度的函数。

（3）辐射：物体或多个物体之间通过电磁波进行能量交换，可以施加在面上；对于二维图形则施加在线上。系统提供两种辐射方法：至环境——对周围环境进行辐射；表面到表面——物体之间面与面相互辐射。

（4）热流：单位时间通过传热面的热量。其可以施加在点、线或面上，热总量不随传热面积的改变而变化。

（5）理想绝热：施加在表面上，可以认为是无热流。在热分析中，无载荷的表面默认是完全绝热的。

（6）热通量：单位时间内通过单位面积的热量，加载在面上。

（7）内部热生成：施加在体上，可以模拟单元内的热生成，正向发热将会向系统本身添加能量。

15.9.2 边界条件

边界条件包括耦合、流体固体界面、系统耦合区域、单元生死和接触步骤控制等，如图 15-9 所示。

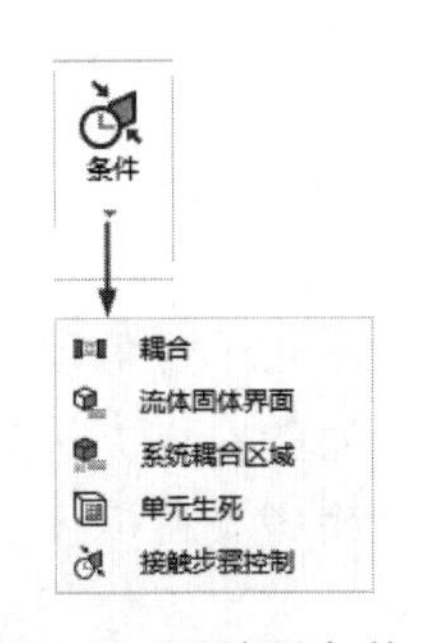

图 15-9 边界条件

（1）耦合：能够施加于点、线、面。耦合位置的温度计算结果是相同的。

（2）流体固体界面：用于识别表面区域。在该区域，载荷传递到外部流体解算器 CFX 或 Fluent，或从外部流体解算器 CFX 或 Fluent 传递到该区域。

（3）系统耦合区域：施加在表面上，可以认为是无热流。在热分析中，无载荷的表面默认是完全绝热的。

（4）单元生死：能够激活或停用分析中特定加载步骤的元素状态。当停用一个或多个元素时，解算器不会移除元素，而是通过将元素的刚度乘以一个减少因子来停用元素。

（5）接触步骤控制：在分析过程中根据负载步骤激活或停用特定的接触区域，也可以指定特定载荷步骤的法向刚度。

15.10　热分析后处理

求解完成后就可以进行后处理操作，包括温度、热通量、反应、辐射、坐标系等，如图 15-10 所示。下面简单介绍常用的几种后处理操作。

（1）温度：在热分析中，温度是求解的自由度，标量。虽没有方向，但可以显示温度场的云图。

（2）热通量：求解完成后可以得到热通量的等高线或矢量图，可以指定总热通量和定向热通量，激活矢量显示模式，显示热通量的大小和方向。

（3）反应：插入反应探针，在指定了温度、输入温度、对流或辐射边界条件的位置可以获得热反应。

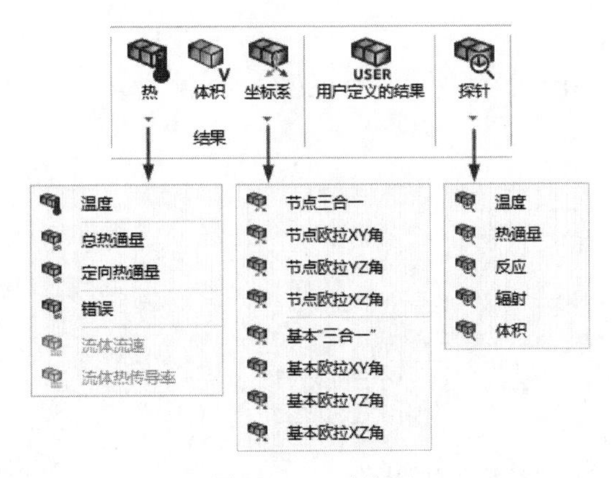

图 15-10　后处理

15.11　实例 1——散热器稳态热分析

该实例对一个散热器模型进行稳态热分析。图 15-11 所示为一个由铝合金支撑的散热器模型，放置在自然环境中，环境温度为 20℃，散热器下方有一个可自发热的芯片，芯片的热生成率为 0.02W/mm²。分析在该状态下，结构达到稳定状态时温度的分布情况及总热通量。

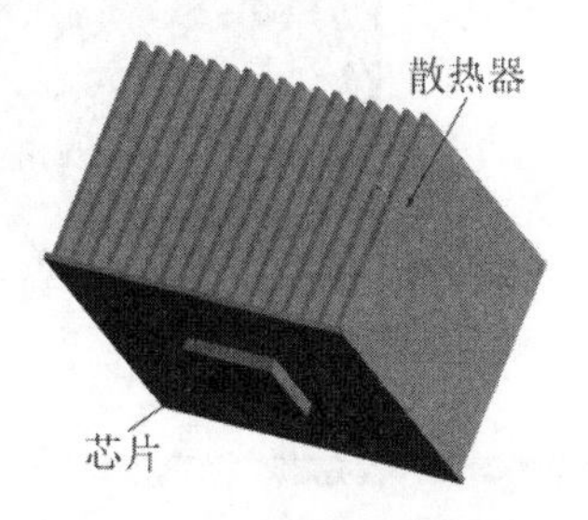

图 15-11　散热器模型

15.11.1 创建工程项目

（1）打开 Workbench 程序，展开左边工具箱中的“分析系统”栏，将“稳态热”模块直接拖动到项目原理图中或直接双击“稳态热”模块，建立一个含有“稳态热”的项目模块，结果如图 15-7（a）所示。

（2）导入模型。在项目原理图中右击“几何结构”，在弹出的快捷菜单中选择“导入几何模型”→“浏览”命令，弹出“打开”对话框，如图 15-12 所示，选择要导入的模型“散热器”，单击“打开”按钮。

（3）设置单位系统。选择“单位”→“度量标准(kg, mm, s, ℃, mA, N, mV)”命令，设置单位为毫米。

（4）启动“稳态热-Mechanical”应用程序。在项目原理图中右击“模型”，在弹出的快捷菜单中选择“编辑”命令，如图 15-13 所示，进入“稳态热-Mechanical”应用程序，如图 15-14 所示。

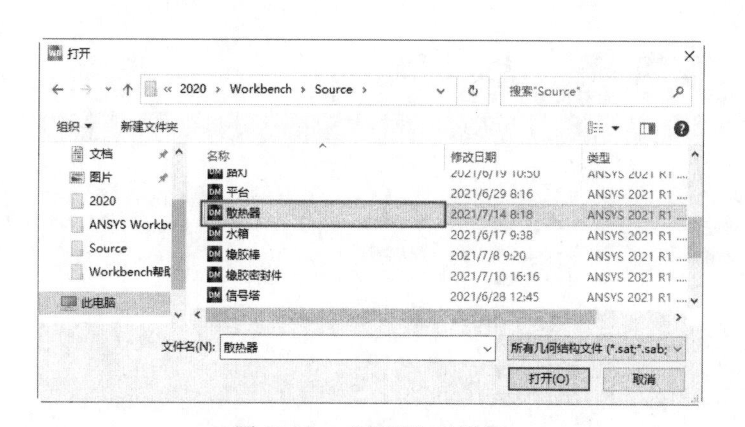

图 15-12　“打开”对话框

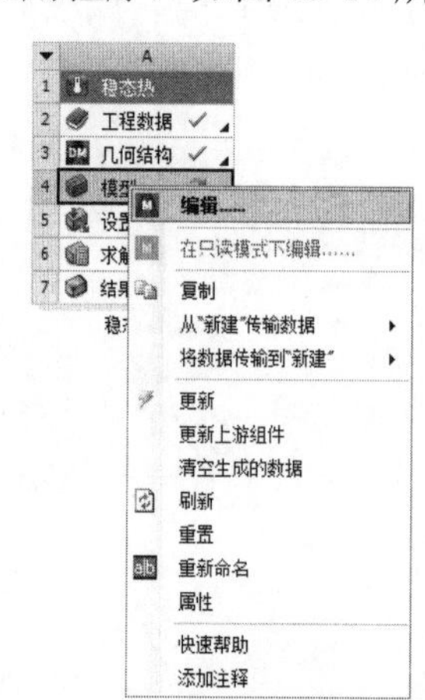

图 15-13　“编辑”命令

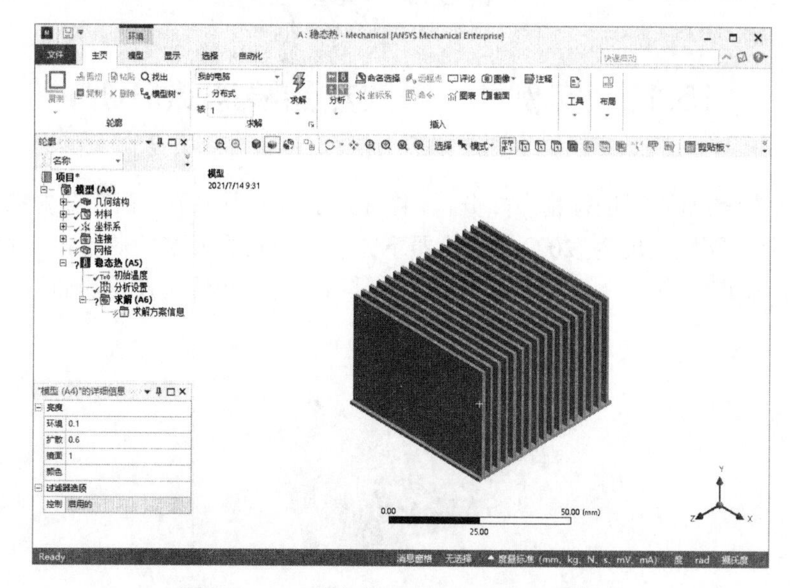

图 15-14　“稳态热-Mechanical”应用程序

15.11.2　设置模型材料

（1）设置单位系统。在“主页”选项卡的“工具”面板中单击“单位”按钮，弹出“单位系统”下拉菜单，选择“度量标准(mm、kg、N、s、mV、mA)”选项。

（2）定义工程数据。返回 Workbench 界面，双击“工程数据”选项，弹出“工程数据”选项卡。

（3）选择“工程数据源”标签。如图 15-15 所示，打开左上角的“工程数据源”窗口，单击“热材料”按钮 热材料，使之点亮。在“热材料”点亮的同时，单击“轮廓 Thermal Materials”（热材料概述）窗格中的“硅”后的“添加”按钮，将该材料添加到当前项目中；同理，将“铝”材料添加到当前项目中。

（4）单击“A2:工程数据”标签的“关闭”按钮×，返回 Workbench 界面，此时“模型”模块指出需要进行一次刷新。右击“模型”，在弹出的快捷菜单中选择“刷新”命令，刷新“模型”模块。双击“模型”模块，返回“稳态热-Mechanical”应用程序。

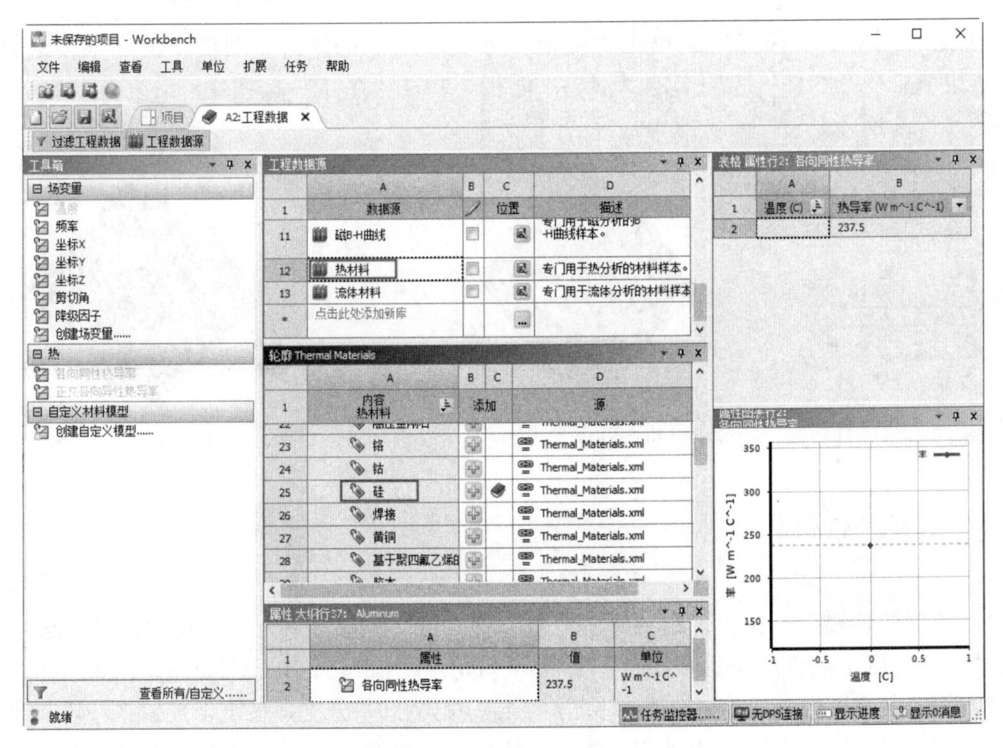

图 15-15　“工程数据源”标签

（5）模型重命名。在树轮廓中展开“几何结构”，显示模型含有两个固体，右击上面的固体，在弹出的快捷菜单中选择“重命名”命令，重新输入名称为“散热器”；同理，设置下面的固体为“芯片”，如图 15-16 所示。

（6）设置模型材料。选择“散热器”，在左下角弹出“散热器”的详细信息视图栏，单击“材料”栏中的“任务”选项，在弹出的“工程数据材料”对话框中选择“铝”选项，如图 15-17 所示，为散热器赋予“铝”材料。同理，为“芯片”赋予“硅”材料。

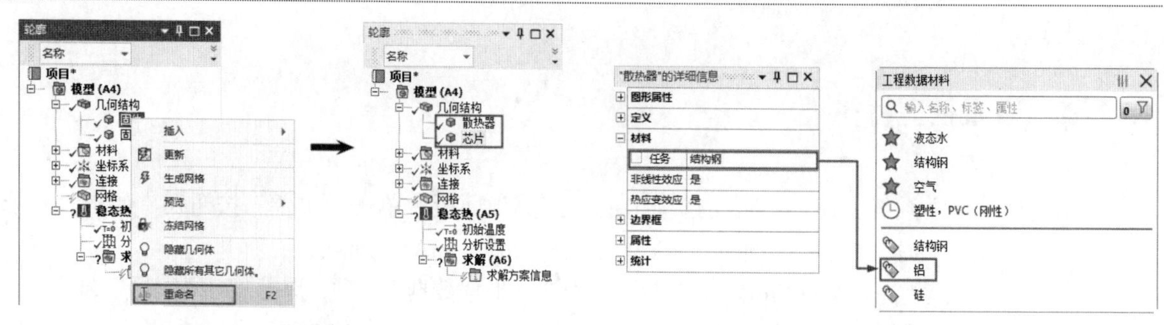

图 15-16　模型重命名　　　　图 15-17　设置模型材料

15.11.3　划分网格

（1）调整尺寸。在“网格”选项卡的“控制”面板中单击“尺寸调整”按钮，左下角弹出“几何体尺寸调整”的详细信息视图栏，设置“几何结构”为散热器和芯片，“单元尺寸”为 2.0mm，如图 15-18 所示。

（2）划分网格。在树轮廓中单击“网格”分支，左下角弹出“网格”的详细信息视图栏，采用默认设置。在“网格”选项卡的“网格”面板中单击“生成”按钮，系统自动划分网格，结果如图 15-19 所示。

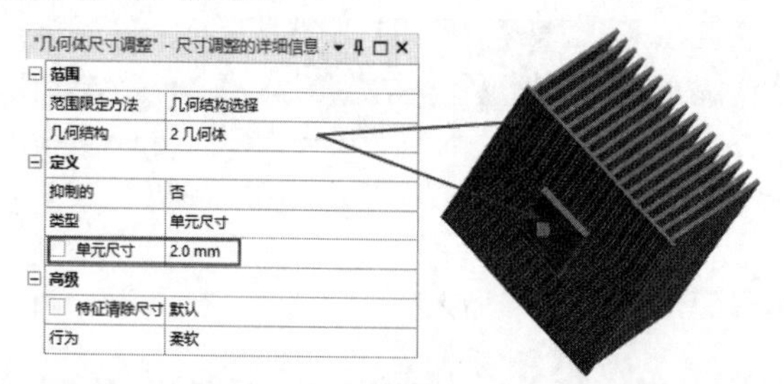

图 15-18　“几何体尺寸调整”的详细信息视图栏

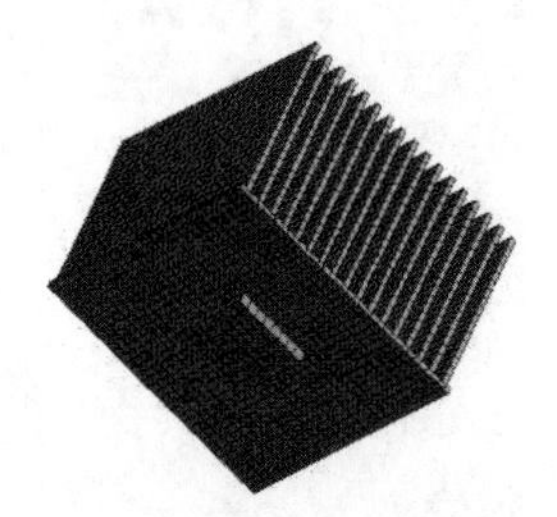

图 15-19　划分网格

15.11.4　定义热载荷

（1）设置初始温度。在树轮廓中单击“稳态热（A5）”分支下方的“初始温度”选项，左下角弹出“初始温度”的详细信息视图栏，设置“初始温度值”为 20℃，如图 15-20 所示。

（2）添加内部生成热。在树轮廓中单击“稳态热（A5）”分支，系统切换到“环境”选项卡。在“环境”选项卡的“热”面板中单击“热”下拉按钮，在弹出的下拉菜单中选择“内部生成热”选项，左下角弹出“内部生成热”的详细信息视图栏，设置“几何结构”为芯片，“大小”为 0.02W/mm^3（斜坡），如图 15-21 所示。

（3）添加对流。在“环境”选项卡的“热”面板中单击“对流”按钮对流，左下角弹出“对流”的详细信息视图栏，设置“几何结构”为散热器，“环境温度”为 20℃（斜坡）。单击“薄膜系数”栏中的箭头，如图 15-22 所示，在弹出的菜单中选择“导入温度相关的”选项，弹出“导入对流数据”对话框，选择要导入的数据 Stagnant Air-Simplified Case（停滞空气-简化案例），单击 OK 按钮，导入对流数据，如图 15-23 所示。

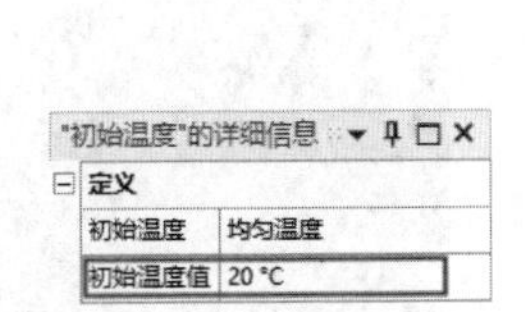

图 15-20 设置初始温度

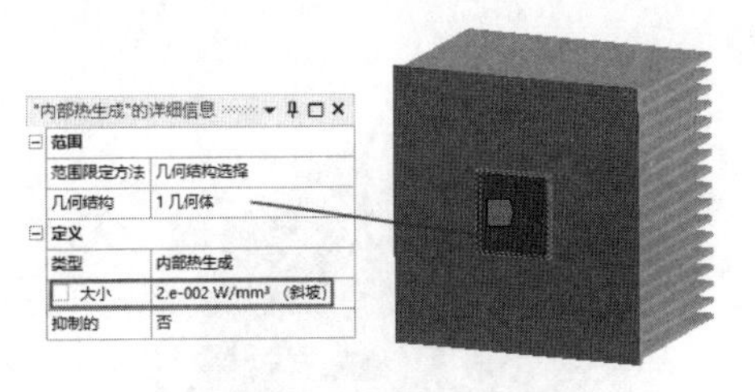

图 15-21 添加内部生成热

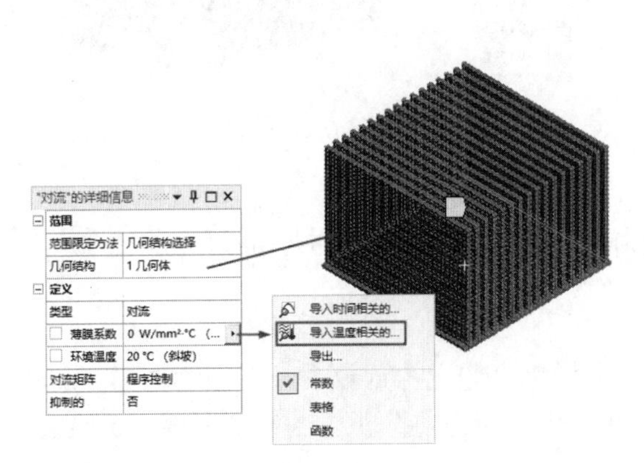

图 15-22 添加对流

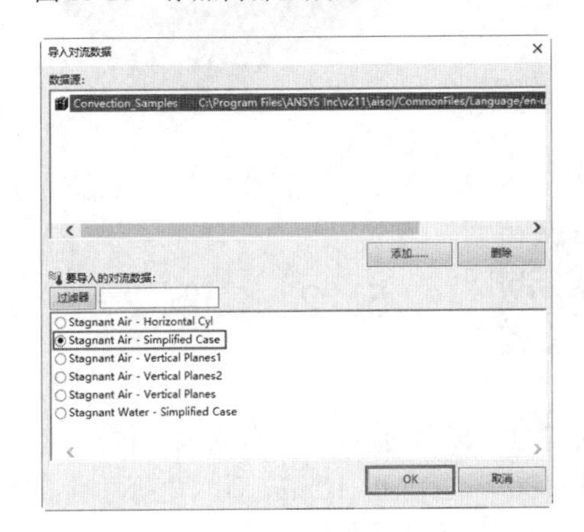

图 15-23 “导入对流数据”对话框

15.11.5 求解

在“主页”选项卡的“求解”面板中单击“求解”按钮进行求解。

15.11.6 结果后处理

（1）求解完成后，在树轮廓中单击“求解（A6）”分支，系统切换到“求解”选项卡，在该选项卡中选择需要显示的结果。

（2）添加温度。在“求解”选项卡的“结果”面板中单击“热”下拉按钮，在弹出的下拉菜单中选择“温度”选项，添加温度。

（3）添加总热通量。在“求解”选项卡的“结果”面板中单击“热”下拉按钮，在弹出的下拉菜单中选择“总热通量”选项，添加总热通量。

（4）查看温度云图。在“求解”选项卡的“求解”面板中单击“求解”按钮，求解完成后展开树轮廓中的“求解”，选择“温度”选项，显示温度云图，如图 15-24 所示。由图 15-24 可以看到稳定状态下温度的分布情况，由发热源芯片向散热器扩散，最高温度为 51.555℃，最小温度为 46.355℃。

（5）查看总热通量云图。展开树轮廓中的“求解（A6）”，选择“总热通量”选项，显示总热通量云图，如图 15-25 所示。

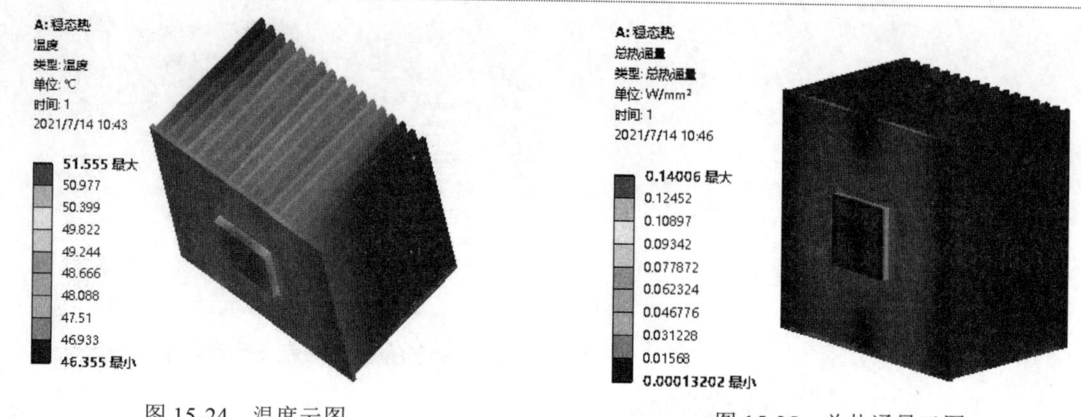

图 15-24　温度云图　　　　图 15-25　总热通量云图

扫一扫，看视频

15.12　实例 2——六角扳手热传递瞬态热分析

图 15-26 所示为一个六角扳手模型，其材质为不锈钢。假设六角扳手一端持续加热，加热温度为 1000℃，分析 10min 后六角扳手上的温度分布。由于瞬态热分析中的载荷是随时间变化的，因此本实例采用瞬态热分析。

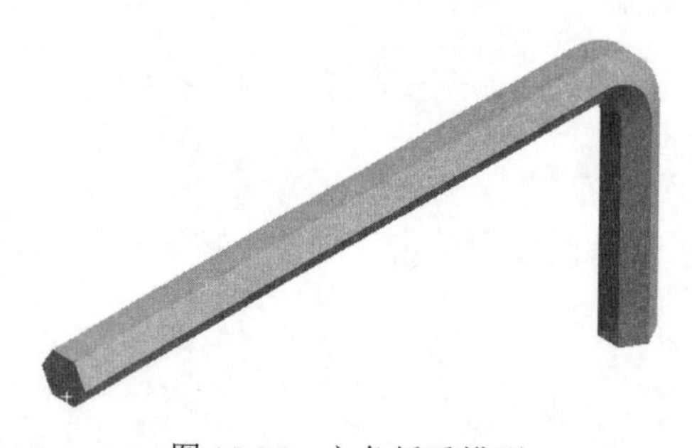

图 15-26　六角扳手模型

15.12.1　创建工程项目

（1）打开 Workbench 程序，展开左边工具箱中的“分析系统”栏，将“瞬态热”模块直接拖动到项目原理图中或直接双击“瞬态热”模块，建立一个含有“瞬态热”的项目模块，结果如图 15-7（b）所示。

（2）导入模型。在项目原理图中右击“几何结构”，在弹出的快捷菜单中选择“导入几何模型”→“浏览”命令，弹出“打开”对话框，如图 15-27 所示，选择要导入的模型“六角扳手”，单击“打开”按钮。

（3）设置单位系统。选择“单位”→“度量标准(kg, mm, s, ℃, mA, N, mV)”命令，设置单位为毫米。

（4）启动“瞬态热-Mechanical”应用程序。在项目原理图中右击“模型”，在弹出的快捷菜单中选择“编辑”命令，如图 15-28 所示，进入“瞬态热-Mechanical”应用程序，如图 15-29 所示。

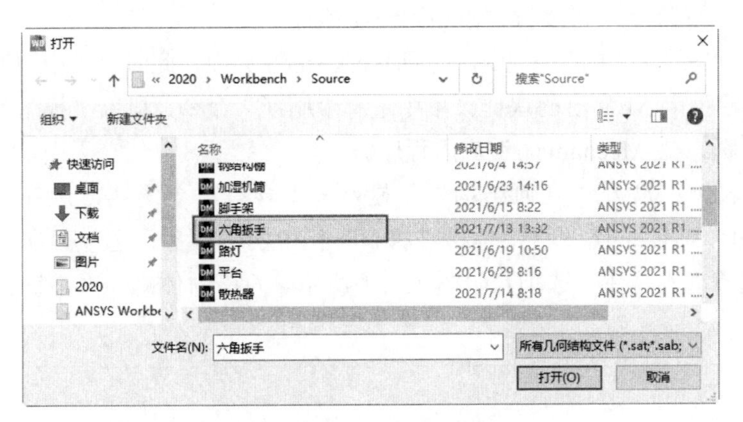

图 15-27 “打开”对话框

图 15-28 “编辑”命令

图 15-29 “瞬态热-Mechanical”应用程序

15.12.2 设置模型材料

（1）设置单位系统。在“主页”选项卡的“工具”面板中单击“单位”按钮，弹出“单位系统”下拉菜单，选择“度量标准(mm、kg、N、s、mV、mA)”选项。

（2）定义工程数据。返回 Workbench 界面，双击“工程数据”选项，弹出“工程数据”选项卡。

（3）选择“工程数据源”标签。如图 15-30 所示，打开左上角的“工程数据源”窗口，单击“热材料”按钮 热材料，使之点亮。在“热材料”点亮的同时，单击“轮廓 Thermal Materials”

窗格中的“不锈钢”后的“添加”按钮，将该材料添加到当前项目中。

（4）单击“A2:工程数据”标签的“关闭”按钮✖，返回 Workbench 界面，此时“模型”模块指出需要进行一次刷新。右击“模型”，在弹出的快捷菜单中选择“刷新”命令，刷新“模型”模块。双击“模型”模块，返回“瞬态热-Mechanical”应用程序。

（5）设置模型材料。在树轮廓中展开“几何结构”，显示模型含有一个固体，选择该固体，在左下角打开的“固体”的详细信息视图栏中单击“材料”栏中的“任务”选项，在弹出的“工程数据材料”对话框中选择“不锈钢”选项，如图 15-31 所示，为该固体赋予“不锈钢”材料。

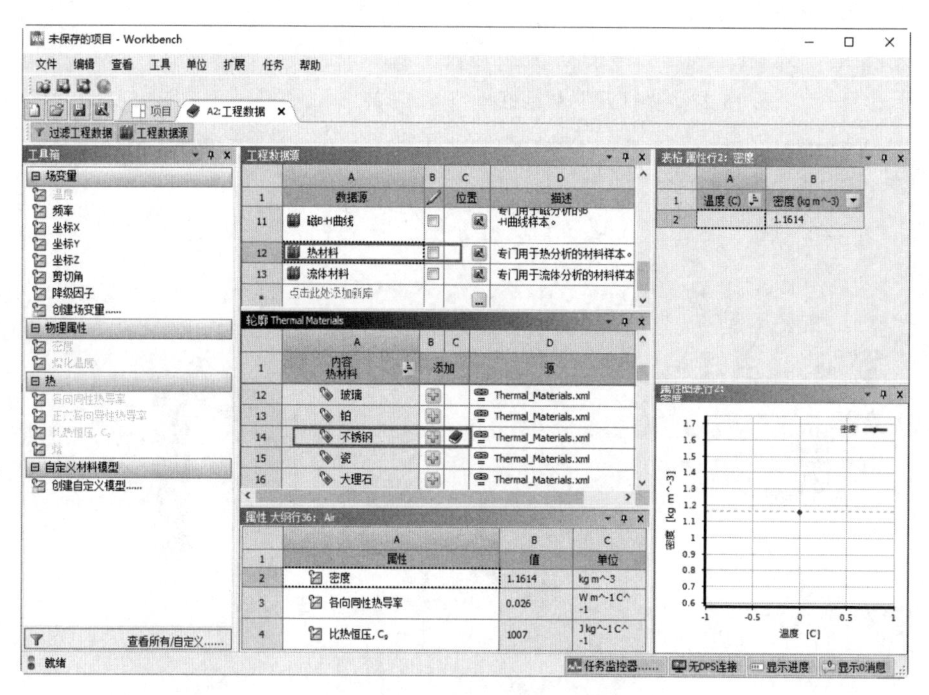

图 15-30 “工程数据源”标签

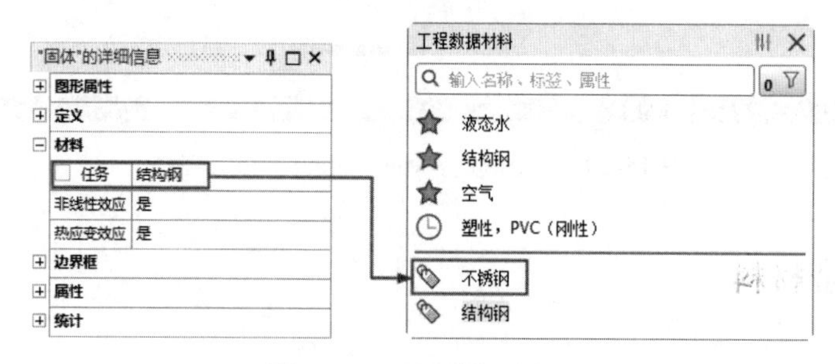

图 15-31 设置模型材料

15.12.3 划分网格

（1）设置局部划分方法。在树轮廓中单击“网格”分支，系统切换到“网格”选项卡。在“网格”选项卡的“控制”面板中单击“方法”按钮，左下角弹出“方法”的详细信息视图栏，设置“几何结构”为六角扳手，“方法”为“六面体主导”，此时该详细信息视图栏改为“六面体主导法”的详细信息视图栏，如图 15-32 所示。

（2）调整尺寸。在“网格”选项卡的“控制”面板中单击“尺寸调整”按钮，左下角弹出“几何体尺寸调整”的详细信息视图栏，设置“几何结构”为六角扳手，“单元尺寸”为 2.0mm，如图 15-33 所示。

（3）划分网格。在树轮廓中单击“网格”分支，左下角弹出“网格”的详细信息视图栏，采用默认设置。在“网格”选项卡的“网格”面板中单击“生成”按钮，系统自动划分网格，结果如图 15-34 所示。

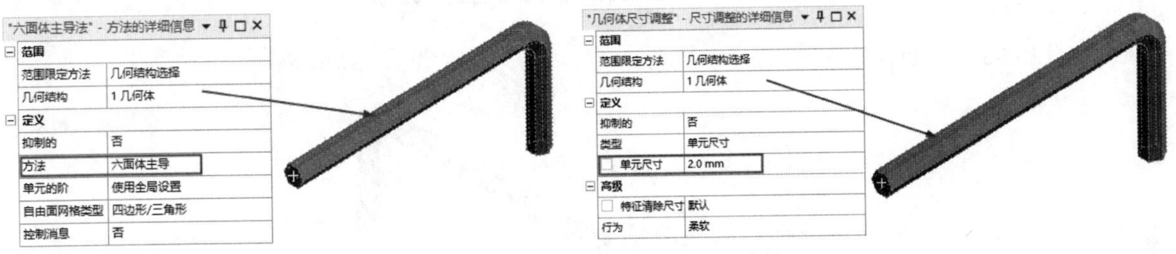

图 15-32　“六面体主导法”的详细信息视图栏　　图 15-33　“几何体尺寸调整”的详细信息视图栏

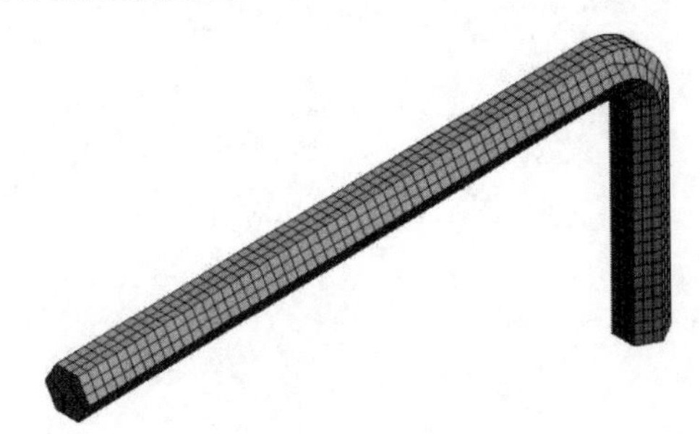

图 15-34　划分网格

15.12.4　定义热载荷

（1）分析设置。在树轮廓中单击“瞬态热（A5）”分支下的“分析设置”选项，左下角弹出“分析设置”的详细信息视图栏，设置“步骤结束时间”为 600s，“自动时步”为“开启”，“最大时步”为 10s，如图 15-35 所示。

（2）添加温度。在树轮廓中单击“瞬态热（A5）”分支，系统切换到“环境”选项卡。在“环境”选项卡的“热”面板中单击“温度”按钮温度，左下角弹出“温度”的详细信息视图栏，设置“几何结构”为六角扳手的端面，“大小”为 1000℃，如图 15-36 所示。

（3）添加对流。在“环境”选项卡的“热”面板中单击“对流”按钮对流，左下角弹出“对流”的详细信息视图栏，设置“几何结构”为六角扳手。单击“薄膜系数”栏中的箭头，如图 15-37 所示，在弹出的菜单中选择“导入温度相关的”选项，弹出“导入对流数据”对话框，选择要导入的数据 Stagnant Air-Simplified Case，单击 OK 按钮，导入对流数据。

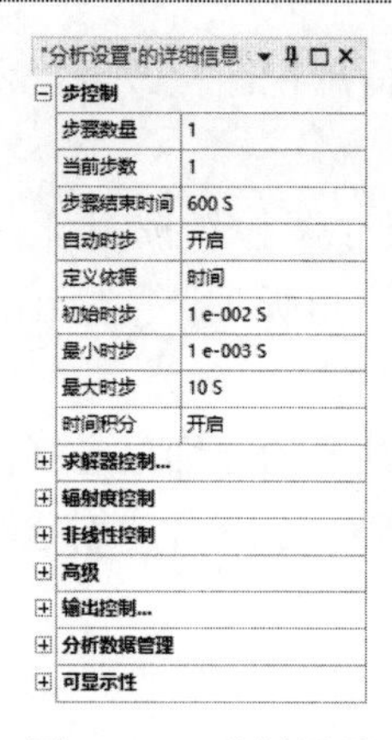

图 15-35 分析设置

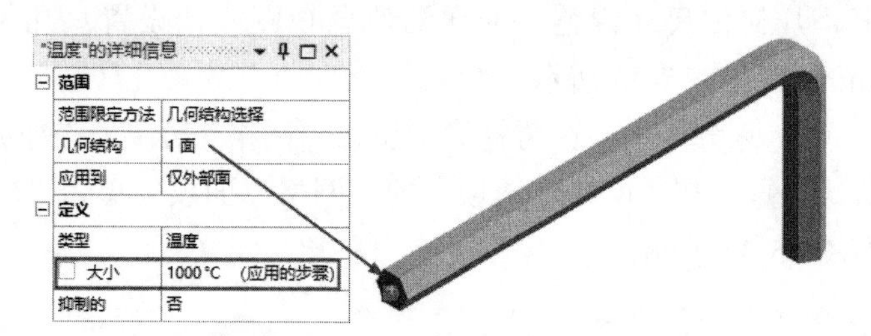

图 15-36 添加温度

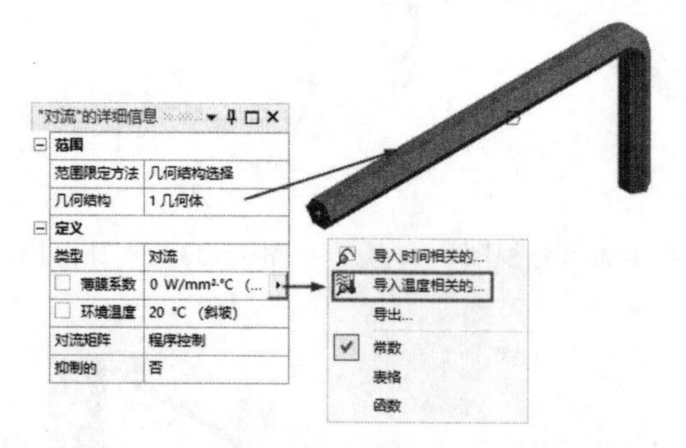

图 15-37 添加对流

15.12.5 求解

在“主页”选项卡的“求解”面板中单击“求解”按钮进行求解。

15.12.6 结果后处理

（1）求解完成后，在树轮廓中单击“求解（A6）”分支，系统切换到“求解”选项卡，在该选项卡中选择需要显示的结果。

（2）添加温度。在“求解”选项卡的“结果”面板中单击“热”下拉按钮，在弹出的下拉菜单中选择“温度”选项，添加温度。

（3）添加总热通量。在“求解”选项卡的“结果”面板中单击“热”下拉按钮，在弹出的下拉菜单中选择“总热通量”选项，添加总热通量。

（4）查看温度云图。在“求解”选项卡的“求解”面板中单击“求解”按钮，求解完成后展开树轮廓中的“求解”，选择“温度”选项，显示温度云图，如图 15-38 所示。由图 15-38 可以看到 10min 时温度的分布情况，最高温度为 1000℃，最小温度为 38.814℃。

（5）查看总热通量云图。展开树轮廓中的“求解（A6）”，选择“总热通量”选项，显示总热通量云图，如图 15-39 所示。

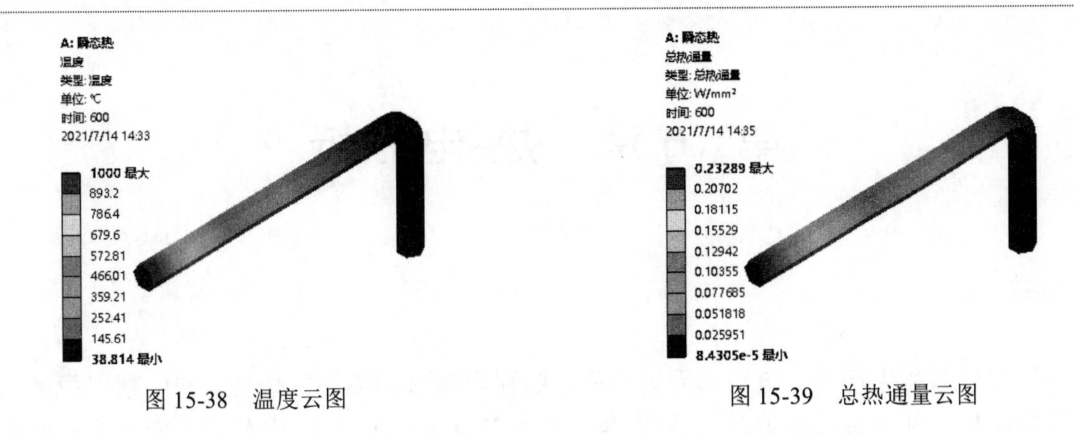

图 15-38　温度云图　　　图 15-39　总热通量云图

15.12.7　延长时间

在“分析设置”的详细信息视图栏中将“步骤结束时间”改为 1200s，计算后得到 20min 后温度的分布云图，如图 15-40 所示，显示最高温度为 1000℃，最小温度为 104.6℃。

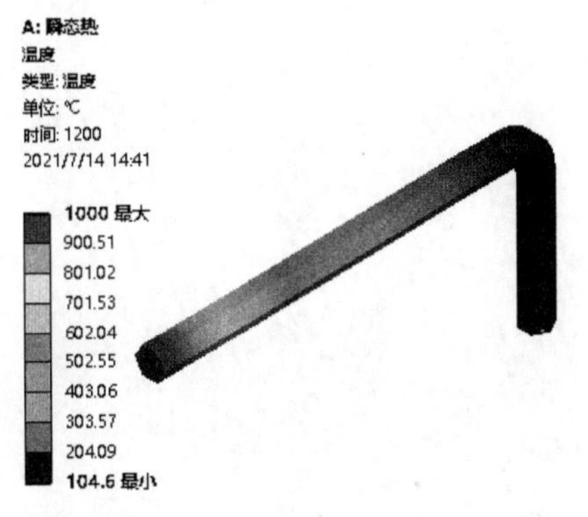

图 15-40　20min 后温度的分布云图

第 16 章　热-电分析

导读

在现代生活和生产中，电与热无处不在，如利用焦耳加热产生热量、利用塞贝克效应制作温差发电机、利用珀耳帖效应制冷/热等。利用 Workbench 的热-电分析功能可以对焦耳加热、塞贝克效应和珀耳帖效应进行建模和热电效应分析。

精彩内容

- 热-电分析概述
- 热-电分析流程
- 创建工程项目
- 创建或导入几何模型
- 定义接触关系
- 求解设置
- 载荷与边界条件
- 热-电分析后处理
- 实例 1——线圈加热分析
- 实例 2——热电制冷器分析

16.1　热-电分析概述

热电效应是当受热物体中的电子随温度梯度由高温区向低温区移动时，所产生电流或电荷堆积的一种现象。这种效应可以用来产生电能、测量温度、冷却或加热物体。一般来说，热电效应包括塞贝克效应、珀耳帖效应及汤姆孙效应。但在电与热之间还存在焦耳热现象，即将一个电压施加到一个电阻上时会产生热，但焦耳加热是热力学不可逆的，而塞贝克效应、珀耳帖效应及汤姆孙效应是热力学可逆的。

16.1.1　焦耳加热

焦耳热由电流通过导体产生，正比于电阻与电流的平方积，与电流方向无关，其公式为

$$Q = I^2R$$

16.1.2 塞贝克效应

在由两种不同导体组成的回路中，如果导体的两个节点存在温度差，该回路中将产生电势 V，这就是塞贝克效应，如图 16-1（a）所示。

由塞贝克效应产生的电势称为温差电势,其公式为

$$V=\alpha\Delta T$$

式中，α 为温差电势率[V/K（伏特/开尔文）]。

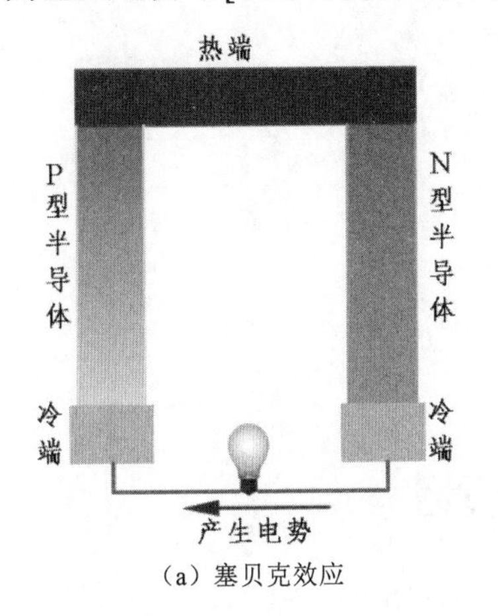

（a）塞贝克效应

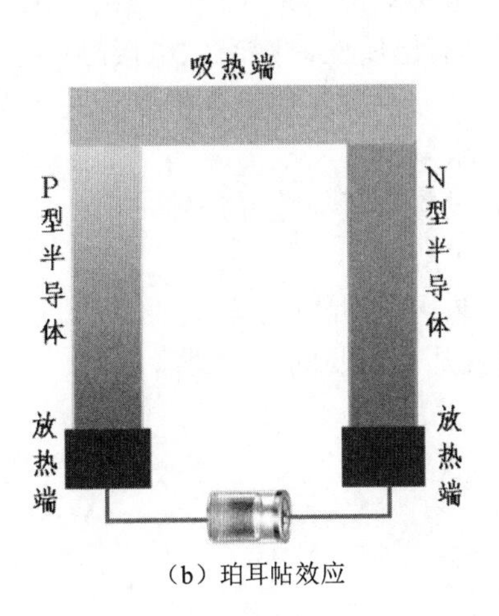

（b）珀耳帖效应

图 16-1 热电效应

16.1.3 珀耳帖效应

珀耳帖效应如图 16-1（b）所示，是指电流流过两种不同导体的界面时，将从外界吸收热量或向外界放出热量。这是因为不同导体之间的电荷具有不同的能级，当电荷从高能级向低能级运动时，便释放出多余的能量，这一过程会放出热量；当电荷从低能级向高能级运动时，会从外界吸收能量，这一过程会吸收热量。

16.1.4 汤姆孙效应

当电流在温度不均匀的导体中流过时，导体除产生不可逆的焦耳热之外，还要吸收或放出一定的热量，称为汤姆孙效应。由汤姆孙效应产生的热流量称为汤姆孙热，用 Q^{T} 表示，单位为 W，其公式为

$$Q^{T}=-\tau I\Delta T$$

式中，τ 为汤姆孙系数[W/(A·K)]；ΔT 为温差（K）；I 为电流（A）。

热电耦合分析有多种应用，如电子元件焦耳热、线圈加热、热熔丝、热电偶及热电冷却器和温差发电机等。

16.2 热-电分析流程

热-电分析中，热及电载荷要同时施加在零件上，其分析流程主要如下。

（1）创建工程项目。

（2）创建或导入几何模型。

（3）定义材料属性（包括电阻率、热传导率和塞贝克系数等）。

（4）定义接触关系（接触关系考虑热电效应，即零件如果具有热属性，则产生热接触关系；零件如果具有电属性，则产生电接触关系）。

（5）划分网格（热电分析没有关于网格划分的具体考虑）。

（6）求解设置。

（7）设置载荷与边界条件。

（8）求解。

（9）热-电分析后处理。

下面就几个主要的方面进行讲解。

16.3 创建工程项目

在 Workbench 中将“热-电气”模块拖到项目原理图中，如图 16-2 所示，或者双击“热-电气”模块，创建“热-电气”分析模块。

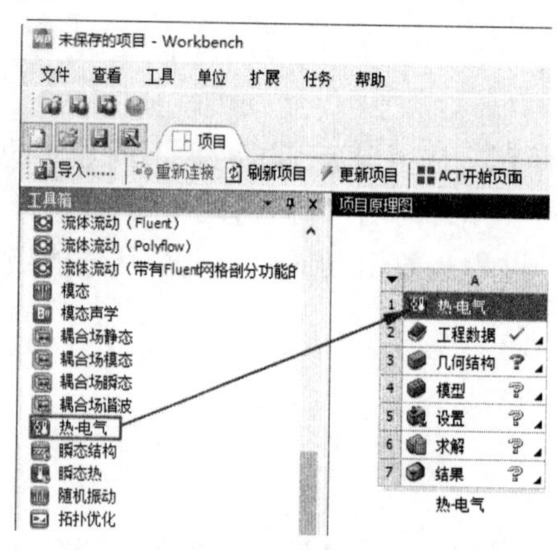

图 16-2 创建工程项目

16.4 创建或导入几何模型

对于几何模型的创建和导入，前面章节有详细的介绍，这里不再赘述，但要注意热-电分析不支持三维壳体和线体。

16.5 定义接触关系

在热-电分析期间，部件之间的接触应根据相邻部件的材料特性考虑热效应或电效应。也就是说，如果两个部分都具有热属性，则应用热接触；如果两个部分都具有电属性，则应用电接触。

16.6 求 解 设 置

对于热-电分析，基本求解设置包括如下内容。

（1）静态和瞬态分析的步长控制。用于指定单步或多步分析中某一步的结束时间。如果要在特定步骤中更改负载值、解决方案设置或解决方案输出频率，则需要多个步骤，但通常不需要更改默认值。

（2）非线性控制。典型的热-电问题包含温度相关的材料特性，因此是非线性的。热效应和电效应的非线性控制均可用，包括热效应的热和温度收敛以及电效应的电压和电流收敛。

（3）输出控制。能够指定结果用于后处理的时间点。

（4）解算器控制。热-电分析的默认解算器控制设置是直接解算器。可以选择迭代解算器作为替代解算器。如果包含塞贝克效果，解算器将自动设置为“直接”。

16.7 载荷与边界条件

16.7.1 热-电载荷

对于热-电载荷，除了包括第15章中的热载荷（详解见第15章热分析）外，还包括电压和电流两个载荷，如图16-3所示。

（1）电压：电压载荷模拟电势对物体的作用。对于每种分析类型，可以根据公式 $V=V_0\cos(\omega t+\varphi)$，在“电压”的详细信息视图栏中按大小和相角定义电压。

（2）电流：电流载荷模拟电流对物体的作用。对于每种分析类型，可以根据公式 $I=I_0\cos(\omega t+\varphi)$，在“电流”的详细信息视图栏中按大小和相角定义电流。

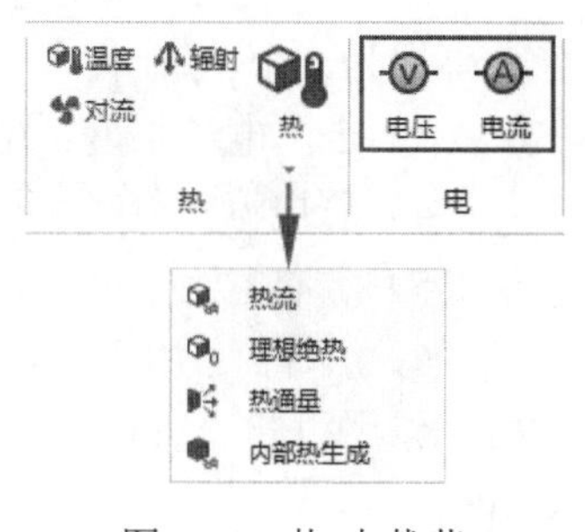

图16-3 热-电载荷

16.7.2 边界条件

边界条件包括耦合、流体固体界面、系统耦合区域、单元生死和接触步骤控制等，如图16-4所示，详解见第15章热分析，这里不再赘述。

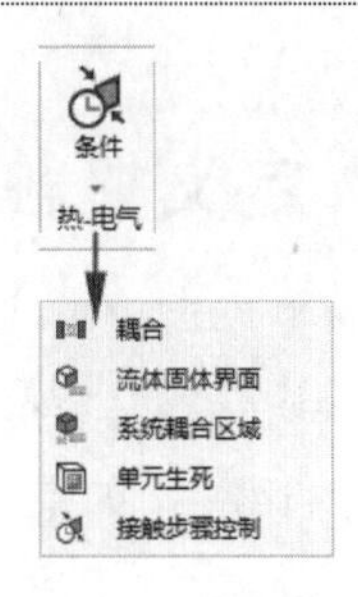

图 16-4　边界条件

16.8　热-电分析后处理

求解完成后即可进行后处理操作，包括热分析处理结果（详解见第 15 章热分析）和电气分析处理结果，如图 16-5 所示。下面简单介绍几种常用的热-电分析后处理。

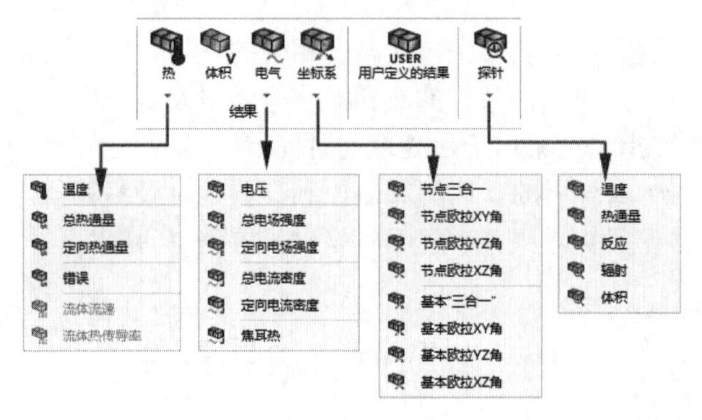

图 16-5　后处理

（1）电压：以云图的方式显示导体中恒定电势（电压）的轮廓，是一个标量。

（2）总电场强度：在整个模拟区域中计算，以矢量和的方式显示电场强度，并允许将矢量的总大小视为一个轮廓。

（3）定向电场强度：相对于总电场强度，可以显示单个矢量分量（X、Y、Z）的电场强度。

（4）总电流密度：可以显示任何固态导体的电流密度，显示为矢量，最好以线框模式查看。

（5）定向电流密度：相对于总电流密度，可以显示单个矢量分量（X、Y、Z）的电流密度。

（6）焦耳热：用以查看产生焦耳热的原因，是由经过导体的电流引起还是由带电载体与几何体相互作用引起。焦耳热与电流的平方成正比，且与电流方向无关。

扫一扫，看视频

16.9　实例 1——线圈加热分析

图 16-6 所示为一个散热器的模型，一个铁芯四周绕有铜线圈，将其放置在一定范围内的空气域中，给铜线圈一端施加 330mV 的电压，另一端电压为 0，查看此状态下铜线圈的总电流密度、总电流强度、焦耳热及总温度。

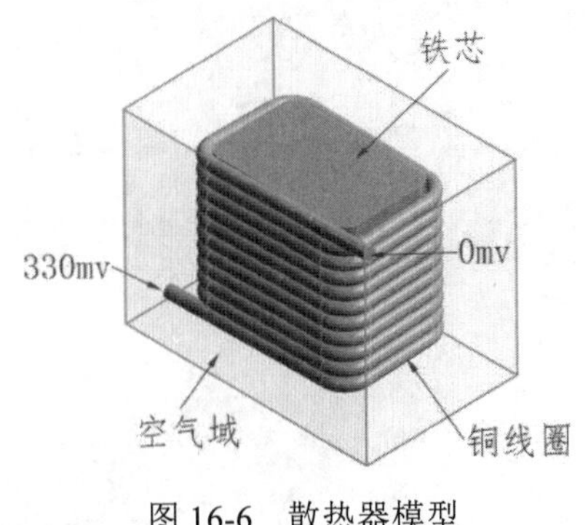

图 16-6　散热器模型

16.9.1　创建工程项目

（1）打开 Workbench 程序，展开左边工具箱中的“分析系统”栏，将“热-电气”模块直接拖动到项目原理图中或直接双击“热-电气”模块，建立一个含有“热-电气”的项目模块，结果如图 16-2 所示。

（2）导入模型。在项目原理图中右击“几何结构”，在弹出的快捷菜单中选择“导入几何模型”→“浏览”命令，弹出“打开”对话框，如图 16-7 所示，选择要导入的模型“线圈加热”，单击“打开”按钮。

（3）设置单位系统。选择“单位”→“度量标准(kg, mm, s, ℃, mA, N, mV)”命令，设置单位为毫米。

（4）启动“热-电气-Mechanical”应用程序。在项目原理图中右击“模型”，在弹出的快捷菜单中选择“编辑”命令，如图 16-8 所示，进入“热-电气-Mechanical”应用程序，如图 16-9 所示。

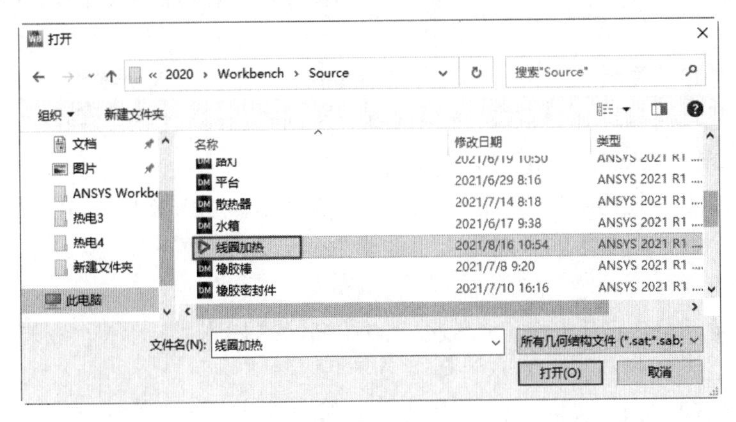

图 16-7　“打开”对话框

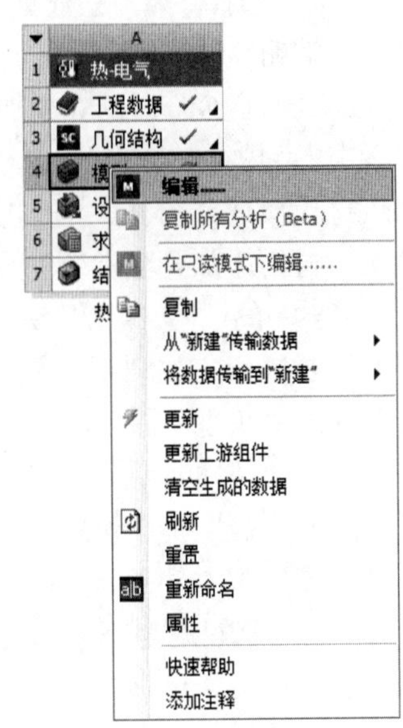

图 16-8　“编辑”命令

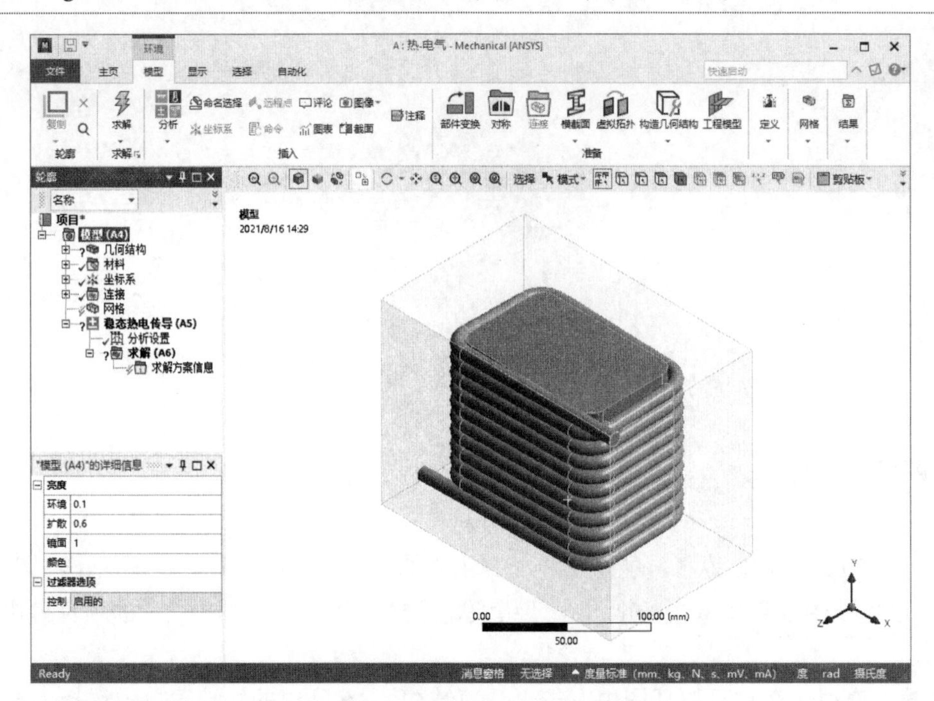

图 16-9 “热-电气-Mechanical”应用程序

16.9.2 设置模型材料

（1）设置单位系统。在“主页”选项卡的“工具”面板中单击“单位”按钮，弹出“单位系统”下拉菜单，选择“度量标准(mm、kg、N、s、mV、mA)”选项。

（2）定义工程数据。返回 Workbench 界面，双击“工程数据”选项，弹出“工程数据”选项卡。

（3）选择“工程数据源”标签。如图 16-10 所示，打开“工程数据源”窗格，单击“一般材料”按钮 一般材料，使之点亮。在“一般材料”点亮的同时，单击“轮廓 General Materials”窗格中的“铜合金”后的“添加”按钮，将该材料添加到当前项目中。同理，单击“工程数据源”窗格中的“热材料”按钮 热材料，使之点亮。在“热材料”点亮的同时，单击“轮廓 Thermal Materials”（热材料概述）窗格中的“空气”后的“添加”按钮，将该材料添加到当前项目中。同理，将“铁”材料添加到当前项目中。

（4）单击“A2:工程数据”标签的“关闭”按钮，返回 Workbench 界面，此时“模型”模块指出需要进行一次刷新。右击“模型”，在弹出的快捷菜单中选择“刷新”命令，刷新“模型”模块。双击“模型”模块，返回“热-电气-Mechanical”应用程序。

（5）模型重命名。在树轮廓中展开“几何结构”，显示模型含有 3 个固体，右击上面的固体，在弹出的快捷菜单中选择“重命名”命令，重新输入名称为“线圈”；同理，设置下面的两个固体为“铁芯”和“外壳”，如图 16-11 所示。

（6）设置模型材料。选择“线圈”，在左下角弹出“线圈”的详细信息视图栏，单击“材料”栏中的“任务”选项，在弹出的“工程数据材料”对话框中选择“铜合金”选项，如图 16-12 所示，为线圈赋予“铜合金”材料。同理，为“铁芯”赋予“铁”材料，为“外壳”赋予“空气”材料。

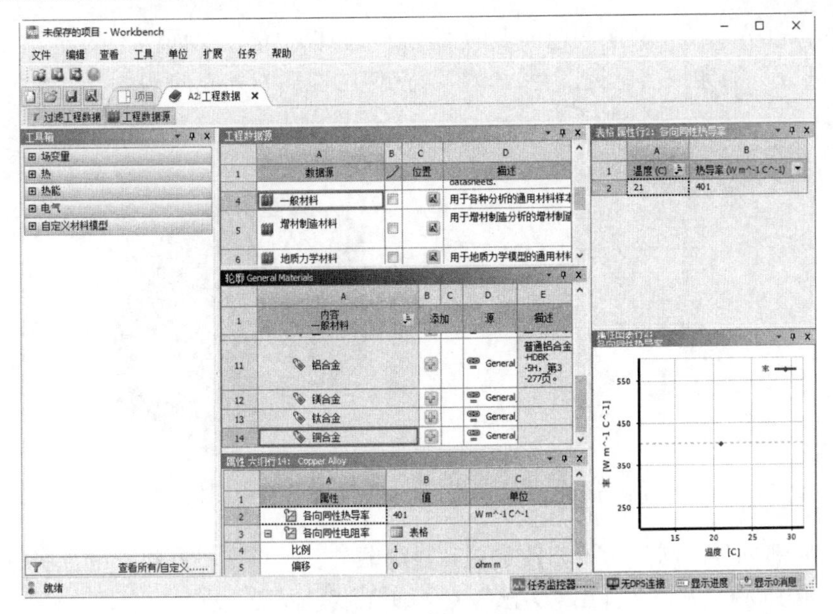

图 16-10　“工程数据源”标签

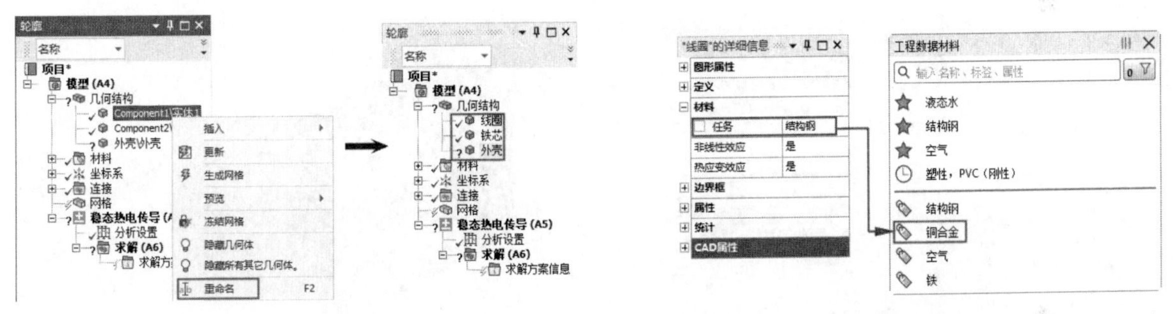

图 16-11　模型重命名　　　　图 16-12　设置模型材料

16.9.3　划分网格

（1）调整尺寸 1。在“网格”选项卡的“控制”面板中单击“尺寸调整”按钮，左下角弹出“边缘尺寸调整”的详细信息视图栏，设置“几何结构”为外壳的 3 条垂直边线，“类型”为“分区数量”，“分区数量”为 20，如图 16-13 所示。

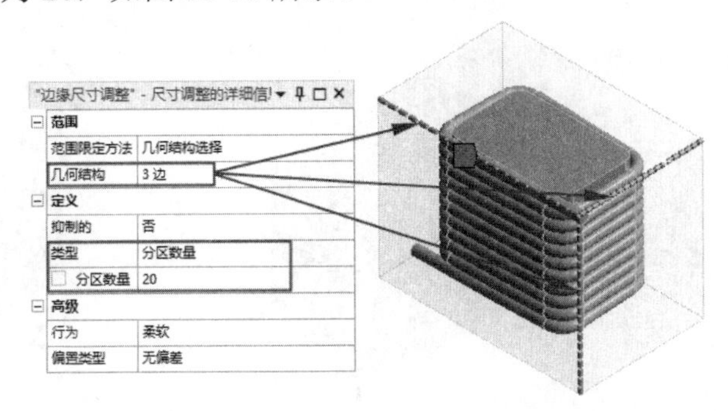

图 16-13　“边缘尺寸调整”的详细信息视图栏

（2）面网格剖分。在“网格”选项卡的“控制”面板中单击“面网格剖分”按钮，左下角弹出“面网格剖分”的详细信息视图栏，设置“几何结构”为外壳的 6 面，其余为默认设置，如图 16-14 所示。

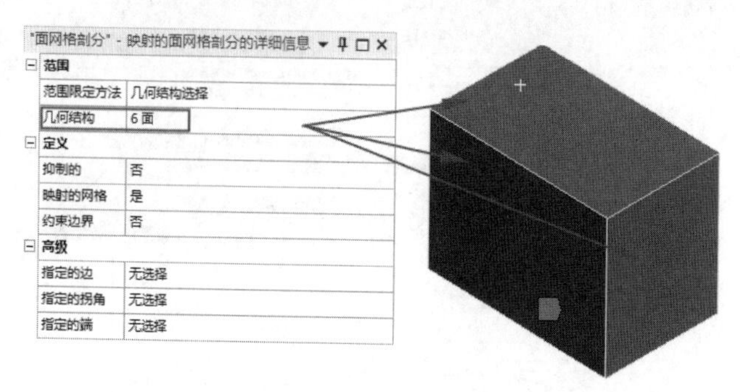

图 16-14 “面网格剖分”的详细信息视图栏

（3）设置局部划分方法。为了方便选择，先隐藏外壳，再在“网格”选项卡的“控制”面板中单击“方法”按钮，左下角弹出“方法”的详细信息视图栏，设置“几何结构”为铁芯，“方法”为“六面体主导”，此时该详细信息视图栏改为“六面体主导法”的详细信息视图栏，如图 16-15 所示。

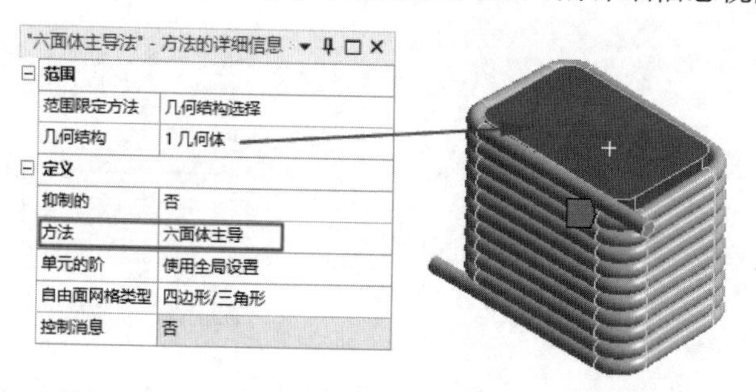

图 16-15 “六面体主导法”的详细信息视图栏

（4）调整尺寸 2。在“网格”选项卡的“控制”面板中单击“尺寸调整”按钮，左下角弹出“几何体尺寸调整”的详细信息视图栏，设置“几何结构”为线圈和铁芯，“单元尺寸”为 5.0mm，其余为默认设置，如图 16-16 所示。

（5）划分网格。首先取消外壳的隐藏；然后在树轮廓中单击“网格”分支，左下角弹出“网格”的详细信息视图栏，采用默认设置。在“网格”选项卡的“网格”面板中单击“生成”按钮，系统自动划分网格，结果如图 16-17 所示。

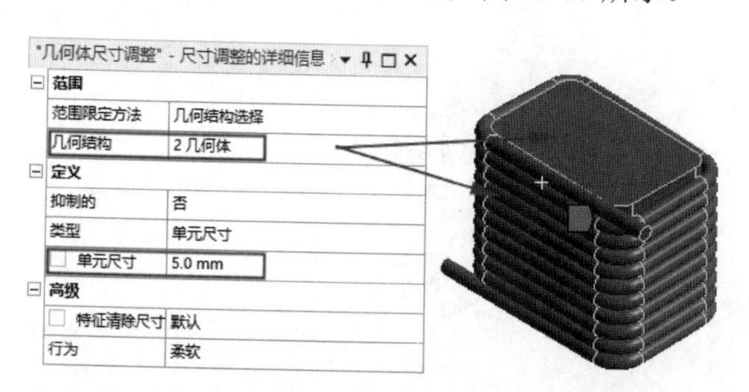

图 16-16 “几何体尺寸调整”的详细信息视图栏

图 16-17 划分网格

16.9.4 定义载荷

（1）添加温度。在树轮廓中单击“稳态热电传导（A5）”分支，系统切换到“环境”选项卡。在“环境”选项卡的“热”面板中单击“温度”按钮温度，左下角弹出“温度”的详细信息视图栏，设置“几何结构”为外壳的6面，“大小”为22℃，如图16-18所示。

（2）添加电压。为了方便选择，先隐藏外壳，再在“环境”选项卡的“电”面板中单击“电压”按钮，左下角弹出“电压”的详细信息视图栏，设置“几何结构”为线圈的下方端面，“大小”为330mV（斜坡），如图16-19所示。同理，在另一端添加另一个电压，大小为0mV。

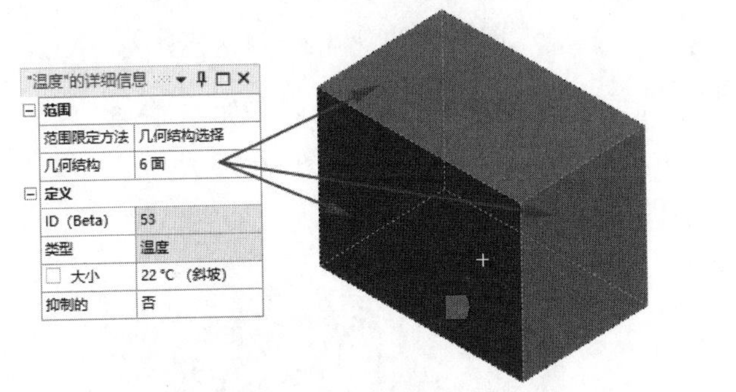

图16-18 添加温度

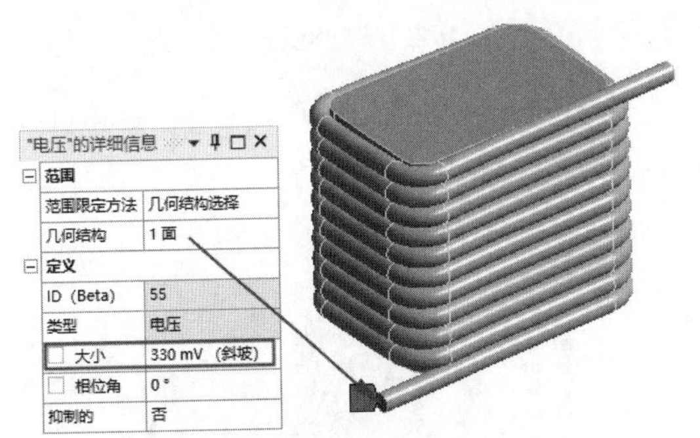

图16-19 添加电压

16.9.5 求解

在“主页”选项卡的“求解”面板中单击“求解”按钮进行求解。

16.9.6 结果后处理

（1）求解完成后，在树轮廓中单击“求解（A6）”分支，系统切换到“求解”选项卡，在该选项卡中选择需要显示的结果。

（2）添加总电场强度。在“求解”选项卡的“结果”面板中单击“电气”下拉按钮，在弹出的下拉菜单中选择“总电场强度”选项，添加总电场强度。

（3）添加总电流密度。在“求解”选项卡的“结果”面板中单击“电气”下拉按钮，在弹出的下拉菜单中选择“总电流密度”选项，添加总电流密度。

（4）添加焦耳热。在“求解”选项卡的“结果”面板中单击“电气”下拉按钮，在弹出的下拉菜单中选择“焦耳热”选项，添加焦耳热。

（5）添加温度。在“求解”选项卡的“结果”面板中单击“热”下拉按钮，在弹出的下拉菜单中选择“温度”选项，添加温度。

（6）查看总电场强度。首先取消外壳的隐藏，然后在“求解”选项卡的“求解”面板中单击“求解”按钮，求解完成后展开树轮廓中的“求解（A6）”，选择“总电场强度”选项，显示总电场强度云图，如图 16-20 所示。单击“矢量显示”面板中的“矢量”按钮，显示总电场强度矢量图，如图 16-21 所示。

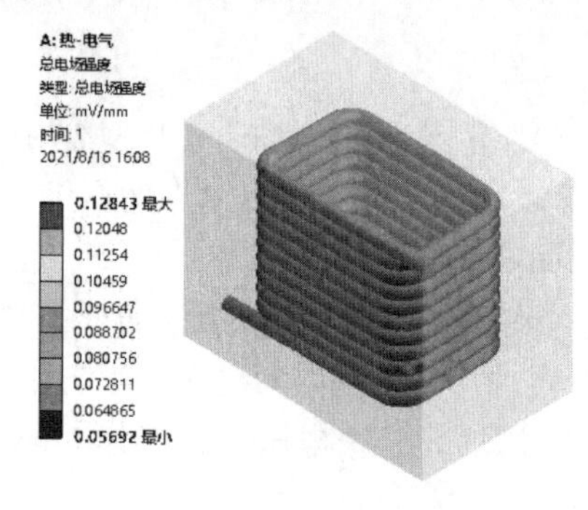

图 16-20　总电场强度云图

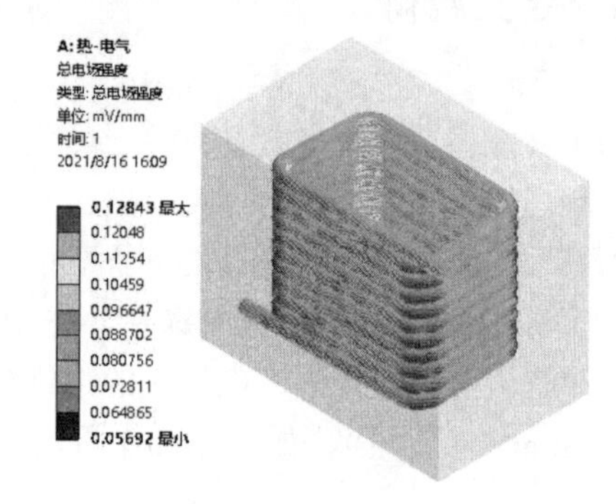

图 16-21　总电场强度矢量图

（7）查看总电流密度。选择“总电流密度”选项，显示总电流密度云图，如图 16-22 所示。单击“矢量显示”面板中的“矢量”按钮，显示总电流密度矢量图，如图 16-23 所示。

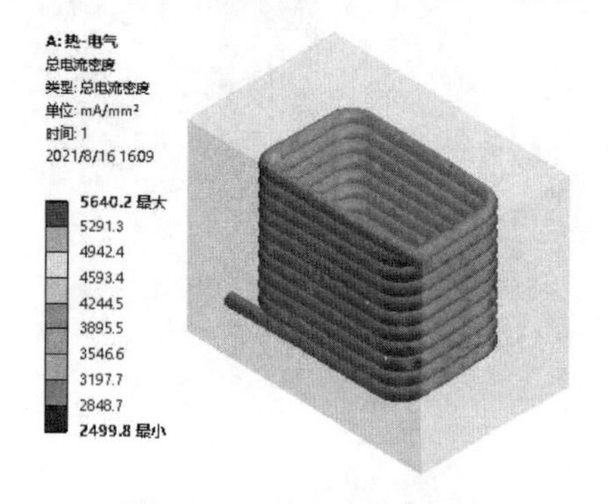

图 16-22　总电流密度云图

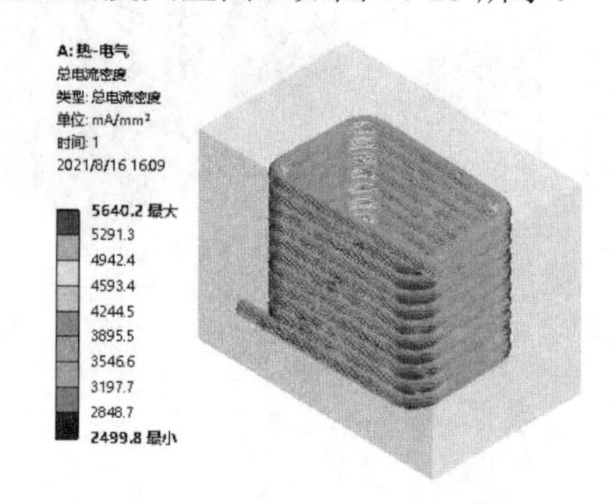

图 16-23　总电流密度矢量图

（8）查看焦耳热。选择“焦耳热”选项，显示焦耳热云图，如图 16-24 所示。

（9）查看温度。选择“温度热”选项，在视图区单击 X 轴，将视图调整为 X 轴。在“主页”选项卡的“插入”面板中单击“截面”按钮截面，添加截面。在外壳上自上到下画一条直线，如图 16-25 所示，将模型剖分。在视图区单击 Z 轴，将视图调整为 Z 轴，显示温度云图，如图 16-26 所示。单击图形区域下方“图形”中的“播放或暂停”按钮，可以动态查看温度的变化。

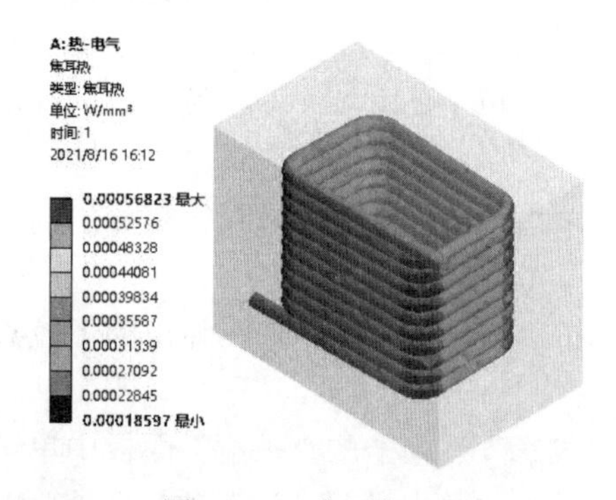

图 16-24　焦耳热云图

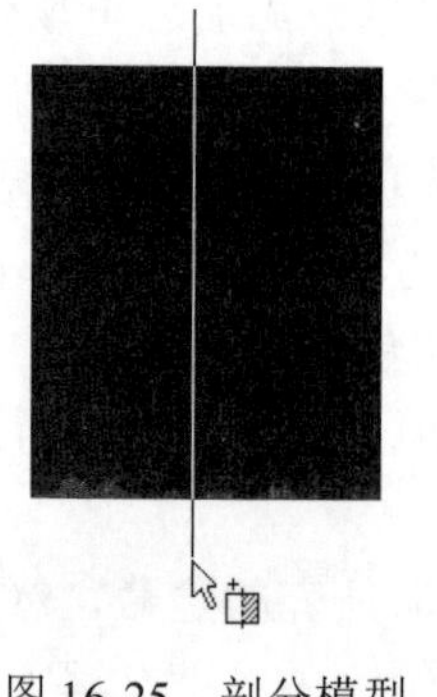

图 16-25　剖分模型

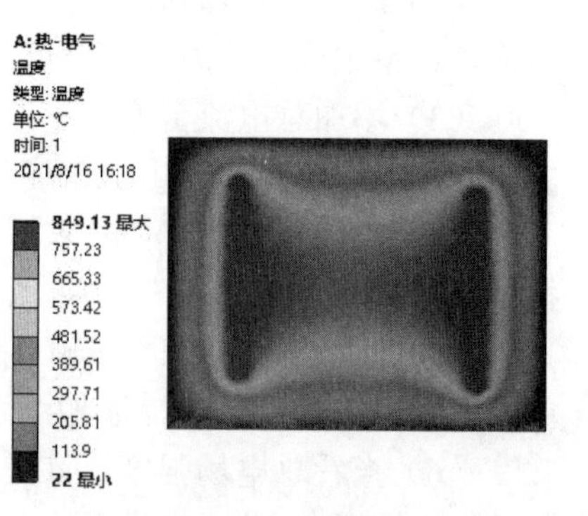

图 16-26　温度云图

16.10　实例 2——热电制冷器分析

应用 Workbench 的"热-电气"分析模块对一个热电制冷器进行分析。该热电制冷器由两个半导体单元组成，两个半导体间由一铜板连接，一块半导体为 N 型，另一块半导体为 P 型。热电制冷器冷端温度为 T_c，热端温度为 T_h，在热端通有电流强度为 I 的电流，分析此状态下系统的温度场分布和电压分布。热电冷却器几何模型如图 16-27 所示，材料性能参数见表 16-1。分析时，温度单位采用℃，其他采用法定计量单位。

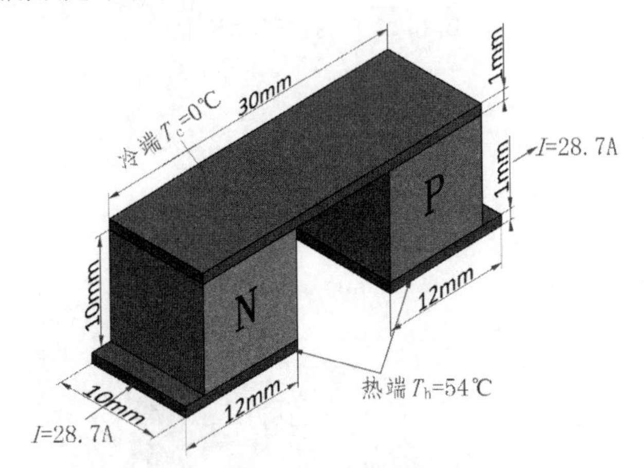

图 16-27　热电制冷器几何模型

表16-1　材料性能参数

材料名称	电阻率/(Ω·m)	热导率/[W/(m·K)]	塞贝克系数/(V/K)
N 型半导体	$\rho_N = 1.05\times10^{-5}$	$\lambda_N = 1.3$	$\alpha_N = -165\times10^{-6}$
P 型半导体	$\rho_P = 0.98\times10^{-5}$	$\lambda_P = 1.2$	$\alpha_P = 210\times10^{-6}$
铜板	1.7×10^{-8}	400	

16.10.1　创建工程项目

（1）打开 Workbench 程序，展开左边工具箱中的"分析系统"栏，将"热-电气"模块直接拖动到项目原理图中或直接双击"热-电气"模块，建立一个含有"热-电气"的项目模块，结果如图 16-2 所示。

（2）导入模型。在项目原理图中右击"几何结构"，在弹出的快捷菜单中选择"导入几何模型"→"浏览"命令，弹出"打开"对话框，如图 16-28 所示，选择要导入的模型"制冷器"，单击"打开"按钮。

（3）设置单位系统。选择"单位"→"SI(kg, m, s, K, A, N, V)"命令，设置单位为米。

（4）启动"热-电气-Mechanical"应用程序。在项目原理图中右击"模型"，在弹出的快捷菜单中选择"编辑"命令，进入"热-电气-Mechanical"应用程序，如图 16-29 所示。

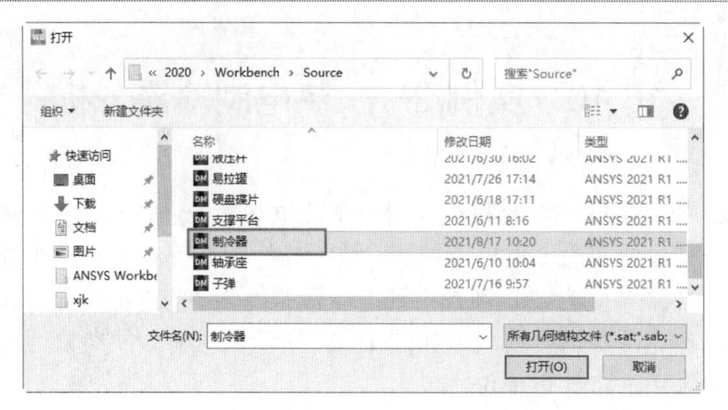

图 16-28 “打开”对话框

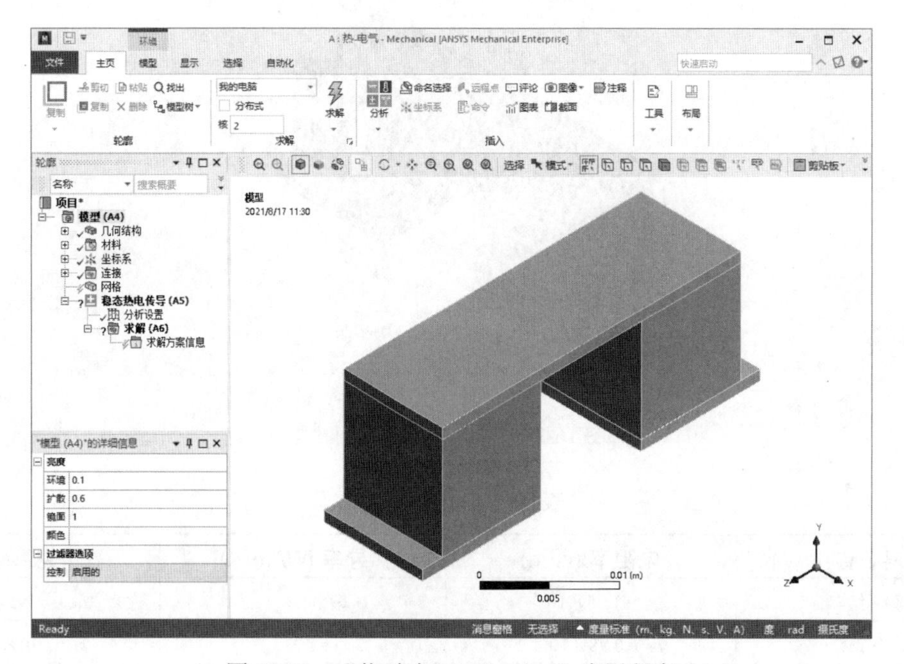

图 16-29 “热-电气-Mechanical”应用程序

16.10.2 设置模型材料

（1）设置单位系统。在“主页”选项卡的“工具”面板中单击“单位”按钮，弹出“单位系统”下拉菜单，选择“度量标准(m、kg、N、s、V、A)”选项。

（2）定义工程数据。返回 Workbench 界面，双击“工程数据”选项，弹出“工程数据”选项卡。

（3）添加材料。在该选项卡中单击“轮廓 原理图 A2：工程数据”下方的“单击此处添加新材料”栏，在该栏中输入“N 型材料”，此时就创建了一个 N 型材料。但是，此时 N 型材料没有定义属性，因此下方的“属性 大纲行 4：N 型材料”栏中没有任何属性定义，如图 16-30 所示。

图 16-30 属性大纲行

（4）设置材料属性。展开左侧工具箱中的“热”“热能”“电气”栏，将“各向同性热导率”“各向同性塞贝克系数”“各向同性电阻率”属性拖放到右侧的“N 型材料”中，如图 16-31 所示，此时下方的“属性 大纲行 4：N 型材料”中出现了所添加的属性。设置“各向同性热导率”为 1.3，“各向同性塞贝克系数”为-1.65×10^{-4}，“各向同性电阻率”为 1.05×10^{-5}，结果如图 16-32 所示。按照同样的方法添加和设置 P 型材料，如图 16-33 所示；再设置“铜”材料，如图 16-34 所示。

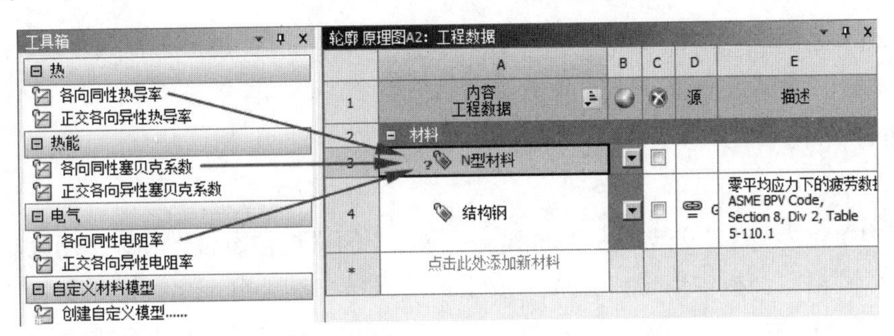

图 16-31　添加属性

属性 大纲行4：N型材料

	A	B	C	D	E
1	属性	值	单位		
2	材料场变量	表格			
3	各向同性热导率	1.3	W m^-1 K^-1		
4	各向同性塞贝克系数	-0.000165	V K^-1		
5	各向同性电阻率	1.05E-05	ohm m		

图 16-32　设置 N 型材料属性

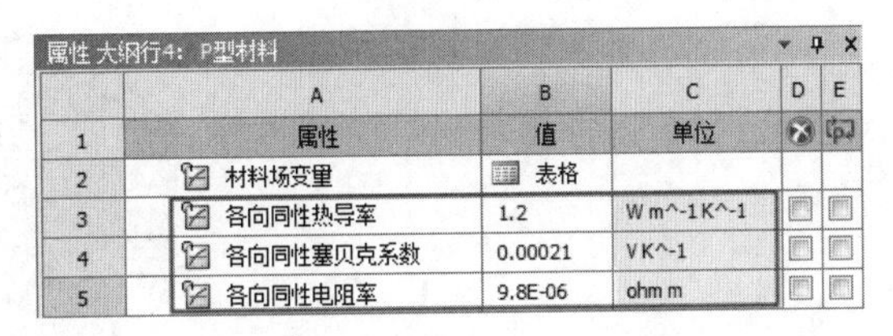

属性 大纲行4：P型材料

	A	B	C	D	E
1	属性	值	单位		
2	材料场变量	表格			
3	各向同性热导率	1.2	W m^-1 K^-1		
4	各向同性塞贝克系数	0.00021	V K^-1		
5	各向同性电阻率	9.8E-06	ohm m		

图 16-33　设置 P 型材料属性

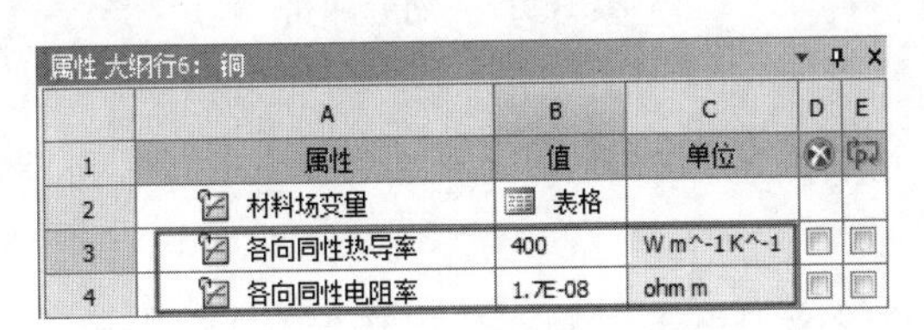

属性 大纲行6：铜

	A	B	C	D	E
1	属性	值	单位		
2	材料场变量	表格			
3	各向同性热导率	400	W m^-1 K^-1		
4	各向同性电阻率	1.7E-08	ohm m		

图 16-34　设置铜属性

（5）单击“A2:工程数据”标签的“关闭”按钮✖，返回 Workbench 界面，此时“模型”模块指出需要进行一次刷新。右击“模型”，在弹出的快捷菜单中选择“刷新”命令，刷新“模型”模块。双击“模型”模块，返回“热-电气-Mechanical”应用程序。

（6）模型重命名。在树轮廓中展开“几何结构”，显示模型含有 5 个固体，右击最上面的固体，在弹出的快捷菜单中选择“重命名”命令，重新输入名称为“铜板 1”；同理，设置下面的 4 个固体为“N 型半导体”“P 型半导体”“铜板 2”“铜板 3”，如图 16-35 所示。

（7）设置模型材料。选择“铜板 1”“铜板 2”“铜板 3”，在左下角打开“多个选择”的详细信息视图栏，单击“材料”栏中的“任务”选项，在弹出的“工程数据材料”对话框中选择“铜”选项，如图 16-36 所示，为铜板赋予“铜”材料。同理，为 N 型半导体赋予“N 型材料”，为 P 型半导体赋予“P 型材料”。

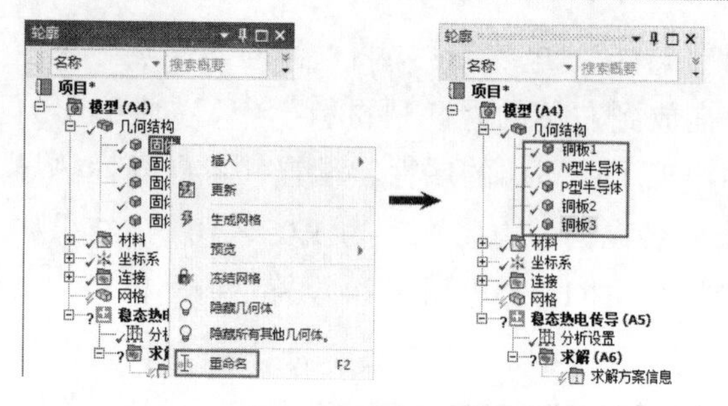

图 16-35　模型重命名

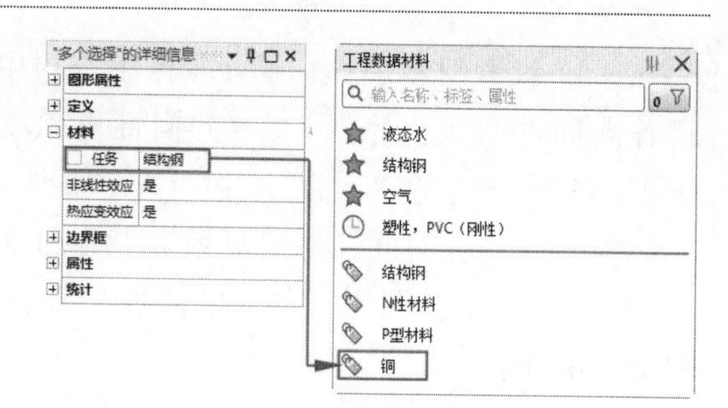

图 16-36　设置模型材料

16.10.3　划分网格

在树轮廓中单击“网格”分支，左下角弹出“网格”的详细信息视图栏，采用默认设置。在“网格”选项卡的“网格”面板中单击“生成”按钮，系统自动划分网格，结果如图 16-37 所示。

图 16-37　划分网格

16.10.4　定义载荷

（1）添加温度 1。在树轮廓中单击“稳态热电传导（A5）”分支，系统切换到“环境”选项卡。在“环境”选项卡的“热”面板中单击“温度”按钮，左下角弹出“温度”的详细信息视图栏，设置“几何结构”为铜板 1 的上表面，“大小”为 0℃，如图 16-38 所示。

（2）添加电压。在“环境”选项卡的“电”面板中单击“电压”按钮，左下角弹出“电压”的详细信息视图栏，设置“几何结构”为铜板 2 的左侧端面，“大小”为 0V（斜坡），如图 16-39 所示。

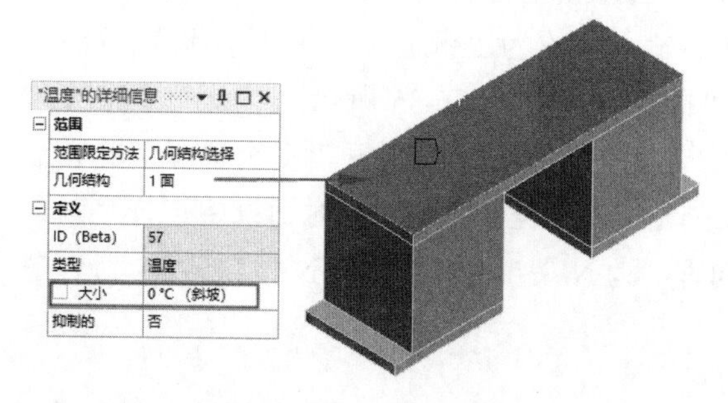

图 16-38　添加温度 1

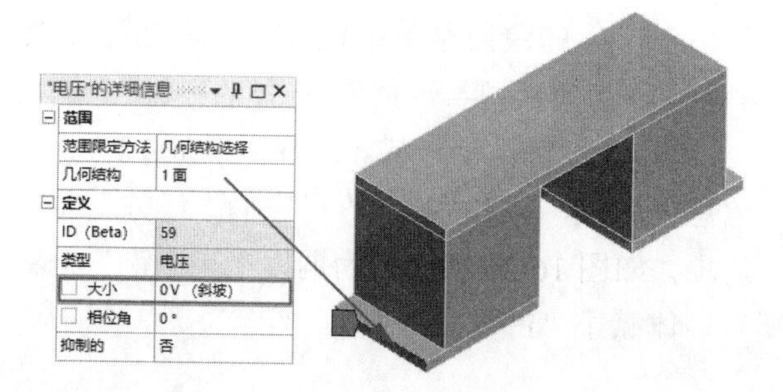

图 16-39　添加电压

（3）添加电流。在“环境”选项卡的“电”面板中单击“电流”按钮，左下角弹出“电流”的详细信息视图栏，设置“几何结构”为铜板3的右侧端面，“大小”为28.7A，如图16-40所示。

（4）添加温度2。在树轮廓中单击“稳态热电传导（A5）”分支，系统切换到“环境”选项卡。在“环境”选项卡的“热”面板中单击“温度”按钮温度，左下角弹出“温度2”的详细信息视图栏，设置“几何结构”为铜板2和铜板3的下表面，“大小”为54℃（斜坡），如图16-41所示。

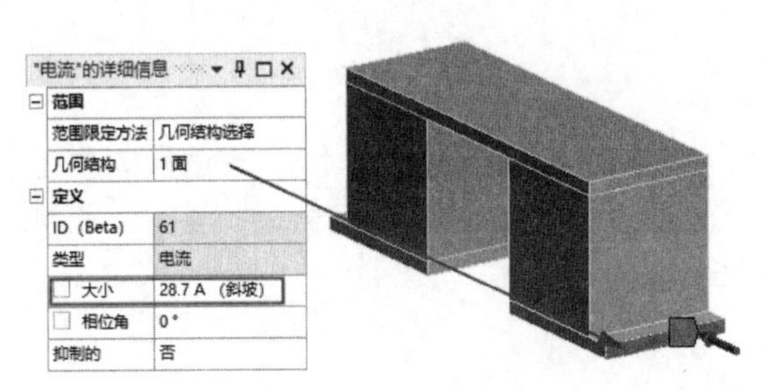

图16-40 添加电流

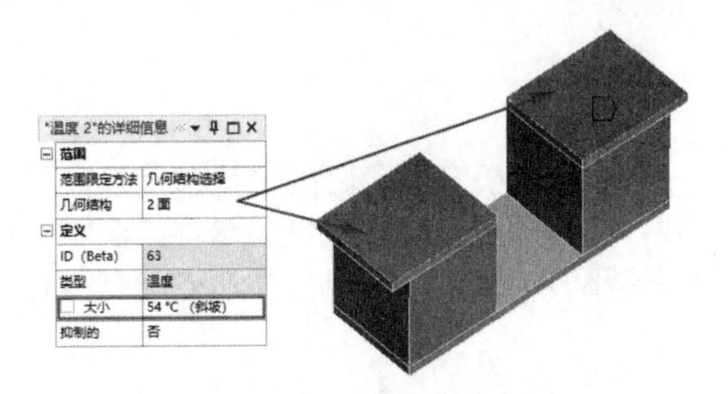

图16-41 添加温度2

16.10.5 求解

在“主页”选项卡的“求解”面板中单击“求解”按钮进行求解。

16.10.6 结果后处理

（1）求解完成后，在树轮廓中单击“求解（A6）”分支，系统切换到“求解”选项卡，在该选项卡中选择需要显示的结果。

（2）添加温度。在“求解”选项卡的“结果”面板中单击“热”下拉按钮，在弹出的下拉菜单中选择“温度”选项，添加温度。

（3）添加电压。在“求解”选项卡的“结果”面板中单击“电气”下拉按钮，在弹出的下拉菜单中选择“电压”选项，添加电压。

（4）查看温度云图。在“求解”选项卡的“求解”面板中单击“求解”按钮，求解完成后展开树轮廓中的“求解”，选择“温度”选项，显示温度云图，如图16-42所示。

（5）查看电压。选择“电压”选项，显示电压云图，如图16-43所示。

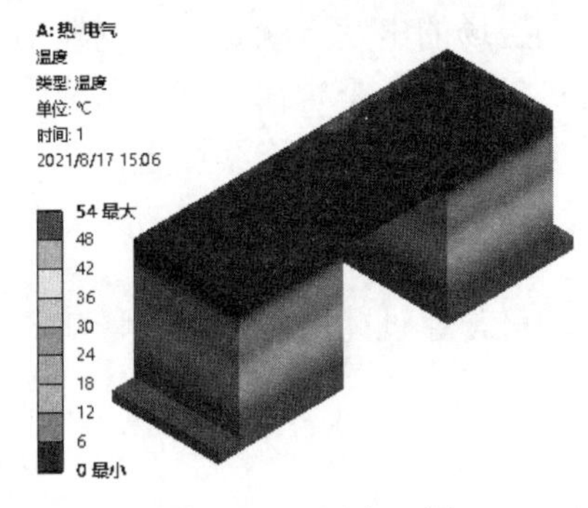

图16-42 温度云图

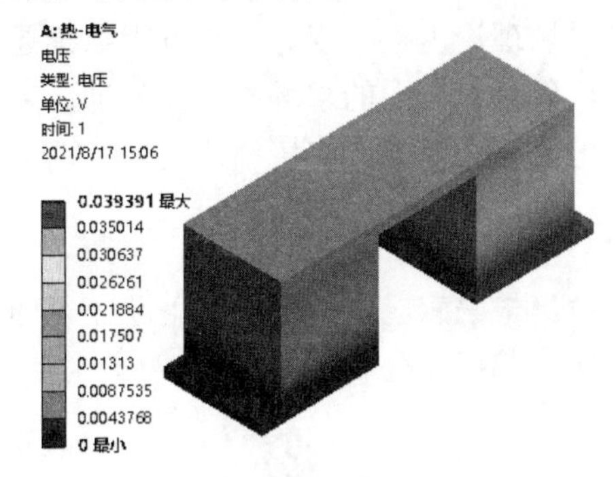

图16-43 电压云图

第 17 章　电磁学分析

导读

电磁学是研究电和磁的相互作用现象及其规律和应用的物理学分支学科。电磁是能量的反映，是物质所表现的电性和磁性的统称，如电磁感应、电磁波、电磁场等。所有的电磁现象都离不开电场，而磁场是由运动电荷（电量）产生的。

精彩内容

- 电磁场基本理论
- 电磁学分析流程
- 创建工程项目
- 创建或导入几何模型
- 定义材料属性
- 划分网格
- 载荷与边界条件
- 电磁学分析后处理
- 实例 1——永磁铁磁力仿真
- 实例 2——电磁力仿真

17.1　电磁场基本理论

17.1.1　麦克斯韦方程

电磁场理论由一套麦克斯韦方程组描述，分析和研究电磁场的出发点就是对麦克斯韦方程组的研究，包括该方面的求解与实验验证。麦克斯韦方程组实际上由 4 个定律（理）组成，分别是法拉第电磁感应定律、安培环路定理、高斯定律和高斯磁定律（也称磁通连续性定律）。

1．法拉第电磁感应定律

法拉第电磁感应定律描述如下：闭合回路中的感应电动势与穿过此回路的磁通量随时间变化率成正比。其用积分表示为

$$\oint_{\Gamma} E\mathrm{d}l = -\iint_{\Omega}\left(J + \frac{\partial B}{\partial t}\right)\mathrm{d}S \tag{17-1}$$

式中，E 为电场强度（V/m）；B 为磁感应强度（T 或 Wb/m^2）。

2．安培环路定理

安培环路定理描述如下：无论介质和磁场强度 H 的分布如何，磁场中的磁场强度沿任何一条闭合路径的线积分等于穿过该积分路径所确定的曲面 Ω 的电流的总和。这里的电流包括传导电流（由自由电荷产生）和位移电流（由电场变化产生）。其用积分形式表示为

$$\oint_{\Gamma} H \mathrm{d}l = \iint_{\Omega} \left(J + \frac{\partial D}{\partial t} \right) \mathrm{d}S \tag{17-2}$$

式中，J 为传导电流密度矢量（A/m^2）；$\partial D/\partial t$ 为位移电流密度；D 为电通密度（C/m^2）。

3．高斯定律

高斯定律描述如下：在电场中，不管电介质与电通密度矢量的分布如何，穿出任何一个闭合曲面的电通量等于该已闭合曲面所包围的电荷量。这里的电通量即电通密度矢量对此闭合曲面的积分。其用积分形式表示为

$$\oiint_{s} D \mathrm{d}S = \iiint_{v} \rho \mathrm{d}v \tag{17-3}$$

式中，ρ 为电荷体密度（C/m^3）；v为闭合曲面 S 所围成的体积区域。

4．高斯磁定律

高斯磁定律描述如下：在磁场中，不论磁介质与磁通密度矢量的分布如何，穿出任何一个闭合曲面的磁通量恒等于零。这里的磁通量即为磁通量矢量对此闭合曲面的有向积分。其用积分形式表示为

$$\oiint_{s} B \mathrm{d}S = 0 \tag{17-4}$$

式（17-2）～式（17-4）还分别有自己的微分形式，即微分形式的麦克斯韦方程组，它们分别对应式（17-5）～式（17-8）。

$$\nabla H = J + \frac{\partial D}{\partial t} \tag{17-5}$$

$$\nabla E = \frac{\partial B}{\partial t} \tag{17-6}$$

$$\nabla D = \rho \tag{17-7}$$

$$\nabla B = 0 \tag{17-8}$$

17.1.2 一般形式的电磁场微分方程

电磁场计算中经常对上述这些偏微分进行简化，以便能够用分离变量法、格林函数法等解得电磁场的解析解，其解的形式为三角函数的指数形式及一些用特殊函数（如贝塞尔函数、勒让德多项式等）表示的形式。但在工程实践中，要想精确得到问题的解析解，除了极个别情况外，通常是很困难的。因此，只能根据具体情况给定的边界条件和初始条件用数值解法求其数值解，有限元法就是其中最为有效、应用最广的一种数值计算方法。

1．矢量磁势和标量电势

对于电磁场的计算，为了使问题得到简化，通过定义两个量把电场和磁场变量分离开来，分别形成一个独立的电场或磁场的偏微分方程，这样便有利于数值求解。这两个量分别是矢量磁势 A（也称磁矢位）和标量电势 ϕ。

矢量磁势定义为

$$B=\nabla A \tag{17-9}$$

即磁势的旋度等于磁通量的密度。

标量电势可定义为

$$E=-\nabla\phi \tag{17-10}$$

2．电磁场偏微分方程

按式（17-9）和式（17-10）定义的矢量磁势和标量电势能自动满足法拉第电磁感应定律和高斯磁定律。将其应用到安培环路定理和高斯定律中，经过推导，可分别得到磁场偏微分方程[式（17-11）]和电场偏微分方程[式（17-12）]：

$$\nabla^2 A-\mu\varepsilon\frac{\partial^2 A}{\partial t^2}=-\mu J \tag{17-11}$$

$$\nabla^2\phi-\mu\varepsilon\frac{\partial^2\phi}{\partial t^2}=-\frac{\rho}{\varepsilon} \tag{17-12}$$

式中，μ 和 ε 分别为介质的磁导率和介电常数；∇^2 为拉普拉斯算子，公式如下：

$$\nabla^2=\left(\frac{\partial^2}{\partial x^2}+\frac{\partial^2}{\partial y^2}+\frac{\partial^2}{\partial z^2}\right) \tag{17-13}$$

很显然，式（17-11）和式（17-12）具有相同的形式，是彼此对称的，这意味着求解它们的方法相同。至此，可以对式（17-11）和式（17-12）进行数值求解，可以先采用有限元法解得磁势和电势的场分布值，再经过转化（后处理）即可得到电磁场的各种物理量，如磁感应强度、储能等。

17.1.3 电磁场中常见的边界条件

在电磁场问题的实际求解过程中，有各种各样的边界条件，归结起来可概括为 3 种：狄里克雷（Dirichlet）边界条件、诺伊曼（Neumann）边界条件以及它们的组合。

狄里克雷边界条件表示为

$$\phi|_{\Gamma}=g(\Gamma) \tag{17-14}$$

式中，Γ 为狄里克雷边界；$g(\Gamma)$为位置的函数，可以是常数和零。

当 $g(\Gamma)$为零时，称此狄里克雷边界为奇次边界条件。例如，平行板电容器的一个极板电势可假定为零，而另外一个极板电势假定为常数，为零的边界条件即为奇次边界条件。

诺伊曼边界条件可表示为

$$\frac{\delta\phi}{\delta \boldsymbol{n}}|_{\Gamma}+f(\Gamma)\phi|_{\Gamma}=h(\Gamma) \tag{17-15}$$

式中，Γ 为诺伊曼边界；$\boldsymbol{n}$ 为边界 Γ 的外法线矢量；$f(\Gamma)$和 $h(\Gamma)$为一般函数（可为常数和零），当为零时为奇次诺伊曼条件。

实际上，在电磁场微分方程的求解中，只有在边界条件和初始条件被限制时，电磁场才有确定解。鉴于此，我们通常称此类问题为边值问题和初值问题。

17.2 电磁学分析流程

电磁学分析流程如下。

（1）创建工程项目。

（2）定义材料属性（包括残余感应和矫顽力等）。

（3）创建或导入几何模型。

（4）划分网格（求解时会自动进行网格划分，但在进行网格划分时最好选择电磁物理选项）。

（5）求解设置。

（6）设置载荷与边界条件。

（7）求解。

（8）电磁学分析后处理。

下面就几个主要的方面进行讲解。

17.3 创建工程项目

在 Workbench 中，将“静磁的”模块拖到项目原理图中，如图 17-1 所示，或者双击“静磁的”模块，即可创建“静磁的”分析模块。

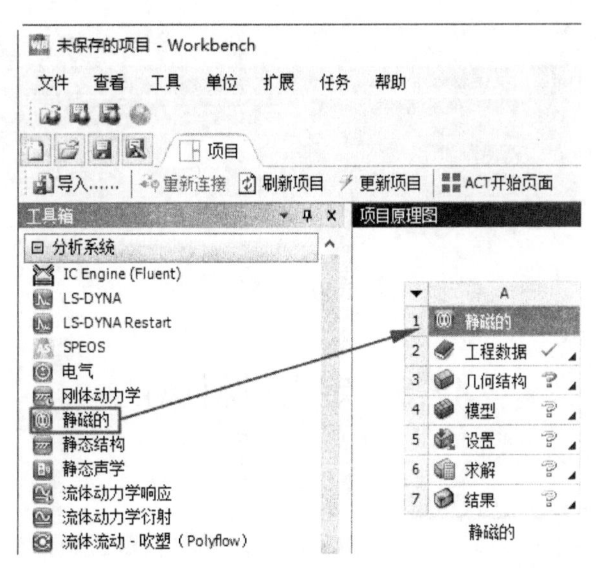

图 17-1 创建工程项目

17.4　创建或导入几何模型

对于几何模型的创建和导入，前面章节有详细介绍，这里不再赘述，但要注意以下几点。

（1）该分析仅适用于三维几何图形。

（2）该分析要求在建立的物理几何体周围建立空气域，并作为整个几何体的一部分。空气域可以在 DesignModeler 建模器中选择“工具”→“外壳”命令创建，如图 17-2 所示，建模结果如图 17-3 所示。

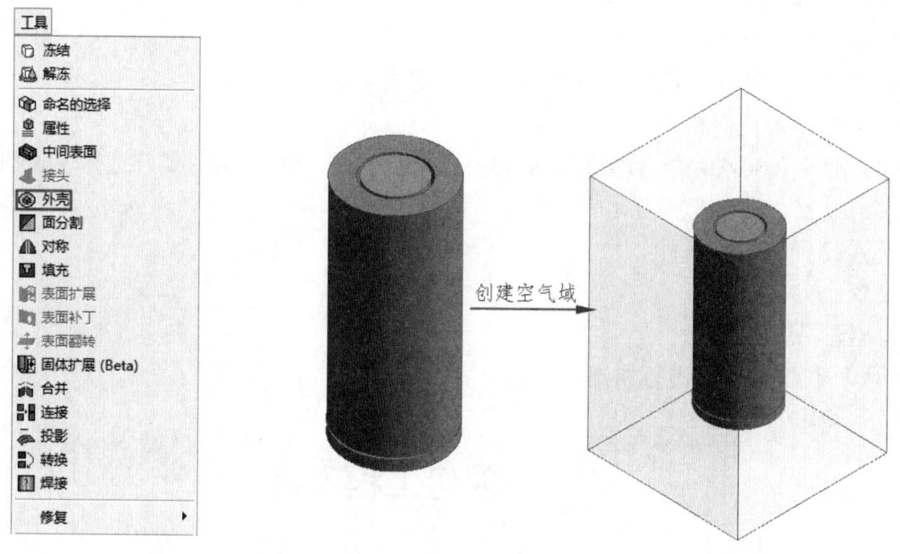

图 17-2　选择“外壳”命令　　图 17-3　创建外壳

（3）该分析要求创建的几何体必须为单一实体或多体零件，如图 17-4 所示。

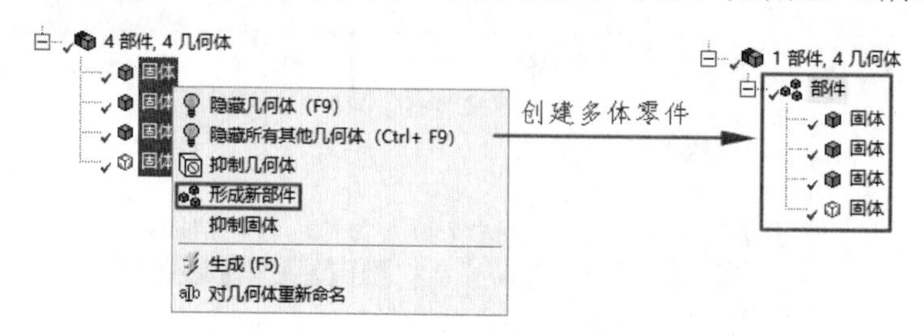

图 17-4　创建多体零件

17.5　定义材料属性

电磁学有限元分析支持 4 种材料特性。

（1）线性“软”磁性材料：常用于低饱和情况，需要相对磁导率。

（2）线性“硬”磁性材料：常用于制作永磁铁模型，需要剩余感应和矫顽力。

（3）非线性“软”磁性材料：常用于模拟经历磁饱和的器件，需要一个 *B-H* 曲线（磁滞回线）。

（4）非线性“硬”磁性材料：常用于建模非线性永磁体，需要对材料的退磁曲线进行 *B-H* 曲线的设置。

17.6 划 分 网 格

对于网格的划分，前面章节有详细介绍，这里不再赘述，但要注意以下几点。

（1）在“网格”的详细信息视图栏中设置“物理偏好”为“电磁”。

（2）对空气域进行精细的网格划分有利于力或扭矩的精确计算。

17.7 载荷与边界条件

电磁学载荷主要包括“磁通量并行”和“源导体”，如图 17-5 所示。

（1）磁通量并行：磁通量边界条件对模型边界上的磁通量方向施加约束，只能应用于面，通常应用在空气域的外表面上，以将磁通量包含在模拟域内。

（2）源导体：导体的特征是能够将电流和可能的电压传送到系统。在 Workbench 中，源导体的类型包括“固体”和“绞合的”两种，如图 17-6 所示。

图 17-5 电磁学载荷

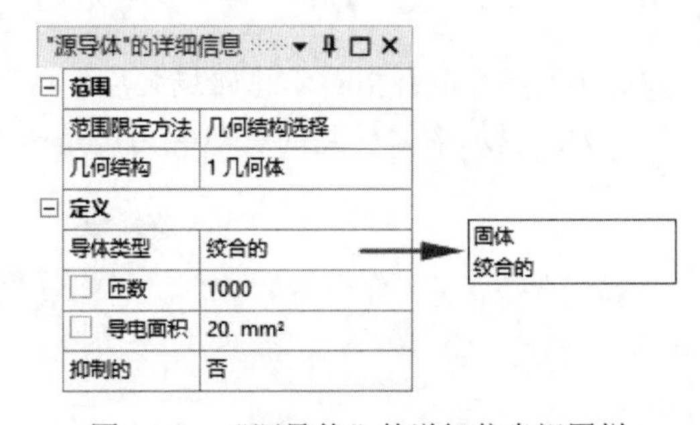

图 17-6 “源导体”的详细信息视图栏

- 固体源导体：可以将模型视为固体源导体，用于母线、转子笼等的建模。当将模型指定为固体源导体时，会激活电压和电流载荷，如图 17-7 所示。该类型导体会因为几何形状的不同使得电流分布不均。
- 绞合的源导体：可用于表示缠绕线圈。缠绕线圈最常用作旋转电动机、执行器、传感器等的电流激励源，因此该类型源导体会激活电流载荷，如图 17-8 所示，直接定义每个绞合的源导体的电流。

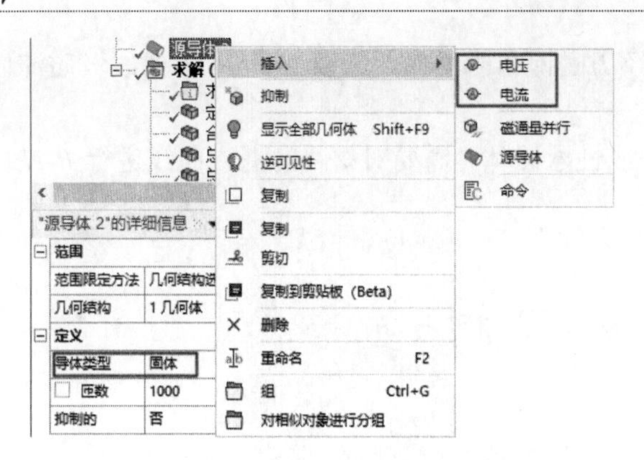

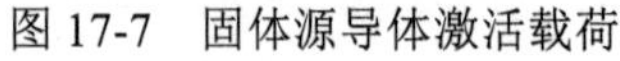
图 17-7　固体源导体激活载荷

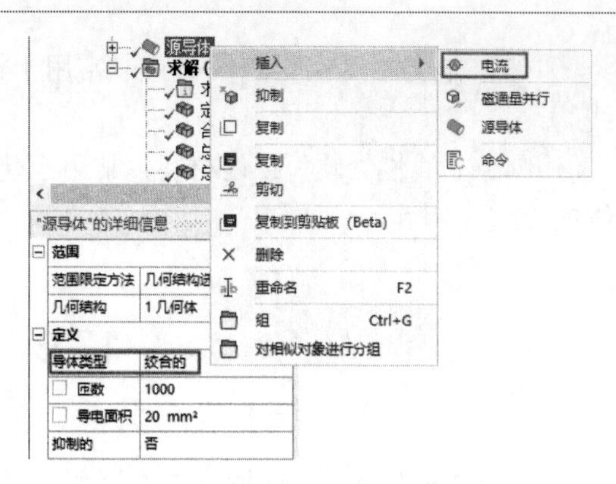

图 17-8　绞合的源导体激活载荷

17.8　电磁学分析后处理

求解完成后即可进行后处理操作，包括电势、总磁通密度、定向磁通密度、总磁场强度、定向磁场强度、合力、定向力等，如图 17-9 所示。下面简单介绍几种常用的后处理操作。

（1）电势：以云图的方式显示导体中恒定电势（电压）的轮廓，是一个标量。

（2）总磁通密度：在整个模拟区域中计算，是一个矢量，并允许将矢量的总大小视为一个轮廓。

（3）定向磁通密度：相对于总磁通密度，可以显示单个矢量分量（X、Y、Z）的磁通密度。

（4）总磁场强度：在整个模拟区域中计算，是一个矢量，并允许将矢量的总大小视为一个轮廓。

（5）定向磁场强度：相对于总磁场强度，可以显示单个矢量分量（X、Y、Z）的磁场强度。

（6）合力：表示物体受到的总电磁力，是一个矢量。

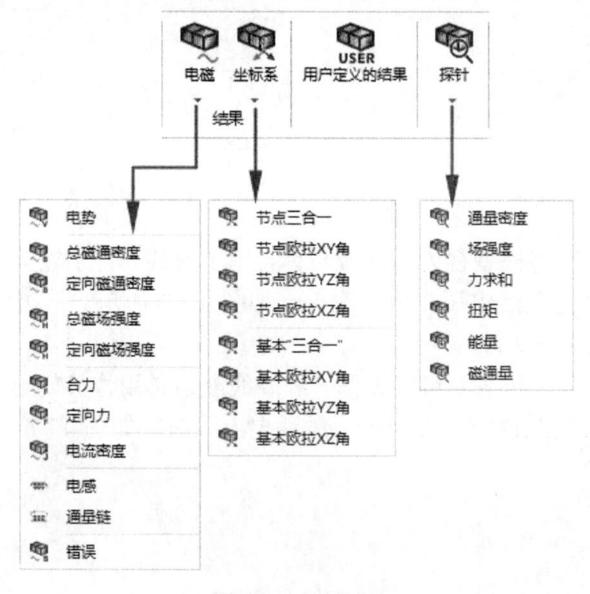

图 17-9　后处理

17.9 实例 1——永磁铁磁力仿真

图 17-10 所示为一个长条永磁铁模型，分析当一个铁块距离该磁铁 2mm 时，铁块受到的吸力及在此状态下总磁通密度和总磁场强度的分布情况。

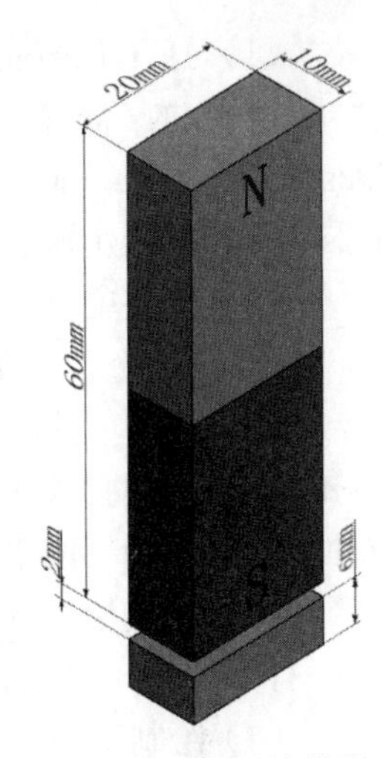

图 17-10 永磁铁模型

17.9.1 创建工程项目

（1）打开 Workbench 程序，展开左边工具箱中的“分析系统”栏，将“静磁的”模块直接拖动到项目原理图中或直接双击“静磁的”模块，建立一个含有“静磁的”的项目模块，结果如图 17-1 所示。

（2）设置单位系统。选择“单位”→“度量标准(kg,m, s, K, A, N, V)”命令，设置单位为米。

17.9.2 设置模型材料

（1）定义工程数据。返回 Workbench 界面，双击“工程数据”选项，弹出“工程数据”选项卡。

（2）添加材料。在该选项卡中单击“轮廓 原理图 A2：工程数据”下方的“单击此处添加新材料”栏，在该栏中输入“永磁铁”，此时就创建了一个永磁铁。但是，此时永磁铁没有定义属性，因此下方的“属性 大纲行 5：永磁铁”栏中没有任何属性定义，如图 17-11 所示。

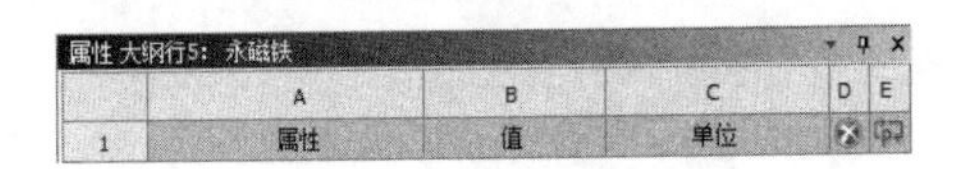

属性 大纲行5：永磁铁

	A	B	C	D	E
1	属性	值	单位		

图 17-11 属性大纲行

（3）设置材料属性。展开左侧工具箱中的“线性‘硬’磁性材料”栏，将“矫顽力和剩余感应”属性拖放到右侧的“永磁铁”中，如图 17-12 所示，此时下方的“属性 大纲行 5：永磁铁”中出现了所添加的属性。设置“矫顽力”为 45000，“残余感应”为 1.26，结果如图 17-13 所示。

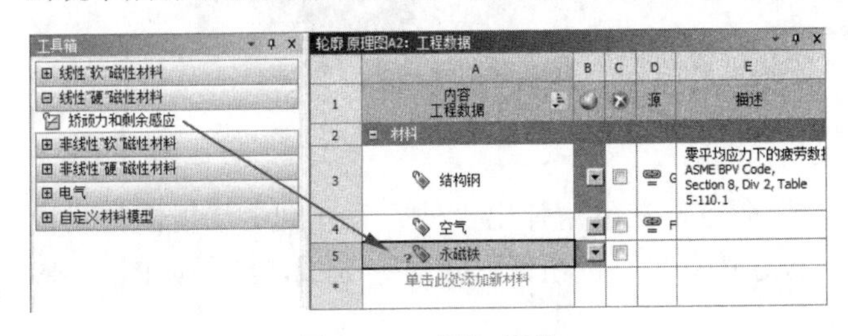

图 17-12 添加属性

属性 大纲行5：永磁铁

	A	B	C	D	E
1	属性	值	单位		
2	矫顽力和剩余感应				
3	矫顽力	45000	A m^-1		
4	残余感应	1.26	T		

图 17-13 设置永磁铁属性

（4）单击“A2:工程数据”标签的“关闭”按钮✖，返回 Workbench 界面。

17.9.3 创建几何模型

（1）打开 DesignModeler。右击“静磁的”模块中的“几何结构”，在弹出的快捷菜单中选择“新的 DesignModeler 几何结构”命令，如图 17-14 所示，进入 DesignModeler 建模系统。

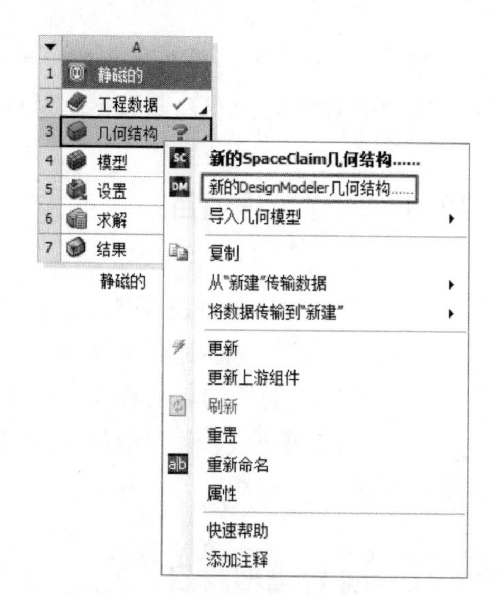

图 17-14　选择“新的 DesignModeler 几何结构”命令

（2）设置单位。在 DesignModeler 中，选择“单位”→“毫米”命令，设置系统单位为毫米。

（3）新建草图。在左侧的树轮廓中选择“XY 平面”，单击工具栏中的“新草图”按钮，新建草图 1。单击“查看面/平面/草图”按钮，将视图切换为正视于草图方向。

（4）切换标签。单击树轮廓下端的“草图绘制”标签，打开草图工具箱，进入草图绘制环境。

（5）绘制草图。利用草图工具箱的“绘制”栏中的命令和“维度”栏中的命令绘制草图，结果如图 17-15 所示。

（6）拉伸草图。单击工具栏中的“挤出”按钮挤出，左下角弹出“挤出”详细信息视图栏，设置“方向”为“双-对称”，“深度”为 5mm，如图 17-16 所示。单击“生成”按钮，拉伸草图，结果如图 17-17 所示。

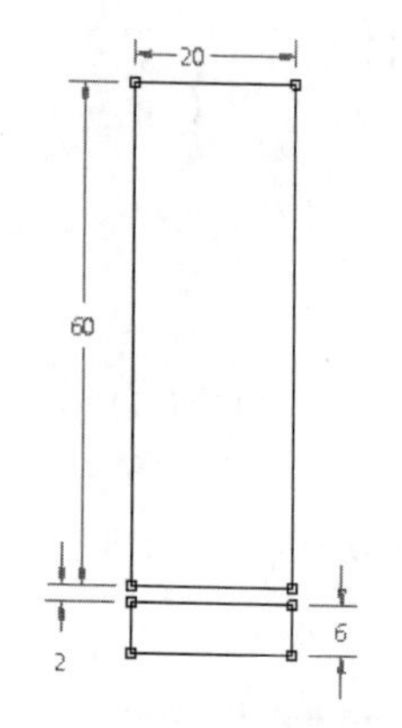

图 17-15　绘制草图

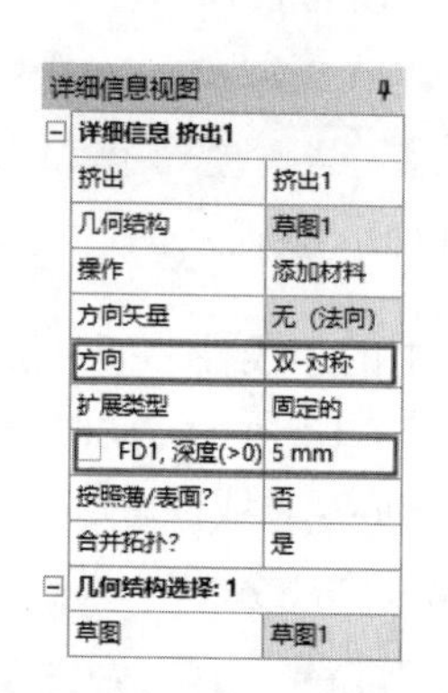

图 17-16　“挤出”详细信息视图栏

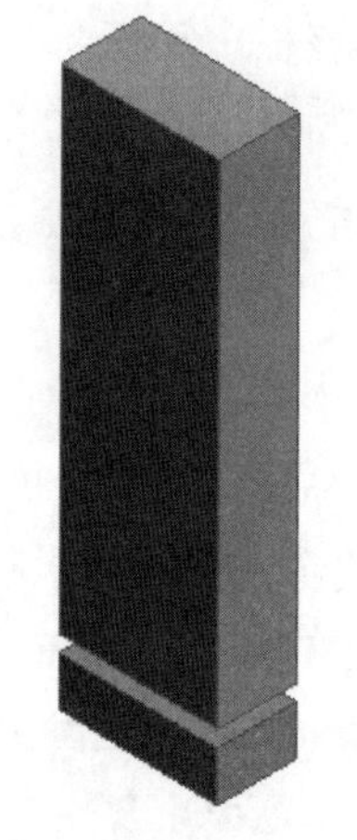

图 17-17　拉伸草图

（7）创建空气域。选择“工具”→“外壳”命令，左下角弹出“外壳”详细信息视图栏，设置 FD1～FD6 均为 15mm，如图 17-18 所示。单击“生成”按钮，创建空气域，结果如图 17-19 所示。

（8）创建多体零件。在树轮廓中展开“3 部件，3 几何体”分支，选择创建的固体零件，右击，在弹出的快捷菜单中选择“形成新部件”命令，创建多体零件，如图 17-20 所示。创建完成后，关闭 DesignModeler 建模系统。

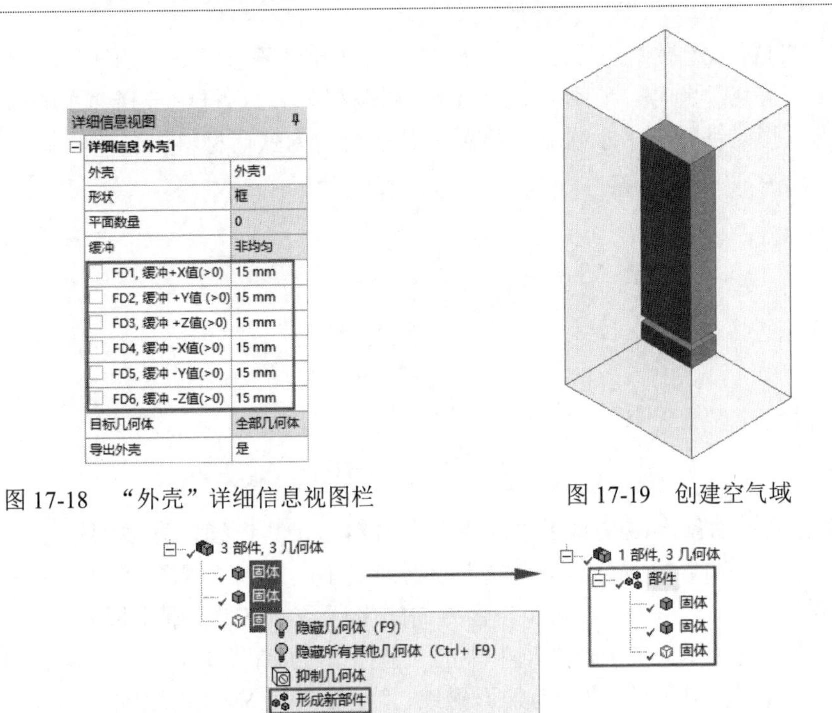

图 17-18 “外壳”详细信息视图栏

图 17-19 创建空气域

图 17-20 创建多体零件

17.9.4 打开分析系统

（1）启动“静磁的-Mechanical”应用程序。右击“静磁的”模块中的“模型”，在弹出的快捷菜单中选择“编辑”命令，进入“静磁的-Mechanical”应用程序。

（2）设置单位。在“主页”选项卡的“工具”面板中单击“单位”按钮，弹出“单位系统”下拉菜单，选择“度量标准(mm、kg、N、s、mV、mA)”选项。

（3）模型重命名。在树轮廓中展开“几何结构”分支，显示模型含有 3 个固体，右击上面的固体，在弹出的快捷菜单中选择“重命名”命令，重新输入名称为“条形磁铁”；同理，设置下面的两个固体为“铁块”和“空气域”，如图 17-21 所示。

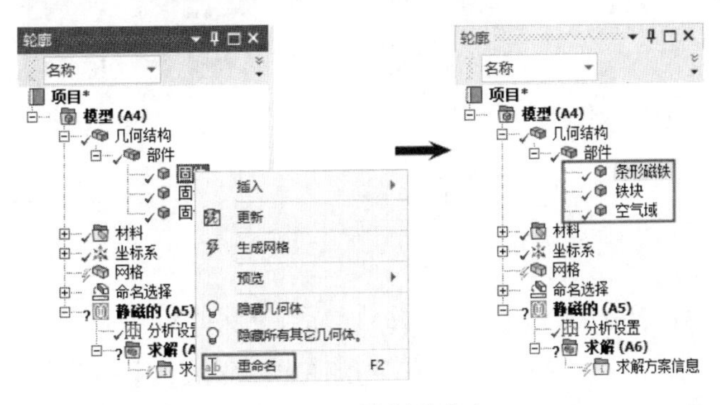

图 17-21 模型重命名

（4）设置模型材料。选择“条形磁铁”，在左下角打开“条形磁铁”的详细信息视图栏，单击“材料”栏中的“任务”选项，在弹出的“工程数据材料”对话框中选择“永磁铁”选项，如图 17-22 所示，为条形磁铁赋予“永磁铁”材料。其他材料为默认材料。

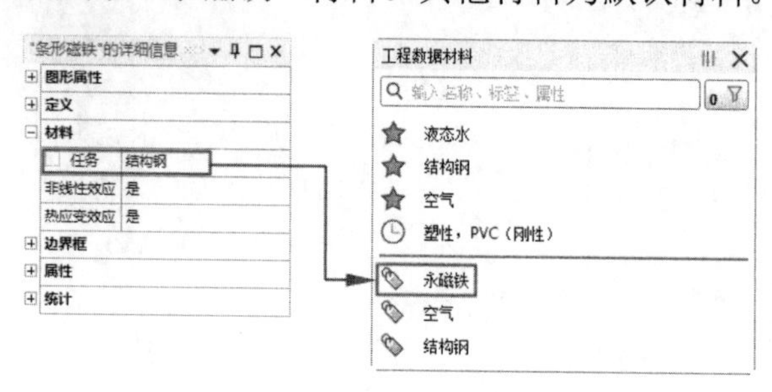

图 17-22　设置模型材料

（5）新建坐标系。为条形磁铁赋予“永磁铁”材料后，其详细信息视图栏中显示“材料极化”为“+X 方向”，如图 17-23 所示。X 轴方向为水平方向，而模型需要“材料极化”方向为竖直方向，因此需要新建一个“+X”方向在竖直方向的坐标系。在树轮廓中展开“坐标系”分支，系统切换到“坐标系”选项卡。单击该选项卡中的“坐标系”按钮，左下角弹出“坐标系”的详细信息视图栏，设置“几何结构”为条形磁铁，“主轴”为 Y，“主轴朝向”为 X。在“坐标系”选项卡的“转换”面板中单击“翻转 Y”按钮，调整坐标系的方向，创建的坐标系如图 17-24 所示。将条形磁铁的坐标系设置为新建的坐标系。

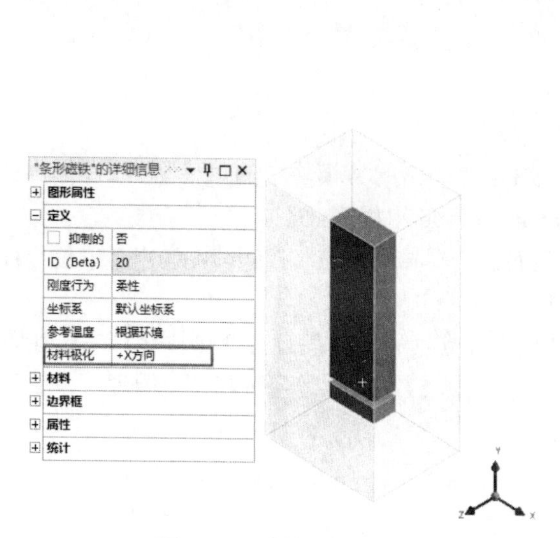

图 17-23　材料极化方向

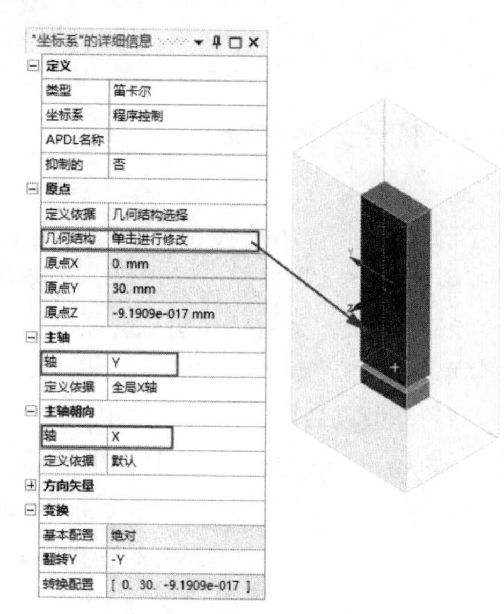

图 17-24　新建坐标系

17.9.5　定义载荷

在树轮廓中单击“静磁的（A5）”分支，系统切换到“环境”选项卡。在“环境”选项卡的“静磁的”面板中单击“磁通量并行”按钮，左下角弹出“磁通量并行”的详细信息视图栏，设置“几何结构”为空气域的 6 个面，如图 17-25 所示。

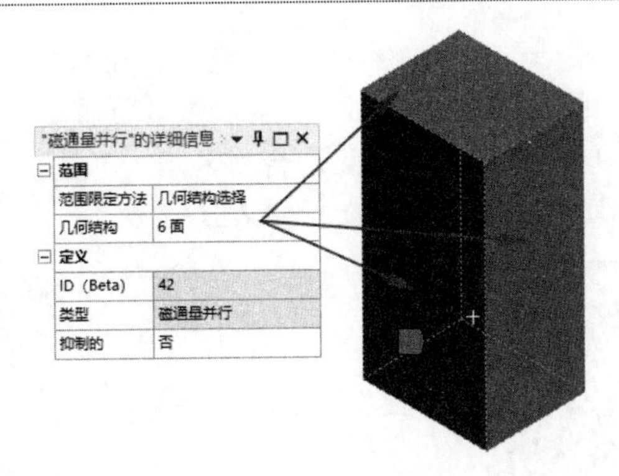

图 17-25 添加磁通量并行

17.9.6 求解

在“主页”选项卡的“求解”面板中单击“求解”按钮进行求解。

17.9.7 结果后处理

（1）求解完成后，在树轮廓中单击“求解（A6）”分支，系统切换到“求解”选项卡，在该选项卡中选择需要显示的结果。

（2）添加总磁通密度。在“求解”选项卡的“结果”面板中单击“电磁”下拉按钮，在弹出的下拉菜单中选择“总磁通密度”选项，添加总磁通密度。

（3）添加总磁场强度。在“求解”选项卡的“结果”面板中单击“电磁”下拉按钮，在弹出的下拉菜单中选择“总磁场强度”选项，添加总磁场强度。

（4）添加合力。在“求解”选项卡的“结果”面板中单击“电磁”下拉按钮，在弹出的下拉菜单中选择“合力”选项，添加合力。

（5）查看总磁通密度云图。在“求解”选项卡的“求解”面板中单击“求解”按钮，求解完成后展开树轮廓中的“求解（A6）”，选择“总磁通密度”选项，显示总磁通密度云图，如图 17-26 所示。单击工具栏中的“线框”按钮，设置视图为“线框”模式。单击“矢量显示”面板中的“矢量”按钮，显示总磁通密度矢量图，如图 17-27 所示。可以通过设置“比例”“均匀”“单元对齐”“网格对齐”来调整矢量图，如图 17-28 所示。

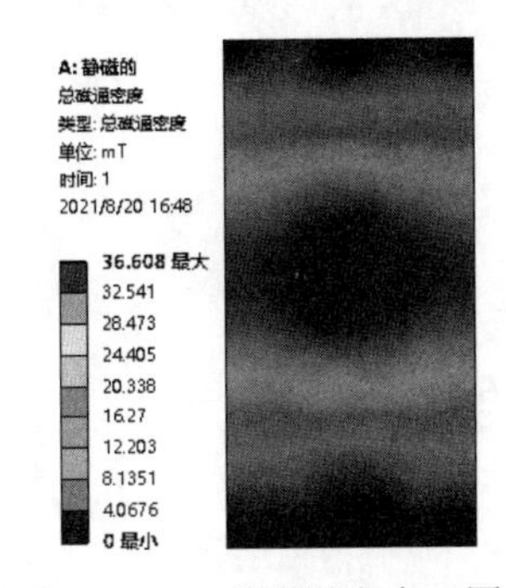

图 17-26 总磁通密度云图

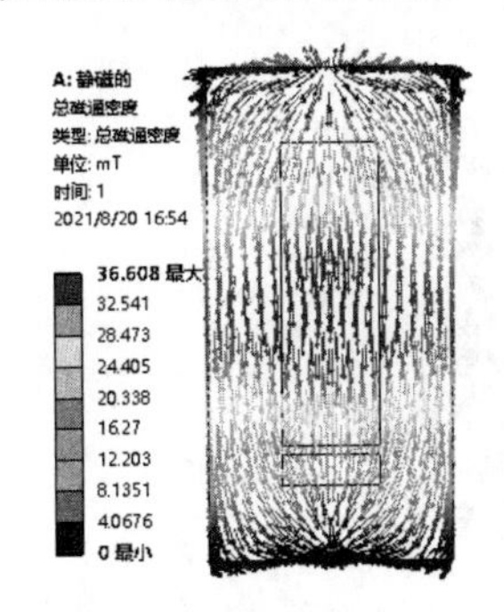

图 17-27 总磁通密度矢量图

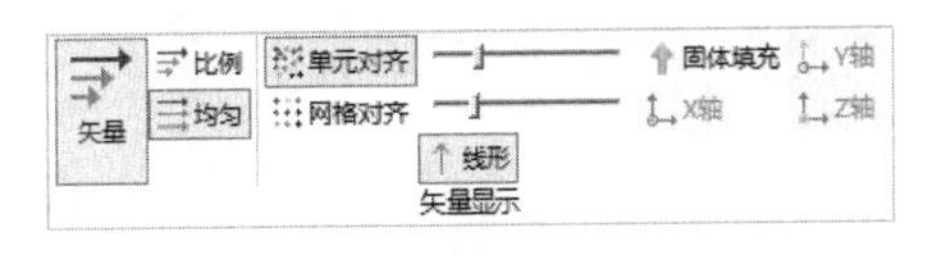

图 17-28 “矢量显示”面板

（6）查看总磁场强度云图。选择“总磁场强度”选项，显示总磁场强度云图，如图 17-29 所示。单击“矢量显示”面板中的“矢量”按钮，显示总磁场强度矢量图，如图 17-30 所示。

（7）查看合力云图。选择“合力”选项，显示合力云图，如图 17-31 所示。单击“矢量显示”面板中的“矢量”按钮，显示合力矢量图，如图 17-32 所示。

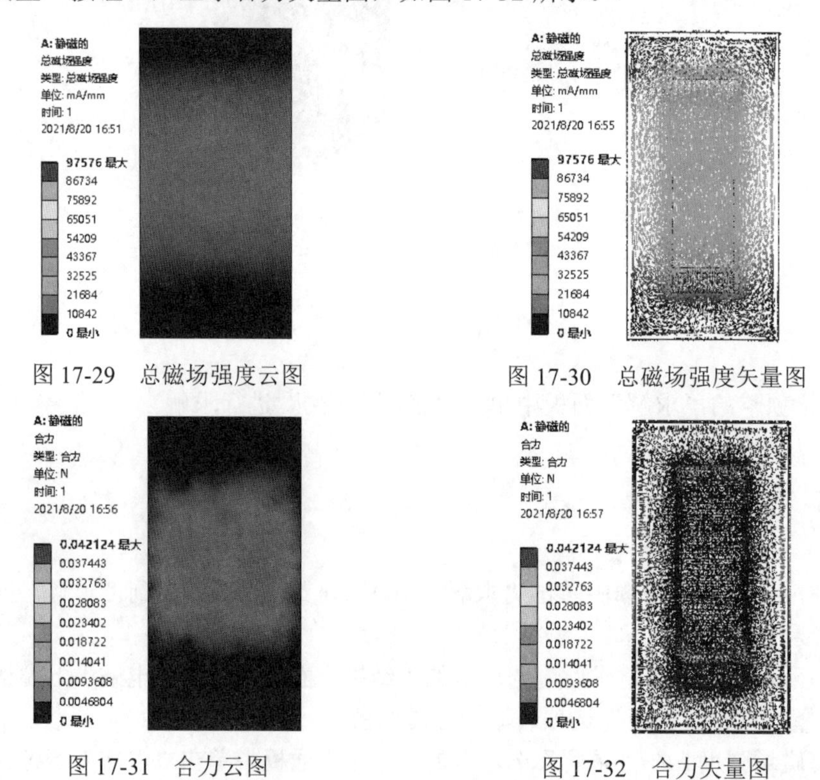

图 17-29　总磁场强度云图

图 17-30　总磁场强度矢量图

图 17-31　合力云图

图 17-32　合力矢量图

扫一扫，看视频

17.10　实例 2——电磁力仿真

图 17-33 所示为一个直径为 10mm 的铁芯平面示意图，铁芯外面包裹有铜线圈，匝数为 1000，导电面积为 20mm²。当在该铁芯施加 1000mA 的电流时，分析此时产生的电磁对下方衔铁的吸力以及在此状态下的总磁通密度和总磁场强度的分布情况。

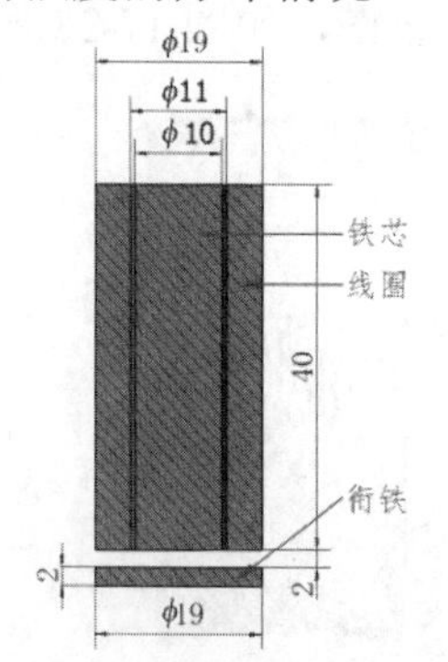

图 17-33　铁芯平面示意图

17.10.1 创建工程项目

（1）打开 Workbench 程序，展开左边工具箱中的“分析系统”栏，将“静磁的”模块直接拖动到项目原理图中或直接双击“静磁的”模块，建立一个含有“静磁的”的项目模块，结果如图 17-1 所示。

（2）设置单位系统。选择“单位”→“度量标准(kg,mm, s, ℃, mA, N, mV)”命令，设置单位为毫米。

17.10.2 设置模型材料

（1）定义工程数据。返回 Workbench 界面，双击“工程数据”选项，弹出“工程数据”选项卡。

（2）选择“工程数据源”标签。如图 17-34 所示，打开左上角的“工程数据源”窗口，单击“一般材料”按钮 一般材料，使之点亮。在“一般材料”点亮的同时，单击“轮廓 General Materials”窗格中的“铜合金”后的“添加”按钮，将该材料添加到当前项目中。

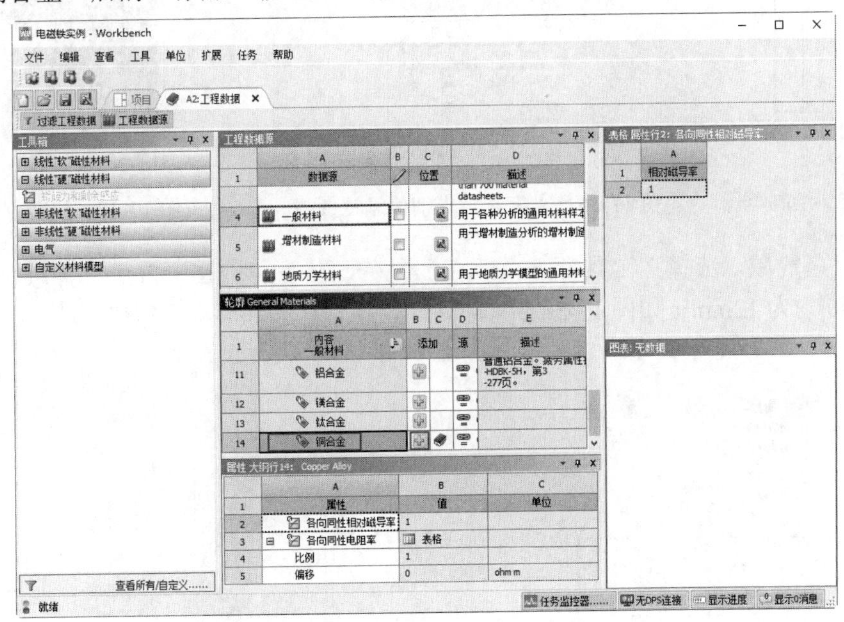

图 17-34 “工程数据源”标签

（3）单击“A2:工程数据”标签的“关闭”按钮×，返回 Workbench 界面。

17.10.3 创建几何模型

（1）打开 DesignModeler。右击“静磁的”模块中的“几何结构”，在弹出的快捷菜单中选择

“新的 DesignModeler 几何结构”命令，进入 DesignModeler 建模系统。

（2）设置单位。在 DesignModeler 中，选择“单位”→“毫米”命令，设置系统单位为毫米。

（3）新建草图。在左侧的树轮廓中选择“XY 平面”，单击工具栏中的“新草图”按钮，新建草图 1。单击“查看面/平面/草图”按钮，将视图切换为正视于草图方向。

（4）切换标签。单击树轮廓下端的“草图绘制”标签，打开草图工具箱，进入草图绘制环境。

（5）绘制草图。利用草图工具箱的“绘制”栏中的命令和“维度”栏中的命令绘制草图，结果如图 17-35 所示。

（6）旋转草图。单击工具栏中的“旋转”按钮旋转，左下角弹出“旋转”详细信息视图栏，设置“轴”为 Y 轴（此处为系统显示的原因，选中 Y 轴后自动显示为“2D 边”），“角度”为 360°，如图 17-36 所示。单击“生成”按钮，旋转草图，结果如图 17-37 所示。

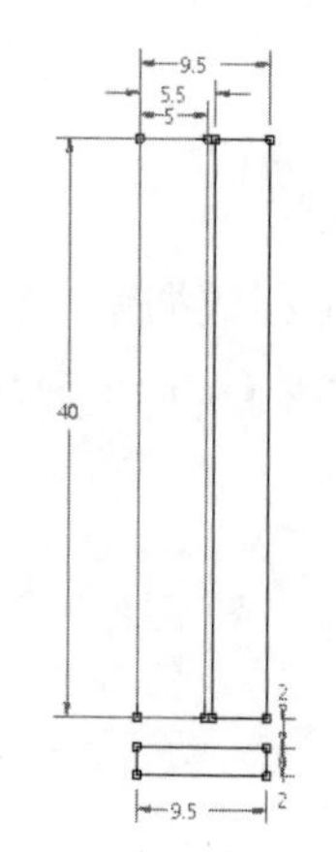

图 17-35　绘制草图

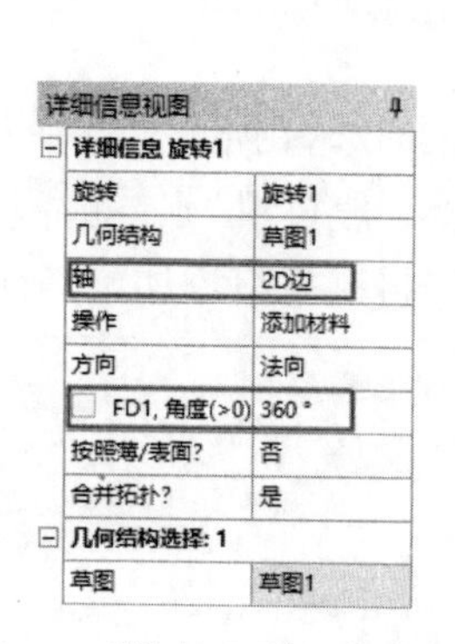

详细信息视图

详细信息 旋转1	
旋转	旋转1
几何结构	草图1
轴	2D边
操作	添加材料
方向	法向
FD1, 角度(>0)	360 °
按照薄/表面?	否
合并拓扑?	是
几何结构选择: 1	
草图	草图1

图 17-36　“旋转”详细信息视图栏

图 17-37　旋转草图

（7）创建空气域。选择“工具”→“外壳”命令，左下角弹出“外壳”详细信息视图栏，设置 FD1～FD6 均为 12mm，如图 17-38 所示。单击“生成”按钮，创建空气域，结果如图 17-39 所示。

详细信息视图

详细信息 外壳1	
外壳	外壳1
形状	框
平面数量	0
缓冲	非均匀
FD1, 缓冲 +X值(>0)	12 mm
FD2, 缓冲 +Y值 (>0)	12 mm
FD3, 缓冲 +Z值(>0)	12 mm
FD4, 缓冲 -X值(>0)	12 mm
FD5, 缓冲 -Y值(>0)	12 mm
FD6, 缓冲 -Z值(>0)	12 mm
目标几何体	全部几何体
导出外壳	是

图 17-38　“外壳”详细信息视图栏

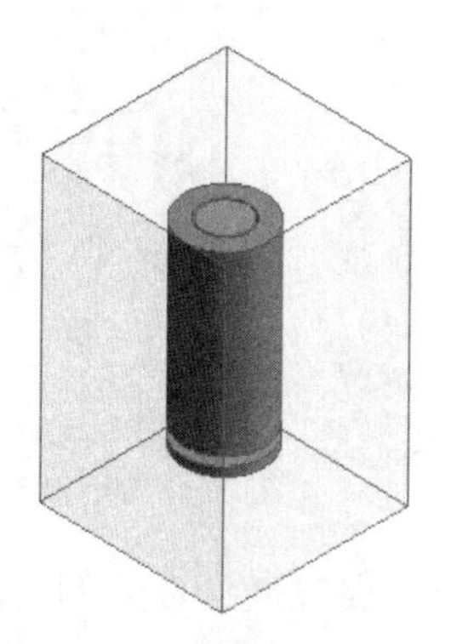
图 17-39　创建空气域

（8）创建多体零件。在树轮廓中展开“4 部件，4 几何体”分支，选择创建的固体零件，右击，在弹出的快捷菜单中选择“形成新部件”命令，创建多体零件，如图 17-40 所示。创建完成后，关闭 DesignModeler 建模系统。

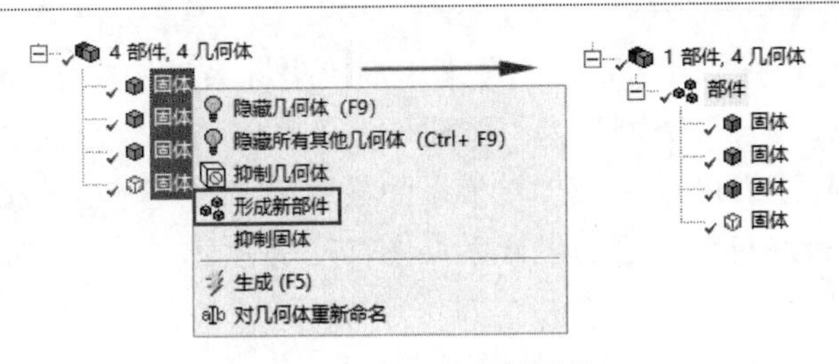

图 17-40　创建多体零件

17.10.4　打开分析系统

（1）启动“静磁的-Mechanical”应用程序。右击“静磁的”模块中的“模型”，在弹出的快捷菜单中选择“编辑”命令，进入“静磁的-Mechanical”应用程序。

（2）设置单位。在“主页”选项卡的“工具”面板中单击“单位”按钮，弹出“单位系统”下拉菜单，选择“度量标准(mm、kg、N、s、mV、mA)”选项。

（3）模型重命名。在树轮廓中展开“几何结构”分支，显示模型含有4个固体，右击上面的固体，在弹出的快捷菜单中选择“重命名”命令，重新输入名称为“铁芯”；同理，设置下面的3个固体为“线圈”“衔铁”“空气域”，如图 17-41 所示。

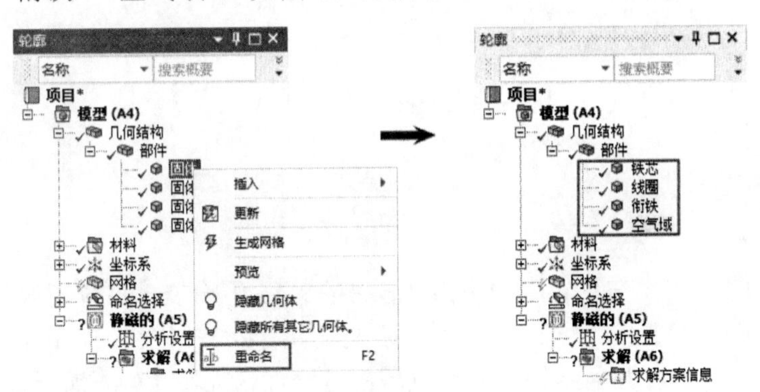

图 17-41　模型重命名

（4）设置模型材料。选择“线圈”，在左下角弹出“线圈”的详细信息视图栏，单击“材料”栏中的“任务”选项，在弹出的“工程数据材料”对话框中选择“铜合金”选项，如图 17-42 所示，为线圈赋予“铜合金”材料。其他材料为默认材料。

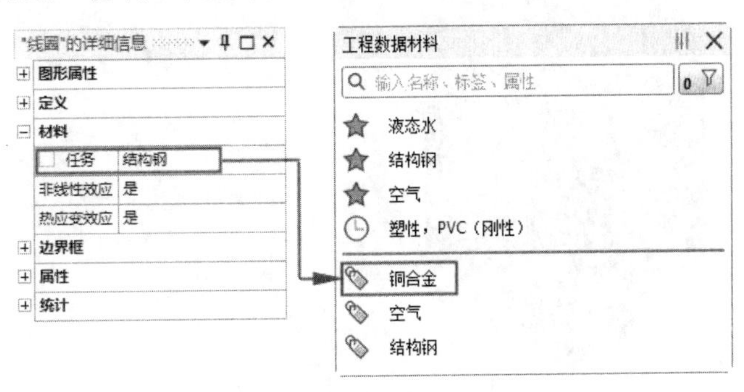

图 17-42　设置模型材料

（5）新建坐标系。单击“坐标系”选项卡中的“坐标系”按钮 坐标系，左下角弹出“坐标系”的详细信息视图栏，设置“类型”为“圆柱形”，“几何结构”为“线圈”，“主轴”为 X，“主轴朝向”为 Y。在“坐标系”选项卡的“转换”面板中单击“旋转 X”按钮 旋转X，设置旋转角度为-90°，调整坐标系的方向，创建的坐标系如图 17-43 所示。将“线圈”的坐标系设置为新建的坐标系。

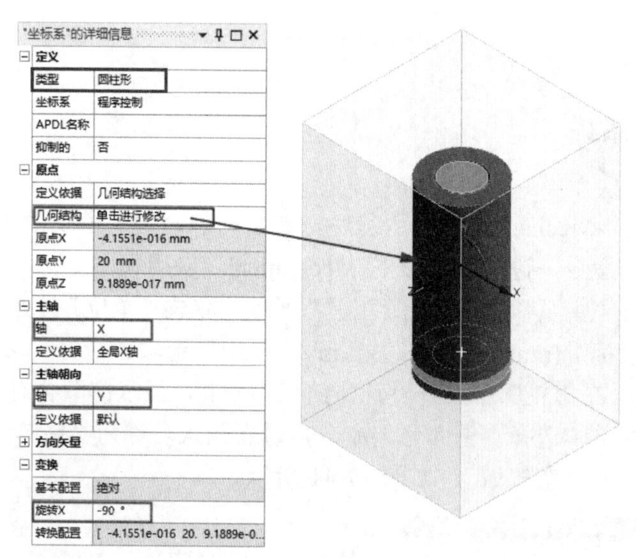

图 17-43 新建坐标系

17.10.5 定义载荷

（1）添加磁通量并行。在树轮廓中单击“静磁的（A5）”分支，系统切换到“环境”选项卡。在“环境”选项卡的“静磁的”面板中单击“磁通量并行”按钮，左下角弹出“磁通量并行”的详细信息视图栏，设置“几何结构”为空气域的 6 个面，如图 17-44 所示。

（2）添加源导体。在“环境”选项卡的“静磁的”面板中单击“源导体”按钮，左下角弹出“源导体”的详细信息视图栏，设置“几何结构”为“线圈”，“导体类型”为“绞合的”，“匝数”为 1000，“导电面积”为 20mm²，如图 17-45 所示。

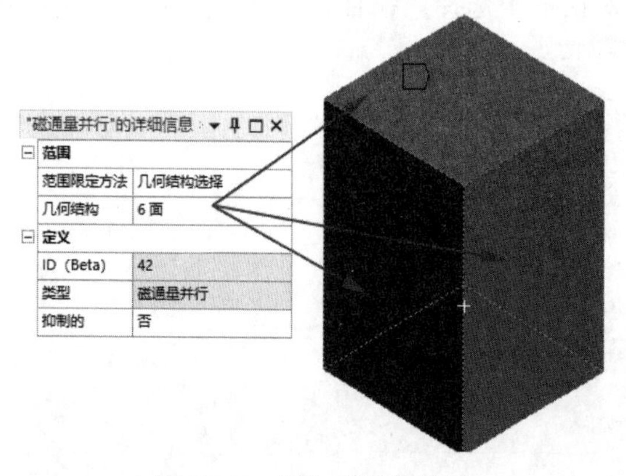

图 17-44 添加磁通量并行

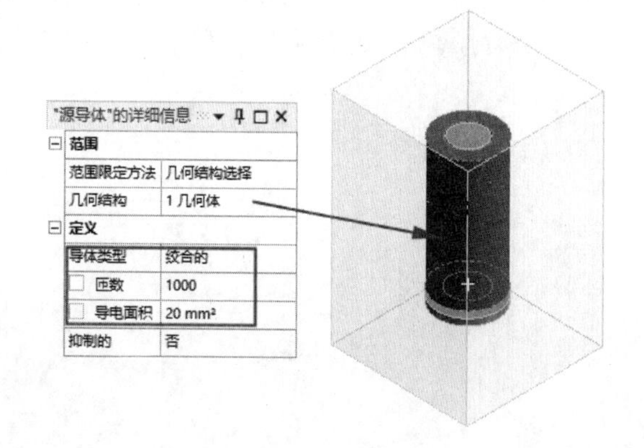

图 17-45 添加源导体

（3）添加电流。在“环境”选项卡的“静磁的”面板中单击“电流”按钮，左下角弹出“电流”的详细信息视图栏，设置“大小”为1000mA，如图17-46所示。

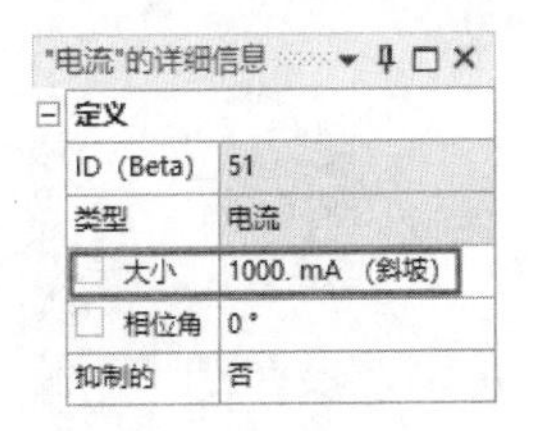

图17-46　添加电流

17.10.6　求解

在“主页”选项卡的“求解”面板中单击“求解”按钮进行求解。

17.10.7　结果后处理

（1）求解完成后，在树轮廓中单击“求解（A6）”分支，系统切换到“求解”选项卡，在该选项卡中选择需要显示的结果。

（2）添加总磁通密度。在“求解”选项卡的“结果”面板中单击“电磁”下拉按钮，在弹出的下拉菜单中选择“总磁通密度”选项，添加总磁通密度。

（3）添加总磁场强度。在“求解”选项卡的“结果”面板中单击“电磁”下拉按钮，在弹出的下拉菜单中选择“总磁场强度”选项，添加总磁场强度。

（4）添加合力。在“求解”选项卡的“结果”面板中单击“电磁”下拉按钮，在弹出的下拉菜单中选择“合力”选项，添加合力。

（5）查看总磁通密度。在“求解”选项卡的“求解”面板中单击“求解”按钮，求解完成后展开树轮廓中的“求解（A6）”，选择“总磁通密度”选项。单击工具栏中的“线框”按钮，设置视图为“线框”模式。单击“矢量显示”面板中的“矢量”按钮，显示总磁通密度矢量图，如图17-47所示。可以通过设置“比例”“均匀”“单元对齐”“网格对齐”来调整矢量图。

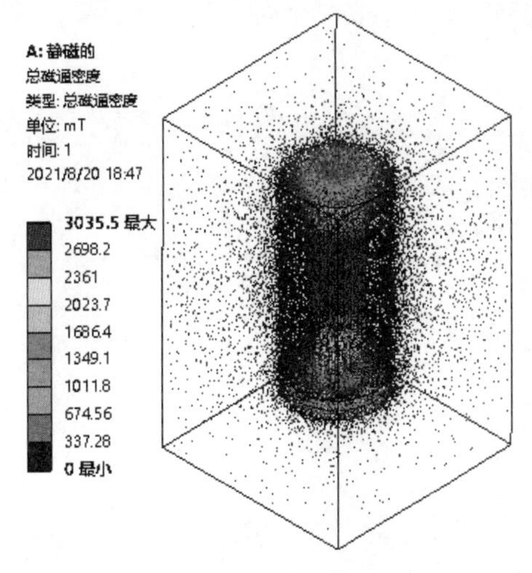

图17-47　总磁通密度矢量图

（6）查看总磁场强度。选择“总磁场强度”选项，显示总磁场强度矢量图，如图17-48所示。

（7）查看合力。选择“合力”选项，显示合力矢量图，如图17-49所示。

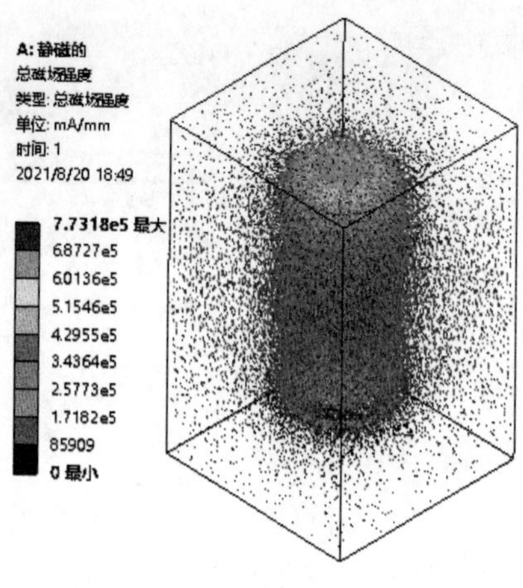

图 17-48　总磁场强度矢量图

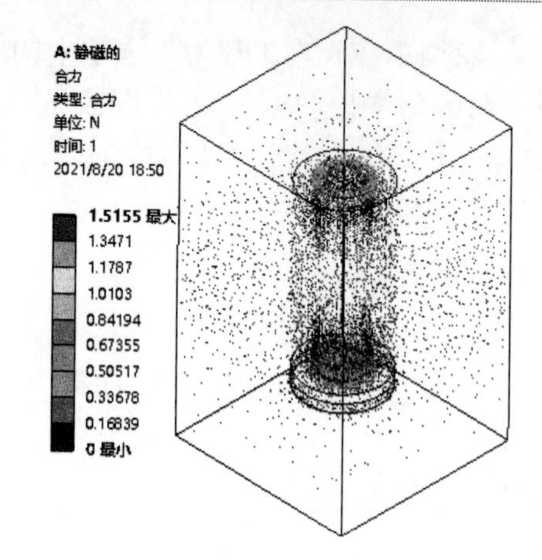

图 17-49　合力矢量图